国际信息工程先进技术译丛

LTE/SAE 网络部署实用指南

（美）Jyrki T. J. Penttinen 编著
盛煜　王友祥　杨艳　赵婷婷　等译

机 械 工 业 出 版 社

本书系统全面地介绍了LTE/SAE的背景和技术内容，涵盖了标准理论解释、系统架构描述、系统功能和要素分析、网络规划和设计的基本指标要求分析。本书理论技术分析翔实完备，网络规划和部署阐述缜密实用。本书重点介绍和描述了LTE/SAE的架构体系和系统功能，从现实角度阐述了与LTE/SAE设计相关的网络的规划、维度和测量结果的基本指标，对于读者理解和研究LTE/SAE及其网络部署有很大的帮助。

本书是一部紧跟通信技术前沿研究的专业性著作，主要适于无线通信领域的研究人员和工程技术人员阅读，也可以作为通信工程及相关专业的高年级本科生、研究生和教师的专业性新技术参考书。

图书在版编目（CIP）数据

LTE/SAE网络部署实用指南/（美）潘蒂宁（Penttinen, J. T. J.）编著；盛煜等译. —北京：机械工业出版社，2013.7

（国际信息工程先进技术译丛）

书名原文：The LTE/SAE deployment handbook

ISBN 978-7-111-43441-2

Ⅰ. ①L… Ⅱ. ①潘…②盛… Ⅲ. ①移动无线通信－通信网－指南 Ⅳ. ①TN929.5-62

中国版本图书馆CIP数据核字（2013）第168510号

机械工业出版社（北京市百万庄大街22号 邮政编码100037）

策划编辑：张俊红 责任编辑：林 桢

版式设计：霍永明 责任校对：刘怡丹

封面设计：赵颖喆 责任印制：李 洋

中国农业出版社印刷厂印刷

2013年11月第1版第1次印刷

169mm×239mm · 25印张 · 560千字

0001—2500册

标准书号：ISBN 978-7-111-43441-2

定价：99.00元

凡购本书，如有缺页、倒页、脱页，由本社发行部调换

电话服务	网络服务
社服务中心：(010)88361066	教材网：http://www.cmpedu.com
销售一部：(010)68326294	机工官网：http://www.cmpbook.com
销售二部：(010)88379649	机工官博：http://weibo.com/cmp1952
读者购书热线：(010)88379203	**封面无防伪标均为盗版**

译者的话

随着移动互联网的迅猛发展，用户数量逐年递增，移动宽带业务需求越来越旺盛，用户对移动通信网络的接入速率和质量要求也越来越高，第三代移动通信系统已不能完全满足用户的需求。因此，3GPP 标准组织启动了新的演进技术——演进分组系统（Evolved Packet System，EPS）的研究，主要包括长期演进（Long Term Evolution，LTE）和系统架构演进（System Architecture Evolution，SAE）两个研究项目。LTE 是 3GPP 接入技术的演进，其可以在未来很长时间内保持竞争优势；SAE 是系统架构演进，它是基于 IP 的扁平网络体系架构，旨在简化网络操作，确保平稳、有效地部署网络。

经过几年艰苦的标准化工作，LTE/SAE 标准于 2008 年基本完成。目前 LTE/SAE 的产业链已经初具规模，系统产品已经进入商用阶段，在今后的数年里其商业化进程和商用部署会进一步加快。因此，不管是通信设备制造业的研发人员，还是运营企业的技术人员，都需要对 LTE/SAE 标准进行深入了解，同时掌握 LTE/SAE 网络规划和部署设计。以往介绍 LTE 和 SAE 的书籍多是对规范的整理，很少涉及实际网络的部署规划和设计。本书把标准技术的理论分析和网络部署的规划、设计结合起来，既能让技术人员系统全面地理解 LTE/SAE 的基本技术，也能掌握 LTE/SAE 实际网络部署设计相关的基本指标要求。

本书由三大部分组成。第一部分描述了系统的背景和总体构想。这部分包括第 1 ~ 5 章，主要对标准实际解释的建议，并给出最重要的高级别要求以及 LTE 和 SAE 的架构描述。第二部分：包括第 6 ~ 11 章，阐述了关于 LTE/SAE 功能和它的服务的更为专业的问题。这部分描述系统功能和要素，帮助读者详细理解技术上的可能性以及 LTE/SAE 作为全移动通信环境一部分的挑战。第三部分从现实角度阐述了与 LTE/SAE 设计相关的方面。这部分包括第 12 ~ 15 章，主要阐述 LTE/SAE 网络的规划、维度和测量结果的基本指标。其中第 15 章是本单元最为重要的部分之一，同时也是本书的核心，提供了从其他系统过渡为 LTE 的有价值的建议。作为基础，这一章给出了不同技术指标和案例，例如重组策略。

本书是一部紧跟通信技术前沿的专业性参考书，具有一定的先进性和前瞻性，读者对象涵盖研究、开发、系统设计、网络运营等移动通信领域的相关从业人员。

本书由中国联通网络技术研究院王友祥博士主持翻译，并负责全书统稿和审核。全书主要由盛煜、杨艳、赵婷婷、陈丹、颜志、张力方、张香云、吕婷、王蕴实、胡泽妍、裴郁杉、王非、宋蒙、王波、刘磊等翻译完成。本书在翻译过程中，得到了中国联通网络技术研究院吕召彪、孙雷、范斌、马彰超、乌云霄、张猛、张耀旭、许珺、仪鲁男、杨军等同仁的大力支持和帮助，他们对全书的翻译提出了很多建议和意见，并参与了部分内容的翻译在此表示诚挚的感谢。

由于本书内容与概念的新颖性和译者不可避免地存在的主观片面性，书中不妥和错误之处在所难免，敬请广大读者及同行专家批评指正。

译　者

2013年深秋

原 书 序

20世纪70年代，人工操作的移动通信网络在所有北欧国家获得了巨大的成功，但是随着20世纪80年代第一代自动网络（NMT）的普及，移动通信网络超过了所有人的期望。根据需求增长，真实地估计所需的基站数量看起来是不可能的。用户习惯于经常提高服务等级和语音呼叫的覆盖范围。在这十年中，使用者渐渐地接触了无线语音通信，并且发现这种技术不仅带来了效率的提高，而且也带来了一种非常自由的体验。

接下来，随着20世纪90年代第二代（GSM）网络的出现，人们对更高级别的服务表现出更加明显的需求增长。GSM国际规范工作组为新的发明，如短消息服务（Short Message Service，SMS）建立了坚实的基础和有利的平台。到目前为止，GSM已经建立并运行超过了20年。从3GPP标准化的新发明数量可以很清楚地看出，GSM的演进还将会在很长一段时间内是安全可靠的。

将3G引入市场的目的是为了给更多的多媒体需求提供基础。当2G系统开始饱和时，3G为语音呼叫提供了额外的容量。随着多代移动通信系统的发布，移动电信运营商和供应商开始认识到该领域的挑战，即新的服务通常既要求来自网络的支持，也要求终端的支持。另一方面，用户认为终端是日常的消费对象，并且在市场上不断出现更具吸引力的产品，这就导致了终端的生命周期较短。因为增强的服务通常需要同时更新终端和网络，所以在用户、运营商和设备供应商之间需要进行积极的平衡。

分组数据服务的部署是作为GSM的附加条款提出的，并且适应从UMTS的第一阶段起的系统，它是移动终端使用互联网服务的重要触发器。迅速发展的互联网环境本身对移动通信有着巨大的影响，也导致了结合语音连接、消息和多媒体的多用服务设备的发展。

随着第三代网络的部署，为了提供更流畅的用户体验，网络系统提高了数据传输速率。同时，新的业务环境开始加强。相比只有少数的语音服务提供商操控市场的初始模型，现在有越来越多的运营商、设备供应商、服务提供商、测量设备制造商和其他许多实体加入了市场，一起为移动通信做着贡献。标准化的增长速度使得发展似乎是无限的。

随着与互联网相关的数据量的增加，固定和移动通信也稳步发展。从最终用户的角度来看，开放的标准、竞争的运营商和多厂商设备产品，确保了市场的良性发展。

与第一代网络的发展情况相同，2G和3G的演进逐渐饱和。比起发展现有的平台，创建一个新的、更高效的平台来提供所需的数据传输速率和容量要更为容易。近几年的统计数据表明，多媒体数据传输量有了一个巨大的增长。数据使用的指数增长为网络设置了比以往任何时候都更高的性能指标。

在这种情况下，LTE 已被设计为新的4G 时代的基础。它提供从2G 和3G 的平稳过渡，包括重要的互连互通功能，以及在移动网络环境中比以往任何时候都具有更高的数据传输速率和容量，为通向4G 发展铺平了道路。除了3GPP 网络，LTE / SAE 的标准化也需要考虑CDMA 系统的演进路径。

不断发展的技术使得移动通信业务的管理更加复杂。一些运营商可以使用现有的技术，另一些可能不得不从4G 开始。由于有线网络的容量、通信质量和与无线技术共同工作的灵活性不断增加，所以必须把有线网络也看作移动网络的竞争对手。

同时，相关信息的需求正在增加。网络可以从零开始建立，或是从先前系统的演进路线建立。网络规划者和其他技术人员需要知道系统如何运行、如何优化，以及如何确保积极的用户体验。业务经理还必须了解基本技术，以便看到他们怎样能够从中获益，以及他们可能需要从技术人员那里要求些什么。

很难找到一个既对技术有着深刻理解又能用一种翔实、简单而且易懂的方式把它们写下来的人。而本书的作者——Jyrki Penttinen 拥有这种技能。这是一本为那些想学习 LTE、演进型 UTRAN 和演进分组核心的原理和细节的人编写的大众都认可的好书。

Matti Makkonen
CEO, Anvia Pic
前副总裁, Sonera 公司，芬兰

原书前言

长期演进（Long-Term Evolution，LTE）是现代移动通信发展最重要的阶段之一。因其增强的数据吞吐量和更低的时延，为提高服务提供了合适的基础。LTE 也为电信架构现代化提供了额外的推力。在 LTE/SAE 系统标准中舍弃电路域的决定可能听起来激进，但这也显示出全 IP 概念在电信领域正在逐渐变强，LTE/SAE 的部署正是这一全球趋势的具体证明。

LTE 规范为 3GPP 中 3G 演进路线定义了演进的无线接入，因此它们就对新移动网络系统的发展产生了一个重要的影响。为保证端到端性能，在提出无线网对高速数据支持要求的同时，核心网规范也已升级。所有规范都在同一项 3GPP 的准则下制定，这确保了在无线及核心演进的工作中覆盖了所有相关方面，这与 3GPP 从 2G 向 3G 网络演进时的方法一致。

在 LTE、SAE 和先前的 3GPP 系统中有许多重复或相似的方面，但是演进网络也带来了大量的新的解决方案。很多性能仿真显示 LTE/SAE 功能已经可用，但是直到现在，系统对实际网络部署的影响并不是非常清晰。

本书旨在阐明 UMTS 演进陆地无线接入网（E-UTRAN）在现实方面信息日益增长的需求，即 LTE，也包括演进分组核心网（EPC），即系统架构演进（SAE）。本书的构想是提供 LTE/SAE 网络设计及构建所需的现实信息，向部署时期的准备工作迈近一步。本书呈现的主题和案例保证了在最初时期就尽可能提供最好的服务级别，即在 LTE/SAE 网络规划和部署之初就能有所帮助。本书描述了系统架构和功能、网络规划、测量结果、安全、应用以及其他在真实电信环境中的重要方面。

本书用一种标准的方式写作完成。第一部分包括第 1~5 章，描述了系统的背景和总体构想。这部分包括对标准实际解释的建议，并给出最重要的高级别要求以及 LTE 和 SAE 的架构描述。这部分对于缺乏系统先修知识的读者尤其有用。

第二部分包括第 6~11 章，阐述了关于 LTE/SAE 功能和它的服务的更为专业的问题。这部分描述系统功能和要素，帮助读者详细理解技术上的可能性以及 LTE 和 SAE 作为全移动通信环境一部分的挑战。

第三部分包括第 12~15 章，从现实角度阐述与 LTE/SAE 设计相关的方面。这部分包括 LTE/SAE 网络的规划、维度和测量结果的基本指标。第 15 章是本单元最为重要的部分之一，同时也是本书的核心，提供了从其他系统过渡为 LTE 的有价值的建议。作为基础，这一章给出了不同技术指标和案例，例如重组策略。

一般而言，本书可作为 LTE/SAE 部署阶段和后续阶段重要的、实用性的信息资源。本书写作团队提醒：尽管本书给出了关于网络部署功能和建议的实用性信息，但是不能完全保证内容的正确性。鼓励读者参考规范和其他有效信息资源。本团队声明书中的信息和观点均来自独立投稿人，不代表其雇主。

基于领域的发展和反馈，可在 www. tlt. fi 的网页上找到 LTE/SAE 的更多信息。

Jyrki T. J. Penttinen

目　录

第1章　概　　述

Jyrki T. J. Penttinen

1.1　引言

本章介绍了全书内容，包括 LTE（Long Term Evolution，长期演进）系统和设计的高层信息和在 LTE/SAE 网络规划、敷设、运营和优化等不同阶段下如何高效地使用各章节的模块结构说明。由于本书注重实践，因此适用于网络运营商、设备生产商、服务提供商和教育机构等多个层面。

1.2　LTE 场景

长期演进（Long-Term Evolution，LTE），正如其名字的含义，计划用于满足今后几年移动通信网络用户日益增长的需求。此新系统提供了可观的高数据速率和低时延，并高效地传送多媒体内容，这将有利于终端用户（可以体验改善的数据传送和通信）以及运营商（可以优化网络基础设施以提供高容量和高速率的数据通信）。

电信和信息经过多种传输方案，变得越来越基于互联网协议（Internet Protocol，IP）。20 世纪 90 年代后期才出现的数据业务和到现在为止的语音业务，传统上其信息传递都是基于电路交换（Circuit-Switched，CS）域。LTE 的概念表明所有内容的趋势都将无疑转向 IP，因为 LTE 标准中不再定义电路交换接口。电信网络电路交换域的定义缺失是目前基于分组的演进方向的最有力证据。不把这一接口写进 LTE 标准中的决定看起来可能是极端的，但从另一方面来说，这无疑将加速电信业务转向分组交换域，以支持通过 IP 传输绝大多数通信、包括语音业务的想法。

LTE 为 3G 演进阶段定义的无线接口。相比其他早期的大规模移动通信系统，LTE 可以更先进、有效地提供可观的高数据速率。这对其他网络来说意味着挑战——这一挑战可以认为是一个积极的发展。为了处理 LTE 可以传送的所有潜在容量，核心网侧同样需要修改。这一定义被称为系统架构演进（System Architecture Evolution，SAE）（见图 1-1）。

LTE 和 SAE 与早期移动网络之间需要有通用的功能，以保证在 LTE 覆盖不到区域通话的平滑连续性。尽管 LTE/SAE 标准缺少 CS 域的定义，但是仍然有实际的方法来管理在通话中或在空闲模式下的连接。语音通话显然是最重要的移动和电信业务，在分组域中可以通过 VoIP（Voice over IP，基于互联网协议的语音）连接处理。而当 LTE 业务突然结束时会出现挑战。会话不中断的一种处理方法是保持连接在与固定电话网络间仍保有 CS 接口的 2G 或 3G 网络上。

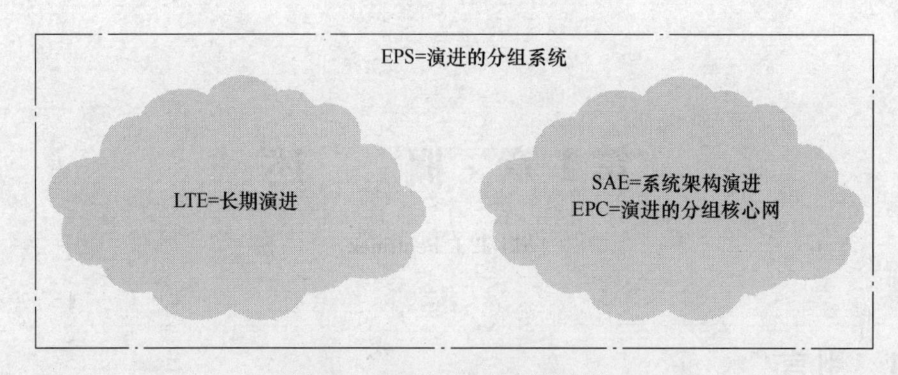

图 1-1 LTE 和 SAE 的整体划分

通过这类大规模移动网络，LTE/SAE 解决方案会为电信业带来比以前更快的数据业务。而且，LTE/SAE 将显著地降低数据通信时延。LTE/SAE 功能最具吸引力的方面是可扩展性。这允许 LTE/SAE 网络部署在很多场景下，从独立网络到作为频率重用的一部分的小规模初始附件，以及在一增长的网络中传送更多容量，由于原有网络中的频带减少。有很多可能的移动通信部署策略，而 LTE/SAE 适合作为其逻辑解决方案。

与其他移动通信系统相似，LTE/SAE 有其自己的演进路线，并已实施其演进版本的规划——被称为 LTE-Advanced（LTE-A，先进的长期演进）。由于其具有更大的频率带宽和其他增强技术，它将提供显著的更高数据速率。并且，LTE-Advanced 是满足 ITU-R（ITU's Radiocommunication Sector，国际电信联盟无线通信组）定义的第四代需求的系统之一。

1.3 LTE 在移动通信中的角色

传统地，在 2G 时代以及 3G 系统部署初期，数据业务的使用率水平较低，通常最大占全业务的 2%。电路交换域的语音业务和短信息业务为主要的电信业务。甚至第一代分组数据解决方案——通用分组无线业务（General Packet Radio Service，GPRS）及其演进版本，增强型 GPRS（E-GPRS）或提高数据速率的 GSM 演进技术（Enhanced Data Rates for Global Evolution，EDGE）的引入都没有显著提高数据业务使用率水平，即使它们是提供处理突发 IP 业务的成本优化方法的必要步骤。现在认为电路交换数据是过时的、对用户和运营商都是昂贵的，因而将在运营商的服务集中消失。

由于显著的更高数据速率和更低时延，最近分组数据的使用率水平提高了，这使得移动数据通信能够与典型的互联网使用相比，在某些情况下更具有吸引力。因此，为满足休闲目的和商业用途，更多的应用被开发出来了。未来使用数据业务的一个主要驱动力是智能手机的增长。例如，Informa 估计 2010 年 65% 的全球移动数据业务由使用智能手机、占总用户数 13% 的移动用户产生，平均每月每用户有 85MB 流量。日本是使用移动数据业务最为积极的，每月每用户有 199MB 流量。图 1-2 所示为预计直到 2015 年的数据增长。

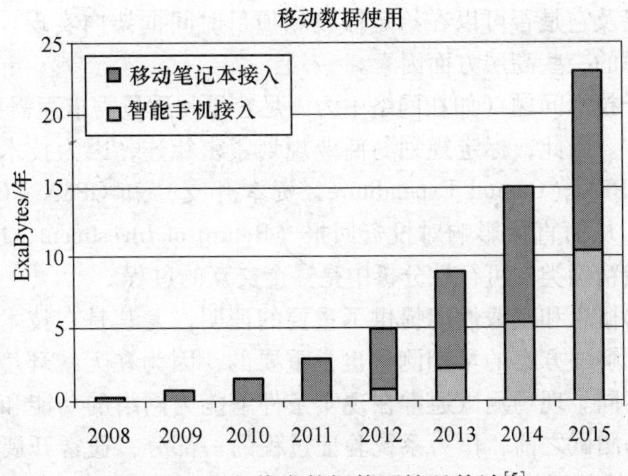

图1-2　不久将来数据使用情况估计[5]

1.4 LTE/SAE 部署过程

典型的LTE/SAE部署很大程度上包括与以前的移动通信网络部署相同的步骤。由于可提供更先进的数据速率和使用案例，LTE/SAE部署还应考虑与项目内容相关的方面。

图1-3所示为在LTE/SAE部署前和过程中最重要工作的一个示例。

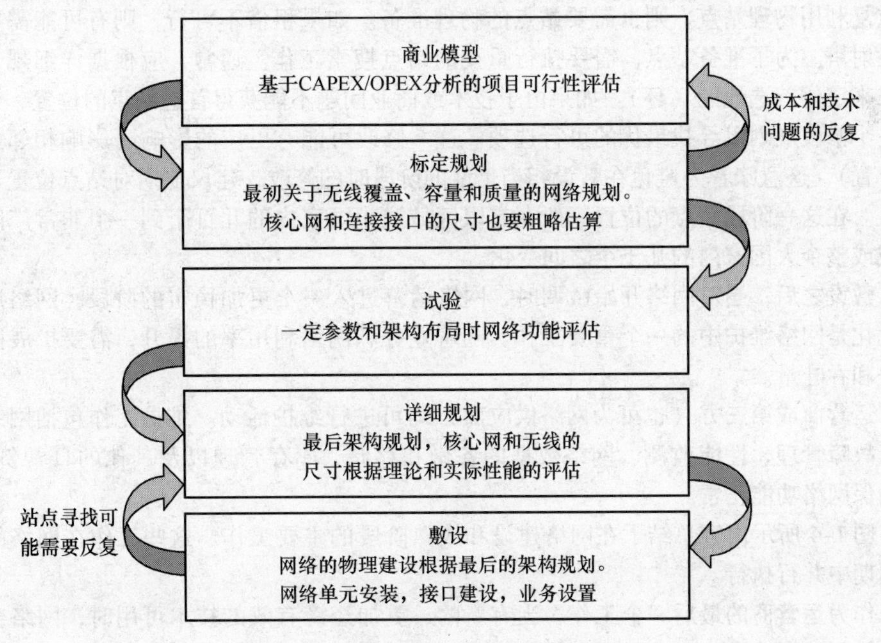

图1-3　可能的LTE部署项目阶段示例

在一个典型的LTE项目中，运营商和供应商方面都会产生商业模型。这决定了该项目是否可行，以及它是否可以在给定假设和项目时间框架内实现。第2章介绍在商业建模中需要考虑的一些高层方面因素。

标定规划对于技术问题（如在网络中为满足容量和质量需求而需要的站点数目等）给出了第一手估计。因此，标定规划与商业规划紧密相连，因为技术材料的数量决定了网络最终的CAPEX（Capital Expenditure，资本开支）和OPEX（Operating Expenditure，运营开销），从而直接影响对投资回报（Return of Investment，RoI）的估计。商业和标定规划在最精确类的可行性分析中是一个交互的过程。

试验为网络的概念和实践性能提供了重要的证明，尤其是在技术的早期阶段。即使在技术成熟时，解决方案的早期测试也是重要的，因为在无线环境、用例、和业务轮廓中总有局部不同。现场测试通常在现实条件下能为网络的功能和性能提供更多的准确信息。在现场测试之前，作为系统验证过程的一部分，通常开展一系列全面的实验室测试。这是系统部署的一个重要阶段，以保证新的功能与早期的解决方案后向兼容。例如，应该在所有使用情况下验证LTE/SAE与2G和3G网络的互通功能，如CS语音会话回落。这一阶段中的一个重要部分是根据标准需求保证在不同供应商之间的互通。

详细规划包括网络最终的架构规划。它也涉及覆盖规划，这需要考虑局部环境的特殊特点，即环境类型（农村、郊区、城区或密集城区）和不同的簇类型分布。另一方面，预计的业务轮廓决定了详细的容量规划，要规划所有的相关接口。

敷设是商业网络部署的第一阶段。通常来说，项目会快速地出现，这意味着需要大量的并行工作组安装设备。如果在一些或所有的实例中（比如新运营商的情况），不能重复利用物理站点，则也需要站点的物理准备。如果租借不可行，则有可能需要建设发射塔。为了准备站点，需要执行重要的站点搜索工作。通常，应根据详细规划的结果来定位首选地区（环）。如果由于技术或商业问题不能获得首选站点的位置，则需要一个修改规划以寻找最优的可行选项。这一修改可能有更广的影响（影响相邻站点的位置），这意味着为避免在敷设相当忙乱的阶段时的修改，建议前期对站点位置进行确认。在这一阶段站点的位置一般在有限区域或小国家内的几百个到一个非常广阔的区域或整个大国家内的几千个之间变化。

敷设之后，当对网络开始微调时，网络运营进入一个更加稳定的阶段。网络质量的优化是网络维护中的一个重要工作。随着业务和网络利用率的提升，需要扩展网络覆盖和吞吐量。

运营商或第三方（也可为网络供应商）均可进行维护活动。维护工作包括网络维护、故障管理、性能监测、网络数据的备份和存储、库存管理以及其他的日常例程，以确保网络功能正常。

图1-4所示内容总结了在网络建设和成熟阶段的主要工作。这些工作在网络的生存周期中并行执行。

作为运营商的最后一个工作，当有新的、更加经济有效的技术可用时，网络会在一定时刻减缓建设。全球的第一代模拟网络已经是这种情况。图1-5所示为自移动通信存在以来，各代移动网络及其使用情况的高度总结。

由图1-5可以看出，第一代移动网络（各种系统的模拟代表）已经结束。例如，北欧移动电话（Nordic Mobile Telephone，NMT，使用于北欧国家、瑞士、俄罗斯）、Netz C（德国）、AMPS Advanced Mobile Phone System，高级移动电话系统）（英格兰），实际上已经由于其低频谱效率和系统间的不相容而消失。作为使用最为广泛的数字2G移动通信的代表，GSM与其他2G系统如IS-95/CDMA（美国）已经清晰地证明了移动通信市场的需求。由于其较好的频谱效率、国际兼容、漫游和数据通信，这一阶段仍然将持续很长时间。与1G相比，2G的一个最有用的创新是短消息服务（Short Message Service，SMS），其已经成为各种个人通信和业务信息流的基础。

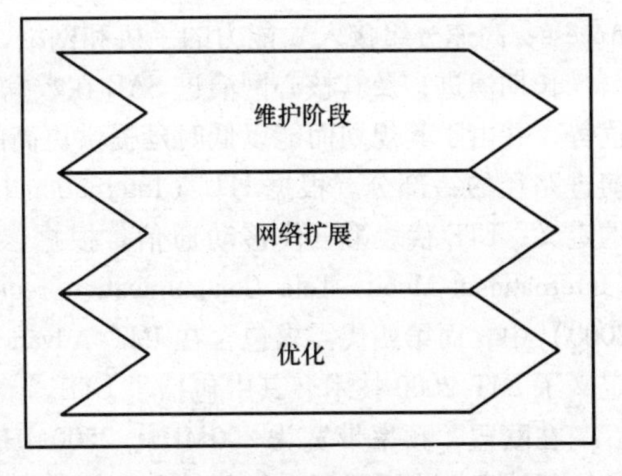

图1-4　网络成熟阶段的各阶段示例

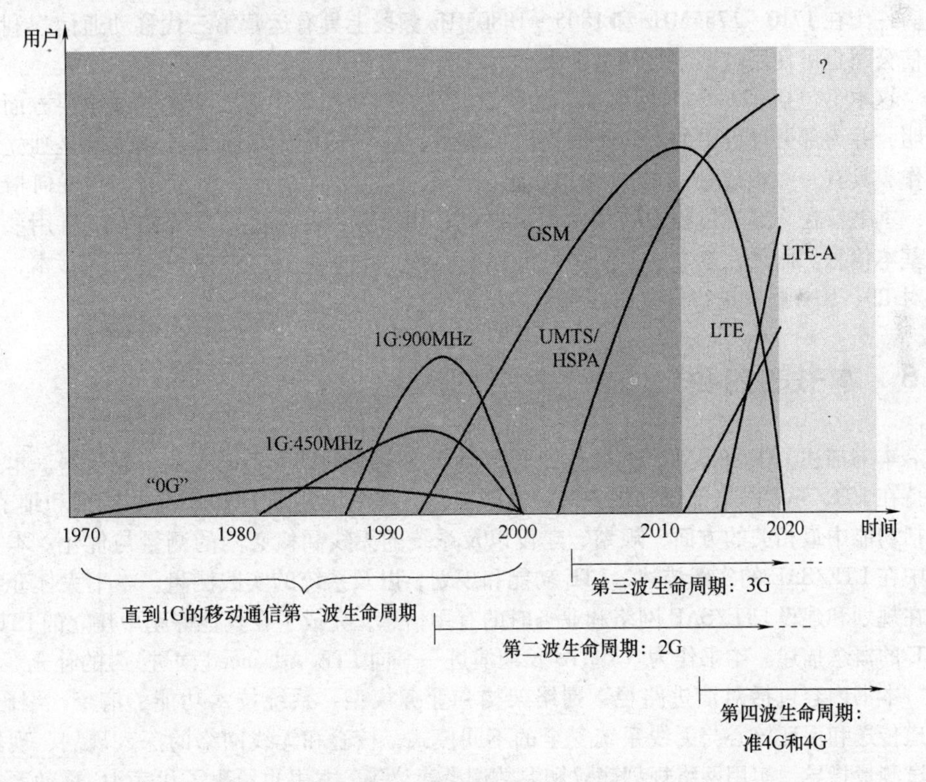

图1-5　移动演进路径理念，包括LTE-Advanced

3G网络可以提供更高的数据速率，以传递实时的多媒体内容。例如，由于在多媒体或高速数据传送中更加有用的手机出现较慢，导致UMTS的启动较慢。这影响了市场——没有达到强大的预期。在任何情况下，3G系统及其演进路径，如具有HSPA（Universal Mobile Telecommunication System，通用移动通信系统）High Speed Packet

Access，高速分组接入）能力的手机和网络，将最终打开多媒体时代的大门。

长期演进，及其核心网演进 SAE 在数据传递开始时以较短的等待周期而更加具有优势，并由于其规划而能以低时延提供更高的数据速率[1]。长期演进可看作为 3G 系统演进路径的一部分。根据 ITU（International Telecommunication Union，国际电信联盟）的定义，LTE 代表第三代移动通信。根据参考文献［2］，第三代需求列于 IMT-2000（International Mobile Tele Communication requirements 2000，国际移动通信系统要求 2000）中，而第四代需求包含在 IMT-Advanced 中。并且，在 ITU-R 的 M.1457 版本中定义了 IMT-2000 技术，其中包括了 LTE。

在欧盟，频率带宽为 800MHz、2500MHz 和 3500MHz 的牌照没有发放给移动网络类，而被定义为适用于电气通信业务的陆地系统。

鉴于 ITU 的更高级别规范，频率使用可由国家进一步定义。例如在芬兰，LTE 受到国家管制。这将允许，例如在 880 ~ 915MHz、925 ~ 960MHz、1710 ~ 1785MHz 和 1805 ~ 1880MHz 频段上具有运营 GSM 网络权利的电信公司使用这些频率运营 UMTS 网络。一个在 1710 ~ 1785MHz 和 1805 ~ 1880MHz 频段上具有运营第三代移动通信权利的电信公司也可使用这些频带通过 LTE 技术来提供服务[3]。

这本书包括 LTE/SAE 网络部署的信息、在规划和部署中需要考虑的最重要方面的说明，并为部署过程中的不同阶段提供了实例。每个 LTE/SAE 部署自然地都是独立的工作，具有一些难以估计的细节，可能在技术-经济方面出现一些问题。在任何情况下，本书旨在为部署过程中的技术人员提供有用资源，并为进一步研究提供有用参考和基本信息。而且，本书的方法尽可能注重实践。本书主要集中在 3GPP R8 版本，并针对 R9、R10 版本进行修改以在网络的早期阶段考虑演进路径。

1.5 本书的内容

本书描述 LTE 和 SAE，并可作为 LTE/SAE 部署和前期准备的支持背景材料。本书支持在 LTE/SAE 网络部署和维护时的实践工作。本书描述了 LTE/SAE 的原则和细节，包括功能中最相关的方面、规划、建设以及系统的无线和核心网的测量与优化。本书集中在 LTE/SAE 的实践描述、LTE 功能和规划，以及系统的实践测量。本书大体介绍了在规划和建设 LTE/SAE 网络和业务时的有用信息，完成了在其他课题中建立的 LTE/SAE 的概念描述。本书作为《UMTS 长期演进——向 LTE-Advanced 演进》[4]的补充。

本书内容包括对演进路径、网络架构和业务模型、系统技术功能、信令、编码、信道传送和保证核心与无线系统安全的不同模式，核心和无线网络的深入规划、现场测试测量指导、实用网络规划建议和参数调整建议等。本书也给出了代表 4G 移动系统的下一代 LTE——LTE-Advanced 的总体概述。其中一个最具体的部署描述在第 15 章，给出了由原有移动网络系统向 LTE 时代的推荐演进路径的指南。

该主题相对较新，虽然存在各种 LTE 相关的书，但是它们的议题相当有限，例如集中在无线接口、如何解读 LTE 标准及可以期待 LTE 网络和业务怎样的性能方面给出相当理论性的信息，而端到端功能最为实用的描述、LTE 网络规划和物理建设仍然缺失。本书旨在满足这一需求，描述全貌并通过大量运营网络示例提供实践细节，以作为网络规划和运营阶段的手册和指南。

本书通过模块化，为对 LTE 尚不熟悉的电信员工提供总体描述，为电信专家提供更加详细和重点突出的实践指南，包括适用于初步研究和修订的引言模块。本书的后半部分对经验丰富的专业人员有益，他们将受益于对系统的物理核心和无线网络规划、端到端性能测量、物理网络建设和优化的实践描述。

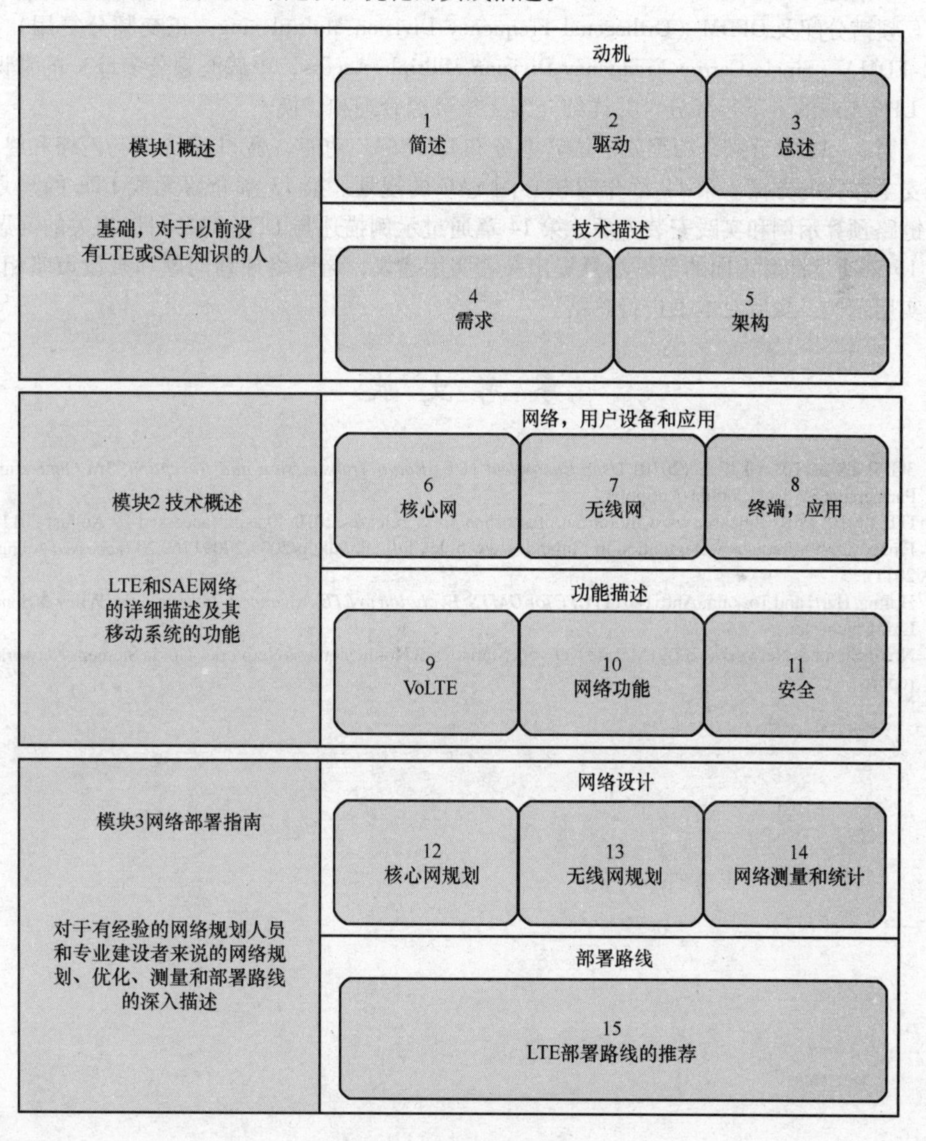

图1-6 本书的内容

本书尤其适合作为技术人员和安装工程师的技术培训，还可以用于研究机构和大学的理论及实验室研究。

图1-6所示为本书的内容，具体如下：第1章为LTE和SAE的总体描述。第2章通过介绍先进数据速率发展的原因指明LTE/SAE的驱动力。第3章给出对LTE/SAE的总体概括以及对标准化的简短指导，也描述LTE的进一步演进。第4章介绍对标准需求及其对网络规划、部署和优化的影响的实践解释。第5章描述LTE/SAE的架构，包括功能块、接口和协议层。也给出关于模块最重要部分的硬件、软件和高级电路图。第6章描述SAE核心网络及核心网元素、硬件和软件。第7章包括LTE无线网络和LTE频谱分配及OFDM（Orthogonal Frequeney Division Multiplexing，正交频分复用）和SC-FDMA（Single Carrier Frequency Division Multiple Access，单载波频分多址）的常识，即LTE无线的上下行部分。并详细介绍无线资源管理和切换。

第8~10章分别介绍终端、语音业务和LTE/SAE功能。第11章介绍与网络和终端的安全相关的方面。第12章介绍核心网SAE的规划。第13章介绍无线LTE的规划，与链路预算示例和实践安装方面。第14章通过示例描述与LTE/SAE测量相关的问题。第15章通过针对不同的部署场景提出一套实用建议，与网络规划问题和敷设策略相关的实用示例，最后对本书进行总结。

参考文献

[1] 3GPP TS 36.101 v8.12.0. (2010) *User Equipment (UE) Radio Transmission and Reception*, 3rd Generation Partnership Project, Sophia-Antipolis.

[2] ITU (2010) Press Release, www.itu.int/net/pressoffice/press_releases/2010/40.aspx (accessed 29 August 2011).

[3] Finlex (2009) Frequency Regulation in Finland, www.finlex.fi/fi/laki/alkup/2009/20091169.29 (accessed August 2011).

[4] Holma, Harri and Toskala, Antti (2011) *LTE for UMTS. Evolution to LTE-Advanced*, 2nd edn, John Wiley & Sons, Ltd, Chichester.

[5] Nokia Siemens Networks (2009) Mobile Network Statistics of Nokia Siemens Networks. Nokia Siemens Networks report.

第2章 LTE/SAE驱动力分析

Jyrki T. J. Penttinen

2.1 引言

本章概述LTE/SAE的标准化和部署的原因。首先，简单回顾移动通信发展历程及每一代通信系统所具有的特征，给出了关于数据业务发展的简短总结。

2.2 移动通信系统发展历程

近十年来，移动通信的使用成指数增长。能提供由用户控制的点对点语音无线连接的早期手提无线电话机终端展示了无线世界的潜力。

当部署前第一代网络（也称为第0代）后，移动通信系统开始了大规模部署。1971年在芬兰，经过多年的建设后第一批商业无线移动系统之一的ARP（Automatic Radio Phone，自动无线电话）进入了商业化使用阶段。尽管按今天的标准来看，它的容量很低，但它在过去30年的商业市场中发挥了相当重要的作用。它工作于VHF频段，使得每个基站能够提供广域覆盖。因此它有效实现了芬兰所有地区的基本语音呼叫。这个模拟网络由芬兰电信（即现在的芬兰Telia Sonera公司）运营，在高峰时期有数以万计的用户。

在同一时期，芬兰和其他北欧国家还部署了第一张全自动移动通信网络——NMT 450（Nordic Mobile Telephone in 450MHz frequency band，450MHz频带北欧移动电话），也称为第一代移动通信网络最国际化的变形。它在20世纪80年代初商业化，最初是为车载环境设计的。像ARP一样，它只用于模拟语音服务。之后的十年，一个更先进的版本进入了商业化——NMT 900（Nordic Mobile Telephone in 900MHz frequency band，900MHz频带北欧移动电话）。这个系统在部署之初包含了手持终端。后来NMT 450进行功能扩展后也能支持手持设备。尽管仍在相对很小的范围，但这些系统第一次表现出网络功能具备国际通用性的优势。后来瑞士、俄罗斯和其他一些国家采用了这个系统。在20世纪90年代，甚至将这个系统通过独立的数据适配器或使用为数据特殊设计的DMR（Digital Mobile Radio，数字移动无线电）来进行数据传输连接。甚至能通过NMT图像解决方案传送活动的监视画面[1]。从大于ARP十倍的用户数量可知，NMT系统远比ARP受欢迎。在欧洲、美国和日本有各种类似于NMT的移动网络。

第二代移动通信系统，即GSM（Global System for Mobile communications，全球移动

通信系统）是最受欢迎的移动通信系统，原因之一是它满足了国际漫游的需求。GSM是由ETSI（European Telecommunications Standards Institute，欧洲电信标准协会）设计的。这一代与先前系统相比包含了更多的技术定义，而所采用的技术大多是面向数字化通信时代的，因此，GSM系统也是完全数字化的。与模拟系统相比，数字通信系统具有明显优势，包括恒定语音质量、终端和用户模块（用户身份单元或SIM（Subscriber Identity Module，用户识别模块））的分离。首次商业化几年后，GSM中引入了CS域数据通信，即GSM标准化的第二阶段，其CS域数据传输的最显著功能是能提供最大9.6kbit/s的数据速率。同时，由于网络和终端的支持，SMS（Short Message Service，短消息服务）业务投入使用。

SMS打通了增值服务持续发展的道路。在初期电路交换数据业务发展之后，分组交换数据进入到人们的视线之中，GPRS（General Packet Radio Service，通用分组无线业务）及其延伸——EDGE（Enhanced Data Rates for Global Evolution，提高数据速率的GSM演进技术）是全球无线数据发展的方向。这个趋势是很明确的——基本上所有的电信都将基于IP。市场中也出现了其他的第二代通信系统，如基于CDMA的IS-95。

GSM的成功仍在继续，它在3GPP（the Third Generation Partnership Project，第三代合作伙伴计划）中的标准化仍在继续。它的演进路线包括DHR（Dual Half Rate，双半速率）和DLDC（Downlink Dual Carrier，下行双载波），其中DHR提供比原全速率编解码器多出四倍的语音容量，而DLDC为下行数据通道使用两个独立的频率，在上行/下行中用一个5+5时隙配置来提供500~600kbit/s左右的数据速率。

2G演进的3GPP标准化名称为GERAN（GSM EDGE Radio Access Network，GSM EDGE无线接入网）（GSM/GPRS/EDGE）。在标准化实体中将GERAN作为一个完整的TSG（Technical Specification Group，技术规范组）来呈现。

随着网络的各种标准和新版本的发布，在SMG（Special Mobile Group，特殊移动组）中，GSM平台的限制体现了出来。这使得两条并行的3G移动通信系统发展了起来。这一代的想法是通过其他无线技术提供更多的容量，并为日益增长的移动数据的使用需求提供新的多媒体功能。

UMTS（Universal Mobile Telecommunications System，通用移动通信系统）的标准化着手于ETSI，最早名为FPLMTS（Future Public Land Mobile Telecommunications System，未来公众陆地移动通信系统）。在1999年，随着GSM的演进，这个标准化被移植到了3GPP。

如同在GSM中一样，UMTS标准化的创建也伴随着一系列的发展，定期会发布新的版本。尤其在提高数据速率方面能看出它的发展。UMTS的第一理论数据速率是2Mbit/s，从实际最高速率384kbit/s与目前最大数据速率相比来看，这个值是合理的。不断演变的应用和用户习惯要求更高的数据速率，这已通过引进HSPA和HSPA+来解决。

市场的全球定位由制造商和运营商决定，但目前和近期对不同代的无线接入技术的区分稍显混乱。第一代（模拟）和第二代（TDMA（Time Division Multiple Access，时分多址接入））系统的诠释和实际似乎与 ITU 原则一致，但是随着第三代系统的演进，如何命名这几代系统显得越来越不清楚了。

图 2-1 所示为这几代系统的思想，在 ITU-R 网页的［2］～［4］页中给出了解释。请注意术语“3.5G”和“3.9G”源于行业，而 ITU 并不是这样定义的。

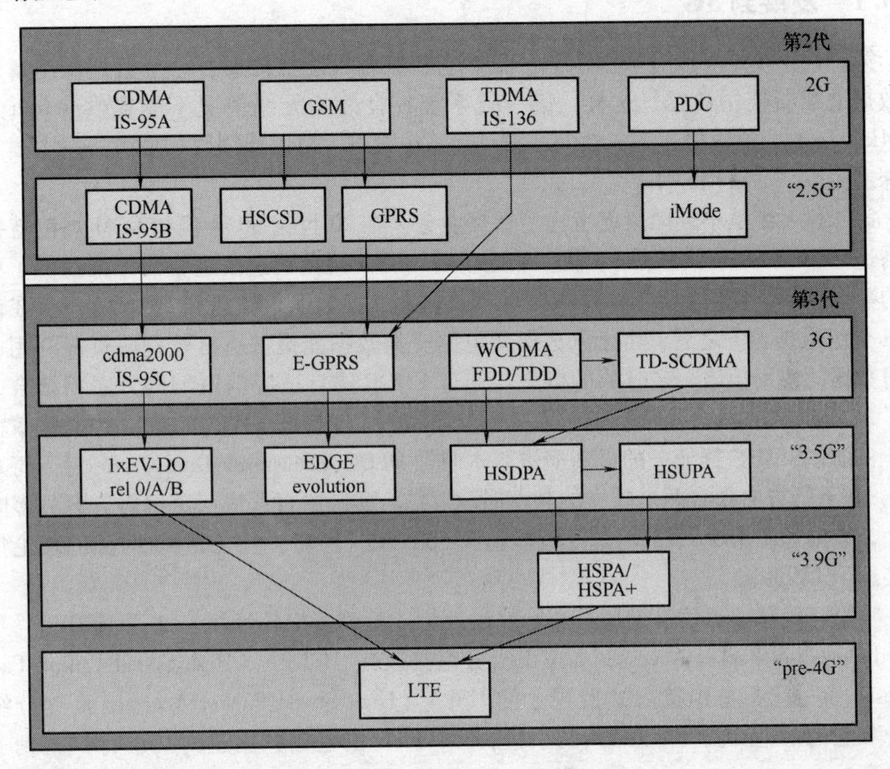

图 2-1　2G 和 3G 的内容

一般而言，将目前对 LTE 和 LTE-Advanced 所做的工作视为 4G 时代的组成。这意味着大部分移动电信行业认为 LTE 的性能已达到 4G 要求。实际上，这一解释更应该是，与 3G 相比 LTE 更接近于 4G，因此 LTE 的市场已采用了 4G。

ITU 的无线通信部门 ITU-R 于 2010 年 10 月 21 日为全球 4G 移动无线宽带技术完成了提交的六个候选协议的评估工作。根据 ITU-R 术语，第 4 代系统参考了 IME-Advanced 技术，并包含一些其他的技术，例如数据速率。这个提议引出两个 4G 技术：“LTE-Advanced”和“无线 MAN-Advanced”。这两个技术都是 ITU-R 官方认证的真 4G 技术，虽然在首次 Release 8 的 LTE 中移动电信行业的解释稍有些不精确。不管是否将 LTE 归为 3G 的最后一步或 4G 时代的第一或预备步骤，它都为向 ITU 定义的最新 4G 的发展铺平了道路，且随着它基于 Release 10 的先进版本的发展，LTE 将被视为完全 4G 系统。

2.3 数据业务演进

2.3.1 发展到3G

第一代系统本身没有数据承载，虽然它在某种程度上能通过一个数据调制解调器和数据适配器使用数据。这样，第一代系统在良好的无线情况下能提供 9.6bit/s 或 14.4kbit/s 的峰值数据速率。然而，第一代系统没有大范围使用数据业务——主要用于特殊遥测或最活跃用户中。

第二代系统从早期阶段就考虑了数据业务。在 20 世纪 90 年代初 GSM 规范就提供了高达 9.6kbit/s 的基础数据承载。从此以后，GSM 规范通过改进编码方案提供了更先进的数据速率，首次能到 14.4kbit/s 并通过电路交换数据很快达到 60kbit/s。仅在创建 GSM 分组数据业务之后，由于永久保留电路交换数据能提供更有效益的资源利用，这使得数据的使用猛增。多时隙的概念与通过 EDGE 的自适应信道编码方案相结合，提供了 384kbit/s 的理论数据速率（下行），实际上可与下行 UMTS 的首次数据速率相媲美。目前，GSM 数据业务的最新演进版本叫做 DLDC（Downlink Dual Carrier，下行双载波），在下行方向联合两个独立的频率时隙。结合实际中自适应信道编码方案的多时隙概念，数据速率用 5 + 5 的时隙配置能达到 500kbit/s 左右，且在 8 + 8 时隙的理论情况下接近于 1Mbit/s。

将第三代移动通信系统从一开始就设计为能处理多媒体环境。通过 HSDPA（High Speed Downlink Packet Access，高速下行分组接入）、HSUPA（High Speed Uplink Packet Access，高速上行分组接入）及现今的 HSPA（High Speed Packet Access，高速分组接入）和它的演进阶段的 HSPA + 的引进，384kbit/s 的基础数据速率（下行）得到了很大提高。

第三代数据业务的目前版本与首次 UMTS 数据业务的数据速率相比已明显改进。图 2-2 所示为随着新版本的 GSM 和 UMTS 数据业务的演进原则。

3G 数据演进是 3GPP 标准化的结果。作为一个经验原则，随着各个版本标准的最终发布，在两三年内市场中就会出现它们的商业解决方案（由供应商发布）。图 2-3 所示为 3G 标准由发布到完结的大致持续时间，及它们达到商业化所需的发展时间。

2.3.2 多媒体要求

GSM 和 UMTS 的分组数据业务开始了真正的多媒体时代。随着在全球范围内移动数据使用比以往更迅速的发展，应注意到对于运营商来说频谱效率是最关键项目之一。不仅要加强频谱效率，更大带宽的利用也是保证移动网络进一步演进的重要问题之一，因为数据速率直接取决于带宽利用率。

通过 HSPA 的演进提高了所提供的数据速率后，在 2004 年年末 3GPP 开始评估其继任者。新的无线性能目标设定的比 3GPP 之前任意版本的 WCDMA 都要高。决定在 DL（Downlink，下行链路）中峰值数据速率要求至少为 100Mbit/s，在 UL（Uplink，上

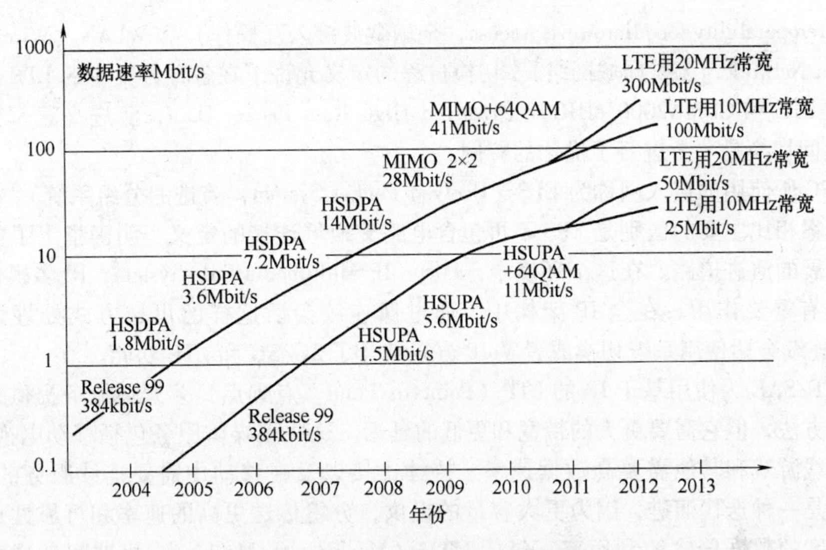

图 2-2　3G 数据业务的演进路线

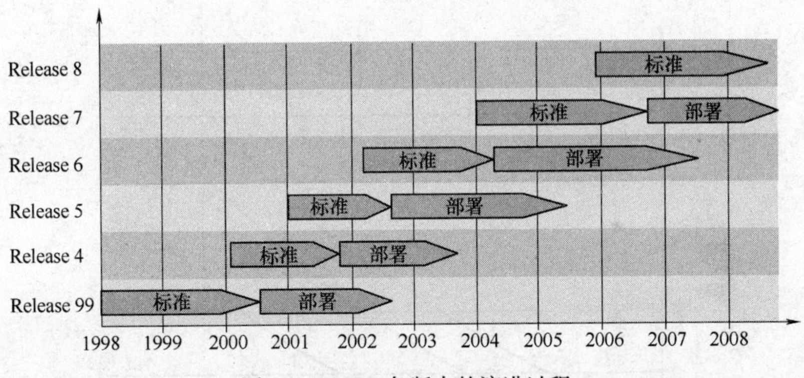

图 2-3　3GPP 各版本的演进过程

行链路）中超过 50Mbit/s。另外，延迟也会大大改善。这一新思路的工作名称叫 LTE（Long Term Evolution，长期演进），在初始学习阶段之后，它也成了各种无线接口的公用名称。然而，3GPP 标准把这个无线接口称为 E-UTRAN（Evolved UMTS Radio Access Network，演进的 UMTS 无线接入网）。

具有更高数据速率的演进无线接口在 2G/3G 移动网络的分组数据网络方面也要求有显著的提高，即 GPRS 核心网。这个 3GPP 研究项目叫做 SAE（System Architecture Evolution，系统架构演进），它是目前用于演进分组核心网的实际名称。实际上，SAE 是一个在实际中用于描述 EPC（Evolved Pocket Core，演进分组核心网）的术语。因此 SAE 和 EPC 是描述相同项目的类似的术语。EPC 记录于第八版技术报告[5]和技术规范[6,7]中。第八版在 2009 年年初完成。

EPC 能连接到 GERAN、UTRAN（UMTS Terrestrial Radio Auess Network，通用地面无线接入网）、LTE、Femto 接入点和其他非 3GPP 接入网，如 CDMA、WiMAX（Worldwide Interoperability for Microwave Access，全球微波接入互操作）和 WLAN（Wireless Local Area Network，无线局域网络）。切换过程的定义允许了在各种方案中的 LTE 迅速展开。在 LTE 和 CDMA2000 eHRPD（Evolved High Rate Packet Data，演进高速率分组数据）之间切换是一个进行了优化的特例。

EPC 所使用的接入网称为 EPS（Evolved Packet System，演进的分组系统）。EPS 和先前方案相比主要的区别是 EPS 不再包含电路交换域连接的定义，明确指出了向全 IP 环境发展的演进道路。在这个环境中，IMS（IP Multimedia Sub-System，IP 多媒体子系统）具有重要作用。在全 IP 架构中，通过像连续会话这样的可选方式处理语音和 SMS，连续会话使用系统切换或者 VoIP 方案结合了 2G/3G 和 LTE 功能。

LTE/SAE 为使用基于 IP 的 PTP（Point-to-Point，点到点）多媒体服务提供一个调制解调方法，但它需要更大的带宽和更低的延迟。这些多媒体服务包括移动电视/收音机、在线游戏和其他需要高数据速率、持续连接以及在移动中需要连续服务的应用。这实际是一种迭代演进，因为更大容量的提供，分组传送更高的速率和可靠性也提高了新方案的数据传输的利用率，包括 MTM（Machine-to-Machine，机器间）通信。图 2-4 所示为到 2013 年数据通信的评估。

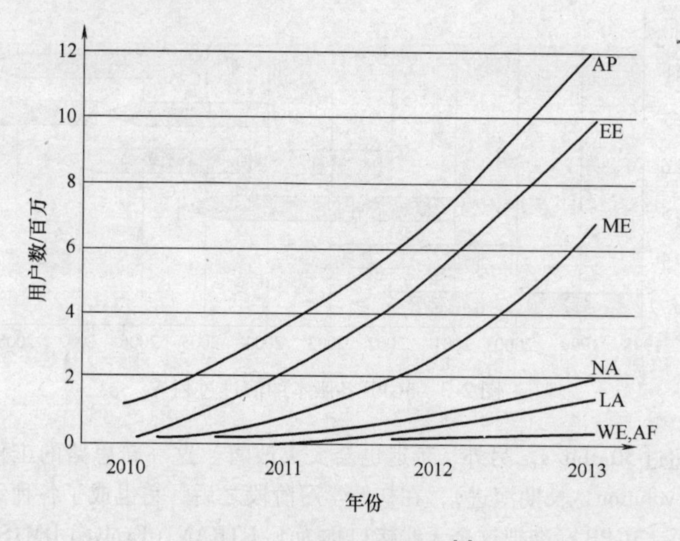

图 2-4　评估数据的增长[8]

现在，IP 分组传输是主要的数据传输方式。由于调制解调数据通信的突发特性，所以 IP 分组传输是发送和接收数据最实际的方法，互联网是最普遍的数据传送方法。

UMTS 版本带来了新的更有效的处理往返时延的架构方案，因此改善了终端用户对数据吞吐量的体验。

Release 7 的 I-HSPA（Internet HSPA，互联网 HSPA）架构表明，已将 RNC（Radio Network Controller，无线网络控制器）功能移到基站或 NodeB 中。

因此与 Release 6 和先前阶段 UMTS 及 GSM 相比，它的分组连接链包含更少的网元。简化的好处可在更短的信令连接中体现，因此在更小的往返时延中，直接有益于吞吐量值。

2.3.3 商业 LTE 部署

第一个 LTE 系统由 TeliaSonera 公司在瑞典部署[9]。根据参考文献［10］可知，在 2010 年底推出了 9 个商业成果。表 2-1 是这些网络的原则，按字母顺序分类。

表 2-1　2010 年底的 LTE 部署项目

运营商	位置及其他信息
NTT DoCoMo	日本
MetroPCS	美国，9 个城市
Telecom Austria	奥地利，维也纳
TeliaSonera	丹麦、芬兰、挪威、瑞典
Verizon	美国，38 个城市
Vodafone	德国，农村地区

2.3.4 LTE 频率重用改善的发展

也许有人会问你如果 Release 7 已经以一种相当有效的方式处理数据通信，为什么还需要 LTE 网络。答案是 LTE/SAE 使用相同的架构准则，但更进一步提高了其性能。

LTE 的一个主要推动因素是它在不同网络部署和演进方案时具有极高的适应性。目前的趋势是随着移动网络的容量要求越来越高，UMTS 和 GSM 早期版本已不再是具有高效频谱的版本了。

这会导致需要重用频率。一个可能的演进路径是减少 GSM 容量并添加 UMTS。这对于 3G 中频谱的高效利用是合理的。

UMTS 使用一个 5MHz 的频带（或在某些依赖于供应商的方案中，用如 4.2MHz 这样的低频带），而 GSM 将波段划分为大小为 200kHz 的块。每个 GSM 波段包括能在 8 个全速编解码器用户中或 16 个半速语音编解码器用户中共享的 8 个物理时隙，但这需要留出部分容量用于信令。GSM 演进也带来了一个双半速编解码特征，即在拥有足够的信号强度和质量把 HR 用户配对到 HR 时隙的领域中，它是之前半速容量的两倍。

GSM 数据业务可用性仍在发展中。最新增加的是 DLDC，即下行双载波。它使用两个独立载波的时隙且每用户总计能联合 10 个时隙。因此一个单一用户总的最大数据速率大概是 600kbit/s。在 EDGE 的第二阶段中将进一步增强这个特点，为每个单一 GSM 用户提供大概 1Mbit/s 的数据速率。

GSM 也有其他的特点，包括提高 2G 网络的谱效率。一个例子是根据干扰级别来实现频率动态分配的 DFCA。

拥有 DHR、DFCA（Dynamic Frequency and Channel Allocation，动态频率和信道分

配）和 DLDC 等特点，使得如今的 GSM 业务能在相当小的频段中进行处理，并且仍保留了相同的甚至更低的模块速率。这会导致一个相关的部署方案，即没有提供 3G 业务的 GSM/LTE 网络。

LTE 的真正好处在于动态的频率分配。见表 2-2，规定频带在 1.4MHz 和 20MHz 之间。这个表也显示了如果使用了 GSM，LTE 频带会提供多少 GSM FR（Full Rate，全速率）/HR（Half Rate，半速率）语音信道。

表 2-2 GSM 语音编解码模式及其各自的信道数（作为带宽的函数）

GSM 模式	带宽/MHz					
	1.4	3.6	5	10	15	20
FR	56	144	200	400	600	800
HR	112	288	400	800	1200	1600
DHR	224	576	800	1600	2400	3200

根据当前 GSM 频带，通过使用 GSM 中的 HR 和 DHR，使得 LTE 的频率重用能以平坦的方式完成。举一个例子，让我们假设把一个 10MHz 的频带用于当前 GSM 900。当前高峰时间的阻塞率为 2%。让我们计算当把 LTE 仅用作语音通信时，在不同 GSM 发展方案中 LTE 的好处。

GSM 路线图包括了 DHR 功能性。激活以后，它在 DHR 的实用领域带来了与先前 HR 模式相比两倍的容量。它的实际效果取决于无线条件、网络负载以及 DHR 选择算法。图 2-5 所示为 DHR 的原理，确实在基站附近带来了一个额外的覆盖范围，此处的容量利用率是 HR 模式的两倍。

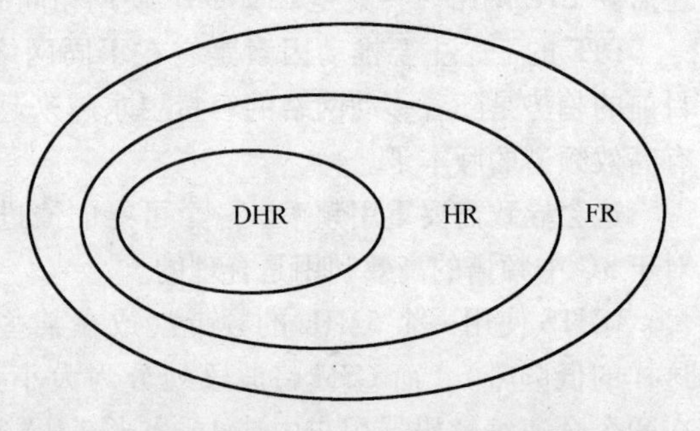

图 2-5 在覆盖领域上 DHR 增加了 GSM 的容量，直接用于 LTE 系统的频率重用

我们假设一个简单情况，当质量值小于 0.2% BER（Bit Error Rate，误比特率）（质量 Q0）且接受功率等级好于 90dBm 时，能触发成对 DHR 的呼叫。并且每干扰等级的载波足够高。这个容量增益能当质量值低于 Q5 或接收功率等级低于 90dBm 时，能触发两个独立 HR 呼叫的非成对 DHR 呼叫。基于来自实验室和 OSC[11、12]（Orthogonal Sub Channel 正交子信道）的实地测试现实领域数据，这个比例取决于 SAIC（Single Antenna Interference Cancellation，单天线干扰消除）的电话穿透力和 GSM 网络的总质量。一个整体粗略估计表明，如语音呼叫的 DHR 比例对于具有 60% 穿透力的 SAIC 能达 30%。因此我们可以估计在传统 GSM 网络中，语音通道能有 30% DHR（是每 TSL（Timeslot，时隙）的四倍容量）、20% HR（是每 TSL 的两倍容量）以及 10% FR（是每 TSL 的单个容量）的份额。可以假设分组交换数据通信仅使用遗留时隙，这样不影响语音通信容量维数。可以假设

TRX（Transceiver，无线电收发器）平均传送的90%为语音通信，余下的供信令使用。在10MHz GSM频带中，我们有10MHz/200kHz信道（TRX），媒体包含8个TSL，且90%×8的TSL用作语音呼叫（高峰时间物理TSL的最大值）。

当激活LTE 900时，它可用1.4MHz、3MHz、5MHz或10MHz的带宽。正如使用10MHz频带的原始GSM现今能挤压进一个更小的带宽中一样，可以并行使用LTE。很可能的是，与没有DHR时相同的原GSM阻塞概率，DHR的激活有利于在5~7MHz内传递相同流量。这意味着LTE能同时使用1.4~3MHz，甚至是5MHz模块。不支持LTE的终端能在GSM频带最大处使用，新的LTE终端在相同频带中通过额外高速增加的容量获得收益。

在第15章中可以看到频率重用的综合实例，它表示的是从之前技术到LTE的部署路线。

2.4 部署LTE的原因

2.4.1 概述

驱动选择LTE的因素包括成本，因为竞争和开放的标准为终端和网络提供了吸引人的低成本。3GPP的系统研究法也在系统演进期间和它的完整生命周期中保证了未来会对系统进行校对。从一开始，一个更重要的方面是为国际漫游提供可能性。

趋势似乎表明了如CDMA等角色的重要性减少了。有一些运营商选择WCDMA及更具体的演进HSPA/HSPA+ 的例子。LTE/SAE为已有3GPP网络的运营商提供了平滑的连续性。从逻辑上看，可以不使用较早的2G/3G基础结构来部署LTE/SAE。

2.4.2 可选方案之间的关系

对于LTE的可选方案可能是一个HSPA+终端的USB（Universal Sevial Bus，通用串行总线）插入模型或WiMAX。在运营商团体中存在很多关于LTE与其他可选方案相比的优势和劣势讨论。这些可选方案有时会专注于用3G网络（实际中的HSPA和HSPA+），而不是对LTE/SAE架构进行投资，或它们会完全通过部署WiMAX技术开始另一方向。

一些运营商专注于HSPA，因为他们未能获得一个LTE许可或在他们的国家中还没分配LTE许可。其他把等待LTE成熟的同时投资HSPA作为他们的短期策略——例如，为网络供应商消除任何新产品中的任何故障/互用性问题，也为终端供应商生产大量的拥有LTE功能的手持设备和软件狗。很显然，使用提供42Mbit/s的HSPA+，为运行无线网络的3G运营商提供了一个具有吸引力的价值提案，这样的运营商能很容易升级（例如，仅安装一个新的软件）到HSPA上。然而，对于很多在短期/中期大量投资到HSPA的运营商来说，由于LTE比HSPA具有更大的收益，LTE仍是长期的最高目标，如LTE更高的带宽，更低的延迟以及最终LTE更少的生产成本。

很多地方都存在 LTE 与 WiAMX 的竞争情况，但是，从近来的发展来看，WiMAX 好像未能在全球的运营商的 LTE 计划中引起较大的注意。因此，可以肯定 LTE 是这两种技术的赢家。

2.4.3 TD-LTE 和 FD-LTE

除世界上第一个部署 LTE/SAE 的运营商所部署的“常规的” FDD（Frequency Division Duplex，频分双工）-LTE 之外，还有另一个叫做 TDD（Time Division Duplex，时分双工）-LTE 的 LTE 方案。世界各地的监管机构已经为 WiMAX 授予了 TDD 许可。现在也把这些频带看做是 TDD-LTE 的一个可行的选择。

基本上，这取决于运营商（不管是获得了 TD-LTE 许可还是 FD-LTE 许可）以及支持这些技术的设备等级。由于 FD-LTE 部署的更广泛，目前对它有更多的支持。当实际部署 LTE 时不得不考虑这些因素。

2.5 LTE/SAE 的下一步

LTE-Advanced 将导致电信更大的整合，如图 2-6 所示。LTE 为多技术的更好使用铺平了道路。它能提供最优的性能和用户体验，这取决于环境。

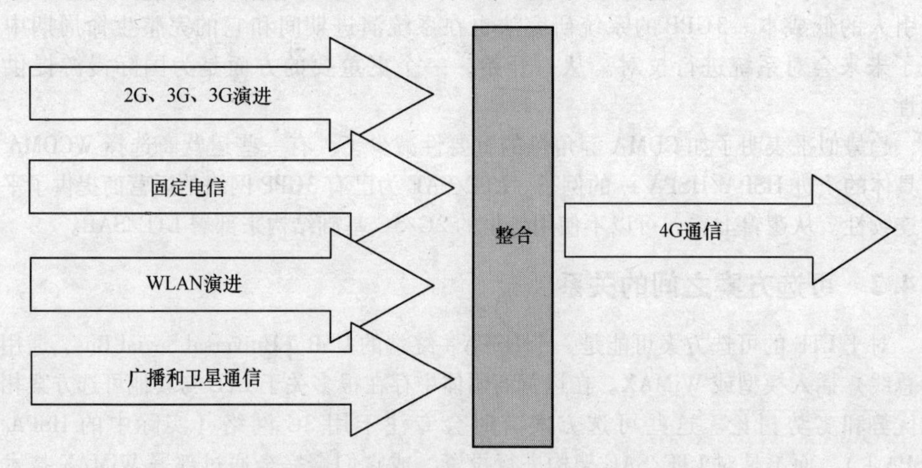

图 2-6 通过电信系统的整合向 4G 发展的路径

4G 电信系统有以下几方面的特点。

1）网络、技术、应用和服务的整合。

2）一个个性化和无处不在的网络，它对用户是透明的。

3）全 IP 概念和一个单一核心网。

4）服务、应用、传输以及接入的分离。

这个演进的结果提供了传统与全新业务之间的平滑过渡，并为客户提供了更具吸引力的用户体验。

2.6 LTE 的优点总结

表 2-3 LTE 的优点总结

功 能	评 论
OFDMA 和 CP（Cyelic Prefix，循环前缀）	在 LTE DL 中。容易平等化。良好的安排时间的性能。符号间干扰（Inter-Symbol Interference，ISI）的抑制
SC-FDMA 和 CP	在 LTE UL 中。最优的功率峰均比（Peak to Average Power Ratio，PAPR）
QPSK（Quadrature Phase Shift Keying，正交相移键控），16-QAM（16 state Quadrature Amplitude Modulation，16 态正交幅度调制），64-QAM（64 态正交幅度调制）	调制的适应性用法，提供最优比特位
可扩展的带宽	在 LTE 中，频带能设定在 1.4、3.6、5、10、15 和 20MHz。这优化了频带的使用，且缓解了频率重用方案
TTI（Transmission Time Interval，传输时间间隔）	在 LTE 中，TTI 是 1ms。这产生了一个对信道变动以及更高比特位的更好的回应
扁平架构	更低的延迟和更简单的架构
全 IP	不需要简化了架构的 CS 领域
MIMO（Multiple Input Multiple Output，多输入多输出）	提供了最优性能
1/1 的频率复用	提高了频谱效率

3GPP 长期演进代表了在蜂窝技术中的一个重大发展，见表 2-3。它满足了未来几年高速数据和媒体传输的需求。由于具有较高的上行和下行比特率以及低延迟，LTE 为移动网络运营商提供了高性能的服务基础。

LTE 的基础设施比先前的网络方案更简单。它提供了灵活的频率分配，可用于优化不同方案中的通信传送。它同时支持 FDD 成对谱和 TDD 非成对谱。最重要一个方面是涉及兼容性，如 LTE 能兼容 GSM、WCDMA/HSPA、TD-SCDMA（时分同步码分多址）和 CDMA。

参考文献

[1] NMTImage (1994) Conference proceedings. Digital Mobile Radio conference (DMR), Stockholm.

[2] ITU (2000) Mobile network generation discussions, www.itu.int/ITU-D/imt-2000/Revised_JV/IntroducingIMT_item3.html (accessed August 29, 2011).

[3] ITU (n.d.) LTE network launch information, www.itu.int/ITU-D/ict/newslog/CategoryView,category,4G.aspx (accessed August 29, 2011).

[4] ITU (2010) ITU's 4G advances, www.itu.int/net/pressoffice/press_releases/2010/40.aspx (accessed 29 August 2011).

[5] 3GPP TS 23.882. (n.d.) *System Architecture Evolution (SAE): Report on Technical Options and Conclusions*, 3rd Generation Partnership Project, Sophia-Antipolis.

[6] 3GPP TS 23.401. (n.d.) *General Packet Radio Service (GPRS) Enhancements for Evolved Universal Terrestrial Radio Access Network (E-UTRAN) Access*, 3rd Generation Partnership Project, Sophia-Antipolis.

[7] 3GPP TS 23.402. (n.d.) *Architecture Enhancements for Non-3GPP Accesses*, 3rd Generation Partnership Project, Sophia-Antipolis.

[8] ABI (2008) Forecast LTE Subscribers, World Market Forecast: 2010–2013, ABI Research, unpublished report.

[9] Nokia Siemens Networks (n.d.) Information about the first LTE initiations, www.nokiasiemensnetworks.com/file/5516/teliasonera-builds-europe%E2%80%99s-first-multi-city-lte4g-network (accessed 29 August 2011).

[10] Nokia Siemens Networks (2009) Long Term Evolution (LTE) will meet the promise of global mobile broadband. Nokia Siemens Networks, White paper.

[11] Penttinen, J.T.J., Calabrese, F.D., Maestro, L. *et al.* (2010) Capacity Gain Estimation for Orthogonal Sub Channel. Proceedings of the Sixth International Conference on Wireless and Mobile Communications (ICWMC), Valencia. CPS, Halifax, pp. 62–67.

[12] Penttinen, J.T.J., Calabrese, F.D., Niemelä, K., *et al.* (2010) Performance Model for Orthogonal Sub Channel in Noise-Limited Environment. Proceedings of the Sixth International Conference on Wireless and Mobile Communications (ICWMC), Valencia, 2010, pp. 56–61. CPS, Halifax.

第3章　LTE/SAE 概况

Jyrki T. J. Penttinen 和 Tero alkanen

3.1　引言

LTE 指的是3GPP 无线网络的长期演进，它可以被认为是演进的 UMTS 地面无线接入网络（UTRAN）的同义词，它定义了新的LTE 无线接口，增强了网络IP 域的原有性能，并且增加无线网络设计的灵活性。它提供了不同的信道带宽，并且不同的信道带宽在网络演进中和频谱利用策略中是非常有效的。LTE 可以采用频分双工（FDD）或时分双工（TDD）模式，下行采用正交频分多址接入（OFDMA）技术，上行采用 SD-TDMA 技术，优化了移动环境下的无线接口，尤其是存在多径无线信号和多路信号快衰落的情况下。它也可以在基本解决方案上使用最新的技术，其中包括64QAM（64 态正交幅度调制）和多输入多输出（MIMO）天线的不同配置。

演进的 UTRAN 只包含一种类型的基站（即 eNodeB），也就是目前3GPP 网络网元中的演进基站。换句话说，在 LTE 中没有单独的控制器，控制器的功能已被集中在基站侧。

与无线不相关的其他网络，被称为 SAE，指的是3GPP 系统架构演进的核心网。实际上，网络的演进核心部分一般是现今的 EPC，EPC 称为演进的分组核心网。顾名思义，该系统是基于纯 IP 流量，因此 LTE 不会有任何有关电路交换域的定义。

完整的演进解决方案称为 EPS（演进的分组系统），包含 LTE 和 EPC。SAE 在标准化术语中不再正式使用，不过，在口语中，SAE 仍然保持着使用。出于这个原因，SAE 或 EPC 用来描述演进的核心网，虽然 EPC 是建议使用的统一术语。

3.2　LTE/SAE 标准

LTE 和 SAE 在3GPP（第三代合作伙伴计划）中标准化，它致力于制定 GSM、WC-DMA 和 LTE 的3GPP 规范。

GSM 是第二代移动网络解决方案的一部分。它包括 GPRS（通用分组无线业务）和 EDGE（提高数据速率的 GSM 演进技术）等内容。3GPP 2G 无线网络的总称是 GERAN（GSM EDGE 无线接入网）。第三代包括用来描述如 UTRAN（UMTS 通用地面无线接入网络）、欧洲 UMTS（通用移动通信系统）和日本 FOMA（自由移动的多媒体接入）的3G 网络的标准化。

GSM 和 UMTS 的标准化工作是一个持续的过程，这项工作起始于创建 GSM 和首个

UMTS 标准的 ETSI。1999 年，3GPP 接管 GSM 和 UMTS，之后就一直演进标准。标准化工作持续进行，成果是一系列新的版本，许多规范在一年内产生 4 次修订版本。该组织是民主的，通过在子组和 3G 季度 TSG 全体会议上的投票来选择解决方案。TSG GERAN 每年召开五次。

图 3-1 所示为 3GPP 标准化组织当前的设置。RAN（Radio Access Network，无线接入网）组已定义了 LTE 规范，SA（Service and System Aspect，服务和系统方面）组已为 SAE 制定了单独的定义。

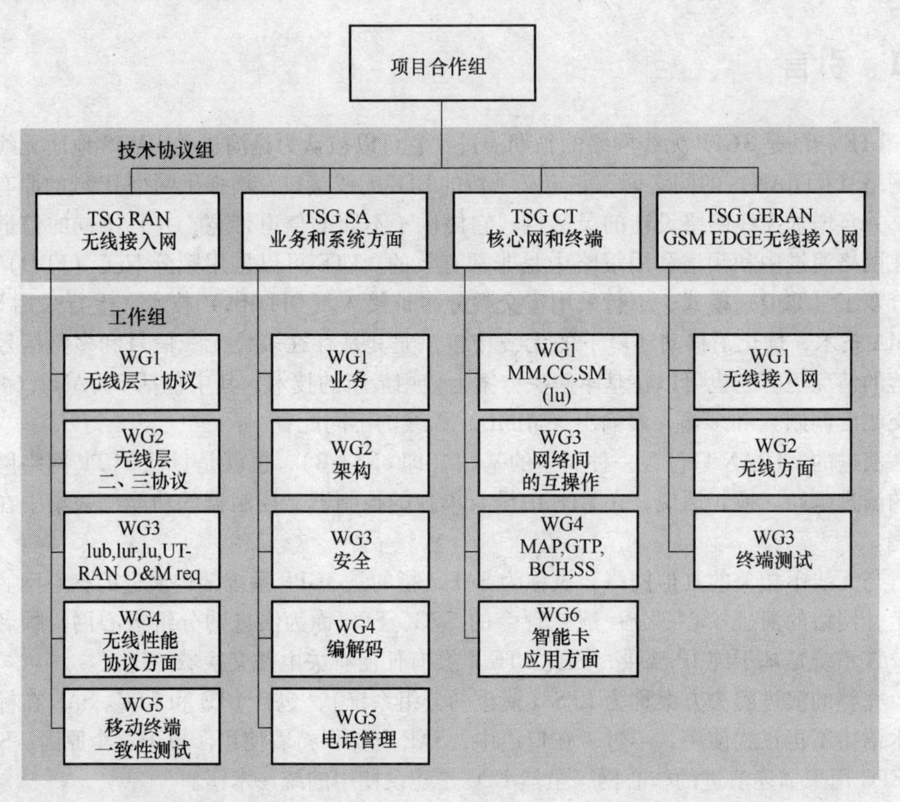

图 3-1　在技术规范组（TSG）中进行 3GPP 标准化，它包括无线接入网（RAN）、系统架构（SA）、核心网和终端（CT）、GSM EDGE 无线接入网（GERAN），最终的标准在全体会议上批准或否决

3.3　从规范中获取信息

有关 LTE/SAE 的信息和以前 3GPP 的定义，可以在 3GPP 网页（www. 3gpp. org）上找到。3GPP 标准和规范的编号是逻辑编号，编号表示主要议题，后面的部分表示每个版本具体的条款。

LTE 和 LTE- Advanced 无线技术规范可以在 3GPP 36 系列中找到。

一个找到主要议题的直接方法是首先调查所有规范的编号方案。3GPP 规范被分成专题议题，如规范第一部分所示，它可以是一种技术规范（Technical Specification，TS）或者技术建议（Technical Recommendation，TR），见表 3-1。

LTE/SAE 在 3GPP 规范中的编号是 36，尽管 36 系列和其他规范编号之间有许多相互依存的关系。由于 LTE 采用以前 3G 的标准，这是合乎逻辑的，最主要的区别在于无线信道、接入方式、其他新的或修改的有关无线相关的定义。

规范编号进一步包括子分类（小数部分）和带有日期的版本，日期是指在 3GPP 接收过程中何时形成正式规范。

表 3-1 The 3GPP 规范分组

项目	规范/建议序列号	
	GSM 具体的，最初的 ETSI nr/R4 和超出的部分	3G 和 GSM R 99 和以后的版本
要求	01/41	21
第一阶段业务特征	02/42	22
第二阶段技术实现	03/43	23
第三阶段信令协议，终端—网络	04/44	24
无线特征	05/45	25
语音编解码器	06/46	26
数据	07	27
第三阶段信令协议，RSS—CN	08/48	28
第三阶段信令协议，网络间	09/49	29
项目管理	10/50	30
用户识别模块（SIM），通用用户识别模块（Universal Subscrible Identity Module，USIM），IC 卡、测试规范	11/51	31
操作、管理、维护和供应（Operations、Administration、Maintenance and Provisioning，OAM&P）和计费	12/52	32
接入要求和测试规范	13	
安全特性	—	33
UE（User Equipment，终端）、SIM 和 USIM 测试规范	11	34
安全算法	未公开	35
演进的 UTRA（LTE）和 LTE-Advanced 无线技术	—	36
多种无线接入技术	—	37

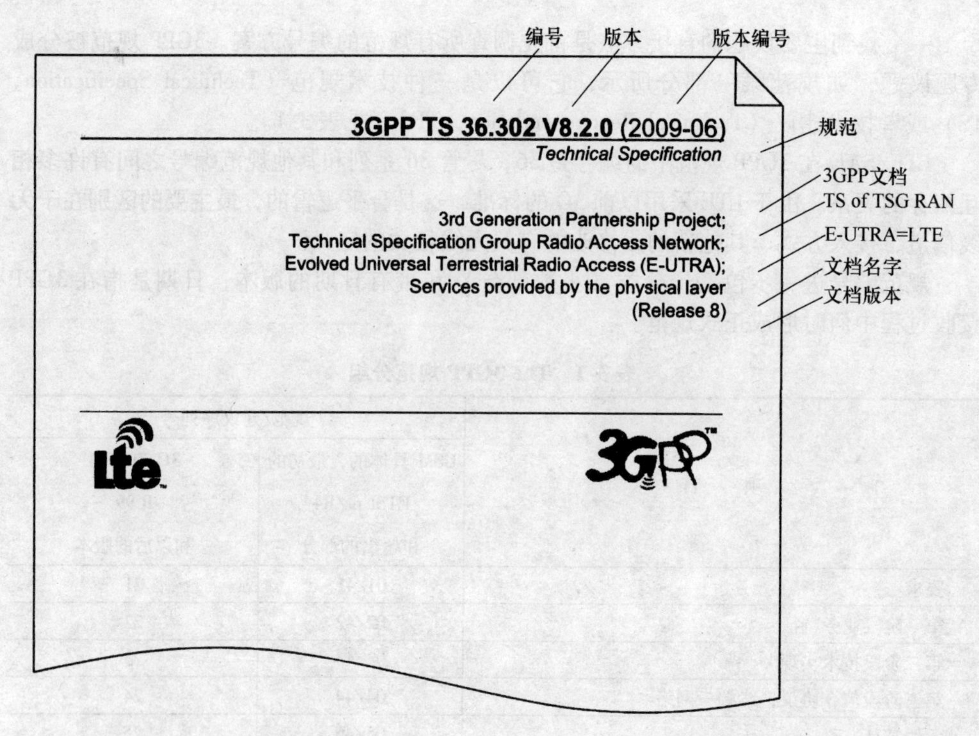

图 3-2　3GPP 标准的封面。3GPP 和 ETSI 的商标（经 3GPP 的许可转载）

3GPP LTE/SAE 规范的首页包含如图 3-2 所示的信息。

LTE 和 SAE 是在 R8 版本中首次进行了定义。目前，标准被分为以下类别。

1）R8 版本，LTE 基础版本。

2）R9 版本，LTE 相对较少的增强。

3）R10 版本，LTE- Advanced 基础版本。

4）R11 版本，LTE- Advanced 增强。

LTE R8 和 R9 版本已经冻结，LTE- Advanced 标准化工作正在进行。事实上，LTE 和 LTE- Advanced 标准化工作将并行进行。

在韩国 3GPP 全体 TSG 48 次会议上 R9 版本完成，目前重点是正在向始终在线、始终宽带方面发展。

R8 和 R9 的颁布提供了电信业下一代移动网络的逻辑演进，也就是 3GPP 中提到的 LTE。共同的标准化使得 LTE 与传统网络兼容，这是演进过程中的一个重要争论。由于 3GPP 工作是持续的，会有进一步的里程碑或结果，包括 R11 版本。R11 的预期目标是使 LTE 和 LTE- Advanced 进一步成熟，包括系统架构演进（SAE）。由于 LTE 的部署将揭示进一步的发展主题，这项工作还将继续。

新的 LTE R8 相关定义可以在 3GPP 36 系列中找到，表 3-2 列出了规范的主要议题。

表 3-2 LTE 规范主要划分

技术标准（TS）	主要议题
TS 36.1××	终端和 eNodeB 设备规范
TS 36.2××	物理层规范
TS 36.3××	层二和层三规范
TS 36.4××	网络信令规范
TS 36.5××	用户设备和一致性测试规范

3.4 LTE 的演进路径

提供比 GSM 和 UMTS/HSPA 更高的数据速率和更快的信令响应的需求是 LTE/SAE 标准化的主要驱动力。在这种需求的背后是对数据业务演进的预测，这也表明了移动数据业务的重要性增强了。成本降低也是网络运营商引入 LTE/SAE 的主要驱动力之一。

为了大大增强用户体验，时延优化是至关重要的，这意味最小的滞后时间和往返时延将导致较高的 TCP（Transmission Control Protocol，传输控制协议）吞吐量和较低的 UDP（User Datagram Protocol，用户数据报协议）/RTP（Real Time Transport Protocol，实时传输协议）流量抖动，并最终能提供高质量的实时业务。快速服务能力是必不可少的，可通过减少承载建立次数来完成。这些优点增加了对 LTE 的认识和提高了网络的利用率。预测表明，在 2012 年超过 90% 的流量是数据流量，2012 年移动数据流量比 2010 年多 4～5 倍。

趋势清楚地表明，使用互联网业务（Web 浏览、邮件、以文本和多媒体聊天的社交网络）的移动用户数量正在大大增加，同时，以传统社区用户为主的数据传输目前正在向年轻用户发展，因为在过去几年中，他们已经在固定的互联网上习惯于使用同样的业务。

为了提供流畅的用户体验，减少信令或者控制面消息的时延是必要的。以前 2G 和 3G 网络包含的往返时延被认为是提供流畅业务的一个限制因素。

基于纯 IP 的移动网络架构的优势在于简化功能的可能性，IP 技术使功能集中在几个网络单元中成为可能。相比于传统移动网络，在 LTE/SAE 中将使用更少的网络单元进行部署。因此，对优化网络的 CAPEX 和 OPEX，LTE/SAE 有明显的优点。

纯 IP 的解决方案意味着 EPC 是在 PS（Packet Switched，分组交换）域中传输数据的最优方案。在以前 2G/3G 的解决方案中，由于同时支持电路域和分组域，数据传输需要做一个折中。然而，LTE/SAE 提供与以前的解决方案后向兼容。实际上，它提供业务连续性机制，例如可在 2G、3G 和 LTE 网络之间进行漫游。

后向兼容是 EPC 规划中的一个重要方面。当终端在 2G、3G 和 LTE 网络间切换时，EPC 和 EPS 提供后向兼容机制以便支持移动性。移动性的基础是 GTP（GPRS Tunnelling Protocol，GPRS 隧道协议）或者 PMIP（Proxg Mobile IP，代理移动 IP）移动性协议。在 EPC 中，引入了新版本的 GTP，即 GTPv2[1]，它是控制面信令的协议。以前的 GTPvl-U 仍然在用户面传输中使用，没有改变。

对于非 3GPP 的接入系统，例如 WLAN 和 WiMAX，LTE/SAE 支持基于 IETF（Internet Engineering Task Force，互联网工程任务组）的通用移动性协议的移动性，例如 PMIPv6 和 DSMIPv6。对于专门的 CDMA2000 eHRPD 系统，通过引入专用的连接至 EPC 的控制面和用户面接口，设计了切换到 LTE 的机制。在切换流程之前，这些接口会帮助信息传递从一个接入网到另一个，以此来优化和协调实际的切换流程。

3.5 LTE 的关键参数

LTE 提供了在不同的频率上引入业务的可能性，将在第 7 章中进行描述。与以前移动通信系统版本相比，LTE 系统主要优点之一是定义了不同带宽的可能性，可高达 20MHz。

LTE 能力的提供基于资源块（Resource Block，RB），RB 的数量取决于带宽，见表 3-3。更详细的有关 RB 的原理细节将在第 7 章中给出。

其他重要的 LTE 参数如下，对 UMTS FDD 和 TDD 频段同时有效。

多种接入方式：下行 OFDMA（正交频分多址接入）和上行 SC-FDMA（单载波频分多址）。

在下行中，为了从发射分集、空时复用、循环延迟分集中获益，LTE 可以使用 MIMO 配置的多种选择。上行中，可以采用多用户协作 MIMO。

LTE 峰值速率高达 150Mbit/s，在整个 20MHz 带宽通过使用具有 2×2MIMO 的 4 类 UE 可达到。另外，在 20MHz 带宽时，300Mbit/s 的速率可通过具有 4×4MIMO 的 5 类 UE 得到。上行中，在 20MHz 带宽时，峰值速率可达到 75Mbit/s。

表 3-3 不同带宽内 LTE 资源块（RB）的数量

LTE 带宽/MHz	1.4	3.6	5.0	10	15	20
RB：	6	15	25	50	75	100

3.6 LTE 和 WiMAX

通过调查发现，LTE/SAE 和 WiMAX 是相互竞争的技术。事实上，两个系统都是为传送分组数据设计的，而不是语音业务。此外，这两个系统的下行都是基于 OFDM 技术。

WiMAX 是定义在 IEEE 802.16 中的标准，同样，就上一代 IEEE 定义的 Wi-Fi 来说，在成为批准的标准之前，工程师协会进行了大量的修订，这是一个开放的标准。这提供一种这样的规模引入 WiMAX 设备，并使终端用户的成本较低的方法。同样，3GPP 标准化提供了 LTE/SAE 设备间互操作，它带来规模的经济效应。

在这个阶段，从终端用户的观点来看，LTE/SAE 和 WiMAX 间的一个区别是 WiMAX 提供了更高的数据速率，而且在这些技术中时间机制也是不同的。LTE 部署需要一段时间，但是目前这一代 WiMAX 在市场上已经应用。据 WiMAX 论坛[2,3]统计，截止到2011 年2 月，已在150 个国家部署了582 个 WiMAX 网络，这表示 WiMAX 在全球已广泛部署。一般假设 LTE/SAE 大规模部署发生在2012 年。不过，目前尚不清楚 WiMAX 基础版本相比 LTE 能如何受欢迎。LTE 的优点是它可以整合为2G/3G 基础结构之外的其他逻辑部分，这对现有运营商和终端来说是非常有吸引力的，因为业务可以保持连续性。

对移动运营商，最重要的区别是 LTE/SAE 作为现有的 GSM 和/或 UMTS 基础设施的延伸可以顺利地部署。反过来，WiMAX 要求建设一个全新的网络。主要的好处是2G/3G 基础设施在全球的大量使用，用户可以直接使用 LTE 终端，同时，运营商可以从现有的基础设施中受益。

3.7 漫游架构模型

3.7.1 漫游功能

在 LTE/SAE 上使用特定的业务有特定的要求。例如，语音对漫游功能有主要影响。如果采用电路交换回落技术，那么语音漫游通过现有的2G/3G CS 语音漫游协议进行处理。如果使用 VoLTE（Voice over LTE，LTE 系统语音支持），那么有多种方式可以做到。一般而言，这与 IMS 漫游协议的问题也有关，因为期望所有基于 IMS 的业务将使用相同的漫游功能，这将大大简化部署。

如果是 OTT（Over The Top，过顶）语音解决方案，期望它像正常的 LTE/SAE 数据漫游一样处理，LTE/SAE 详细的漫游细节将在第10 章描述。

3.7.2 运营商面临的挑战

运营商之间的因素是 LTE/SAE 架构需要考虑的一部分。其主要问题是，3GPP 已经定义了如何处理 VPLMN（Visited PLMN，受访的 PLMN）和 HPLMN（Home PLMN，用户归属的 PLMN）之间流量的多个架构模型，这主要涉及 EPC 领域，例如 P-GW（Packet Data Network Gateway，分组数据网网关）节点可以位于 VPLMN 或者 HPLMN。

LTE/SAE 漫游架构的选择需要运营商之间的认真协调，否则容易导致难以控制的混乱情形，个别运营商会根据自己的商业和技术分析部署不同的非互通的解决方案。这并不会使每个人都受益，除了漫游代理和互通功能（Interworking Function，IWF）节点的供应商，他们在不同的解决方案间提供必要的映射。主要运营商通常有几百个2G/3G 漫游合作伙伴，所以从逻辑上可以预计，在 LTE/SAE 的漫游连接合作伙伴的数量可能是几十或最终甚至上百个。

从 RAN 侧的观点来说，在 LTE/SAE 漫游区，最主要的困难是有相当多的潜在频段用于 LTE，范围为700 ~3500MHz。实际上这意味着终端是在全球应用，它需要支持全球不同地区不同频段的部署。显然终端不需要支持所有可能的频率波段，即使支持10个频段，也意味着终端能力需要是现今高端手机能力的双倍，例如iPhone4或诺基亚N8支持5个3G频段。至少在开始LTE终端能力不可能那么强大，因此，为美国市场设计的终端在例如漫游到欧洲或者亚洲时可能无法正常工作。

从终端用户的角度来看，这种不幸的情况是有点类似早期2G或3G初期的漫游，全球旅行的人必须考虑到他们的常规设备，可能无法在每一个目的地漫游。然而，一个典型的LTE设备能够使用2G/3G网络，这意味着用户可以通过更广泛的VPLMN和HPLMN之间的现有2G/3G漫游协议使用他/她的设备，虽然与LTE漫游相比速度较低。这将需要一些时间为LTE漫游的真正广泛商用进行部署，就像运营商建立广泛的3G漫游覆盖一样需要相当长一段时间。

LTE/SAE的漫游各方面的进一步细节，将在第10章中做进一步解释。

3.7.3 CS语音回落

即使LTE/SAE是一个纯IP网络，它与传统网络也有连接，比如在参考文献［4］中针对语音已定义了CSFB（Circuit Switched Fall Back，电路交换回落），基本上CSFB意味着LTE/SAE用户可以使用好的2G/3G CS网络产生语音呼叫——也就是说，呼叫期间，设备可以从LTE网络切换到2G/3G网络，一旦呼叫结束，设备切回到LTE网络。原因是，在LTE/SAE中没有CS语音域，这意味着语音通过一些其他的机制产生，比如说VoLTE或者OTT，如果没有部署这些其他的机制，在LTE/SAE中，唯一产生语音的解决方案是通过电路交换回落在现有的2G/3G网络。

实际上，对移动台主叫，终端（UE）向网络发送业务请求，接着UE切换到2G/3G网络。对移动台被叫，当接收到呼叫，MSC（Mobile Serrices Switching Center，移动服务交换中心）-S通过LTE网络寻呼UE，为了接收从MSC-S发出的CS语音呼叫，接着UE切换到2G/3G网络。3GPP已为网络间的切换实际上是怎样发生的定义了选项，例如，切换到3G，可以使用PS切换或者重定向移动机制。

作为CSFB工作的一部分，3GPP已经定义了“短信回落”，叫做基于短信网关的短消息，允许LTE/SAE设备通过MME（Mobility Management Entity，移动性管理实体）与MSC-S接口发送和接收短消息。应当注意的是，当使用基于短信网关的短消息时，设备依然连接到LTE/SAE网络。这是与要求设备连接到2G/3G网络的CSFB语言回落方案最大的不同。图3-3所示为CSFB的高层架构。

从部署的角度来看，CSFB要求基于2G/3G网络覆盖、核心网的支持，设备还需要明确支持CSFB。除在LTE/SAE网络需要支持2G/3G的要求外，CSFB方案还有一些其他的缺点，例如，用户正在使用数据业务而同时呼入/呼出语音发生时，LTE仍然会切换到2G/3G。根据所使用的业务，可能产生较小或者较大的影响。一旦LTE回落到2G，很明显带宽急剧下降，如果不支持DTM（Dual Transfer Mode，双转换模式），在语音呼叫期间，整个数据会话将会暂停。从用户角度来看，这可能导致用户的恼怒。

从运营商和供应商角度分析，目前最大的问题可能是CSFB性能，很明显，由于语音呼叫通过CSFB需要额外的步骤，即实际上从LTE切换到2G/3G与原来2G/3G网络

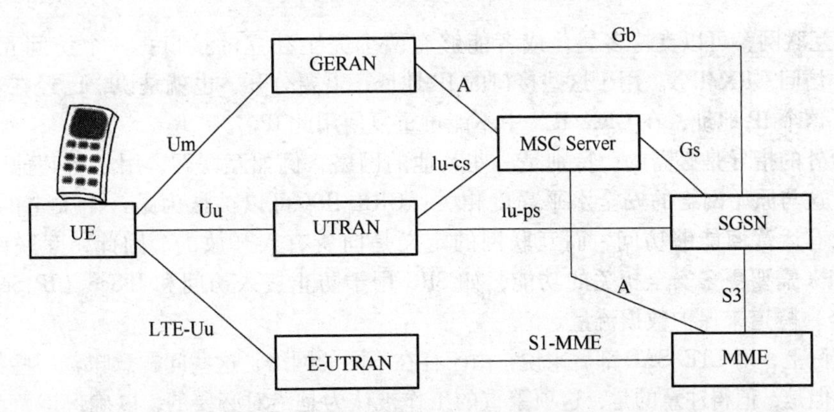

图3-3 在参考文献［4］中定义的CSFB和基于SG的SM的EPS架构

CS语音或者LTE/SAE VoLTE相比将增加延迟。大量的文件计算或实验室研究已经完成，公开的数据很少，但是从专家正在讨论的数据表明，可能存在2~5s的额外延迟。

应当指出，最坏的场景是一个CSFB UE呼叫另外一个CSFB UE，甚至正常用户可能会感觉到有些奇怪，这是由于两端需要额外的延迟，两端的延迟合起来将导致次优的性能。这种场景的经常发生是每个运营商需考虑的问题，例如，基于网路和设备发展路线。从部署的角度来看，可以很确定地说应尽可能避免。

然而，直到CSFB完全基于现网的试验，很难真实预测增加的延迟。由于无线环境和负载不同，延迟可能有很大区别的，自然地，用在特定无线和核心网的参数也将产生很大的影响。另一个方面是用于CSFB的机制，例如，PS切换相比重定向具有自身的优缺点。3GPP仍然致力于提高CSFB的性能，R8和R9引起的基本延迟可能会有所不同。

很确定的说，SMS（即LTE短消息）将会广泛使用，这是因为对SMS来说，性能问题不是主要问题，实际上，当使用基于短信网关的短消息时，设备仍然连接到LTE/SAE网络。举例来说，当LTE/SAE数据适配器访问互联网业务时，它仍然可以接收和发送短消息。

GSM协会的运营商以及NGMN考虑将CSFB作为VoLTE目标解决方案的中间过渡，因此可能是很多供应商发展路线的一部分。

3.7.4 运营商之间安全因素

作为整个LTE/SAE环境全面安全审查的一部分，运营商之间的因素是要重点考虑的，即漫游和互联。针对GRX（GPRS Roaming Exchange，GPRS漫游切换）/IPX（IP eXchange，IP交换技术）网络，GSMA（GSM Association，GSM协会）IR.77文档描述了一般准则，这些准则在部署时也是有效的，例如LTE/SAE漫游（不管使用何种业务/应用）。

主要涉及的实际问题是GRX/IPX是完全分开的网络，也就是说，互联网不能访问或不可达，这就对部署有些限制。实际上，需要使用核心网节点，它可以访问GRX/

IPX 和互联网，可以支持多属，或者能够有两个完全独立的接口：一个访问互联网，另一个访问 GRX/IPX。用于这些接口的 IP 地址还需要分开，也就是说，已经在互联网使用了这个 IP 地址，在 GRX/IPX 中不能再重复使用此 IP。

额外的指导是必需的，特别是一些其他的网络，例如互联网，用于与其他运营商互联。这与原始网络的安全水平高度相关：GRX/IPX 可以被认为是一个安全的网络，因为只有运营商能够访问，而互联网的定义是向所有人开放的。因此，互联网相比 GRX/IPX 需要更多安全相关的功能，如 SBC 用于防止接入访问和 IPSec（IP Security，IP 安全）隧道来保护数据流量。

实际上，对 LTE/SAE 部署来说，由于存在不同的网络，这些问题意味着一些额外的工作。但是，值得注意的是，这项繁重的工作被认为是绝对必要的，以确保运营商间的重要环境尽可能简单和可管理，例如发现故障、误用和欺诈比完全开放的互联网有效。

3.7.5 语音业务方式的选择

如果不是最大的问题，对 LTE/SAE 运营商来说，这也是关键问题之一，即怎样解决向客户提供语音业务的问题，因为语音仍然是最经常使用的应用。运营商和供应商已经花费大量的精力研究这个重要问题，但似乎看起来没有简单的解决方法。这是商用和技术的最佳考虑，例如，在不久的将来，需要网络和设备的广泛支持。

运营商还必须考虑其他相关的方面，如常规需求（紧急呼叫，合法侦听），对补充业务和所需要项目的支持，如支持编号方案，尤其是号码可携带性，这些问题看起来可能是次要的，但它是众所周知的，例如执行合法侦听的需求已经大大影响了许多项目的实施，因此，从部署的观点来看，这肯定是需要考虑的。

当部署新的语音业务时，明智的考虑是加强它现有 CS 语音的优势，例如，“高清语音”使用较先进的宽带解码器（如 AMR-WB）被广泛认为是许多运营商正在考虑的事情。在 CS 域已经进行了一些 AMR（Adaptive Multi-Rate，自适应多速率）-WB（Wideband，宽带）的部署，但是对新的 PS 域有特定的意义。从客户的角度看，在传统窄带上解码器“高清语音”的优势是很明显的：语音质量显著提高。

基本上，这些是 LTE/SAE 语音解决方案的主要选择如下。

1）CSFB。

2）VoLTE。

3）OTT。

4）VoLGA（Voice over LTE via Generic Access，基于通用接入的 LTE 语音）。

CSFB 将在第 9 章中详细描述。对于没有 2G/3G 网络基础的 LTE/SAE 运营商来说，CSFB 并没有多大意义，但是对于已存在 2G/3G 网络基础的运营商来说，部署新的 LTE/SAE 网络，它将提供一种手段，以确保 LTE/SAE 客户能够重用目前 2G/3G 网络的 CS 语音能力。在实际中，重用现存的网络部署的可能性能够降低 LTE/SAE 特定语音业务解决方案的需求。

VoLTE 是指语音承载在 LTE 上，像在 GSM 协会 IR.92 中记录的“IMS 语音和短信文件”。这是一个基于 IMS 的解决方案，在 3GPP 定义的 MMTel（Multimedia Telephony，多媒体通话）规范中有所阐述[5,6]。

VoLTE以前被称为“一个声音”，全面VoLTE解决方案的部署需要从无线到核心网相当多的功能：IMS核心系统、电话AS（Application Server，应用服务器）、SRVCC（Single Radio Voice Call Continuity，单一无线语音呼叫连续性）（2G/3G切换的语音处理）、用于无线承载的QoS全球支持（确保语音的质量）、动态PCC（Policy and Charging Control，策略和计费控制）架构。一旦这些安排到位，在LTE/SAE语音上，预计VoLTE将提供全球共同的互操作解决方案。

在GSMA上，VoLTE进一步发展和增强，例如支持兼容SRVCC的3GPP R10增强功能，在现有的PS语音呼叫功能中增加PS视频通话。除了LTE/SAE，将IR.92扩展到HSPA接入网络的功能已提出。因此可能是，除了基本语音业务，VoLTE向运营商提供视频通话功能。例如3G CS视频通话已不经常使用，但是最近引进苹果公司的视频通话表明，有提供此类业务的商业利益。

另外一个观点是VoLTE的方法与RCS（Rich Communication Suite，丰富通信套件）的方法是一致的。在LTE/SAE环境中，RCS使用VoLTE作为语音解决方案，VoLTE和RCS都使用IMS，所以从核心网来看，它们是相互补充的业务。

从部署的观点来看，LTE/SAE的语音解决方案需要与现有2G/3G语音解决方案充分地融合，否则LTE/SAE用户不能够呼叫2G/3G和PSTN网络用户，反之亦然。这就要求网络支持PS/CS语音转换功能。例如，在VoLTE情况下，通过MGW（Media Gateway，媒体网关）/MGCF（Media Gateway Control Function，媒体网关控制功能）节点，IMS核心系统支持PS/CS语音转换功能。对CSFB，由于传统CS语音功能的重用，传统支持本身是没有问题的。

对于OTT解决方案，这个功能需要逐步实施。由于没有通用的机制可用，通常情况下，VoIP提供商他们自己有特殊处理这一要求的方法，例如，Skype提供他们的输入/输出业务与CS域进行交互。

过顶（OTT）是一个通用的术语，用于描述“网络服务商”，例如Skype。由于LTE/SAE是一个纯IP网络，对于语音业务来说，它完全有可能使用这些OTT语言方案去满足用户的需求，一般而言，OTT方案是与是否明智的问题非常相关的，从技术或商用方面讲，运营商完全自己做或者将可能的事情外包，OTT解决方案基本上是外包的语音解决方案，根据运营商和OTT提供商之间的具体安排的细节，在最简单的情况下，OTT服务商提供与服务有关的一切事情，运营商仅提供一个接口，通过接口它的用户可以使用和到达OTT服务商。简而言之，这是一个“比特管道”的情况，这使得运营商CEO看到红利，但是，一些运营商已经完成或至少正在考虑这样做。

除了上面描述的解决方案，VoLGA（基于通用接入的LTE语音）也是一种，在LTE上，它被称作UMA（Unlicensed Mobile Access，未认证的移动接入）/GAN（Generic Access Network，通用接入网络）。也就是说，现有的CS语音核心网是与LTE接入网集成的，以提供语音呼叫功能。由于CS语音的重用，这听起来像一个有趣的解决方案，但是VoLGA从未取得运营商的大力支持，除了德国电信（Deutsche Telekom）。一个有关VoLGA的实际问题是没有它的3GPP规范，一些人认为与相比CSFB相对简单

（便宜）的中间步骤，它是面向基于纯 IP 的 LTE/SAE 语音的长期解决方案。目前，在 VoLGA 上的兴趣是非常小的，因此，对 LTE/SAE 语音解决方案的广泛部署，VoLGA 与其他方案的竞争在本章节不再描述。

在目前来看，对于移动通信行业，先做 CSFB，后上 VoLTE 被认为是普遍的解决方案。例如，GSMA 和 NGMN（Next Generation Mobile Network，下一代移动网络）已经推出相关版本。个体运营商可以选择做其他的事情，当然，例如 Skype 或其他 VoIP 服务提供商的联盟，为他们的 LTE/SAE 的客户提供语音服务。

3.7.6 LTE/SAE 漫游和互连

最简单的方式，LTE/SAE 运营商间的互连意味着仅重用现网的技术和用于 2G/3G 环境中业务的商用安排。但是，由于 LTE/SAE 是全 IP 的网络，确保互连环境基于 IP 很有意义，尤其是 LTE/SAE 接入网上基于纯 IP 的业务，例如 VoLTE 和 RCS。

通常情况下，目前 TDM（Time Division Multiplex，时分复用）连接是用于语音互连，对于 CS 语音是非常好的，但是比如两个 VoLTE 运营商打算通过 TDM 接口互连，原运营商将基于 IP 的语音转换到基于 CS 的语音，然后终端运营商转换语音到基于 IP 的语音，因此，使用 VoLTE 的用户是可以理解的。自然地，PS/CS 的转换发生了两次，只增加了延迟，可能会降低语音质量。一般来讲，语音互连增加了不必要的成本，这是由于两个运营商都需要使用它们的 CS/PS 转换节点（例如 MGW/MGCF）。简而言之，从技术或者商用的角度来看，在 IP 核心系统间使用基于 TDM 的互联网交换流量是不合理的。

一个在技术和商用上都可取的方法可能是基于 IP 的互连，也就是说，信令和多媒体都可以运行在基于 IP 的网络。从部署的角度来看，一些可选的 IP 互连的解决方案如下：

1）租用专线。

2）连接点。

3）互联网。

4）IPX。

在一个国家内，运营商间租用专线（无论是物理或逻辑连接）是非常经常的。这种方法的缺点是，对于互连来说它不是一个有效的选择，因为双边连接到数十甚至数百个互连的伙伴时，这根本起不了作用。

连接点是租用专线的稍微进化版，它基本上需要一个单个点，在此点所有互连方带来自己的租用线路。这有助于避免租用专线的主要问题，它安排和操作多个独立的连接，且所有互连运营商到连接点仅有一个单线，无论在该连接点互连运营商的数量大小。目前使用这种方法，例如，通过一些 VoIP 提供商来安排在一个提供商“俱乐部”内部的对等流量交易，但是，这仍然不能够提供可行的选择来产生每个运营商所需的全球互连。

互联网显然是一件美妙的事情，但是当它涉及电信级连接，被认为是运营商提供业务的核心问题时，它缺少某些重要的功能。例如，可预见的延迟和可用性。从安全的角度来看，为运营商业务的安全方面负责来说，互联网可能不是首选，例如，语音；另一个方面是许多运营商期望使用多模式代替双边模式来安排每个伙伴间的连接，这要求大量的手工工作。实际上，一些服务提供商需要关注“代理”的技术和在运营商间的商用要求。于是，运营商有一个到“代理商”的单独连接，然后它把流量转发到相应的其他目的地。

上面列出的原因，GSMA 发展了 GRX（GPRS 漫游切换），自 2000 年为了安排 PS 漫游所需的 IP 连接，GRX 已经商用。基本上 GRX 是与互联网完全分离的专用 IP 网络，仅对 GSMA 的成员开放。GRX 包含了大约 20 个 GRX 运营商，形成一个“IP 云”，正在使用 GRX 的数百名世界各地的 2G/3G 移动运营商要求提供必要的全球互连。例如，在 3G 数据漫游中，访问的运营商和本地运营商之间的流量路由等。GRX 的概念得到了进一步发展，包括全面支持 QoS、枢纽模型（多边连接选项）和非 GSMA 运营商的列入，主要是 FNO（Fixed Network Operator，固定网络运营商）。这种新的概念被称做 IPX（IP 交换技术），除了支持漫游场景，它还是 LTE/SAE 运营商互连需求的潜在候选。GRX 和 IPX 在 GSMA 一些文档中进行描述，主要的文档是 IR. 34[8]。GRX/IPX 详细的信息，可以在介绍漫游的相关章节（即 10.4 节）中找到。

使用这些可选方案的组合是完全有可能的，例如，当为了整个的国际互连部署 IPX 时，运营商可以通过租用专线选择国际互连。这种组合确实增加了运营商内外 IP 核心网的设计与运营的负担。例如，输出到运营商 C 的流量和输入到运营商 D 的流量需要不同的路由，如果它们能够通过不同运营商间的 IP 网络到达，它可能会试图减少同时使用的不同解决方案的数量。

值得注意的是，如果部署新的基于 IMS 的业务，例如 RCS（使用在线、视频分享、图片分享、即时通信等），为了支持这些新业务，则需要部署一个基于 IP 的互连，例如，目前运行在 TDM 上的流量不是一个可行的选择。

请注意，CS 语音可以运行在 IP 互连上，例如，使用 3GPP R4 MSC-S/MGW 核心架构的软切换节点，MSC-S 节点间的信令使用 SIP（Session Initiation Protocol，会话启动协议）-1，通过 RTP/RTCP（RTP Control Protocol，实时传输控制协议）运行多媒体业务。控制面和用户面都是基于本地 IP 的，这种架构被全球运营商广泛地部署，例如，诺基亚西门子通信公司向 260 多个客户提供他们的 MSC-S 产品，这将允许有关 CSFB 的互连运行在基于 IP 的 NNI（Network-Network Interface，网络-网络接口）上，即使 UNI（User-Network Interface，用户-网络接口）是基于 CS 的，在目前，这种基于 IP 网络替代通用的 TDM 是一种趋势，甚至对纯 2G/3G 来说也是如此。

最后，值得注意的是，在多运营商环境中，其他运营商对个体运营商解决方案的部署是有影响的。原因很简单，没有选择互联网作为互通机制，例如，一个运营商主要的互连伙伴是 IPX。

3.8　LTE/SAE 业务

LTE/SAE 的设计是提供快速的数据传输。另外，LTE 终端可能支持 3GPP 以前的

2G 和 3G 无线接入技术（Radio Access Technology，RAT），LTE/SAE 与其他非 3GPP 网络的切换也是可能的，CDMA2000 是最重要的实例之一，图 3-4 所示为支持多无线接入技术功能的架构布局。

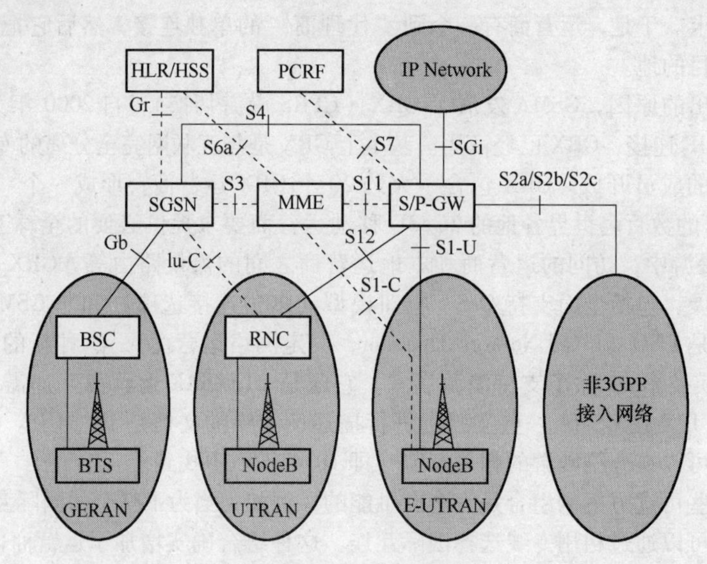

图 3-4 LTE/SAE 系统支持多 RAT 功能

3.8.1 数据

从用户的观点来看，LTE 数据业务不会有别于以前的 2G 和 3G 分组交换数据的原则，典型的情况是，USB 数据卡作为 LTE 终端，它可以作为计算机的“虚拟”调制解调器来使用，图 3-5 所示为其设置。

终端开始使用 AT（Attention，一种调制解调器命令语言）命令，这在 3GPP 标准 27.007 中已进行了定义。实际上，由于可以使用各自的终端向导，用户通常不会实际输入命令，一旦设置已输入，这个过程可通过打开向导来启动。也可以使用一个单独的通信终端应用程序用来输入 AT 命令。

用于 LTE 的 AT 命令的基本原理遵循在参考文献［7］中标准化的具有子参数的扩展定义的 AT 命令，在这个意义上来说，LTE 终端执行 AT 命令与用于 20 世纪 80 年代和 90 年代电路交换数据通信的基本调制解调器相似，AT 的概念首次在 GPRS ETSI 的 R97 规范中使用，以提供一种手段来处理 GPRS 终端发起和终止呼叫，从那时起，新版本推出了更多的命令。

在 LTE 环境中，AT 命令的原则遵循那些 UMTS 终端使用的定义。UE 被终端程序（例如，Windows 超级终端）监视。

当 LTE UE 连接到计算机时，打开终端窗口，验证终端程序是否识别 LTE UE 最快的方法是输入下面这个标记：

AT <CR>

图3-5　图 LTE 和 LTE-Advanced 终端的一个典型使用情况，假设连接到笔记本电脑的 USB 端口（ZTE 终端模型由 TeliaSonera 公司提供）

在这个标记中，符号 <CR> 是指（回车），PC 和 LTE UE 连接成功的响应是简单的“OK”。

当 LTE UE 开机时，它自动执行到 LTE/SAE 网络的附着程序，从而通知 MME 它在 LTE 覆盖区域的路由区，随时可以通过网络被寻呼。如果终端没有自动执行附着程序，它可以通过下面的命令来完成：

+ CGATT = n

在这个公式中，$n=1$ 是指附着，$n=0$ 指的是去附着，由于在这种情况有许多其他的 AT 命令，这个命令执行参数“?”显示的是状态（1 表示终端连接到 LTE，0 表示脱离），执行命令“ = ?”显示该命令的选项，即“0”和“1”。

建立 LTE 分组数据呼叫的下一步是为 EPS 承载资源执行一个激活请求，这相当于在 GPRS 中的 PDP 上下文激活，更具体地说，通过定义可利用的协议，创建 LTE UE 和 P-GW 间的连接，命令行是

+ CGACT = n

参数 n 表示 EPS 承载的状态，1 表示被激活，0 表示未被激活。命令也包括（可选）用来指示更具体 EPS 承载的参数，如果省略它，则默认承载被激活。

在移动主叫（Mobile Originating，MO）呼叫的情况下，可以通过以下命令来选择 EPS 承载：

+ CGDCONT =

命令包括以下参数。

< cid > 指定一个特殊的 EPS 承载定义，值从 1 开始。

< PDP_ type > 是在特定 EPS 承载中可利用的协议类型，在 R8 的可行选项是：

X.25、IPv4、IPv6、IPv4v6（虚拟 PDP（Packet Data Protocol，分组数据协议）类型，以处理双 IP 协议栈 UE 的能力），OSPIH（（Internet Hosted Octect Stream Protocol，互联网托管 Octect（八位组）流协议）、PPP（Point to Point Protocol，点对点协议）。

<APN>是用一个字符串格式表示 P-GW、GGSN（GPRS Gateway Support Node，GPRS 网关支持节点）或外部分组数据网络的逻辑名称。

<PDP_ addr>标识在地址空间中适用于 PDP 的移动终端。

<d_ comp>是指选择 PDP 压缩。

<h_ comp>是指 PDP 头压缩。

可选的命令参数，有以下定义。

<IPv4AddrAlloc >是一个表示 MT（Mobile Terminating，移动终端）/TA（Tracking Area，跟踪区域）怎样获得 IPv4 地址信息的参数，可能的值是 0（默认值表示 IPv4 地址，通过 NAS（Non Access Stratum，非接入层）信令分配）和 1（表示 IPv4 地址是通过 DHCP（Dynamic Host Configuration Protocol，动态主机设置协议）分配）。

命令可以通过输入 <CR（Carriage Return，回车） >和定义并行 EPS 承载激活的命令行进行重复，也就是说，多个不同的承载可通过同一个终端被激活，删除 EPS 承载的命令行是

+CGDSCONT

在移动终端（MT）发起呼叫的情况下，LTE UE 可以设置为自动应答网络发起的呼叫：

+CGAUTO = n

在这个标记里，“$n=1$”意味着自动应答开关开启，“$n=0$”自动应答开关关闭，在 EPS，此命令是让网络发起 EPS 承载激活（修改）请求消息的。

LTE/SAE 更详细的 AT 命令定义的描述请参阅参考文献 [10]。

3.8.2 语音

对于 LTE 语音业务，基本上所有的应用能够通过分组数据服务提供语音传输，这可以应用在 LTE UE USB 数据卡插在电脑上或者含有语音通信的应用程序的一体化手机上。语音的设置和应用与应用程序水平有关，LTE/SAE 网络可以被视为服务管道。针对 LTE/SAE 的功能，VoIP 呼叫更详细的描述将在第 9 章中。

3.8.3 多媒体广播多播业务

LTE MBMS（Multimedia Broadcast Multicast Service，多媒体广播多播业务）的概念在 LTE 中是附加的定义，其定义已在 R9 版本推出，解决方案被称为 E-MBMS，它是 LTE 不可分割的一部分。

LTE 网络中 MBMS 传输有两种选择，它可以应用在单小区或者多小区模式；在多小区传输中，小区和容量是同步的，这是为了使 LTE UE 与多射频传输的能量进行软结合。在使用叠加信号时，对终端来说，结果可以被视为多径传播无线路径。这个概念被称为单频率网络（Single Frequency Network，SFN）。

在 MBMS 业务中，为了形成单频率网络区域，E-UTRAN 可以配置成逐个小区的，

MBMS 业务可以同时被采用，将共享载波作为单播流量，或者可以在一个完全独立的载波上部署。

在 MBMS 中使用扩展循环前缀，在当子帧承载 MBMS SFN 数据的情况下，需要使用特定参考信号，MBMS 数据在 MBMS 业务信道（Multicast Traffic Channel），MTCH 上传送。

3.9 LTE-Advanced——下一代 LTE

3.9.1 LTE-Advanced 关键因素

3GPP 规范定义的 R8 系列版本为 LTE 基础版本，可以被称为“超越 3G，准 4G”系统。有时，在非标准通信技术中被称为 3.9G。实际上，运营商已经将 LTE 解释为 4G，不过，正式从字面上解释 ITU 的定义，LTE 的最初版本并不满足 IMT-Advanced（国际 4G）的要求。例如，LTE 不能够提供 IMT-Advanced 要求的 1Gbit/s 数据速率。

为了响应 ITU 4G 候选提案的要求，3GPP 定义了一个兼容的无线接口技术，这项工作最终在 R9 版本中定义了一系列 LTE-Advanced 系统需求，这些需求可以在 3GPP 技术报告 36.913[11] 中找到。从逻辑上讲，这些文件是基于 ITU 对 4G 的需求和运营商对增强 LTE 的需求的。

LTE 的进一步发展使第一个完整的 4G 系统即 LTE-Advanced 成为可能，在 3GPP 规范 R10 版本中首次进行定义。LTE-Advanced 不是唯一的 4G 技术，ITU 也批准了 IEEE 802.16m（俗称“WiMAX2”（IEEE 802.16m-based evoled WiMAX，基于 IEEE 802.16m 的演进型 WiMAX））作为 IMT-Advanced 家庭成员中 4G 技术之一。图 3-6 所示为 4G 技术的实际情况。

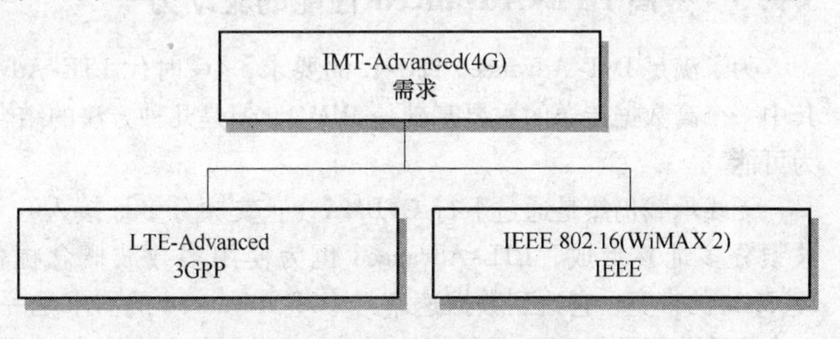

图 3-6 ITU-R 批准的 4G 系统

LTE-Advanced 需求已在 3GPP 规范 36.913（E-UTRA 进一步发展需求—LTE-Advanced）和参考文献［12、13］中列出，3GPP 规范 R10 系列在 2011 年 3 月冻结，到目前为止，LTE-Advanced 已经使用原型设备进行了实地测试和试验。

ITU-R 已经评估了符合 ITU 定义的第四代移动通信系统的候选技术，关键要求如下。

1）下行峰值速率达到 1Gbit/s，上行峰值速率达到 500Mbit/s，比 LTE 系统高 3 倍的频谱效率。

2）下行峰值频谱效率达到 30bit/s/Hz，上行峰值频谱效率达到 15bit/s/Hz，支持可扩展的带宽和频谱聚合，当非连续频谱需要使用时。

3）从空闲到连接模式的转换延迟要求小于 50ms，之后，单数据分组传输少于 5ms

(单程)。

4）在小区边缘，用户吞吐量比 LTE 高两倍。

5）平均用户吞吐量比 LTE 高 3 倍，移动性能与 LTE 相同。

6）LTE-Advanced 必须能与 LTE 以及以前的 3GPP 系统能够互通。

3.9.2 3G 和 4G 比较

表3-4 总结了3GPP 系统3G 和4G 主要性能指标。并降低传输延迟时，会进一步增加峰值速率。

表 3-4 3G 和 4G 性能比较

系统	3GPP 版本	峰值速率（下行）	峰值速率（上行）	往返时间（RTT）
WCDMA	R99 和 R4	384kbit/s	128kbit/s	150ms
HSPA	R5 和 R6	14Mbit/s	5.7Mbit/s	100ms
HSPA +	R7	28Mbit/s	11Mbit/s	50ms
LTE	R8 和 R9	100Mbit/s	50Mbit/s	10ms
LTE-Advanced	R10	1Gbit/s	500Mbit/s	5ms

3.9.3 提高 LTE-Advanced 性能的驱动力

为了满足 IMT-Advanced ITU-R 的要求，4G 时代 LTE-Advanced 包含了许多技术。其中一个高数据传送的重要基础是 MIMO，但是几种方法的结合使得性能达到所要求成为可能。

无线承载仍然是通过下行 OFDMA（正交频分多址接入）和上行 SC-FDMA（单载波频分多址）形成，LTE-Advanced 也为使用多载波概念提供可能，可以提供高达 100MHz 的带宽，它达到数据速率与 IMT-Advanced 的需求是一致的。LTE-Advanced 的一个重要功能是与 LTE 保持后向兼容，LTE UE 因此能够工作在 LTE-Advanced 网络，反之亦然。这在逻辑上是必要的，以便保证 3GPP 演进路线的平滑过渡。

世界无线电通信大会（WRC-07）已考虑可能使用的合适频率，决定预留新的 IMT-Advanced 频谱，并规划现有的频段，以确保更高带宽利用率。也就是说，超过 20MHz 频块。很明显，LTE-Advanced 与 LTE 的基本版本应该共享频率。

对于提升 LTE-Advanced 系统的性能，已经有很多思路，在 TR36.912 提出了一些有关的研究项目，包括以下思路：

1）自组织网络（Self Organizing Network，SON）。

2）演进协作的智能天线。

3）先进的网络架构。

4）灵活的频谱使用。

5）连续和不连续的频谱聚合。

6）SU-MIMO 双发射天线和 MIMO 分集。

7）干扰抑制。

8）混合 OFDMA 和上行 SC-FDMA。

9）中继节点基站。

10）协作多点（Coordinated multipoint，CoMP）发送和接收。

11）在 20MHz 和 100MHz 间可扩展的系统带宽。

12）空中接口的本地区域优化。

13）漫游和局域网络解决方案。

14）认知无线电。

15）自主网络测试。

16）增强预编码和前向纠错。

17）FDD 不对称带宽分配。

18）上下行 eNB 间的 MIMO 协调。

19）多载波频谱接入。

LTE-Advanced 系统设计是非常灵活的，在 LTE 基础上增加一些新的技术，增强的版本可以使用 8×8MIMO 和 128QAM 的。接合这些，在理想无线环境和 100MHz 聚合带宽的情况下，在理论上，下行能够提供的峰值速率超过 3Gbit/s。

LTE-Advanced 性能的提高可认为是能够灵活部署在 R8 网络上的一系列功能。

参考文献

[1] 3GPP 29.274. *3GPP Evolved Packet System (EPS); Evolved General Packet Radio Service (GPRS) Tunnelling Protocol for Control plane (GTPv2-C); Stage 3*, V. 8.10.0. 2011-06-15, 3rd Generation Partnership Project, Sophia-Antipolis.

[2] WiMAX (n.d.) Deployment pages, www.wimaxforum.org (accessed August 29, 2011).

[3] WiMAX (n.d.) Deployment statistics, www.wimaxforum.org/resources/monthly-industry-report (accessed August 29, 2011).

[4] 3GPP 23.272. (2010) *Circuit Switched (CS) Fallback in Evolved Packet System (EPS); Stage 2*, V. 8.10.0. 2010-12-20, 3rd Generation Partnership Project, Sophia-Antipolis.

[5] 3GPP TS 24.173. (2009) *IMS Multimedia Telephony Communication Service and Supplementary Services; Stage 3*, V. 8.6.0. 2009-12-17, 3rd Generation Partnership Project, Sophia-Antipolis.

[6] 3GPP TS 26.114. (2010) *IP Multimedia Subsystem (IMS); Multimedia Telephony; Media Handling and Interaction*, V. 8.7.0. 2010-12-21, 3rd Generation Partnership Project, Sophia-Antipolis.

[7] Sprint (2011) 4G device news. http://newsroom.sprint.com/article_display.cfm?article_id=1831 (accessed August 29, 2011).

[8] GSM Association (2008) Inter-Service Provider IP Backbone Guidelines 4.4. 19 June, www.gsmworld.com/documents/ir3444.pdf (accessed August 29, 2011).

[9] ITU (n.d.) Draft new Recommendation V.250: "Serial asynchronous automatic dialling and control", www.itu.int/rec/T-REC-V.250/en (accessed August 29, 2011).

[10] 3GPP TS 27.007. (2010) *Technical Specification Group Core Network and Terminals. AT command set for User Equipment, Release 8*, V8.13.0, 2010-09, 3rd Generation Partnership Project, Sophia-Antipolis.

[11] 3GPP TR 36.913. (2009) *Requirements for Further Advancements for Evolved Universal Terrestrial Radio Access (E-UTRA) (LTE-Advanced)*, V. 8.0.1, 2009-03-16, 3rd Generation Partnership Project, Sophia-Antipolis.

[12] 3GPP TS 36.806 (2010) *Evolved Universal Terrestrial Radio Access (E-UTRA); Relay architectures for E-UTRA (LTE-Advanced)*, V. 9.0.0, 2010-04-21, 3rd Generation Partnership Project, Sophia-Antipolis.

[13] 3GPP (n.d.) Feature and study item list, www.3gpp.org/ftp/Specs/html-info/FeatureList--Rel-10.htm (accessed August 29, 2011).

第4章 性能需求

Jyrki T. J. Penttinen

4.1 引言

本章阐述 LTE 的性能需求。它包含标准需求的实际说明以及标准需求对网络规划、部署和优化的影响，LTE 和 SAE 对系统互操作、切换过程和混合用户特性方面的影响，以及基于分组功能的网络同步和定时方面的相关问题。

4.2 LTE 关键特征

4.2.1 R8 版本

根据 3GPP 定义，LTE R8 版本的关键特征如下。

高频谱效率。这是通过下行使用 OFDM 技术实现的，增强系统的鲁棒性以对抗多径干扰，提供与先进的技术（如频域信道相关调度技术和 MIMO 技术）之间的紧密性。上行链路使用 DFTS-OFDM（Discrete Fourier Fransform Spread-OFDM，离散傅里叶变换扩频 OFDM）技术或单载波 FDMA 技术，实现了较低的功率峰均比（Peak-to-Average Power Ratio，PAPR）及频域上的用户正交性。也有可能使用多天线技术。

低延时意味着短暂的建立时间和短暂的传输时延。它具有较短的切换时延和中断时间，以及较短的 TTI 和 RRC 进程。同时，为了支持更快的信令传输，对 RRC 状态进行了简化定义。

支持多种带宽，定义了下列带宽：1.4MHz、3MHz、5MHz、10MHz、15MHz 和 20MHz。

简化协议架构特性表明通信是共享且基于信道的，只有分组交换域可用，而且能够支持基于 IP 的语音呼叫。

通过引入 eNodeB 作为 E-UTRAN 唯一网元实现了架构的简化。由此引出了 RAN 侧的接口，包括 eNodeB 与 MME/SAE 网关之间的 S1 接口和基站间的 X2 接口。

LTE 重要的功能是兼容之前的 3GPP 版本，提供平滑的互操作。除此以外，也定义了与其他系统的互操作，例如，与 cdma200 的互操作。

LTE 标准在单个无线接入技术里支持 FDD 和 TDD 模式。支持高效的多播/广播功能，可以将单频率网络（SFN）概念作为应用在 OFDM 中的可选方案。

LTE 也支持自组织网络（Self-Organizing Network，SON）功能，能够根据选定的网络性能指示包括来自差错管理的反馈，实现动态自动化的高效网络调节。

表4-1为LTE R8的主要参数和参数值。

表4-1　LTE主要参数

参　数	参 数 值
调制	可选方式QPSK、16-QAM、64-QAM
下行接入技术	OFDMA
上行接入技术	DFTS-OFDM（例如SC-FDMA）
带宽	可选1.4MHz、3.0MHz、5.0MHz、10MHz、15MHz、20MHz
最小TTI	1ms
子载波间隔	15kHz
循环前缀长度	短：4.7μs/长：16.7μs
空时复用	DL：每UE最多4层 UL：每UE 1层 下行和上行多用户MIMO

4.2.2　R9版本

LTE包括演进无线网和演进核心网，自2010年末开始应用在行业中。R8版本在2008年12月冻结，是第一代LTE设备的基础。LTE R8规范已经处于稳定阶段。除了R8包含的一系列基本定义之外，R9中在某些功能上有相对小的增强，于2009年12月份冻结。

由于R9版本只是在性能方面带来了较小的提升，所以LTE需求尚未改变，依然保持最初版本。

4.2.3　R10版本

LTE R10版本最先将LTE提升到与应对第四代移动技术提出的ITU需求相符的水平。

国际电信联盟无线通信组（ITU Radiocommunication Sector，ITU-R）定义了第四代通信系统的需求，即IMT-Advanced。并且进一步明确了ITU-R 5D工作组负责定义IMT-Advanced全球4G技术，见参考文献［1、2］。

ITU-R在2010年10月21日完成了全球4G移动无线宽带技术六个候选方案的评估。所有建议统一成两种技术“LTE-Advanced”（3GPP发展的LTE R10版本技术及演进版本以此命名）和“WirelessMAN-Advanced”（IEEE发展的WirelessMAN-Advanced规范合并在IEEE Std 802.16中，其开始于IEEE Std 802.16m）。这两种技术与IMT-Advanced的官方需求相一致，从ITU-R利益出发，评定其为官方4G技术。这些技术满足了由ITU-R建立IMT-Advanced最初版本的所有规则。图4-1所示为4G领域的现状。

随着ITU定义的IMT-2000系统的成功，2002年ITU-R推出了IMT-Advanced，开始了它的战略IMT未来的憧憬[3]。随后建立了IMT-Advanced业务、频谱和性能需求以及详细的演进过程。以需求为背景，与行业合作共同评估了在2009年10月ITU收到的六项建议。ITU-R推动行业对这六项建议达成共识和融合，将这些建议统一成两项都

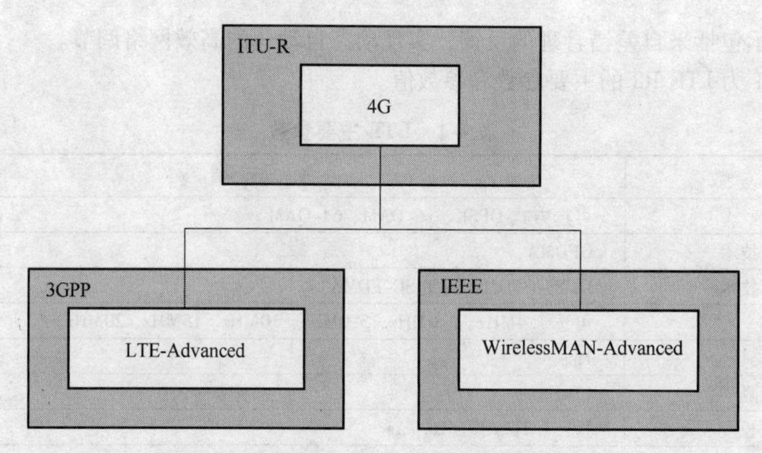

图 4-1 目前 4G 技术领域划分为 3GPP 和 IEEE 解决方案，与 ITU-R 对第四代移动通信提出的需求相符

认可的 IMT-Advanced 的技术。这些技术步入了 IMT-Advanced 过程的最后阶段，也是 LTE-Advanced 的发展阶段。

IMT-Advanced 的提出目的是提供建立下一代交互移动业务的全球平台，从而可以提供更快的数据接入，增强的漫游容量，统一的消息和宽带多媒体。

2004 年 12 月，ITU 针对下一代网络（Next Generation Network，NGN）定义了高水平的技术，被称为 IMT-Advanced，内容如下。

NGN 是基于分组的网络，能够提供电信业务，利用多种宽带并保证 QoS 的传输技术，其业务相关功能独立于下层传输技术。用户可以自由接入网络，自由接入相互竞争的业务提供商及/或他们选择的业务。它支持通用移动性，能够连续不断地、无处不在地向用户提供业务。

更明确的 LTE-Advanced 需求包含以下内容[5]："后 IMT-2000 系统的实现将通过 IMT-2000、游牧式无线接入系统等其他无线系统的现有功能、增强功能以及新开发功能的融合来完成，具有较高的通用性和无缝的互操作能力。"这就意味着 4G 实际上是一种多种交互系统组成的混合网络，而不只是单一标准，如图 4-2 所示。

在广域覆盖和显著的移动性条件下，4G 的目标数据速率在 50 ~ 100Mbit/s 之间。4G 系统是基于全 IP 化的融合的系统，实现了有线和无线网络的融合，计算机、消费电子及通信技术的融合，以及其他方面的融合，能够提供室外 100Mbit/s 和室内 1Gbit/s 的传输速率，保证端到端 QoS 和高安全性，并且能够在任何时候、任何地点依据每个用户的需求提供任何服务，在可承受的成本内始终保证无缝连接的互操作能力，实现统一计费和个性化服务。

后 IMT-2000 系统的技术需求如下：

1）高数据传输。例如下行 100Mbit/s，上行 20Mbit/s。

2）大系统容量。例如，在带宽为 1MHz，六扇区 BTS 条件下，3G 可提供1.2Mbit/s 速率，而 4G 可更高效地提供高于 3G 5 ~ 10 倍的速率。

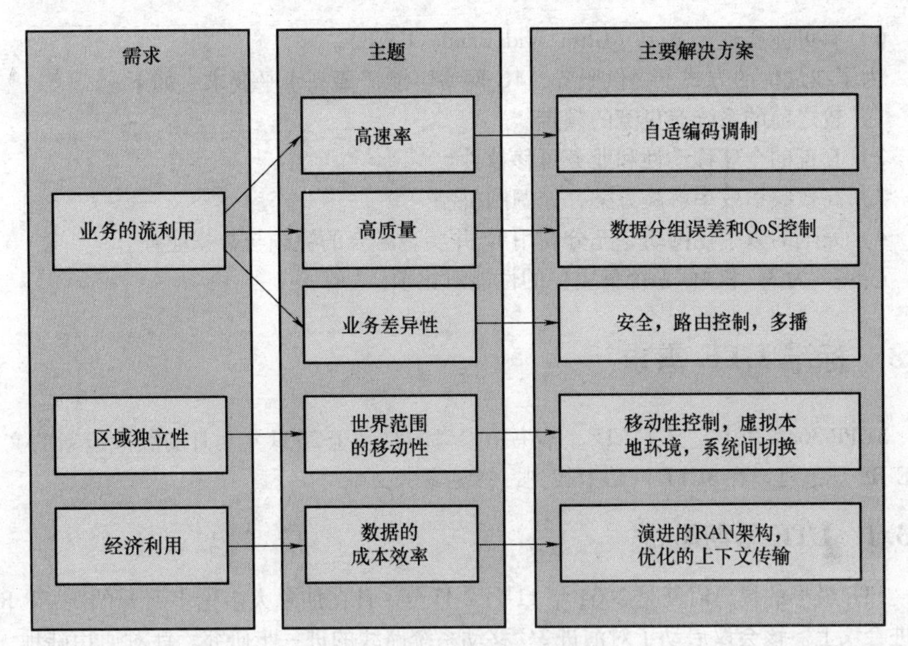

图4-2 高需求和4G解决方案

3）较低的每比特成本。

4）无线QoS控制。非实时业务、实时业务和多播业务。

为了提供具有新数据速率和低延时的业务，B3G系统中适当的无线技术如下：

1）MIMO（多输入多输出）。

2）链路自适应技术。

3）基于调制和接入方案（OFDM/OFDMA）的多载波技术。

4）多用户迭代处理。

5）“跨层”优化和设计准则。

表4-2 3G系统和4G系统主要性能对比

条目	3G	4G
优先级	语音优先，其次数据	数据优先，只有VoIP语音业务
数据速率	384kbit/s ~ 2Mbit/s（UMTS），下行（HSDPA）最高达14Mbit/s，上行（HSUPA）最高达5.8Mbit/s，HSPA +系统上行最高达84Mbit/s，下行最高达22Mbit/s	下行达1Gbit/s，上行达500Mbit/s
交换方式	电路和分组交换	分组交换
频带	900MHz ~ 2.5GHz，也可能为450MHz	600MHz ~ 8GHz
带宽	5MHz（UTRAN） 1.4 ~ 20MHz（E-UTRAN）	最高达100MHz

6）有可能实现超宽带（Ultra-WideBand，UWB）。

为了在最优的方式下提供服务，4G 网络可能需要高水平要求，如下：

1）较之前的系统有更宽的频带。

2）真正的全球移动性和业务可移植性。

3）高效频谱效率解决方案，如调制机制。

4）完全的数字化网络，充分利用 IP 并实现融合的视频与数据业务。

表 4-2 为 3G 和 4G 系统最重要的性能对比项。

4.3 标准 LTE 需求

3GPP 36 系列中定义了 LTE。本书中参考的是基于 2009 年 9 月的版本最新的文档。LTE R8 规范可以在 3GPP 网站上找到，参见参考文献［6］。

4.3.1 LTE 早期思路

LTE 最早的提出时间是 2004 年 11 月 2 日至 3 日在加拿大多伦多召开的 3GPP RAN 演进会议上。该会议启动了对演进 3G 移动系统路线的进一步研究。针对通用陆地无线接入网络（Universal Terrestrial Radio Access Network，UTRAN）的进一步演进，运营商、设备商和研究机构提出了 40 余项建议。

研讨会提出了一系列演进系统的整体需求。包含以下方面：

1）减少每比特成本。

2）增加业务提供种类，目的是在低成本高用户体验情况下获得更多的业务应用。

3）频率带宽的灵活使用。

4）包含明晰开放接口的简化的架构。

5）合理的终端功率控制。

为了证明与所进行的标准化工作相符合，E-UTRAN 相比此前的系统应带来显著的性能提升，并进一步地减少可选的解决方案。另外值得注意的是，不仅是空中接口，整个系统的增强都具有如此大的影响，以至于必须在 3GPP SA（业务与架构）工作组的协作下开展工作。这样就保证了接入网和核心网新引入的性能均可在可控的方式下来设计。

UTRA 和 UTRAN 长期演进系统的可行性研究开始于 2004 年 12 月。工作的主要目标是形成一种面向高数据速率、低延时和分组优化无线接入技术的 3GPP 无线接入技术的演进架构。应该强调的是，可行性研究关注于分组交换域。研究项目如下：

1）无线接口物理层包含下行链路和上行链路，目标是寻找一种支持最高达 20MHz 的灵活传输带宽的方法，并且引入了新的传输机制以及增强的多天线技术。

2）无线接口层 2 和层 3，例如信令优化。

3）UTRAN 架构，目的是确定最优 UTRAN 网络架构以及 RAN 网络节点间的功能分割。

4）射频议题。

在 LTE 可行性研究发起之后，所有的 RAN 技术工作组都参与了此项研究，SA

WG2也参与了网络架构相应领域的工作。作为可行性研究结果，3GPP技术报告25.913[7]中包含了详细的需求，见表4-3。

表4-3 3GPP长期演进准则

峰值速率	无线资源管理	频谱效率
瞬时下行峰值速率100Mbit/s分配下行20MHz频谱（5bit/s/Hz） 瞬时下行峰值速率50Mbit/s分配上行20MHz频谱（5bit/s/Hz）50Mbit/s	支持端到端QoS增强 支持高效的高层传输 支持不同无线接入技术间的负载共享和策略管理	下行链路：在一个有效负荷网络中，LTE频谱效率（用每站、每赫兹、每秒的比特数来衡量）的目标是达到R6 HSDPA的频谱效率的3~4倍 上行链路：在一个有效负荷网络中，LTE频谱效率（用每站、每赫兹、每秒的比特数来衡量）的目标是达到R6 HSUPA的频谱效率的2~3倍
控制面时延： 驻留态到激活态的传输时间小于100ms 睡眠态与激活态之间的传输时间小于50ms	控制平面能力： 在最高可分配5MHz频谱情况下，每小区至少支持200个激活态用户	覆盖： 吞吐量、频谱效率和移动性的目标是满足5km小区，对于30km小区网络性能有轻微下降。小区增加到100km也有一定的网络性能，而没有被阻止
用户面时延： 在空载小IP分组条件下少于5ms（例如单数据流单用户）	用户吞吐量 下行：每兆赫兹的平均用户吞吐量是R6 HSDPA的3~4倍 上行：每兆赫兹的平均用户吞吐量是R6增强的上行链路的2~3倍	复杂度： 可选量最小化 没有多余的强制特性
移动性： E-UTRAN优化低移动速度为0~15km/h的终端	频谱灵活性： E-UTRA可以在上下行链路分配不同大小的频谱，包括1.25MHz、1.6MHz、2.5MHz、5MHz、10MHz、15MHz和20MHz支持对称和非对称频谱，这要求以后改为1.4、3、5、10、15和20MHz带宽	频谱灵活性（cont.）： 系统利用资源整合能够支持内容分发，包括相同和不同带宽下无线宽带资源，在上行链路和下行链路无线宽带资源以及相邻信道和不相邻信道无线宽带资源，无线带宽资源被定义为对运营商所有的频谱是可用的
在15~120km/h的高速移动情况下支持更高的性能 蜂窝网络间的移动性在速度为120~350km/h之间（甚至更高达500km/h，取决于频带） 3GPP无线接入技术之间的共存和互操作 在同一地理区域内共存，与GERAN/UTRAN系统邻频共站址 支持UTRAN和/或GERAN网络的E-UTRAN终端应用也能够支持3GPP UTRAN和3GPP GERAN的测量及它们之间的切换	单E-UTRAN架构 E-UTRAN架构基于分组域，但是提供商应也支持可以支持实时和会话等级流量的系统 E-UTRAN架构使单点失败的情况最少 E-UTRAN架构支持端到端QoS 优化回传通信协议	进一步增强的多媒体广播多播业务（MBMS），同时减少终端复杂度：具有与单播相同的调制编码、多址接入方法和UE带宽 为用户同时提供专有语音业务和MBMS业务 可应用成对频谱和非成对频谱的分配

直至 R8 规范最终冻结，LTE 最初的性能目标都能很好地满足。最初的与进一步发展之间的值得注意的差别是带宽值，在 LTE 标准的最终版本中包含 1.4、3、5、10、15 和 20MHz。

4.3.2 LTE 的标准无线需求

LTE 的标准化的准备工作是在定义了最初的需求之后启动的。首先，研究了 RAN 侧针对空中接口的合适技术，参见 TR25.814[8]。可选方案逐渐减少直至 2005 年 12 月考虑下行链路使用 OFDM 技术以及 SC-FDMA 技术。其中一个细节是 3G 网络中的基站间的宏分集技术在 LTE 中未被采纳。RAN#30 报告为一些对选择过程阶段感兴趣的研究人员提供了更多的信息。

LTE 基于无线条件能够动态地应用 QPSK、16-QAM 以及 64-QAM 调制技术。上行链路速率调制技术可能应用 BPSK、QPSK、8-PSK 以及 16-QAM。在应用多输入多输出技术方面也达成了一致。在 UE 侧可能最多使用 4 天线，基站侧可能最多使用 4 天线。关于编码机制方面一项重要的决定是选择了基于 turbo 编码的编码方案。

RAN 也进一步处理了演进的 UTRAN 的链路层，假定简化了协议架构，并且希望不用专用信道而达到 MAC 层的简化。优化的方面涉及避免无线侧和核心网侧相似的功能。更明确的是，TTI 确定为 1ms，目的是减少信令开销。

RRC 状态得到简化，只假定存在 RRC-Idle 和 RRC-Connected 两种状态。例外之处是，要提供到传统 UTRAN RRC 状态的转换接口。如图 4-3 所示为 RRC 状态，详见技术报告 25.813[9]。

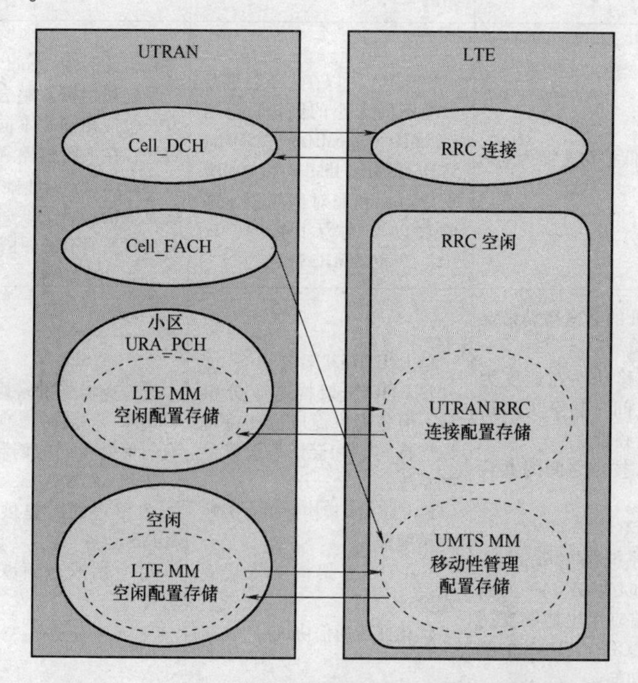

图 4-3　UTRAN 和 LTE 的无线资源控制状态的映射

RAN WG3 定义的架构是由单一演进 UTRAN 网元组成的，即演进 NodeB，被称为 eNodeB 或 eNB。该网元提供了 LTE 核心网和 UE 之间的用户面和信令面连接。进一步来说，与之前的解决方案不同的是，eNB 可以通过 X2 接口连接。例如，eNB 间的切换使用该接口。

另外，eNB 与 EPC 网元之间通过 S1 接口连接。E-UTRAN 架构见参考文献［10］。如图 4-4 所示架构的基本准则。正如所见，eNB 与核心网网元之间的 S1 接口支持散列拓扑。

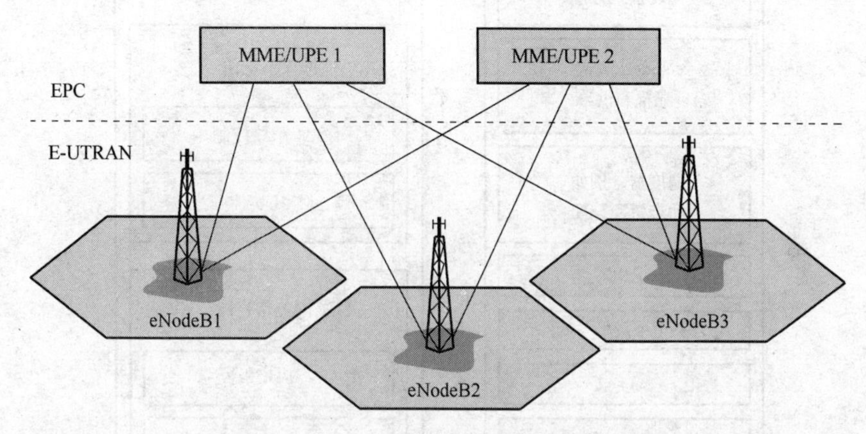

图 4-4　E-UTRAN/EPC（LTE/SAE）架构准则

依据需求，网元间按照以下方式进行功能分割。

1）eNodeB：无线资源管理（Radio Resource Management，RRM），包含无线承载控制，无线接纳控制，连接移动性控制，动态资源分配。

2）MME：对 eNodeB 发送的寻呼消息的分配。

3）用户面实体（User Plane Entity，UPE）：IP 头压缩和用户数据流加密，寻呼原因的用户面分组终止以及支持 UE 移动性的用户平面转换。

这些需求引出了协议栈的方案，如图 4-5 所示[9]。

LTE 研究阶段在 2006 年 9 月终结。最重要的结果是 E-UTRAN 将会明确地提供较之前系统更高的数据速率。在更高的频带和 MIMO 自适应方面提出了增强的要求。

接下来，实际的标准化工作已开始，并且成立了各自的工程项目（Work Item，WI），正式将 E-UTRAN 引入到 3GPP 工作计划中。

4.3.3　数据性能

如图 4-6 和 4-7 所示，LTE R8 中实现了理想状态下在每个 TTI 时间内小区最大理论峰值速率。20MHz 带宽下最高数据速率是与之前的系统相比提高频谱效率的结果。这些数据可以应用在 LTE UE 接近 eNodeB 的情况（在最大半径的 20% 以内）以及终端位于噪声受限环境。TS 36.213 考虑了层 1 的数据吞吐量，其中层 1 下行链路采用 4-QAM，上行链路采用 16-QAM。

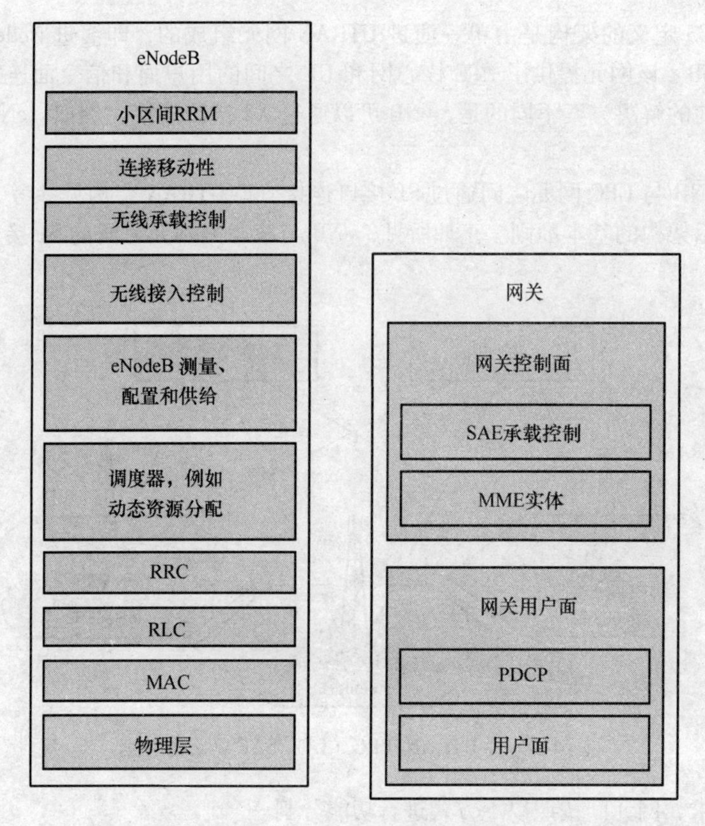

图 4-5 eNodeB 和网关的功能

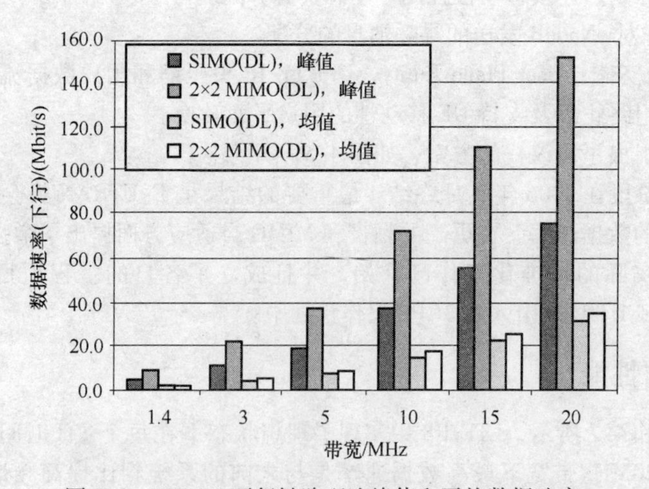

图 4-6 LTE R8 下行链路理论峰值和平均数据速率

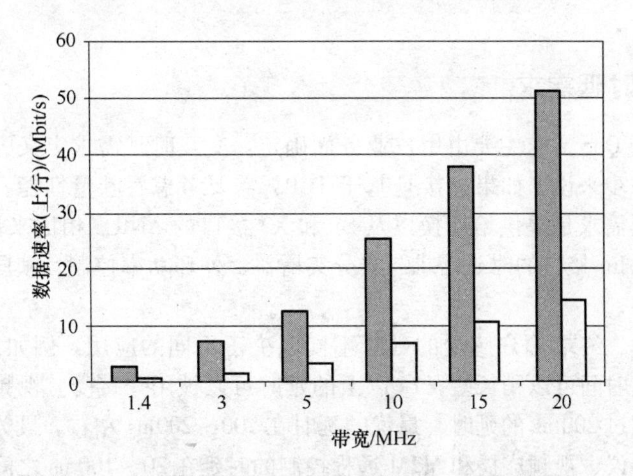

图 4-7 LTE R8 上行链路理论峰值和平均数据速率

在一定的网络范围内，网络的可用容量取决于开销。针对小数据分组（60B）典型流量的开销接近 50%，中等大小数据分组和大数据分组（600/1500B）开销为 25%。空口开销取决于 PDCP 和 RLC，消耗 5%。传输开销取决于是否使用 IPSec，若使用则开销接近 25%，若不使用则开销可达 15%。

4.3.4 LTE UE 需求

LTE UE 类型及各自的能力见表 4-4。所有的类型支持最高达 20MHz 的频率带宽。所有类型必须具有接收分集功能。例如 eNodeB 侧，针对 1 ~ 4 根传输天线定义了传输分集。针对 UE 类型 1 ~ 4 没有强制上行链路采用 64-QAM 调制技术，但是下行链路和上行链路应该都支持。所有调制方案 QPSK、16-QAM 和 64-QAM。强制 2 ~ 5 类终端在下行链路应用 2 × 2MIMO。

表 4-4 LTE UE 类型的关键特性

功　能	类型 1	类型 2	类型 3	类型 4	类型 5
下行峰值速率/(Mbit/s)	10	50	100	150	300
上行峰值速率/(Mbit/s)	5	25	50	50	75
下行调制	QPSK、16-QAM、64-QAM	QPSK、16-QAM、64-QAM	QPSK、16-QAM、64-QAM	QPSK、16-QAM、64-QAM	QPSK、16-QAM、64-QAM
上行调制	QPSK、16-QAM	QPSK、16-QAM	QPSK、16-QAM	QPSK、16-QAM	QPSK、16-QAM、64-QAM
下行 MIMO	可选	2 × 2	2 × 2	2 × 2	4 × 4

4.3.5 回传时延需求

传输网络的 QoS 需求主要由用户业务面确定。交互时延需求定义为允许的最大响应时间。更进一步来说，如果连接是基于 TCP，需要考虑吞吐量性能。由无线网络层协议决定的时延需求是提供给切换以及 S1 和 X2 接口的 ANR。相比来说，WCDMA 系统的 Iub 接口和 Iur 接口的时延需求与宏分集增益、外环功率控制、帧同步和分组调度器相关。

从逻辑上说，终端用户感受的延时不同取决于不同的应用。例如，视频流、FTP 或网页浏览响应时间可以稍长些，1s 以上的延时可以被用户接受。视频电话或音频流业务不能忍受超过 200ms 的延时，最优的延时在 100 ~ 200ms 左右。最关键的应用如实时游戏、视频会议、视频广播和 M2M 远程控制的时延在 20 ~ 100ms 之间会给用户提供更好的体验。

LTE 内的切换，即通过 X2 接口信令交互进行 eNodeB 间切换，会产生一个 30 ~ 50ms的无线链路中断直到切换进程完成。在此期间数据传输被暂停。如果数据从网络传输到 LTE- UE，会产生相应的数据缓存。因为需要考虑数据缓存的影响，因而在网络部署时需要将 X2 接口时延设计成相等或低于无线中断时间，目的是避免 X2 接口的瓶颈，如图 4-8 所示。因此，这是运营商优化网络的目标之一。

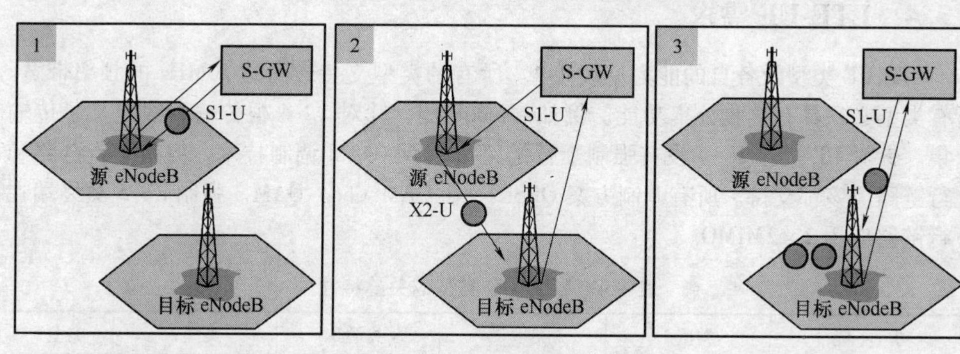

图 4-8 两个 eNodeB 单元间的切换

信令经由 X2 接口进行 eNodeB 间的切换可以增加系统容量。在 X2 信令激活阶段，首先源 eNodeB 的上行链路数据量将稍有增加，假定在双向传输的数据流量是不对称的而回程能力是对称的。另一方面，目标 eNodeB 同时经历了下行链路流量小幅度增长，事实上，平均增长依然低于 2% 。因此，在网络部署不需要这样的附加的容量。然而，需要高切换性能的区域应该考虑附加的容量，如图 4-9 所示。

典型的传输业务特性（即业务等级参数值）是由用户业务需求驱动的。这些值取决于网络整体状况，但是下列建议也应该作为基本准备被考虑：

1）建议的分组时延（Packet delay，PD）等于或小于 10ms。在用户平面，分组时延影响 TCP 类型的业务的延时和吞吐量。对于 WCDMA 控制面延时可接受的最大值为 20ms。

2）建议的分组时延偏差（Packet delay variation，PDV）不大于5ms。专门针对语音业务提出了用户面的分组时延偏差值。基于IEEE 1588-2008定义的分组定时（Timing over Packet，ToP）概念建议了控制面的分组时延偏差值。

3）建议丢包率（Packet loss ratio，PLR）不大于10^{-4}。在用户面的丢包率性能影响基于TCP的业务的吞吐量。

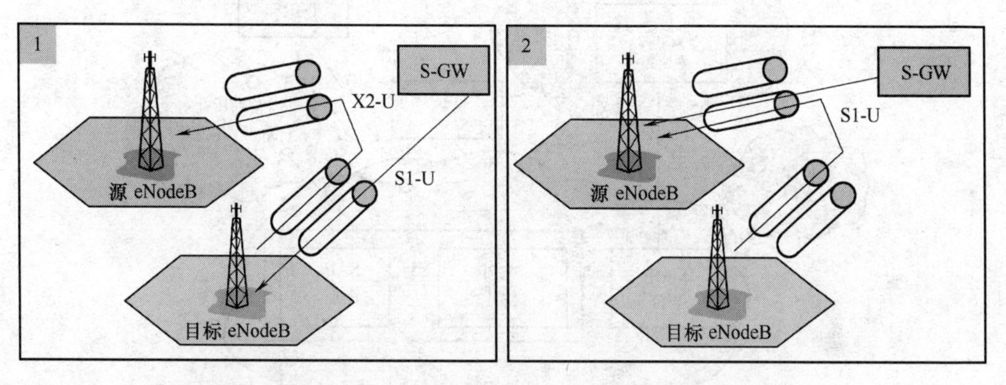

图4-9 在LTE最高需求区域，X2接口切换的目的是增加容量

4.3.6 系统架构演进

随着LTE的演进规划，逐渐提出了系统架构需求。系统架构第2工作组启动了一项名为“系统架构演进（System Architecture Evolution，SAE）”的研究，以推动3GPP系统演进或迁移到支持多种无线接入技术的具有更高速率、更低延时和分组优化的系统的框架。这项工作关注PS域，并假定PS域支持语音业务。SA2的SAE工作是在2004年12月提出的“3GPP系统架构演进”工作项目指导下进行的。未来更明确的是基于IP技术（全IP网络，AIPN——详见TS 22.978[11]），当最终接入到3GPP网络不仅可以通过UTRAN或GERAN，而且可以通过Wi-Fi或WiMAX或其他无线技术的研究方向更加明朗时，该工作就要启动。

SAE的主要研究目的有以下几点：

1）RAN的LTE工作对整体架构的影响。

2）SA的全IP网络概念对整体架构的影响。

3）要求支持异构接入网之间移动性的整体架构。

图4-10所示，演进系统架构，可能会依靠不同的接入技术[12]。

新增参考点定义如下：

1）S1是提供接入到演进RAN的接口，用于无线资源用户面和控制面流量的传输。S1参考点既可以分离MME和UPE，也可以将MME和UPE统一为一个网元作为网络部署方案。

2）S2a是在信任的非3GPP接入网和SAE锚点之间的提供给用户面相关控制和移动性支持的接口。

3）S2b是在ePDG（Evolved Packet Data Gateway，演进的分组数据网关）和SAE锚

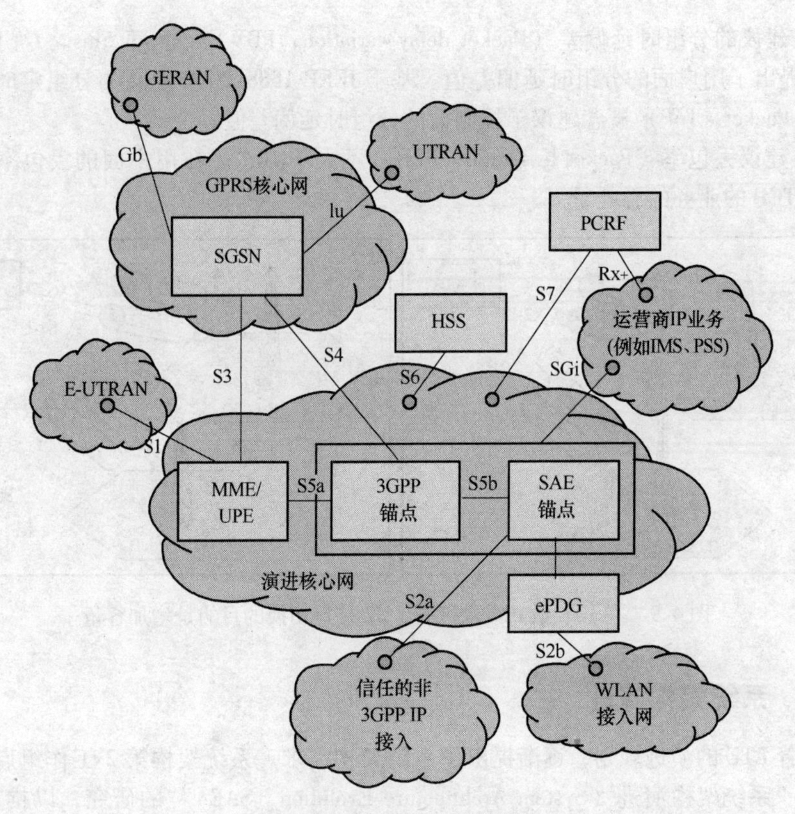

图 4-10　演进分组系统架构

点之间的提供给用户面相关控制和移动性支持的接口。

4）S3 是交换处于空闲状态或激活状态的 3GPP 接入系统间的用户和承载信息的接口。它基于 SGSN（Serving GPRS Support Node，服务 GPRS 支持节点）之间定义的 Gn 参考点。用于 3GPP 接入系统间的用户数据的前向转发。

5）S4 是在 GPRS 和 3GPP 锚点之间提供给用户面相关控制和移动性支持的接口，并且基于 SGSN 和 GGSN 之间定义的 Gn 参考点。

6）S5a 是在 MME/UPE 和 3GPP 锚点之间的提供给用户面相关控制和移动性支持的接口。是否存在标准化 S5a 接口或 MME/UPE 和 3GPP 锚点是否结合为统一的实体将是下一步的研究方向。

7）S5b 是在 3GPP 锚点和 SAE 锚点之间的提供给用户面相关控制和移动性支持的接口。是否存在标准化 S5b 接口或 3GPP 锚点和 SAE 锚点是否结合为统一的实体将是下一步的研究方向。

8）S6 允许转让订阅和鉴权数据，以验证和授权用户接入到演进系统（AAA（Authentication、Authorization & Accounting，认证、授权和记账）接口）。

9）S7 完成从 PCRF（Policy and Charging Rules Function，策略和计费规则功能）到策略和计费执行点（Policy and Charging Enforcement Point，PCEP）之间的 QoS 策略和计

费规则的传送。

10）SGi 是 AS 间锚点和分组域数据网络之间的参考点。其中分组域数据网络可以是外在的运营商公共或私有分组域数据网络，也可以是运营商之间分组域数据网络。例如，IMS 业务。该参考点与 Gi 和 Wi 功能相对应，并且支持任意 3GPP 和非 3GPP 接入系统。

为了重新应用之前的定义，2G/3G 核心网中的 SGSN 网元和演进分组核心网之间的接口基于 GTP。SAE MME/UPE 和 2G/3G 核心网之间的接口将基于 GTP。

4.4 需求对 LTE/SAE 网络部署的影响

LTE 的需求主要有以下问题。

4.4.1 演进的环境

对于 eNodeB 来说，一个最大的区别是不再使用分离的无线控制网元，取而代之的是，控制器功能被整合到同一个 eNodeB 中。这就意味着 eNodeB 网元负责所有无线管理功能。因此实现了更快的无线资源管理并同时简化了整体网络架构。

E-UTRAN 专门应用了 IP 传输层。

下行链路和上行链路资源调度对 UMTS 物理资源是共享或是独占。eNodeB 网元处理所有的物理资源，并通过调度器动态地分配给用户和信道。相比之前的系统提供资源的方式更具有灵活性。

在频域能够实现基于资源载波带宽的调度。调度使用那些没有衰落的资源块，如图 4-11 所示。这种方式不可能应用在基于 CDMA 的系统，这对 LTE 来说是有益的。

其他 LTE 功能包括下列条目：

1）混合自动重传请求（Hybrid Automatic Repeat Request，HARQ）功能已经应用在 HSDPA 和 HSUPA 中。它增强了 LTE 的延时和吞吐量方面的性能，尤其是对小区边缘用户。在层 1 和层 2 应用重传协议，允许通过不同于最初的编码方式的编码重新发送重传块。

2）QoS 感知是通过调度器处理和区分不同的 QoS 等级来实现的。事实上，在 LTE 网络中，不同的实时业务不可能只通过 E-UTRAN 实现。系统中区分服务是可能实现的。

3）自配置针对广域范围，目前处于进一步的研究阶段。该项目的基本观点是允许 eNodeB 网元能够自配置而不通过人工干预或者人工干预最小。这样减少了在调整参数值的过程中的体力工作和人为失误，然而它不能完全替代人工。

4）分组交换域仅仅意味着不提供电路交换域。如果需要实现电路交换应用，如语音业务，也可以通过 IP 域实现。

5）非 3GPP 接入意味着 EPC 也能够接受非 3GPP 系统的接入（例如 LAN、WLAN 和 WiMAX），实现了不同分组无线接入系统的真正融合。

6）LTE 将多输入多输出（Multiple Input Multiple Output，MIMO）作为可选的支持

功能。允许多发送和多接收天线的应用。根据3GPP规范，由于空分复用方式提高了性能增益，LTE单小区最多支持4天线。MIMO是最重要的技术之一，相比之前的系统提高了LTE的频谱效率。

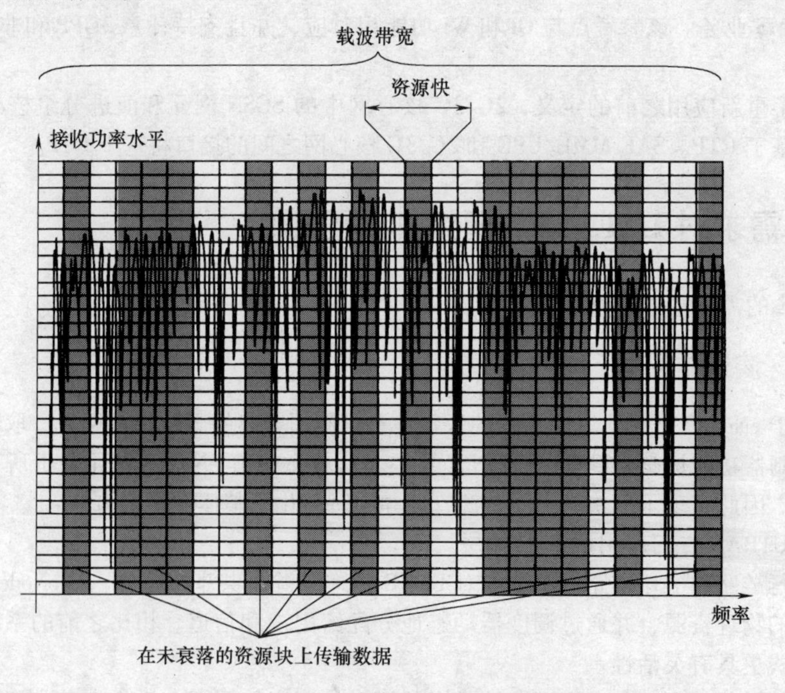

图4-11 选择未衰落的资源块用于传输

4.4.2 频谱效率

一般说来，LTE与相似的系统相比会提供较高的频谱效率。仿真结果表明HSPA R7和WiMAX性能接近，而LTE相对这两类系统有明显的性能提升。例如，WiMAX论坛递交ITU的研究报告显示WiMAX的下行链路和上行链路的频谱效率值分别为1.3bit/s/Hz/小区和0.8bit/s/Hz/小区。而LTE R8中该值分别为1.75bit/s/Hz/小区和0.75bit/s/Hz/小区。HSPA R7中该值分别为1.2bit/s/Hz/小区和0.4bit/s/Hz/小区。与较早的结果相比，LTE相比HSPA R6下行链路有三倍的频谱效率提升，而在应用同类UE情况下，HSPA R6的下行链路和上行链路的频谱效率值分别为1.05bit/s/Hz/小区和0.35bit/s/Hz/小区。上述分析中提到的参考数据来源于针对HSPA R6版本和LTE R8版本的3GPP R1-071992，应用同等条件的UE获得的HSPA R6的数据来源于3GPP RI-063335，HSPA R7和WiMAX的数据基于NSN/Nokia仿真。

往返时延（即延时）在小IP分组情况下，HSPA（10ms帧结构）、HSPA（2ms帧结构）和LTE系统中该值分别为40ms、25ms和10ms。

综上所述，LTE性能满足3GPP目标，最重要的关键性能值是下行峰值速率和上行峰值速率最高达到100Mbit/s和50Mbit/s，频谱效率高于HSPA R6的2~3倍。更进一步来说，LTE 链路预算与 HSPA 的链路预算相似。在编码方式为 AMR 12. 2kbit/s 情况下 VoIP 容量为 40-50/MHz，同时 LTE 系统延时低于 10ms。

参考文献

[1] Tabbane, S. (2007) Mobile next generation network, evolution towards 4G. ITU-D/ITU-T Seminar on Standardization and Development of Next Generation Networks for the Arab Region, April 29–May 2, Manama (Bahrain).

[2] Lazhar Belhouchet, M., Hakim Ebdelli, M. (2010) ITU/BDT Arab Regional Workshop on "4G Wireless Systems" LTE Technology Session 3: LTE Overview—Design Targets and Multiple Access Technologies, January 27–29.

[3] ITU (2010) Description of the ITU-R IMT-Advanced 4G standards, www.itu.int/net/pressoffice/press_releases/2010/40.aspx (accessed August 29, 2011).

[4] ITU-T Y.2011. Telecommunication Standardization Sector of ITU (10/2004). Series Y: Global Information Infrastructure, Internet Protocol Aspects and Next Generation Networks—Frameworks and functional architecture models. General principles and general reference model for Next Generation Networks. http://docbox.etsi.org/STF/Archive/STF311_OCG_ECN&S_NGN_RegulAspects/Public/NGN_Terminology_docs/T-REC-Y.2011-200410-I!!PDF-E.pdf (accessed August 29, 2011).

[5] Rec. ITU-R M.1645 1. Recommendation ITU-R M.1645. Framework and overall objectives of the future development of IMT-2000 and systems beyond IMT-2000 (Question ITU-R 229/8). www.ieee802.org/secmail/pdf00204.pdf (accessed August 29, 2011).

[6] 3GPP (n.d.) Standards, www.3gpp.org (accessed August 29, 2011).

[7] 3GPP TR 25.913. (2009) *Requirements for Evolved UTRA (E-UTRA) and Evolved UTRAN (E-UTRAN)*, V. 8.0.0, 2009-01-02, 3rd Generation Partnership Project, Sophia-Antipolis.

[8] 3GPP TR 25.814. (2006) *Physical Layer Aspect for Evolved Universal Terrestrial Radio Access (UTRA)*, V. 7.1.0, 2006-10-13, 3rd Generation Partnership Project, Sophia-Antipolis.

[9] 3GPP TR 25.813 (2006) *Evolved Universal Terrestrial Radio Access (E-UTRA) and Evolved Universal Terrestrial Radio Access Network (E-UTRAN); Radio interface protocol aspects*, V. 7.1.0, 2006-10-18, 3rd Generation Partnership Project, Sophia-Antipolis.

[10] 3GPP TR 25.912. (2009) *Feasibility Study for Evolved Universal Terrestrial Radio Access (UTRA) and Universal Terrestrial Radio Access Network (UTRAN)*, V. 8.0.0, 2009-01-02, 3rd Generation Partnership Project, Sophia-Antipolis.

[11] 3GPP TS 22.978. (2009) *All-IP Network (AIPN) Feasibility Study*, V. 8.0.0, 2009-01-02, 3rd Generation Partnership Project, Sophia-Antipolis.

[12] 3GPP TR 23.882. (2008) *3GPP System Architecture Evolution (SAE): Report on Technical Options and Conclusions*, V. 8.0.0, 2008-09-24, 3rd Generation Partnership Project, Sophia-Antipolis.

第5章　LTE与SAE架构

Jyrki T. J. Penttinen

5.1　引言

3G系统的演进由无线网以及核心网两部分组成，前者称为无线接口长期演进（LTE），后者则为系统架构演进（SAE）。需要说明的是，SAE的概念只是在标准化开始阶段使用。目前，核心网部分被称为演进分组核心网（EPC）。由于SAE已成为通用术语，可与EPC并行使用，本书也将同时使用官方标准化术语EPC和非标准化术语SAE。

本章介绍LTE/EPC的功能块和接口，通过与早期移动通信系统解决方案的对比说明新的架构。

同时，LTE/EPC的协议栈结构及其功能也将在本章进行描述，并通过实例对每个协议的原则予以阐述。

LTE架构在3GPP规范36.401（E-UTRAN架构描述）中进行了定义。

5.2　网元

LTE的扁平网络架构意味着无线网和核心网各自只有一个网元[1]。图5-1所示为LTE的高层结构，并与早期系统的分组交换域进行对比。

图5-2所示，LTE/EPC的整体划分如下：LTE是指演进的UMTS无线接入网（Evolved UMTS Radio Access Network，E-UTRAN），而EPC是指演进的核心网。

与3G基本架构理念之间的差异如图5-3所示。

图5-4所示为网元及其相关接口的详细分布情况。LTE作为一种新的无线技术，通过EPC与GERAN和UTRAN的分组核心网相连接，而SGSN则可以看做是所有这些技术的一个中心连接点。

E-UTRAN只通过一种类型的节点（即eNB）向UE提供空中接口。eNB通过S1接口与MME和S-GW相连，eNB之间通过X2接口相连。与已有解决方案不同的是，LTE中的单个eNB可以同时与多个MME和多个S-GW连接，从而灵活地增加了可靠性，被称为S1-flex。

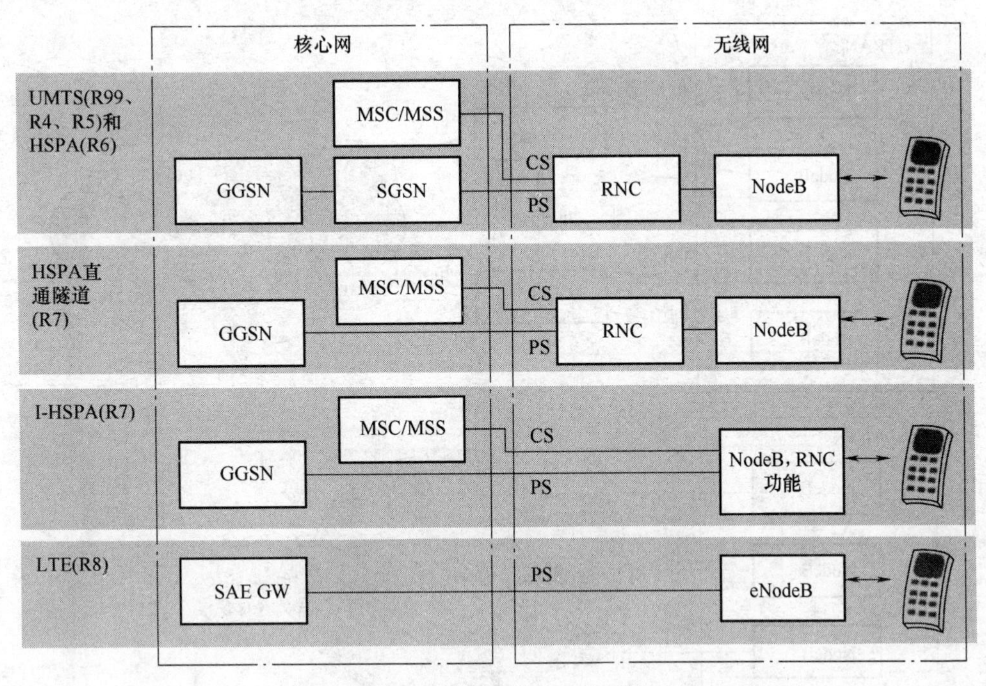

图 5-1　网络架构演进。LTE 通过只提供分组交换连接的方式实现扁平架构以简化网络的总体设计

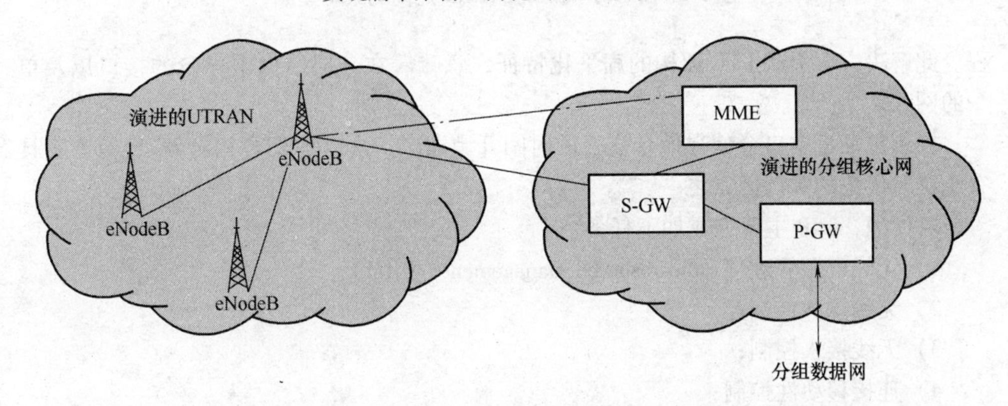

图 5-2　演进分组系统包括演进的 UTRAN（LTE）和 EPC

5.2.1　eNodeB

LTE 中的 eNB 负责与 UE 之间的无线收发，提供无线资源管理（radio resource management，RRM）所需的功能，包括通过空中接口的接入控制、无线承载控制、用户数据调度以及控制信令。此外，eNB 也负责通过空中接口的数据加密和报头压缩。

UTRAN 和 E-UTRAN 之间的最显著差异在于基站的职能方面。目前，LTE 的 eNodeB（eNB）可实现之前 UTRAN 系统 RNC 所具备的所有基本功能，同时也仍继承了 NodeB 的传统功能。eNB 在空口处的运行与 UE 类似，但包含了与连接相关的决策过

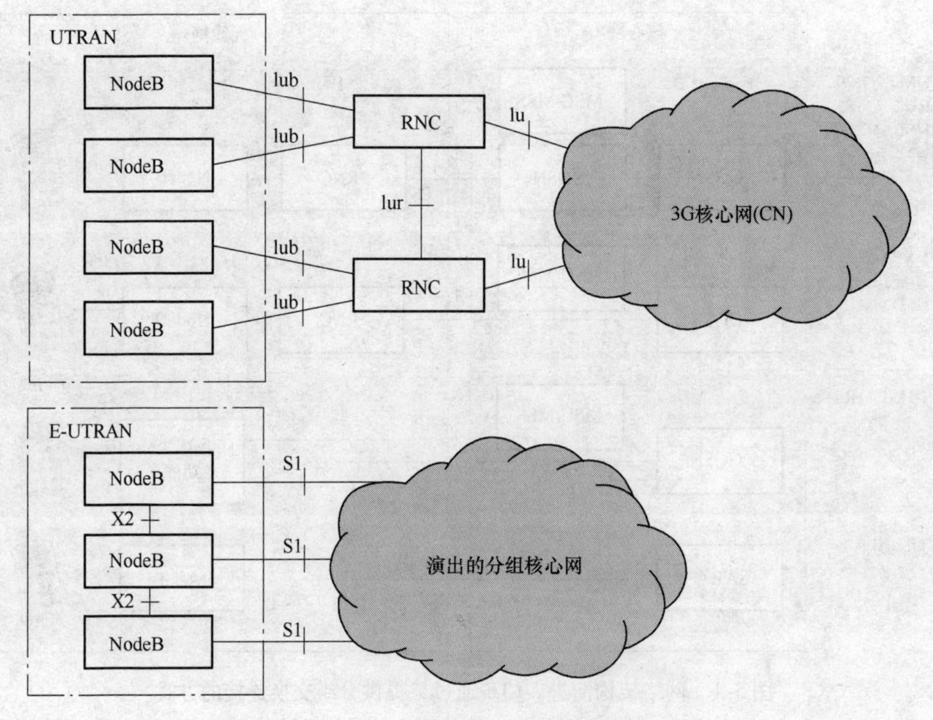

图 5-3 UTRAN 和 E-UTRAN 之间的架构差异

程。此解决方案引起 LTE 架构的扁平化特征，意味着在分层结构中更少的接口以及单一的网元。

控制更贴近空口会使得信令交互的时间开销缩减，这也是 LTE 相对 3G 已有方案具有小延时优势的关键因素之一[2-4]。

具体地，eNB 主要完成如下任务：

1）无线资源管理（radio resource management，RRM）；

2）无线承载控制；

3）无线接入控制；

4）连接移动性控制；

5）UE 调度（上行和下行）；

6）接入层安全（Access Stratum，AS）；

7）调度和移动性管理的基本测量；

8）IP 报头压缩；

9）用户数据加密；

10）eNB 和 S-GW 之间的用户数据路由；

11）源自 MME 的寻呼处理；

12）源自 MME 及运营和管理系统（Operations and Management System，OMS）的广播消息处理；

13）UE 无相关信息提供时的 MME 选择；

14）包括 ETWS（Earthquake and Tsunami Warning System，地震和海啸报警系统）和 CMAS（Commerical Mobile Alert System，商用移动报警系统）在内的 PWS（Public Warning System，公共报警系统）消息的处理。

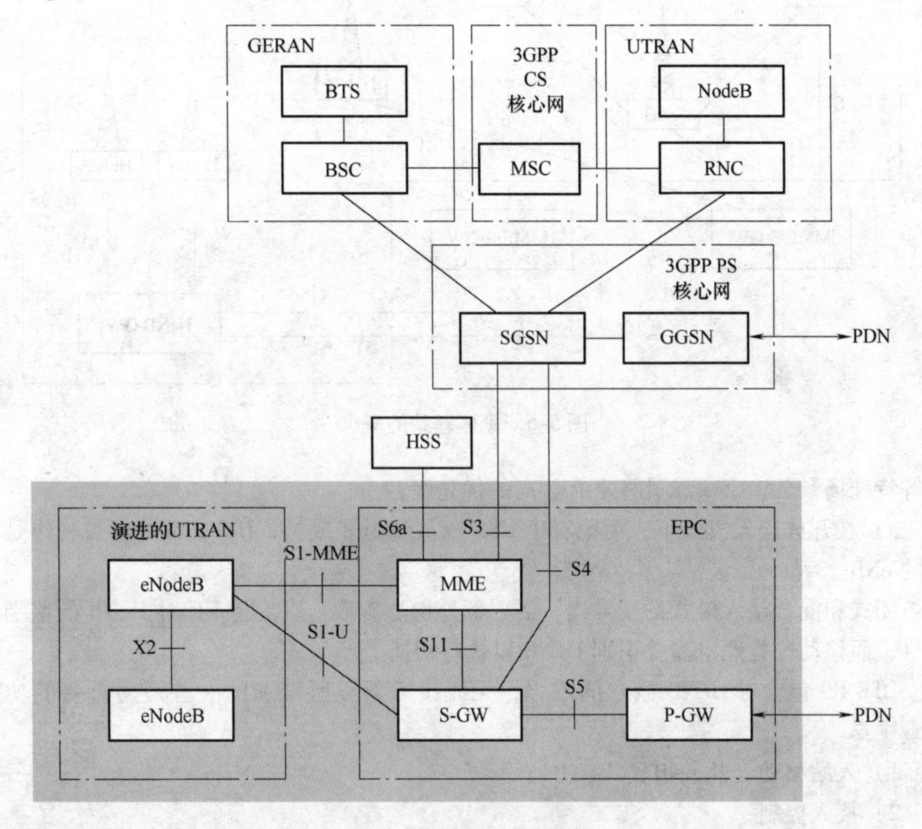

图 5-4　LTE/SAE 网元和接口

另外一种可用的网元集称为家庭基站（Home eNB，HeNB）和家庭基站网关（Home eNB Gateway，HeNB GW）。HeNB 的特点如下：

1）HeNB 是一种以用户应用为前提、采用运营商授权频段的设备；

2）HeNB 意味着网络覆盖和（或）容量的增强；

3）HeNB 具备 eNB 的所有能力，并增加了与配置和安全相关的特有功能。

家庭基站网关与 HeNB 相连，用于实现对大量 S1 接口的支持，因此可以看做是一种用于平衡接口的附加网元。

图 5-5 所示为 HeNB 概念以及 HeNB GW 网关的原理，具体说明见参考文献［5］。

此外，HeNB 的概念可以运用在如下接入场景中。

1）在闭式接入模式下，只有预先确定的用户闭集（Closed Subscriber Group，CSG）中的成员，才可以接入各自的 HeNB；

2）在混合接入模式下，不论是否是 CSG 中的成员均可以接入 HeNB，但在出现拥

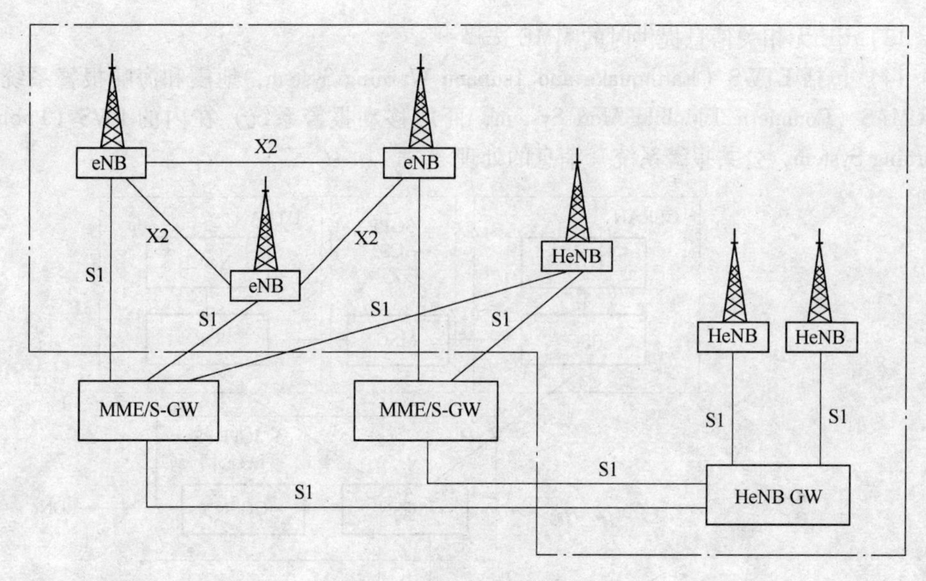

图 5-5　家庭基站的概念

塞等特殊场景下，CSG 成员将享有较高的优先级；

3）在开放接入模式下，无论对于 CSG 成员还是非成员，HeNB 都可以被视作是正常的 eNB。

闭式和混合接入模式的正常运行需要额外增加参数，以支持 UE 对 HeNB 的鉴别和搜寻，而移动性管理也需要识别 HeNB 以执行切换。

LTE R9 包含对 HeNB 概念的增强，无线接入部分所增加的一些最为重要的功能如下[5]：

1）入站移动（从 eNB 到 HeNB）；

2）接入控制；

3）新的混合小区概念；

4）过期的 CSG 信息管理；

5）HeNB 的运行、管理和维护；

6）运营商管控的 CSG 列表。

7）TDD/FDD HeNB 的 RF（Radio Frequency，射频）需求。

5.2.2　服务网关

服务网关（Serving Gateway，S-GW）提供用户面连接，物理形态上一端为用户终端，另一端为分组数据网关（Packet Data Network Gateway，P-GW）。与网络提供商的具体实现方式相关，这些网元可以相互独立，也可以在物理上组合为同一个网元。

需要注意的是，因为控制面由 MME 单元负责，UE 和 S-GW 之间没有任何控制消息的交互。

S-GW 单元的职能如下：

1）S-GW可以作为eNB间切换的一个本地锚点；

2）S-GW也可以作为3GPP网络间移动的一个锚点；

3）合法侦听（Lawful Interception，LI）；

4）数据分组路由和转发；

5）S-GW控制E-UTRAN空闲模式下的数据分组缓冲；

6）S-GW控制网络触发的服务请求过程；

7）DL/UL数据分组的传输层标记；

8）计费数据记录（Charging Data Record，CDR）收集，用于识别UE、PDN（Packet Data Network，分组数据网）和QCI（QoS Class Identifier，QoS等级标识符）；

9）按照用户和QCI粒度记账，用于运营商之间的计费流程。

5.2.3 PDN网关

PDN网关（PDN Gateway，P-GW）以与S-GW相同的方式提供UE、S-GW和P-GW之间的用户面连接。P-GW一端提供与S-GW的接口，另一端与外部的分组数据网络（Packet Data Network，PDN）相连。另外，P-GW也包括了GPRS网关支持节点的功能。

P-GW所有的特殊功能如下：

1）UE的IP地址分配；

2）分组过滤可以在基于用户的层面进行，此功能称为深度分组解析；

3）合法侦听（Lawful Interception，LI）；

4）DL数据分组的传输层标记；

5）UL/DL的服务层面计费、门控和速率控制；

6）基于APN-AMBR（APN aggregate maximum bit rate，APN累计最大比特率）的DL速率强制；

7）在线的收费信用控制。

5.2.4 移动管理单元

移动管理单元（Mobility Management Element，MME）用于UE和HSS（Home Subscriber Server，归属用户服务器）等其他网元之间的控制面信令交互。同样的，由于LTE/SAE中用户面消息不通过MME，控制面信令不会通过S-GW或者P-GW。

MME的功能如下：

1）非接入层（Non Access Stratum，NAS）的信令；

2）NAS信令的安全；

3）AS安全控制；

4）P-GW和S-GW单元的选择；

5）切换中其他MME的选择；

6）LTE和3GPP 2G/3G接入网间切换时的SGSN选择；

7）不同3GPP 2G/3G接入网的CN（Cove Network，核心网）间移动信令；

8）跟踪区域（Tracking Area，TA）列表管理；

9）国际和国内漫游；

10）用户鉴权；

11）承载的建立和管理；

12）支持包括 ETWS 和 CM AS 的 PWS 消息传输；

13）管理 UE 寻呼消息重传以及其他与空闲态用户搜寻相关的功能。

5.2.5 GSM 和 UMTS 域

如图 5-4 所示，SGSN 可以被看做是连接 GERAN、UTRAN 和 LTE 的 PS 域的中心节点。LTE 通过 P-GW 创建与外部分组数据网络的分组交换连接，而 GERAN 和 UTRAN 则采用传统的 GGSN。与 LTE 相关的遗留网元如下：

1）GPRS 网关支持节点（Gateway GPRS Support Node，GGSN）作为传统 2G/3G 接入网中面向 PDN 的 Gi 接口的终点。而在 LTE/SAE 网络中，只有需要提供 P-GW 功能且从系统间移动性管理的角度来看时，GGSN 才起作用。

2）GPRS 业务支持节点（Serving GPRS Support Node，SGSN）用于在核心网和传统 2G/3G 无线接入网（Radio Access Network，RAN）之间传送分组数据，而对于 LTE/SAE 网络，GPRS 只用于系统间的移动性管理。

3）归属用户服务器（Home Subscriber Server，HSS）是用于用户资料管理（包括 LTE 用户）、认证和授权的 IMS 核心网实体。HSS 所管理的用户资料包括签约和安全信息以及与用户的物理位置相关的细节。

4）策略和计费规则功能（Policy Charging and Rules Function，PCRF）用于制定数据流的 QoS 策略以及计费策略，在 LTE/SAE 中的位置如图 5-6 所示。

5）认证、授权和计费功能（Authentication，Authorization and Accounting function，AAA）用于实现与 EPC 相连的非 3GPP 接入网之间的认证和授权消息的转播。

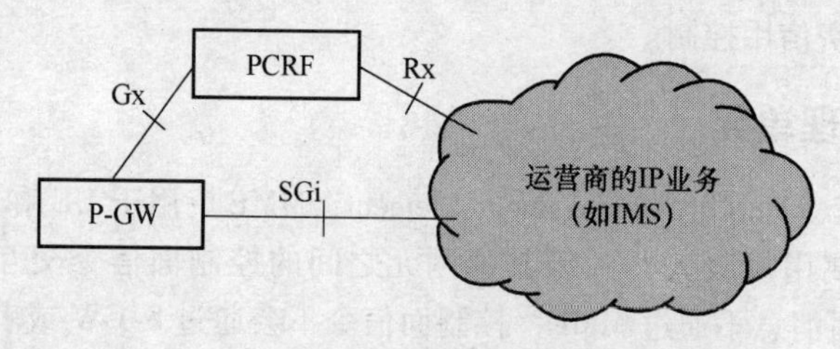

图 5-6 LTE/SAE 网络中 PCRF 实体的位置

5.2.6 分组数据网

分组数据网（Packet Data Network，PDN）是 LTE/SAE 通过 P-GW 相连接的 IP 网络，可以是因特网或者运营商的 IP 多媒体系统（IP Multimedia Subsystem，IMS）。

5.3　接口

LTE/SAE 系统包含了若干内部的以及与其他 3GPP 2G/3G 网络之间的接口，如图 5-4 所示。

5.3.1　Uu 接口

Uu 接口是 LTE 系统中 eNodeB 和 UE 之间定义的无线接口。通过集成之前的 3G RNC 功能，eNodeB 提供 PS 连接方式。LTE 的扁平架构方案不再需要单独的 RNC 设备。

5.3.2　X2 接口

X2 接口定义为 eNodeB 之间的连接，用于实现 eNodeB 间切换、小区间资源管理信令交互以及接口管理信令交互。

物理上，上述接口可以是光纤或者其他方式，并保证在满足最大延时和抖动需求的前提下实现所需容量的传送。

5.3.3　S1 接口

S1 接口分为 S1-MME 和 S1-U，前者连接 eNodeB 和 MME，后者连接 eNodeB 和 S-GW。

S1-MME 接口用于 eNodeB 和 MME 之间的控制面信令交互，S1-U 接口则用于承载 eNodeB 和 S-GW 之间的用户面数据，数据通过 GTP 传送。

5.3.4　S3 接口

S3 接口用于 MME 和 SGSN 之间的信令交互。

5.3.5　S4 接口

S4 接口定义在 S-GW 和 SGSN 之间，为系统间切换提供用户面的基于 GTP 的隧道。

5.3.6　S5 接口

S5 接口定义在 S-GW 和 P-GW 之间，由供应商的具体方案决定，上述单元可以集成在同一个物理实体中。

5.3.7　S6a 接口

S6a 接口用于在 HSS 和 MME 之间承载签约和鉴权信息。

5.3.8　S11 接口

S11 接口用于实现 S-GW 和 MME 之间的信令消息传输。

5.3.9　SGi 接口

SGi 接口定义在 P-GW 和 PDN 之间，后者可以是外部公共或者私有的 IP 分组网，也可以是内部 IP 网络，如 IP 多媒体子系统。

5.3.10 Gn/Gp

Gn/Gp 接口是 SGi 接口的一种替代形式，传统的 Gn/Gp 接口可以在 EPS 中被支持，以建立与分组数据网之间的连接。

5.4 协议栈

不同网元之间的 LTE 协议栈通常可以分为用户面和数据面，总体而言与 WCDMA 和 UMTS 网络相同。图 5-7 所示为每个 LTE 协议层的整体功能。

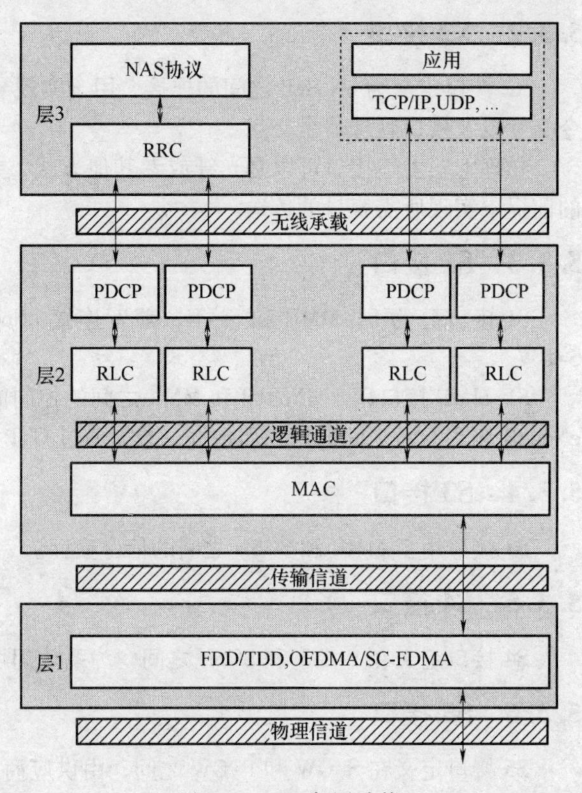

图 5-7　LTE 各层功能

LTE/SAE 无线协议栈在层 1、层 2 和层 3 中定义，与 ISO 的 OSI 分层结构的定义有部分重叠。LTE/SAE 层 1 与接口（如无线接口或光纤）的物理实现相关，而层 2 与数据链路和接入有关，层 3 与接入层协议或者非接入层信令协议的接管相关。在 LTE/SAE 中，应用层属于层 3。

图 5-7 中的信道结构将在第 7 章中做更为详细的解释。

5.4.1 用户面

图 5-8 所示为 UE、eNB、S-GW和 P-GW 之间用户面的完整协议栈结构。两个 eNB 间直接通信过程中的用户面如图 5-9 所示。

基本的用户面实体功能为：MAC 负责逻辑信道和传输信道之间的映射、复用和解复用、调度信息的上报、HARQ、优先级控制以及传输格式选择。

另外，RLC 负责 ARQ 功能、分段并置、重新分段并置、顺序传递、重复分组检测以及重建等。

PDCP 层负责用户面和控制面数据加密、报头压缩（ROCH）、高层分组数据单元的顺序传递、低层 SDU 中的重复删除、控制面的完整性保护以及基于定时器的过期数据丢弃。

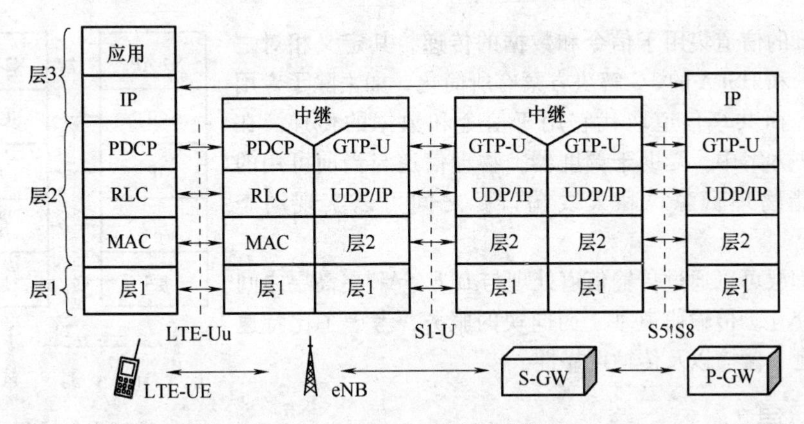

图5-8　LTE/SAE用户面协议层

5.4.2　控制面

控制面的协议栈结构如图5-10所示。图5-11所示为在切换发生等情况下两个eNB间直接通信的协议栈。

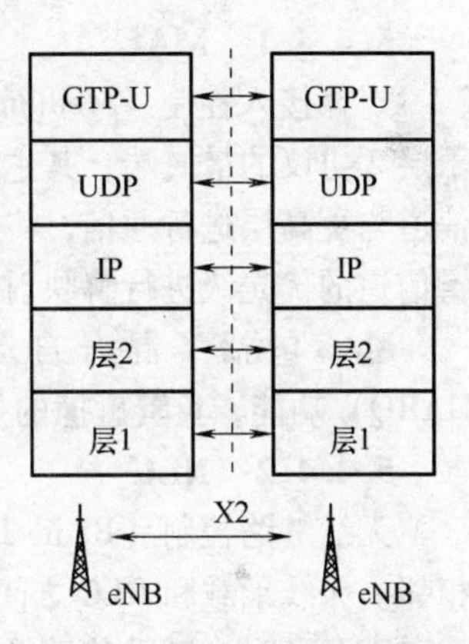

图5-9　两个eNB间通信的用户面协议栈结构

5.4.3　层1

LTE/SAE无线协议栈的层1为物理层。总的来说，层1提供了下行和上行方向比特信息通过空中接口递交的方法和基本功能。

LTE的无线接口基于两种独立的接入技术，即下行的正交频分复用接入（Orthogonal Frequency Division Multiple Access，OFDMA）和上行的单载波频分复用接入（Single Carrier Frequency Division Multiple Access，SC-FDMA）。OFDMA和SC-FDMA的功能将在第7章中进行详细介绍。

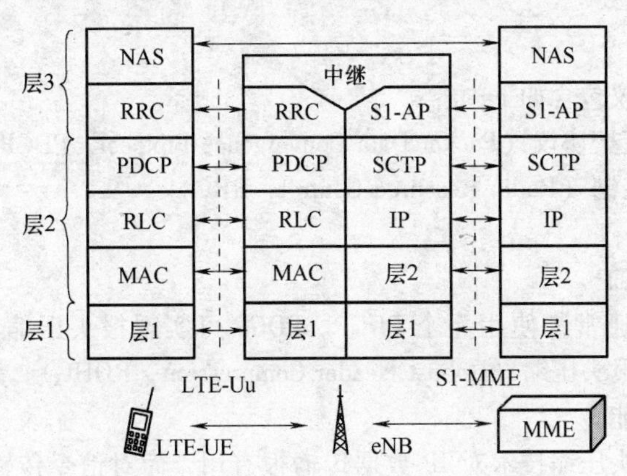

图5-10　LTE/SAE的控制面协议栈结构

LTE 的信道集用于信令和数据的传递，其定义相对之前 UMTS 和 HSPA 的 3G 解决方案有所简化，如去除了专用信道等，而共享信道取代它用于信令和数据的传递。在 LTE 解决方案中，受助于调度器，物理信道与当前可用的资源（指物理资源块和天线端口）之间可以实现动态映射。

物理层可以通过传输信道处理与 LTE/SAE 更高层之间的数据交互。传输信道基于面向块的服务，考虑了比特速率、时延、碰撞以及传输可靠性。

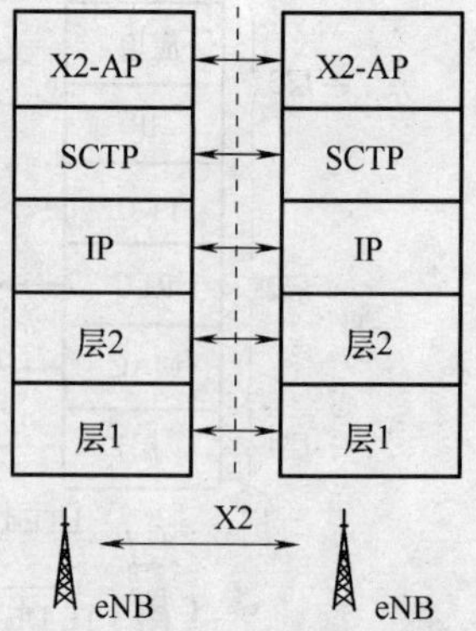

图 5-11　两个 eNB 间直接通信的协议栈

5.4.4　层 2

5.4.4.1　MAC

媒体接入控制（Medium Access Control，MAC）协议位于层 2 协议的最底端，其主要功能与传输信道的管理相关。另一方面，MAC 通过逻辑信道与更高层进行通信，将逻辑信道的数据映射到传输信道进行传输，接收端根据逻辑信道的优先级进行解映射。

MAC 包括了混合自动重传请求（Hybrid Automatic Retransmission on request，HARQ）功能，负责碰撞的处理和 UE 的识别。

5.4.4.2　RLC

无线链路控制（Radio Link Control，RLC）位于 LTE/SAE 协议栈第二层，与 MAC 相邻。无线承载和 RLC 之间存在一一对应的关系。

RLC 通过自动重传请求（Automatic Retransmission on request，ARQ）提高无线承载质量，ARQ 采用序列标示的数据帧结构，并通过状态报告来触发重传机制。

RLC 对更高协议层的数据进行分割和重组。RLC 也负责对更高协议层的数据分块串接，以适应传输信道传输块大小受限的要求。

5.4.5　层 3

层 3 的无线协议包含如下内容：

1）分组数据汇聚协议（Packet Data Convergence Protocol，PDCP）。

2）无线资源控制（Radio Resource Control，RRC）。

3）NAS 协议。

5.4.5.1　PDCP

每个无线承载通常都使用一个 PDCP。PDCP 可实现报头压缩的管理，根据 RFC 3095，称为鲁棒性报头压缩（Robust Header Compression，ROHC）。另外，PDCP 还可实现加密和解密的功能。

需要注意的是头压缩技术对 IP 数据传输很有用，而对信令传输则没有显著效果，因此 PDCP 通常只对信令进行加密和解密，而不进行头压缩。

5.4.5.2　RRC

RRC 是 E-UTRAN 中接入层专用的控制协议，为信道管理、测量控制以及信息上报提供所需信息，RRC 的控制面是一个多任务的实体，负责广播/寻呼流程、RRC 连接建立、无线承载控制、移动功能以及 LTE-UE 的测量控制。

RRC 功能将在第 7 章中进行更为深入的探讨。

5.4.5.3　NAS 协议

NAS 协议定义在 UE 和 MME 之间。NAS 位于 RRC 之上，提供 NAS 传输所需的载体消息。NAS 的最重要功能包括认证、安全控制、EPS 承载管理、EMC-Idle 移动性管理、EMC-Idle 状态的寻呼发起等。

5.5　层 2 结构

如之前章节中所讨论的内容，MAC 层通过传输信道向空中接口传递信息，并通过逻辑信道向上面的 RLC 层传输消息。RLC 则为上述交互无线承载内部信息的 PDCP 功能传递信息。

若考察 MAC、RLC 和 PDCP 的功能细节，不难发现 MAC 和物理层之间存在若干服务接入点，称为单独的传输信道。MAC 和 RLC 之间的服务接入点为逻辑信道，不同类型的逻辑信道可以在相同的传输信道中进行复用。图 5-12 和图 5-13 分别给出层 2 的下行和上行结构。

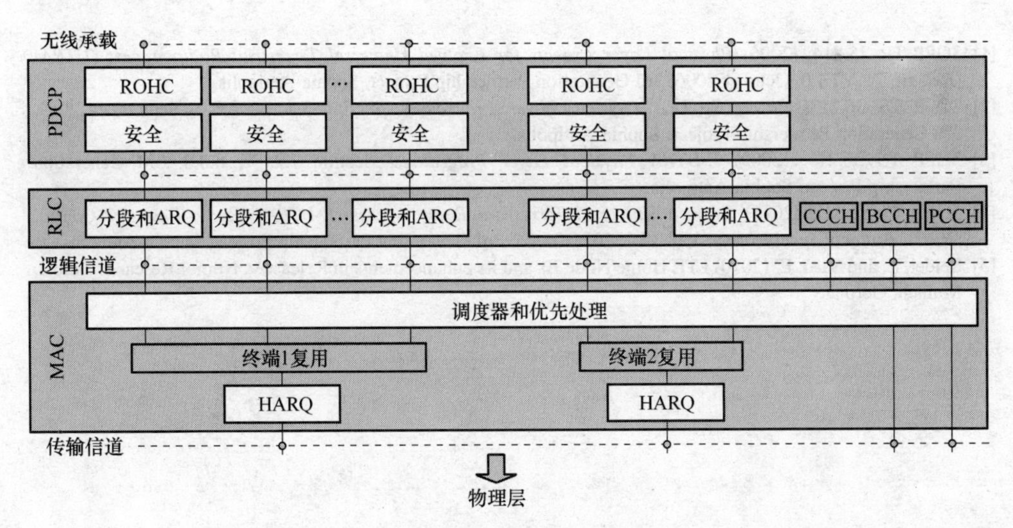

图 5-12　层 2 的下行结构

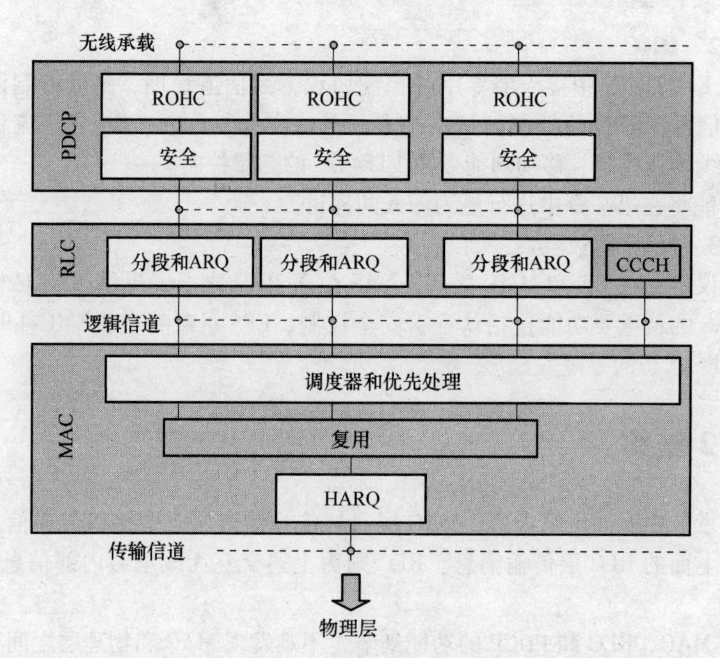

图 5-13　层 2 的上行结构

参考文献

[1] 3GPP TR 25.814. (2006) *Physical Layer Aspects for Evolved Universal Terrestrial Radio Access (UTRA) (Release 7)*, V7.1.0, October 2006, 3rd Generation Partnership Project, Sophia-Antipolis.

[2] 3GPP TS 36.213. (2009) *E-UTRA Physical Layer Procedures*, Section 7.1, V. 8.8.0, September 2009, 3rd Generation Partnership Project, Sophia-Antipolis.

[3] 3GPP TS 36.213. (2009) *E-UTRA Physical Layer Procedures,* Section 7.2, V. 8.8.0, 3rd Generation Partnership Project, Sophia-Antipolis.

[4] 3GPP TS 36.331. (2011) *Evolved Universal Terrestrial Radio Access (E-UTRA); Radio Resource Control (RRC); Protocol Specification,* V. 8.14.0, 2011-06-24, 3rd Generation Partnership Project, Sophia-Antipolis.

[5] Seidel, E. and Saad, E. (2010) LTE Home Node Bs and its enhancements in Release 9. Nomor Research GmbH, Munich, Germany.

第 6 章　传输网和核心网

Juha Kallio、Jyrki T. J. Penttinen 和 Olli Ramula

6.1　引言

本章介绍 LTE 的功能块与接口，通过与早期移动通信系统解决方案的对比阐述了新型结构，描述 LTE 协议族的协议栈结构及其功能，并通过若干示例说明了每个协议的原理。

6.2　传输实体功能

后续章节将对 MME、S-GW、P-GW 以及相关的传输模块进行实际描述。以下内容是 LTE/SAE 核心网典型功能的一个缩影。完整的功能列表取决于供应商和商用日程安排，因此，更详细的信息应直接从供应商处获取。

6.2.1　传输模块

图 6-1 所示为诺基亚西门子网络传输模块的实例。它具有如下特征：

1）xE1/T1/JT1。

2）支持 IPSec 协议。

3）以太网交换。

4）ToP（Timing over Packet，时序分组 IEEE1588-2008）同步以太网。

图 6-1　诺基亚西门子通信公司带有基站传输板（FTLB/FTIB）的 Flexi Multiradio BTS 系统模块实例（诺基亚西门子通信公司允许转载）

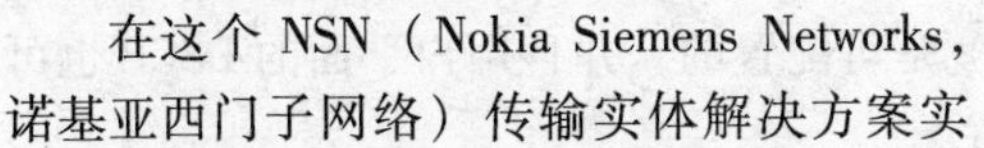

在这个 NSN（Nokia Siemens Networks，诺基亚西门子网络）传输实体解决方案实例中，有两种选择方案。FTLB（诺西公司专用板卡）共包含三个 GE 端口，其中两个是 GE（Gigabit ethernet，千兆以太网）电口，另外一个是连接 SFP 模块的光口，而 FTIB则包含两个 GE 端口。

6.2.2　LTE 传输协议栈

LTE/SAE 网络解决方案的基本内容包括用户、控制和管理面基于 IPv4 的协议栈，且在 LTE 部署之初就应该保证是可用的。LTE 同样也可以作为支持 IPv6 的逻辑基础，以加速网络的 IP 化的演进过程。

6.2.3 以太网传输

基本的 LTE/SAE 解决方案包括光电以太网接口（Electrical and Optical Ethernet Interfaces），它可为运营商提供最低的传输成本和高传输容量[1]。具体来说，在物理层，可以通过 RJ-45 标准所规定的电线连接吉比特以太网 100/1000Base-T 和光纤连接 1000Base-SX/LX/ZX 来解决。此外，逻辑功能还包括模式和数据速率的自动协商。图 6-2 所示为 LTE/SAE 以太网解决方案的协议栈。

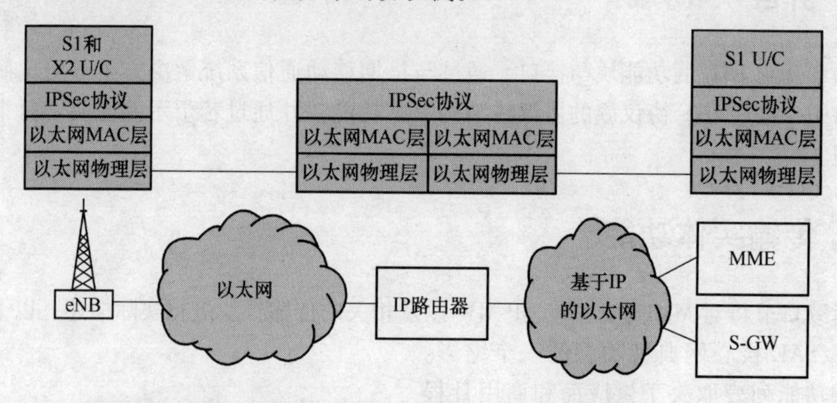

图 6-2 针对 LTE/SAE 传输网的以太解决方案

6.2.4 IP 地址分类

该方案为每一个 LTE/SAE 平面（即用户面、控制面、管理面和同步面，简称 U、C、M、S）提供了不同的 IP 地址。eNodeB 的应用程序既可使用接口地址也可使用虚拟地址。在地址共享选项中，所有的平面共享同一个地址，而在多接口地址方案中，每个平面使用独立的地址。在虚拟地址分配方面，应用程序与每个平面单独的虚拟地址相绑定。

6.2.5 IP 层业务优先级

该功能采用支持不同用户业务等级的方式来确保可靠的系统控制。具体来说，差分服务编码点（DiffServ Code Points，DSCP）是可配置的，并且用户平面的 DSCP 也可以根据其相应的 EPS 承载的 QCI 来进行配置。

6.2.6 以太网层业务优先级

如果传输网在 IP 层不具备 QoS 感知能力，该功能可以用于保证 QoS，其中一种方法是通过在以太网层使用以太网优先级比特位的方式。

6.2.7 基于 VLAN 的业务分类

图6-3 所示，该功能几乎支持所有平面（也即 U、C、M 和 S）的独立网络，这是基于 IEEE802.lq 中所定义的配置 VLAN 特性的能力而实现的。

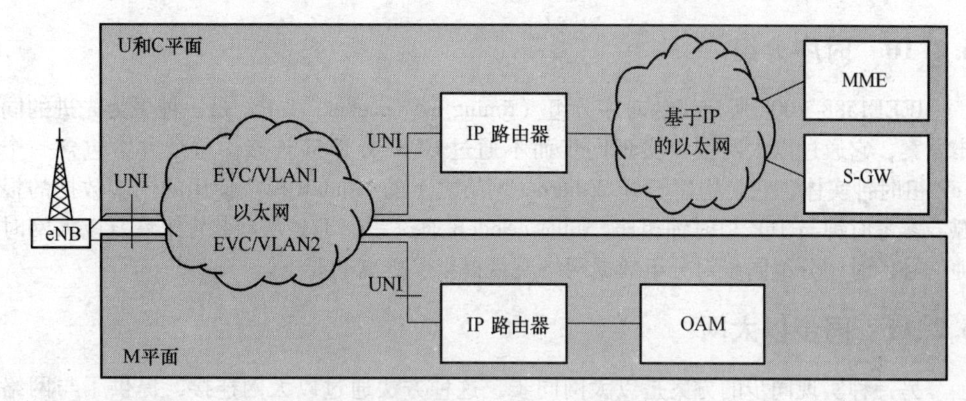

图6-3 不同平面单独定义的 VLAN ID

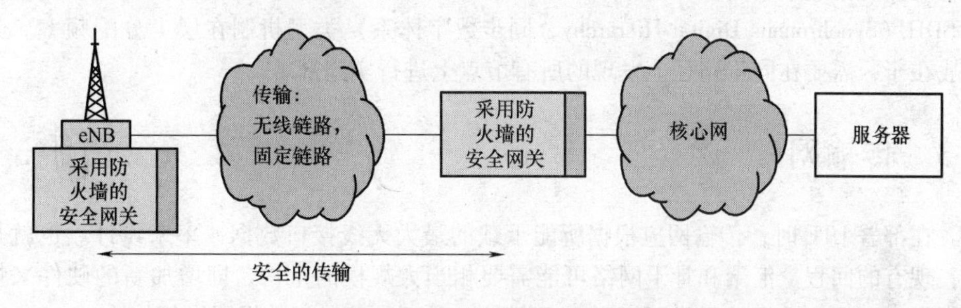

图6-4 IPSec 协议在传输网中应用

6.2.8 IPsec 协议

图6-4 所示，IPSec 协议与传输安全密切相关。通常，传输网络的所有平面均支持 IPSec 协议。例如，诺基亚-西门子网络的 eNodeB 包括安全网关和集成到同一实体中的防火墙。

如需进一步了解，请参阅本书第 11 章。此章中涉及了安全以及 TS33.210（网络域安全）、TS33.310（授权架构）和 TS401（安全结构）等规范[2-4]。

6.2.9 同步

GPS 的引入不仅是一种直接且实用的同步解决方案，同时它还是在传输网侧不需要引入附加需求的同步功能性解决方案。GPS 同时支持频率和相位同步，其应用限制因素是由数据和电缆的最大长度决定的。如果 GPS 接收器集成到天线模块中，则下行到 eNodeB 模块的同步接口（例如诺基亚-西门子网络中 Flexi 公司的系统模块）可以基于光纤进行无损耗传输。在 GPS 天线、接收器以及系统模块间可以使用浪涌保护器，可在某些情况下（如雷雨暴风等灾害）把破坏限制在最低程度。

实现 GPS 同步的一种方法是，通过 2G 网络基站或 3G 网络 NodeB 节点所提供的 TDM 设备中的 2.048MHz 信号来进行同步。另一种方法则是与 PDH（Plesiocronic Digital Hierarchy，准同步数字体系）接口进行同步。

6.2.10 时序分组

IEEE1588-2008 所定义的时序分组（timing over packet，ToP）是一种更为先进的同步方案，它通过以太网接口实现同步而不通过 GPS 或 TDM 连接。这个方案包含一个 ToP 祖时钟实体，它是构建于 IP/Ethernet 网络之上的 eNodeB 模块使用的同步数据的根源。参考时钟与 ToP 祖时钟相连，同时 eNodeB 通过一个 ToP 从动装置来恢复以太网时钟信号，时序分组同步对分组数据网络质量提出了更高的要求。

6.2.11 同步以太网

另一种实现同步的方案是以太网同步，这种方法通过以太网连接，提供了与网络负载无关的精确频率同步。基于 ITU G.8261、G.8262 和 G.8264 中的定义，该方案采用 SDH（Synchronous Digital Hierarchy，同步数字体系）类型机制在层 1 分配频率。其挑战在于，需要在同步路径上发现的所有节点上进行实施部署。

6.3 传输网

在部署 LTE 时，传输网应根据所能承载的最大无线接口数据速率来设计。也就是说，现有的回程、汇聚和骨干网络可能需要相当大规模的重构，即增加新的硬件来提高容量，以保证数据从无线网络到 SAE 模块，乃至外部分组数据网络的传输。

基于 TDM 连接的传统运营商回程网，可以通过升级来支持以太网连接的分组数据。这种混合型回程网络对于现有基础设施的平滑升级不失为一种合理的选择。以太网提供了 eNodeB 节点到 EPC 的 MME 和 S-GW 间的连接，而 TDM 和以太网的结合分别为 2G 的 BTS 到 BSC 以及 3G 的 NodeB 节点到 RNC 提供了连接。

如果在基站与控制器（对于 2G 和 3G 而言）或 S-GW/MME（对于 LTE 而言）之间的接口没有完整的 IP 传输，则基站间的连接有另一种可选方案。LTE 业务，加上 2G 网络的 BTS 与 WCDMA 和 HSPA 的 NodeB 已有的业务类型，可以通过采用电信级以太传输和虚连接概念的 IP 分组架构来传送。这意味着，如果 3G 无线接入网（RAN）的 Iub 接口基于 ATM（Asynchronous Transfer Mode，异步传输模式）传输，可以通过 ATM 虚连接来承载业务，例如，采用分别为电路交换业务和分组交换业务预留一个连接的方法。此外，2G 的业务流量可以用同样的方式承载在 BTS（Base Transceiver Station，基站收发信台）和 BSC（Base Station Controller，基站控制器）间的 TDM 虚连接上，从而实现了 TDM 信号在无线接入网上的透明传输。

6.3.1　承载以太传输

承载以太传输（Carrier Ethernet Transport，CET）技术可用于新回程网络的开发。如果原解决方案的连接不可用，那么所谓的虚连接解决方案可用来模拟 TDM 和 ATM。图 6-5 所示为 CET 方案的基本原理。

CET 作为一种低成本的解决方案，可以代替如 SDH/PDH 等传统时分复用传输方案，并为在接入网和汇聚网中部署 CET 提供了可能。LTE、3G 和 2G 的业务流基本上都可以通过基于分组的回程结构进行传输。CET 方案的主要优点有：支持不同物理结构的标准业务、带宽的高可伸缩性（从 1Mbit/s 到 10Gbit/s 以上）、高可靠性、支持业务质量选择，使集中监控、诊断和管理网络成为可能。由于城域以太网论坛（Metro Ethernet Forum）已经对 CET 进行了标准化工作，因此，CET 提供了一种独立于运营商的实现方式。

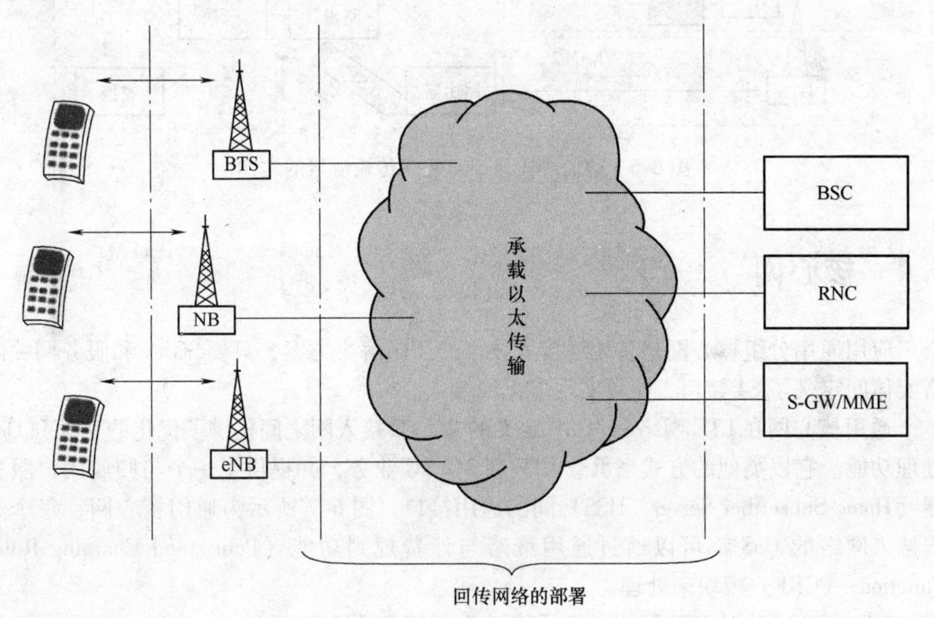

图 6-5　CET 方案的基本原理

6.3.2　S1-U 接口传输

eNodeB 节点间以及 eNodeB 节点和 S-GW 节点间的网络，通常包括接入网本身、汇聚层网络以及 MPLS（Multi-Protocol Label Switching，多协议标签交换）骨干网。在接入网内部，特别是在没有光纤接入的区域，微波无线链路用于提供无线互连，eNodeB 节点间则可以提供高容量和低时延的交互。

LET 接入网由多个虚拟局域网（Virtual Local Area Network，VLAN）分区组成，每个分区包含一个或多个 eNodeB 节点，如图 6-6 所示。

基于 MPLS 骨干网，LTE 汇聚网络可以根据应用方式来设计，例如采用环形网络拓扑结合虚拟专用局域网服务（Virtual Private LAN Service，VPLS）传输的方式。汇聚网为通向 LTE 接入网的每个 VLAN 连接预留一个单独的标签交换路径（Label Switch Path，LSP），如图 6-6 所示。图 6-6 中所示为 MPLS 骨干网中基于网状网拓扑，采用与 S-GW 相连的层 3 路由器的一种解决方案。与汇聚网络中一样，之所以在 MPLS 网络应用 LSP，是为了在汇聚网和 S-GW 之间传输 IP 数据流。

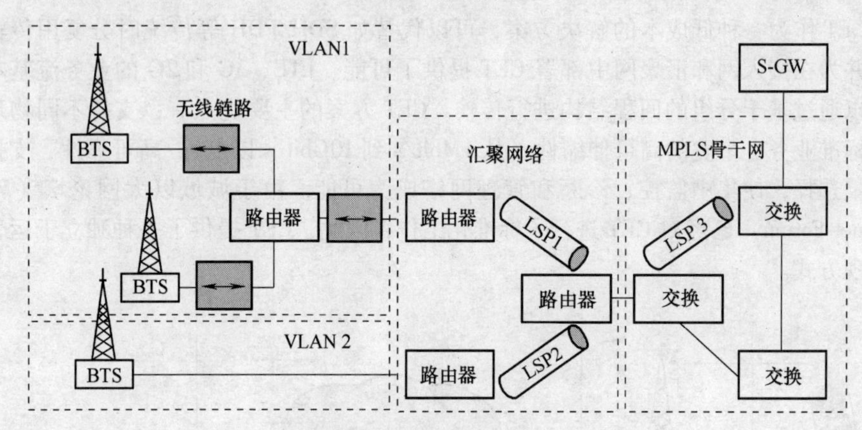

图 6-6　LTE eNB 与 S-GW 间传输流量的实例

6.4　核心网

应用通用分组核心网是多无线接入技术的逻辑解决方案，只要 SGSN 和服务网关网络实体间定义了 S4 接口，便可实现多无线接入。

通用核心网在 LTE 网络和 3GPP 定义的非 LTE 接入网之间提供了优化的交互和 QoS 处理功能。它以类似的方式来承载 LTE 和 2G/3G 业务，并提供了一个与归属用户服务器（Home Subscriber Server，HSS）间的通用接口。图 6-7 所示为通用核心网，每个无线接入网络的 QoS 都可以通过通用策略与计费规则功能（Policy and Charging Rules Function，PCRF）模块来处理。

3GPP R8 中针对 LTE 网络提出了基于业务等级的 QoS 概念，它为网络运营商提供在应用层进行业务或用户差异化处理的有效技术，同时还可以支持整个系统层面的 QoS 等级需求。

6.5　IP 多媒体子系统

6.5.1　IMS 结构

IMS 体系结构根据以下基本原则来定义。首先，由于所有业务均由归属网络来执行，故 IMS 是以归属网络为中心的，因为 IMS 结构与归属网络和拜访网络类似，可以支持漫游模式。但是，拜访网络主要作为代理呼叫状态控制功能（Proxy Call State Con-

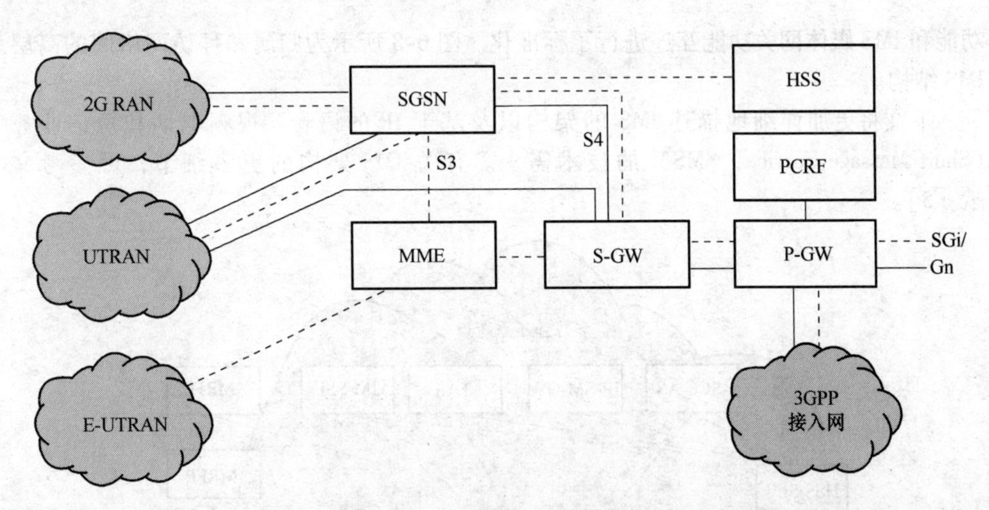

图6-7　不同3GPP无线接入网间共享的通用核心网

trol Function，P-CSCF）为SIP连接提供本地接入点，并且以3GPP中定义的PCRF功能形式提供本地决策控制功能。在归属网络中，实际业务由各自的应用服务器（Application Servers，AS）来提供，通常根据其服务属性将AS定义为逻辑功能模块，如提供电话增值业务的电话应用服务器（Telephony Application Server，TAS），提供一键通业务的一键通服务器（Push to Talk Application Server，PoC AS）以及呈现服务器（Presence Server，PS）。应用服务器可以有多种不同的物理实施方式，根据运营商的需求，每种实施方案可以通过单独的硬件或集成到其他功能实体中实现。

归属网络中核心IMS系统结构由查询呼叫状态控制功能（Interrogating Call State Control Function，I-CSCF）和服务呼叫状态控制功能（Serving Call State Control Function，S-CSCF）两部分构成。I-CSCF负责为IMS注册用户选择合适的S-CSCF方案，而S-CSCF则负责为会话选择合适的应用服务器，并与其他CSCF和终端一起通过鉴权和执行IMS注册来执行业务。3GPP定义的归属用户服务器（Home Subscriber Server，HSS）功能，包含与网络业务（如IMS和电路交换以及分组交换的用户业务）所使用的相关用户数据。然而，在实际部署中，HSS并不同时包括CS/PS和IMS相关的用户数据，除了单独的HLR（Home Location Register，归属位置寄存器）网元外还引入了HSS产品来为IMS以及LTE相关的用户数据（可选）提供支持。HSS产品可能不支持传统的分组交换（GERAN/UTRAN）或电路交换数据，这就意味着在某些情况下，通信服务商热衷于将LTE用户数据部署到HLR而不是HSS产品，但是无论采用哪种方式均可获得同样的实现效果。

CSCF和S-CSCF通常位于指定用户的归属网络中，如果终端用户间的通信会话涉及两个IMS网络，那么这两个网络可通过标准化的网络-网络接口（Network-Network Interface，NNI）连接。

针对当今IMS部署方面，由于大多数终端用户仍在使用电路交换服务，故与电路交换网络的互连仍是一项基本需求。目前，3GPP已经对IMS-CS间通过媒体网关控制功能和 IMS 媒体网关功能互连进行了标准化。图 6-8 所示为归属和拜访网络间的高层 IMS 结构。

下文将更加详细地描述 IMS 的架构以及基于 IP 的语音、视频电话和短信业务（Short Message Service，SMS）的技术需求。有关 IMS 架构的更多细节，可参考文献［5］。

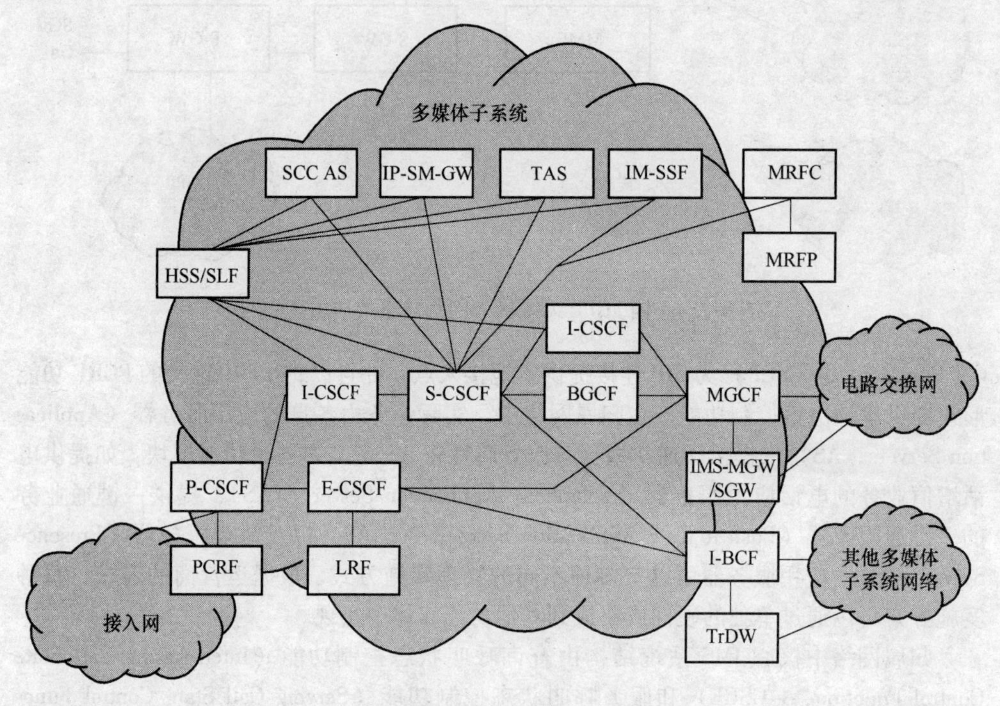

图 6-8　归属和拜访网络间的高层 IMS 架构

6.5.1.1　P-CSCF

P-CSCF 与代理 SIP 工作方式相同，为了接入 IMS 服务，用户设备通过 P-CSCF 来接入与其所连接的归属网络和拜访网络。除下述任务外，P-CSCF 还需要在归属 IMS 网络中选择一个合适的 I-CSCF。

P-CSCF 负责提供安全措施来保持终端与其自身间 SIP 信令的完整性和安全性，并向其他 IMS 网络实体（如 S-CSCF）声明用户身份。在现有的 IMS 注册过程中，P-CSCF 通常不会发生变化，它需要具有能够处理其所管辖的用户和切换自其他网络漫游用户的功能。P-CSCF 的安全性和完整性保护是通过 IPSec 协议实现的，但是过去 IPSec 协议并没有得到具有 SIP 能力端点的广泛支持，目前由于采用了 GSMA 的“针对语音和短消息的 IMS 规范”技术，希望这种情况能够有所改善。

P-CSCF 通过在接入网（如 LTE）中选择性部署策略和计费控制（Policy Charging Control，PCC）结构来实现资源预留，利用 PCRF 间基于 Diameter 的 Rx 接口来实现。在这方面，P-CSCF 实现了 3GPP 标准化的 PCC 结构中所定义的应用功能。当在网络中使用 PCRF 时，它将通过与策略与计费执行点（Policy and Charging Enforcement Point，

PCEP）间基于Diameter的Gx接口进行通信，这里假设分组数据网关（Packet Data Network Gateway，PDN-GW）中部署了LTE功能。P-CSCF功能还包括相应的SIP端点间的编解码协商（媒体协商）。因而，基于协商结果P-CSCF向PCRF请求所需的资源。在LTE语音及视频会话业务中，这指的是语音和（或）视频编解码资源。

由于PCC的使用是可选的，故通信服务商可根据需要来部署。PCC甚至可以在任何语音或视频会话之前进行部署，从而对不同的用户进行归类（金牌、银牌、铜牌用户）或者为Internet业务提供基于IP流的差异化QoS。一些接入网侧的业务实施（如PDN-GW功能），可以通过其内置功能来为基本数据业务提供QoS保证，而不需要Gx接口或PCC结构。这就是说P-CSCF可以不需要支持Rx接口，如果它支持的话可能该接口第一次在网络内使用。

从实际发展的角度来看，P-CSCF可以与包含IMS功能的其他网元放置在同一物理地点。在某些情况下，P-CSCF也可以嵌入到已部署在网络边界的会话边界控制器中。两种方案均是可行的，具体实施方案取决于现存的网络结构。部署LTE作为宽带无线接入连接的解决方案也是可行的。例如，整个驻地网和所有具有IP功能的设备可接入到互联网和通信服务提供商。这就是说，实际中这样的P-CSCF必须同时支持PCRF和诸如媒体定向的设备来克服由远端NAT所引起的问题，这与目前会话边界控制器（Session Border Controller，SBC）提供的支持功能类似。

6.5.1.2 I-CSCF

I-CSCF扮演SIP代理的角色，而且通常是与归属IMS网络连接的第一接入点。然而，在某些情况下，拜访网络为了隐藏网络拓扑也具备I-CSCF功能。在IMS网络注册过程中，为了接入IMS业务又可以隐藏归属IMS网络拓扑，I-CSCF通过P-CSCF进行连接。P-CSCF与I-CSCF间的接口基于3GPP标准化的SIP，SIP消息的路由则是基于参考文献［6］中定义的域名系统。

I-CSCF也是与IMS用户的HSS连接的第一个节点，它利用基于Diameter的Cx接口在IMS注册过程中从HSS获取用户信息，同时决定哪个S-CSCF更适合给定的IMS用户。如果归属IMS网络支持多个HSS实例（网元），那么I-CSCF可以利用连接签约用户定位功能（Subscription Locator Function，SLF）的基于Diameter的Cx接口。其中SLF可以嵌入到其他的IMS功能实体（如HSS）中，也可以进行单独部署。SLF将Diameter请求重新引导到包含IMS用户数据的合适的HSS中。

从LTE承载语音和SMS的角度来看，对I-CSCF没有提出特别的要求，故在本书中未进行详细描述。

6.5.1.3 S-CSCF 服务呼叫状态控制功能模块

S-CSCF作为IMS网络中IMS鉴权端点，为指定的IMS用户选择提供的IMS服务种类及服务顺序，故S-CSCF为IMS用户担当了SIP注册员的角色。S-CSCF将完成鉴权，并通过基于Diameter的Cx和/或Dx接口将IMS用户的注册状态告知HSS。当I-CSCF询问时，HSS需要识别S-CSCF的身份（如当I-CSCF询问时），以便处理终端SIP会话的路由问题。HSS需要顺序识别S-CSCF的身份（如在HSS被I-CSCF询问来处理终端SIP会话路由时）。为终端请求算路功能与传统电路交换移动网络中的HLR和网关MSC

的功能大致类似。其中，I-CSCF、P-CSCF 和 S-CSCF 间的接口均基于 3GPP 标准化的 SIR。

除了以上所述的功能外，S-CSCF 还负责决定是否给定的 IMS 服务对于一个基于语音视频等媒体的通信类型有权限，如果终端使用了统一资源定位符（Uniform Resource Locator，URL），S-CSCF 负责将 SIP 信令中已用的标识解析成 SIP 统一资源标识符（Uniform Resource Identity，URI）格式。

为了给 IMS 用户提供实际业务，S-CSCF 包含了作为 SIP 会话中所需要的 AS 功能。在注册过程中，这些业务均基于来自 HSS 的用户预置文件。或者，在用户预置文件更改时，这些业务都是基于通信业务提供者的。为了将语音、视频和 SMS 业务承载在 LTE 上，需要在 IMS 注册中通过第三方注册程序告知电话应用服务器（Telephony Application Server，TAS）和 IP 短消息网关（IP-Short Message-Gateway，IP-SM-GW）功能实体。为了调用执行业务，与特殊业务相关的 SIP 消息可以通过各自应用服务实例来路由。

在实际部署中，S-CSCF 的功能依据网络设备供应商而定。在某些场景下，为了获得更高的可扩展性，S-CSCF 可以内置到应用服务功能实体中来实现路由 SIP 会话和在 SIP 消息中复制 SIP 头的功能。同样的，某些情况中可以应用相同的功能实体，来开发更先进的服务控制交互管理（Service Control Interaction Management，SCIM）。在多个业务应用到单一 SIP 会话中时，用这种方式可以获得更高级的业务交互控制。对于承载在 LTE 上的语音、视频和 SMS 来说，如本章所述，S-CSCF 是 IMS 架构中一个重要的构件。然而与其他 IMS 场景不同的是，这种场景不会提出任何关键的需求。

6.5.1.4 E-CSCF/LRF

在归属网络或拜访网络中，紧急呼叫状态控制功能（Emergency Call State Control Function，E-CSCF）是用于完成紧急 IMS 会话的功能实体。E-CSCF 在 P-CSCF 检测到会话的紧急特性后（如根据收到的请求的 URI 参数值）由 P-CSCF 激活。此后，E-CSCF 在位置检索功能实体（Location Retrieval Function，LRF）协助下解决所需的定位信息，这些信息可以从来自终端的信令级信息或网络中可能存在的位置服务（Location Service，LCS）结构中获得。位置信息通常用于选择负责处理指定地点紧急呼叫的公共安全应答点（Public Safety Answering Point，PSAP）。位置信息在 LRF 中转换成 PSAP 地址，可用于选路的 PSAP 地址（如 IP URI 或 TEL URL）将返回到 E-CSCF，在 PSAP 没有本地 SIP 连接的情况下，通过 MGCF 接入到电路交换网络或使用 SIR 为呼叫进行选路。

6.5.1.5 归属用户服务器和用户定位功能

HSS 主要用来存储 IMS 用户预置文件数据，包含给定用户相关的身份信息和业务信息。如果 IMS 网络包含多个 HSS 实体，并且请求功能（如 I-CSCF 或 AS）需要获得某个 IMS 用户文件位于哪个 HSS 实体这样的信息，则需要 SLF。

从语音、视频业务承载在 LTE 的角度来看，存储在 HSS 内的数据除包含 TAS 特征信息外，还包含所提供的补充业务的信息。这些信息可以根据 3GPP 所定义的基于 XCAP（XML Configuration Access Protocol，XML 配置访问协议）的 Ut 接口，以 XML

(Extensible Markup Language, 可标记扩展语言) 的形式存储。但是这些信息也可以像电路交换网络中HLR存储信息的方式那样，以二进制的形式存储。如果采用XML格式来存储，由于在IMS用户预置文件中这些信息都存储在通用应用程序服务器中，HSS可能不会识别文档中的实际内容。

从短消息业务的角度来看，HSS则需要被提供IP-SM-GW的特征。AS实体用来负责处理详细的IMS业务，当IMS用户进行IMS注册时，S-CSCF可通过这些信息来选择IP-SM-GW。

从IM-SSF角度来看，HSS需要被提供IP多媒体业务交换功能（IP Multimedia-Service Switching Function, IM-SSF）实体的标识，用于处理指定的IMS用户。当IMS用户进行IMS注册时，S-CSCF可通过这些信息来选择IM-SSF。

6.5.1.6 应用服务器

AS是IMS架构中的主要设备，为IMS用户提供核心业务服务。多种呼叫状态控制功能隐含的架构也非常重要，但是仅考虑业务逻辑本身的话则并不那么重要。

3GPP已经以供应商专有的方式对逻辑AS实体进行了标准化。然而，一些功能族已被商用，与语音视频会话相关的业务通过单一的产品来支持，但是，架构顶端的更先进的可设计的业务，如JAIN业务逻辑执行环境（JAIN Service Logic Execution Environments, JSLEE）可以和其他产品作为一个整体来应用。

从语音视频业务的角度来看，3GPP标准功能重要的一方面是对TAS的定义，TAS负责为IMS用户提供3GPP定义的多媒体会话业务（Multimedia Telephony, MMTel）。从SMS业务的角度来看，最重要的3GPP标准化实体是IP-SM-GW，当需要时，它可以提供处理短消息业务和与传统电路交换网络进行交互的功能。可能需要与传统智能网（Intelligent Network, IN）业务之间的交互。此时，IMS结构具有专门针对IM-SSF的AS功能，该功能能够将SIP会话解析成面向现有业务控制点（Service Control Point, SCP）的CAMEL（Customised Applications for Mobile networks Enhanced Logic，针对移动网络的定制应用增强逻辑）或INAP（Intelligent Network Application Protocol，智能网应用协议）服务控制协议。如果需要支持业务连续性并且所探讨的网络支持IMS集中式服务架构，那么所谓的服务集中连续应用服务器（Service Centralization and Continuity Application Server, SCC AS）可以用作IMS会话的一部分。

SCC AS负责由于利用了SRVCC而带来的工作，如未来域切换的会话锚点。如果终端可以采用两种接入类型接入的话，那么可以通过T-ADS（Terminating Access Domain Selection，终端接入域选择）来为移动终端呼叫选择基于电路交换网络接入或基于IP网接入两种方式中的一种。

丰富的通信组件是一套可以应用自己特定应用服务器功能的独立IMS应用组件，如呈现服务器、即时消息应用服务器和XML文档管理服务器（XML Document Management Server, XDMS）。实际中，针对语音和短消息的IMS规范上，除了XDMS用于多媒体电话Ut接口外，这些功能并不是强制性添加的，而是可以根据通信提供商的意愿来平行部署的。

如果AS需要接入到存储在HSS中的IMS用户文件，那么这个接入可以通过基于

Diameter 的 Sh 接口来实现。如果网络有多个 HSS，那么需要使用基于 Diameter 的 Dx 接口通过 SLF 将 AS 连接到包含 IMS 所需用户文件的 HSS 上。3GPP 已经定义了基于 Diameter的 Si 接口，IM-SSF 可以通过该接口从 HSS 中 IMS 的用户文件中获取 IN 相关的用户数据。但是，如果 IM-SSF 可以用其他机制来获取所需的来自用户的数据库，比如当 IM-SSF 与其他产品（如 MSC）放置到一起时，那么则不需要 Si 接口。无论如何，在实际中都可以部署多种不同类型的 AS。如果端到端的功能能够以其他可选的方式实现，特别是，如果该方式对终端或其他 IMS 实体没有重大影响，则并不是所有的接口都要被所有形式的产品所支持。

6.5.1.7 MGCF、IMS-MGW、IBCF 和 TrGW

当 SIP 会话在 IMS 用户和电路交换节点间建路时，通常会涉及 MGCF 和 IMS-MGW（IMS-Media Gateway，IMS-媒体网关）的功能。在这种情况下，MGCF 负责信令相关的任务，比如 SIP 信令和 IMS 网络中的 SDP（Session Descviption Protocol，会话描述协议）信令间的转换，以及电路交换网络中诸如 ISUP（ISDN User Part，ISDN 用户部分）、BICC（Bearer Independent Call Control，与承载无关的呼叫控制）、甚至传输 ISUP 消息特定的 SIP 的扩展协议 SIP-I 的信令协议等功能。MGCF 还通过基于 H.248 协议的 3GPP Mn 接口控制着这些交互所需要的位于 IMS-MGW 的用户面资源。通常，多个 IMS-MGW 可以被一个 MGCF 控制，反之亦然，因此最大化地实现了网络规划的灵活性。

IMS-MGW 至少需要能够处理传送级别的交互，如在 TDM 和基于 IP 的传送之间，还需要能够支持解码级别的交互，通常叫做转码。转码可以支持语音和视频编解码，或仅支持音频编解码，这取决于 IMS-MGW 所使用产品的功能。

移动网络的实际部署时，在 MSC 服务器和 MGW 组成的具有移动软交换的解决方案中，MGCF 和 IMS-MGW 可以安置到一起。该方案可以利用 MGCF 和 IMS-MGW 优化呼叫中的媒体平面路由，同时可以通过作为单独 MGW 的电路交换移动终端来发起或终结呼叫。

LTE 对语音和视频电话业务的承载，需要 MGCF 和 MGW 能够同时支持 3GPP 规范规定的编解码和 GSMA“用于语音和短消息的 IMS 规范”标准。支持宽带自适应多速率（Wideband Adaptive Multi Rate，WB-AMR）语音编解码的高清语音需要 MGCF 和 IMS-MGW 的额外功能 TrFO（Transcoder Free Operation，免编解码操作）或 TFO（Tandem Free Operation，串联自由操作）（具体需要哪种取决于通话场景）来支持 SIP 会话和电路交换呼叫间的互通。为了在电路交换网络中支持 WB-AMR，系统必须支持 TrFO 和 TFO 技术。

为了支持基于 SIP 视频业务和 3GPP 所定义的 3G-324M 之间的交互，根据应用在 IMS-CS 交互中的产品的功能，既可以采用融合又可采用独立的视频网关。如果使用了与仅支持语音呼叫的 MGW 不同的独立视频网关，那么接到 IMS 呼叫应该以以下方式来建路，如可以在语音呼叫和视频呼叫的被叫号码前加不同的前缀来区分，确保正确使用不同的网关。

当通过 IMS-NNI（IMS Network-Network Interface，IMS 网络-网络接口）与其他基于 IP 的网络互连时，可能要配置 I-BCF（Interconnection Border Control Functions，互连

边界控制功能）和 TrGW（Transition Gateway，传输网关）功能。I-BCF 和 TrGW 可能会被用来提供安全功能以阻止来自不安全的 IP 连接的 DoS（Denial of Service，拒绝服务）攻击，也可能执行用户面相关的功能，比如，如果需要可以为进入或流出 IMS 的 IMS 会话进行编码转换。它也可以根据提供 I-BCF 和 TrGW 功能产品的需要，用相同的产品在参考文献［7］中定义的电路交换核心网间进行 SIP-I 交互。这样，可以在不同的域间达到协同的功效。

6.5.1.8 媒体资源功能控制器和处理器

在 IMS 网络需要的情况下，MRFC（Media Resource Function Controller，媒体资源功能控制器）和 MRFP（Media Resource Function Processor，媒体资源功能处理器）可以提供媒体平面相关的功能。这通常包括带内的语音录音和录音通知功能以及收集带内信息的功能，比如 DTMF（Dual Tone Multi-Frequency，双音多频）。这些功能也可以为网络会议提供技术支持，类似于现在的电路交换移动网络中存在的多方会话服务。典型的商用 MRFC/MRFP 产品可以灵活地支持不同目的的多媒体业务，包括会议技术。

尽管 3GPP 最初为 MRF（Media Resource Function，媒体资源功能（MRFC/MRFP））标准化了两个独立的功能，但是在商用产品中，它们通常以单机的形式出售，而且如果需要，可以独立地部署功能。除了单机实体，一些设备商也可以在一些现有的产品中嵌入某些特定业务（例如，电话会议或为语音电话提供带内语音广播能力）的相关功能，从而为他们的服务提供商客户提供更高的产品价值。

LTE 承载语音和视频所需要支持的带内交互与当今电路交换移动电话相类似。这就是说，当语音业务部署在 IMS 网络上时，类似于网络中的语音广播和通告都需要可用。类似地，对于 IMS 网络所需要的用户无线自组网会议功能需求，电路交换网络的需求却很少。

6.5.1.9 SRVCC 和 ICS 增强的 MSC 服务器

当前现代移动网络有一个 MSC 服务器系统，它可以使通信服务提供商用分组交换来传送电路交换呼叫和信令。同样，除支持电路交换呼叫外，媒体网关平台还支持其他应用场景。

3GPP R 8 已经定义了 MSC 服务器的新功能，用以辅助服务连续性程序，如 SRVCC。当终端从 LTE 网络切换到电路交换网络时，SRVCC 处理语音呼叫的连续性。SRVCC 增强型的 MSC 服务器有一个特定的 GTP，即 3GPP TS 29.280 定义的具有 MME 功能的 Sv 接口。MME 通过 Sv 接口，向 MSC 服务器请求，为 SRVCC 预留目标电路交换所需的无线接入资源。兼容 MSC 服务器的 SRVCC 为本地或远端连接的 IuCS 或 A 端口准备资源。如果目标无线接入通过另一个 MSC 服务器（MSC-B）来控制，那么 SRVCC 增强型的 MSC 服务器可以执行如参考文献［8］所定义的 MSC 间的重定位。在目标电路交换无线接入资源被预留后，SRVCC 增强型的 MSC 服务器将建立一个呼叫，MME 将通过 Sv 端口来获得与终端相连接的特定地址，此地址包含在之前的呼叫建立中且与当前特定业务的 SCC AS 相关。

3GPP R 8 和 R 10 改进了 SRVCC 程序使其可以支持更多的功能，如支持同步呼叫（通话和保持），同时还支持从电路交换切换到 LTE 时预留 SRVCC。为了支持除 3GPP

R 8 以外的其他需求，还需要采用 IMS 集中服务（IMS Centralized Services，ICS）结构。如果根据了 GPP R 8 的标准对承载在 LTE 上基于 IMS 的语音业务进行商业部署，可以通过阶段性的方式来开展。3GPP Release 9 在参考文献［9］中介绍了基于 ICS 增强型的 MSC 服务器功能的辅助呼叫中的 MSC 服务器（MSC Server assisted mid-call）功能实体，这种增强型的 MSC 在参考文献［10］中进行了定义。如果终端不是 ICS 使能终端，也就是说终端不能使用电路交换网络为 SIP 建立的会话进行承载，如参考文献［10］中所定义的，那么就需要这一功能来支持多个后续呼叫的 SRVCC，故没有容量来利用电路交换网络。如果需要预留 SRVCC，那么终端发起的电路交换呼叫需要固定到 IMS（SCC AS）上。这就意味着，需要在网络中完全部署 IMS 集中服务架构。

参考文献

[1] Metro Ethernet (n.d.) Metro Ethernet Forum, www.metroethernetforum.org (accessed August 29, 2011).
[2] 3GPP TS 33.210. (2009) *3G Security; Network Domain Security (NDS); IP Network Layer Security.* V. 8.3.0, 2009-06-12, 3rd Generation Partnership Project, Sophia-Antipolis.
[3] 3GPP 33.310. (2010) *Network Domain Security (NDS); Authentication Framework (AF).* 8.4.0, 2010-06-18, 3rd Generation Partnership Project, Sophia-Antipolis.
[4] 3GPP TS 33.401. (2011) *3GPP System Architecture Evolution (SAE); Security Architecture.* 8.8.0, 2011-06-24, 3rd Generation Partnership Project, Sophia-Antipolis.
[5] Poikselka, M., Mayer, G., Khartabil, H., Niemi, A. (2004) *The IMS: IP Multimedia Concepts and Services in the Mobile Domain.* John Wiley & Sons, Ltd, Chichester.
[6] IETF RFC 3263. (2002) *Session Initiation Protocol (SIP): Locating SIP Servers.*
[7] GSMA PRD IR.83. (2009) *SIP-I Interworking Description.* Version 1.0, 17, GSMA, London.
[8] 3GPP TS 23.009. (2009) *Handover Procedures.* V. 8.2.0, 2009-09-28, 3rd Generation Partnership Project, Sophia-Antipolis.
[9] 3GPP TS 23.237. (2010) *IP Multimedia Subsystem (IMS) Service Continuity; Stage 2.* V. 8.7.0, 2010-03-26, 3rd Generation Partnership Project, Sophia-Antipolis.
[10] 3GPP TS 23.292. (2010) *IP Multimedia Subsystem (IMS) Centralized Services; Stage 2.* V. 8.8.0, 2010-06-14, 3rd Generation Partnership Project, Sophia-Antipolis.

第7章 LTE 无线网络

Francesco D. Calabrese、Guillaume Monghal、Mohmmad Anas、
Luis Maestro 和 Jyrki T. J. Penttinen

7.1 引言

本章主要介绍 LTE 无线接口及其相关主题。首先，介绍 LTE 理论频谱和实际频谱。然后，介绍 LTE 下行多址和上行多址——OFDM 和 SC-FDMA。LTE 频分双工和时分双工也会介绍。LTE 的链路预算会通过实例阐述。eNodeB 和天线系统的硬件解决方案以及 LTE 部署中关于硬件再利用的实际问题都会详细说明。

7.2 LTE 无线接口

LTE 无线接口基于频分多址技术。下行链路使用正交频分多址（Orthogonal Frequency Division Multiplex，OFDMA），而上行链路使用单载波频分多址（Single Carrier Frequency Division Multiple Access，SC-FDMA）。OFDMA 可以很好地抵抗快速变化的无线环境，包括快衰落和多径效应。然而它并不是一个非常有效的解决方案，因为功率峰均比（PAPR）的变化会造成设备电路设计的困难。因此，上行链路选择了 SC-FDMA，以便终端可以更容易地处理这些问题[1]。

LTE 支持 FDD（频分双工）和 TDD（时分双工）。在 FDD 模式下，上行和下行在不同的频段传输，而 TDD 模式是使用同一频段下的不同时隙进行上行和下行传输。这两种方式都可以有效使用，而总带宽是一定的，1.4MHz 到 20MHz 不等。根据带宽和其他功能，如 MIMO 和调制方式，LTE 提供的最大速率下行可达 300Mbit/s 而上行可达 75Mbit/s。

根据 LTE 定义的灵活带宽，移动运营商可以部署多个方案。当运营商在其他系统外没有太多额外频率的情况下，可以采用最小的带宽。虽然最小的 LTE 带宽提供最低的速率和能力，但作为频率重用的临时解决方案却是合理的。在这种情况下，GSM/UMTS 和 LTE 可以共享同一个带宽。随着 LTE 用户占有率的增长，可以减少 2G/3G 频段，而让 LTE 占据带宽的较大份额。例如，在服务初期，LTE 终端可以使用 900MHz 频段，随着 LTE 的成熟，将会出现支持其他频段、提供多系统功能的终端。LTE 与 UMTS 相比，提供了一个更灵活的频带安排，UMTS 采用固定带宽 5MHz（或者根据设备商解决方案，在某些场景下为 3.8MHz 或 4.2MHz）。

LTE 带宽规定了带内可以使用的子载波数。在另一方面，这也要求了无线资源块

的数目，也就是，可以提供多少容量。1 个无线资源块对应 12 个连续子载波。

7.3 LTE 频谱

在不同的国家和洲，LTE 系统可选择多种可用频段。LTE 网络可以在现有频段和新频段上部署，具体如下。

1）900MHz 和 1800MHz 频段目前广泛应用于 GSM 系统。

2）850MHz 和 1900MHz 频段广泛应用于北美地区的 GSM 系统。

3）700MHz 频段通常用于模拟电视广播网络，正在向数字电视系统转型。

4）美洲以外的 2100MHz 频段，以及美洲的 1700MHz 和 2100MHz 合并频段在 3G 系统（即 UMTS/WCDMA 和 HSPA）中广泛使用。

5）新的 2600MHz 频段将在全球各地区使用。

最初的 LTE 很有可能部署在 2100MHz 频段、2100MHz/1700MHz 合并频段以及 900MHz 频段。

图 7-1 和图 7-2 给出 LTE 的 FDD 和 TDD 频段的图解表示。

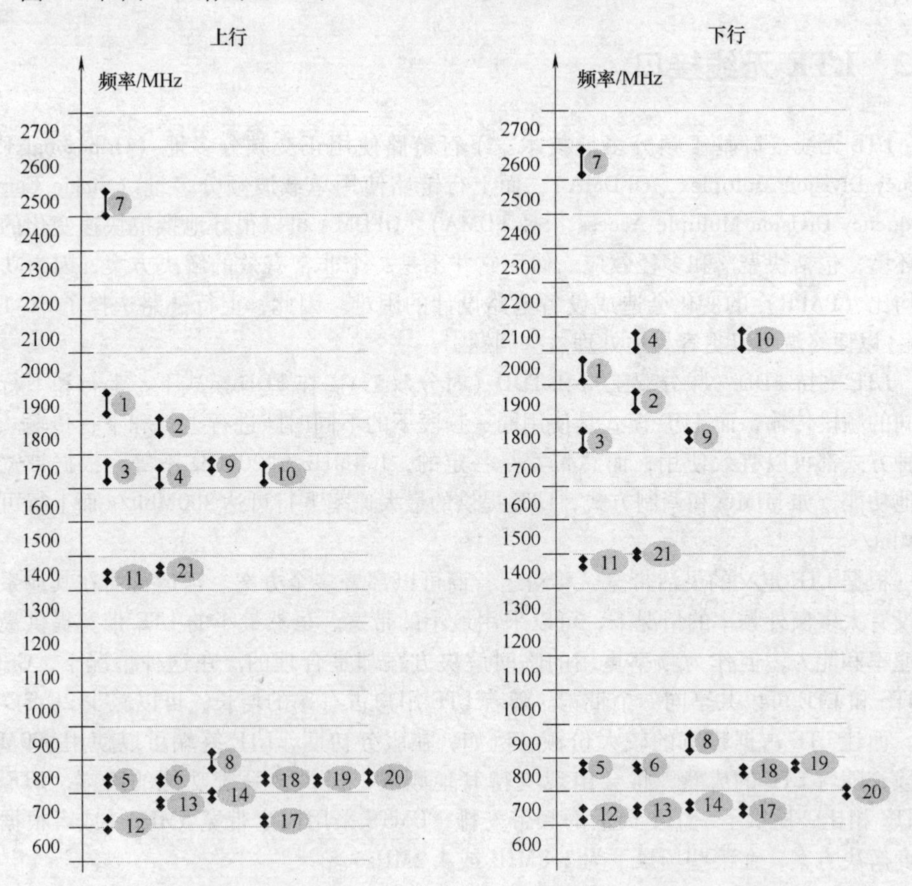

图 7-1　LTE 的 FDD 上行频段和下行频段（参照表 7-1）

表 7-1　LTE FDD 频带

频　段　号	上行频率/MHz	下行频率/MHz	下行和上行带宽/MHz
1	1920 ~ 1980	2110 ~ 2170	60
2	1850 ~ 1910	1930 ~ 1990	60
3	1710 ~ 1785	1805 ~ 1880	75
4	1710 ~ 1755	2110 ~ 2155	45
5	824 ~ 849	869 ~ 894	25
6	830 ~ 840	875 ~ 885	10
7	2500 ~ 2570	2620 ~ 2690	70
8	880 ~ 915	925 ~ 960	35
9	1749. 9 ~ 1784. 9	1844. 9 ~ 1879. 9	35
10	1710 ~ 1770	2110 ~ 2170	60
11	1427. 9 ~ 1447. 9	1475. 9 ~ 1495. 9	20
12	698 ~ 716	728 ~ 746	18
13	777 ~ 787	746 ~ 756	10
14	788 ~ 798	758 ~ 768	10
15	未用	未用	未用
16	未用	未用	未用
17	704 ~ 716	734 ~ 746	12
18	815 ~ 830	860 ~ 875	15
19	830 ~ 845	875 ~ 890	15
20	832 ~ 862	791 ~ 821	30
21	1447. 9 ~ 1462. 9	1495. 9 ~ 1510. 9	15

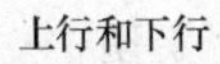

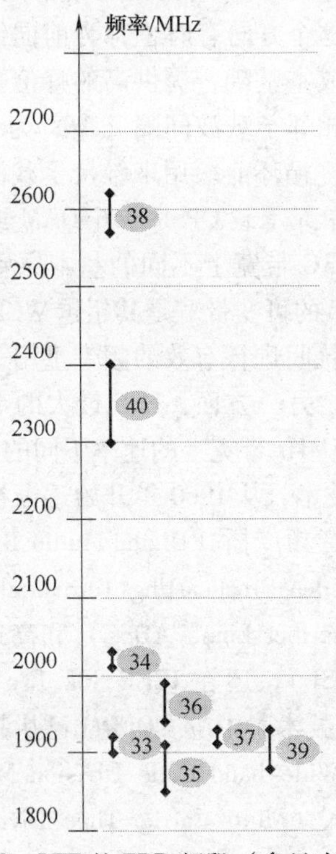

图 7-2　LTE 的 TDD 频段（参见表 7-2）

表 7-2　LTE TDD 频带

频　段　号	上行频率/MHz	下行频率/MHz	下行和上行带宽/MHz
33	1900 ~ 1920	1900 ~ 1920	20
34	2010 ~ 2025	2010 ~ 2025	20
35	1850 ~ 1910	1850 ~ 1910	60
36	1930 ~ 1990	1930 ~ 1990	60
37	1910 ~ 1930	1910 ~ 1930	20
38	2570 ~ 2620	2570 ~ 2620	50
39	1880 ~ 1920	1880 ~ 1920	40
40	2300 ~ 2400	2300 ~ 2400	1000

7.4　OFDM 和 OFDMA

7.4.1　基本原理

LTE 下行链路（eNodeB 到 UE 方向）采用正交频分复用（Orthogonal Frequency Division Multi-Carrier，OFDM）。这个方向有时也称为前向链路。OFDM 符合 LTE 的频谱灵活性要求，以宽频带为有效成本基础，提供高的峰值数率。LTE 下行物理资源可以看做一个时频栅格。在频域，相邻子载波间隔（Δf）为 15kHz。此外，一个 OFDM 符号持续时间为 $1/\Delta f$ + 循环前缀。循环前缀用来维持子载波之间的正交性，甚至是时分无线信道的正交性。一个资源单元承载 QPSK、16-QAM 或 64-QAM。

图 7-3 所示为 LTE 与早期 3G 带宽上不同的基本原则，3G 为 5MHz 固定带宽，而 LTE 为灵活带宽。实际上，LTE 的可变带宽是其超越 WCDMA 和 HSPA 的主要优势。更小的带宽使 LTE 可以与其他系统间进行有效的频带重用——例如 WCDMA 和 GSM，当没有太多带宽使用时特别有效。另一方面，LTE 最大的带宽可以提供最高速率，这也是与 WCDMA 和 HSPA 在固定 5MHz 带宽上的速率不同的主要原因。

OFDM 为数据传输的调制技术，从 1960 年开始逐渐被人们了解。现在 OFDM 在许多标准中使用，比如欧洲数字音频广播（Digital Audio Broadcasting，DAB），数字视频广播-地面接收设备（Digital Video Broadcasting-Terrestrial，DVB-T），非对称数字用户线路（Asynchronous Digital Subscriber Line，ADSL）和高速率数字用户线路（High-bit-rate Digital Subscriber Line，HDSL），还在 IEEE 802.11a 局域网络（Wi-Fi）和 IEEE 802.16 城域网网络（WiMAX）技术[2]中应。OFDM 已从其他候选技术（如多载波宽带码分多址接入（Multi-Carrier Wide-band Code-Division Multiple Access，MC-WCDMA）和多载波时分同步码分多址接入（Multi-Carrier Time-Division Synchronous-Code-Division Multiple Access，MC-TD-SCDMA）[3]中脱颖而出。成为长期演进（LTE）下行接入技术

方式。

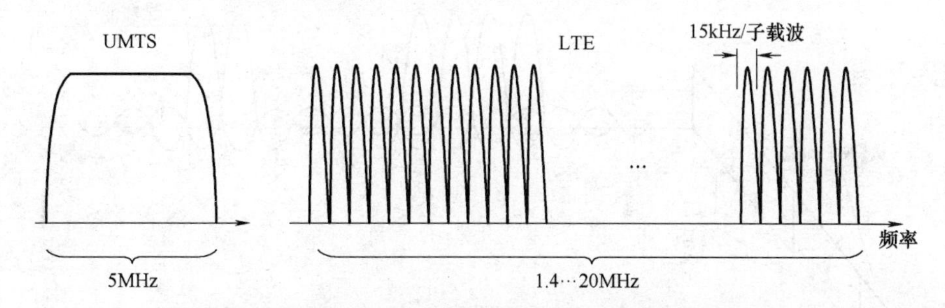

图 7-3　LTE 频带由一系列子载波组成，而 UMTS 使用一个完整的载波来传输一个小区全部数据

OFDM 将数据流分割，通过一系列正交子载波传输，并增加了符号周期。由于低速率的调制方式可以更稳定地抵抗多径，并行传输多个低速率码流会比传输单个高速率码流更有效。运用多个子载波的目的是通过每个既定子带获得一个大致恒定（平坦衰落）的信道，以便在接收端可以更简单地进行均衡。此外，OFDM 支持低复杂性的多输入多输出（Multiple-Input Multiple-Output，MIMO）技术。总之，OFDM 可以提供灵活的带宽和更高的峰值速率[4-6]。

OFDM 基于众所周知的频分复用（Frequency Division Multiplexing，FDM）技术。在 FDM 中，不同的信息流会映射在独立的并行频道上。OFDM 与传统 FDM 有如下不同[7-10]。

1）相同的信息流映射到多个窄带子载波上，与单载波方式相比增加了符号周期。

2）子载波彼此正交，减少了载波间干扰（Inter-Carrier Interference，ICI），并且子载波间叠加可以提供较高的频谱效率。

3）保护间隔，通常称为循环前缀（Cyclic Prefix，CP），会添加在每个 OFDM 符号前，以便保护子载波间的正交性以及减少符号间干扰（Inter-Symbol Interference，ISI）和载波间干扰（Inter-Carrier Interference，ICI）。

图 7-4 所示为上面介绍的概念。在频域，子载波叠加更容易理解，并且它们还是彼此正交的。另一方面，在时域，每个 OFDM 符号前会使用保护间隔。

7.4.2　OFDM 收发流程

图 7-5 所示为单入单出（Single-Input Single-Output，SISO）OFDM 系统的简要框图。在发射端，（QAM/PSK）调制符号 d 映射到 N 个正交子载波上，通过离散傅里叶逆变换（Inverse Discrete Fourier Transform，IDFT））实现。通常，IDFT 需要通过快速傅里叶逆变换（Inverse Fast Fourier Transform，IFFT）算法实现，IDFT 是有效的计算方法。接下来，在发送前，加入 CP 并进行并-串转换。

在接收端，会进行逆向操作。一旦接收信号到达接收端，CP 由于已经经历了上一个 OFDM 符号的干扰会被移除。然后，进行快速傅里叶变换（Fast Fourier Transform,

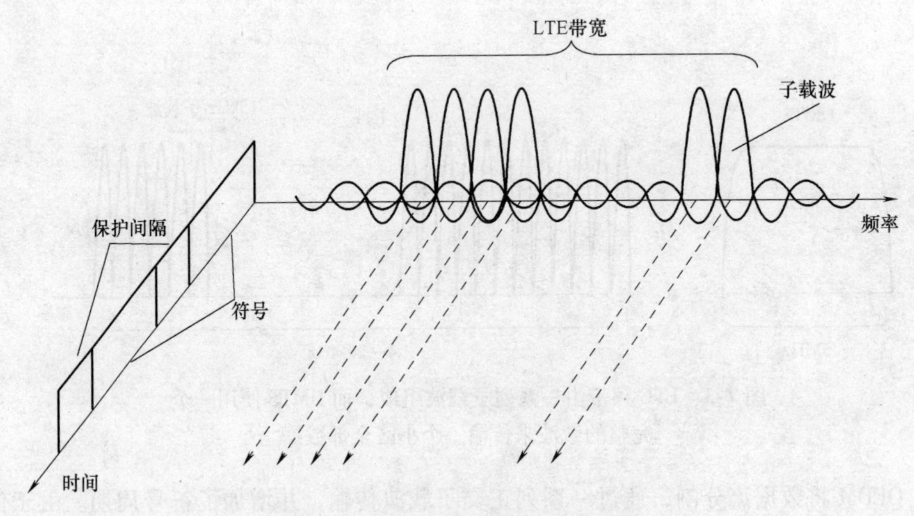

图 7-4 OFDM 符号频域-时域干扰

FFT）操作将数据转换到频域。

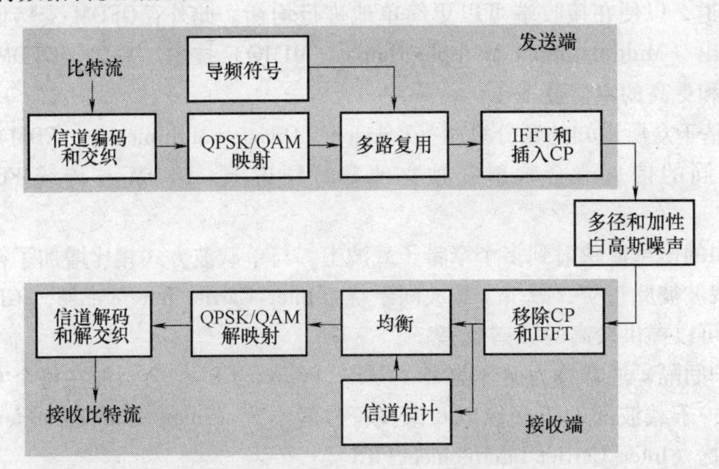

图 7-5 SISO OFDM 简要框图

这样，信道估计和信道均衡会简化。注意：为了后续操作顺利执行，在发送端，会将一个已知信号（导频）插入到确定的频率位置/子载波。最后，根据接收比特流进行相同的数据符号解调。

7.4.3 循环前缀

如上所述，每个 OFDM 符号会添加保护间隔，以减轻多径信道的负面影响。如果保护间隔的持续时间 T_g 大于信道最大时延 τ_{max}，多径分量将在保护时间内到达，有用符号不会受到影响，符号间干扰也可以避免，如图 7-6 所示。

保护间隔的一个特例就是循环前缀。在循环前缀情况下，OFDM 可用信号最后 N_g

个样本在内的 N 个样本的符号开端是相同的。由于每个 OFDM 符号的每个正交函数周期值会维持为一个整数，该策略也要求传输子载波保持正交性，避免 ICI。图 7-7 所示为循环前缀的概念。

$$T_u = N \times T_0 \tag{7-1}$$

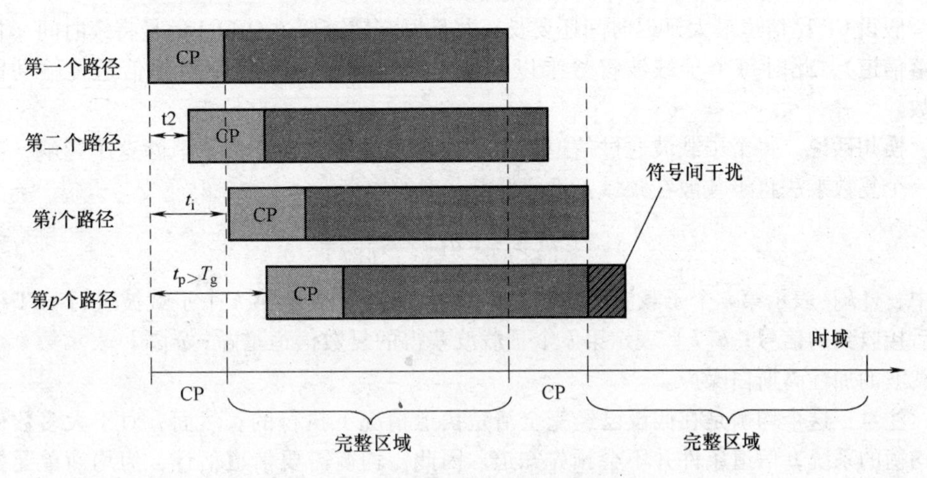

图 7-6　循环前缀（CP）避免 ISI

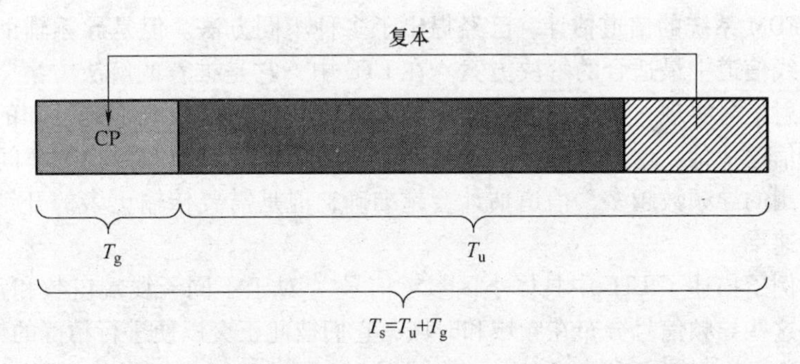

图 7-7　循环前缀作为一个 OFDM 符号最后部分的复本

$$T_g = N_g \times T_0 \tag{7-2}$$

$$T_s = (N + N_g) \times T_0 \tag{7-3}$$

式中，T_u 表示 OFDM 符号中分配数据的有用部分；T_g 表示循环前缀的持续时间；T_s 表示整个 OFDM 符号的持续时间。

插入 CP 会造成一些频谱效率损失（Spectral Efficiency Loss，SEL），但是与其在 ISI 和 ICI 鲁棒性上带来的好处相比，这并不是很重要。SEL 可以解释为在 OFDM 传输系统加入 CP 后所遭受的吞吐量损失。可以写为[11]

$$\text{SEL} = \frac{T_g}{T_g + T_u} \tag{7-4}$$

由此可以看出，频谱效率的损失直接关系到 CP 持续时间与 OFDM 符号总持续时间之间的比例。

7.4.4 信道估计和均衡

无线 OFDM 系统中，接收到的信号可能会受到多径信道影响。为了消除这些影响，接收信号的均衡某种程度上可以补偿多径信道带来的影响。

假设 CP 比信道最大延迟时间还要长，并且恒定信道超过 OFDM 信号持续时间（慢衰落信道），此时每个子载波符号乘以一个复数等于子载波频率上的信道传输功能系数。

换句话说，每个子载波通过信道获得了一个复数的增益。为了消除这个影响，需要一个复数乘法将子载波在频域上进行低复杂度的均衡。

$$y[k]=\frac{z[k]}{h[k]}=d[k]+\frac{w[k]}{h[k]} \tag{7-5}$$

式中，$y[k]$ 表示第 k 个子载波的均衡过的符号；$z[k]$ 表示第 k 个子载波进行 FFT 变换后接收到的信号；$h[k]$ 表示第 k 个子载波获得的复数信道增益；$w[k]$ 表示第 k 个子载波的加性高斯白噪声。

注意：这个均衡是在假设已经完全清楚信道情况下执行的。然而，对于大多数使用均衡的系统，信道条件并不会预先知道。因此，均衡需要信道估计，为均衡单元提供必要的信道特征信息。

对于 OFDM 系统的信道估计，已经提出了多种不同方法。但是导频辅助信道估计还是移动无线信道中最适合的解决方案。在 LTE 中，它是推荐的解决方案[3]。这项技术，通过发射信号实现，通常称为导频信号，对发射机和接收机都是已知的，用来对接收机进行信道估计。这个方法在信道估计需要使用的导频数和传输效率间进行了重要权衡。使用的导频数越多，信道估计会越准确，但是需要传输更多的开销，这样也会减少数据速率。

下面的例子描述了 LTE 中具体小区参考信号[12]对于不同天线端口数和常规 CP 信号的映射。这些导频信号分布在频域和时域，它们彼此正交以便进行精确的信道估计。

图 7-8 所示为 LTE 无线资源块的概念，图 7-9、图 7-10 和图 7-11 所示为参考信号映射。

7.4.5 调制

LTE 可以使用 QPSK、16-QAM 和 64-QAM 调制方式，如图 7-12 和图 7-13 所示。OFDM 的信道估计通常需要导频信号辅助。每个 OFDM 独立子载波的信道类型应符合平坦衰落。

平坦衰落信道的导频信号辅助调制主要在数据符号流中零散插入已知的导频信号。

QPSK 调制可以提供最大的覆盖范围，但是也提供最低的带宽单位容量。64-QAM 提供较小的覆盖，但可以提供更大的容量。

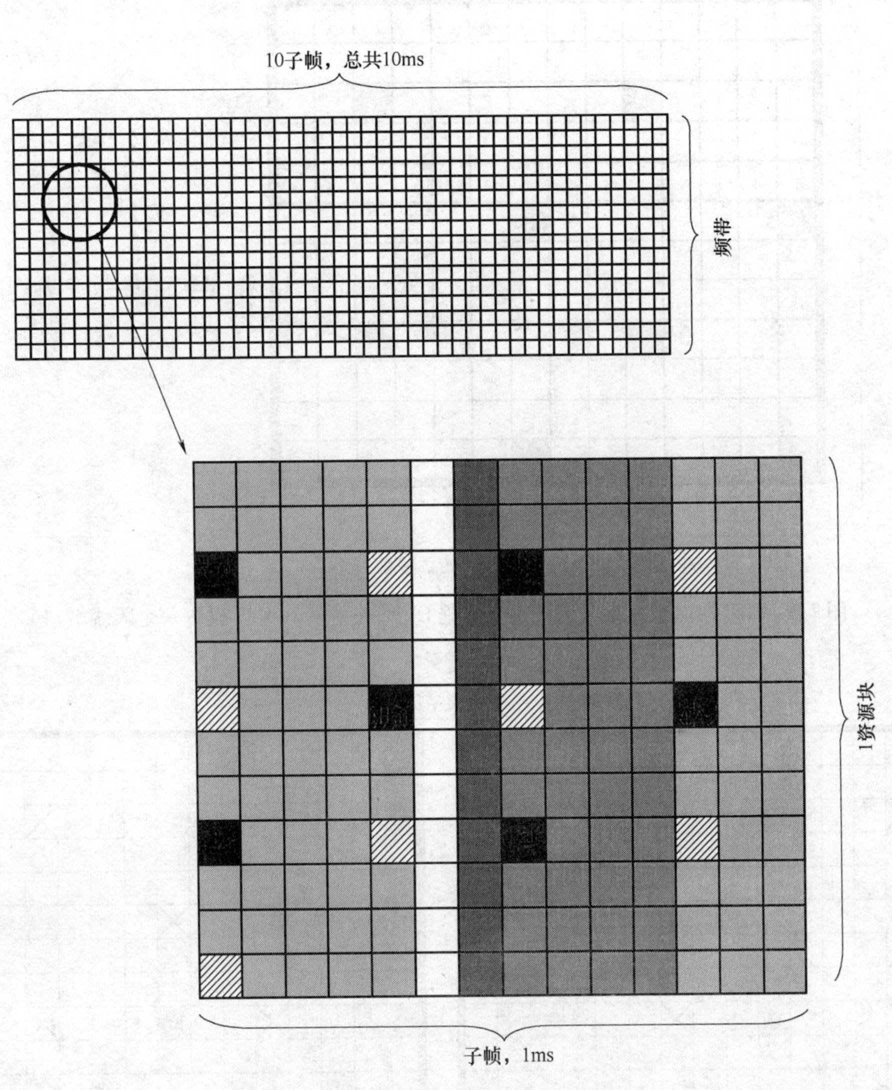

图 7-8　LTE 无线资源块的形成

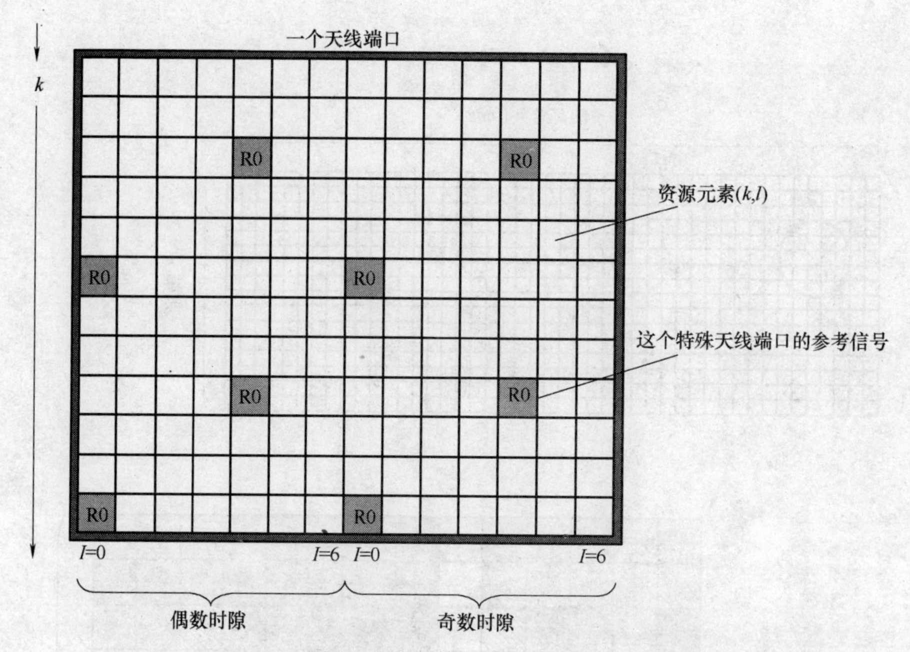

图 7-9　LTE 小区下行参考信号携带常规 CP 的映射（即 LTE 设置一个天线端口）

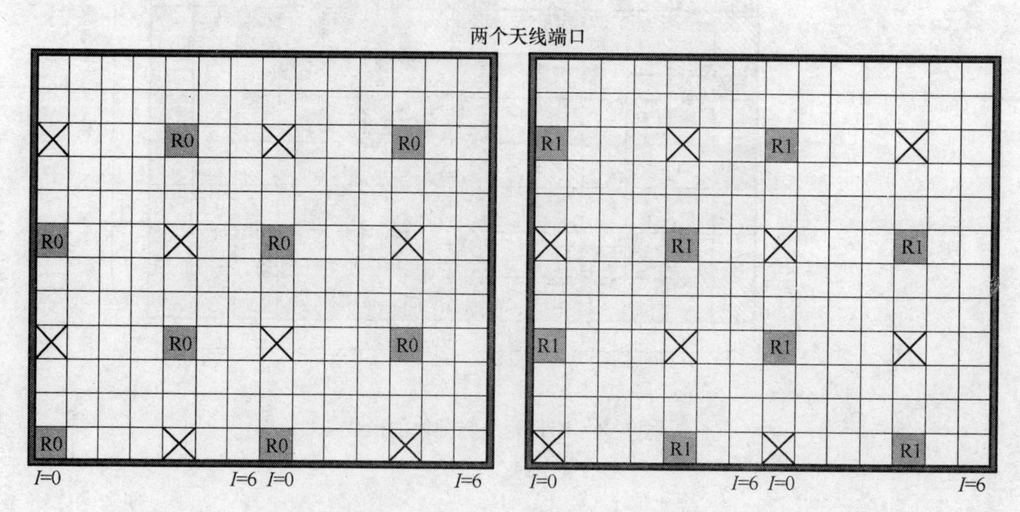

图 7-10　LTE 中两个端口 MIMO（叉号表示每个天线端口不适用的资源）

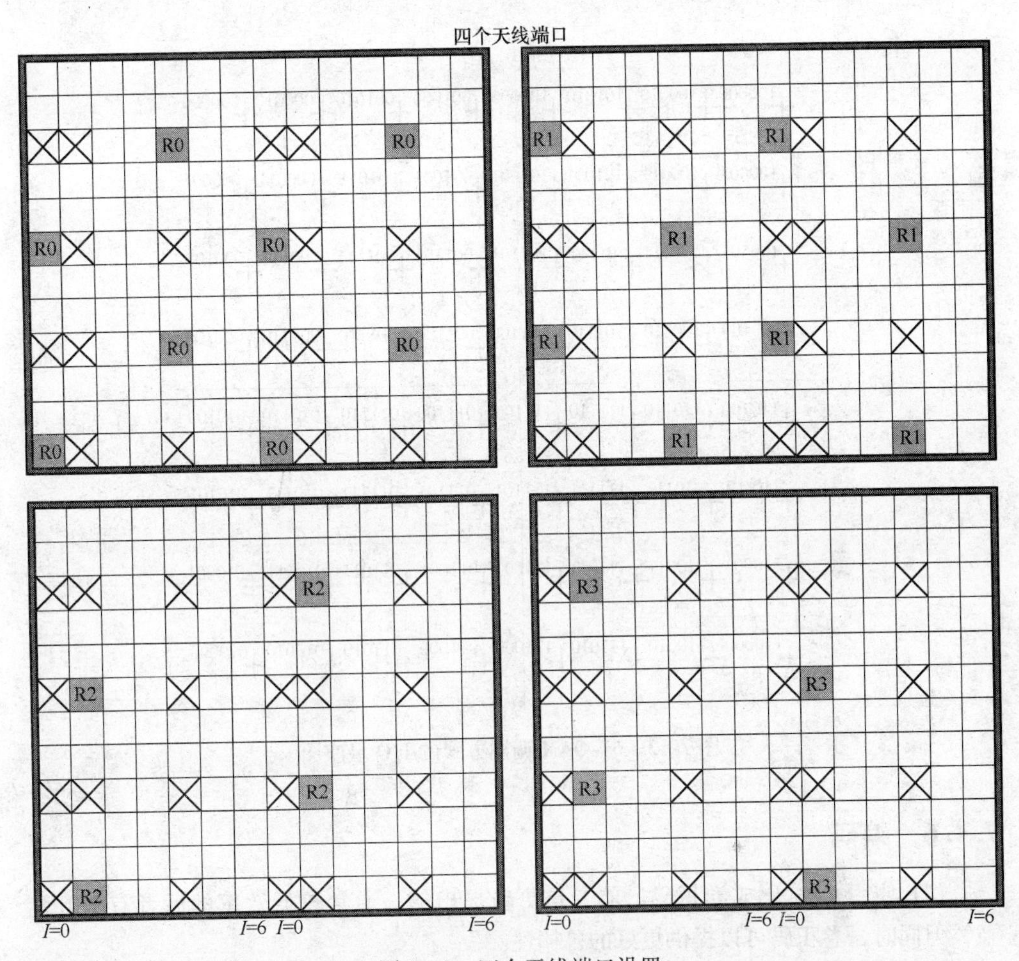

图 7-11　四个天线端口设置

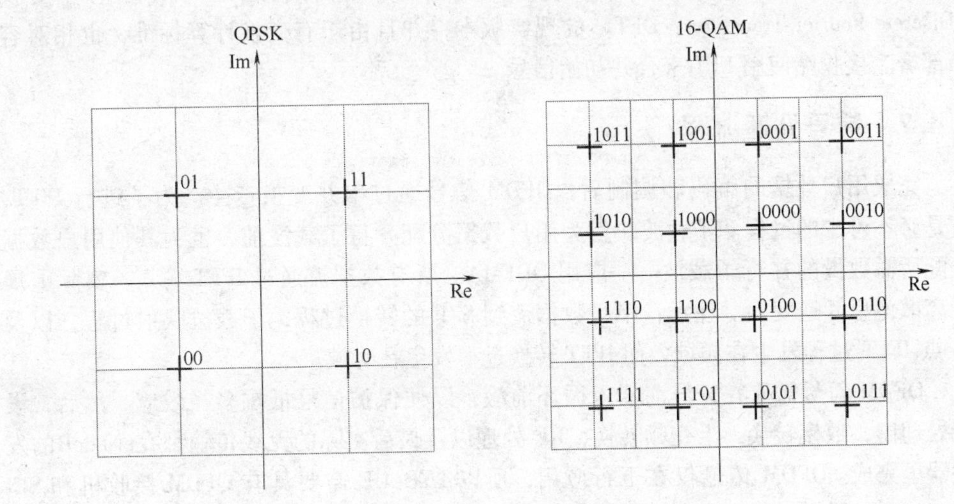

图 7-12　QPSK 和 16-QAM 调制方式的 I/Q 星座图

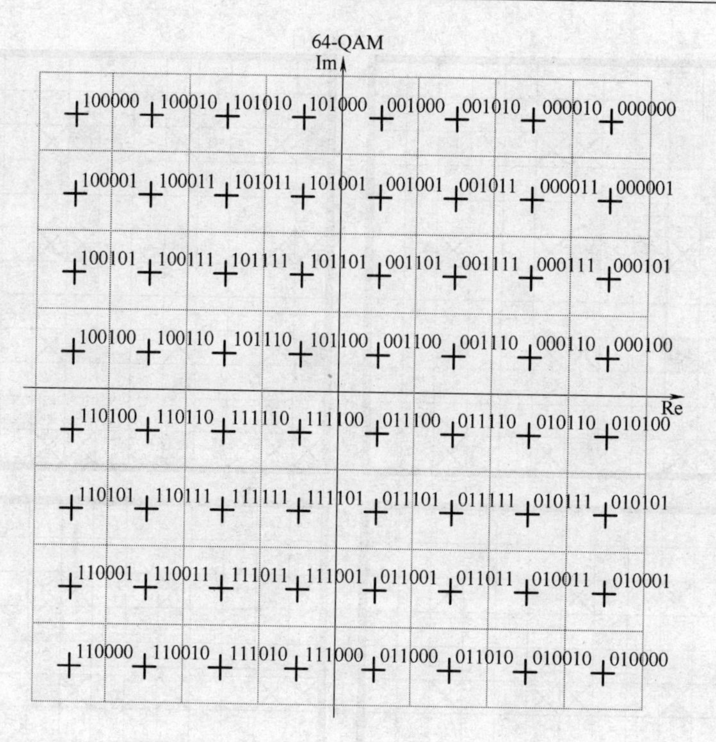

图 7-13 64-QAM 调制方式的 I/Q 星座图

7.4.6 编码

LTE 使用 turbo 码或卷积码，前者是更新提出的，通常较低效率的后者有 3dB 增益，但同时，卷积码可以提供更好的鲁棒性。

OFDM 信号的产生基于快速傅里叶逆变换（IFFT），这是离散傅里叶变换（Discrete Fourier Transform，DFT）的现实版本，并且由于有变换计算标准，也相对容易部署。接收端使用 FFT 来合并初始信号。

7.4.7 信号处理流程

完成用户数据的编码和调制后，OFDM 信号通过串并变换产生。为了进行 IFFT，这是必不可少的过程。子载波映射为用户数据分配并行子载波前，也为其他用户数据分配所需数量的并行子载波——应用 ODFMA。所有数据流通过 IFFT 输入，实际上展开离散傅里叶逆变换。注意：串行数据流到 S/P 的转换过程，子载波映射过程，以及 *N*-点 IFFT 过程发生在频域，而 IFFT 转换过程发生在时域。

OFDM 符号需要在符号前插入循环前缀，以便保护信号抵抗多径效应。然后，设定处理窗，数模转换，上变频转换，RF 处理以及最后实际的无线传输都在eNodeB的发射器里完成。OFDM 传输仅在下行应用，所以 LTE-UE 需要具有 OFDM 接收机和 SC-FDMA 发射器。

7.5 SC-FDM 和 SC-FDMA

单载波频分复用（SC-FDM），有时也称为离散傅里叶变换（DFT）——扩频 OFDM，是一种调制技术，正如其名称所述，与 OFDM 遵循同样的原则。因此也可以获得缓解多径效应和低复杂度的均衡两个好处[13]。

不过不同是，在发射端，离散傅里叶变换（DFT）在 IFFT 运算前就进行了，它利用所有子载波传送信息并产生一个虚拟单载波结构。图 7-14 显示了 SC-FDMA 传输原则。

因此，SC-FDM 可以提供比 OFDM 更低的功率峰均比（PAPR）[14]。这个特性令 SC-FDM 在上行传输上非常受关注，因为这会使 UE 在发射功率效率上非常有利。

此外，DFT 扩展可以利用信道的频率选择性，因为符号在所有子载波上传输。因此，如果一些子载波经历深度衰弱，信息仍旧可以通过其他经历较好信道条件的子载波恢复。另一方面，当接收机进行 DFT 解扩时，噪声会分散到所有子载波上，这种结果称为噪声增强。它会降低 SC-FDM 的性能，并需要使用最小方均差（MMSE）接收机进行更复杂的均衡[13]。

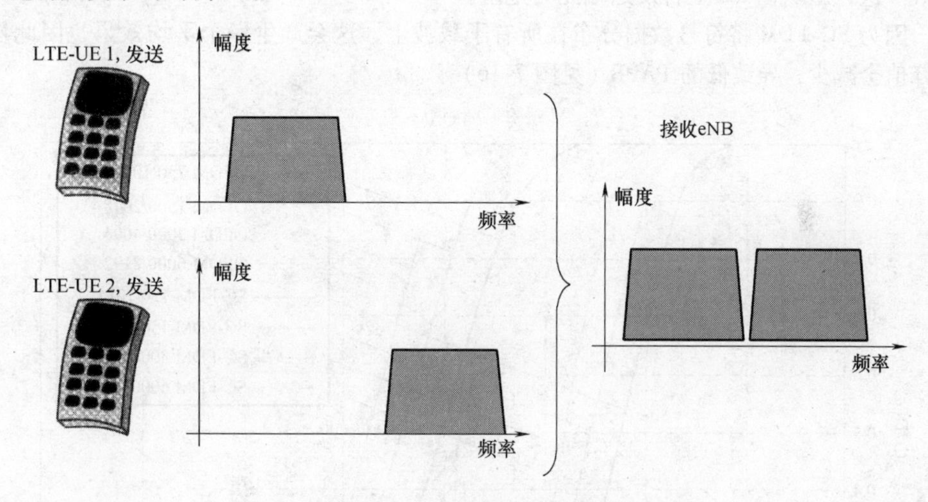

图 7-14　SC-FDMA 传输原则

7.5.1 SC-FDM 收发流程

图 7-15 所示为 SISO SC-FDM 简单框图。可以看出，与图 7-5 的 OFDM 框图相比，主要不同为 FFT/IFFT 模块，其在 IFFT 运算前将数据符号分布到所有子载波上。其余模块与 OFDM 系统中的完全一样。

7.5.2 PAPR 的优点

如上所述，OFDM 在发送信号端显示出大包络变化。传输并行数据的不同子载波

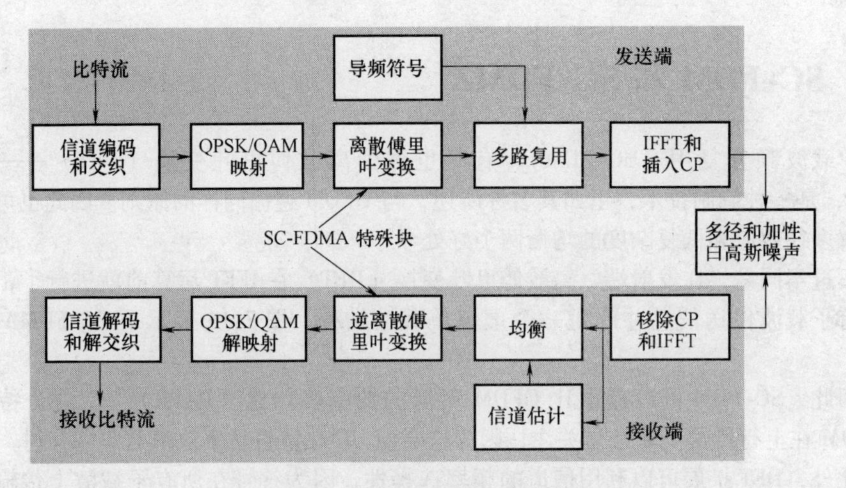

图 7-15 SISO SC-FDM 简单框图

可能会根据功率峰均比的瞬时值剧烈增加。具有较高 PAPR 的信号需要高度线性功率放大器以避免严重的互调失真。功率放大器因此必须进行峰值补偿。这最终会导致低功效。这种影响在 UE 上行发送端尤为危险。

因为 SC-FDM 将符号数据分布在所有子载波上，这会产生一个平均效果，因此发送峰值会减少，导致低的 PAPR（见图 7-16）[15]。

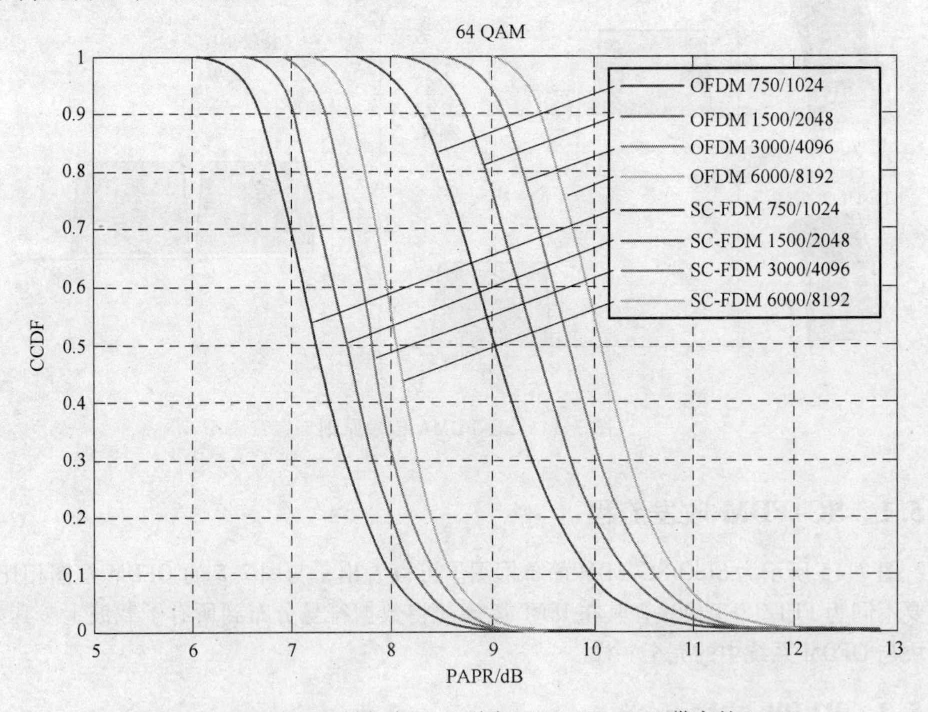

图 7-16 64-QAM 调制方式下，不同 OFDM/SC-FDM 带宽的 PAPR

7.6 报告

7.6.1 CSI

LTE 中，LTE-UE 通过 UE 信道状态信息（Channel State Information，CSI）向网络报告。LTE 的一些重要的反馈类型为 CQI（Channel Quality Indicator，信道质量指示符）、RI（Rank Indicator，秩指示符）和 PMI（Precoding Matrix Indicator，预编码矩阵指示符）。CSI 反馈为 eNodeB 提供下行信道状态信息。这就支持了由 eNodeB 决定的调度。LTE 信道反馈原则与 WCDMA/HSPA 非常相似，最重要的区别为 LTE 报告中的频率选择性。

LTE-UE 在通话时测量 CSI，并根据情况通过 PUCCH（Physical Uplink Control Channel，物理上行控制信道）或 PUSCH（Physical Uplink Shared Channel，物理上行共享信道）发送给 eNodeB。信道状态信息的三种类型如下：信道质量指示符（Channel Quality Indicator，CQI），秩指示符（Rank Indicator，RI）和预编码矩阵指示符（Precoding Matrix Indicator，PMI）。不过，应当指出，LTE-UE 向 eNodeB 发送的 CSI 为决策的常规消息。eNodeB 并不会强制遵循它。

在上行方向，有一个过程称为信道探测，会传送上行信道状态信息，由探测参考信号（Sounding Reference Symbols，SRS）携带。

图 7-17 所示为 UE 测量原理。

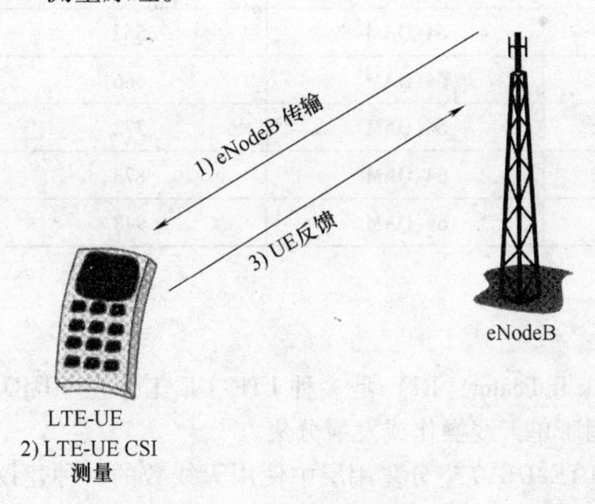

图 7-17　UE 测量原理

7.6.2 CQI

最直观的信道反馈为 CQI 。它包含 16 个级别（0 ~ 15），其中级别 0 不在讨论范围。CQI 值——指示出此刻应用的调制编码方式（MCS），见表 7-3。LTE 进行数据呼叫时，LTE-UE 向 eNodeB 上报与 MCS 对应的最高 CQI，使得传输资源块 BLER（Block

Error Rate，误块率）不超过10%。反过来，也可以直接解释为在某一特定时间的连接质量。CQI 可以在 TTI 级变化。实际上，在测量 CQI 值时——例如通过无线测试设备——统计数据在选定周期显示，例如 1s，统计数据显示 CQI 值和各自百分比。这些数据可以进一步处理，制作研究区域柱状图。

LTE-UE 总会预留至少 2.33ms 来处理 CQI 测量。这是由于下行和上行的同步是通过 CQI 报告来进行的，CQI 报告在上行子帧 $n+4$ 上传输，与 FDD 下行子帧 n 的参考周期对应。图 7-18 所示为报告的同步。

表 7-3　CQI 值

CQI 值	调制方式	码　率	效　率
1	QPSK	78	0.15
2	QPSK	120	0.23
3	QPSK	193	0.38
4	QPSK	308	0.6
5	QPSK	449	0.88
6	QPSK	602	1.2
7	16-QAM	378	1.5
8	16-QAM	490	1.9
9	16-QAM	616	2.4
10	64-QAM	466	2.7
11	64-QAM	567	3.3
12	64-QAM	666	3.9
13	64-QAM	772	4.5
14	64-QAM	873	5.1
15	64-QAM	948	5.6

7.6.3　RI

秩指示符（Rank Indicator，RI）是一种 LTE-UE 工作在 MIMO 空分复用模式下的报告方式。它不适用于单天线操作或发射分集。

实际上，RI 为 LTE-UE 在空分复用层中使用天线数的一种建议。RI 在 2×2 天线配置情况下可以取值 1 或 2，在 4×4 天线配置情况下可以取值 1、2、3 或 4。RI 总是与一个或更多的 CQI 报告相关。

7.6.4　PMI

预编码矩阵指示符（PMI）基于表 7-4，提供首选的预编码矩阵的信息。应当指出，虽然，在 RI 中，仅当 MIMO 运行时 PMI 是相关的。MIMO 与 PMI 反馈结合形成闭环 MIMO。

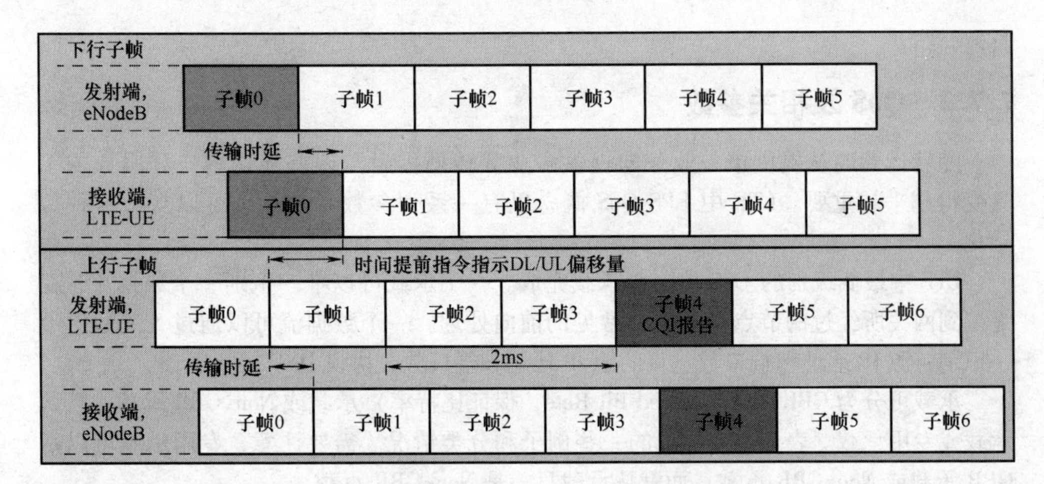

图 7-18　LTE-UE 报告同步

7.7　LTE 无线资源管理

7.7.1　引言

表 7-4　MIMO 预编码矩阵指示符（PMI）表

码　本	一　阶	二　阶
0	$\frac{1}{\sqrt{2}}\begin{pmatrix}1\\1\end{pmatrix}$	未用
1	$\frac{1}{\sqrt{2}}\begin{pmatrix}1\\-1\end{pmatrix}$	$\frac{1}{2}\begin{pmatrix}1&1\\1&-1\end{pmatrix}$
2	$\frac{1}{\sqrt{2}}\begin{pmatrix}1\\f\end{pmatrix}$	$\frac{1}{2}\begin{pmatrix}1&1\\1&-f\end{pmatrix}$
3	$\frac{1}{\sqrt{2}}\begin{pmatrix}1\\-f\end{pmatrix}$	未用

无线资源管理（Radio Resource Management，RRM）这一术语通常指用于控制参数一系列策略和算法，如发射功率、带宽分配、调制和编码方式（Modulation and Coding Scheme，MCS）等。其目的是，尽可能高效地使用有限的可用无线资源，为用户提供必要的 QoS 保障。

上行和下行 RRM 功能，都以高效地使用可用无线资源作为总体目标，但是分别面对不同的问题并受不同场景限制。出于这个原因，在介绍一些共同点后，我们将分别具体介绍。

7.7.2 QoS 及相关参数

随着运营商从提供单一业务向提供多业务转型，为实现差异化用户和服务的工具变得越来越重要。LTE 中 EPS QoS 概念里有一系列参数和功能，可以支持这种差异化。

LTE 中最低级别的 QoS 控制由承载完成。一个承载可以唯一识别一个数据流，在终端到网关所经过的节点接受一个常见的前向处理。一个数据流可以通过 5 元数组唯一识别：源 IP 地址和端口数、目的地 IP 地址和端口数、协议 ID。

承载可分为 GBR（Guaranteed Bit Rate，保证比特率）承载或 Non-GBR 承载、默认承载或专用承载。表 7-5 为承载的一些例子和分类情况。需要注意，专用承载可以是 GBR 承载或 Non-GBR 承载，而默认承载只能是 Non-GBR 承载。

每个终端 IP 地址都存在一个默认承载。默认承载在终端接入网络时由服务网关建立。专用承载需要为同一个终端 IP 地址的不同数据流提供不同的 QoS。

在用户通过准入控制功能接入时，GBR 承载需要为其保留传输资源。GBR 承载的选择基于运营商的策略，它更倾向于拒绝服务请求而不是降低已经允许的服务请求性能。Non-GBR 承载则相反，在资源受限时会遭遇拥塞丢包。

EPS 承载（GBR 和 Non-GBR）与下述承载级 QoS 参数有关，从接入网关（它们产生的地方）发送到 eNode-B（它们使用的地方）。

（1）服务等级标识符（Quality Class Identifier，QCI） 一个标量，用于控制承载级前向包处理（例如承载优先级、包时延预算和丢包率）的接入节点参数的一种参照，并且由运营商预先配置。标准化 QCI 值一对一映射的标准化特性在参考文献［16］中阐述。

表 7-5 承载等级

GBR 类型	默认承载	专用承载
Non-GBR 承载	终端附着时建立承载	例如网页浏览、聊天和电邮
GBR 承载	未用	例如 VoIP 和流媒体

表 7-6 QCI 映射表和典型服务

QCI	资源类型	优先级	层 2 包时延预算	层 2 丢包率	业务案例
1	—	2	100ms	10^{-2}	会话语音
2	GBR	4	150ms	10^{-3}	会话视频（直播）
3	—	3	50ms	10^{-3}	实时游戏
4	—	5	300ms	10^{-6}	非会话视频（缓冲流）
5	—	1	100ms	10^{-6}	IMS 信号

（续）

QCI	资源类型	优先级	层2包时延预算	层2丢包率	业务案例
6	—	6	300ms	10^{-6}	视频（缓冲流），基于TCP业务（例如网页浏览、电邮、聊天、FTP、P2P和文件共享）
7	Non-GBR	7	100ms	10^{-3}	语音、视频（直播）和交互游戏
8	—	8	300ms	10^{-6}	视频（缓冲流），基于TCP业务（例如网页浏览、电邮、聊天、FTP、P2P和文件共享）
9	—	9			

（2）分配保留优先级（Allocation Retention Priority，ARP）　ARP协议的主要目的是决定是否建立/修改承载请求或者如果资源限制拒绝请求。此外，ARP可由eNodeB使用来决定在额外的资源受限时，放弃哪个承载。

此外，对于GBR承载，需要定义最大比特率（Maximum Bit Rate，MBR）和GBR。这些参数定义MBR，即承载不能超过的传输比特率和GBR，即网络保证可以承载的比特率（例如通过准入控制）。另外还有累计最大比特率（Aggregate Maximum Bit Rate，AMBR），用于限制由同一个用户的一组non-GBR承载使用的最大比特率。

3GPP规范[16,17]定义了9个不同QCI的映射表，见表7-6。

7.8　UL和DL共有的RRM原则和算法

7.8.1　连接移动性控制

连接移动性控制主要涉及与空闲（RRC_ IDLE）或者连接（RRC_ CONNECTED）模式相关的无线资源移动性管理。在RRC_ IDLE模式下，网络（E-UTRAN）通过设置一些系统参数（门限值和滞后值）来控制小区重选过程，即由这些参数定义最佳小区和或决定UE何时需选择一个新的小区。此外，LTE广播用于配置UE测量报告的参数信息。在RRC_ CONNECTED模式下，E-UTRAN需支持无线连接的移动性。切换决策可能是基于UE和eNodeB的测量信息，也可能考虑其他输入因素，例如邻小区负荷、流量分布、传输和硬件资源，以及运营商定义的策略[18]。连接移动性控制的功能集中在eNodeB的层3。

7.8.1.1　切换

RRC_ CONNECTED状态下，E-UTRAN命令UE切换到另一频内（Intra-frequency）或者频间（Inter-frequency）小区来实现LTE内部切换。LTE的目标之一是提供语音和多媒体业务的无缝接入，并满足其严格的时延需求，这一目标通过UE从源小区到目标小区的切换来实现。LTE的分布式系统架构有助于采用硬切换机制。由于LTE的切换只有硬切换（先断后通），而没有软切换（先通后断），因而在 LTE 中实现无缝接入尤为重要。

LTE 切换流程可以划分为三个阶段：初始化，准备和执行，如图 7-19 所示。在初始化阶段，UE 对其到源 eNodeB 和目标 eNodeB 进行信道测量，然后处理并向源 eNodeB 上报测量信息。基于切换的信道测量是在下行和/或上行参考符号（导频）中完成的。E-UTRAN FDD 帧的下行参考符号结构如图 7-20 所示。

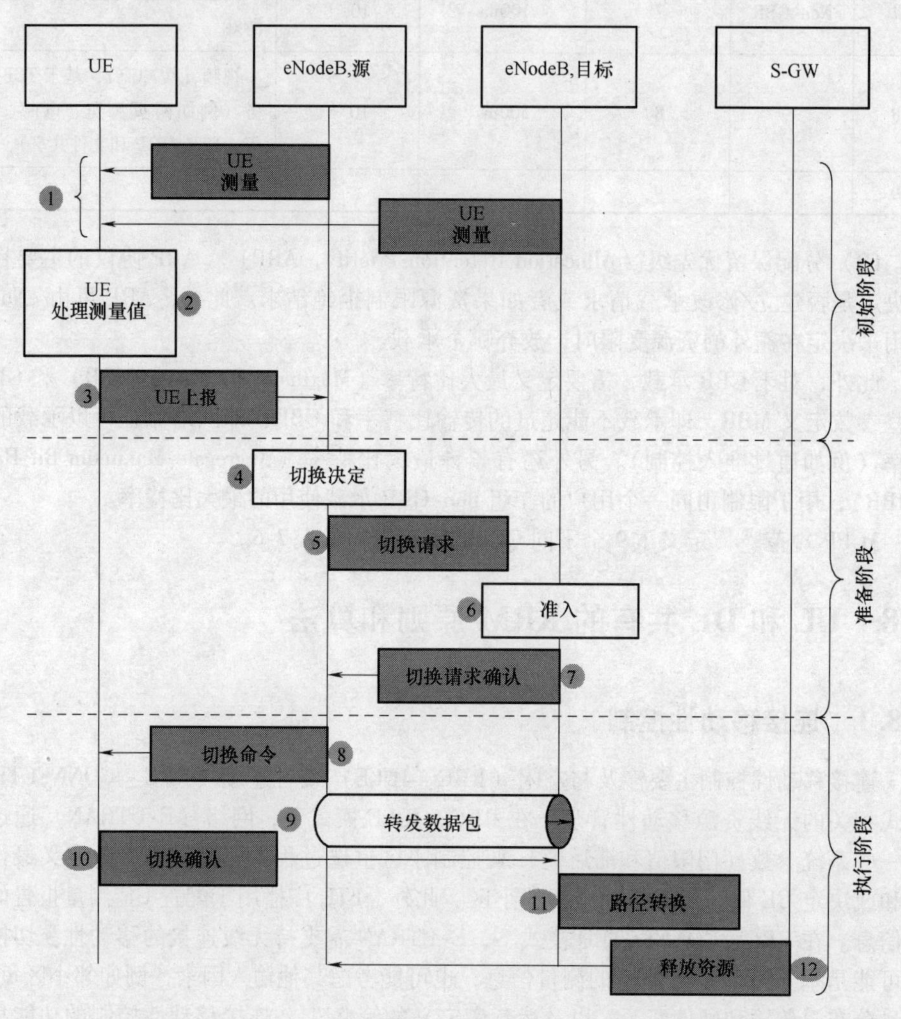

图 7-19 LTE 内部切换流程[18]

在准备阶段，源 eNodeB 进行切换决策，并且请求与目标 eNodeB 之间切换。目标 eNodeB 的接纳控制（Admission Control，AC）单元通过向源 eNodeB 发送切换请求 ACK（Acknowledgment，确认）或 NACK（Negative Acknowledge，否定确认），来决定接受或拒绝用户服务请求。执行阶段，源 eNodeB 向 UE 发送切换命令，并接着转发数据至目标 eNodeB。在此之后，UE 与目标 eNodeB 进行同步，并通过随机接入信道（Random

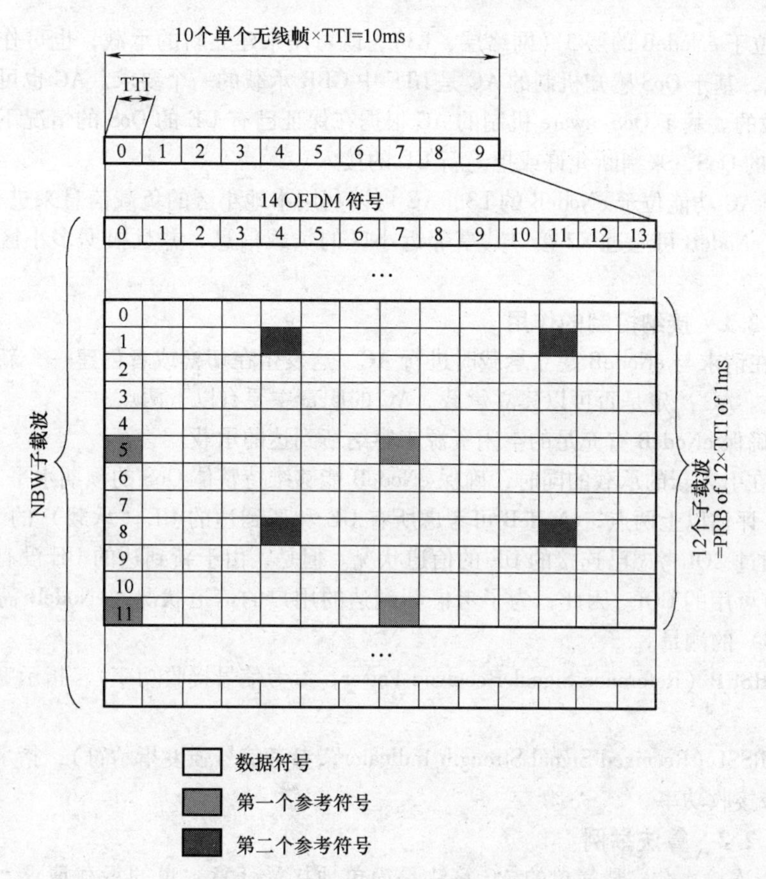

图 7-20　一个 eNode-B 发射天线端口的 E-UTRAN FDD 帧结构（包含下行子载波和参考信号结构），每个子帧（持续时间为一个 TTI）在时域上分为 14 个 OFDM 符号[3]

Access Channel，RACH）接入目标小区。当 UE 成功接入到目标小区，UE 向目标 eNodeB发送切换确认消息，以表明切换过程完成。目标 eNodeB 发送一个路径转换消息给 aGW（Access Gateway，接入网关），用以说明 UE 已经更改小区，并随后发送资源释放消息告知源 eNodeB 已成功完成切换。当接收到资源释放消息后，源 eNodeB 释放与 UE 相关的无线链路、用户面以及控制面资源[18]。

7.8.2　接纳控制

接纳控制（Admission Control，AC）功能用于在建立新的无线承载时判断允许接入或拒绝接入。在进行接纳判决时，AC 需考虑 E-UTRAN 中无线资源状态的整体情况、QoS 需求、优先级别、正在进行中的会话的 QoS 情况，以及该请求新建无线承载的 QoS 需求。AC 的目标是提高无线资源利用率（若有可用的无线资源，则接受无线承载请求），并同时保证进行中的会话的适当 QoS（若无法容纳新的无线承载，则拒绝请求）[18]。

AC 位于 eNodeB 的层 3（网络层，L3），既可用来建立新的承载，也可作为切换候选。因此，基于 QoS 感知机制的 AC 是 LTE 中 GBR 承载的一个要求。AC 也可以是 Non-GBR 承载的。基于 QoS-aware 机制的 AC 根据在保证已有 UE 的 QoS 的情况下是否能满足新 UE 的 QoS，来判断允许或拒绝新 UE 的接入。

由于 AC 功能位于 eNodeB 的 L3，AC 可以利用本地小区的负载信息来进行允许/拒绝判决。eNodeB 可通过 X2 接口共享邻近小区的负载信息，并且根据多小区信息进行 AC 判决。

7.8.2.1　接纳控制的作用

UE 在请求与 eNodeB 建立承载时进行 AC，这发生在切换或者创建一个新的承载连接的时候。AC 决定是否可以建立承载。AC 的职责主要有以下两点。

1）确保 eNodeB 有充足的空闲资源来容纳新到达的承载。

2）在引入新的承载的同时，确保 eNodeB 能够维持整体 QoS 的预期水平。

为了评估以上两点，eNodeB 可考虑所有 UE 和新到达的 UE（承载）的 QoS 参数，也可以通过 CQI 考虑已连接的 UE 的信道状况。但是，由于新到达的 UE 没有连接，则它们没有可用的 CQI。因此，为了考虑新到达的用户的信道状况，eNodeB 需依靠以下层 3（L3）的测量。

1）RSRP（Reference Signal Received Power，参考信号接收功率），指示宽带接收导频功率；

2）RSSI（Received Signal Strength Indicator，参考信号强度指示符），指示包括了干扰的宽带接收功率。

7.8.2.2　算法举例

（1）连接次数　最简单的 AC 算法是简单地接受任意数量的承载请求。显然这种方法过于简单，其主要缺点是完全忽略了用户的 QoS 限制。然而，由于早期 LTE 推出的重点是提供尽力而为的服务，所以在早期的 LTE eNodeB 中可以发现这种算法。尽力而为的服务只关心 AC，这是因为不会存在很多只能被提供低吞吐率的服务。

（2）基于固定容量　基于容量的 AC 算法假设系统的容量是确定的，并保证所有 GBR 的总和不会超过确定的容量。该算法的主要缺点在于没有考虑任何用户的信道状况，而是简单地假设小区可以容纳一定的吞吐量。

（3）基于平均所需的资源　基于平均所需资源的 AC 算法需要计算以下内容。

1）每个 UE 为实现 GBR 所需资源的平均比例。可以根据 CQI 和 UE 的资源分配历史记录来计算该比例；

2）新到达的 UE 为实现自己的 GBR 所需资源的平均比例的预期值。

对于一个允许接入的新到达承载，这些次数之和不应超过总共的可用资源。

7.8.3　HARQ

LTE 支持自动重传请求（Automatic Repeat Request，ARQ）和混合自动重传请求（HARQ）技术。ARQ 在确认模式下通过重传来实现差错纠正，该功能是在层 2 的无线链路控制（Radio Link Control，RLC）子层来完成的。HARQ 技术位于层 2 的 MAC 子层，并且保证层 1 对等实体之间交换信息。

如果没有正确地接收数据分组，则 HARQ 确保由 UE 在层 1 进行快速重传。在该方式下，HARQ 可提供对抗链路自适应差错（例如 CSI 估计和上报时产生的错误）的鲁棒性，进而提高了信道的可靠性[21-23]。

当 HARQ 重传失败时，RLC 子层的 ARQ 机制通过利用 HARQ（MAC 子层）获得的信息来处理进一步的数据分组重传。

7.8.4 链路自适应技术

7.8.4.1 链路自适应技术的作用

链路自适应（Link Adaptation，LA）技术是无线信道的一个基本功能。LA 通过选择合适的调制和编码方式（Modulation and Coding Scheme，MCS）来最大化无线信道上的数据传输速率。在 LTE 中，LA 指的是快速自适应调制和编码（Adaptive Modulation and Coding，AMC），MCS 在每个 TTI（1ms）改变一次。

在 LTE 中，物理上行共享信道（Physical Uplink Shared Channel，PUSCH）以不同的编码速率支持 BPSK、QPSK 和 16-QAM。物理下行共享信道（Physical Downlink Shared Channel，PDSCH）以不同的编码速率支持 QPSK、16-QAM 和 64-QAM。

为了优化资源利用，AMC 一般要求选择的 MCS 能够使得误块率（Block Error Rate，BLER）小于 10%，并且通过 HARQ 技术使得丢包率（Packet Error Rate，PER）远低于 1%。这一具有相对较高 BLER 的目标允许系统用较高的 MCS 来充分利用链路资源。

7.8.4.2 外环链路自适应

AMC 可以利用不同的信道状态信息（上行的 CSI 和下行的 CQI 报告），以适当的误块率来决定 MCS。但是，由于各种可能的信道评估误差，误块率不太可能与预期目标相符。

为了使首次传输的 BLER 尽可能地接近预期值，可以利用 OLLA（Outer Loop Link Adaptation，外环链路自适应）算法来抵消信道测量的偏差，如图 7-21 所示。

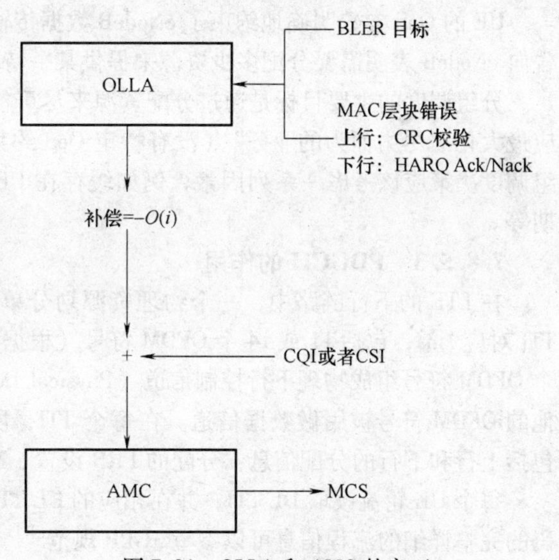

图 7-21 OLLA 和 AMC 的交互

偏移 $O\ (i)$ 是根据 WCDMA 外环功率控制的规则进行调整的[24]。

如果 PUSCH 或 DSCH（Dedicated Share Coutrol Channel，专用共享信道）上第一次传输的数据被正确接收，则 $O\ (i)$ 以步长 $OD = S \cdot BLERT$ 减少。

如果 PUSCH 或 DSCH 上第一次传输的数据被错误接收，则 $O(i)$ 以步长 $OU = S \cdot$

(1 – *BLERT*)增加。

式中，*S* 表示步长，BLER 将要收敛到 BLERT 如果偏移 $O(i)$ 保持在特定的范围 $O_{min} <= O(i) <= O_{max}$，算法收敛。

7.8.5 分组调度

分组调度（PS）是位于 MAC 子层的一个实体，旨在有效地利用上行和下行信道共享的资源。PS 的主要作用是在时域和频域进行用户复用。这种多路复用技术通过用户和可用的物理资源之间的映射来实现。PS 能够在一个 TTI 单元形成 UE 到物理资源块（Physical Resource Block，PRB）的映射，因此可称为快速调度。

7.8.5.1 多用户分集

LTE 可以使用快速调度的一个原因是可以采用多用户分集技术。实际上，如果系统受时间和频率选择性衰落的影响，PS 实体可通过分配给 UE 具有良好信道条件的带宽资源来实现多用户分集。这种方式可以把无线信道的衰落特性（过去常常被认为限制无线系统性能的因素）转化为优势。

7.8.5.2 分组调度的问题

分组调度器通过以下信息进行操作。

1）LA 中可用的 MCS。

2）每个 UE 的 QoS 参数。

UE 的 QoS 参数明确地约束了 eNodeB 数据传输的吞吐量。此外，UE 的信道质量报告向 eNodeB 表明需要分配多少资源来提供某一特定的吞吐量。

分组调度的主要目标是通过分配资源来尽可能地满足 UE 的 QoS 约束条件。同时，应最大化“尽力而为的业务”（没有特定 QoS 约束的业务）的吞吐量。在实际中，分组调度决策应该考虑一系列因素，例如缓存在 UE 的负荷、HARQ 重传、UE 的休眠周期等。

7.8.5.3 PDCCH 的作用

在 LTE 的下行链路中，一个物理资源划分单元称为 TTI。从时域的角度看，一个 TTI 对应 1ms，包括 11 或 14 个 OFDM 符号（根据循环前缀的设置）。TTI 的第一到第三个 OFDM 符号组成物理下行控制信道（Physical Downlink Control Channel，PDCCH），其他的 OFDM 符号被用做数据信道。在每个 TTI，所有连接的 UE 读取 PDCCH。PDCCH 包括上行和下行的分配信息：分配的 PRB 设置、MCS 以及天线分集模式。

每个 UE 轮流读取 DL TTI，并在相应的 UL TTI 上传输数据。有关 PDCCH 读取和解码的完整详细的流程信息可以参考 3GPP 规范[25]。PDCCH 是一个健壮且具有低偏差的信道。作为一个纯粹的信令信道，PDCCH 的容量受限，因此在每个 TTI 的 DL 和 UL 均限制了可以调度的用户数量。

7.8.5.4 某些分组调度器

值得注意的是分组调度器没有在 3GPP 中形成规范，这主要会导致以下情况。

1）不同的 eNodeB 产品可能使用不同的分组调度器，通过不同的参数和不同的方式进行设置。

2）不同的 eNodeB 制造商通过设计不同的分组调度器，来实现彼此之间的竞争。因而，分组调度器值得进行深入研究。

该部分基于研究现状，来阐述在 LTE 中分组调度器的重要原则，其目标是针对分组调度的问题进行深入理解。这些原则通常均适用于 UL 和 DL。分组调度在 UL 和 DL 的规范和约束条件会在后面章节进行介绍。

（1）PDCCH 及复杂的局限性

为此，提出在多用户场景下采用时/频域分组调度的分离结构，参见参考文献［1，3］。

1）在第一阶段，时域调度器从所有连接的 UE 中选择一定数目的 UE 进行调度。

2）在第二阶段，频域调度器决定哪个 UE 分配哪些 PRB。

图 7-22 所示为对这个问题进行的阐述。分组调度另一个重要的局限性在于调度周期为 1ms，即 1 个 TTI。在如此短的时间内，由于 eNodeB 的计算能力有限，分组调度器的首要条件是简单化。例如复杂的迭代算法可能是被禁止的需求。为了解决复杂的问题，已有的参考文献（例如参考文献［1，3］）主要集中于提出基于度量的简单算法。

1）时域分组调度器：选择具有最高度量的 N_ TD。

2）频域分组调度器：分配给 UE 具有最高度量值的 PRB。

（2）分集算法　在 LTE 中，分组调度的一个关键特征是可以获得多用户分集增益。一般来说，把由多径传播引起的衰落视为缺点，但是 LTE 利用灵活的资源分配能力以一种非常简单的方式把多径衰落转化为潜在的性能增益。实际上，对于每个 PRB，多用户分集增益只是简单地包括在每个 SINR（Signal-to-Interference-and-Noise Ratio，信号干扰噪声比）高峰调度一个用户。图 7-22（时域分组调度器）所示为一个基于分集的分组调度器的例子。

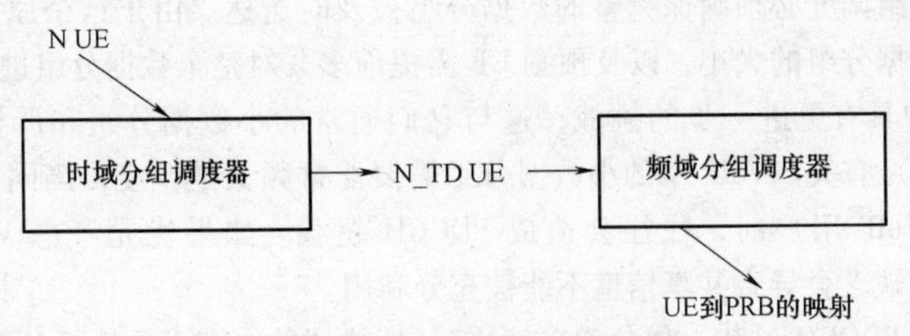

图 7-22　分离的时域和频域调度器

1）基于最大化吞吐量算法[3]：在每个 PRB 上调度具有最高 CQI 的 UE，以最大化整个接收的吞吐量。由于这种调度策略优先考虑基站附近的 UE，因此它是一种不公平的策略。

2）比例公平性（Proportional Fair，PF）算法[3]：在每个 PRB 上调度具有最高比率（CQI 和平均 CQI 的比率）的 UE。假设所有的 UE 历经相同的衰落，PF 调度器在每个 UE 上均调度相同的资源。由于引入了公平性概念（每个 UE 可获得相同的资源），这种调度策略引起了广泛的关注。根据使用的传输分集策略，PF 调度算法可以获得高达 40% 的系统吞吐量增益。

（3）GBR 感知算法　简单的分集算法只是处理尽力而为的业务，没有任何特定的时延要求。但是，基于 QoS 保障的用户需要更加复杂的调度策略以满足它们的约束条件。

在时域和频域分离的调度架构内，所提的调度算法通常关注以下两点内容。

1）在时域调度器上执行 GBR。

2）通过频域调度器提供多用户分集增益，例如 PF 调度器。

时分复用系统中的许多分组调度器可简单地再用于 LTE 中。强加有 GBR 约束条件的时域分组调度器中的一个例子是基于承载功能的分组调度器[6]，其优先权如下。

1）不遵守 GBR 约束的 GBR 用户。在该集合中，有最远 GBR 目标 UE 的优先权最高。

2）遵守 GBR 约束的 GBR 用户和尽力而为的用户。在该集合中，使用时域比例公平性准则。

参考文献 [5] 进一步阐述了整个 GBR 控制原理，其中包括：①为了对时域调度器提供合适的控制，频域调度器应独立于时域调度器，也就是说频域调度器的平均特性应不受时域调度器的影响；②当比特速率较高时，时域调度器不能保证 GBR。为了防止这种情况发生，有必要在频域调度器中加入吞吐率控制功能。

（4）时延感知算法　许多如音视频或 VoIP 的应用业务具有较高的时延 QoS 需求。相比 GBR 用户，视频和音频用户可以利用基于障碍函数的调度器，并以相同的方式实现要求的 QoS 传送。时域调度器首先处理更接近它们延时预算的用户。

实际上，具有延迟预算 UE 的一大挑战是分组调度器必须确保在到期前传输完接近期满的全部数据。例如在一个有很大数据分组的业务类型中，如果一个大的数据分组即将到期，分组调度必须确保完整的数据分组被及时送达。由于这个原因，时域调度器必须关注数据分组的大小，以及预测 UE 需提前多久对整个数据分组进行传送。

VoIP 用户具有更进一步的挑战，这与它们通常的小数据分组和严格的时延约束（一般为 50ms）有关。VoIP 中的小数据分组需要非常频繁地调度，当同一时间在同一小区有很多 VoIP 用户时，往往会造成 PDCCH 超载。如果优先考虑 VoIP 用户，则 PDCCH资源的缺乏会导致共享信道不能被充分利用。

为了避免 PDCCH 过载，如参考文献 [7] 所描述的，有必要执行 VoIP 数据分组捆绑。这仅包括在单个的 TTI 中从一个用户处调度连读的 VoIP 数据分组。从时域分组调度器的角度来看，这仅仅意味着应该调度在缓冲区内有多个数据分组的 UE。其结果是，降低了 VoIP 用户的调度频繁度，但是每次调度更多的数据信息，因此可以为其他的 UE 释放出 PDCCH 资源，进而能够更好地利用共享信道。

（5）持久和半持久的调度：对 VoIP 有些许的帮助　处理 VoIP 业务的另一个方法是使用持久或半持久的调度。这两个模式允许（有不同程度的灵活性）eNodeB 在预定的 TTI 时在预定的 PRB 调度 VoIP 用户，而无需每次在 PDCCH 上进行指定。这些模式的主要优势在于节省 PDCCH 资源，因此允许其他业务类型的用户更有效地使用共享信道。但是，劣势在于不能从分集增益中受益。

7.8.6　负载均衡

负载均衡（或负载控制）的任务在于处理多小区负载的不均匀分布。因此负载均衡的目的在于以一定的方式影响负载分布，该方式是保持无线资源的高效利用、尽可能地维持进行中会话的 QoS，以及保持足够低的掉话率。负载均衡算法可能会导致切换或小区重选决策，其目的是对高负荷小区的流量重新分配给低负荷的小区。负载均衡功能位于 eNodeB 中。

如图 7-23 所示，接纳控制、切换，以及负载控制构成紧密耦合的 RRM 功能实体。当一个源小区的活跃 UE 可以在目的小区得到最佳服务时，则会从源小区切换到目标小区。AC 结合负载控制的反馈信息决定接收或拒绝来电（新的或切换的呼叫）。然后 AC 通知负载控制单元因接纳新的或切换的呼叫而引起的有关负荷条件的变化。如果一个来电不能在源小区得到服务，而能在邻近小区得到服务，则呼叫立即从源小区切换到邻近小区，这称为定向重试——一个用于全球移动通信系统（GSM）中众所周知的概念，并有可能比较好地应用于 LTE 系统中。

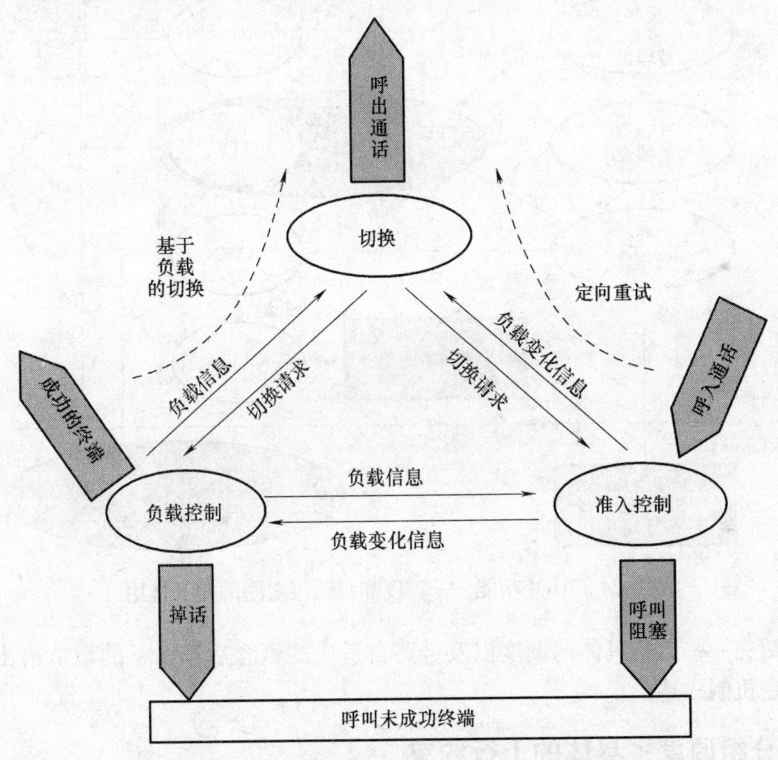

图 7-23　切换、负载控制和接纳控制之间的相互作用

负载控制器跟踪一个小区的负载情况，如果出现超负载情况，则转为尽力而为的呼叫模式来维持小区中正在进行的呼叫的 QoS。降低掉话率的一种方法是如果在邻近小区该呼叫能够得以服务并能保持所需的 QoS，则切换至该邻近小区，这称为基于负

载的切换。对于低优先级的用户，除了掉话或者切换，会被退化到使用免费的资源。这种方式在没有合适的邻近小区时尤其有用，可以以降低低优先级呼叫的质量为代价来避免掉话。

7.9 上行 RRM

上行 RRM 的功能概述、功能之间的相互作用，以及在协议栈的位置如图 7-24 所示。

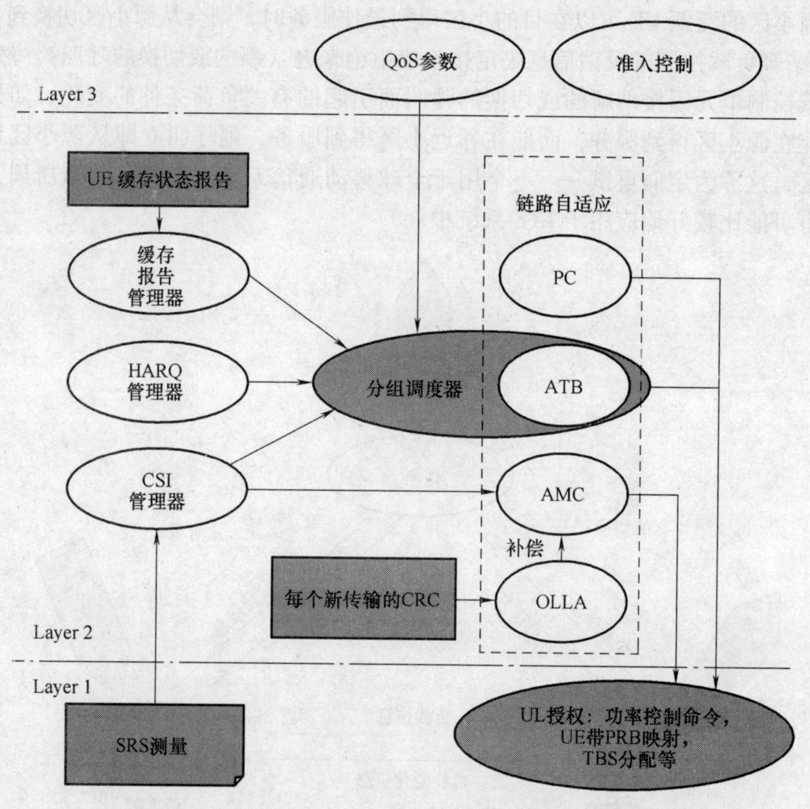

图 7-24 RRM 功能——调度和自适应之间的相互作用

在介绍完一些上行具体的调度以及链路自适应的概念后，以下的章节给出支持这些概念信令机制描述。

7.9.1 分组调度：具体的上行约束

7.9.1.1 PRB 邻近关系约束

在上行链路中，分组调度的复杂性主要源自于这样一个事实：分配给同一用户的 PRB 需具有相邻的频率。这个约束与 SC-FDMA 相连接。SC-FDMA 是用于 LTE 上行链路中的物理访问多路传输模式。PRB 邻近关系约束极大地限制了调度的灵活性，因而对多用户频率和分集增益有不利的影响。另一方面，由于 PDCCH UL 配置字段较短，因此让 PDCCH 承受的压力较小。PDCCH UL 配置字段仅包括第一个被分配的 PRB（PRB 按照升序频率进行排序）以及分配的 PRB 数量。

7.9.2 链路自适应

以下章节描述控制主要传输参数自适应的机制，包括 MCS、带宽和功率。

7.9.2.1 自适应调制编码

众所周知，自适应调制和编码（Adaptive Modulation and Coding，AMC）可以大大提高无线系统的频谱效率[27]。MCS 选择算法是基于映射表的，在首次传输接收到 SINR 值和目标误块率（Block Error Rate，BLER）之后，返回 MCS 作为输入。LTE 上行链路支持的数据调制方案有 QPSK、16-QAM 和 64-QAM[28]。

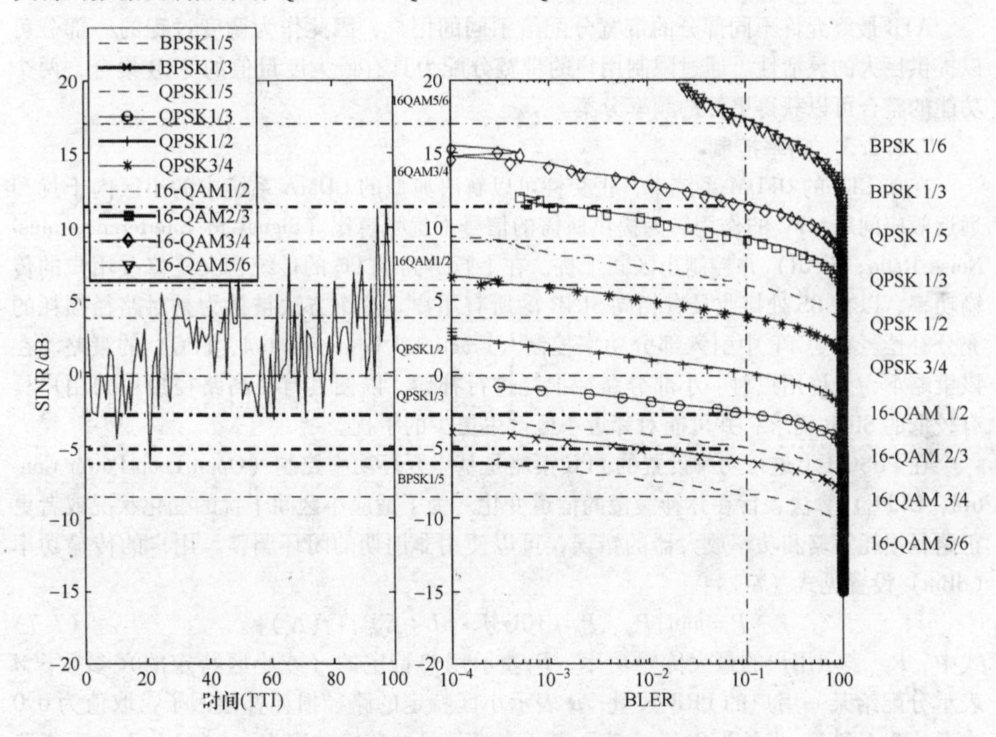

图 7-25 AMC 机制：基于 SINR 估计值的 MCS 选择

对于给定的 MCS 和 SINR，在每个 TTI 获得的即时吞吐率的期望值可定义如下：

$$T(MCS,SINR) = TBS(MCS)(1 - BLEP(MCS,SINR)) \tag{7-6}$$

式中，BLER 表示传输的数据块发生错误的概率。

一个 MCS 选择的可能算法在于选择最大化吞吐量的 MCS，约束条件是在第一次传输时 BLER 的估计值小于或等于 BLER 的目标值。

可以慢节奏执行 AMC，例如保持与功率控制指令相同的速率以利用缓慢的信道变化，或者按照一个较快的节奏，例如每个 TTI，以利用瞬时的高信噪比条件。参考文献

[29] 对 AMC 的功能进行了详细的性能分析，其中快速 AMC 相比慢速 AMC 可以获得高于 20% 的性能增益，如图 7-25 所示。

7.9.2.2　自适应传输带宽

在允许带宽可扩展的 SC-FDMA 系统中，给定 LTE 系统提供的服务多样性，传输带宽的自适应性代表基本特征。因此，ATB（Adaptive Transmission Bandwidth，自适应传输带宽）成为应对不同业务类型、不同的小区负载，以及 UE 功率限制的必要技术。

有些服务（例如 VoIP）需要有限的带宽，然而，只要缓冲区内有数据且 UE 有可用的功率，具有尽力而为业务的用户就可能会获得尽可能多的可用带宽。功率受限也表示突显 ATB 重要性的一个约束。由于不利的信道条件，用户需要传输的 PSD（Packet Switched Data，分组交换数据）有可能过高从而导致用户的带宽有限。不同的小区负荷要求传输带宽的自适应性，即一个用户的带宽取决于系统中其他用户的个数。

ATB 最终允许不同部分的带宽分配给不同的用户，因此作为调度过程的一部分可以提供巨大的灵活性。通过限制用户的带宽分配为具有最大度量值的 PRB 集合，两个功能的整合可以获得更好的频率分集。

7.9.2.3　功率控制

在如 LTE 的 OFDM 系统中，正交性可以解决典型的 CDMA 系统中的小区内干扰和远近效应问题。PC 的作用转为提供所需的信号干扰噪声比（Signal-to-Interference-plus-Noise Ratio，SINR）并控制小区间干扰。在上行链路上 PC 的传统含义是修改用户的传输功率，以在 BS 处接收具有相同 SINR 的所有用户。这个方法被认为是对路径损耗的充分补偿。在 3GPP 中引入部分功率控制（Fractional Power Control，FPC）的策略。在该策略下，允许用户对一小部分路径损耗进行补偿，以便具有更高路径损耗的用户具有较低的 SINR 需求，并可能对邻近小区产生更少的干扰。

在 PUSCH 上进行功率设置的 FPC 策略是基于开环功率控制（Open Loop Power Control，OLPC）算法，旨在弥补缓慢的信道变化。为了适应小区间干扰的变化状况或者更正路径损耗策略和功率放大器的错误，可以使用非周期的闭环调整。用户的传输功率（dBm）设置见式（7-7）：

$$P=\min\{P_{\max},P_0+10\lg M+\alpha L+\Delta_{\mathrm{MCS}}+f(\Delta_i)\} \tag{7-7}$$

式中，$P_{\max}$表示用户的最大传输功率；P_0表示用户特定的（或小区特定的）参数；M表示分配给某一用户的 PRB 数量；α 表示小区特定的路径损耗补偿因子，取值为 0.0 或者从 0.4 到 1，步长为 0.1；L 表示基于参考符号的传输功率 P_{DL}，在 UE 上的下行路径损耗[20]；Δ_{MCS}表示由上层表示的某一用户特定的（或小区特定的）参数；Δ_i表示用户特定的闭环修正值；f ( ) 函数根据用户特定的参数 "Accumulation-enabled" 呈现绝对或累积的增长趋势。

如果 f ( ) 函数呈绝对增长趋势，用户在功率控制命令中使用补偿并以最新的 OLPC 指令为参考。如果 f ( ) 函数呈累积增长趋势，用户在功率控制命令中使用补偿并以最新的传输功率值为参考。在后一种情况下，Δ_i 的取值可以是 -1dB、0dB、1dB 和 3dB。

在不使用闭环功率控制（Closed Loop Power Control，CLPC）的情况下，用户的传

输功率（dBm）可简化为

$$P = \min\{P_{max}, \ P_0 + 10\lg M + \alpha L\} \tag{7-8}$$

与功率控制相关的不同信令之间的交互如图 7-26 所示。

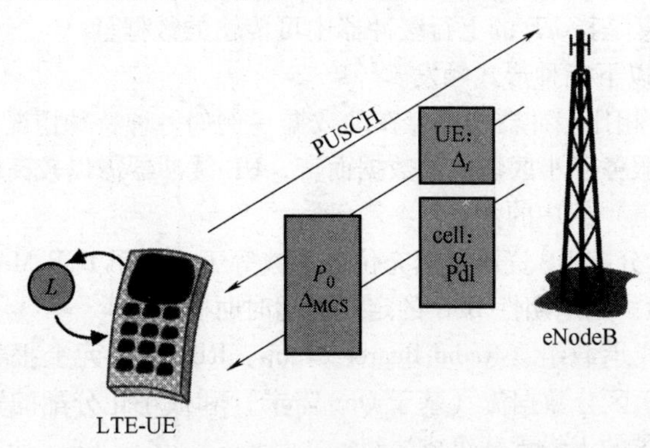

图 7-26　功率控制信令

7.9.3　支持调度和链路自适应的上行信令

PS 和 LA 实体根据探测参考信号（Sounding Reference Signals，SRS）收集到的 CSI 来进行信道感知调度和 AMC。同样的，用户时域资源的分配需要缓冲区的状态信息，以避免分配超过需求的资源。最后，用户有多么接近最大传输功率与 ATB 操作相关。由于这个原因，有必要详细描述支持这些操作的信令信息，如图 7-27 所示。

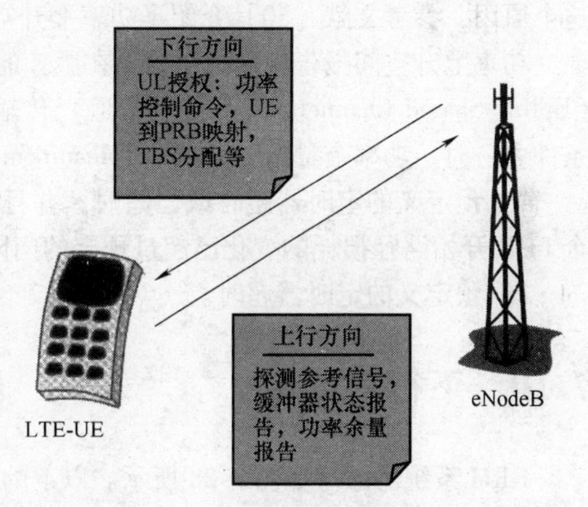

图 7-27　UE 与 eNodeB 之间的信令交互

7.9.3.1　信道状态信息

上行 CSI 可表述为 SRS 的 SINR 测量。CSI 测量可被用来获知信道的增益信息，并执行快速 AMC 和频域分组调度（Frequency-Domain Packet Scheduling，FDPS）。

SRS 在整个或部分调度带宽上进行传输。由于恒定幅度零相关（Constant Amplitude Zero Autocorrelation，CAZAC）序列提供的正交性，以及上行同步传输，同一个小区的用户可以在相同的带宽上进行传输，并且彼此之间互不干扰。实际上，对于同一带宽上可以同时工作的同一小区的用户数（且彼此之间互不干扰）存在一定的限制。导频信道上的 PSD 与数据信道上的 PSD 相同。UE 的功率能力通常限制探测带宽，或者限制相应 SINR 测量的准确度。通常来说，由于上行链路的动态调度和瞬时干扰的可变性，干扰定义为一定时间窗口的平均值。这有利于信道估计，因而能改善平均小区吞吐量和中断用户吞吐量[29]。

7.9.3.2 缓冲器状态报告

缓冲器状态报告（Buffer Status Report，BSR）流程用于给正在服务的 eNodeB 提供一些信息，这些信息是指 UE 的上行缓冲器中可传输的数据量。

一个 BSR 可由以下三种形式触发。

1）普通 BSR：相比缓冲器中已存在的数据（例如一种特殊情况：在新数据到达一个空缓冲器）以及服务于小区切换的数据而言，UE 缓冲器需以较高的优先级传输属于无线承载（逻辑信道）组中的数据。

2）填充 BSR：分配 UL 资源，填充位的个数等于或大于 BSR MAC 控制元的大小。

3）周期性 BSR：当周期性 BSR 的定时器超时时触发。

BSR 在每个无线承载组（Radio Bearer Group，RBG）单元上报告，并且是以下两点需求之间的折中：区分数据流（基于 QoS 需求）和最小化分配的资源。每一个 RBG 把具有相同 QoS 需求的无线承载组成一组。

7.9.3.3 功率上升空间报告

由于标准的 PC 公式中的开环元件（参考式（7-7）），eNodeB 不可能一直知道 UE 传输的 PSD。而这个信息对于不同的 RRM 操作（包括带宽分配、调制和编码策略）非常重要。假设 eNodeB 知道用户的带宽，可以根据 PSD 上的信息推导出传输功率。由于这个原因，参考文献［30］介绍了功率上升空间报告的标准化。

功率上升空间报告用以提供给正在服务的 eNodeB：UE 的最大传输功率和 UL-SCH（Uplink Shared Channel，上行共享信道）传输功率的估计值之间的差值。当满足以下条件之一时，功率余量报告（Power Headroom Report，PHR）即可被触发。

1）预定义的定时器超时或已超时，并且对于新的传输 UE 有 UL 资源时，从上一个 PHR 开始路径损耗的变化已超过预定的门限值。

2）预定义的定时器超时。

7.10 下行 RRM

RRM 系统的原理如图 7-28 所示。以下的章节详细介绍下行 RRM 的各功能实体。

7.10.1 信道质量、反馈和链路自适应

UE 从信令 eNodeB（与之连接的 eNodeB）以及不同的相互干扰的 eNodeB 处接收的功率直接影响时域和频域 SINR 的变化。每个 UE 向 eNodeB 提供一个 CQI，其中 CQI 表示在时域和频域信道的状态。这考虑到根据信道信息进行下行分组调度决策的制定。

7.10.1.1 信道质量指示符

为了允许 UE 向 eNodeB 提供 CQI，3GPP 标准制定一个参考信号（Reference Signal，RS）方案。在每个 TTI 中，eNodeB 在整个频域带宽上广播参考导频。参考文献［31］对导频方案进行了描述。

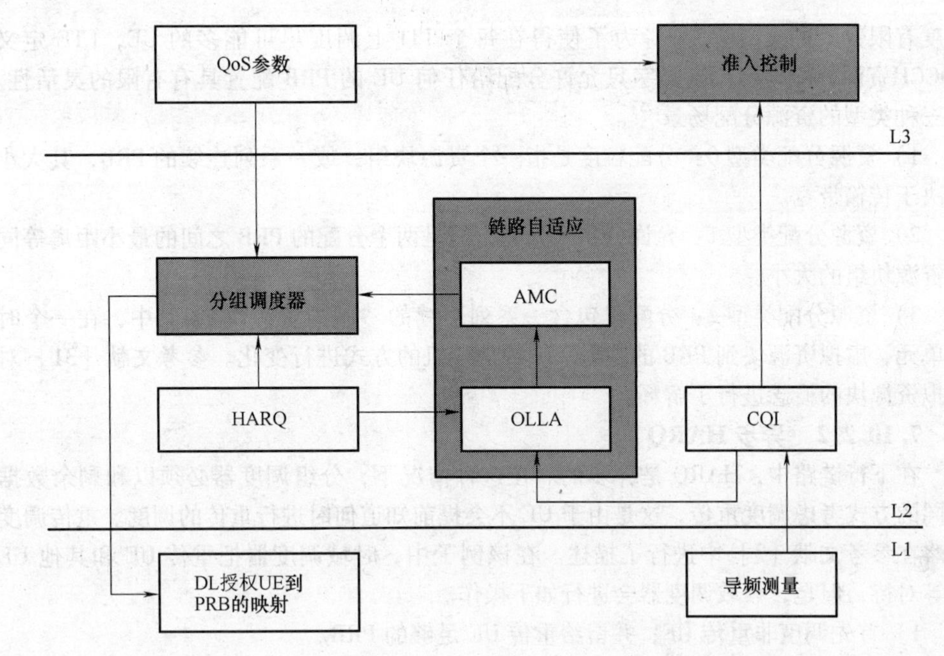

图 7-28　下行 RRM 系统概述

一个给定的子带宽的 CQI 是指支持不超过 0.1 的误块率的 MCS 的索引值[32]。子带宽的大小取决于传输带宽。在这个意义上说，由于 UE 直接提供 MCS，下行的链路自适应非常简单。当然，eNodeB 可以免费使用不同于 CQI 的值。这种情况可以发生在例如使用节 7.8.4.2 中所描述的 OLLA 方案时。

根据 3GPP 标准，CQI 可以采用周期或非周期的形式进行报告。对于周期性报告，报告频率可由 eNodeB 进行设置。存在几种 CQI 传输模式，这些模式可提供 CQI 码字和 CQI 频率精确度的不同折中。参考文献［32］描述了所有的 CQI 传输模式。CQI 传输周期和模式的选择直接影响系统的性能[9]。

根据 CQI 报告，eNodeB 可以获得有关在每个 PRB，每个 UE 可以支持的吞吐量的信息。但是，这个信息不是完全可靠的，主要原因如下。

1）CQI 是非即时的：由于报告时延和报告频率，CQI 信息和准确的调度时间不匹配。旧的 CQI 更是有可能提供不精确的信息。根据无线信道的实时变化，当 UE 进行高速移动，且载波频率较高时，CQI 会以较快的速率过时。

2）CQI 会有不同类型的估值错误，这通常与接收机的不完美特性有关。

7.10.2　分组调度

设计 DL 分组调度器的挑战主要源于以下因素。

1）信道质量报告不是完全可靠的。

2）先进传输技术，如 MIMO。

7.10.2.1　资源分配类型：下行 PDCCH 相关的局限性

LTE 下行 TTI 结构提供了一个重要的约束。大小有限的 PDCCH 仅允许在每个 TTI

调度有限数量的 UE。另外，为了使得在每个 TTI 上调度尽可能多的 UE，LTE 定义 PDCCH资源分配码字，该码字只允许分配给任何 UE 的 PRB 配置具有有限的灵活性。有三种类型的资源分配场景[25]。

1）资源分配类型0：分配粒度是指一个资源块组，或一系列连续的 PRB，其大小取决于传输带宽。

2）资源分配类型1：允许分布式分配，但是两个分配的 PRB 之间的最小距离等同于资源块组的大小。

3）资源分配类型2：分配仅包含一系列连续的“虚拟资源块”，其中，在一个时隙单元，虚拟资源块到 PRB 的映射以一种伪随机的方式进行变化。参考文献［31］对虚拟资源块的概念进行了解释。

7.10.2.2 异步 HARQ

在下行链路中，HARQ 是异步的。在这种情况下，分组调度器必须以和剩余数据相同的方式考虑调度重传，这是由于 UE 不会提前知道何时进行重传的调度。重传调度策略在参考文献［3］中进行了描述。在该例子中，时域调度器把重传 UE 和其他 UE 同等对待，但是，频域调度器会进行如下操作。

1）首先调度非重传 UE，并留给重传 UE 足够的 PRB。

2）然后调度重传 UE。

7.10.2.3 分组调度及 MIMO 空间复用

LTE 的一个重要特征是 MIMO 空间复用。空间复用允许在相同的 PRB 上传输若干数据流。在同一时间 UE 可支持的数据流的个数取决于发射机和接收机的天线配置，并且在很大程度上取决于瞬时信道状态。连同 CQI 一起，UE 反馈一个“秩指示符”以通知 eNodeB：UE 可支持多少个数据流。当 eNodeB 启用空间复用功能时，由分组调度器决定 UE 是否使用空间复用。对于闭环空间复用，UE 反馈一个预编码矩阵指示符（Pre-coding Matrix Indicator，PMI）。

MU-MIMO 的情况更为复杂，它向同一 PBR 集合但不同 UE 发送若干个数据流。目前对于 MU-MIMO 分组调度还处于研究阶段。

7.10.3 小区间干扰控制

7.10.3.1 小区间干扰控制的功能

LTE 为实现复用因子为 1 的系统提供了可能：所有小区充分利用所有的频率资源的蜂窝系统。复用因子为 1 的蜂窝系统的一个主要问题是由强干扰导致的小区边缘差的无线信道条件。ICIC（Inter Cell Interference Control，小区间干扰控制）的功能是在频域控制下行功率分配，以提供有限干扰的频率资源。

7.10.3.2 固定频率分配机制

实现 ICIC 的一个简单方法是给每个 eNodeB 分配固定频率的功率。

1）具有高传输功率的频带对应于邻近基站的低功率传输，为具有高 SINR 的 eNodeB建立一个频率分配区域，这主要针对于小区边缘用户。

2）具有低传输功率的频带对应于邻近基站的高功率传输，以避免在相邻 eNodeB

的高 SINR 频率分配区域产生干扰，这主要针对于靠近 eNodeB 的用户。

图 7-29 所示为一个固定频率分配机制的例子

这种方案可以很简单地映射到六边形蜂窝网格中。几乎没有文献证明这些技术可以获得较大的小区边缘吞吐量增益，大多数时候，分组调度可通过分配给小区边缘用户更多的资源来补偿它们较低的 SINR。

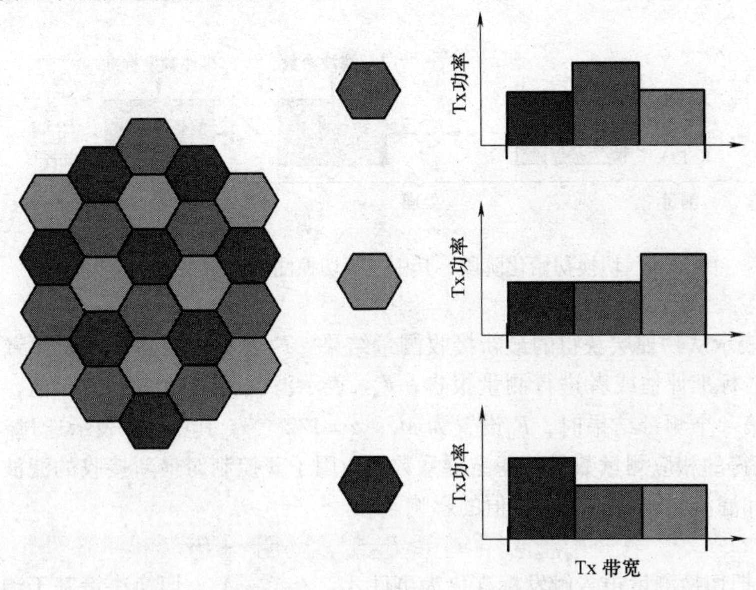

图 7-29　左图：由三种类型的小区组成的小区布局。右图：对应每一类型小区的传输功率模式。每一个小区具有高功率/低干扰频率区域

7.10.3.3　动态 ICIC

动态 ICIC 根据相邻小区的当前功率分配机制改变功率分配。动态功率分配机制可使用以下信息。

1）来自邻近 eNodeB 的资源使用状态。

2）由于 CQI 包含每个 UE 上不同 PRB 的干扰信息，CQI 间接包含邻近小区的功率分配信息。

同样，没有文献表明动态 ICIC 可以为小区边缘用户带来任何性能增益。由于功率的快速变化能降低 CQI 之间的相关性，并由此带来的高误块率，需谨慎使用动态 ICIC。

7.11　LTE 内切换

基于使用的子载波数，LTE 可使用高达 20MHz 的可扩展带宽（1.4MHz、3MHz、5MHz、10MHz、15MHz 和 20MHz）。LTE 中可扩展带宽的使用允许在不同的带宽上执行切换测量。因此，测量带宽是层 1 滤波的一个参数，并应该在不同的环境下进行优化，例如用户速率。频率选择性多径衰落会对切换性能有一定的影响，并取决于测量带宽。

切换决策通常是基于3GPP标准化中的下行信道测量，包括RSRP和RSRQ（Reference Signal Received Quality，参考信号接收质量）等[33]。如图7-30所示，在利用测量结果进行报告标准评估或者进行测量报告之前，这些测量值通过层3滤波器进行过滤，如下式所示：

$$F_n = (1-a)\ F_{n-1} + aM_n \tag{7-9}$$

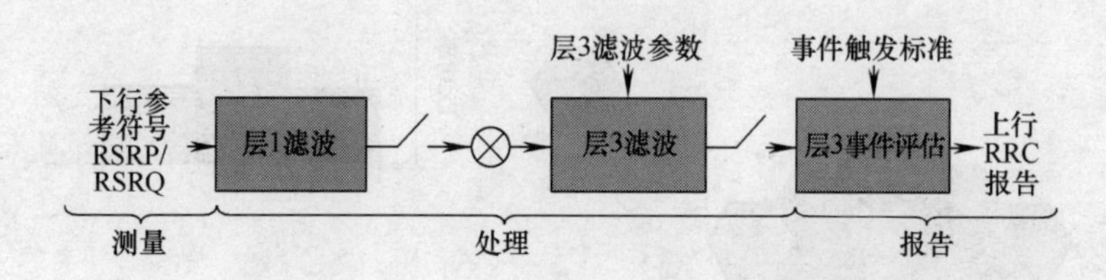

图7-30 切换初始化阶段，其中包括切换测量、滤波和UE上报的

式中，M_n表示从物理层获得的最新接收测量结果；F_n表示滤波器测量的更新结果，用以进行报告标准评估或者进行测量报告；F_{n-1}表示滤波器测量结果的旧值，当从物理层接收到第一个测量结果时，F_0设置为M_1；$a=1/2^{(k/4)}$，其中，k表示通过“quantity-Config”获得的相应测量数量的滤波器系数；由因子a控制对最新接收的滤波器测量的更新结果和滤波器测量结果的旧值的影响。

$$\overline{F}_{n\,\text{Target Cell}}\ [n]\ \geqslant \overline{F}_{n\,\text{Source Cell}}\ [n]\ + Hys \tag{7-10}$$

3GPP把切换测量报告触发标准化为事件A_1，A_2，…A_5。切换决策基于测量结果的过滤值$\overline{F}_n$（dB），并且当式（7-9）的条件满足时执行切换决策，其中Hys表示假设边界。时间触发（time-to-trigger，TTT）窗口表示在进行切换决策之前的等待时间，并在此期间，同一小区保持为潜在的目标小区。

引入TTT窗口可以减少不必要切换（又称乒乓切换）的次数。乒乓切换是指切换至相邻小区，然后在很短的时间内又切换至原来的小区。每一次切换需要重新调用新的eNodeB的网络资源。因此，最小化乒乓切换的次数可以减少信令开销。减少乒乓切换的次数的另一种方法是引入切换避免定时器，在这种情况下，只允许定时器在超时时进行切换。

衡量切换性能的一个KPI（Key Performance Indicator，关键性能指示）是减少切换次数，这意味着减少信令开销。在低多普勒环境下，使用较大的测量带宽可以显著改善切换次数的性能。例如，在速度为3km/h的移动环境下，当测量带宽从1.25MHz增加至5MHz时，切换的平均次数可降低30%[35]。

尽管在不同的小区工作在不同的传输带宽的情况下，高的测量带宽可以提高性能，但是却把测量带宽限制为一个明确定义的固定值。在高多普勒频移环境下，较大的测量带宽不会对切换次数提高任何明显的性能增益。此外，对于滤波周期的自适应选择，根据用户的速率，使用较大的测量带宽所带来的性能增益对信号质量的补偿微乎其微。因此，作为L3滤波周期的一个好的选择，建议使用1.25MHz的测量带宽。

由图 7-31 可以看出，切换的平均次数随着滞后余量的增加而减小。虽然期望减小切换的平均次数，但是却带来上行链路质量的下降，这是不希望发生的[36]。

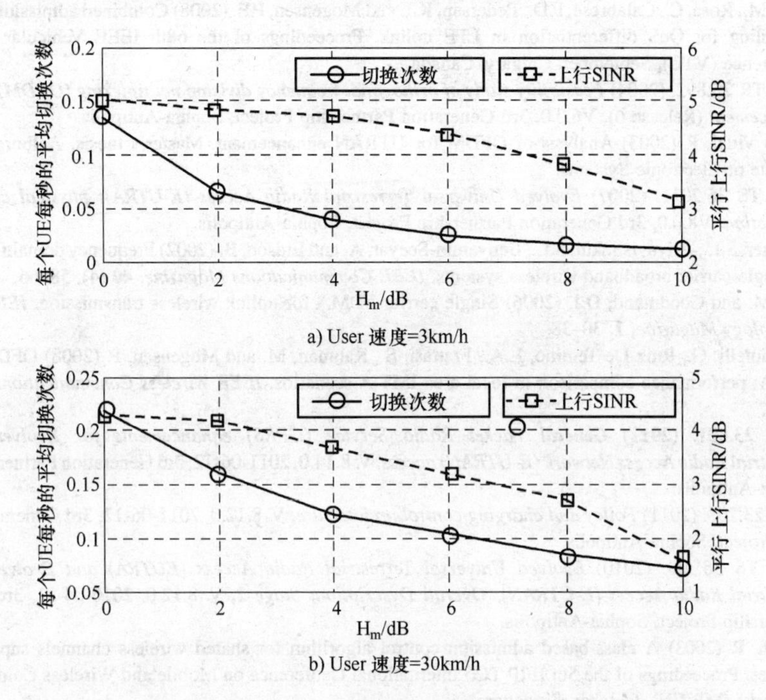

图 7-31 LTE 内切换过程中，当用户移动速度为 3km/h 和 30km/h 时，不同的 *Hys* 对平均切换次数和平均上行 SINR 的影响

参考文献

[1] 3GPP TS 36.300. (2010) *E-UTRA overall description*, V. 8.12.0, 3rd Generation Partnership Project, Sophia-Antipolis.

[2] Hanzo, L., Münster, M., Choi, B. and Keller, T. (2003) *OFDM and MC-CDMA for Broadband MultiUser Communications, WLANs and Broadcasting*. Wiley-IEEE Press, Hoboken, NJ.

[3] 3GPP TR 25.814. (2006) *Physical Layer Aspects for Evolved Universal Terrestrial Radio Access (UTRA)* (Release 7), V. 7.1.0, 3rd Generation Partnership Project, Sophia-Antipolis.

[4] Wengerter, C., Ohlhorst, J. and Elbwart, A.G.E. von. (2005) Fairness and throughput analysis for generalized proportional fair frequency scheduling in OFDMA. *IEEE Proceedings of the Vehicular Technology Conference (VTC)*, **3**, 1903–1907.

[5] Lopez, D., Ubeda, C., Kovacs, I., Frederiksen, F. and Pedersen, K. (2008) Performance of downlink UTRAN LTE under control channel constraints. IEEE Proceedings of the Vehicular Technology Conference (VTC), May, Singapore, pp. 2512–16.

[6] Pedersen, K., Kolding, T., Kovacs, I., Monghal, G., Frederiksen, F., Mogensen, P. (2009) Performance analysis of simple channel feedback schemes for a practical OFDMA system. *IEEE Transactions on Vehicular Technology*, **58** (9), 5309–5315.

[7] Monghal, G., Laselva, D., Michaelsen, P.-H., Wigard, J. (2010) Dynamic packet scheduling for traffic mixes of best effort and VoIP users in E-UTRAN downlink. IEEE Proceedings of the Vehicular Technology Conference (VTC), May, Taipei, Taiwan.

[8] Monghal, G., Kumar, S., Pedersen, K.I. and Mogensen, P.E. (2009) Integrated fractional load and packet scheduling for OFDMA systems. Proceedings of the IEEE International Conference on Communications (ICC), June, Dresden.

[9] Anas, M., Rosa, C., Calabrese, F.D., Pedersen, K.I. and Mogensen, P.E. (2008) Combined admission control and scheduling for QoS differentiation in LTE uplink. Proceedings of the 68th IEEE Vehicular Technology Conference (VTC), September, Calgary, Canada.

[10] 3GPP TR 25.892. (2004) *Feasibility study of orthogonal frequency division multiplexing (OFDM) for UTRAN enhancement* (Release 6), V6.0.0, 3rd Generation Partnership Project, Sophia-Antipolis.

[11] Olives Vidal, P. (2003) Analysis of OFDM for UTRAN enhancement. Master's thesis, Aalborg University, Institute of Electronic Systems.

[12] 3GPP TS 36.2011. (2007) *Evolved Universal Terrestrial Radio Access (E-UTRA); physical channels and modulation*, V8.0.0, 3rd Generation Partnership Project, Sophia-Antipolis.

[13] Falconer, S.L., Ariyavisitakul, S.L., Benyamin-Seeyar, A. and Eidson, B. (2002) Frequency domain equalization for single-carrier broadband wireless systems. *IEEE Communications Magazine*, **40** (4), 58–66.

[14] Lim, M. and Goodmand, D.J. (2006) Single carrier FDMA for uplink wireless transmission. *IEEE Vehicular Technology Magazine*, **1**, 30–38.

[15] Berardinelli, G., Ruiz De Temino, L.A., Frattasi, S., Rahman, M. and Mogensen, P. (2008) OFDMA vs. SC-FDMA: performance comparison in local area IMT-A scenarios. *IEEE Wireless Communications*, (October), 64–72.

[16] 3GPP 23.401. (2011) *General Packet Radio Service (GPRS) enhancements for Evolved Universal Terrestrial Radio Access Network (E-UTRAN) access*. V. 8.14.0, 2011-06-12, 3rd Generation Partnership Project, Sophia-Antipolis.

[17] 3GPP 23.203. (2011) *Policy and charging control architecture*, V. 8.12.0, 2011-06-12, 3rd Generation Partnership Project, Sophia-Antipolis.

[18] 3GPP TS 36.300. (2010) *Evolved Universal Terrestrial Radio Access (EUTRA) and Evolved Universal Terrestrial Radio Access (E-UTRAN); Overall Description; Stage 2*, V. 8.12.0. 2010-04-21, 3rd Generation Partnership Project, Sophia-Antipolis.

[19] Hosein, P. (2003) A class-based admission control algorithm for shared wireless channels supporting QoS services. Proceedings of the 5th IFIP TC6 International Conference on Mobile and Wireless Communications Networks (MWCN), October, Singapore.

[20] 3GPP 25.813. (2006) *E-UTRA and E-UTRAN; radio interface protocol aspects*, V. 7.1.0, 2006-10-18, 3rd Generation Partnership Project, Sophia-Antipolis..

[21] Pokhariyal, A., Pedersen, K.I., Monghal, G., Kovacs, I.Z., Rosa, C., Kolding, T.E. and Mogensen, P.E. (2007) HARQ aware frequency domain packet scheduler with different degrees of fairness. Proceedings of the IEEE Vehicular Technology Conference (VTC), April, Dublin, Ireland, pp. 2761–2765.

[22] Pokhariyal, A., Kolding, T.E., Mogensen, P.E. (2006) Performance of downlink frequency domain packet scheduling for the UTRAN Long Term Evolution. IEEE Proceedings of Personal, Indoor and Mobile Radio Communications, September, Helsinki, Finland.

[23] Monghal, G., Pedersen, K.I., Kovacs, I.Z. and Mogensen, P.E. (2008) QoS oriented time and frequency domain packet schedulers for the UTRAN long term evolution. Proceedings of the IEEE Vehicular Technology Conference (VTC), May, Singapore.

[24] Sampath, A., Kumar, P.S. and Holtzman, J.M. (1997) On setting reverse link target SIR in a CDMA system. Proceedings of IEEE Vehicular Technology Conference (VTC), May, Phoenix, AZ.

[25] 3GPP TS 36.213. (2009) *E-UTRA Physical Layer procedures, Section 7.1*, V. 8.8.0, 3rd Generation Partnership Project, Sophia-Antipolis.

[26] Eklundh, B. (1986) Channel utilization and blocking probability in a cellular mobile telephone system with directed retry. *IEEE Transactions on Communications*, **34** (4), 329–337.

[27] Goldsmith, A.J. and Chua, S.-G. (1998) Adaptive coded modulation for fading channels. *IEEE Transactions on Communications*, **46** (5), 595–602.

[28] 3GPP TS 36.101. (2008) *Evolved Universal Terrestrial Radio Access (E-UTRA); User Equipment (UE) radio transmission and reception*, V. 8.2.0, 2008-06-06, 3rd Generation Partnership Project, Sophia-Antipolis.

[29] Rosa, C., Villa, D.L., Castellanos, C.U., Calabrese, F.D., Michaelsen, P.H., Pedersen, P.I. and Skov, P. (2008) Performance of Fast AMC in E-UTRAN Uplink. Proceedings of the IEEE International Conference on Communications (ICC), May, Beijing, China, pp. 4973–4977.

[30] 3GPP TS 36.321. (2008) *E-UTRA Medium Access Control (MAC) protocol specification*, V. 8.4.0, 3rd Generation Partnership Project, Sophia-Antipolis.

[31] 3GPP TS 36.211. (2009) *E-UTRA physical channels and modulations*, V. 8.9.0, 3rd Generation Partnership Project, Sophia-Antipolis.
[32] 3GPP TS 36.213. (2009) *E-UTRA Physical Layer procedures, Section 7.2*, V. 8.8.0, 3rd Generation Partnership Project, Sophia-Antipolis.
[33] 3GPP TS 36.214. (2009) *Evolved Universal Terrestrial Radio Access (EUTRA); Physical Layer; Measurements*, V. 8.7.0, 2009-09-29, 3rd Generation Partnership Project, Sophia-Antipolis.
[34] 3GPP TS 36.331. (2011) *Evolved Universal Terrestrial Radio Access (E-UTRA); Radio Resource Control (RRC); Protocol specification*, V. 8.14.0, 2011-06-24, 3rd Generation Partnership Project, Sophia-Antipolis.
[35] Anas, M., Calabrese, F.D., Östling, P.E., Pedersen, K.I. and Mogensen, P.E. (2007) Performance analysis of handover measurements and Layer 3 Filtering for UTRAN LTE. Proceedings of the IEEE International Symposium on Personal, Indoor and Mobile Radio Communications (PIMRC), September, Athens, Greece.
[36] Anas, M., Calabrese, F.D., Mogensen, P.E., Rosa, C. and Pedersen, K.I. (2007) Performance. evaluation of received signal strength based hard handover for UTRAN LTE. Proceedings of the 65th IEEE Vehicular Technology Conference (VTC), April, Dublin, Ireland.

第8章　终端和应用

Tero Jalkanen、Jyrki T. J. Penttinen、Juha Kallio 和 Adnan Basir

8.1 引言

LTE将移动通信带进入了一个新的阶段。相比之前3GPP的任意大范围无线网络解决方案，LTE网络能支持更高的数据速率。这对终端产生了重大的影响。

8.2　智能手机对LTE的影响

8.2.1　概述

过去几年已经见证了市场上智能手机数量的巨大增长。随着更廉价、功能更好的智能手机的出现，可以预见智能手机用户的数量在未来几年将进一步增长。这个数量的增长可以使得运营商收入得到极大提高，但是同时，网络将出现高度的拥塞。目前实验室的研究（在UMTS测试网络）提出网络性能不佳不应该归咎于数据的利用率而应该是智能手机对层3（L3）的信令开销。

大多数智能手机应用（电子邮件等）总是在后台运行，并不断地频繁从应用服务器获取更新。智能手机为了节省电量而不断地和网络连接断开使得情况更加糟糕。一次从网络连接和断开的操作将导致大量的信令信息，从而降低了RRC状态机的性能[1,2]。

举例来说，安卓手机当其没有数据传输的时候就简单地断开RRC连接（快速睡眠），但是当它有新的数据连接时，就需要请求一个新的RRC连接。一个实验室的研究表明安卓手机运行在线多用户平台游戏30min将会产生3201个信令信息，但是一个语音呼叫只需要请求平均50个L3信令信息。安卓手机在UMTS测试网络上运行一个30min的在线游戏所需的控制面资源大约相当于64个语音呼叫用户所需要的资源，这是一个巨大的开销数量。

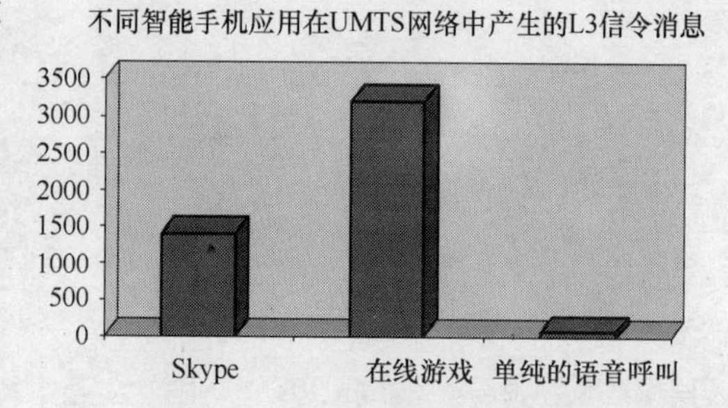

图8-1　智能手机对信令的影响

一些运营商已经尝试通过改变频带以及升级到 HSPA + 网络解决这个问题，但是结果在较大的城市地区中并不乐观。如此高的信令开销导致了频繁的掉话以及用户不能建立数据连接。图 8-1 所示为在 3G 测试网络下不同应用以及它们导致的网络信令利用率的对比情况。

下面的统计与图 8-1 相关。

1）Skype——在 iPhone 3.1 上测试 Skype 1h，且它的后台不运行其他应用：网络产生 1400 个信令信息。

2）在线游戏——在安卓手机上运行在线扑克游戏 30min：网络产生 3201 个信令信息。

3）UMTS 语音呼叫——一个单纯的语音呼叫只消耗 50 个信令消息。

8.2.2　LTE 是否能应对这些挑战？

对于信令拥塞的问题，LTE 能带来多重挑战以及性能提升。很容易理解的是 LTE 设备将产生更多的信令业务量，因为业务将一直在后台运行，同时 VoIP 业务将在 LTE 中大量使用。从核心网的角度看，因为网络是扁平化的，移动性管理实体（Mobility Management Entity，MME）和服务网关（Serving Gateway，S-GW）将面临大量的数据和控制业务流。由于 eNodeB 直接连接到 MME，相比 SGSN，MME 上的信令开销将增加，因为 MME 现在要处理对所有 eNodeB 的寻呼请求、所有 eNodeB 间的移动性事件、空闲/活动状态转移以及最后 NAS 信令加密和完整性保护。

但是，LTE RRC 架构现在更为简单。只有两个 RRC 状态——RRC 空闲和 RRC 连接状态，不像在 UMTS 中，RRC 有 5 个状态：空闲、CELL_ FACH、CELL_ DCH、CELL_ PCH 以及 URA_ PCH。在 LTE 中只有两个状态的主要原因是 LTE 中没有专用和公共传输信道的概念。数据在共享传输信道中传输。这将很大的提高 RRC 状态机的性能，并减少信令开销。其次，在 RRC 连接状态下存在 DRX（Discontinuous Reception，非连续接收）周期将给 UE 自由度以保持更长时间的连接状态，因为功率消耗在连接状态对于 UE 来说不再像在 UMTS 中一样成为一个问题（在 UMTS 中 UE 利用快速睡眠）。

8.2.3　LTE RRC 状态

相比于 UMTS RRC 的连接建立过程，LTE 的 RRC 连接建立过程相对更为简单。在 UMTS、NBAP（NodeB Application Part，基站应用部分协议）和 ALCAP（Acess Link Control Application Part，接入链路控制应用部分协议）中，信令过程要求通过 Node B 和 RNC 之间的 lub 接口，用于建立新的无线链路以及新的传输连接。但是在 LTE 架构中不包含 RNC，它移除了对于这些信令过程的需求。对于 LTE 来说，初始信息（非接入层（Non-Access Stratum，NAS））作为部分 RRC 连接建立过程来传输，但是在 UMTS 中，NAS 信息总是在 RRC 连接成功建立之后传输。同时，在信令信息中传输的信息也减少了，导致了层 3 信令信息的大量减少。

所有在 LTE RRC 架构中的提升对于智能手机本身 ALWAYS ON 的属性产生的信令

开销有重大的影响。目前 LTE 智能手机在市场中还没有出现，所以预测智能手机在商业 LTE 网络中的真实行为尚为时过早。

8.3 互通

8.3.1 同时支持 LTE/SAE 和 2G/3G

一个跟 LTE/SAE 与目前 2G/3G 网络互相配合部署相关的有趣问题是设备的能力——特别是是否可能一个设备能同时支持 LTE/SAE 以及 2G/3G。很明确的是大多数 LTE/SAE 设备支持 2G/3G，这样使得当 LTE/SAE 不可用时它们能够切换到 2G/3G 网络中。但是，使一个设备能同时连接到 LTE/SAE 和 2G/3G 网络却非常不容易。这要求两个独立的无线功能单元同时连接到核心网。这有可能需要两张 SIM 卡。

这类设备可以解决大多数 LTE/SAE 与 2G/3G 之间网络切换相关的问题。比如，由于 LTE/SAE 设备总是连接到 2G/3G 网络，语音相关的功能如 CS 回落或 SRVCC 将不再需要，这意味着不需要任何切换就能得到本地 2G/3G 网络的 CS 语音业务。但是包含两个无线单元这一解决方案的复杂度和移动手机设计特性相关，如尺寸、成本、电量消耗以及干扰，也意味着不久的将来我们将不太可能看到这样的设备部署。

3GPP 协议定义了 LTE 用户终端（本书写为 LTE-UE）状态以及状态转移，包括 RAT 间过程。这个状态分为 RRC_CONNECTED 状态（当 RRC 连接已经建立）和 RRC_IDLE 状态（没有 RRC 连接建立）。LTE-UE 的 RRC 状态特征描述见下面内容。

8.3.1.1 RRC 空闲状态

RRC 空闲状态（RRC Idle State）意味着 LTE-UE 控制移动性，并且负责追踪寻呼信道，并当有一个进来的呼叫等待客户时有所动作。在这种状态下，LTE-UE 监听系统信息的更改。对于支持地震和海啸报警系统（Earthquake and Tsunami Warning System，ETWS）的 LTE 终端模型，终端监听通过寻呼信道传输的通知消息。除了监听寻呼信道，LTE-UE 也负责执行邻近小区的测量，小区选择以及小区重选过程，一般可以从 LTE/SAE 网络请求系统信息。在这个阶段，LTE-UE 的非连续接收（Discontinuous Reception，DRX）可以由上层配置。

8.3.1.2 RRC 连接状态

LTE-UE 在 RRC 连接状态（RRC Connected State）只能够在上下行传输单播数据。移动性由 LTE/SAE 网络控制，即网络负责切换和小区更改过程的命令，可能带有一个额外的到 2G 无线接入网（GERAN）的网络辅助的小区变更（Network Assisted Cell Change，NACC）。在这个状态，LTE-UE 仍然监听寻呼信道和/或系统信息块类型 1 内容以检测系统信息更改。在空闲状态，如果终端支持 ETWS，LTE-UE 也监听 ETWS 通知。LTE-UE 监听与共享数据信道相关的控制信道来决定是否为其调度。LTE-UE 的重要任务是为 LTE/SAE 网络提供信道质量以及反馈信息，并利用此信息决定无线资源以及移动性管理，包括当邻居小区更合适时向邻居小区进行切换。对于这一点，LTE-UE 也执行邻居小区测量以及向 LTE/SAE 网络上报测量结果，以比较最好小区并作为切换的基础。另外，LTE-UE 请求系统信息。在底层，UE 可能会配置一个 UE 专属的 DRX。

8.3.1.3　移动性支持

图 8-2 所示为在 LTE 和 2G 网络间的 LTE-UE 的移动性。对于 3G 和 CDMA2000 网络的相同的原理分别在图 8-3 和图 8-4 中有所描述。在后者中，HRPD（Hight Rate Packet Data，高速率分组数据）指的是高速率分组数据。

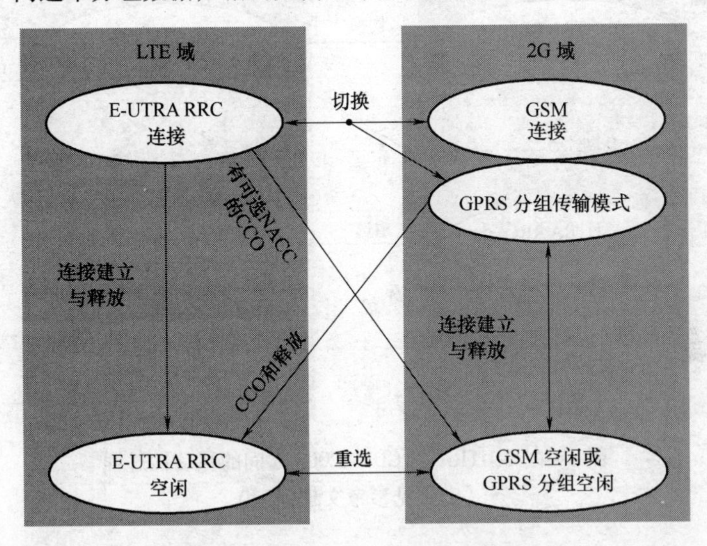

图 8-2　LTE-UE 状态及与 GSM 网络

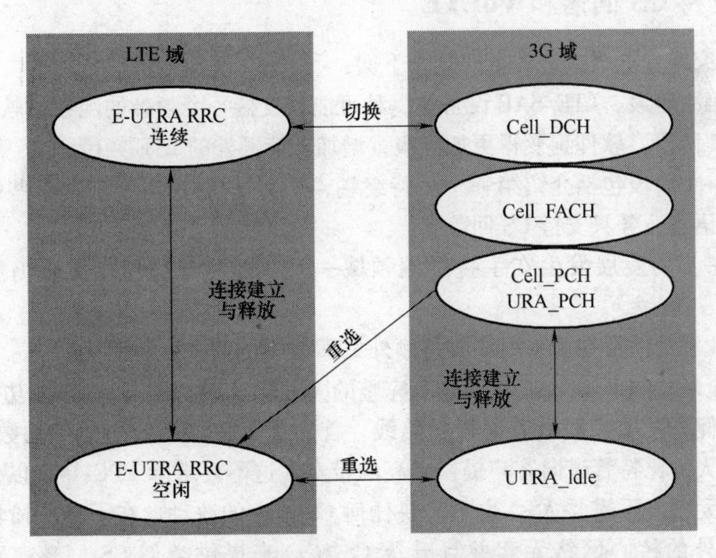

图 8-3　LTE-UE 的状态及与 UMTS 网络系统间的移动性过程（定义见参考文献［3］）

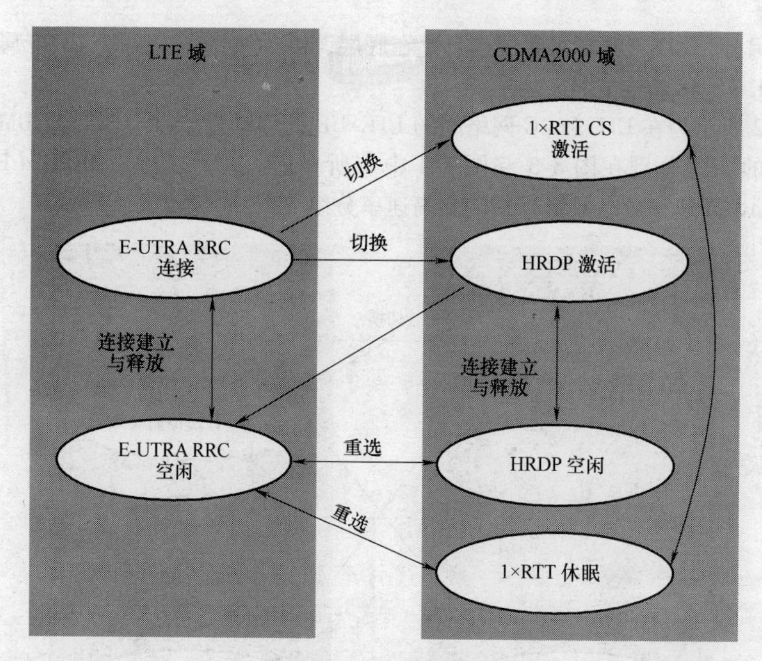

图 8-4 E-UTRA 与 CDMA2000 之间的移动性过程
(定义见参考文献 [3])

8.3.2 支持 CS 回落和 VoLTE

一种研究终端能力演进的方式列于下面:

1) 在第一阶段，LTE/SAE 设备是一种可能只支持一个频带的纯数据软件狗。

2) 第二阶段，软件狗变得更加高级，增加支持额外的 LTE 频带。

3) 下一个阶段包括介绍第一个手持终端，从 LTE/SAE 角度来看这些终端更加简单，如对于语音业务只支持 CS 回落。

4) 进一步的发展发生在手持终端领域——如第一个 VoLTE 支持仍然缺少一些特征。

5) 商业漫游使得在手持终端支持额外 LTE 频带的需求变得明显。

6) 完全尺寸的 LTE/SAE 设备具有完整的 VoLTE 支持，包括 SRVCC 功能。

在网络侧，发展一般沿着同样的路线。首先，LTE/SAE 使用他们的数据软件狗，只作为一个大的比特管道向客户提供更高的带宽。这不要求除 EPC-IMS 以外的任何额外核心网络元素或不需要 AS，也不需要任何 CS 核心的改动。在下一个阶段，运营商需要部署额外的核心网络元素并且升级 CS 核心来提供类似 CS 回落，VoLTE 以及 SRVCC 功能给他们的客户。

这个问题与支持的设备类型直接相关——只要所有或者大多数 LTE/SAE 设备是数据软件狗，由运营商提供大比特管道服务比起其他任何东西都要紧急。这是由于客户一般用他们的数据软件狗，就像这个名字所描述的——只是为了纯粹的数据业务，如因特网接入服务。手持设备的渗透，非常有可能用于通信目的（比如语音和短信息），从本质上驱使对 CS 回落和/或 VoLTE 部署的商业需求。

在未来的 LTE/SAE 设备上支持 CS 回落方面几乎没有公共信息，因此如果市场上的设备不支持，则仍然需要看这个功能在网络侧部署得有多广泛。但是，正如设备商的一般期望，或者至少一些设备商来关注运营商的需求以及方向，因为生产客户所需要的产品才是合理的。

GSMA 和 NGMN 表明，CS 回落可看作为 LTE/SAE 网络语音服务的普遍临时方案。如果这变成现实那我们将预见 CS 回落将会作为一种在设备侧支持的主要方式。实际上，这意味那些已经决定放弃 CS 回落并直接以 VoLTE 为长期目标的运营商可能将错过 LTE/SAE 网络演进中重要一步，特别是如果竞争对手能够支持 CS 回落。

由于 VoLTE 是长期目标，不能期望在不久的将来其广泛地以商业等级存在。这是因为对于任何运营商来说基于 IMS 的 IP 语音部署都是一个主要的实现工作，因为类似 IMS 核心系统功能（包括 CS/PS 语音转换）相关的应用服务、SRVCC 支持、在 LTE/SAE RAN 和 PCC 架构的 QoS 支持都有可能是 CS 语音替代服务。

值得注意的是 VoLTE 也可以部署用更为精简的方式，从这个意义上来说，它只不过是 IMS 控制的 P2P 服务以在设备间用 RTP/RTCP 流交换媒体。因此，很有可能第一个测试用 VoLTE 通过非常简单的架构，这个架构有基本的 IMS 核心系统以及 SIP/RTP 客户通过 IP 相互连接，但是这种方法对于完全商用运营商语音发起不适用，完全商用的运营商或多或少需要所有存在的 CS 语音被支持，尽管很少有可能用到它们。自然的，不管网络支不支持，运营商也必须等完全支持 VoLTE 的终端广泛可用。

一个相关的问题是为了入境漫游支持 CS 回落和/或 VoLTE。理论上，这可能对运营商强加了一些要求来支持可能用不上的功能。比如考虑一个不支持 CS 回落的运营商 A，与运营商 B 达成一个用 CS 回落的 LTE/SAE 漫游协议。运营商 B 的客户在本地网络用他们的 LTE/SAE 设备通过 CS 回落支持语音。现在，当他们漫游到运营商 A 的网络时，会发生什么？对于设备来讲有可能检测到不支持 CS 回落，如果设备是以语音为主的设备，它很有可能不会用 LTE/SAE 网络而是一直连接语音可用的 2G/3G 网络。因此，运营商 A 的 LTE/SAE 网络在这种入境漫游情况下完全不会用到，这也导致客户不满意以及运营商 A 更低的漫游收入。

8.4 LTE 终端需求

8.4.1 性能

Release 8 版本的协议对于类型 3 的 LTE 终端定义了最大 +23dBm 的输出功率级别，具有 +/-2dB 容限。这适用于所有 E-UTRA 频带，1~14、17 和 33~40，如第 7 章所示。值得注意的是对于 E-UTRA 频带 2、3、7、8 和 12，可以应用额外的更低的容限极限 1.5dB。考虑上界，这个定义对类型 3 的 LTE 终端从本质上允许最大 +25dBm 功率级别。由于更高级别的调制和传输带宽，最大功率可以减少 1~2dB，这取决于调制

(QPSK/16-QAM) 和分配的资源块。

LTE 终端的最小输出功率定义为在一个子帧——也就是在 1ms 的时间周期内的平均功率。对于 LTE 所有的带宽来说功率级别都是 -40dBm。off 模式下的功率级别最大是 -50dBm。

LTE 终端从 off 状态到 on 状态的开关时间以这样一种方式定义，如图 8-5 所示，过渡时间周期是 2μs。

标准[1]定义了对于终端的 RF 传输调制质量的准则。对于所有资源块（Resource Blocks，RB）以误差矢量幅度（Error Vector Magnitude，EVM）来定义质量，QPSK 不应该超过 17.5dB，16-QAM 不超过 12.5dB。其他质量定义准则是 EVM 均衡频谱平面，通过 EVM 测量过程产生的均衡系数、IQ 偏移导致的载波泄漏以及没有分配的 RB 上的带内发射推导得到。质量的验证可以通过一致性测试得到。

也有大量的对于 LTE 终端的其他要求，包括限制杂散辐射，临近信道泄漏比等。对于无线链路设计，假设 LTE-UE 发射机是理想的，且具有最大输出功率 +23dBm 就足够，这个功率值在类型 3 的终端定义中描述了。

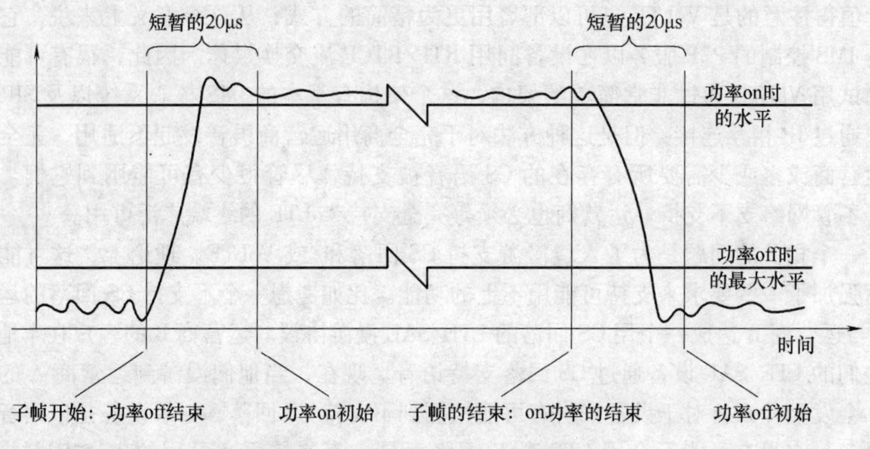

图 8-5 LTE 终端的 off 与 on 模型

参考文献［1］也定义了单天线和多天线场景下对于 LTE-UE 接收机的要求。一个必要的指标是终端的最小敏感度特性。这个数值取决于 E-UTRA 频带以及信道带宽，在这样一个方式下，这个值在 -102.2 ~ -106.2dBm 间震荡，对于 QPSK 调制在所有 E-UTRA 频带且假设单天线接收情况都如此，但是这个值对于 20MHz 带宽是在 -91 ~ -94dBm之间震荡。对于无线链路容量计算，完整的表格可以在参考文献［1］中找到。不同的其他接收机的要求，包括上报信道质量指示符（Channel Quality Indicator，CQI）精度，秩指示符（Rank Indicator，RI）精度也在其中列出。

8.4.2 LTE-UE 类型

LTE-UE 包含一个叫做 UE 类型的领域，定义了设备合并的上下行能力。由 5 类终端类型。表 8-1 为对于 UE 类型的下行和上行物理层参数值。

表 8-1 LTE-UE 类别的传输块值

LTE-UE 类型	下行在一个 TTI 中接收到的最大的 DL-SCH 传输块数量	上行在一个 TTI 中发送的最大的 UL-SCH 传输块数量
Category 1	10 296	5160
Category 2	51 024	25 456
Category 3	102 048	51 024
Category 4	150 752	51 024
Category 5	299 552	75 376

8.4.3 HW 架构

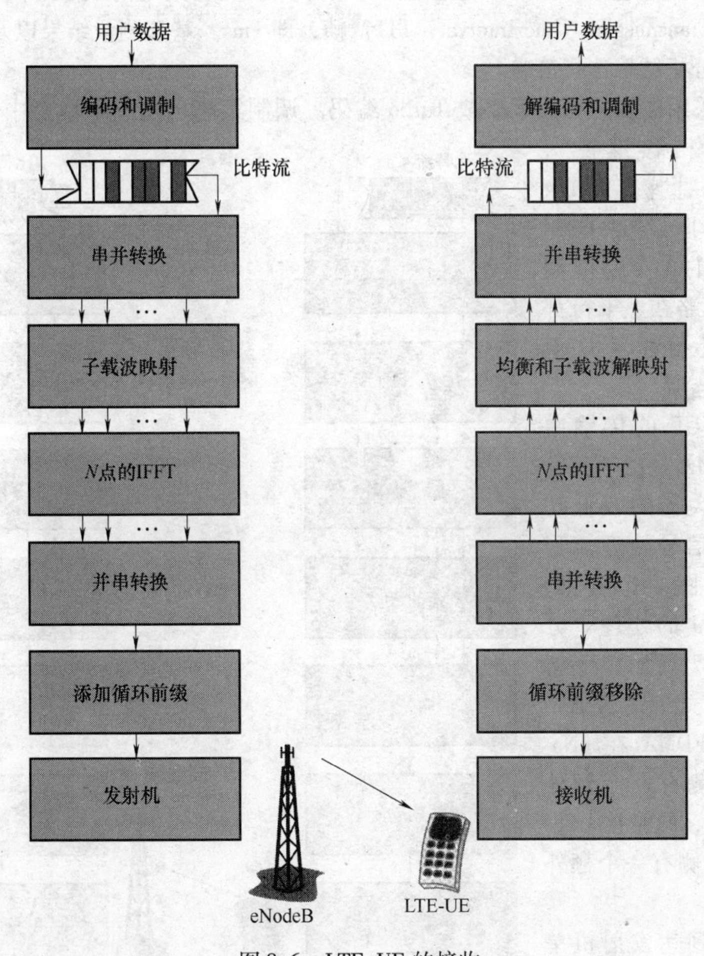

图 8-6 LTE-UE 的接收

LTE-UE 包含传输和接收信令与数据的功能模块。图 8-6 所示，LTE-UE 基于 OFDM 处理接收比特流。该图显示了单用户的情况。对于多用户场景，每一个用户反馈数据到一个串/并变换器，子载波配对在 N 点 IFFT 操作之前完成。同样的在接收侧，对于每个用户数据流是分开处理的，即把每一个用户的数据流进行 N 点 FFT 变换后进行子载波解配对。

OFDMA 是一种灵活的复用策略，特别是对于 LTE 下行来讲。尽管由于 OFDMA 的引入给资源调度带来了额外的复杂度，但是这种方式更为有效，且它的时延性能比基于分组的方案更为突出。在 OFDMA 系统中，给用户在预先设定好的时间分配一些数量的子载波，即通过物理层 RB 的方式。RB 具有时间和频率维度，可以看成是 GSM 中时隙和接收机思想的扩展。eNodeB 负责调度无线资源块。

首先，在 LTE-UE 的 OFDM 信号处理之前，先对用户的数据进行调制编码操作。调制编码策略的选择取决于无线链路的条件以及它的动态变化性。因此也可以称为自适应调制编码，并遵循在 HSPA 规范中同样的原则。调度策略的最小时间单位是传输时间间隔（Transmission Time Interval，TTI）帧，即 1ms。基于测量结果以及 eNodeB 对上行链路的分析结果选择策略。

LTE 可采用传统的编码策略或 Turbo 编码。调制策略可从以下集合中选择，包括 QPSK（1/4 相移键控），16-QAM（16 星座点的 1/4 幅度调制）以及 64-QAM（64 星座点的 1/4 幅度调制）。调制策略在上下行都有效，但在上行对 64-QAM 的支持是可选项。

在 LTE-UE 的传输中采用 SC-FDMA 是由于其发射机 RF 放大器的较低功耗。在高级信号处理流程中，可以由图 8-6 看到，原理与 OFDM 的处理十分类似。图 8-7 所示，下行方向 OFDMA 之间的区别是上行的 SC-FDMA 在 eNodeB 的接收侧有一个额外的 IFFT 模块，同时在 LTE-UE 的发射机侧有一个额外的 FFT 模块。

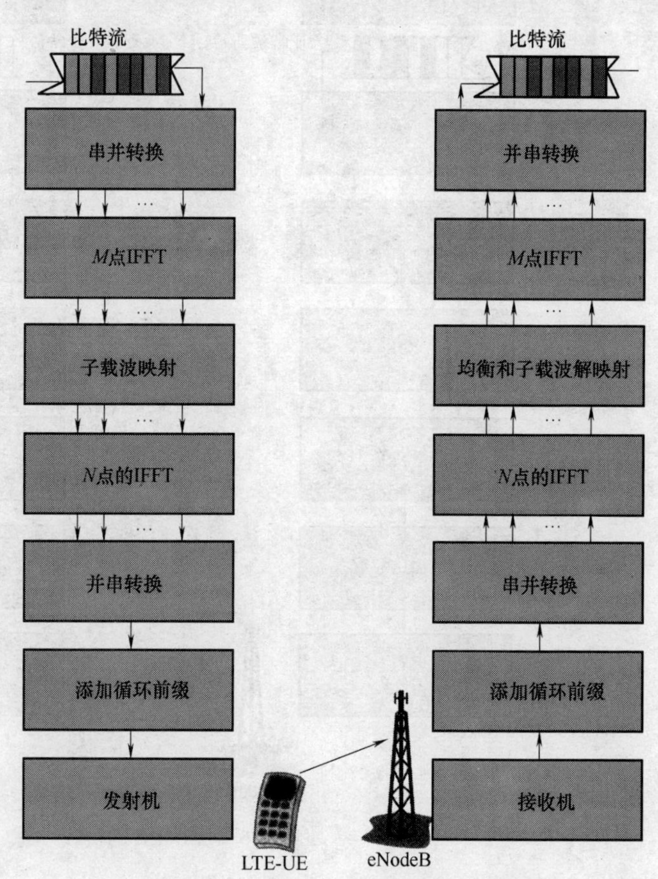

图 8-7 基于 SC-FDMA 的 LTE-UE 发射机和 eNodeB 接收机的信令处理框图

在信号到达发射机单元前的最后一个任务是增加循环前缀以及脉冲成型。对于 OFDM，脉冲成型是

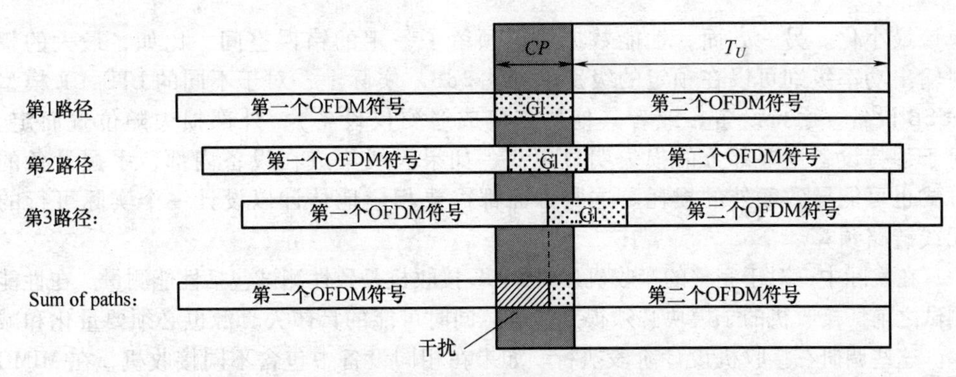

图 8-8　LTE 中的循环前缀改变符号间干扰

为了防止频谱增长。循环前缀是 LTE 功能的必需部分，这是为了增强在多径下的传输性能。在发射机这一侧，符号扩展成 IFFT 块。这个扩展叫做增加循环前缀。为了对抗多径衰落，循环前缀必须足够长，才能抵消很强的干扰路径。另外，如果循环前缀过长，就会浪费系统容量。因此，很多运营商所作的优化任务之一是确定循环前缀的取值。图 8-8 所示为循环前缀的基本原理。

随着天线数量的增加，MIMO 功能增加了传输接收机的复杂度。实际上，LTE-UE 接收机要求至少有两个接收天线，完全的 OFDM SISO 传输在 eNodeB 侧不支持。

用于 LTE 上行的 SC-FDMA 的需求与下行不同。UE 侧最明显的问题是功耗。在 OFDM 信号处理中发现的功率峰均比（PAPR）和其导致的效率降低也是为什么 OFDM 没有在上行选择的一个原因。而选择 SC-FDMA 是因为其无线性能更适合 LTE-UE 传输。SC-FDMA 其中一个关键的好处是其发射机与接收机的结构几乎与在 OFDMA 下的结构一致，且 SC-FDMA 能提供更低的 PAPR。

图 8-6 和图 8-7 表明，OFDMA 和 SC-FDMA 两者十分相似。更多具体的区别如下。

1）一个星座映射用来将输入的比特流转换到单个载波符号（BPSK、QPSK、16-QAM 取决于信道条件）。

2）一个串/并变换将时域符号排列为块，并作为 FFT 处理的输入。

3）M 点 DFT 将时域符号块转换为 M 个离散点。

4）子载波映射将 DFT 输出点分配到特定的子载波。

5）N 点 IDFT 映射后的子载波转换到时域传输，并执行循环前缀和脉冲成型。

6）RFE（Reciever Front end，接收机前端）将数字信号转换到模拟信号，并向上转换到 RF 输出。

由多个离散子载波表示的相关的 SC-FDMA 信号是一个单载波，这与 OFDM 的情况不同。这是由于 SC-FDMA 子载波的调制不相互独立。这样导致了比 OFDM 更低的 PAPR。

8.4.4　一致性测试方面

在 LTE-UE 单元的一致性测试中，有功能和性能需求。因此模型之间的差异应该最小化。另一方面，性能数据协议预留了一定的错误空间，比如，最大的辐射输出功率级别可以在预定的级别上变化 2dB。实际上，对于不同的 LTE-UE 模型（USB 设备，手持设备，或者其他比如集成遥测仪设备），外部损失随位置而定。对于手持设备主要部分的损失明显更高，如果天线集成在设备内部，手握设备的方式也可能导致额外的损耗。这些方面都需要相应地估计以设计一个实际可行的无线链路预算。

在实际中，对于完整的接收机，LTE-UE 接收机一致性测试包括性能测量。在性能测试之前，接收机的子模块必须得到验证，同时可能的具体失真源也必须要量化和减少。这些调研在接收机设计阶段执行。如果在相同设备中包含不同接收机，在 MIMO 性能验证测试之前，必须要分开针对每一个接收机进行测量。

图 8-9 所示为一个典型的 LTE 收发机简化结构框图。

LTE-UE 的组成部分有更高的集成自由度，单个部分可以执行多个功能。从客户角度讲，这是一个有利的方面因为手持设备物理尺寸可能比起早期 3G 规范的设备更加小。另外一方面，对于测试也是一项挑战。除了集成的多功能组成部分，其他的实际问题可能简单地变为在用于信号测量的印制电路板上减少空间。

在 LTE 情况下，接收机 RF 模块上的信号不可能用模拟解调技术分成 I 和 Q 两路。替代方法是，向下转化的 IF 信号通过模-数转换器（Analog-Digital Conversion，ADC）变成数字信号，如图 8-9 所示，然后将信号反馈到基带处理单元以执行解调和解码单元。ADC 输出的测量没有其在数字形式时直接。因此 LTE 测量设备制造商一般在测量设备中提供附件来分析 ADC 输出的数字形式。这种分析可能包括，如通过 RF 直接在数字数据上测量 ADC 性能，以及具有足够深度图像表示的数字误差矢量幅度（EVM）测量。

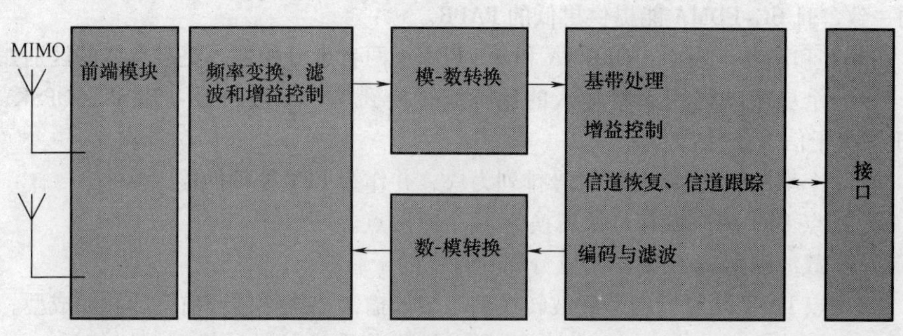

图 8-9　LTE 收发机框图

图 8-10 描述了 LTE FDD 的帧结构。从图 8-10 中可以看出，LTE 一帧的时长为 10ms，一帧分为 10 个子帧。此外，每一个子帧包含两个 0.5ms 的时隙。每一个时隙包含 6 个或者 7 个 OFDM 符号分别对于常规和扩展循环前缀。

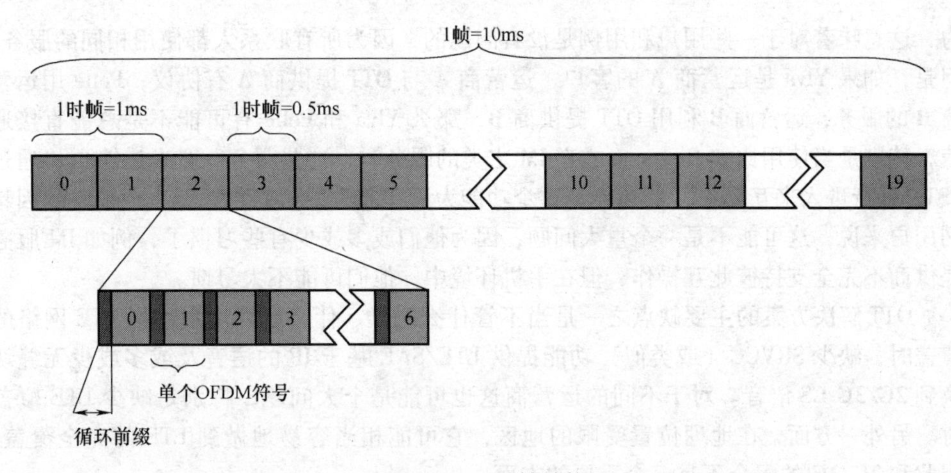

图 8-10 LTE 帧结构

8.5 LTE 应用

8.5.1 非运营商应用

过顶（Over the top，OTT）解决方案是目前一段时间内在移动产业中被谈论得最多的主题。实际上，它指的是各种基于因特网的通信服务提供商提供传统上由运营商提供的信息和语音服务而带来的对运营商的威胁。诸如 Skype 和 Microsoft 等主要的 VoIP 和 IM 提供商，以及很多小的创新性参与者，已经逐渐地进入到移动通信领域数十亿计的市场中。实际中，OTT 是客户使用移动设备通过移动运营商提供的 IP 接入连接到因特网中的服务——因此在典型的 OTT 场景中，运营商只扮演了提供“比特管道”这一角色。

运营商缺少主要的投资来向客户提供 OTT 解决方案，此外实现它所需要的短期时间一般认为是 OTT 解决方案的主要优势。运营商最大的劣势是对应于“比特管道”角色的财务损失，这多少意味着外包运营的通信业务给 OTT 服务商。这种“接入网络控股公司”方向可能意味着主要的改变，即使有人会争论，例如，大多数移动运营商的 FNO/ISP 部分已经精确工作了许多年。

部署非标准 OTT 应用的一方面是运营商不可能期望其他运营商选择同样的应用。实际中，这可能导致这样一种情况的出现：特定运营商的客户才能够互相联系，比如，使用另外一个运营商服务的朋友不可能被邀请到一个会议中。传统的，运营商服务的其中一个关键方面一直是可以在不同运营商和设备之间互相操作。所以，比如你能够发起一个语音呼叫或者发送 SMS 给几乎任何人而不用知道接收方采用何种设备以及连接到什么网络。用 OTT 解决方案，这种情况会发生很大改变，因为单独一个 OTT 部署在多个运营商之间或者不同 OTT 解决方案可以完全互操作是极不可能的。

当然，一个因特网服务可能变得足够普遍以避免这个问题。Skype 也有重大影响力，这意味着对于一些用户和用例是没有问题的，因为所有联系人都使用相同的服务。但是，如果 Ylva 是运营商 A 的客户，运营商 A 与 OTT 提供商 A 有协议，Pelle 用运营商 B 的服务，运营商 B 利用 OTT 提供商 B，那么 Ylva 和 Pelle 有可能不是总能直接通信，特别是当使用比如 Presence 或者 IM 之类的服务时，这些服务一般来说缺少“通过 PSTN 强行进入来互操作”的功能，这个功能为语音的典型功能。对于一个平常的因特网用户来说，这可能不是一个重大问题，因为他们或多或少有些习惯了，例如 IM 服务提供商不完全支持彼此互操作，但在手机环境中，他们可能不太习惯。

OTT 解决方案的主要缺点之一是当不管什么时候、什么原因用户移出 LTE 网络的覆盖时，缺少 SRVCC（或类似）功能提供 LTE/SAE 基于 IP 的语音及或多或少无缝切换到 2G/3G CS 语音。对于不同的运营商这也可能是个大问题，特别是缺少 LTE 覆盖时。另外一方面，在地理位置受限的地区，它可能相当容易地做到 LTE 的完全覆盖，因此和 2G/3G 的配合不是一个重要的方面。

运营商对待这个问题的一个不讲理的方式是简单的表明不支持 LTE 和 2G/3G 网络之间的切换功能。也就是说，用户应该明白当他们，比如在 LTE 网络中发起一个语音呼叫然后移动到一个缺少 LTE 覆盖的区域时，这个语音呼叫就会掉话。对于数据会话也是一样的。从部署角度来讲，这是一个非常简单的方式因为运营商没有必要部署任何类型的 SRVCC、PS 切换功能等。然而，从市场角度来看，这就会出现挑战，如何使得客户理解并同意这个明确的功能缺失，例如相比在目前的情况中 2G/3G 网络之间的切换或多或少是无缝的。

人们可以争辩说，尽管现有的 3G 网络可以用来提供具有必要回落功能的 OTT 解决方案——即使在数据连接相同的方式上使用基于 IP 的语音，而不管是否有 LTE 或者 3G 网络覆盖。从某种意义上说这种做法是合理的，因为典型的 3G 网络所提供的数据连接可能足够好以支持大部分 OTT 需求。这就要求有一个全国范围的 3G 网络，因为在 2G 网络中 OTT 功能通常工作不那么好。永远在线的 OTT 解决方案的不好一面是电量消耗。现在市场上的大多数设备不能满足 OTT 要求的数据连接保持一整个工作日的要求，这个时间被认为是典型办公室工作人员使用手机的最少时间。

从网络观点来看，OTT 解决方案看来或多或少与纯用尽力而为服务机制的数据相似，也就是说它可能比更为传统的运营商解决方案（这或多或少是完全分开的）有影响。这取决于实现方式，围绕这个问题有一些方法，包括运营商设置特定的 QoS/QCI 参与到 OTT 更新业务来“提高”它，并超过一个基本的数据，但是它们不一定直接成立，尤其考虑漫游情况时，这涉及从其他运营商获取支持。从另外一方面来讲，VoLTE 受益于使用比如专属 QoS 参数和专属 APN。

不管怎么样，从技术角度特别是从商业角度来看，很明显运营商需要仔细考虑这个复杂区域。

8.5.2 丰富通信套件

丰富通信套件（Rich Communication Suite，RCS）是一个 GSMA 工程，目标是开发一个用 IMS 互操作的通信分组。IMS 核心系统用作基础服务平台，负责诸如鉴定、授权、注册、计费以及路由等问题。RCS 呈现一个新的基于 IMS 的运营商服务，作为 OTT 解决方案的替代。进一步的细节请参阅参考文献[5]。

从终端用户角度来看，RCS 可以实现瞬时信息传输、视频共享和社交等通信。这些能力可能在任何类型的设备上存在，并在设备和网络之间用开放的通信。简而言之，RCS 可以认为是一系列手机和其他设备基于地址薄的服务。RCS 的主要特征如下：

1）增强的电话簿，具有服务能力并呈现增强的联络信息。

2）增强的信息发送，实现包括聊天和信息记录等种类繁多的消息选项。

3）丰富的呼叫，实现在语音呼叫过程中的多媒体内容共享。

RCS 的一个主要议题是服务能力，显示用户可以与朋友使用的服务。

更广泛和大规模的 IMS 部署，不同终端厂商 RCS 客户之间的互操作性，不同运营商之间的 RCS 服务互通被列为是 RCS 倡议的主要目标。RCS 复用现有的服务和组成部分，比如 SMS 和 MMS 用来作为现在的 RCS 的一部分，不需要任何改动。

RCS 在一系列发布的版本中得到发展，这有点像 3GPP 的工作风格。第一个版本叫做 RCS 版本 1，于 2008 年 12 月完成。功能包括社交呈现和交换能力、IM、富呼叫（图片和视频共享）以及基本的网络地址簿提供地址簿在设备和网络之间的同步功能。版本 1 是一个只针对移动性的服务。本质上这也意味着本地 2G/3G 网络的 CS 语音功能用作是 RCS 的部分。

版本 2 在 2009 年 6 月完成。这个版本的主要部分是介绍宽带接入支持，比如一个使用 ADSL 接入网络的 RCS PC 客户现在成为 RCS 环境的一部分。版本 2 向采用不能提供 CS 语音支持的接入网络的宽带接入客户增加了 PS 语音，如 WLAN、ADSL 或 IPoAC。这个 PS 语音是一个基于 IP 的解决方案，并且用 3GPP 定义的 MMTel（多媒体电话）子集标准。为什么定义 PS 语音而不采用 VoLTE（可以提供一致的机制）的原因很简单：在 2009 年 VoLTE 还不存在。

版本 3 在 2009 年 12 月完成。具有新的网络增值服务（Network Value Added Services，NVAS），这是一个基于网络的服务，能在共享过程中支持多媒体处理。比如，可以用来转化通过自动图像共享发送的图像。基于 GSMA PRD IR. 84 视频共享已经介绍了，它允许使用视频共享而不需要基本的语音呼叫。位置信息是用户间交互信息中的新的一部分。由于缺少 3GPP 规范，版本 2 没有一个全面的功能以在 BA 客户上发送和接受 SMS/MMS，但是版本 3 补充了这一点。最后，值得注意的是现在可能用 BA 客户作为主要的客户——也就是说 BA 客户可以扮演一个独立的设备，然而在版本 2 中用户总是有一个移动客户作为主要的联络点，而 BA 客户是一个次选设备。这为 RCS 提供完整的多设备环境。

最新的版本 4 在 2010 年 12 月完成，包括的功能如下：

1）LTE 市场；

2）用 IR 92 VoLTE 替代 PS 语音；

3）语音 + 补充业务；

4）视频质量增强；

5）增加 384kbit/s 和 768kbit/s 承载以及相应的 H. 264 编码器模式；

6）消息演进；

7）IR. 92 与文本短信对齐；

8）引入 OMA CPM（Converged TP Messaging，融合 IP 消息）作为“信息服务演进”；

9）基于 IP 的消息；

10）SMS 业务增强，克服目前 SMS 业务限制；

11）MMS 业务增强，克服目前 MMS 业务限制；

12）在多设备配置中的 SMS/MMS 业务增强；

13）在一个 RCS 聊天会话中包含传统 SMS/MMS 用户；

14）基于网络的公共信息存储；

15）内容共享增强；

16）图像共享-实时交互的同步；

17）视频共享-实时交互的同步；

18）网络屏幕共享；

19）网络地址簿同步增强；

20）同步业务发现；

21）由网络触发的同步过程；

22）个人资料和联系管理增强；

23）联系人分组；

24）VIP 组。

版本 4 的全面实现，包含比如 CPM 功能，这意味着对运营商核心网的主要改变。所以从部署角度来讲，版本 3 更容易处理。如果运营商需求，可以选择一个特征子集，即比如可以开展不需要内容共享增强的版本 4，正因为它可能向基本版本提供一些特定运营商应用/业务的扩展。

图 8-11 所示为一个 RCS 版本 4 架构实例。PS/CS GW 用来在 CS（电路交换域）和 PS（分组交换域）的语音之间互操作，即 VoLTE。SUPL（Secure User Plane Location，安全用户面位置）指示一个确切的用户平面位置单元，如参考文献［6］所述。涉及 CPM（融合 IP 信息）消息存储服务器的消息存储在 OMA CPM 规范中有所说明。传统信息指的是通过位于 AS（应用服务器）组内的 IWF（互通功能）的 SMS/MMS，RCS 服务将使用除了 IWF 节点外的各种其他节点，如下所示：

1）呈现服务器；

2）消息服务器；

3）XDM（XML Document Management，XML 文档管理）服务器；

4）多媒体电话应用服务器；

5）参考文献［7］中所使用的视频共享应用服务器。

RCS 的最新发展叫做 RCS-e，基本上采用了 RCS 版本 2，并且通过增加许多特征选项和一些新的功能增强。RCS-e 已经“面向市场”进行发展，并且欧洲较大的运营商，如 Deutsche Telecom、Orange-FT、Telecom Italia、Telefonica 和 Vodafone 等都在致力于

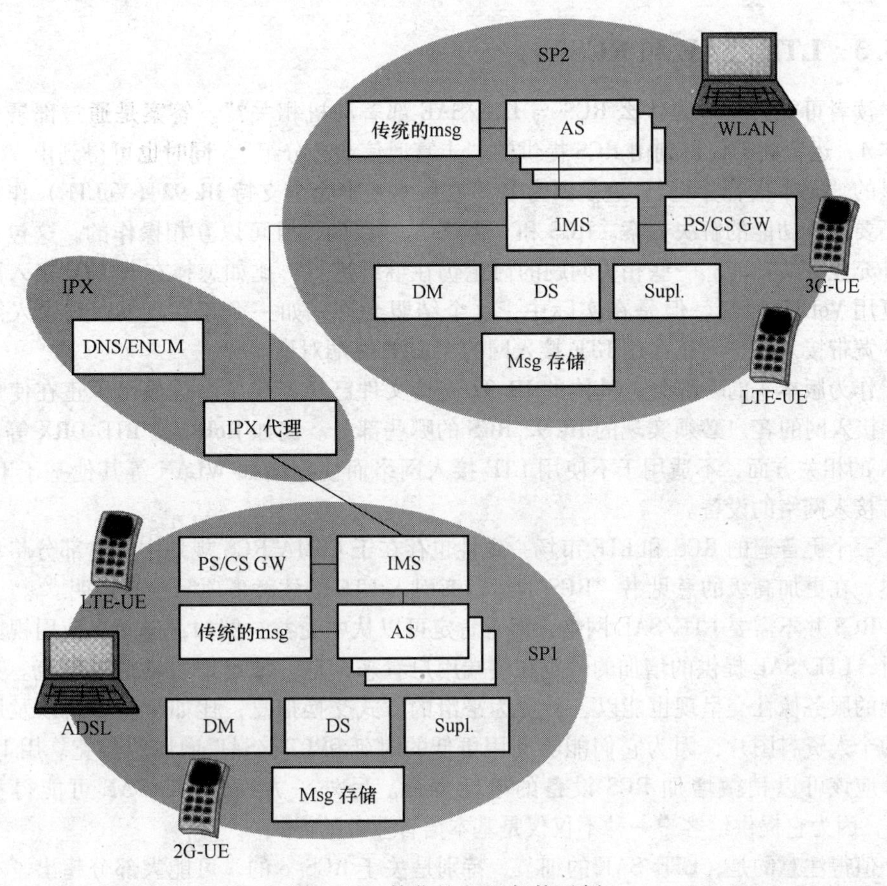

图 8-11　简化的 RCS 架构示例

2011 年底商用 RCS-e。本质上，RCS-e 提供一个“今天简单的语音和文本的互操作性扩展”。RCS-e 在 2011 年 2 月的世界移动通信大会上宣布[8]。

在部署 RCS 时应该考虑在 RCS 版本 2 和 RCS-e 之间的区别，列举如下：

1）在 RCS-e 中，OMA 的呈现是可选的；在客户侧是强制支持的，而在网络侧则不是强制的。

2）在 RCS-e 增加、增强了 SIP OPTIONS 消息的使用以提供“动态交换能力”功能；①RCS 一般只在发起一个语音呼叫的时候利用 SIP OPTIONS（来发现其他终端的共享能力），否则这个能力的交换是通过呈现来处理的；②RCS-e 用 SIP OPTIONS 对首次发现的所有联系人定期调查（除了在每个联系时的需求调查，这与 RCS 机制类似）。

3）视频和图像共享以及文件传输对于 RCS-e 客户来讲是可选的。

4）宽带接入细节（比如 PC 客户用 ADSL）超出了 RCS-e 规范版本 1 的讨论范围。

5）RCS-e 也修改了提供和发现朋友的相关方面，并增加了特定 UX（用户体验）的指导。

8.5.3 LTE/SAE 和 RCS

读者可能会问"为什么 RCS 与 LTE/SAE 部署动机相关?"。答案是通过部署 RCS 版本 4，运营商不仅得到由 RCS 提供的"丰富通信业务分组"，同时也可得到由 VoLTE 提供的"基本语音分组"。这是因为 RCS 在版本 4 中完全支持 IR.92（VoLTE）作为提供不要语音功能的解决方案。RCS 和 VoLTE 是一致的，且可以互相操作的。这包含诸如补充业务的功能。一些相关问题的讨论仍在继续进行，比如怎样在非 LTE 接入网络中复用 VoLTE 原理，但是在实际中，这个结盟允许，如一个正在用 ADSL 接入网的 RCS 宽带接入客户与正在用 LTE 接入网的 VoLTE 终端对话。

作为版本 4 的一部分，具体的 IR.92 支持文件已经产生了。这显示了正在使用非 LTE 接入网的客户必须实现的 IR.92 RCS 的哪些部分。比如 RoHC 或 LTE DRX 等 LTE RAN 的相关方面，不适用于不使用 LTE 接入网络而使用诸如 WLAN 等其他基于 IP 的宽带接入网络的设备。

一个更普遍的 RCS 和 LTE 市场一致性也存在于 CSMA RCS 规划中。这部分将单独阐述，在更加高级的意见书"RCS 的运营商引入 LTE 的注意事项"中有说明[10]。

RCS 并不需要 LTE/SAE 网络，但它肯定可以从中受益。例如，当用户使用视频共享时，LTE/SAE 提供的增加的带宽在终端用户看来，是一种更好质量的视频流。其他类型的服务像社交呈现也能以一种更为平滑的方式交换信息，比如呈现更新以及用户间的个人资料图片，因为它们能够利用更低的时延和 LTE/SAE 增加的带宽。用 LTE/SAE 应该可以稍微增加 RCS 设备的电池寿命。另外一方面，LTE/SAE 可能得益于 RCS，因为它提供给客户一种不仅仅是基本语音业务的方式。

值得注意的是，LTE/SAE 的细节，特别是关于 RCS-e 的，可能大部分超出了本书讨论的范围，至少对于目前 RCS-e 版本。这是因为 RCS-e 关注在不久的将来面向市场方面——而不是考虑 VoLTE 和其他更长期的目标。因此，RCS-e 与 LTE/SAE 相互工作的细节仍然有待观察。无论如何，对于在版本 1 到 4 定义的基本 RCS，根据上述描述，这种关系是明确的。

一般来说，结论可能是 VoLTE 和 RCS 是非常互补的业务，一个关注给终端用户提供语音业务，然后另外一个提供多种多媒体业务以丰富基本的语音功能。两个都复用同样的标准部分，比如 SIP、XDM 和 IMS。因此，从部署角度来看，当部署 VolTE 时考虑实现 RCS 可能符合逻辑的，反之亦然。这可能减轻部署 IMS 核心网、应用服务器和与目前网络的整合的财政负担，因为运营商或多或少可以"一石二鸟"，而不是努力证实仅为 RCS 或者仅为 VoLTE 的实现代价。漫游和互连这两个基于 IMS 的互操作业务也是非常类似的，也就是说，为 VoLTE 部署的模型也非常适用于 RCS（反之亦然）。

一个相关的方面是，可能由于其他目的而复用为 RCS/VoLTE 需求而部署的 IMS 核心系统，比如用 IMS 替代现有的 FNO CS 核心网络，而这种情况正发生在第一个 IMS 的商用案例的时刻。自然的，这对那些同时拥有移动和固定业务的运营商更为相关。

最后，我们必须记住 RCS 路线并不是 LTE/SAE 部署"丰富通信客户端"的唯一选项，还有很多其他选项，特别是在 OTT 世界中。这些在 8.5.1 节中有所描述。

参考文献

[1] 3GPP TS 36.306. (2010) *Evolved Universal Terrestrial Radio Access (E-UTRA); User Equipment (UE) radio access capabilities (Release 8)*. 14 p. V. 8.7.0, 2010-06, 3rd Generation Partnership Project, Sophia-Antipolis.

[2] 3GPP TS 36.101. (2010) *User Equipment (UE) radio transmission and reception*, V. 8.12.0, 3rd Generation Partnership Project, Sophia-Antipolis.

[3] 3GPP TS 36.331. (2011) *Evolved Universal Terrestrial Radio Access (E-UTRA); Radio Resource Control (RRC); Protocol specification*, V. 8.14.0, 2011-06-24, 3rd Generation Partnership Project, Sophia-Antipolis.

[4] Rumney, M. (2010) New challenges for LTE and MIMO receiver test challenges, www.eetimes.com/design/test-and-measurement/4210806/New-challenges-for-LTE-and-MIMO-receiver-test?pageNumber=1 (accessed August 29, 2011).

[5] Holma, H. and Toskala, A. (2011) LTE for UMTS. *Evolution to LTE-Advanced*. 2nd edition, John Wiley & Sons, Ltd, Chichester.

[6] GSM (n.d.) Description of Rich Communications, www.gsmworld.com/rcs (accessed August 29, 2011).

[7] GSMA IR.84. (2009) *Video Share Phase 2 Interoperability Specification 2.0*, November 12.

[8] GSM (2011) Rich Communications news, www.gsmworld.com/newsroom/press-releases/2011/6047.htm (accessed 29 August 2011).

[9] GSM (2011) Rich Communication Suite Release 4. Endorsement of GSMA IR.92 GSMA VoLTE–"IMS Profile for Voice and SMS" Version 1.0, 14 February 2011, www.gsmworld.com/documents/rcs_rel4_end_gsma_ir92_v1.pdf (accessed August 29, 2011).

[10] GSM (n.d.) RCS over LTE. Considerations for an RCS operator when introducing LTE, www.gsmworld.com/documents/RCS/RCS_over_LTE_deployment_considerations_v1.0.pdf (accessed August 29, 2011).

第9章 LTE语音业务

Juha Kallio、Tero Jalkanen 和 Jyrki T. J. Penttinen

9.1 引言

当今的通信服务供应商提供给终端用户的最重要的服务就是语音业务。从这个意义上说，尽管在LTE的早期部署中更多考虑诸如网页浏览或视频等以数据为核心的业务，但是当考虑商用LTE业务组合时，语音业务仍然是一项重要的服务。在LTE标准化的早期阶段就决定了，LTE架构中将不再有在当前网络中作为骨干的电路交换技术[1]。通信服务提供商必须使用新的方式来提供语音和短信业务，而且不能增加时间调度和LTE整体部署工程的复杂度，这给他们带来了新的挑战。最初3GPP考虑引入IP多媒体子系统（IP Multimedia Subsystem，IMS）[2]来解决该问题，但是事实证明在某些网络中，这项技术的部署尚未成熟。

这一问题足以促使业界为LTE语音提出多种并不完善的替代方案。包括始终使用CS网络和电路交换呼叫控制协议栈给LTE的接入用户提供语音业务的方案，及更激进地使用第三方VoIP业务的解决方案，比如已经在因特网中大量使用的"过顶"（Over-the-Top）通信服务。尽管提出了多种方案，但在3GPP讨论的结果中选择了这两种方案向LTE接入用户提供语音业务，因此认为这两种方案是最重要的。

第一种方案的架构模型已经在3GPP Release 8版本中进行了标准化，称为演进分组系统（Evolved Packet System，EPS）的CS回落机制（CSFB）[3,4]，该方案是完整的端到端IMS业务实现之前的一种间隙填充方案，然而此前已经推出了LTE技术来满足不断增长的移动宽带服务的需求。甚至已经部署了本地基于IP的语音业务，网络仍然会使用EPS网络的CS回落机制来补充完善业务提供商的语音和短信服务的部署。由于其本意仅仅是一种间隙填充类型的方案，所以目前认为EPS网络CS回落机制是LTE中的一个典型过程。

自从标准中引入方案以来，EPS网络CSFB已经分成了两个不同的功能，根据业务的需求可以单独或者同时配置。第一种功能也是LTE部署的初期阶段非常重要的一种功能，即在LTE中将短消息（Short Message，SM）作为信令信息传输，同时使用现有的电路交换（Circuit Switched，CS）核心网络辅助这一进程。该功能称作基于SGs的SMS，为实现该功能，演进分组核心网和电路交换核心网之间的连接需要新的接口[5]。第二种功能是完成语音呼叫的能力、传输非结构化补充业务数据（Unstructured Supplementary Service Data，USSD）执行位置服务（Location Services，LCS）和通过与呼叫无关的信令流程中首先执行回落到传统的GERAN/UTRAN无线接入来操作辅助服务设置。与当前的移动语音服务相比，从呼叫性能角度看，该功能仍具有更多的不确定性。

第二种方案的架构模型基于IP多媒体子系统的使用，通常认为是理想的目标结构。GSMA标准中定义了“基于SMS的IMS语音配置”。在此配置中，语音和短消息服务都是参照3GPP Release 8标准来定义的。

读者不应把两种机制（EPS网络CS回落和基于IMS的LTE语音业务）理解成竞争关系，而是应该理解成互补的关系。从功能上来讲，EPS网络CS回落机制与基于IMS的LTE语音业务可以同时部署，对于呼叫到达或是呼叫尝试，会由网络或终端自动地执行逻辑算法来选择合适的机制。

EPS网络CS回落机制同样用于补偿网络中本地VoIP容量的不足，例如，当尚未建立足够的IMS漫游，或当底层演进分组系统不支持3GPP中定义的紧急服务或定位服务时。

因此有多种不同的架构方案来解决LTE语音业务带来的挑战，本章将就架构方案背后的技术细节做深入的分析。

9.2 分组演进系统的CS回落机制

3GPP Release 8中定义的分组演进系统的CS回落机制，使业务提供商可以继续使用电路交换网给EPS用户提供语音和短消息服务。该机制的应用需要LTE无线接入，演进分组核心网以及电路交换网的支持。在第二阶段规范3GPP TS 23.272[4]中定义了EPS网络CS回落机制的整体功能。

EPS网络CS回落机制的定义包括两个独立的功能，可以同时应用也可以独立应用。第一种功能基于LTE无线接入提供短消息的传输能力；而第二种功能是在传统的电路交换核心网中允许用户使用语音或视频电话以及其他服务，例如非结构化补充数据业务和定位服务。后者是通过在业务进程期间（例如语音或视频呼叫期间）从LTE无线接入网回落到传统的GERAN/UTRAN无线接入网来实现的。在此期间终端会致力于当前正在进行的通话并附着在GERAN/UTRAN无线接入网络中，然后当前激活状态的分组交换连接会降级到传统的接入网络可用的程度。这就意味着在UTRAN场景下，仍然有可能同时使用分组数据和语音连接，或者在GERAN中完全停止分组数据连接而不需要双传输模式（Dual Transfer Mode，DTM）的功能。因此，尽管已经执行了回落，但仍然有可能继续使用分组交换连接（例如互联网社交网络服务的登记），这主要取决于网络的结构和容量。

从网络架构的角度看，EPS网络的CS回落需要演进分组核心网，即MME，以及相应的电路交换核心网络，即MSC或MSC服务器，两个核心网之间通过基于流控制传输协议（Stream Control Transfer Protocol，SCTP）的接口SGs相连接。以SGs接口为基础，3GPP定义了相似的Gs接口，并基于EPS网络CS回落机制中新的用例所带来的新需求做了进一步的功能扩展。此外，SGs接口不再使用传统的SS7结构，而是使用网元之间预配置的SCTP连接（IP连接），该链接由成对的IP地址和端口号定义。

EPS网络CS回落机制不需要任何关于HSS的具体服务开通。该机制重用现有的电信服务来实现语音服务、短消息服务和透明的同步数据服务（即视频电话）。移动通信服务商在网络中引入EPS网络CS回落机制之后，会自动允许所有支持的终端根据演进分组核心网（即MME）的配置使用该技术。MME可以阻止用户使用EPS网络CS回落甚至是基于SGs的SMS，但是这些机制在3GPP中并没有定义，也不是用户特定的。

图9-1所示为EPS网络CS回落机制的架构。

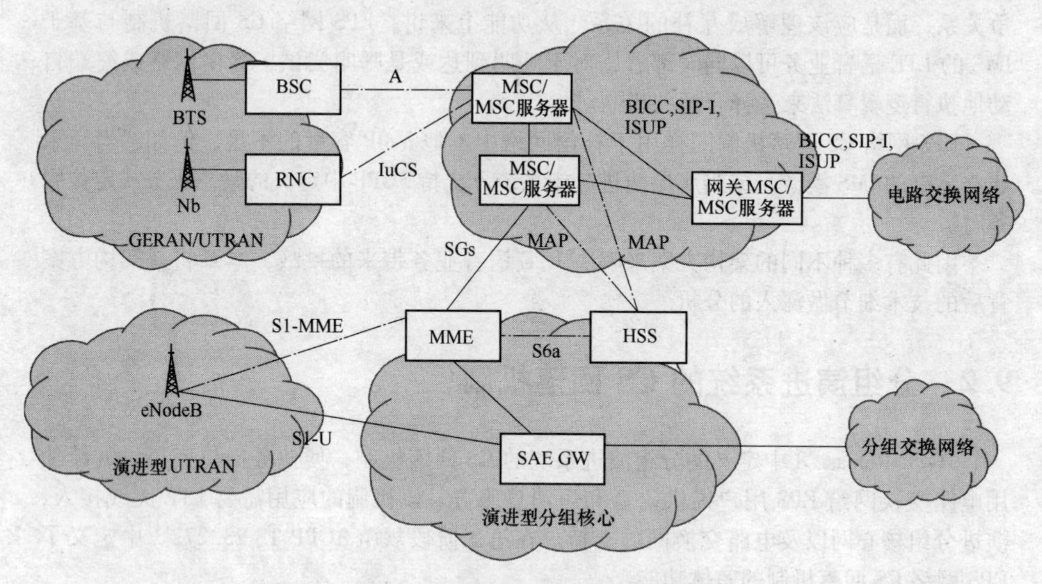

图9-1 EPS网络CS回落机制的架构

该技术的应用实例将在后续章节进行更加详细地描述。

9.3 基于SGs的SMS

短消息业务一直都是，并且以后也将是一种极其成功的业务。使用短消息业务作为可实现的技术，世界各地都开发了多种不同的服务。这种服务的延续在LTE时代也极为重要。理所当然的，在LTE技术通过有效地启用本地IP连接，以实现新的服务。但是这一过程将会需要一段时间而且并不是所有的传统服务（由于技术或商业原因）都能够得到改进。

有两类终端需要短消息服务。第一种是那些完全没有传统的电路交换能力的USB或者集成数据调制解调器。所以此类终端不需要所有的EPS CSFB的功能——而是只需要SMS功能。从终端用户的角度看，一些设备商或通信服务提供商的典型应用程序可以在PC上执行，同时还可以用来发送或者更多的时候是接收短消息。同样的，可以通过发送短消息的方式实现无线配置的目的。这意味着通信服务提供商可以使用与目前UTRAN/GREAN网络中相似的方法来远程配置USB数据调制解调器的行为特性。

如果终端还拥有电路交换的能力来满足语音业务和其他电路交换的业务，这时短消息用户的接口可能会与 UTRAN/GERAN 无线接入网中的用户的接口完全相同。因此 LTE 可以看成是传统短消息服务的另一种传输形式。

也有可能在 LTE 早期部署中引入 LTE 漫游功能时，为了告知漫游的客户其漫游数据服务的成本以及何时服务成本会超过特定的阈值，通信服务提供商在提供短消息服务时会面对同样的需求（可能为可监管的）。这就是所谓的“漫游巨额账单避免”，目前由欧盟（European Union，EU）授权。

9.3.1　功能

为了支持在 LTE 中使用和现有移动网络类似的方式发送短消息，所有终端和 MSC 或 MSC 服务器等网元之间的相关信令接口都引入了一系列的变化。

使用 3GPP 定义的非接入层（Non-Access Stratum，NAS）协议，通过终端和 eNB 之间的 LTE-Uu 接口透明地传输短消息[6]。该接口位于终端和移动性管理实体（Mobility Management Entity，MME）之间。MME 将内容转发到服务 MSC 或者 MSC 服务器上，MSC 支持 3GPP TS 29.118[7] 中定义的 SGs 接口。短消息的内容可以是一个单独的或者连续的负载，并且支持移动主叫和移动终端的短消息。

支持基于 SGs 的 SMS 并不需要演进型基站（Evolved NB，eNB）上任何特定的功能，这是因为在附着 LTE 的终端设备和当前服务的 MME 之间，网络实际上的有效负载是作为 NAS 信令进行透明传输的。

目前业内的共识是，3GPP Release 8 针对使用 LTE 信令（NAS）发送 SMS 提供了充足的标准化基准，并且在后续的 3GPP release 版本中不需要再做改进。

9.3.2　EPS/IMSI 联合附着

为了通过 SGs 接口接入电路交换网提供的服务，终端需要初始化 EPS/IMSI 联合附着的程序流程。

运行该流程的条件是：对于当前进行的服务，MME 允许并支持该流程以便 MSC 或 MSC 服务器网元通过 SGs 接口执行位置更新，且这些网元均支持 SGs 接口。

终端通过使用一个更加详细的关于终端附着/能力特性的指示来执行附着。如果终端只支持基于 SGs 接口的 SMS，则在 EPS/IMSI 联合附着到 MME 的过程中，该终端会给出“SMS-only”的指示。

由于 EPS 已经对用户进行了认证，MSC 或 MSC 服务器将不会执行任何认证操作。尽管 MSC 或 MSC 服务器会通过正常的方式向 HSS（HLR）进行位置更新，当位置更新已经收到时，比如通过 Gs 接口，将会反过来检索来自 HSS 的用户配置文件。

该流程结束后，MSC 或 MSC 服务器将会考虑通过 SGs 接口可以访问的用户，以及移动终端业务，例如通过该接口安排短消息的路径。

图 9-2 所示为 EPS/IMSI 联合附着的流程。

当该流程顺利完成之后，终端可以发起或中止使用 EPS 网络 CS 回落和基于 SGs 接口的 SMS 相关进程的服务请求。

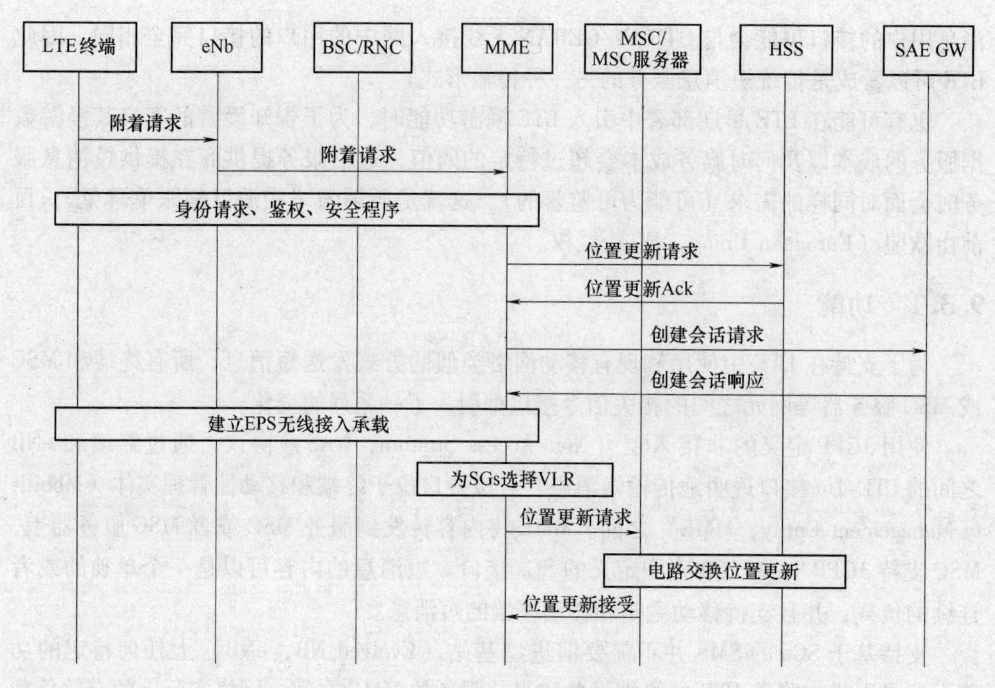

图 9-2 EPS/IMSI 联合附着流程

9.3.3 移动主叫短消息

终端执行面向演进分组核心网的 UE 触发服务请求，并以此来初始化移动主叫（Mobile Originating，MO）短消息的发送。该事件触发后，终端会向 MME 发送上行 NAS 传输消息，该消息映射到面向服务中的 MSC 或 MSC 服务器的 SGs 接口上行单元数据消息上。这些消息包含了短消息业务的实际负载。

对于移动主叫短消息，MSC 或 MSC 服务器会执行一系列必要的操作，其操作方式与 GERAN/UTRAN 无线接入网中的终端接收消息的方式类似。这就意味着，在这时候可以进行智能网络所需的服务和收费。

最后，通过 MAP（Mobile Application Part，移动应用部分）接口将移动主叫短消息转发到服务当前用户的短消息服务中心（Short Message Service Center，SMSC），对于消息的起始终端，一次正常方式的短消息发送至此完成。

图 9-3 中的消息流程代表通过 LTE 无线接入，并使用基于 SGs 的 SMS 技术的起始短消息发送。

9.3.4 移动终端短消息

相比移动主叫短消息，移动终端（Mobile-Terminating，MT）短消息的发送是一个稍微复杂的过程。这种情况下，由于终端是由 MME 间接连接到服务中的 MSC 或者 MSC 服务器（电路交换核心网），然后通过 MAP 接口，服务该发信用户的 SMSC 按指

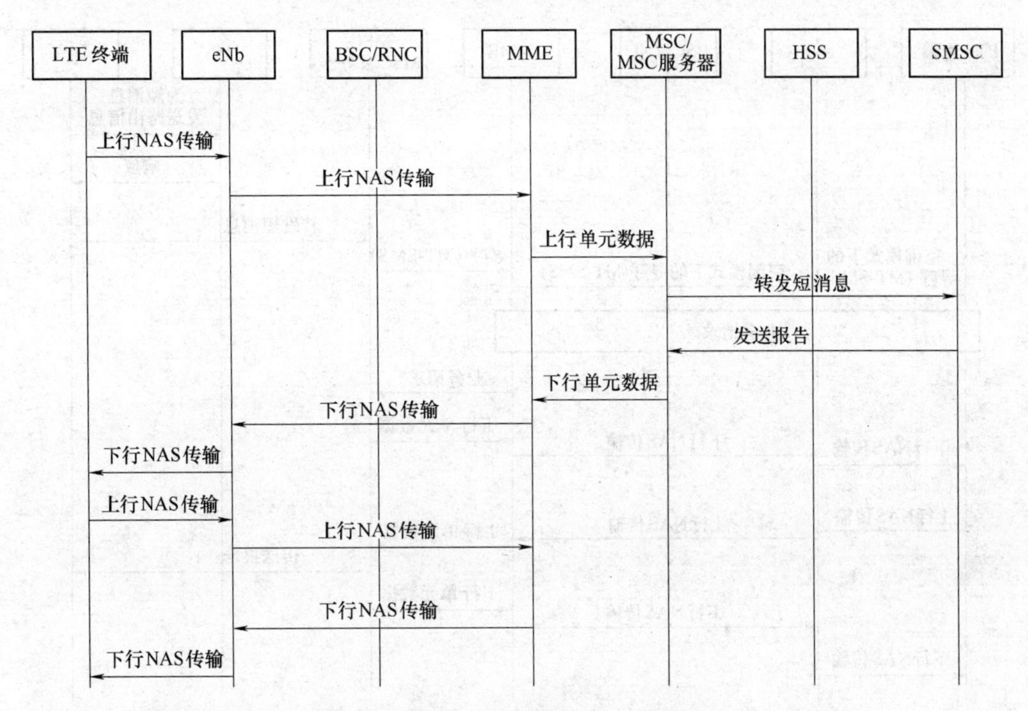

图 9-3　移动主叫短消息传输的信令流程

定的路径将短消息发送到特定的 MSC 或 MSC 服务器上，MSC 或 MSC 服务器通过 SGs 接口与接收用户相连。这一过程的操作与当今移动网络中的短消息传递方式完全相同。与 SGs 接口相连的 MSC 或 MSC 服务器会针对移动终端短消息进行一系列必要的操作，其实现方式与当前 GERAN/UTRAN 无线接入网中注册的用户接收消息的方式类似。MSC 或 MSC 服务器会在上述操作结束后通过 SGs 接口进行寻呼。如果寻呼成功，短消息包含在下行单元数据消息内部，通过 SGs 接口发送到 MME，MME 也会向终端通过下行 NAS 消息透明地转发负载信息。最后，从终端到 SMSC 交换发送报告，并且向接收的终端发送确认流程完成的信令，短消息的传递至此完成。图 9-4 所示为移动终端短消息传送的信令流程。

9.3.5　部署前景

为了支持 LTE 接入用户的短消息服务，通信服务提供商希望部署 3GPP TS23.272 中定义的基于 SGs 接口的 SMS 功能。将该功能落实到演进分组核心网以及 MSC 或 MSC 服务器网元中，以实现基于 SGs 的 SMS 业务的部署。

SGs 接口的设计需要考虑 VLR 要求的短消息服务的流量特性（动态容量）和用户数量（静态容量），然后，从 MSC 或 MSC 服务器的角度看，VLR 提供必要的数据处理能力的有关信息。总体而言，可以预料短消息服务的流量特性可能与目前用于移动宽带用户的流量特性相似。

在基于 SGs 接口的 SMS 的部署中，从 MME 到 MSC 或 MSC 服务器网元的 SGs 接口

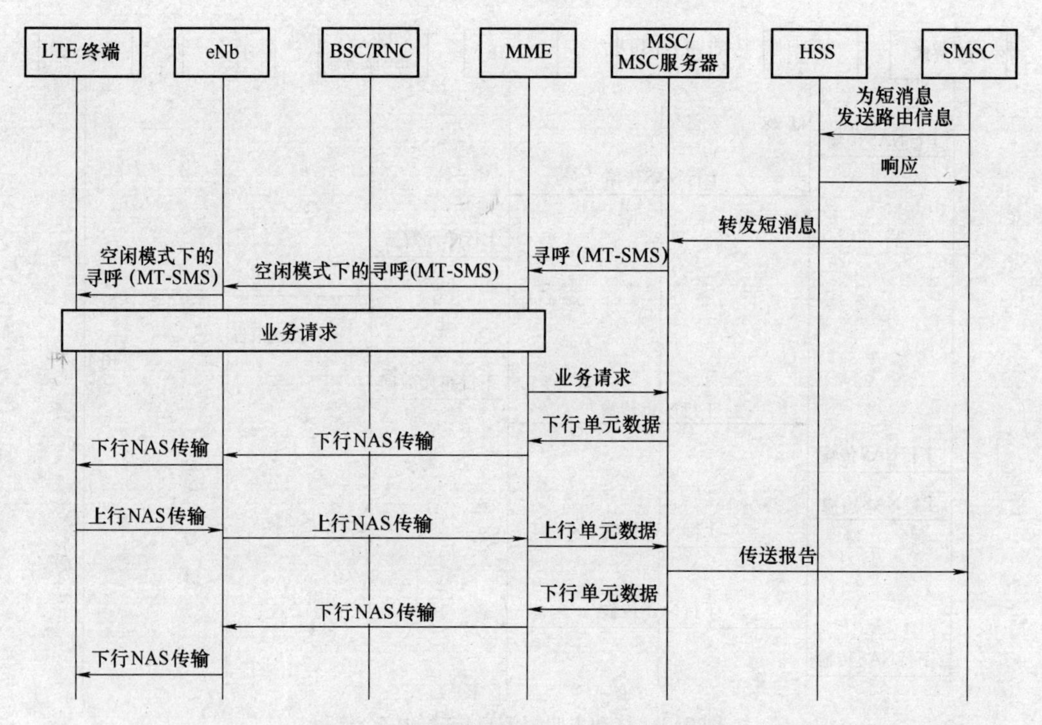

图9-4　移动终端短消息传送的信令流程

不必与GERAN/UTRAN无线接入网络架构匹配。这表示从MME到MSC或MSC服务器之间的SGs接口不需要控制同一位置区域（Location Areas，LA）内的BSC或RNC。相对的，可以制定一部分MSC或MSC服务器网元，通过该方法进行集中化配置。

读者应当注意到这种解决方案适用于基于SGs接口的SMS的用例，然而如果是需要从LTE网络回落到GERAN/UTRAN无线接入网的应用场景，那么，应该将位置重叠区域和电路交换核心网络SGs接口的联合设计作为此时网络架构的设计方式。

9.4 SMS业务之外的语音和其他CS服务

网络所需的全部EPS网络CSFB的功能是为了支持电路交换服务（Circuit Switched，CS），除了短消息服务（Short Message Service，SMS），同时还支持语音和视频电话，非呼叫相关的流程，例如非结构化补充业务数据（Unstructured Supplementary Service Data，USSD），执行位置服务（Location Services，LCS），以及非呼叫相关的附加服务控制流程。

以上功能都需要当前服务终端的演进分组系统和电路交换核心网络共同执行回落——也就是，在请求服务期间，将终端从LTE网络移动到GERAN或者UTRAN无线接入网络。

以上功能都需要当前服务终端的演进分组系统和电路交换核心网络共同执行回落——也就是，在请求服务期间，将终端从LTE网络移动到GERAN或者UTRAN无线接入网络。语音和视频电话呼叫的场景下，执行回落过程的期间（包括将分组交换链接切换到目标接入网）将暂停呼叫的建立。根据无线接入网使用的技术，感知延迟的大小也有所不同，从终端用户的角度来看，某些场景下该延迟是不可忍受的。出于此原因，同时服务提供商也非常关注终端用户的体验，通信业界做了大量的努力，在 3GPP Release 9 中增强了 LTE 网络的无线接入侧来降低该延迟。另外，这些相关的增强技术也取决于目标接入技术（GERAN 或是 UTRAN）。

增强的功能包括，例如由 eNB 触发，对终端进行的 RRC 重定向过程。回落过程中存在/不存在辅助信息来帮助终端选择合适目标接入网络。类似的，在回落过程中基于 PS-PS 的重定位，分组交换链接可能从 LTE 切换到 UTRAN 网络。不论业界同意将何种机制用于终端，都会影响呼叫建立的时间和终端用户的体验。然而，目前的共识是：用户体验可以保持在一个合理的水平，因此对网络来说，用于语音和视频呼叫的 EPS 网络 CSFB 仍然是有效的手段。

与上述过程类似，对于 USSD、LCS 以及非呼叫相关的附加服务控制等流程，在运行期间也会执行回落操作。此时不需要对 3GPP 规范做修改，以便于通过演进分组系统和电路交换网中的 MSC 或 MSC 服务器发送相关的信令流程。

3GPP Release 8 之后，在即将到来的版本中，可能会对 EPS 网络 CSFB 作进一步的增强，目的是通过减少呼叫建立的时间来改善用户的体验。部分相关的增强机制已经在 3GPP Release 9 中进行了标准化，某些厂商认为 Release 9 的版本是最适合用于商业部署的基准规范。但是，在端到端的部署中，所需的技术条目是否支持该基准规范目前尚不清楚。关于增强的功能，某些场景下可能出现混合配制，例如电路交换核心网络是基于 3GPP Release 8 的，而演进分组系统是基于 3GPP Release 9 的。由于 SGs 接口的区别并不大，所以 SGs 接口会阻止此类配置的发生。但是，所有相关的端到端的实体都有相同的规范基准是可以实现的。

下一节将会描述除短消息服务之外的更多使用 EPS 网络 CSFB 的细节用例。

9.4.1 语音和视频呼叫

移动电路交换网目前支持语音和视频电话，因此在 LTE 网络中也希望继续支持该业务。EPS 的 CS 回落功能可以通过执行回落流程来支持 LTE 语音和视频电话，即回落过程期间将接入 LTE 的终端转移到 GERAN/UTRAN 接入网，当回落过程结束后终端再回到 LTE 网络。

移动主叫语音和视频呼叫的情况下，终端会联合 eNB 和 MME 来决定进行回落操作。此时的回落流程可以用于普通的语音/视频呼叫或者紧急呼叫。如果是紧急呼叫，MME 可以通过 S1 接口的 S1-AP 请求消息告知 eNB 呼叫的特性，随后 eNB 会考虑这一信息以确保任何条件下都可以成功执行回落操作。

对于终端进行的移动主叫呼叫，关联 SGs 接口的 MSC 或 MSC 服务器是无法得知的。针对执行回落的终端，服务于 GERAN/UTRAN 网络的 MSC 或 MSC 服务器会完成其实际的呼叫建立流程。

对于移动终端的语音和视频呼叫，由于 MME 通过 SGs 接口将终端连接到服务中的

MSC 或 MSC 服务器上，因此移动终端呼叫的路径需要从网关 MSC 或 MSC 服务器做 HLR 的查询。HLR 将会从服务中的 MSC 或 MSC 服务器申请 VLR 来分配移动台漫游号码（Mobile Station Roaming Number，MSRN），网关 MSC 或 MSC 服务器会使用该号码安排呼叫路径。最后，当连接被叫用户终端（通过 SGs 接口）的 MSC 或 MSC 服务器接收到呼叫时，此 MSC 或 MSC 服务器会通过 SGs 接口执行寻呼流程，按照指定的路径将消息发送到 MME，并最终送达被呼叫的终端。寻呼信息可能包含一个可选的主叫线路识别参数，该参数可以和来电信息一起告知被叫用户。如果被叫用户不希望进行回落操作，例如 LTE 网络存在一些重要的数据应用连接，此时可以拒绝来电而不会导致回落的发生。然而，如果接收了来电寻呼，终端则向 MME 回复扩展服务请求消息，MME 再次通过 SGs 接口向 MSC 或 MSC 服务器发送服务请求消息。当 MSC 或 MSC 服务器接收到该消息后，会将该消息与 EPS 网络的 CS 回落的调用信息作对比。随后，终端开始进行 PS-PS 重定位，将激活的 PS 连接转移到 GERAN/UTRAN，同时也将终端自身转到 GERAN/UTRAN 无线接入网中。当该流程顺利完成后，终端将向控制 GERAN/UTRAN 接入网的 MSC 或 MSC 服务器发送寻呼相应，以确保呼叫的正常完成。

图 9-5 所示为 LTE 终端执行 EPS 网络的 CS 回落过程，进行一次基本的移动主叫呼叫的流程。

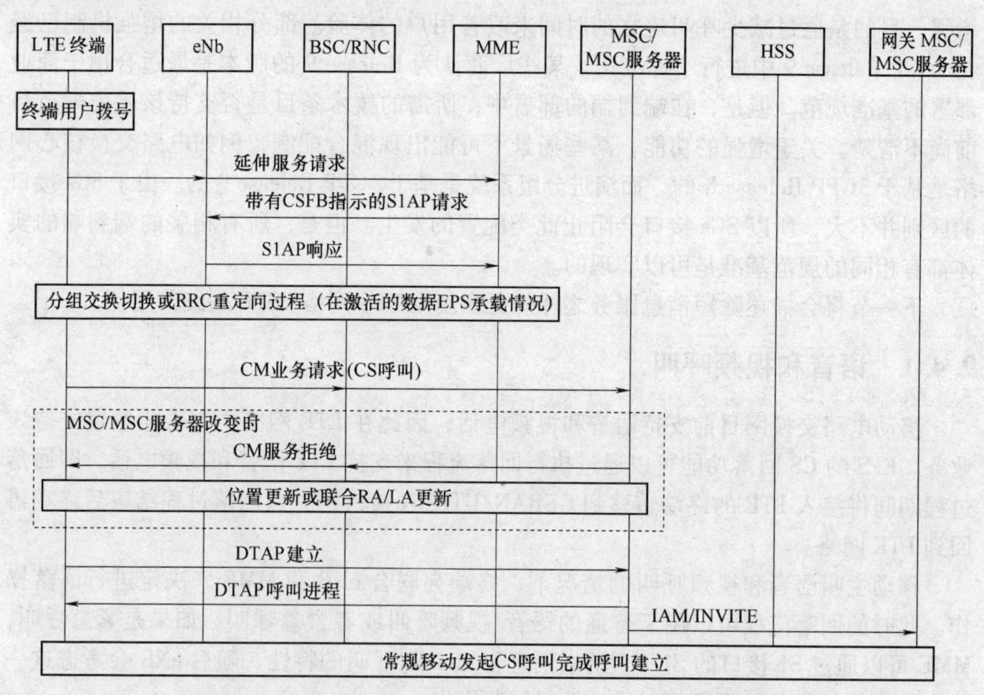

图 9-5　LTE 终端通过 CS 回落功能进行移动主叫呼叫的流程

当被叫用户附着在 LTE 网络时，一次移动终端呼叫尝试的过程比移动主叫呼叫或其他非呼叫相关的流程要更复杂。因为跟踪区域和位置区域并不完全一致，所以就涉及更高的复杂度。因此终端执行回落之后再连接到的 MSC 或者 MSC 服务器，与原本通过SGs接口寻呼终端可能不是同一个MSC或MSC服务器。3GPP已经解决了该问题：通过复用移动终端漫游重试（Mobile Terminating Roaming Retry，MTRR）过程，在电路交换核心网内通过新的MSC或MSC服务器变更呼叫路径，与原本用来通过SGs接口寻呼终端的MSC或MSC服务器不同。这一过程在3GPP TS 23.272中做了定义（原本在3GPP TS 23.018[8]）

图9-6所示为使用EPS网络的CS回落过程，指向LTE网络终端的移动终端呼叫流程，未引入MTRR。

如果移动终端呼叫需要结合MTRR，那么呼叫流程如图9-7所示。使用MTRR需要在电路交换核心网中端到端的支持。这一过程需要网关MSC或MSC服务器通过HSS，使用一个具体的标志通知服务访问的MSC服务器。通过这种方法，服务访问的MSC或MSC服务器就能够检测到呼叫中可以执行MTRR过程。

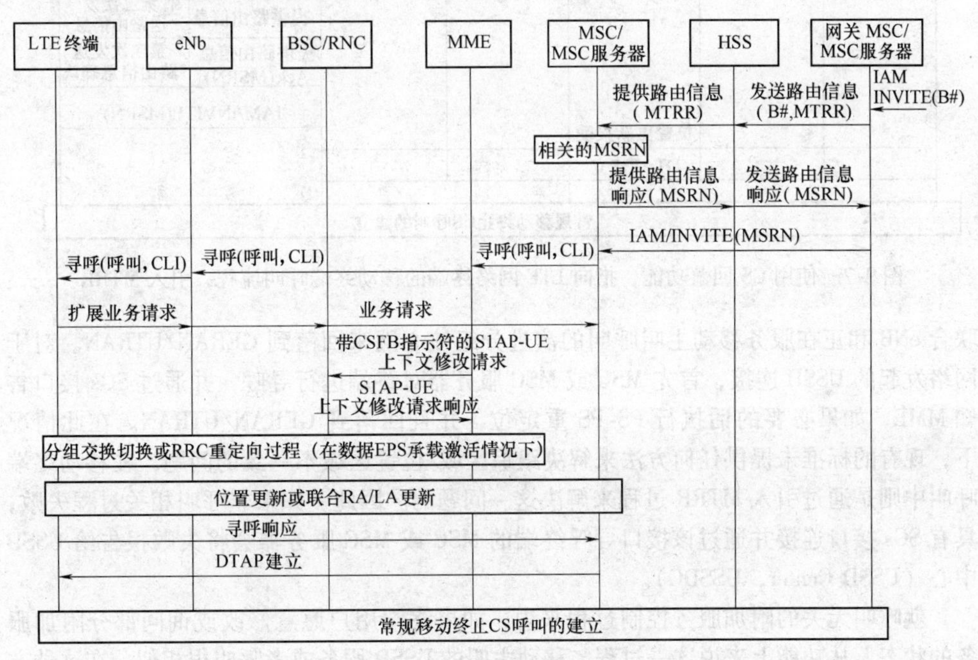

图9-6 使用CS回落功能，指向LTE网络终端的移动终端呼叫流程，未引入MTRR

9.4.2 非呼叫相关的附加服务和定位服务

非呼叫相关流程，包括非结构化补充业务数据（Unstructured Supplementary Service Data，USSD），位置服务（Location Services，LCS）以及非呼叫相关的附加服务控制，这些流程也会使用与语音/视频呼叫相似的回落机制——也就是说，以上流程进行期间会将终端转移到GERAN/UTRAN，结束后服务网络会将终端回迁到LTE接入网的覆盖范围内。

9.4.2.1 非呼叫相关的附加服务

USSD信令连接可以由移动台或者网络发起。对于移动主叫USSD连接，终端需要

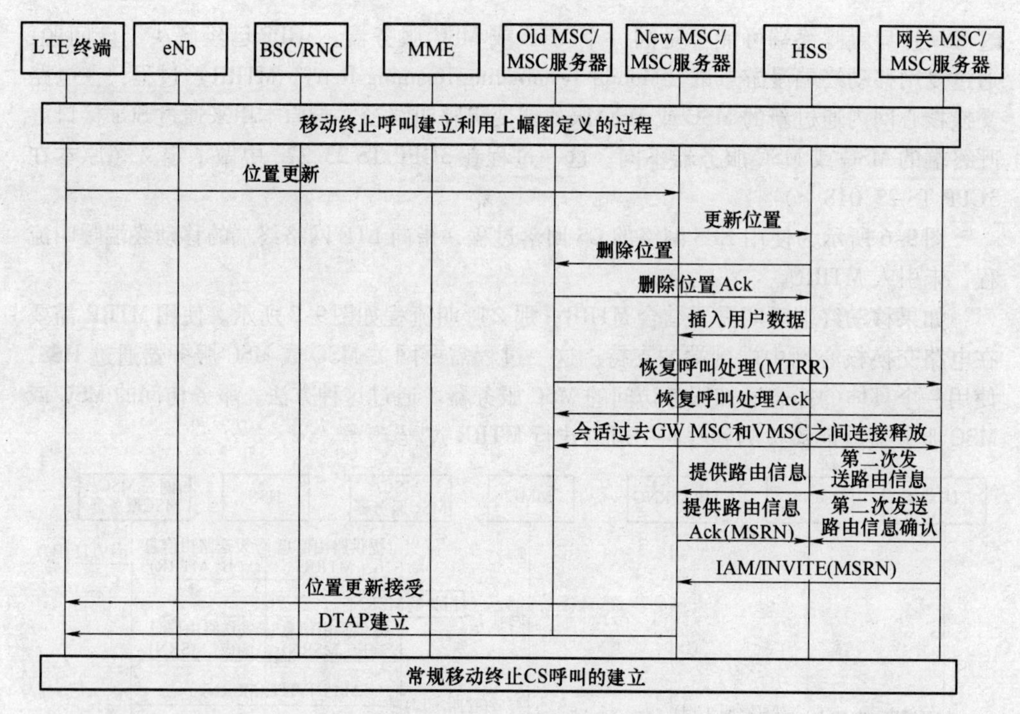

图9-7　使用CS回落功能，指向LTE网络终端的移动终端呼叫流程，引入MTRR

联合eNB和正在服务移动主叫呼叫的演进分组核心网来回落到GERAN/UTRAN。对于网络发起的USSD连接，首先MSC或MSC服务器对终端进行寻呼，并通过SGs接口告知MME，如果必要的话执行PS-PS重定位，并且回落到GERAN/UTRAN。在此情况下，现有的标准未提供任何方法来解决跟踪区域/位置区域不一致的问题，在移动终端呼叫中则是通过引入MTRR过程来解决这一问题的。因此，如果非呼叫相关过程失败，具有SGs接口连接并通过该接口寻呼终端的MSC或MSC服务器会将失败报告给USSD中心（USSD Center，USSDC）。

就呼叫无关的附加服务控制过程来说，如果终端用户愿意修改或询问部分附加服务的状态，从功能上来说这一过程与移动主叫的USSD服务或者呼叫很相似。在这种方式下，终端会与演进分组核心网和服务中的eNB联合决定去执行回落——也就是将终端从LTE接入网中移动到GERAN/UTRAN网络。回落只有在移动主叫的方向才有效，并且永远不能由网络来申请。正如3GPP TS 24.010[9]中定义的，终端回落到的GERAN/UTRAN网络由MSC或MSC服务器来控制，通过与其建立信令连接，终端就可以执行非呼叫相关的信令交互。非呼叫相关的过程结束后，如果存在足够的LTE覆盖，终端将回迁到LTE网络中。

9.4.2.2　定位服务

演进分组系统与分组、电路交换网中支持定位服务的方式各不相同。业界期望在LTE网络中控制面定位和用户面的定位过程都可以支持。前者意味着演进分组核心网和LTE无线接入网支持多种定位方式，并且当有需求时将定位结果发送到网关移动位置中心（Gateway Mobile Location Center，GMLC）。这一模式与当前现有移动网络中的方法类似。后者的情况意味着终端支持安全用户面位置（Secure User Plane Location，SUPL）方法来发送定位信息。例如，通过 IP 连接从集成的辅助全球定位系统（Assisted Global Positioning System，A-GPS）发送 SUPL 2.0 响应到请求的服务器，不需要来自演进分组系统的任何支持。如果以上机制都不存在，如果终端支持 EPS 网络的 CS 回落，那么可以使用电路交换核心网中已有的方法去检索定位信息。这意味着通常会按指定路径发送移动终端位置请求（Mobile Terminating Location Request，MT-LR）信息，例如，从 GMLC 发送到与终端保持激活状态的 SGs 连接的 MSC 或 MSC 服务器。然后，MSC 或 MSC 服务器会寻呼用户，使终端发起回落——也就是在定位期间终端从 LTE 网络转移到 GERAN/UTRAN。终端也会通过 GERAN/UTRAN 响应寻呼请求。对于 USSD 和 LCS，现有的标准未描述任何方案来处理跟踪区域/位置区域不一致的问题，而在移动终端呼叫中该问题则是通过引入 MTRR 过程来解决的。再次说明，如果 LCS 失败，与 SGs 接口相连接并通过该接口寻呼终端的 MSC 或 MSC 服务器会报告一个失败的确认信息到 MT-LR 中，然后再发送给 GLMC。

9.4.3　部署前景

除了基于 SGs 的 SMS 业务，当网络中为了语音或非呼叫相关过程进行 EPS 网络的 CS 回落机制的部署时，通常需要在演进分组系统和电路交换网域之间做联合的网络部署。

对于 SGs 接口，其设计方式应该是在 MME 和 MSC 或 MSC 服务器之间建立该接口，MME 会处理 LTE 无线接入网络而 MSC 或 MSC 服务器处理覆盖相同地理区域的 GERAN/UTRAN 无线接入网络。为了适应 SGs 接口可能带来的信令流量的增长，需要合理地设计 MSC 或 MSC 服务器容量的大小，所以在网络部署过程中必须考虑流量特征（动态容量）以及 VLR 中用户增长的数量（静态容量）。另外，使用 MTRR 的可能性也需要进行评估，这取决于 SGs 接口的初始设计，以及在实际网络中跟踪区域/位置区域的一致程度有多高。两个区域的绝对一致可能并不可行，因此，对于所有为语音和视频电话呼叫而支持 EPS 的 CS 回落机制的网络都需要 MTRR 过程。

无并行语音呼叫的 USSD 或 LCS 也需要进行评估。如果 LCS 只是和语音呼叫同时使用（例如，通话过程中外卖派送员可能会请求该用户的位置以提供更好的服务），对于非呼叫相关的流程，缺少类似的 MTRR 过程可能会导致一些问题，此时反而不会产生任何问题了。但是，如果支持此类服务的新的过程在当前网络中不存在，那么在设计服务时要将缺少网络支持这一点作为重点考虑以避免日渐增加的 MT-LR 或 NI-USSD 申请失败率。

9.5　基于 IP 的语音和短消息服务

LTE 能够通过降低总的端到端的延迟和提高数据连接的吞吐量这些终端用户在旧 3GPP 技术中没有感受到的体验，从而为移动宽带带来更好的用户体验。同理，可以认为 LTE 的承载能够更加有效地在终端用户间传送语音和其他类别的通信。最终，由于 LTE 中没有使用本地电路交互技术，因此排除了直接复用现有的电路交换移动网络提供这些服务的可能性。

未来，在确定使用模型之前，通信服务供应商必须选择如何在 LTE 中延续重要的语音业务和短信业务。假设起初不论部署何种技术用来填补空白，最终的目标都将是部署基于本地 IP 的技术，从而降低网络运维的复杂度和成本。

如何选择合适的技术以实施基于 IP 的语音和 SMS，这取决于服务要求和服务供应商的整体业务模型。一种可能的解决办法是使用目前在 Internet 上使用广泛的第三方的 Top VoIP 服务，或者基于 IMS 和 3GPP 定义的补充业务采用更加传统的正规语音业务模型。传统移动服务供应商很可能持续这种传统的途径，否则提供语音业务的整体商业模式将会从根本上改变。

另一个同样影响技术选择的问题是业务的持续需求。我们可以考虑这样一种情况，通信服务供应商同时提供 2G 和 3G 语音和短消息服务并且考虑使用 LTE 技术。如果不考虑跟传统电路网络所提供的服务匹配，这可以被认为是一种全新的服务；不然就需要规定其与现有网络提供的服务在一定程度上匹配。在前一种情况下，运营商很可能可以已较小的支出购买全新的设备来提供语音和 SMS。但在后一种情况中，创建服务的成本取决于市场上技术的成熟度，可能会较高。这也意味着，有必要针对已部署的后端系统进行交互，如通过针对移动网络的定制应用增强逻辑（Customised Applications for Mobile networks Enhanced Logic，CAMEL）或智能网应用协议（Intelligent Network Application Protocol，INAP）的智能网络业务控制点（Service Control Point，SCP），以及具有传统 MSC 服务器或者基于 IP 的语音和 SMS 在 MSC 服务器上可用。当然，考虑到语音和短信息及不同通信服务供应商之间的种种变化，这些情况下的端到端服务还需要继续分析研究。目前还没有通用的解决方案。

3GPP 在使用会话初始化协议（Session Initiation Protocol，SIP）技术来定义基于 IP 的语音和 SMS 单一标准化基准方面做出了很大努力。这样，通过使用 IMS 来部署语音和短消息服务，确保多个供应商的产品之间的可互用性符合 3GPP 协议，创建一个类似于 GSM 和 3G 初期的节能系统[10-12]。LTE 中 IMS 架构的应用，提供了实现真正固定移动融合（Fixed Mobile Convergence，FMC）的可能，这里 LTE 被看做与其他固定、移动宽带和窄带接入技术一样的另一种接入 IMS 的技术。因此，IMS 可以视为未知但已经被意识到的一种架构。

除了为这些业务定义详细架构与协议级要求的标准，GSMA 已决定发布关于“IMS 语音和 SMS 配置文件”更详细的文件作为 IR. 92 文档[13]。此文档的目的是从所有相关的 3GPP 协议中选择出最重要的特性，为在多厂商环境下实现更快地推向市场和可互用性。更早之前针对多媒体服务，如视频共享和容量增强，为了确保这些业务的重要利益，GSMA 完成了类似的程序进程作为丰富通信套件倡议。因此，自然可以认为 GSMA 领导了此项进程。

9.5.1　IP 多媒体子系统

IP 多媒体子系统是 3GPP 定义的可控多媒体业务架构。最初被标准化为 3GPP R5 的一部分，但在全球网络中的全面启动却经历了比预期更久的时间。

最初 IMS 用做一键通、在线和实时消息等业务的平台，但由于多方面的原因，这些业务并不十分成功，而且其使用非常稀少。一系列的原因导致 IMS 在移动网络中的引入缓慢。首先是缺乏 IMS 架构专属的杀手级业务，这可能也是主要原因。对于语音业务来说 IMS 是一个成功的平台，然而当今的移动网络在引入 3GPP R4 中的移动软交换技术——即 MSC 服务器系统——之后对语音业务的支持极其有效率，因此 IMS 平台并没有被广泛应用。由于缺少可行的 QoS 功能，利用 GPRS 或 WCDMA 技术的 VoIP 不可行，并且相比传统的电路交换无线承载，这种传输方式的效率较低。当足够的 3GPP R7 功能为高速分组接入（High Speed Packet Access，HSPA）部署时，这种状况可能会改变，但那时基于电路交换的增强技术同样有望使用基于 HSPA 的电路交换，从而再次将射频效率提高到与基于 HSPA 的 VoIP 相同的级别。由于基于 LTE 的语音和短消息服务作为基于本地 IP 的业务将来不太可能得到完善，那么从系统效率的观点来看，基于 HSPA 的 VoIP 也不大可能实现。

然而，尽管在移动网络领域受到挑战，IMS 在固定网络领域已获得更多成功，顺利地使用 VoIP、不受多厂家因素影响、依从与 IMS 的技术帮助通信业务提供商用替换过时的固网设备。同样的，在公众眼中 IMS 也与企业服务相关，也就是类似一些服务提供商已经商用部署的主机 IP 交换机业务。

读者不应认为 IMS 部署的不普遍性与 IMS 技术不成熟或者 IMS 架构的标准有关。IMS 的主要困难在于缺乏除语音之外基于此技术的杀手级业务。

未来，LTE 相关的应用场景有望推动 IMS 引入移动网络，因为 IMS 是唯一全世界公认的能够实现此类应用的技术。IMS 在移动网络中另一个被认识到的商业机会是丰富通信套件（Rich Communication Suite，RCS），有迹象表明 RCS 将先于 LTE 部署，从而为后续引入基于 LTE 的语音和短消息服务创造基础。未来同样能够预期的是，IMS 将作为一个集中的业务架构，以高效的方式为固定和移动终端实现相同的业务——也就是真正的固定移动融合。无论如何，从基于电路交换的电话向基于 IMS 的语音迁移都会像进化一样必然发生，而让这两种技术共存在一个网络下可能会花上挺长的时间。

9.5.2　基于 IP 的语音和视频电话

终端和 IMS 网络支持 3GPP 定义的协议是使用 IMS 架构实现基本电话服务的基本需求。协议包括如 SIP、SDP 以及所需应用服务器，如电话应用服务器（Telephony Application Server，TAS）的相关程序，用以支持多媒体电话。

通过使用业务传送框架（Service Delivery Framework，SDF）或者传统的智能网络，可以应用更多高级的服务。使用传统的 CAMEL 或 INAP 或带有 SIP（IMS 服务控制，ISC）可对其进行集成。根据网络和服务供应商设置的业务需求，这些功能很可能会有很大的改变。

在提供服务之前，终端必须如 3GPP TS23.228[14] 的定义在 IMS 注册，并基于 3GPP TS 24.229[15] 中定义的协议层实施。

在注册阶段，终端将通过基于 3GPP TS 33.203 的认证与密钥协商（Authentication and Key Agreement，AKA）进行认证。认证可以基于通用用户识别模块（Universal Subscriber Identity Module，USIM）或 IMS 用户身份模块（IMS Subscriber Identity Module，ISIM），而这些模块可以以软件模块的形式嵌入通用集成电路卡（Universal Integrated Circuit Card，UICC）。UICC 就是终端用户所说的 SIM 卡，而其中的 USIM 和 ISIM 应用却不容易被直接感知。应该注意的是，传统 SIM 卡不兼容 LTE 业务，因此那些基于使用 SIM 在 LTE 语音和 SMS 中实现 IMS AKA 的场景与此处无关。因此在 UICC 上单独配备 USIM 就已经满足了在 IMS 架构下实现 LTE 语音和 SMS 的最低要求，不需要升级 ISIM 以支持已部署的 UICC。

当终端已经成功注册在 IMS 网络时，具有 IMS 服务控制（IMS Service Control，ISC）接口的第三方注册通知相关应用服务器这个事件。必要的应用程序服务器在静态 IMS 用户信息中配置，同时存储在 HSS 中。用户的 S-CSCF 通过 Cx 接口取数据，并代表终端对这些应用服务器执行必要的第三方注册。应用服务器可以通过 Sh 接口从 HSS 取得用户相关的数据，或者用一些其他的方式确保需要的用户信息可用于执行业务。

语音和 SMS 操作中包含的典型应用服务器可能包括如下内容

1）定义在 3GPP TS 23.002 中的电话应用服务器（Telephony Application Server，TAS）以提供多媒体电话补充业务。

2）定义在 3GPP TS 23.204 中的 IP 短信息网关（IP-Short Message-Gateway，IP-SM-GW），如为了提供与电路交换短消息服务架构互操作。

3）定义在 3GPP TS 23.002 中的 IP 多媒体业务交换功能（IP Multimedia-Serving Switching Function，IM-SSF）以提供面向 IMS 智能网服务控制点的互操作，具有 CAMEL协议的 IMS 特定实现。

4）定义在 3GPP TS 23.292 中的服务集中和连续应用服务器，提供终结接入域选择并协助 LTE 和电路交换网络的服务连续性。

TAS 是最重要的应用服务器之一，它在补充服务的执行中具有关键作用，补充服务定义在 3GPP 中作为部分多媒体电话，并且考虑用在 GSMA“针对语音和 SMS 的 IMS 框架”（IR.92 文档）中。

SCC AS 将会作为每个 IMS 会话包含的一部分，以在稍后被底层接入网络及时调用业务连续性时固定该会话。同样的，如果终端同时连接在电路交换和 IP（LTE）两个网络中，它将用于选择一个合适的接入网以终止 IMS 会话。

IM-SSF 能力可能实际上使用传统的基于电路交换的 CAMEL 协议或者甚至是已经部署并用于 SCP 和服务应用中的 INAP。这导致了 IMS-SSF 不遵守原始的 3GPP 规范，但是这代表一种更加符合服务提供商的商业需求的实际部署。

相关的应用服务器细节描述见下面小节。

9.5.2.1 会话建立

一个语音或者视频电话会话通过使用会话初始化协议（Session Initiation Protocol，

SIP）以及嵌入式的会话描述协议（Session Description Protocol，SDP）提供的功能建立，该功能负责实际编解码协商。

SIP 负责 IMS 网络中会话的建立、保持和终止。该协议最初由 IETF 定义，之后被 3GPP 采纳并增强以满足 IMS 架构设定的要求。SIP 是一个多目的的协议，可用作不同应用的组成部分。与之相反，电路交换网络中使用的典型协议只用于单个目的（例如建立呼叫、传递短消息）。过去这种灵活性也引起了互操作问题，3GPP 和后来的GSMA“针对语音和 SMS 的 IMS 框架”的组成部分，已经设法通过定义关于在 IMS 架构中终端和网络应当如何使用 SIP 及相关协议的严格准则来克服这一问题。这种多厂家互操作的可能性已成为 IMS 的最大的好处。

SDP 描述一个 IMS 会话的性质，即终端节点之间的媒体连接可以按需建立和修改。在需要时，SDP 封装在 SIP 信令的消息体内。简而言之，这个同意公共媒体连接的过程称为 SDP 协商。SDP 协商由一个或多个提议和回答处理构成，可能需要协商所有需求的参数，诸如编解码、个体编解码类型、编解码属性、IP 地址以及用于本地和远端媒体连接相关的端口号等。与 SIP 相似，SDP 同样定义地非常灵活，因此 3GPP 和后来的 GSMA“针对语音和 SMS 的 IMS 框架”缩减了必需的功能，以求实现较早地上市，以及多厂家环境中更好的互操作性。

对于上述提到的协议，本书不再赘述。感兴趣的读者可查阅详细描述这些协议的书籍。

9.5.2.2 多媒体电话

3GPP 在 R7 版本协议中定义了多媒体电话，以此来定义一个补充业务和在 IMS 架构上的一般电话业务的标准集合。这项工作的基础来源于 ETSI TISPAN（Telecommunications and Internet converged Services and Protocols for Advanced Networking，电信和因特网融合业务及高级网络协议）工作，这个工作更早完成，以提供相似的固定 IMS 部署能力。实际操作上，3GPP 利用一部分移动网络特征作为这项工作的基础。3GPP 也修改了一些已有的服务以匹配在移动网络中多媒体电话业务的需求。3GPP 不仅丰富了这些业务触发的方式（比如基于存在条件的呼叫多样化业务），同样也引入了一类新的语音多样化业务，这与当今电路交换移动网络中呼叫前转不可达（Call Forwarding Not Reachable，CFNRc）相似。

多媒体电话以这样一种方式实现：同样的服务可以应用在任何终端上，不论终端采用的是什么接入网技术。这使得在将来部署具有同样补充业务群的中央式 IMS 架构成为可能，因此能降低为每一个接入技术维护多个不同服务域带来的开销。多媒体电话的使用也因此被期望作为固定移动融合的、合并固定的、电缆的以及移动接入到相同统一服务架构的基础。

GSMA“针对语音和 SMS 的 IMS 框架”基于至少需要提供与现在电路交换移动网相似的服务级别这样一种理念。多媒体电话有一定的自由度，超出目前已有的电话交换网络能力。它被认为是一个增强但也最可能在基本语音服务成功部署之后部署的方案。

GSMA 定义的框架目标是成为与 3GPP 原始多媒体电话相关的服务与能力的子集。这与当前电路交换移动网络能力一致。这提供了一种独立于所用接入技术（电路交换或者是 IMS）的业务，而不管用户漫游到什么位置。这种独立性对于在不同业务设置、由业务执行（TAS 和 MSC）处理的不同域之间的同步也有效。

接下来的章节将详细说明多媒体电话如何在 GSMA“针对语音和 SMS 的 IMS 框架”的高层中被采用。应该注意的是这个框架只定义了针对语音和视频电话的业务而没有针对 SMS 或者其他 IMS 业务，尽管今天一些网络具有比如针对 SMS 的呼叫转移服务。这当然并不意味着这些可以为服务提供商带来额外收益的业务不应该使用，而是打开了服务提供商之间竞争的大门。

1. 补充业务

由 3GPP 定义及 GSMA 在“针对语音和 SMS 的 IMS 框架”下认可的服务，包含需要借助现有电路交换移动网络的业务情况下的一系列业务与条件。

补充服务设置作为单个 XML 文件来维护，已经在 3GPP TS24.623 中定义并在 3GPP R9 版本协议中增强，即带有一个可选协商机制的能力允许断点（终端和网络）来协商支持哪种服务和能力。这个 XML 文档可以保存在 HSS 和 XML 文档管理服务器（XML Document Management Server，XDMS）中，包含运营商定义的内容如置备服务和反映由终端用户配置的数据。换句话说，终端用户不可能增加新的服务（比如无条件呼叫转移）到 XML 文档，除非之前已经由服务商提供给用户。网络将利用存储在这个文档中的数据来调用位于服务 IMS 网络中的电话应用服务器（TAS）功能实体中的服务。如果会话的主题是多媒体电话业务，TAS 总是参与 IMS 会话。

表 9-1 表示在“针对语音和短消息的 IMS 规范”中定义的业务子集。

表 9-1 针对语音和短消息的 IMS 规范的业务

补充业务	业务描述
起始端识别标识 3GPP TS 24.607	向被叫用户提供主叫用户身份，与 CS 网络中的主呼叫线提示（Calling Line Presentation，CLIP）相同
终端识别标识 3GPP TS 24.608	向主叫用户提供被叫用户身份，与连接线提示（Connected Line Presentation，COLP）表示相同
起始端识别限制 3GPP TS 24.607	向被叫用户提供主叫用户识别表示限制。与 CS 网络中的主呼叫线识别限制（Calling Line identity Restriction，CLIR）相同
终端识别限制 3GPP TS 24.608	向主叫用户提供被叫用户识别表示限制。与 CS 网络中的连接线识别限制（Connected Line identity Restriction，COLR）相同
无条件通信转移 3GPP TS 24.604	无条件地向新地址前转会话，与 CS 网络中的无条件呼叫前转（Call Forwarding Unconditional，CFU）相同
用户不在线时通信转移 3GPP TS 24.604	当用户没有注册到网络中时转移会话

（续）

补充业务	业务描述
忙时通信转移 3GPP TS 24.604	被叫忙时前转会话或通过按“红色按钮”显示用户繁忙状态。与CS网络中呼叫前转忙（Call Forwarding Busy, CFB）相似
用户不可达通信转移 3GPP TS 24.604	被叫用户终端不可达时前转会话。与CS网络中的呼叫前转不可达（Call Forwarding Not Reachable, CFNRc）相似
无应答时通信转移 3GPP TS 24.604	被叫用户无应答时前转会话。与CS网络中的无法应答呼叫前转（Call Forwarding No Reply, CFNRy）相似
限制所有来电 3GPP TS 24.611	限制某个用户拨入的会话
限制所有去电 3GPP TS 24.611	限制某个用户拨出的会话
限制国际去电 3GPP TS 24.611	限制某个用户拨出的国际会话
限制漫游时的来电 3GPP TS 24.611	当用户漫游出归属网络时，显示所有拨入的会话
通信保持 3GPP TS 24.610	使用户能够保持正在进行的会话，并稍后取回
消息等待指示 （Message Waiting Indication, MWI） 3GPP TS 24.606	用户能够收到关于留在比如语音信箱系统中消息的指示。在CS网络中，这通常由SNS业务处理。这里同样可能适用于这种情况，除非网络支持MWI
通信等待 3GPP TS 24.615	使用户能够在会话过程中得到拨入会话的指示
Ad-Hoc多方会议 3GPP TS 24.605	用户能够建立Ad-Hoc会议（语音和视频）。这与CS网络中的多方补充业务类似，但更为丰富，以在需要时支持视频会议

多媒体语音相关的补充业务的设置存储于网络侧的XML文档内。

这是一个架构化的XML文档，可以由服务提供商或者终端用户数量操作。终端用户可能用一些非标准的方式来修改XML文档——比如，通过利用服务提供商或者甚至是设备代码（比如用“*21*C数字#”来激活非条件呼叫转移服务）的Web入口，或者是3GPP标准化的方式通过在3GPP Ut接口利用XML配置访问协议（XCAP）。

XCAP本来是由IETF RFC 4825定义的，后来被开放移动联盟和3GPP用在IMS架构来操作基于XML与各种基于IMS服务相关的文档。比如OMA指定XCAP用于操作与存在服务相关的授权准则。同样的资源列表在XCAP协助下也能操作。

根据3GPP TS 24.623，位于终端的XCAP客户将能够操作与特定服务相关的XML文档。XCAP将文档中特定XML单元映射为HTTP URI，然后可以直接由客户接入，增加，修改或者移除XML文档中的实际数据。XCAP服务器功能，可以是归属于类似电话应用服务器（TAS）的不同物理网络单元，负责扮演与特定服务相关的XML文档库。XCAP服务器也终止XCAP客户的请求，同时根据客户请求和XML文档相关的概要限制（验证）来操作这些文档。

在XCAP客户能接受XCAP请求之前，需要执行用HTTP摘要或者3GPP TS 24.623定义通用的认证算法（Generic Authentication Algovithm，GAA）执行认证。这个认证可以由特定聚合代理（Aggregation Proxy，AP）功能或者由XCAP服务器（TAS）执行，XCAP服务器是XCAP请求的目标。AP是一个可选功能，但是如果其他基于XCAP的应用得到部署，它可以用来协调网络架构。比如Presence通过OMA规范。如果AP证实XCAP请求有效，在给目标XCAP服务器发送请求之前，它将插入一个特定HTTP X 3GPP Asserted标识包头到HTTP请求中。通过AP路由，XCAP请求到正确的XCAP服务器是基于在XCAP请求内的应用使用ID（Application Usage ID，AuID）域，也许该请求与多媒体电话相关。AuID在3GPP针对多媒体电话中的定义见“simservs. ngn. etsi. org.”

9.5.2.3 文本电话

文本电话已经部署在一些电路交换移动网络中用来协助听力受损用户在电路交换语音信道使用带内信息通信。这是一个与紧急呼叫相结合的特别重要的特征，比如在美国。3GPP定义方法命名为全球文本电话（Global Text Telephony，GTT），并且定义在3GPP TS 23.226[16]中。3GPP定义了基于语音（Global Text Telephony over voice，GTT-Voice，全球文本电话语音）和3G-324M视频电话（Global Text Telephony over video telephony，GTT-CS，全球文本电话视频电话）的转换文本电话方法，但是事实上，GTT-Voice已经是最常用的方式了。

GTT提供用于无线接入的蜂窝文本电话调制解调器（Cellular Text Telephony Modem，CTM）技术与用在固定网络的V.18的互操作。这种方式与已有的从移动终端到达的文本电话设备兼容。CTM已经被标准化[16]。

这种情况不同于基于IMS的语音和视频电话，因为CTM技术被决定不用于从IMS终端转换文本电话。相对的，ITU-T. T140[17]被选择使用。T.140协议是基于文本的，并且它使用定义在3GPP TS 26.235[19]中IETF RFC 4130[18]负载格式。

如果终端能够支持电路交换以及基于IMS语音和视频电话，这取决于所采用的接入网，它需要支持CTM和T.140文本电话。

网络需要支持已经在IMS终端和电路切换的网络中建立的CTM和针对IMS会话的T.140的互操作。这种互操作由MGCF和IMS-MGW负责，代表了SIP用户面向IMS终端，因此扮演着为SDP协商的激活端点。

9.5.2.4 策略控制

3GPP定义的策略和计费控制（PCC）也被重用在基于IMS的语音和视频电话的情况中，以确保EPS给出相应的QoS[20]。

PCC 框架在漫游和非漫游两种场景下提供基于服务和流的策略控制。PCC 功能没有广泛地部署在基于 GERAN 或者 UTRAN 的分组交换网络，但是一个明显的趋势是逐步提高网络的业务认知，主要是由于全球对移动宽带的需求增加导致数据流量增加。同样的，另外一个趋势是需要被终端用于获得接入不同服务的接入点名称（Access Point Name，APN）的数量最小化。这两个需求意味着现代移动宽带网络将实现，比如，需要被终端用于获得接入不同服务的深层分组检测（Deep Packet Inspection，DPI），以检测所有在终端和网络之间的 IP 业务交换。另外，策略控制也能基于位置、网络、一天中的时间、用户类别以及其他相关准则来执行，这些可以在策略和计费规则功能（PCFR）中考虑。

PCC 能用一个被存储的用户概况表（如果存在），基于服务的信息从应用功能（Application Function，AF）处通过基于 Diameter 的 Rx 接口接收。读者应该注意到在某些情况下 DPI 也能是 AF。在基于 IMS 语音和视频电话情况下，AF 驻留在 P-CSFC 中。P-CSCF参与的编解码协商是通过用端点间的会话描述协议（Session Description Protocol，SDP）来实现的，因此它可以基于协商的结果，从潜在的接入网中（比如 EPS）请求足够多的资源。PCRF 从 P-CSCF 接收到请求将最终把本地策略考虑进来，同时也考虑 PCC 相关的用户概况以及通过一个基于 Diameter 的 Gx 接口从策略控制执行点（Policy Control Enforcement Point，PCEP）请求资源。PCEF 并置排列在 EPS 和分组数据网网关（Packet Data Network Gateway，PDN-GW）。也有可能请求 PCC 框架来通告 AF/P-CSCF 有关各种事件，这些事情可能发生在接入网侧，比如 IP 连接丢失，或者是从一个无线接入技术到另一个的切换。

在非漫游场景下，所有 PCC 相关的功能处于本地网络以及 Rx 和 Gx 接口中。然而，当用户正在漫游时，PCRF 有可能实际上分成两个功能块，访问的 PCRF 和本地的 PCRF。一个基于 Diameter 的 S9 接口可能用于这两个功能块之间在本地和访问网络间传递用户概况信息和通道 Rx 接口信息。用户概况总是存储在用户的本地网络中。在基于 IMS 的语音和视频电话中，当用户漫游时，PDN-GW 和 P-CSCF 处于在 IMS 漫游架构定义好的访问网络中。这样意味着 PCC 在访问网络里执行的决策可能利用了从本地 PCRF 通过 S9 接口接收到的信息。

表 9-2　QCI 映射

QCI 值	目　的
1	对话语音（GBR）
2	对话视频（GBR）
5	IMS 信令（非 GBR）和 Ut/XCAP 接口（可能）

有 EPS 架构的策略控制比起传统基于 GERAN/UTRAN 的分组交换架构更为简单。EPS 用定义在 3GPP TS 23.203 中特定的 QoS 等级标识符（QoS Class Identifier，QCI）值来协助将某种类型的业务与特定的 WPS 承载联系起来。EPS 承载与传统技术的 PDP 类似。EPS 有两类承载：默认和专属的承载。当终端连接到 EPS 时，默认承载总是由网

络建立起来，但是默认承载不能支持保证比特速率（Guaranteed Bit Rate，GBR）业务，这使得它不适合传统业务，比如语音。另外一方面，必要时专属 WPS 承载能够支持语音和其他非尽力而为（non-best-effort）业务。专属 EPS 承载总是由网络建立，这也是一个相比于传统基于 GERAN/UTRANPS 网络的不同点。专属 WPS 承载的思路可能与定义在目前 3G 分组数据域功能的次级 PDP 内容相类似。

表 9-2 为对语音和视频电话以及定义在 3GPP TS 23.203 中的 IMS 信令的 QCI 映射。

针对其他应用的其他值，本章节不做讨论。服务提供商有可能会定义自己的 QCI 映射值但是强烈建议使用标准的映射值（至少与目前列出的 QCI 值相关），这是为了协调不同网络的功能。

使用 QCI 功能是为了在接入网提供 QoS，在这种情况是 EPS。但是，当基于 IMS 的语音和视频电话在 IP 骨干网传输时，在 IP 连接中确保合格的 QoS 也显得十分重要。这也意味着基于 IP 的使用 SIP-I 或者是本地 IMS-NNI 的不同运营商的互连。因为这个原因，GSMA 已经定义了从用于接入网侧的 QoS 到 DSCP（DiffServ Code Point，差分服务编码点）值的映射，这个 DSCP 值能用于 IP 骨干网。

这个映射，基于六个不同的差分服务每跳行为（Diffserv Per Hop Behavior，PHB），从加速转发（Expedited Forwarding，EF）服务到尽力而为（Best Effort，BE）等类别，在 GSMA PRD IR. 34[21] 中记录。在 IMS 语音和视频电话中，这意味着 QCI = 1/2 被映射到 EF PHB 类别中，然而 IMS 信号可能映射到 AF31（保证的交互式通信转发服务）类别。

GSMA 定义的 IP 交换技术（IPX）被期望用于网络间经由 IP 的语音和视频电话通信交换。IPX 是 GRX 逻辑上的延续，GRX 是自从 2000 年在 GPRS 中被成功地用作运营间的主干网。IPX 通过提供 QoS 意识和一个相似的支付模型增强了 GRX 模型，此支付模型存在于现在的电路交换网络中。在其他 IMS 服务中使用基于 NNI 的 IMS 语音和视频电话时，IPX 使用相似的基于差分服务编码点（DSCP）的 IP 业务映射以便保证业务的每跳行为（PHB）。关于 IMS-NNI 的更多信息，参考 GSMA PRD IR. 65[22]，关于更多 IPX 的信息，参考 GSMA PRD IR. 34[21]。

除了这些，GSMA 最近定义了关于 LTE 上的 GRX 基础结构的漫游指南，此结构在 GSMA PRD IR. 88[23] 内。这个文档详述了 EPS 数据库的接入端口，但以漫游场景来说，IPX 和 GRX 是否适用取决于所使用的服务。

此外 IMS-NNI 已经存档为 GSMA PRD IR. 65[22] 的一部分。最近更新把 VoLTE 和电路交换 IP 互连互操作通过使用 GSMA PRD IR. 83[24] 的新要求包括了进去。丰富通信套件相关的推荐在 GSMA PRD IR. 90[25] 中描述。

图 9-8 所示为这些不同的 GSMA 指南的适用范围，包括 VoLTE、LTE 漫游和使用 IPX/GPX 的 CS 互操作点。

9.5.2.5 服务的连续性

服务的连续性能被认为是由多层建模的，每一层完成它的角色以保证服务的延续。最低层由接入网络提供，最高层由服务应用层提供。两层都应用在 IMS 中提供最大的终端用户体验。

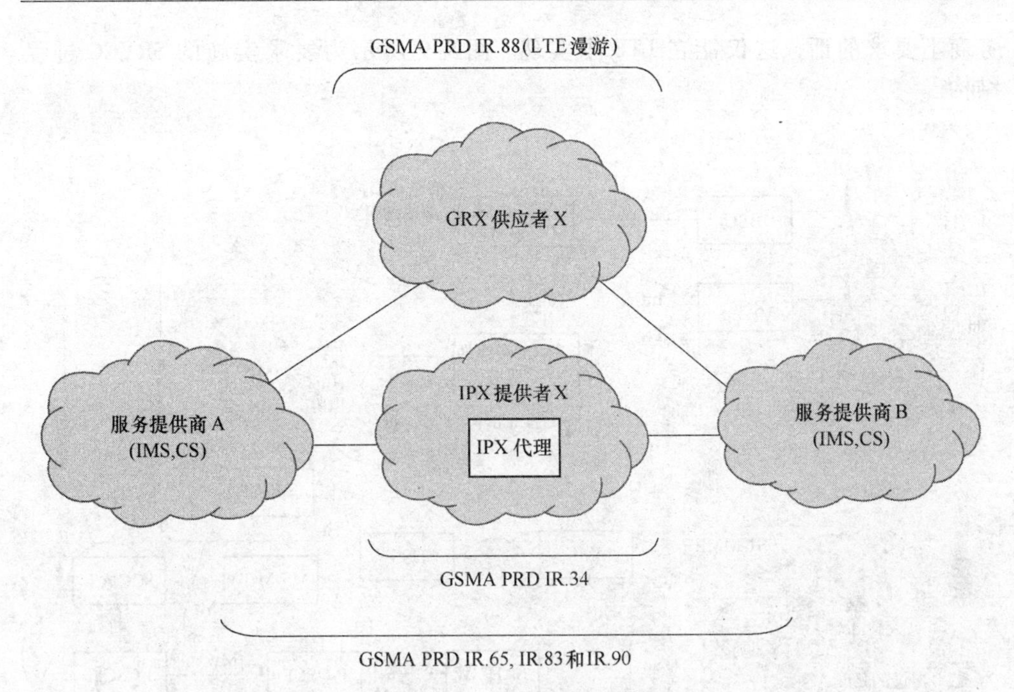

图 9-8 VoLTE 语音、LTE 漫游和 CS 互操作采用 IPX/GRX

LTE 基于 3GPP 技术，在不同的接入技术中提供了移动性作为内嵌的功能。这使得在连接 LTE、UTRAN、GERAN 和 WLAN 接入网络时，终端移动不用改动分配给终端的 IP 地址。在 LTE 开始的商用阶段，服务的连续性很可能发生在基于 3GPP 的接入网，即在 LTE、GERAN 和 WLAN 之间。如果市场需要服务连续性，未来可能引入对 LTE 和非 3GPP 的接入网络（例如 WLAN 和 WIMAX）之间的支持。

如果目标接入网络技术能实现正在讨论中的服务要求，这个接入域服务连续性是满足要求的。对于 IP 语音来说，对诸如存在、即时信息或者甚至信号连接这些非实时包服务的要求会不同。

如果目标接入网络技术还不满足要求，那么服务域的服务连续性是必需的。对于 IP 语音来说，需要应用 3GPP TS 23. 347 定义的语音电话连续性过程来实现从分组交换域转移到电路交换域。

除了基本的 VoIP，多媒体会话连续性也被 3GPP 作为之前的标准定义的一部分。这个会话连续性扩展了域转移，让其能够完成多媒体会话的终端间或特殊会话个人媒体组件间的转移。当使用 IMS 架构时，多媒体会话连续性对语音和 SMS 的引入来说不是强制的，这点在本章没有进一步描述。

9.5.2.6 单一无线语音呼叫连续性

在电路交换和 LTE 接入域间的语音会话需要单一无线语音连续性（SRVCC）过程实现域转移。SRVCC 基于 3GPP Release 7 语音电话连续性，并增加了对接入网触发的网络初始化行为的支持[26,27]。

UTRAN 和 EPS 的 SRVCC 已在 3GPP Release8 中定义了，但是如果 VoIP/HSPA 服

务商不要求的话，这仅能在 LTE 中实现。图 9-9 所示为要求实施的 SRVCC 过程结构。

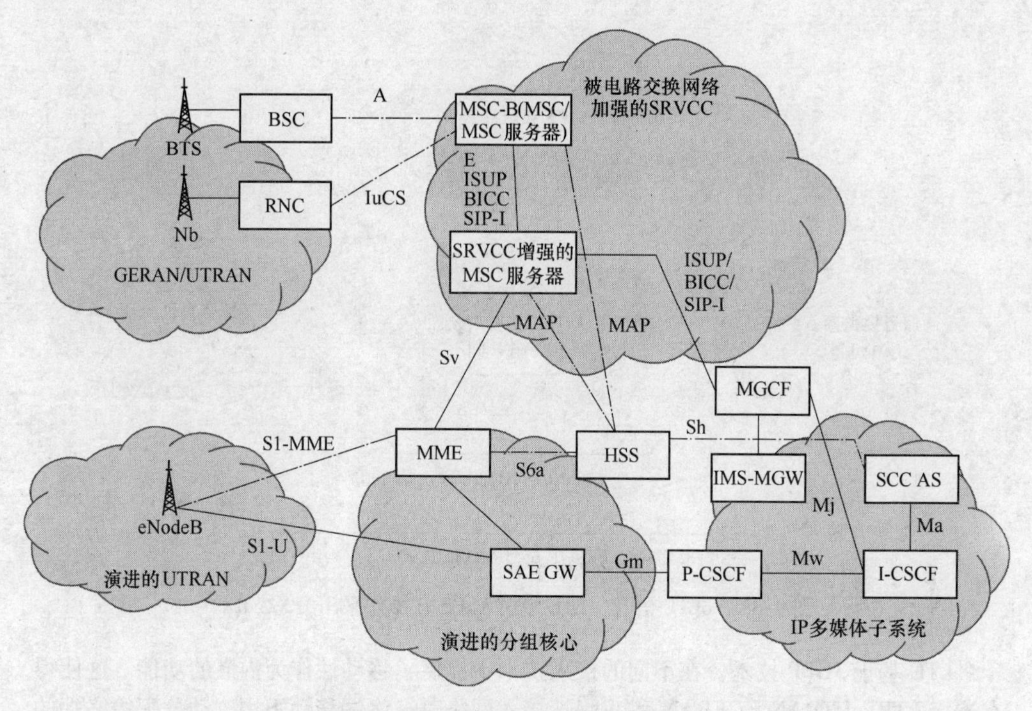

图 9-9　执行 SRVCC 过程需要的架构

为了发起从 LTE 到电路交换网络的 SRVCC 过程，基站将接收来自于 LTE 终端的测量数据。如果终端有一个正在进行的 IMS 会话和一个相关的带有保证比特速率的服务质量的 EPS 承载，那么基站将决定是否需要基于预配置的触发条件完成 SRVCC。如果 SRVCC 需要实行，那么它显示了对服务 MME 的需求，这将开始为目标网络准备资源。在这种情况下目标网络就是目标电路交换网络，当 MME 需要通过 S3 接口与 SGSN 连接时，这需要 MME 选择一个与其有 Sv 接口，合适的 SRVCC 增强 MSC 服务器和目标传统分组交换网络。

在 MME 选择并接近增强的 SRVCC MSC 服务器它将触发需要实施 SRVCC 的目标电路交换网络资源的预留。如果目标电路转换无线接入由同一个网络元素控制，增强的 SRVCC MSC 服务器将联系目标 RNC 或者 BSC。然而，如果当 SRVCC 过程发生时 MSC 间需要重新布置，MME 将联系 MSC 或通过基于 E 接口的 MAP（例如 MSC-B）控制目标 BSC 或 RNC 的 MSC 服务器。

增强的 SRVCC MSC 服务器将进行电路交换侧需要的常规准备，然后将联系在 IMS 架构内的锚定功能——也就是 SCC AS 在会话建立阶段就已经锚定了 IMS 会话。SCC AS 地址，也称为单无线会话迁移数（Session Transfer Number for Single Radio，STN-SR），由 MME 通过 HSS 在 LTE 附属阶段获得，并通过 Sv 接口传到增强的 SRVCC MSC 服务器。SCC AS 将进来的会话（通过 MGCF），从 SRVCC 增强 MSC 服务器连接到进行中的

IMS会话，并随着新本地描述符更新IMS会话，它有新的IP地址和端口号，将用于从这个点向前的RTP和RTCP会话。这个新信息实际上是MGW的IP地址，其提供了IMS-MGW功能，并被分配到新进的会话中从增强的SRVCC MSC服务器到SCC AS。

应该强调SRVCC过程包括了准备和实际的域转移阶段。有可能在准备阶段目标电路交换网络的资源被保留，但是事实上域转移阶段没有进行，因为终端又移到了LTE覆盖范围。然而，如果域转移阶段开始了，且增强的SRVCC MSC服务器联系了SCC AS，那么终端会被移到电路交换无线接入。相反的SRVCC需要进行从电路交换到LTE无线接入的域转移，不过在网络中基于3GPP Release 10设备部署之间，是不支持的。

表9-10代表定义在3GPP Release 8时帧下的SRVCC过程。

与SRVCC过程同时，如果要求的话，MME也将进行分组交换切换到GERAN/UTRAN（在图9-10中未显示）。为了识别当SRVCC和分组交换移交时需要被转移的EPS承载，MME需要知道含有语音组成的EPS承载。这可以通过使用PCC架构以这样一种方式实现，P-CSCF将要求PCRF提供QoS以保证比特率的专用EPS承载和QCI类型标示值1（语音）。MME将被PDN GW告知关于哪一个EPS承载具有之前提到的性能，并基于此信息MME从其他激活的EPS承载拾取正确的EPS承载。

如果目标无线接入技术是GERAN，那么在SRVCC后这种数据连接的延续要求在GERAN中使用DTM特征。如果目标无线接入技术是UTRAN，那么UTRAN的Multi-RAB（Multipe Radio Access Bearer，多个无线接入承载）功能保证了数据连接的持续。

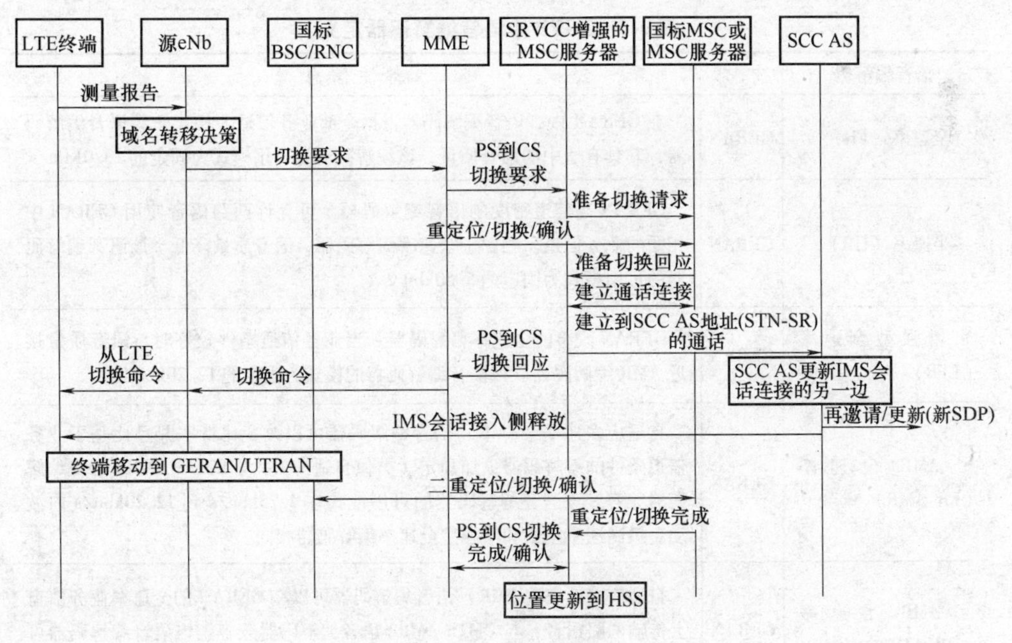

图9-10 SRVCC过程

9.5.2.7 编解码器

语音和视频电话需要使用语音和视频编解码器以便于在端点间传送语音和视频帧。

在电路交换移动网络中语音编解码器已由3GPP或相关组织定义，保证了在多供应商环境下正确的网络间运作，且建立了一个良好的覆盖知识产权的规则基础。表9-3为当今全球3GPP网络中经常用到的语音编解码器列表。

更多关于语音编解码器的细节信息在3GPP TS 26.103中能找到。

3GPP也保证了通话场景中端到端的编解码透明性：涉及电路交换网络的电话场景中这些特性的应用，比如带外转码器控制（Out of Band Transcoder Control，OoBTC），也叫做无编码转换操作和串联自由操作。这些机制使得网络能透明地从一个终端到另一个终端转移接收语音帧。如果网络需要为语音路径或语音连接的重配置应用任何带内的信息（公告或音调），例如由于附属服务的调用（比如明确的呼叫转移），则TrFO和TFO可以被自动地重新调用。当呼叫在电路交换和语音IMS终端之间进行时，这些特征在保证其最好的语音质量中扮演了关键角色。

作为"针对语音和SMS的IMS框架"的一部分，以下的部分将提供更多的关于编解码器在IMS架构中的细节

1. 语音编解码器

在"针对语音和SMS的IMS框架"中，3GPP和GSMA规定了在LTE系统中需要使用窄带UMTS AMR语音编码器，以保证对电路交换网络的后向兼容性，并保证该语音编码器提供的语音质量足够好。

表9-3 3GPP中语音编解码器定义

语音编解码	技 术	备 注 信 息
全速率（FR）	GERAN	在GERAN中，语音编解码器占据全部业务信道，相比于新语音编解码器，其具有适中的语音质量，该编解码器的可用模式为固定的13.0Kbit/s
半速率（HR）	GERAN	GERAN高信道密度的语音编解码器。可允许两路语音使用GERAN中相同的业务信道。相比于全速率编解码器，语音质量降低。该语音编解码器的可用模式为固定的5.60kbit/s
增强型全速率（EFR）	GERAN	GERAN改善的全速率编解码器。当业务信道条件较好时，语音质量接近AMR编解码器。该语音编解码器的模式为固定的12.20kbit/s
AMR 全速率（FR-AMR）	GERAN	自适应多速率（AMR）语音编解码器可以改变比特率并且比基于业务信道条件的编解码器更加稳定（类似自适应）。与UMTS AMR2语音编解码器兼容。该语音编解码器的可用模式在4.75kbit/s到12.20kbit/s内波动。最高速率模式和增强型全速率编解码器相同
AMR 半速率（HR-AMR）	GERAN	自适应多速率（AMR）语音编解码器可以在GERAN的全速率业务信道上传输两路语音，与UMTS AMR2语音编解码器兼容。该语音编解码器可用的速率在4.75kbit/s到7.95kbit/s内波动

（续）

语音编解码	技 术	备注信息
UMTS AMR 和 UMTS AMR2	UTRAN	自适应多速率（AMR）语音编解码器可改变比特率，并比按需语音编解码器稳健。当在双模终端下使用，速率自适应只能在整秒语音帧触发。语音编解码器称为 UMTS AMR2。（与 GERANAMR 兼容）。 速率控制在 UTRAN 上执行，仅能用来取得无线小区更高的速率。质量相关的速率自适应并不是由终端或无线接入触发。 该语音编解码器可用的模式从 4.75kbit/s 到 12.20kbit/s，最高的模式上增强型全速率编解码相同
宽带 AMR（WB AMR-FR and UMTS WB AMR）	GERAN/UTRAN	宽带语音编解码器可取得比之前所述的窄带语音编解码器更好的语音质量。 为了在无线小区内获得更高的容量，UTRAN 接入层实行速率控制。而与质量有关的速率自适应并不由无线接入激发。该语音编解码器可用的速率从 6.60kbit/s 到 23.85kbit/s。 然而，在实际场景中，电路交换网络可用的最大速率为 12.65kbit/s，这可被看做空口处质量和资源耗费的折中。在端到端的 IMS 会话中并不存在这种限制

实际上，编解码器的应用和最初 UMTS 中定义的完全相同。

根据 3GPP TS26.114 协议要求，为了传输 AMR 编码的语音帧，在 IMS 架构中终端或者另外一个终端节点应该支持由 IETF RFC 4867 定义的帧结构。随后 3GPP TS 26.114 具体定义了 RTP 属性需要规定的功能实体来实施，以取得更好的多运营商互操作性。

例如，这些属性定义了是否使用八进制校准的模式或者带宽有效的模式，应该支持哪种级别的冗余（如果有的话）等。

UMTS AMR 编解码器在 IMS 和电路交换网络中的一个显著差别是其采用的速率控制过程。速率控制过程可由终端节点激发，该终端节点为请求其他终端节点发送或高或低数据率的语音编解码器。如果 TrFO 或者 TFO 过程在电路交换网络中被使用，或者如果此连接是端到端的 IMS 会话，那么速率自适应就在终端间实现，无需网络介入。

在电路交换网络中，速率控制可以增强语音编解码器对比特差错率的抵抗能力（类似 GERAN 的链路自适应）或者可从相同的无线带宽得到更高的容量（例如，在 UTRAN 的情况）。然而，今天支持 AMR 编解码器的 VOIP 终端，通常不支持速率自适应的功能，只可支持来自会话另端请求（例如，多媒体网关）。这是由于 VoIP 终端并未意识到 IP 接入或者回传，因此不可能执行决定以改变当前速率。关于这点 3GPP 在最近做出了修改：如果终端收到拥塞指示符，作为显示拥塞指示符（Explicit Congestion Notification，ECN）终端可从连接的另一端要求速率自适应（例如，降低速率）。该过程为可选项，终端或者其他端节点可能不支持，因此速率自适应可能不会出现在每一次事件中。

然而，即使终端或网络不支持 ECN，IMS 终端仍有可能通过媒体网关，接收到来自电路交换网的速率控制请求。这是因为，IMS 终端的最小需求是能遵从接收到的需求并执行速率自适应。

2. 高分辨率语音

当系统需要支持宽带语音时，3GPP 规定使用宽带 AMR 语音编解码器，然而宽带语音服务并非由 IMS 网络执行。这种方式保证了对电路交换的移动网络的向后兼容性。

电路交换中的宽带 AMR 语音编解码器使用 12.65kbit/s 模式作为最大速率值以便在无线接入侧提供适中的带宽消耗（需要注意的是，窄带 AMR 使用 12.20kbit/s 的速率和 12.65kbit/s 十分接近）。然而，在 VoIP 中，相似的限制并不存在，如果终端节点协商成功，则可用最高达 23.85kbit/s 的模式。

下面列举了 VoIP 引入宽带 AMR 后与电路交换网络相比的最大的不同。

1）接入网络端（如 EPS）无需改变。在电路交换网络中，宽带 AMR 需要改变无线接入和核心网络。本质来说，宽带 AMR 的引入需要改变 IMS 网络实体，如 MGCF/IMS-MGW 以及 MRFC/MRFP 这种宽带会话中包括的实体。

2）理论上，用高于电路交换技术的宽带 AMR 模式可以取得更好的语音质量，如上可见。

3）宽带 AMR 可以用来连接语音编解码器，因此可为视频电话提供更好的终端用户体验。当前，3GPP 定义了电路交换视频电话（3G-324M）并未使用宽带 AMR。

4）固定 VoIP 和 3GPP VoIP 终端节点间的端到端宽带编解码器可能被要求在 722 和宽带 AMR 编解码器间变换编码。未来其他宽带固定 VoIP 编解码器，类似 ITU-T G.729.1 或 Skype Silk 可能支持这种功能，这取决于商业需求。

尽管提到上述区别，仍强烈假设随着 LTE 中语音和视频电话的引入，宽带语音将会投入使用。最近 3GPP R10 启动标准化活动，因此在不久的将来可能引入新的语音编解码器。该语音编解码器当前被作为名为“增强型语音服务语音编解码器”工作项目的一部分正在讨论，其目的在于设计一种后向兼容，超宽带的语音编解码器，以取得优于所有 3GPP 语音编解码器的语音质量。宽带 AMR 的引入花费很多年，类似的可以预想到新的语音编解码投入商业使用也很可能要耗费很长时间。另一方面，基于网络的 VoIP 服务可以在 LTE 系统中使用，经过逐步的演进，在未来至少会包括宽带语音编解码器。（例如，IETF 的正在运行的项目定义了免版税的网络宽带语音编码器），因此，3GPP 为了保持竞争力需要跟上发展的步伐。

3. 视频编解码器

在基于 IMS 的多媒体环境中，终端节点间传送高度压缩的视频流需要视频编解码器。未来，视频编解码器需要用来编码和解码不同的视频应用场景（包含电影、来自不同网络用户产生的流文件等）。然而，在本章讨论的范围内，最重要的应用场景与视频内容的实时编解码相关，后续将会详细介绍。在 RTP 上传输视频的载荷格式基于相关的 IETF RFC 协议和 3GPP。

初期的 3G 电路交换电话中最大的不同在于 3G-324M 视频电话的引入，以便支持 3G 终端间的视频电话，最后到 H.323 和 SIP 域的本地 IP 端点间。H.323 大部分都被基于 SIP 的技术所替代，迁移到 IMS 架构会导致未来该转变更快发生。3G-324M 是使得可视电话大规模商用的一流技术。市面上销售的所有 3G 手机都集成该功能。尽管 3G-324M 技术已在可视电话上渗透，但是在无线网络其并未获得大规模商业成功，视频电话在全球电话数量上只占据相当小的份额。

移动可视电话的低利润率，尤其在消费品市场中，并未阻碍持续开发更先进的视频编解码器，例如 ITU-T H. 264/AVC. 可能获得的带宽是阻止 3G-324MHz 电路域视频电话提高的一个问题，它是 64kbit/s 并能在一个复用方式下共享视频和音频编解码帧和 ITU-T H. 245 逻辑信道控制协议。目前的理解是带宽已被较好利用了，例如，为了获得更好的视频质量，会导致音频质量的下降，反之亦然。因此，预计下一步会采用 IMS 架构下基于本地 IP 的由 3GPP 定义的协议和编解码器的可视电话。

3GPP TS 26. 114 中视频编解码器的要求为 ITU-TH. 263Profile 0 Level 45。然而，3GPP 鼓励能支持更好终端用户体验的视频编解码器投入使用，例如 MPEG-4（部分 2）可视简单 Profile Level 3 和 ITU-T H. 264/MPEG-4（部分 10）AVC，特别是后者由于其卓越的性能和质量，期望能在一些商业应用实现。

为了实现 IMS 和电路交换终端的可视电话，需要特定的支持视频的网关功能。这种媒体网关能在 3G-324M 相关的用户层协议（H. 223/H. 245）和 IMS 网络中使用的语音视频编解码器之间执行互操作。很明显的，最好的情况是，在通话两端至少有一个语音编解码器都匹配，这样就无需引入会导致更坏的终端体验的编码转换。媒体网关也需要具备翻译的能力，也就是说能适应各个终端节点的编码器比特率，因为如此一来在不同传输网络上（电路交换与本地 IP）的终端都可以相互连接了。

最后，IMS 网络也可以支持视频电话增值业务，例如视频通告，视频回传内容，视频会议等，这要求媒体资源功能处理器（MRFP）有语音和视频相关的 RTP 连接的功能实体来处理这些内容，以便提供所需服务。

9.6　总结

LTE 中 CS 回落和基于 LTE 关于带有 SR-VCC 的 VoIP 解决方案可分阶段或同时部署，这取决于终端的性能。同样有可能部署非 VoIP 服务的 IMS，如视频共享，在线或即时消息。甚至使用 LTE 中的 CS 回落对基本的语音服务进行部署。这种架构为运营商对 LTE 的规划和部署以及 IMS 的解决方案设计确保了最大的灵活性。

参考文献

[1] GSMA (2010) *IMS Profile for Voice over SMS 1.0*, IR.92, GSM, London.

[2] Nokia Siemens Networks (2007) R2-074678, Stage 3 Aspects of Persistent Scheduling, Nokia/Nokia Siemens Networks, Jeju, South Korea.

[3] Nokia Siemens Networks (2007) R2-074679, Persistent scheduling for UL, Nokia/Nokia Siemens Networks, Jeju, South Korea.

[4] 3GPP TS 23.272 (2010) Circuit Switched (CS) fallback in Evolved Packet System (EPS), V. 8.1.0, 3rd Generation Partnership Project, Sophia-Antipolis.

[5] 3GPP TS 23.204. (2010) *Support of Short Message Service (SMS) over generic 3GPP Internet Protocol (IP) access*, V.8.3.0, 3rd Generation Partnership Project, Sophia-Antipolis.

[6] 3GPP TS 24.301. (2011) *Non-Access-Stratum (NAS) protocol for Evolved Packet System (EPS); Stage 3.* V. 8.10.0, 3rd Generation Partnership Project, Sophia-Antipolis.
[7] 3GPP TS 29.118. (2010) *Mobility Management Entity (MME) - Visitor Location Register (VLR) SGs interface specification.* V. 8.8.0, 3rd Generation Partnership Project, Sophia-Antipolis.
[8] 3GPP TS 23.018. (2011) *Basic call handling; Technical realization.* V. 8.4.0, 3rd Generation Partnership Project, Sophia-Antipolis.
[9] 3GPP TS 24.010. (2008) *Mobile radio interface layer 3; Supplementary services specification; General aspects,* V. 8.0.0, 3rd Generation Partnership Project, Sophia-Antipolis.
[10] Halonen, T., Romero, J. and Melero, J. (2003) *GSM, GPRS and EDGE Performance*, 2nd edn, John Wiley & Sons, Ltd, Chichester.
[11] Barreto, A., Garcia, L. and Souza, E. (2007) GERAN Evolution for Increased Speech Capacity, Vehicular Technology Conference, 2007. VTC2007-Spring, April 2007.
[12] Holma, H. and Toskala, A. (2007) *WCDMA for UMTS*, 4th edn, John Wiley & Sons, Ltd, Chichester.
[13] GSMA PRD IR.92 (2010) *IMS Profile for Voice and SMS 1.0. 18*, GSM, London.
[14] 3GPP TS 23.228. (2010) *IP Multimedia Subsystem (IMS); Stage 2.* V. 8.12.0, 3rd Generation Partnership Project, Sophia-Antipolis.
[15] 3GPP TS 24.229. (2011) *IP multimedia call control protocol based on Session Initiation Protocol (SIP) and Session Description Protocol (SDP); Stage 3.* V. 8.16.0, 3rd Generation Partnership Project, Sophia-Antipolis.
[16] 3GPP TS 23.226. (2008) *Global text telephony (GTT); Stage 2.* V. 8.0.0, 3rd Generation Partnership Project, Sophia-Antipolis.
[17] ITU-T T.140. (1998) *Protocol for multimedia application text*, International Telecommunications Union, Geneva.
[18] IETF RFC 4103. (2005) *RTP Payload for Text Conversation*, Internet Engineering Task Force, Fremont, CA.
[19] 3GPP TS 26.235. (2008) *Packet switched conversational multimedia applications; Default codecs.* V. 8.0.0, 3rd Generation Partnership Project, Sophia-Antipolis.
[20] 3GPP TS 23.203 (2008) *Policy and charging control architecture*, V.8.3.1, 3rd Generation Partnership Project, Sophia-Antipolis.
[21] GSMA PRD IR.34. (2010) *Inter-Service Provider IP Backbone Guidelines*, V. 4.9, GSM, London.
[22] GSMA PRD IR.65. (2010) *IMS Roaming and Interworking Guidelines*, V. 5.0, GSM, London.
[23] GSMA PRD IR.88. (2010) *LTE/SAE Roaming Guidelines*, V. 3.0, GSM, London.
[24] GSMA PRD IR.83. (2009) *SIP-I Interworking Guidelines*, V. 1.0, GSM, London.
[25] GSMA PRD IR.90. (2010) *RCS Interworking Guidelines*, V. 2.0, GSM, London.
[26] 3GPP TS 23.216. (2008) *Single Radio Voice Call Continuity (SRVCC)*, V. 8.1.0. V. 8.7.0, 3rd Generation Partnership Project, Sophia-Antipolis.
[27] 3GPP TS 23.206. (2007) *Voice Call Continuity (VCC) between Circuit Switched (CS) and IP Multimedia Subsystem (IMS)*, V.7.5.0, 3rd Generation Partnership Project, Sophia-Antipolis.

第10章　LTE/SAE功能

JyrkiT. J. Penttinen 和 TeroJalkanen

10.1　引言

本章通过一个经典过程——LTE会话过程，来说明LTE用户（UE）和网络的状态变化原理。同时，还会结合不同的场景来介绍信令流程和协议消息，并通过一个端到端的例子进行详细说明。接着，介绍网络运行维护相关的故障、配置、备份和恢复及库存管理。其次，主要介绍在线和离线计费的基本原理。最后，阐述信令保护。

10.2　状态

EPS和LTE UE主要有两种状态：EMM（EPS Mobility Management，EPS移动性管理）状态和ECM（EPS Connection Management，EPS连接管理）状态。图10-1所示为这些状态之间的转变，并说明它们之间是如何交叉的。在EMM-Deregistered（注销）状态，LTE/SAE网络无法找到UE。当用户发起注册过程或是从GERAN/UTRAN网络中更新跟踪区域，UE的状态就从EMM-Deregistered变为EMM-Registered（注册），同时也将进入到ECM-Connected（连接）状态。当信令释放以后，UE将进入到ECM-Idle状态，但同时还保持着EMM-Registered状态。当建立信令连接后，UE又会回到ECM-Connected/EMM-Registered状态。如果注销过程发生了，UE可以直接转移到EMM-Deregistered状态。同时，注销过程也可以使UE从EMM-Registered/ECM-Connected状态转移到EMM-Deregistered状态。

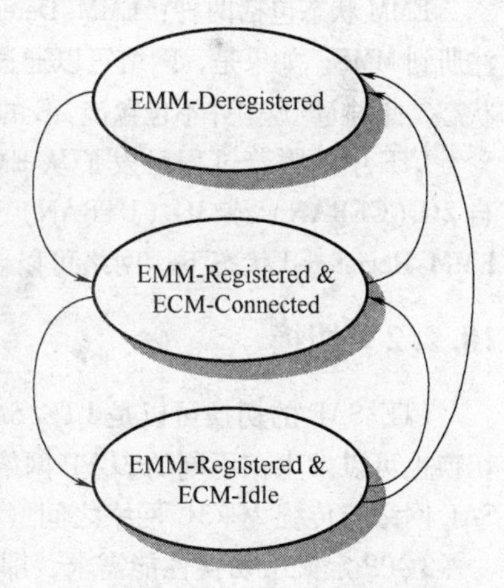

图10-1　LTE UE和网络的状态

在EMM-Deregistered状态下，网络是无法找到UE的。在EMM-Registered/ECM-Connected状态下，UE有RRC连接及S1-MME连接，这说明此时终端处于活跃通信模式。在EMM-Registered/ECM-Idle阶段，网络通过寻呼过程可以找到UE。图10-2所示为实际网络中状态间的转移情形。

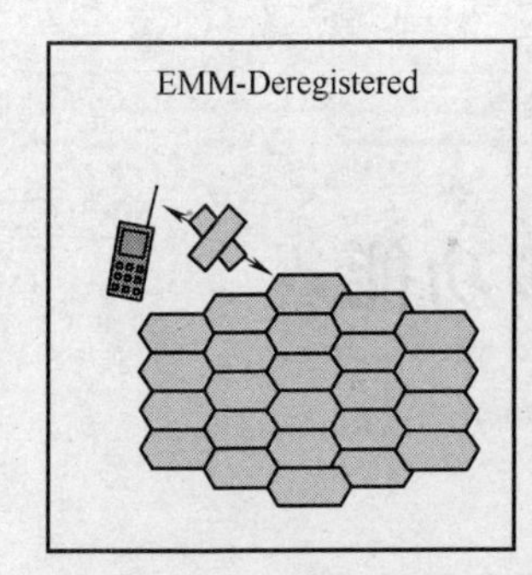

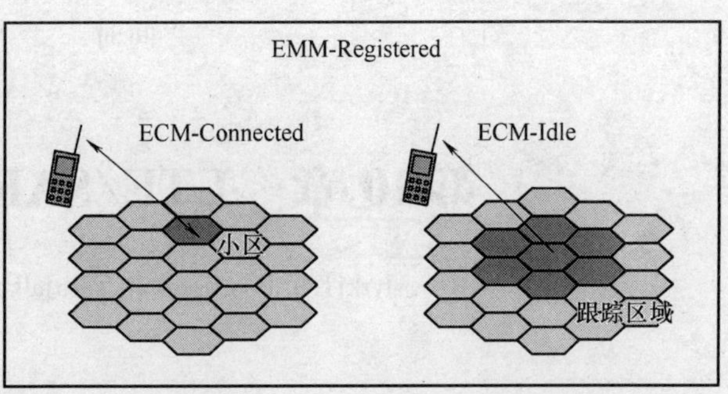

图 10-2　LTE 状态之间的转换（在 EMM-Deregistered 状态下，网络无法找到 UE。在 EMM-Registered 状态下，当 UE 处于连接状态时，网络可以在小区上定位 UE；当 UE 处于空闲状态时，网络可以在跟踪区域上定位 UE）

10.2.1　移动性管理

移动性管理主要是跟踪不断变化的 UE 位置。如果没有这个功能，网络将无法寻呼到 UE。移动性管理过程涉及寻呼和跟踪区域更新。

寻呼过程可以使网络在跟踪区域范围内发送初始寻呼消息以找到 UE。对于网络来说，在由 eNB 及其小区构成的区域中定位 UE 非常重要。

当 UE 进入到一个新的跟踪区域后，就需要向网络更新自己的跟踪区域。网络根据跟踪区域更新过程一直维持着一张最好的列表。

EMM 状态包括两种：EMM-Deregistered 和 EMM-Registered。这些状态描述了 UE 是否注册到 MME。如果是，网络可以通过寻呼找到 UE；否则，UE 就会处于 EMM-Deregistered 状态，此时 MME 中并不包含该 UE 的任何位置信息。这也就意味着网络无法找到 UE。

LTE 中的附着过程触发了从 EMM-Deregistered 到 EMM-Registered 状态的转变。来自 2G（GERAN）或 3G（UTRAN）中的跟踪区域更新过程也会取得同样的效果。在 EMM-Registered 状态下，网络可以寻呼到 UE，所以 UE 对于网络而言是可达的。

10.2.2　切换

LTE/SAE 的切换可以是 LTE/SAE 网络内的切换，也就是说切换发生在 eNB 之间。切换也可以发生在不同的 3GPP 网络之间，比如两个不同的 LTE/SAE 网络之间或 LTE/SAE 网络与传统 2G/3G 网络之间（GERAN 和 UTRAN 网络）。

3GPP 定义了切换性能需求，即从切换过程开始到结束的中断时延。对于最快的情况——基站间切换，用户平面下行链路的平均中断时间最大值是 54ms，上行链路是 58ms。信令平面的平均中断时间最长可以是 56ms。对于 LTE/SAE 和 UTRA 之间的切换，在用户平面上的下行和上行的最大延迟分别为 150ms 和 300ms。

根据切换的不同类型，移动性管理锚点可以为 eNB、S-GW 或 P-GW 等节点。一般来说，若切换发生在 LTE/SAE 和非 3GPP 网络（比如 CDMA2000）之间时，这个切换过程就被认为是一个最重的切换过程，此时切换锚点就是 P-GW。当切换发生在 3GPP

网络之间或同一个 LTE/SAE 网络下的 eNB 之间时，移动锚点就为S-GW。最轻的切换就是同一个 eNB 下的切换，此时移动锚点是 eNB 本身。

10.2.3　连接管理

在 LTE/SAE 网络中，主要存在两种连接管理状态：ECM-IDLE 和 ECM-CONNECTED。这两个状态描述了 UE 和 EPC 之间的信令连接。

在 ECM-IDLE 状态下，UE 和 MME 之间没有信令连接。而在 ECM-CONNECTED 状态下，则存在一个信令连接。此时该信令连接是基于 UE 和 eNB 之间的 RRC 连接，及 eNB 和 MME 之间的 S1-MME 连接。

连接管理过程可以被分为以下几步：

1）随机接入过程；

2）LTE 附着过程；

3）用户数据连接建立过程；

4）连接释放过程。

当 UE 位于 EMC-IDLE 状态，而不是 EMC-CONNECTED 状态时，网络只知道 UE 位于哪个跟踪区域。在这种情况下，网络需要寻呼跟踪区域内的所有小区来发现所需要寻找的 UE。通过响应该寻呼消息或当 UE 发起连接时，UE 就会转变为 EMC-CONNECTED 状态。此时，网络就可以精确定位 UE 位于哪个小区，即网络显然知道 UE 正在和哪个小区通信。当非活跃定时器超时后，UE 就会进入到 EMC-IDLE 状态。当 UE 最终进入到 EMM-DEREGISTERED 状态时，网络就无法获知 UE 的位置了。只有当 UE 再次进入到 EMM-REGISTERED 时，UE 的位置信息才可以再次确定。

10.2.3.1　随机接入过程

当 UE 试图接入网络时，初始化随机接入过程就会被执行。当网络中多个 UE 同时发送随机消息时，上行链路上就会出现多个重叠的无线传输信号，此时需要通过随机接入过程接入网络。

随机接入过程的目标是建立 UE 和 eNB 之间的 RRC 信令链路。

LTE 定义了两种随机接入过程：基于竞争和基于非竞争的随机接入过程。其中典型模式是基于竞争的随机接入过程，如图 10-3所示。

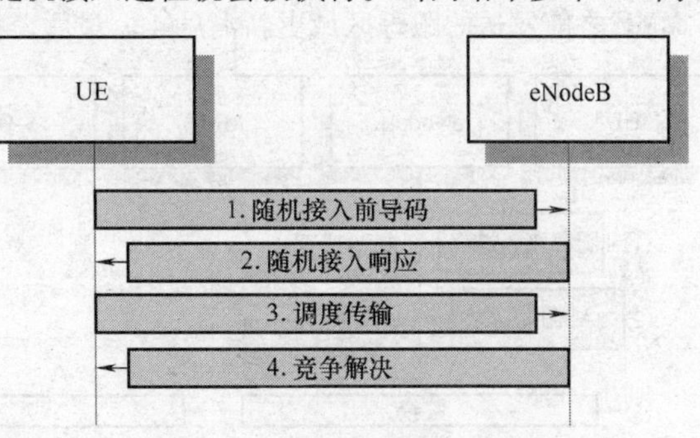

图 10-3　基于竞争的随机接入过程

在这种情况下，要么是在 ECM-IDLE 状态的 UE 想要连接网络，要么就是在已连接网络的情况下进行初始化附着过程。当上行或下行链路需要发送数据时，需要启动随机接入过程。后者主要通过网络的寻呼过程启动。跟踪区域更新也需要 UE 执行随机接入过程。

基于非竞争的随机接入过程主要应用在一些特定情况，像 UE 位于 ECM-CONNECTED 状态下，如图 10-4 所示，当 UE 在两个小区间切换时，可以使用这种随机接入类型。当 UE 跟网络不同步而需要接收网络发过来的数据时，也可以采用这种类型。

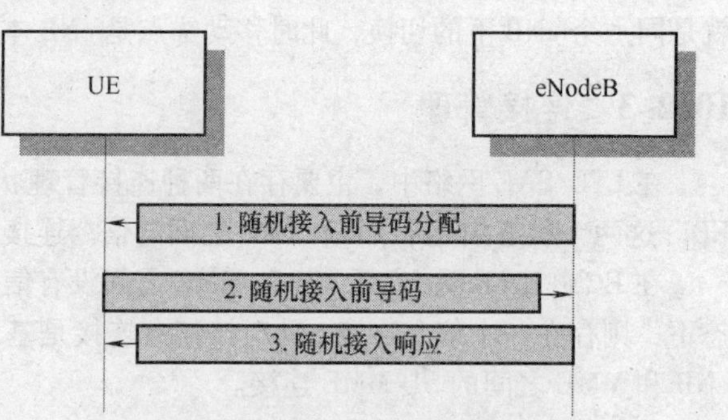

图 10-4 基于非竞争的随机接入

10.2.3.2 LTE 附着过程

当 UE 通过在 RRC 信令链路上给 eNB 发送 LTE 附着请求消息来发起 LTE 附着过程时，EMM-DEREGISTERED 状态会转变为 EMM-REGISTERED 状态。例如这种情况可以发生在 UE 开机时，然后这消息将会转发到 MME，以进行一些初始化过程，比如鉴权。结果，UE 通过 MME 和 HSS 之间的信令（见图 10-5）注册到 SAE 网络上，并直接进入到 EMC-CONNECTED 状态，即使此时没有任何数据传输。接着，在一段非活跃时间后，UE 和网络的状态从 EMC-CONNECTED 变为 EMC-IDLE。

图 10-5 展示了信令流程，LTE 附着过程的第一步是先前描述的随机接入过程①。这一步建立 RRC 连接，用于以后传输 UE 和 eNB 之间的信令。接着，UE 向 eNB 发送 LTE 附着请求，该消息会被转发到 MME②。此时，在其他信令发送前，网络需要进行鉴权过程③。这会发生在没有为 UE 建立上下文的情况下。其次，如果鉴权成功了，MME 将向 HHS 发送跟踪区域更新消息④。这意味着 HSS 已经知道这个 MME 正在为 UE 提供服务。此时 HSS 向 MME 发送 UE 注册数据作为应答⑤。之后，HSS 会一直应答 MME 之前发送的跟踪区域更新消息④。最后，将建立一个默认的 EPS 承载。

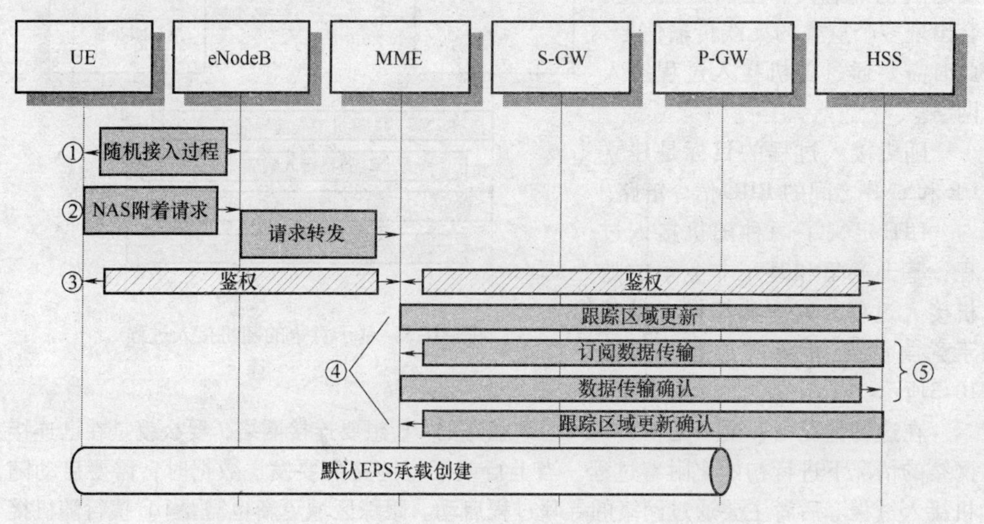

图 10-5 LTE 附着过程

10.2.3.3 用户数据连接建立过程

当 UE 发送数据时，将会进入到 ECM-CONNECTED 状态。为了实现这种转化，UE 将会通过 RRC 信令先发起初始随机接入。此时，MME 会通过 S1 接口建立信令链路。接着，MME 将建立 UE 和 S-GW 之间的用户面连接。

在 UE 和 eNB 之间建立连接之前，根据之前描述的随机接入过程，UE 将从自己本地列表中选出一个最好的 eNB 并向它发送一个随机接入消息①（见图 10-6）。此时，若有其他用户也在发送自己的随机接入消息，将会发生冲突。

接着，根据之前描述的附着过程，UE 将向 eNB 发送一个 NAS Attach Request 消息，即非接入层附着请求②。在其他信令之前，作为附着过程的一部分，需要在 UE、MME 和 HSS 之间进行鉴权，除非 UE 和网络的上下文已经存在。当鉴权过程结束后，MME 将向 HSS 发送跟踪区域更新信息。这意味着 HSS 知道这个特定 MME 当前正在服务这个 UE，并向 MME 返回应答消息。如果安全过程失败了，即鉴权没有成功，此时初始会话将会终结。

从上文可知，接下来需要通过一些信令来建立默认 EPS 承载。进而建立 eNB、S-GW 和 P-GW 之间的用户面连接。然后，P-GW 给用户分配一个 IP 地址，并建立无线承载。此时，如果有数据需要传输，可以在上行链路传输数据。在这个阶段，在 eNB、MME 和 S-GW 之间传递确认消息，若有下行数据传输需求，则可以在最后一个确认消息之后传递。正如上行默认承载一样，下行默认承载也需要建立 GTP 链路来承载 eNB 和 P-GW 之间的用户面及 S-GW 和 P-GW 之间的控制面。这种情形下，需要在各个相关的网元间使用 TEID（Tunnel Endpoint Identifier 隧道端点标识符）信息。

为了创建 EPS 默认承载，更多具体的信令流程如图 10-6 所示。

MME 和相关的 S-GW④交互信令请求建立默认承载。这个消息中包含了 MME 标识及地址以便在寻呼过程中使用。之后，S-GW 要求 P-GW 建立用户面的默认承载。此时需要利用 TEID 信息来识别下行 GTP 隧道端点。现在，P-GW 就可以给 UE 分配一个 IP 地址⑤，并通过 TEID 标识向 S-GW 发送一个消息以通知下行端点。更进一步，S-GW 与 MME 的交互信令为用户面默认承载传递上行链路 GTP 隧道的 TEID 标识。MME 将转发 S-GW 的这个 TEID 给 eNB，并让 eNB 通过 NAS 可接收消息建立与 UE 之间的无线承载。结果 eNB 在无线接口发起无线承载的建立，UE 向 eNB 发送一个确认消息⑥，该消息中包含了 NAS 附着消息的确认。这样，上行链路的默认 EPS 承载就准备好了。

此时，由于已经知道这个 S-GW 的 TEID 信息，如果有数据需要发送，UE 就可以在上行链路上发送数据。

接下来，eNB 将向 MME 发送确认消息，告诉 MME 用户平面和控制平面的承载已经准备好了，用户可以在上行链路上发送数据。同时，eNB 发送有关自己下行 GTP 隧道端点侧的 TEID 信息，并给 MME⑧转发 NAS 附着确认消息。eNB 的 TEID 消息也转发给 S-GW。

此时，若有数据需要发送，S-GW 就可以在下行链路上发送数据。S-GW 需要在发送数据之前向 MME 发送确认消息以结束信令。

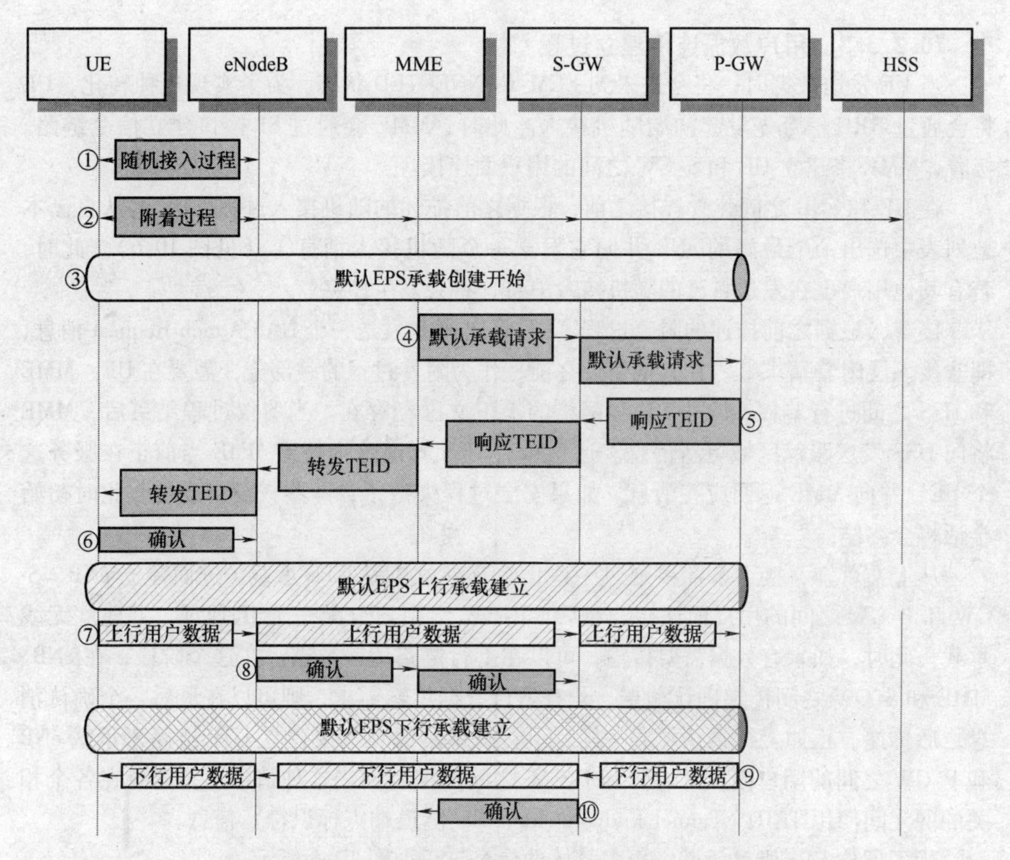

图 10-6　LTE 数据传输的信令流程（在实际流程之前，首先执行随机接入过程和 LTE 附着过程）

10.2.3.4　连接释放过程

连接释放过程会从 ECM-CONNECTED 状态变为 ECM-IDLE 状态。例如一段时间内都没有发送数据时，就会产生这种情况。图 10-7 阐述了连接释放信令流程的基本原理。当触发连接释放后，eNB 开始与 MME 交互信令。发送信令的目的是释放用户和信令平面的连接，而连接是针对不同的 LTE-UE 各自激活的。首先，如果 eNB 注意到一些情况，比如某个特定用户在足够长的时间内都没有上行和下行业务，eNB 将触发这个过程向 MME①发送连接释放请求。

一旦 MME 接收到这个请求，它将发送一个 S1 AP Update Bearer Request②消息，通知 S-GW 当前 LTE 网络中 UE 已经进入到 ECM-IDLE 状态，除非通过寻呼过程定位该 UE，否则网络就无法找到该 UE 来进行数据传输。这样，S-GW 将为这个特定 LTE-UE 启动连接释放信息，该消息中包含了 TEID 标识信息③。如果此时在 S-GW 中有需要发送给这个特定 LTE-UE 的数据到达，只能先将这些数据缓存起来，待到下次寻呼后再发送这些数据。现在，S-GW 将向 MME 通知连接已经成功释放④。进一步，MME 通过 SI AP UE Context Release 命令通知 eNB⑤。eNB 和这个 LTE-UE⑥、⑦进行信令交互，

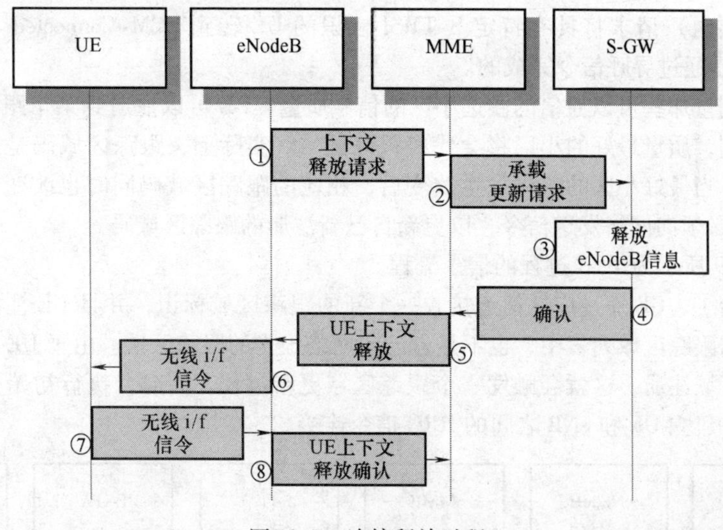

图 10-7　连接释放过程

eNB 向 MME⑧发送确认消息来结束本次连接释放过程。

10.2.4　鉴权

与 GSM 和 UMTS 中的解决方案相比，LTE/SAE 系统主要通过信令进一步加强鉴权。与鉴权过程相关的具体信令流程将在第 11 章详细阐述。

10.2.5　跟踪区域

跟踪区域可以对 LTE 连接进行优化。当 UE 位于 ECM-Idle 状态，并且网络希望发起通信时，就需要用到跟踪区域。此时，网络必须知道 UE 的位置以便在一定地理位置内向其传递初始化信令。这个信令将会发给跟踪区域下的所有小区。图 10-8所示为该原理。

在 UE 当前注册的跟踪区域小区内，UE 将会变会 ECM-Idle 状态。注意，UE 可能注册多个跟踪区域。

MME 过程将给 UE 一个临时移动用户标识（Temporary Mobile Subscriber Identity，S-TMSI）。S-TMSI 在用户跟踪区域内唯一标识了一个 UE，即在相同的跟踪区域内，两个 UE 是不可能有相同的 S-TMSI。当 UE 位于 ECM-Idle 状态时，MME 可以（在单个小区或一个/多个跟

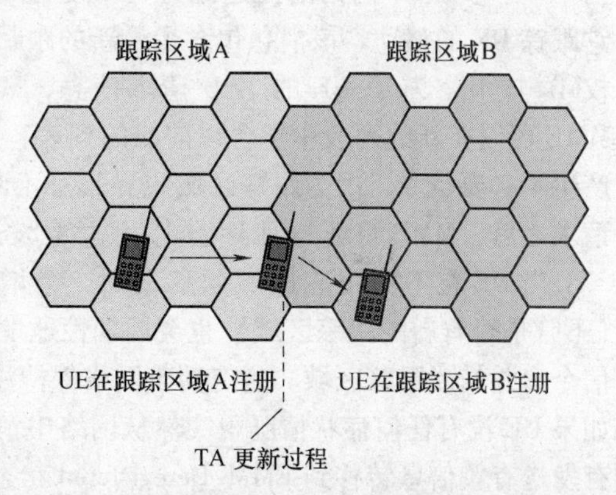

图 10-8　为了使网络在实际跟踪区域内的小区上发送寻呼消息时可以找到 UE，当 UE 到新的跟踪区域时，需要更新跟踪区域信息。S-TMSI 是 UE 在 ECM-Idle 状态下的标识

踪区域范围内）请求将具有特定 S-TMSI 标识的 UE 转到 ECM-Connected 状态。这个 MME 请求是通过寻呼信令完成的。

通过测量那些可以通信的候选小区的信号质量，UE 可以注册到某个跟踪区域。根据一定准则，质量最好的小区将会代表跟踪区域。实际上，跟踪区域码是通过最好小区传递的。当最好小区的顺序发生改变后，相应的跟踪区域码同时也改变。在这种情况下，UE 必须向网络发送信令，以更新自己新注册的跟踪区域码。

图 10-9 所示为 TAU 过程的信令流程。

刚开始①，UE 通过广播信道接收一个新的跟踪区域标识，并且 UE 注意到这个标识不在当前跟踪区域列表中，也不是自己向网络报告的跟踪区域。由于 UE 没有在这个新的跟踪区域注册，这就会触发一个跟踪区域更新过程。同时，执行初始化随机接入过程②，并建立 UE 和 eNB 之间的 RRC 信令连接。

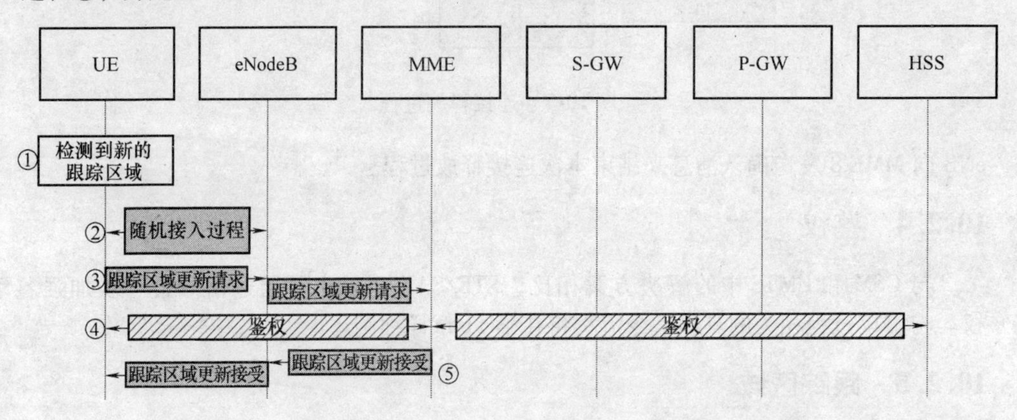

图 10-9 跟踪区域更新流程，周期性 TAU 流程也采用相同的方式

下一步，UE 向网络发送跟踪区域更新请求③。这个消息将由 eNB 转发到 MME，它跟踪 UE 的移动。该消息包含了最新的跟踪区域信息。在继续进行之前，可能进行鉴权④。然后，基于 UE 的 TAU 请求信息，MME 产生一个新的跟踪区域列表。注意，MME 可以在新的列表中包含以前旧的列表，以便在 UE 处于两个跟踪区域边界时避免产生不必要信令，因为跟踪区域边界具有不断变化的无线环境。在接受跟踪区域更新请求之后，MME 将新的列表随同其他信息发送给 UE⑤。

当 UE 在不同跟踪区域间移动时，会增加一些额外信令。同时，跟踪区域更新（不管是否有新的跟踪区域）也会周期性地发生。这就意味着 UE 有规律地与网络交互信令，并修改跟踪区域。这有助于网络保持注册活性，并防止产生不必要的寻呼信令，如果 UE 没有任何症状情况下突然从网络中消失时，比如手机电池突然耗尽，UE 并没有发送有关信息转移到 EMM-Deregistered 状态。

跟踪区域部署对于运营商来说是一项重要的任务。如果区域过大，则寻呼消息将会发到过多的基站上，这将会增加网络信令负担。另一方面，如果跟踪区域过小，每当 UE 进入到一个新的跟踪区域时就会通知网络一次，这也会产生不必要的高信令量。

网络深度优化包括最优化跟踪区域大小的标识，以达到最轻的信令负担。这显然取决于地理区域和本地移动的多少。这些情况都可以通过网络统计信息分析出来，比如通过运营和管理系统（OMS）获得这些信息。

10.2.6　寻呼过程

当 UE 位于 ECM-IDLE 状态时（即终端注册到网络但是非连接模式），其将会监听小区广播消息中的跟踪区域信息。每当有需要找到 UE，比如网络中有新下行数据需要发送给该 UE 时，此时必须找到 UE 以改变其状态，进入到连接模式下以便实际数据传输。网络将在 UE 最后注册的一个或多个跟踪区域的所有小区内寻呼该 UE。注意，LTE 允许 UE 同时在多个跟踪区域注册，这不同于 GPRS 中的路由区域或基本 GSM 位置区域在同一时间只能注册一个区域。

更具体地说，MME 跟踪每个 UE 的跟踪区域，通过相应的 eNB 发送寻呼消息。当跟踪区域变大使信令负担上升时，或当用户注册到多个跟踪区域时，运营商需要仔细设计跟踪区域的策略。

寻呼过程实际包含两个阶段。第一阶段，基于 MME 的请求，eNB 通过寻呼信道发送一个寻呼指示消息。这个消息指示在特定的寻呼组内进行寻呼。每个 UE 会被分配到特定的寻呼组，这是基于 UE 的 IMSI 或一个临时标识，即 S-TMSI。当 UE 意识到它所属的寻呼组正在被呼叫时，UE 开始接收完整的寻呼消息以获得更进一步的信息。

下一步，UE 将会从 ECM-IDLE 状态变成 ECM-CONNECTED 状态。作为这个过程的第一部分，在位置区域更新过程之后，UE 开始进行随机接入。

图 10-10 所示为寻呼信令的基本原理。在这个例子中，S-GW 接收到需要发给 UE 的数据①。由于 UE 在网络中的位置未知，S-GW 给 MME 发送了一个寻呼请求②。通过存储在 S-GW 中的信息可以分析出当前这个正确的、服务该 UE 的 MME 信息，这些信息主要来自 UE 注册期间的初始化 LTE 附着过程和 MME 重定位过程。

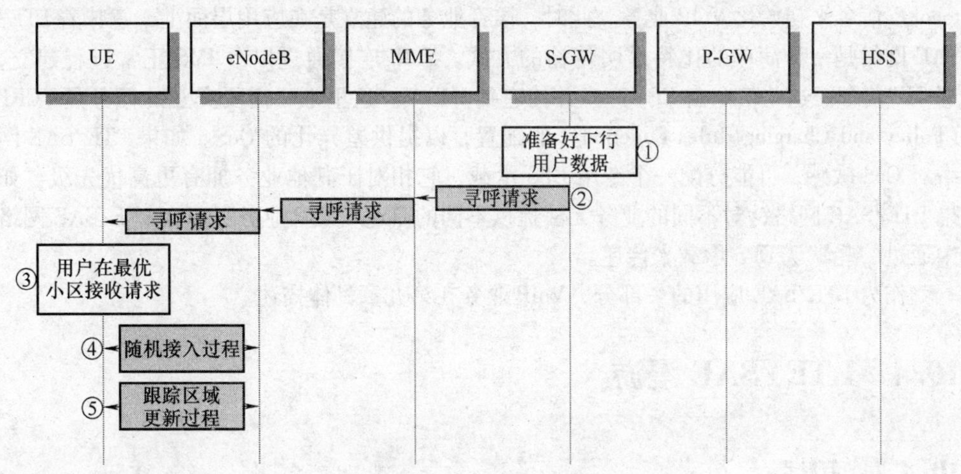

图 10-10　寻呼信令流程

然后，MME 给询问跟踪区域内的所有 eNB 发送寻呼请求消息（S1AP）。这些 eNB

将发送这些寻呼指示消息，包含如何获得真实、更详细的消息。这个指示会一直重复，直到收到 UE 响应或达到最大重复次数。

如果 UE 仍然在其所注册的跟踪区域，将通过其目前所监测的最好小区的广播信道接收寻呼指示③。UE 通过解析这个消息从而发现自己属于这个寻呼组。通过这种方法，UE 可以获得更多的消息，这些信息都说明了哪些物理资源给区域内的 eNB 来传递寻呼消息。

属于相同寻呼组的所有 UE 获得了这些具体消息，而在同一个跟踪区域内属于其他寻呼组的 UE 就不需要响应这个寻呼指示。从这些寻呼消息中检测到自己的 IMSI 或 S-TMSI的 UE 将会开始随机接入过程，而同一个寻呼组中其他 UE 就会简单丢弃这个消息，并继续监听其他的寻呼指示。这个被找到的 UE 则会继续发送信令，如用户数据连接过程信令图所示。

10.3 端到端的功能

根据图 10-6 中的信令流程，展示了一个端到端的 VoIP 连接建立和使用的例子。

让我们从最头说起，即用户 LTE-UE 开机。当 LTE-UE 开机后，UE 将会发起 LTE 附着过程，如图 10-5 所示。基于此，LTE-UE 发起一个随机接入过程以向网络提供自己的信息，如图 10-3 所示。这个过程将在 LTE-UE 和 LTE/SAE 网中之间建立 RRC 信令链路。

LTE 附着过程建立了一个默认的 EPS 承载，即 UE 和核心网之间的用户面连接。从这个意义上说，LTE 的附着过程跟之前的移动网络功能是不一样的。结果，UE 同时也收到了一个 IP 地址。

下一步，通过 LTE/SAE 网络在 LTE-UE 和 IMS 之间建立 SIP（Session Initiation Protocol）信令来初始化 VoIP 业务。此时，语音业务的建立是在应用层面上，意味着 LTE/SAE 网络是一种简单的比特透明传输的方式。VoIP 连接通过以下 IMS 正常过程建立，即 SIP 信令。这些信令由 EPS 产生并传递到 IMS[1]。这里唯一需要交互的任务是 PCRF（Policy and Charging Rules Function）的配置，以提供差异化的 QoS。如果 LTE/SAE 网络对 QoS 敏感，可能分配一个专用 EPS 承载，它相对于其他业务拥有更高优先级。如果 LTE/SAE 网络针对不同的业务无法提供不同的 QoS，VoIP 业务可以在 LTE/SAE 网络中通过一些默认 EPS 承载来传递。

作为 LTE/SAE 应用的一部分，VoIP 业务在第九章具体描述。

10.4 LTE/SAE 漫游

10.4.1 概述

本节将给出 LTE/EPC 漫游的相关原理，包括像用作 LTE 上层接入的 VoLTE（Voice over LTE，LTE 系统语音支持）这样的 IMS（IP Multimedia Sub-system，IP 多媒体子系

统）服务。LTE/EPC 给无线网络、核心网络以及网络的漫游方式均带来了很大的改变。

虽然这个领域只是在如 GSMA（GSM Association，GSM 协会）这样的国际论坛中部分使用，但是这是非常值得注意的事情。因此，在最终模型通过之前，本章节中的一些假设会反映出最有可能的解决方案。

详述之前需注意的一个重要问题是：漫游和互连是两个完全独立的事情，它们都需要两个运营商之间的某种连接，但又有很大的不同：

1）当 Palin 先生乘飞机从他的故乡英国启程旅游去法国时就会产生漫游。他的电话会从英国的 A 运营商切换到法国的 A 运营商。

2）当使用英国 B 运营商的 Mr. Cleese 呼叫正在使用英国 C 运营商的 Mr. Jones 的时候就会产生互连。

漫游和互连是有可能同时发生的——例如，在先前的例子中，当 Mr. Palin 在法国漫游，并呼叫英国运营商的另一个客户 Mr. Cleese。因此，将漫游与互连混淆就犹如将散步和游泳混淆：它们两个都涉及运动但无其他相似之处。幸运的是人们不再会像很多年前那样去做这件事。

漫游是 GSM 成功史的基石之一——无论是在家还是最终到了国外的某个地方，用户都能够无缝地使用同一部移动电话，这在终端用户中是很受欢迎的。因此 LTE/SAE 必须提供这一很有用的功能。当用户漫游时，共享视屏或图片会非常受欢迎——例如，游览东京，远足在阿帕拉契小径，或泛舟于塞马湖时。

LTE 就像用一个大比特管子，允许用户访问任何想要访问的互联网服务，但也能为运营商提供更多的特定服务。正如上一代移动通信版本中，语音服务显然是 LTE 中最主要的服务之一，在这个版本中能交付使用 OTT（Over The Top，过顶）播放器，退回到 2G/3G（CSFB，Circuit Switched Fall Back，电路交换回落），或由 IMS 核心系统提供的 LTE 系统语音支持（VoLTE）。这些方法给 LTE/SAE 漫游提出了一些特殊的要求，像 QoS 和基于服务的付费要求，这些都要在设计商业化 LTE/SAE 漫游模块时加以考虑。语音是 LTE 运营商提供的首要现实业务，发展用于语音的模型对其他业务的开展有很大的影响。

另一方面，最有可能的情况是由于 LTE 终端数量少，对于运营商来说在 LTE 发展的最初阶段 LTE/SAE 漫游并不是重要的问题。预计，只有当 LTE/SAE 漫游的真正商业需求体现出来，并且提供 LTE/SAE 漫游服务的运营商增多时，运营商对 LTE/SAE 漫游的支持才会逐步加大。一般情况下，一直如此，例如伴随着 GPRS 漫游切换（GRX）功能，拥有一个由大部分或所有运营商将支持并全球单独共用的 LTE/SAE 漫游方案是有利可寻的，即使是在具体的商业需求出现之前。这是为了避免典型的临时抱佛脚，即个别运营商设法布置任何解决方案来提供从 VPLMN（Visited PLMN，受访的 PLMN）到 HPLMN（Home PLMN，用户归属的 PLMN）的 IP 连通性，它会导致部署许多不协调的解决方案。

作为一个典型的 LTE/SAE 设备需能在任何必要的时候应用 3G 接入网络，同样也能重新使用现存的 3G 漫游。实际上，如果 LTE/SAE 漫游协议/连接不适合或如果 VPLMN 根本没有 LTE/SAE 能力，终端用户能通过 3G 从他/她的新的 LTE/SAE 设备进行访问，如互联网浏览或电子邮件的服务。尽管如此，据预计，LTE/SAE 对3G 的普遍优势，如较低的生产成本、增加了带宽、较低的延迟以及较好的 QoS 支持，尽管现今 3G PS（Packet Switched，分组交换）漫游在许多情况下为漫游者提供了足够好的服务，这些优势意味着推出 LTE/SAE 漫游对运营商集体是非常有利的。

在这个背景下，术语“LTE/SAE 漫游”同样也包括核心相关主题——就是说，EPC（Evolved Packet Core，演进的分组核心网）和 EPS（Evolved Packet System，演进的分组系统）都是在漫游范围内。用术语“LTE/SAE 漫游”为标题的原因是 GSMA 也使用了这一标题，并将 EPS 相关主题放在了此标题下面。

10.4.2 漫游架构

这一部分将阐明涉及 LTE/SAE 漫游的主要网元，包括在 5.6 节中比较的两个主要架构供选方案。LTE/SAE 漫游的技术细节的通用文献是 IR. 88[2]。

以下节点和接口与 LTE/SAE 漫游有关，如图 10-11 所示。

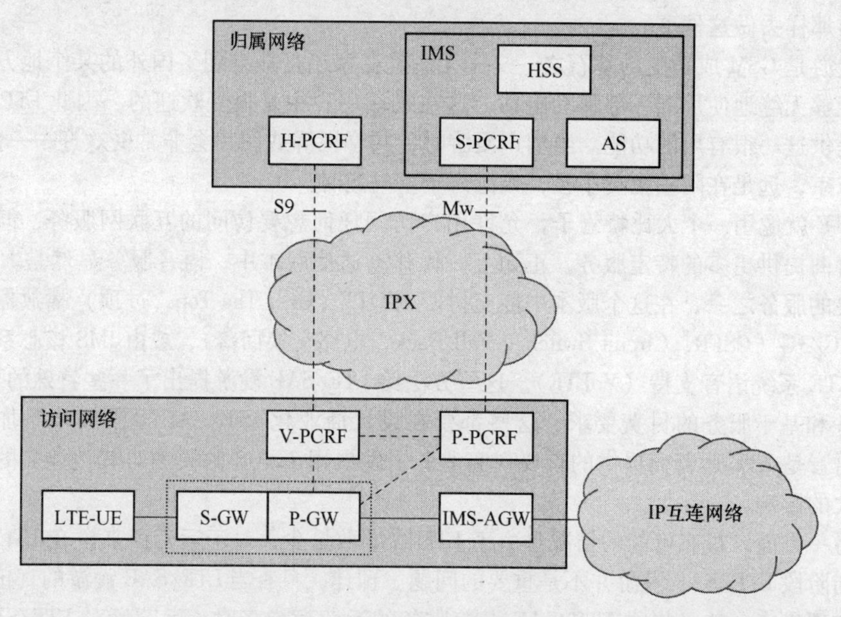

图 10-11 LTE/EPS 漫游的高级架构（虚线表示控制平面，实线是媒体平面）

移动性管理实体（MME），包括 AAA（Authentication，Authorization & Accounting，认证、授权和计费）、页面调度以及其他控制平面管理。

服务网关（SGW），当在 GPRS 环境中与 GPRS 服务支持节点相比时，起到了“LTE SGSN（Serving GPRS Support Node，服务 GPRS 支持节点）”的作用。

分组数据网网关（PGW），在 GPRS 情况下与 GPRS 网关支持节点相类似的方式中，起到了“LTE GGSN（GPRS Gateway Support Node，GPRS 网关支持节点）”的作用。

策略和计费规则功能（PCRF）是一个 QoS 资源，同时也是服务层和传输层之间的一个使用和计费的授权连接。

归属用户服务器（HSS）堪比 GPRS 归属位置服务器，起到了“LTE HLR（Home Location Register，归属位置寄存器）”的作用。

除这些主要节点之外，当部署 LTE/SAE 漫游时也需要额外的支撑元素。作为一个例子，跨运营商接口需要 Diameter 边缘代理/中继器，通过 S6a 和 S9 接口连接 Diameter，见表 10-1。

表 10-1 LTE/SAE 漫游接口

节 点	接 口	协 议
MME-HSS	S6a	Diameter 基础协议（IETF RFC 3588[3] 和 3GPP TS 29.272[4]）
SGW-PGW	S8	GTP（GTP-C 3GPP TS 29.274 [5]和 GTP-U 3GPP TS 29.281[6]）或 PMIP（IETF RFC 5213[7]）和 3GPP TS 29.275[8]）
hPCRF-vPCRF	S9	Diameter 基础协议（IETF RFC 3588[3]）和 3GPP TS 29.125[9]）

如果给出目标，例如，一个 VoLTE 服务如在 IR.92 中为 LTE 用户规定的，除 LTE 和 EPC 之外，还需要 IMS 核心系统的部署和相关的 AS（Application Server，应用服务器）基础设施。此外，确保 VoLTE 指定的 LTE 承载可用是很重要的。PCC（Policy and Charging Control，策略和计费控制）架构也是需要的，并且 CS（Circuit Switched，电路交换）的核心一定要提高到可支持 SRVCC（Single Radio Voice Call Continuity，单一无线语音呼叫连续性）功能的标准。

与当今形势相比，LTE/SAE 漫游引入了一些由跨 PLMN 支持的新协议：

1）Diameter（用作如 MME 到 HSS 的接口）。

2）SCTP（Stream Control Transfer Protocol，流控制传输协议）（Diameter 使用的传输协议）。

可以预计，即使这些协议不会像 LTE/SAE 漫游时的服务与应用感知节点和防火墙这样具有主要影响，它们仍需要在规划时得到关注。一个相关问题是通常用在 2G/3G PS 漫游环境中的 GTP（GPRS Tunnelling Protocol，GPRS 隧道协议）感知防火墙可能不理解用户平面（控制平面仍用 GTPv1）的 S8 接口用于 LTE/SAE 的 GTPv2。这需要当部署 LTE/SAE 漫游并使用已有的 2G/3G 漫游组件时进行仔细检查。

10.4.3 跨运营商连通性

在漫游环境中，最重要的功能之一是 VPLMN 和 HPLMN 之间的连通性。在 LTE/SAE 漫游中，这些跨运营商的 IP 网络连接用 IPX（IP exchange，IP 交换技术）来处理，可将它看做是当今所有商业 2G/3G PS 漫游解决方案——GRX 的演进版本，GRX 记录于 IR.34 中[1]。GRX 和 IPX 都是由 GSMA 发展起来的，并可用于任何基于 IP 的传输——即不仅是 GTP 或语音本身。IPX 比 GRX 的主要优势在于保证端到端的 QoS 传递和接入非 GSM 运营商。

IPX 提供的不同模型，如下所示。

（1）传输——不管使用什么应用程序，层三服务仅传送数据分组。

（2）双边服务传送——IPX 包括服务级别的智能化，如计费、路由以及潜在的转换和转码机制。

（3）多边服务中心——如（2）一样，但在多边模型中允许一个商业与中心达成开通数十或数百个合作伙伴的协议。

图 10-12 展示了 GRX/IPX 高级架构，在这个架构上通过对等操作点连接多重 IPXP（承载者）以创建整个“GRX/IPX 云”，然后用“GRX/IPX 云”来连接各种各样的运营商。

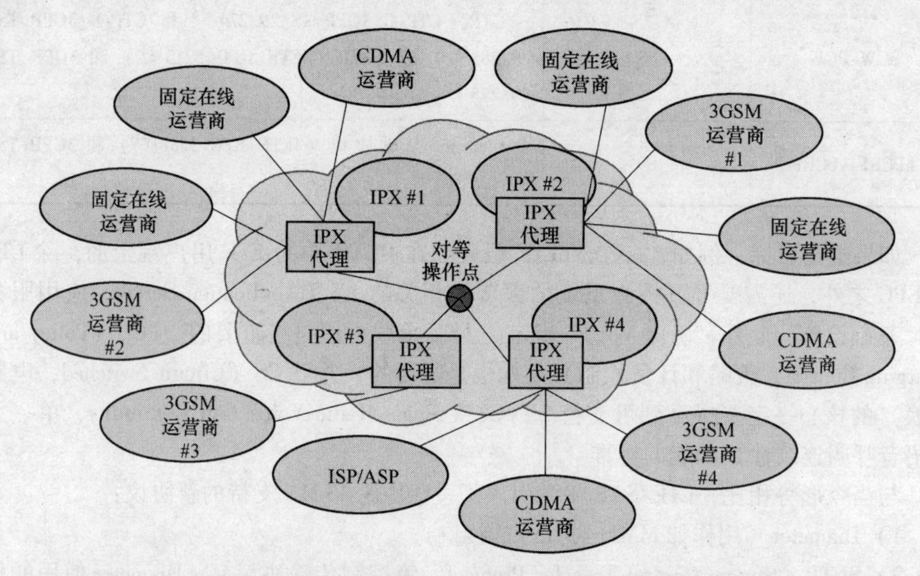

图 10-12　IPX 架构（互联网网络连接可以是直接的或通过集线器/代理形成）

值得注意的是 IPX 同样适用于漫游和互连——即对于漫游端的 LTE/SAE 漫游与伙伴互联可以通过利用 SIP-I（Session Initiation Protocol，会话初始化协议）[11] 或 IMS 互连[12] 用相同的网络基础结构来处理。除国际连接以外，也可能用 GRX/IPX 进行本国互连。比如一个实例，MMS 互联网络能通过在运营商之间使用 GRX 来处理，其他如 SIP/SIP-I 这样基于语音互联的服务潜在地能在移动运营商之间部署。

任何其他基于 IP 的网络可代替 GRX 或 IPX。基于 IP 网络最具体的例子之一是互联网，尽管它没有在传统跨运营商网络上实现所有需求。例如，互联网对安全连接的要求、传送的保障以及端到端的 QoS 支持等均不易满足。这是至今没有运营商在 LTE/SAE 漫游中将互联网作为跨 PLMN 网络基础的最基本的原因。

IPX 将处理 LTE/SAE 漫游中所有的接口——即用户媒体、SIP 信令——以及其他如 Diameter 这样通过 S9 接口在 PCRF 节点之间传输的信令将在 IPX 网络上路由。终端用户任何服务（包括 LTE/SAE 漫游服务），在 IPX 网络传输时，都需要放入隧道中。

这简化了路由——例如通过屏蔽用户的任何私人 IPv4 地址，同时也可以通过确保 IPX 网络节点不能直接为终端用户可见而提高 IPX 的普遍安全水平。由于 IPX 网络自身考虑了固有安全性，因此不需要由 IPSec 本身提供完整的加密（正如互联网来说），例如，可使用更简单轻便的 GRE（Generic Routing Encapsulation，通用路由封装）作为隧道在 IPX 终端用户的传输机制。

在 CS 语音漫游中，当前可用漫游集线器来允许 HPLMN 在未完成繁重的双边协议和连接方案时与多个 VPLMN 创建商业连接，这加速了漫游连接的引入。很可能在 LTE/SAE 漫游中使用类似机制，用 IPX 承载所提供的一些版本的多边漫游集线器来处理基于 IP 的 GTP 和 Diameter 传输。在写本文时，LTE/SAE 漫游转发器的细节还不清楚，然而用多边架构作为商业 LTE/SAE 漫游的最初模型的这种强烈的商业需求是很明确的。

由于用户使用 LTE/SAE（包括互连），IPX 需要支持潜在的巨大带宽。需要的带宽自然是很大程度上取决于用户的数量，但也依赖于其他方面，如所使用设备的类型和正在使用的服务。至少在当前的 3G 市场，设备对带宽是有影响的，因为很明显 PC 用户（即通过嵌入 3G 的便携式计算机或更普遍的通过 3G 数据电子狗）所使用的带宽比手机用户多得多。这在漫游情况中也有可能，尽管附加漫游费的作用显然对传统用户的数据量有非常大的影响。业务类型会对带宽产生影响是因为，如 10.4.4 节描述的“本地路由”，就本地路由来说一切总是通过 IPX 回到本地，潜在的消耗大量带宽（例如，当漫游的用户观看视频或下载文件时），与本地疏导模型不同，潜在的只有信令传输在 HPLMN 中终止，而通过 VPLMN 对媒体传输向终点进行路由。为本地回路提供带宽（即为所有运营商和 IPX 供应商之间的传输使用 IP 连接），可以是任何小于 1Mbit/s ~ 10Gbit/s 乃至更多，依赖于 IPX 的供应商。

IPX 是一个通过商业服务水平协议（SLA）控制的管理私人 IP 的骨干网，SLA 定义了如吞吐量、抖动、可用性和平均故障间隔等由 IPX 供应商提供给运营商的服务水平[14]。这意味着偏离于 SLA 中正式定义的服务水平可能会受到处罚。参考文献［13］定义了一组 QoS 参数——例如 IPX 通过一个单一连接连上运营商的可能性是 99.7%。将这个连接升级到双连接，可用性增至 99.9%。当用传输等级 AF1 时，定义 IPX 平均每月的包丢失率小于 0.1%。另一个 QoS 标准在参考文献［13］中定义的是往返时间——例如，北欧和南欧之间 IPX 网络上会话/串流传输等级的延迟值为 75ms。

各种增值业务，如边界网关管理、多边服务连接和应用协议转换/转码，可作为附加部分由 IPX 供应商提供。个别运营商应考虑这些增值业务是否真正增加了价值或是否能更好地保持，例如在内部管理边界网关元素而不是外包给 IPX 供应商。

10.4.4 本地路由

本地路由是一个控制平面和用户平面总是从 VPLMN 承载回到 HPLMN 的模型——即，VPLMN 仅作为 HPLMN 的比特管道。所有的服务都来自 HPLMN。这个模型在当前商用 2G/3G PS 漫游中使用。它意味着在 GRX 网络的 GTP 隧道内部进行 SGSN（位于 VPLMN）到 GGSN（位于 HPLMN）的传输。

在 LTE/SAE 漫游中，当 PGW 位于 HPLMN 时，通过访问 VPLMN 中 SGW 和 MME

也可用同样的模型。这意味着传输总是首先结束在 HPLMN 中，无论实际接收方的位置在哪都可以漫游到另一个 VPLMN 中，如图 10-13 所示。

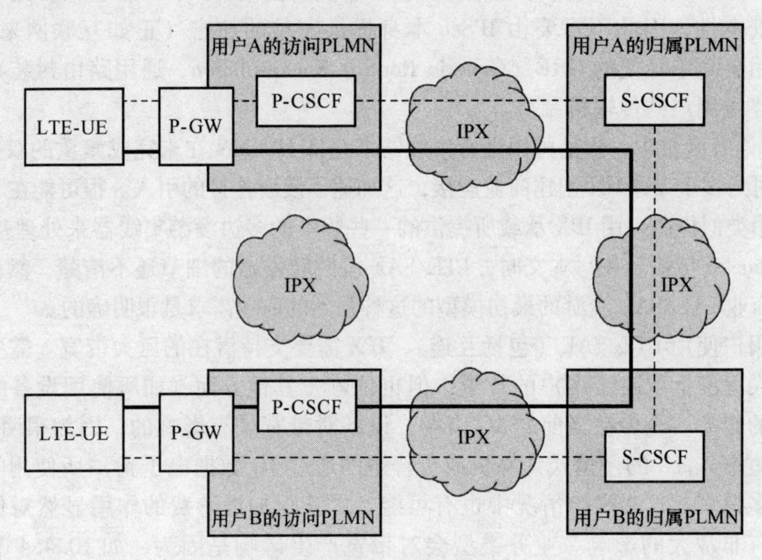

图 10-13　本地路由模型

10.4.5　本地疏导

本地疏导（Local Breakout LBO）是一个用与本地路由相同的方法处理控制平面的架构模型，也就是说，总是回到 HPLMN。然而用户平面出现在 VPLMN，这允许如 VPLMN 的各种服务主机的使用。应注意，依赖于传输类型，控制平面可能存在也可能不存在。这会在“与服务相关方面”章节中进一步详述。

实际应用中，本地疏导模型的主要优势是具有以更好的方式为用户平面选路的可能性。一个受益于用户平面最优路由的主要服务是 VoLTE，因为产生最小可能延迟的语音服务是形成服务的一个非常重要的部分。显然就对延迟要求严格的应用而言，对本地疏导有实际需要——例如，如果终端用户在远处漫游，试图通过 VoLTE 联系一个本地号码或者另外一个漫游用户。如果用本地路由，语音传输总是从 VLPMN 到 HPLMN，如果联系一本地成员则回到 VPLMN。基于在 IR. 34[1] 中列出的典型往返时间，例如，北欧和东亚之间在 GRX/IPX 上的 IP 连接是 420ms。语音的延迟超过 400ms 通常认为是不能接受的，正如 ITU-T 中 G. 114 的规定。实际中，应对这类漫游情况做充分的最优化，以避免用户在国外用他们喜欢的 LTE/SAE 设备时未达到理想的语音体验。

在 3GPP 中已经定义 GPRS 漫游的本地疏导为“访问 GGSN 漫游”。然而，尽管它有益于技术优化但在实际中并没有实施。当前的商业 2G/3G PS 漫游是通过本地路由实现的最主要原因（即“本地 GGSN 漫游”），是利用模型缺点的滥用和欺诈行为导致的商业问题。另一实际原因是本地路由的实现相对简单。当在实例中没有用到控制平面时（即传统网页浏览），HPLMN 不知道在 VPLMN 中的活动，除此以外的那些活动可以从最终漫游单上说明。

HPLMN可见性的不足会影响LTE/SAE漫游，如图10-14所示。一个可能的反对观点是IMS服务与3G漫游一起运行时允许运营商的控制平面对于HPLMN总是可用的，且仍能使用本地路由。遗憾的是，当前3G漫游中IMS传输量接近于0。然而，LTE工作的背景是需要为最重要的语音业务部署全新的机制，这意味着在2000年引进GPRS漫游之后有发展新模型的空间。当部署3G PS漫游时，由于先前的原则仍适合，GPRS漫游原则实际上并没有变动。目前，除中间的CSFB解决方案之外，现存的CS语音漫游已不再完全适合LTE。因此，VoLTE的引入促使了实际中本地疏导的需求。

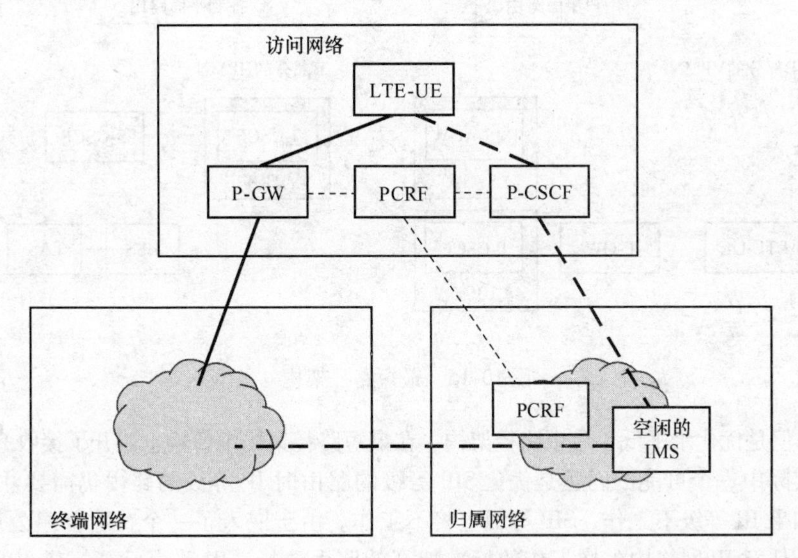

图10-14 本地疏导模型

把一个难题在这里详述一下：怎样选择从源VPLMN到终端PLMN的传输路径？在GSMA会议期间，提出了在LTE/SAE漫游中建立LBO模型起点的许多建议——即把P-CSCF（Proxy Call State Control Function，代理呼叫状态控制功能）、PGW和PCRF节点均定位于VPLMN。在参考文献［11］中给出的“目标最优路由方案”是用最好的方案路由——即用信令和媒体的完全分离使媒体很快地在源VPLMN和终端VPLMN之间流动，如图10-15所示。

这个模型是技术上的最优架构，在所有可能的漫游方案中可以确保最好的媒体方案路由（最短路由）。然而，它并不与现存用作CS语音漫游的商业模型相匹配。由于当前已习惯于将信令和媒体结合起来，控制平面和用户平面的分离会导致计费体系的问题。逻辑上，接下来的问题是是否为了适应技术上的优化架构或CS领域的要求来演进和提高当前计费模型——计费模型被迫进入IP领域，以此是否应该选择一个技术含量低的模型？在写这些问题的时候仍未解决。

值得注意的是，当前商业CS漫游用所谓的部分优化模型，在这个模型中如果两个漫游者彼此呼叫时传输避开了源HPLMN，但不避开接收HPLMN。因此CS漫游比本地路由

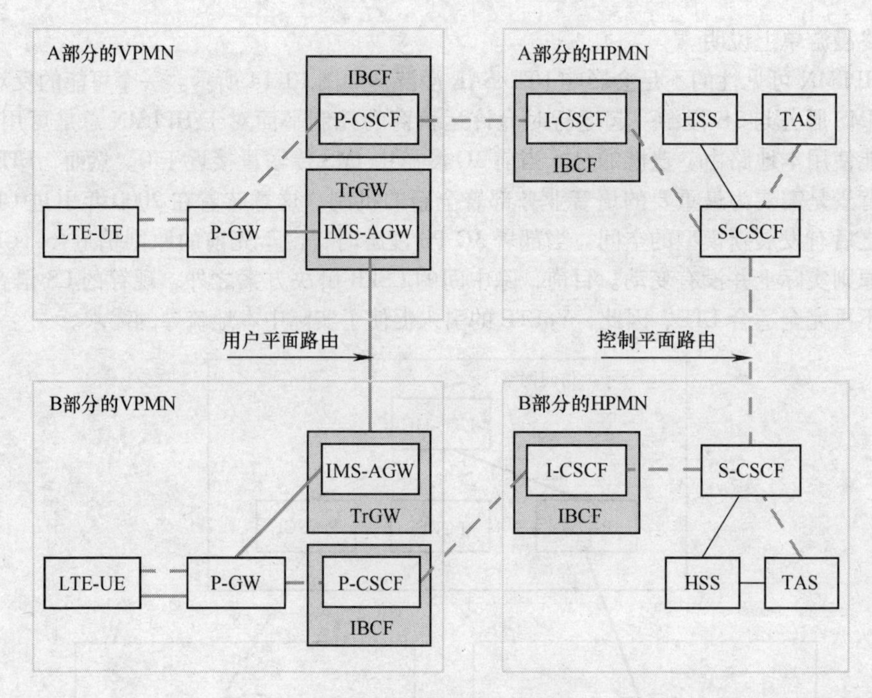

图 10-15　最短路径架构

更优化，但是优化水平低于最短路径架构，在最短路径架构中传输也避开了接收 HPLMN。

在实际中一个可能的问题是优化 SIP 等级的路由时 IP 等级的路由仍需要注意。这意味着如果 IP 等级不工作，SIP 等级也将不工作。由于嵌入了一个在除普遍公用 IP 地址方案外任意 IP 网络中怎样工作的标准特征的路由选择，IP 路由已能提供 VPLMN 和终端运营商之间最短路径，在运营商和承载者之间涉及的 IPX 路由选择规则部署如 IR. 34[1] 和 IR. 77[15] 中所述。

10. 4. 6　本地路由对本地疏导

表 10-2 和 10-3 给出了本地路由和本地疏导的预期效益和缺点。

表 10-2　本地路由

优　势	缺　点
重用现存的 PS 漫游模型，对当前路由的布局、协议、计费模型等有影响	每个 LTE 用户潜在的数十兆比特的寻路 IP 流不是一个最佳模型
不改变 2G/3G PS 当前工作的漫游情况下允许在 2G/3G 和 LTE 之间移交功能	最坏的情况下在 LTE 上根本无法运行服务（对于如语音这样的服务来说延迟太长）
不需要用 VPLMN 来部署 IMS 和 PCC 架构	国际 IP 承载随身携带更多传输（增加成本） 1）合法拦截更难/不可能（取决于 IPSec 隧道选项的使用） 2）紧急呼叫更难

表 10-3 本地疏导

优势	缺点
媒体以高效的方式进行寻路（可能比目前的 CS 领域具有更优性）	要求与现存全球范围部署的商业漫游模型相比有重大改变
在漫游最差的情况下允许使用如 VoLTE 这样的服务	需要 VPLMN 来部署完整的 IMS 和 PCC 架构以支持入境漫游者
国际 IP 承载随身携带较少的传输（=较低的成本）	需要提高 HPLMN 到 VPLMN 的跨运营商计费利益的信任等级
1）在本地和访问运营商之间以收益共享为基础的服务 2）在访问网络中以合法拦截为基础的服务 3）更好是支持访问网络中的紧急呼叫（由于强制媒体为“最优路由”，因此不是直接使用 OMR）	HPLMN 可能会对实际上漫游用户是否成功的接收他/她已支付的服务（用户关心的问题）无可见性

在 IP 等级使用最优路由的本地疏导确实增加了大量有用价值，例如，提供了 VoLTE/SAE 漫游的最佳终端用户体验。因此，当用如 VoLTE 或 RCS 这样的服务时，可把它看做是 LTE/SAE 漫游的首选方案。

就 LTE/SAE 漫游而言，仍有本地路由概念的空间，虽然，为了支持那些要求特定运营商协议/扩展（如法人客户的 VPN APN）或由于缺少控制平面而不为 HPLMN 提供必要的可见性（如访问互联网服务）的服务。更先进/延迟的关键性服务也可以在临近需要漫游发生的地方使用本地路由——例如，在邻国之间。我们也要考虑到，目前，许多运营商在 TDM 上的一些 CS 漫游方案正在使用本地路由，例如支持预付款用户。可预期在 VoLTE/SAE 漫游中一些运营商也将要求本地路由使用在特定呼叫实例中，以支持与 CS 领域中存在的相同功能。

LTE/SAE 漫游模型（本地路由或其他）的选择是由 HPLMN 执行的，正如 CS 语音漫游中 HPLMN 用 Camel 选择模型一样。

这个问题的一个实际方面是，即使某一运营商选择仅用 LTE/SAE 漫游中的本地路由，但如果其他运营商选择本地疏导模型，那这样也是不够用的。在多运营商的环境中，大规模运营商在关于执行商业 LTE/SAE 漫游实例的协商中占很大的分量。

最后，值得注意的是，一旦引进一个模型将其作为 LTE/SAE 漫游的一般架构，再想改变它相当困难。所以第一步要以合乎逻辑的方式部署一个简单的模型，然后在第二阶段，产生一个更先进的架构，这个理论很好，但很难在由数十甚至数百个拥有它们自己单独的生产决议、路标以及成本/收益分析的独立运营商组成的实际环境中实现。

10.4.7 其他特征

除了建立了很好的 GTP 方案以外，3GPP 将代理移动 IP（PMIP）规定为 LTE 一个可供选择的协议。后者的缺点是已建立的使用 GTP 的运营商需要部署大量的 GTP→PMIP 互工作功能和其他转换器以支持使用 GTP 的运营商和使用 PMIP 的运营商之间的连通性。在任何情况下似乎都没有基于 PMIP 部署的商业需求，因此这在实际中可能不是一个问题。

普遍认同 IPv6 是值得推荐的，甚至是 LTEUE 强制执行的基础。许多运营商规定 LTE/SAE 的推出同时也给部署 IPv6 提供了一个很好的时机，因为无论如何，运营商都需要实现一个全新的核心网络。因此，由于 LTE 的引入，它很有可能需要考虑 IPv6 的部署来为终端用户设备提供合适的功能。

当前漫游转向（Steering of Roaming，SoR）广泛地使用于 2G/3G 漫游中以确保出境漫游者出境时注册到首选访问网络上。这通过例如 HPLMN 更新一组基于商业或者技术领域的列表来完成，其中的技术领域即比如对 HPLMN 更有利的漫游协议或为选择 VPLMN 的 SIM 卡提供质量更好的 VPLMN 网络。用户仍能用手动覆盖，但普通用户可能不知道或是不关心这个。

因为一些 VPLMN 担心可能会失去部分归国的漫游者到其他运营商，SoR 引起了一些不可靠的甚至是欺骗的行为，它试图通过不同的反 SoR 机制去对抗，如有效的干扰来自 HPLMN 的高级转向进程。这种行为也会在 LTE/SAE 漫游中发生。有一个例子，当使用本地疏导时，如果对 VPLMN 有益则 VPLMN 有可能优先于 hPCRF 发出的策略。显然，这是个无视规范和运营商信任模型的行为，但至少在理论上能工作，因此，或许我们应该记住一些事情。

10.4.8 APN 的使用

参考文献 IP. 92[16] 规定如下：“IMS 应用使用一个 IMS 特定的 APN，如 PRD IR. 88 中定义的；任何其他的应用不能再使用这个 APN。”

此外，参考文献 IR. 88[2] 规定“为使 LTE/SAE 漫游语音工作，定义了一个用于 IMS 服务的已知的 APN（Access Point Name，接入点名称）。”根据这个参考文献，APN 的名称一定是“IMS”。

因此，目前一些运营商使用“单一 APN”（即所有服务的一个共有的 APN）方法不再适用于 VoLTE 或其他如 RCS 这样基于 IMS 的服务。在 GSMA 上围绕 LTE 和 VoLTE 的 APN 的使用领域经过了很长时间的讨论后得出这一决议，以减少运营商和设备供应商提供的（为他们自己的用户，也为境内漫游者潜在的使用不同的可选 APN）可供选择的数量。对于运营商间的付费投入，专家们明确地支持一个专用的 APN 用于 VoLTE，以通过一个简单的方式来保证 VoLTE 流量以一种适合的方式来计费，所以以上的观点貌似合理。

一个专用 IMS APN 提供一个简单的方法来进行运营商配置，并确保整个网络的一致性，例如，帮助计费鉴定。这意味着：

1）能使一个单独的计费模式用于互联网（如果愿意的话，可以配置成完全相同的）。

2）能使用 LBO 和媒体的最优路由，同时像互联网那样保留到本地路由的其他传输的选择。

3）能使不同的寻路/传输网络用于IMS漫游（如果能使用互联网APN，那么还可以使用固有互联网作为跨运营商网络）。

在LTE/SAE漫游中为其他服务使用其他APN是可能的。实际上，很可能任意的LTEUE同时需要支持能力，例如，VoLTE或RCS的“IMS APN”和常规网页浏览的“Internet APN”。访问企业内网的“VPN APN”分配需要另外的APN支持。因此LTE UE必须稍稍增强APN的逻辑性，如特定应用的APN。

一个企业的APN是适合其当前目的的——即通过本地路由访问电子邮件等纯数据业务。其他应用，非纯数据业务如企业主机IMS（即公司为他们的员工提供了他们自己的VoLTE服务包括LBO方案）在现阶段是很不清楚的，例如，它取决于UE的能力。

“企业VPN APN GW”能在每个地区建立，这使得它能使足够多的公司在他们自己的本地疏导模型中使用VPN APN。如果这不可行，则本地路由是唯一支持现存企业VPN APN的解决方案。

网页浏览（以及任何其他缺少具体的控制平面的传输）不为任何HPLMN提供信令，不像是例如在VoLTE中，S-CSCF回到本地总是通过检查SIP/SDP信息来知道环境。从计费和欺骗的角度看，本地疏导存在潜在风险，因为VPLMN能给HPLMN传递错误漫游列表，而在VPLMN中并不需要关于真实通信活动的完整信息。

作为一个经验法则，UE不应该提供IMS APN作为默认的APN，而应使用MME的默认APN作为默认APN（如从HSS下载）。

实际的原因是网络提供的默认APN可能更多的是最新的关于为用户提供基于IMS的服务状态。然而，UE能提供其他如互联网的APN。如上所述，很有可能为UE提供支持多个并发的APN。这意味着，对于网页浏览来说UE能通过“互联网APN”与HPLMN PGW相连，但对于VoLTE来说可以用VPLMN PGW来代替通过“IMS APN”。

IMS APN仅允许用于基于IMS的传输，而拒绝非基于IMS的传输。一个明确的例子是一个LTE用户在日本漫游。通过使用VoLTE服务，用户能接入到提供LBO功能的IMS APN，而当使用一个基于互联网的服务需要接入常规互联网APN中时，在这个典型的情况下就会发生强迫本地路由。

10.4.9 特定服务方面

10.4.9.1 概述

这一节阐明对LTE/SAE漫游产生影响的不同特定服务的特征。也分析了解决方案的影响取决于是否存在控制平面。

10.4.9.2 网页浏览

取决于所使用的服务，控制平面可能存在也可能不存在。这对服务的路由需求有重大的影响。这个影响的主要原因是需要HPLMN去监控在VPLMN中漫游终端用户使用的服务。

由于互联网服务通常位于特定业务提供商中，因此通过特定控制平面的信令运营商之间没有相互作用，通过本地疏导使用典型网页浏览意味着HPLMN从没有关于呼叫活动的信息，它实际是发生于 VPLMN 中。所有流量直接在 VPLMN 和互联网之间传输。这意味着以下相当重要的项目对于 HPLMN 不可用。

1）正在使用的服务。

2）正在使用的 QoS 等级。

3）使用多少带宽。

4）传输多少数据。

5）实际上是否成功传输了用户要求的服务。

例如，如果用户之后向 HPLMN 抱怨漫游时使用服务 X 的费用，即使这个服务从不工作，HPLMN 基本上也没有什么方法来证明计费是否合理。HPLMN 只能信任 VPLMN 的计费信息。实际中，在 2G/3G 漫游中并没有证明这个解决方案很成功，所以可能出现的问题将同样会发生于 LTE/SAE 漫游中，虽然漫游协议是建立在双方正常的信任关系的基础上签署的一份协议，效果却由于协议滥用处罚的可能性而增加了。实际上，这表明了使用本地路由时缺少控制平面服务。

完全从技术上来说，对于网页浏览是很有意义的，通过它能很容易表明消耗大量数据的原因，例如，观看高清视频，使得可以尽可能快地使互联网旁路——即用本地疏导代替用户隧道在 IPX 上传回到 HPLMN。

10.4.9.3 语音

对于 LTE 语音服务，它可以使用 CSFB、VoLTE 或 OTT 方案。正如本书的第 9 章所述，已接受 VoLTE 作为 NGMN 和 GSMA 中运营商的普遍长期目标的解决方案，将 CSFB 看成是中间模型。

用 VoLTE 代替 CSFB 的好处包括更好的质量等优势——例如，关于传送主叫 ID，在当前 CS 漫游中从终端用户的角度来看已认为这是一个很明确的问题。如今，由于 CS 的漫游特性或如在国际 TDM 线上最少成本路由这样相关的功能，使得主叫 ID 的号码会完全丢失或部分数字丢失。当对语音服务使用端到端 IP 时，可能会有更好的机会来避免主叫 ID 的丢弃，因为它承载着 SIP 信息。与 CSFB 相比，在 VoLTE 中使用一个演进的“HD 语音”编解码器（用 AMR-WB 代替 ANR-NB）也可能会更容易，因为 VoLTE 在物理上或逻辑上需要部署一个全新的基于 IP 的基础结构。在应用到漫游方案时 CSFB 也有主要的缺点——即在呼叫建立时间内的额外延迟，所以在“本地”VoLTE 中应将呼叫时间调到比 CSFB 更短。

CSFB 主要优势是保留现存商业 CS 语音漫游架构——即漫游协议、计费模型以及技术布局几乎完整保留。

在 LTE/SAE 上重用现有 CS 语音漫游架构的另一种方法可能是在源 VPLMN 中对 VoLTE 语音执行 PS/CS 转换，把媒体转移到 TDM 跨运营商网络上，然后在终端 PLMN 中对 VoLTE 接收处执行 CS/PS 转换。实际中，这个高度无优化模型由三个不同的接口（PS UNI-CS NNI-PS UNI）组成，理论上给出了当维持现存 TDM NNI 时在运营商领域使用 VoLTE 设备的可能性。然而，由于转换数量的需求，并不真的认为这是一个可行的模型，它不能支持任何其他的服务，如 RCS。如果无论因为什么理由都要求它坚持使用 TDM NNI，一个更好的可选方案是用 CSFB 标准解决方案。

从商业的角度来看，在 VoLTE/SAE 漫游模型中［即从 VPLMN（a）到 HPLMN（b）的媒体路由］重用 CS 漫游模型是有利的，因为能使其对现存 CS 漫游协议和计费环境的影响最小化。然而，有人可能会质疑，仅为了不希望改动现存商业模型而为一个如 LTE/SAE 这样的全新技术设计一个无优化技术结构这样做是否有意义。这个做法是特别正确的，因为运营商在近十年已经习惯了这个环境正面临巨大的改变，例如，由于各种互联网对手和调整的改变带来的与日俱增的压力。这是一个主要的不断争论的，可能还要持续很长一段时间的问题。

与 LTE/SAE 漫游和 CS 漫游相关的方面是 3GPP 已经启动了一个新的特定的叫做 RAVEL 的工作项目，它正在研究各种围绕 CS 漫游模型复制到 IMS 漫游环境中的问题。这项工作预计完成于 2012 年底的 R11 版本中。

如这种 OTT 的解决方案，作为运营商的一个 LTE 语音服务，要求常规 LTE 数据漫游通过重用标准 PS 漫游向 2G/3G 移交。由于在 OTT 的解决方案中 HPLMN 不可能接入到任何特定控制平面，应该像标准网页浏览那样以相同的方式处理它——即使用本地路由模型。

如果用 VoLTE，应注意在［11］中记录了一些 VoLTE/SAE 漫游的一般高级商业要求。

1）当主叫正在漫游时，LTE 中语音的语音呼叫路由应达到至少像在目前 CS 领域中的那样的优化程度。这意味着一个 VoLTE 呼叫的承载路径将从漫游主叫的访问网络寻路到终端网络。

2）VoLTE 中也应维持用于 CS 领域漫游的计费模型

本质上，上述的第一个要求意味着本地路由对于 LTE 中的语音并不是可行的解决方案，因为，由于 CS 语音漫游通常使用媒体从源 VPLMN 寻路到终端 HPLMN 的模型，这个模型的使用意味着路由不能“至少达到目前 CS 领域中那样的优化”，所以与本地路由相比它是最优的。

VoLTE 中的控制平面通过 HPLMN 中的专用 AS（Application Server，应用服务器）寻路，通常叫做 TAS（Telephony Application Server，电话应用服务器），它与 S-CSCF 相连。TAS 负责处理如支持呼叫转移这样必要补充业务的功能。如果接下来使用 VoLTE 以使 XCAP 传送，则在本地网络中 PCRF 必须提供一个 PCC 来识别 TAS。这可以通过本地网络的 S9 接口或通过在本地 PCRF 进行本地配置来实现。

从用户平面来看，VoLTE 本质上是一个受 IMS 控制的 P2P 服务，意味着实际的 RTP 语音媒体直接在没有任何服务要求的 UE 之间流动，两用户互相正常交流的情况下在两端都用 VoLTE。为了支持如会议这样的功能，不同的编解码器直接转码，或用 PSTN 进行 PS/CS 语音互工作，这需要涉及如 MRF、MGW、和 BGCF 这样的网络节点。这本质上意味着对 VoLTE 的支持不一定要从 VPLMN 侧有任何特殊要求。

简言之，找到一个实际上在 LTE/SAE 漫游中适合所有语音的技术和商业需求的单一解决方案是很困难的。理论上，移动通信行业可能会提出在 VoLTE/SAE 漫游中非常先进/动态的选择逻辑，以确保满足运营商的要求，如在一些情况中实行本地路由和例如 VPLMN-A、VPLMN-B 在同一国家情况下的“最佳”路由。

10.4.9.4　RCS

丰富通信套件（The Rich Communication Suite，RCS）[17]是各种基于 IMS 服务的组合：IM、视频/图像共享以及网络增值服务（Network Value Added Services，NVAS）。基本上从 LTE/SAE 漫游角度来看 RCS 服务类似于 VoLTE——都是使用 IMS APN，并且控制平面总是对 HPLMN 可用。已明确规定当在 LTE 接入中使用 RCS 时，语音的解决方案是 VoLTE，所使用的 APN 是“IMS APN”。

最重要的差异之一是作为部分 RCS 的许多服务有明确的 AS 处理。由于控制平面和用户平面通常位于 HPLMN 中，适用于这些服务的本地疏导不会提供很多效益，因为用户平面不管怎样都要寻路到 HPLMN。例如，在 HPLMN 中 Presence/XDM（XML Document Management，XML 文件管理）、IM 和 NVAS 都需要 AS，如果使用一对多共享这样的先进功能的话，视频共享同样需要 AS。

通过使用 QCI 值（QoS Class Identifier，QoS 等级标识符）在一个单一 APN 中给不同的服务分配不同的 QoS 等级是有可能的，因此，例如同与使用相同 APN 的 VoLTE 会话相关的 RTP 流相比，与使用 IMS APN 的视频共享会话相关的 RTP 流有较低的优先级。这有助于确保语音总是最高优先级的。

10.4.9.5　计费

在 GSMA 中跨运营商计费专家们已注意到对于 VoLTE/SAE 漫游中有两个关键点。

1）语音漫游计费应尽可能“技术中立”。

2）VoLTE 的专用 APN 能允许数据承载者支持识别语音和零税率（通过服从其他机制的通话账单）。

第一点意味着，原则上，在 2G/3G 漫游环境中使用的现存跨运营商计费中应包括 VoLTE 通话和短信——即仅为在 LTE/SAE 领域中使用基于 VoLTE 语音和 SMS（Short Message Service，短消息服务）而不需要一个新的专用 IOT（Inter-Operability Testing，互操作测试）。

第二点意味着与 VoLTE 相关的 PS 传输最简单的方案是使用一个专用 APN——因为如 FBC（Flow-Based Charging，基于流量的计费）等这样的技术概念没有在跨运营商环境中得到验证，并且依赖于一些因素的成功建立，如本地疏导和 S9 接口。

VPLMN 必要的技术规格的可用性似乎是为了创建 TAP（Transferred Account Procedure，转账程序）文件，将 TAP 文件作为跨运营商计费的基础使用，并在 LTE/SAE 漫游中使用本地疏导和本地路由的情况下将它传送到 HPLMN。根据规定，它也能为本地疏导 VPLMN 和 HPLMN 之间的在线计费使用 PCC 架构，包括截止功能。执行它可能需要在运营商网络中进行修改。

在一个 VoLTE 会话期间发生向 2G/3G 移交的情况时，要确保来自 PS 和 CS 领域的计费记录的正确结合。从规定的角度看，似乎能用计费 ID 结合来自访问 MSC 和 PS 领域节点的记录，如 SGW、PGW 和 P-CSCF。实际上，这可能稍具挑战性。

10.4.9.6　控制

参考文献 IR.88 规定“一般而言，PCC 是 IMS 服务的一个完整部分。如果访问 PCRF 需要本地网络的引导和确认，那么需要部署动态 PCC 和相应 S9 接口来交换

vPCRF 和 hPCRF 之间的策略信息”。

PCC 架构的重要特征之一是它支持强制漫游终止功能（例如，如果数据漫游账单已超过 50 欧元，则切断传输）。实际中可以这样处理，例如，通过 PCRF 监测每用户的传输量。所有基于 EU 的运营商在所有 PS 漫游方案中支持这一特征，包括 LTE/SAE 漫游，根据欧盟条例，它能支持部署 PCRF，甚至是整个 PCC 架构的情况。

此外，hPCRF 能告诉 vPCRF 根据 QoS 等级的相关原则分配不同的传输类型，或完全阻挡一些传输类型。

在 LTE/VoLTE/SAE 漫游中是否确实需要 PCC 是当前仍在争议的。来自规范领域的一个例子是，一些 3GPP 代表已表明，当使用标准 IMS 功能时，可能达到在线计费和门控功能的某种程度。也有其他的观点指出，通过除 hPCRF-to-vPCRF 以外的机制将政策从 HPLMN 传送到 VPLMN，例如，通过在漫游协议中或作为全球漫游数据库 IR. 21 的一部分使用固定政策。应注意这个话题仍在讨论标准化的过程中，但通过 HPLMN 和 VPLMN，包括 S9 接口去部署 PCRF 节点，许多公司使用 LB0 可看做是 LTE/SAE 漫游的强制功能以确保漫游用户不会“过度使用他们的策略”。因为 hPCRF 获得了如从 vPCRF 截止的一些相关信息，所以应注意 S9 的使用也要求 HPLMN 到 VPLMN 的某种信任等级。

10.4.9.7　国际论坛

3GPP 作为移动通信领域的典型组织，有关 LTE 需求、架构和漫游的技术细节均在该组织讨论。由其他组织在一些纯技术标准工作范围外的项目里重用了 3GPP 制定的规范，如现实世界的实践、商业模型、通用协议和欺骗问题等。在移动领域中，这些和其他与漫游的商业部署有关的项目在 GSMA 中得到处理。

GSMA 中执行的工作有时也包括 3GPP 规范的概述——例如，由于典型策略的妥协，在处理一些项目规范时可能有两个（或更多）的观点，GSMA 可能会进一步讨论，如果可能的话在典型颇具挑战性的多运营商环境中认同唯一一个可行的部署可选方案。这就是为什么运营商在 LTE/SAE 漫游领域会把 GSMA 文件当做可选的，作为来自 3GPP 技术规范的补充。

下一代移动网络（The Next Generation Mobile Networks，NGMN）联盟也参与到与 LTE 的通用语音解决方案相关的讨论中。一致认同的模型是将 VoLTE 作为长期的解决方案，而 CSFB 则作为短期的解决方案。由于 GSMA 也认同并推进这个方案，可预计这是在全球 LTE/SAE 漫游环境中最有可能采用的方案。

10.5　计费

计费程序在商业电信网络中是必不可少的。这个功能要求包含在运营商采用的原则基础上创建计费数据。国内的网络运营通用计费原则同互联网连接一样有立法基础。

计费的高级原则收集来自用户创建连接的计费数据记录（Charging Data Records，CDR)。在电路交换平面，计费非常简单，它是一个活跃链接时间的函数。在分组交换领域，计费通常以传输数据为基础。

网元能收集并储存各种事件，且可在 CDR 传送给集中收费系统之后计费。CDR 的格式取决于网络。

计费可以实时执行（在线计费）或稍后执行（离线计费）。在线计费使用 PCEF（Policy and Charging Enforcement Function，策略和计费执行功能）来产生与承载、会话或服务控制的实时交互。在线计费用于预付款的用户，它为以基于会话计费为基础的实时事件提供了可能性。在离线计费的情况下，计费信息不会影响正在计费的服务，因此不需要 PCEF。离线计费与订阅后付费有关，并提供基于事件或基于会话计费这种方式收取费用，例如，按月计费。图 10-16 阐述了这一方案。

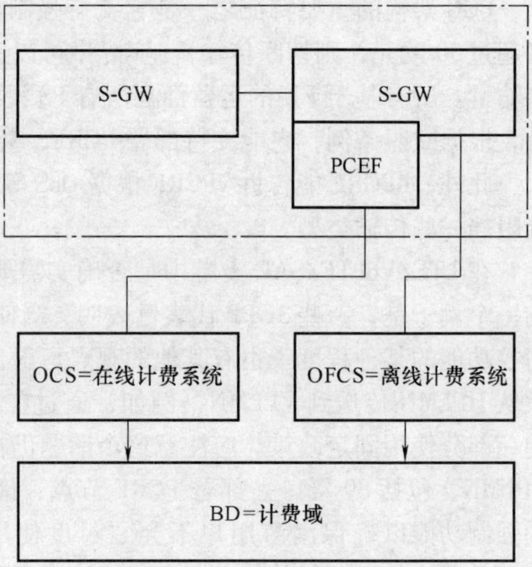

图 10-16 LTE 连接的收费能在离线和在线模式中发生。

10.5.1 离线计费

离线计费的原则是在使用网络资源之后使 CDR 到达计费域。然后计费域会稍后处理 CDR，并产生在后付费用户账单中使用的计费概要，例如，以一个月为准。

P-GW（Packet Data Network Gateway，分组数据网网关）包括用于检测计费事件的 CTF（Charging Trigger Function，计费触发功能）。CTF 将每个已识别的事件变为独立的计费事件，并将计费事件转发到 CDF（Charging Data Function，计费数据功能）中，依次产生标准格式的 CDR。此后 CDF 转发到 CGF（Charging Gateway Function，计费网关功能）中，并将独立的 CDR 信息编辑成单一文件并发送到计费域中。图 10-7 所示的是整个过程的数据流及相关的元素和接口。值得注意的是，这个程序的计费功能的实现在标准化中是灵活的，并可以整合，例如，部分或全部整合到 S-GW网元中。

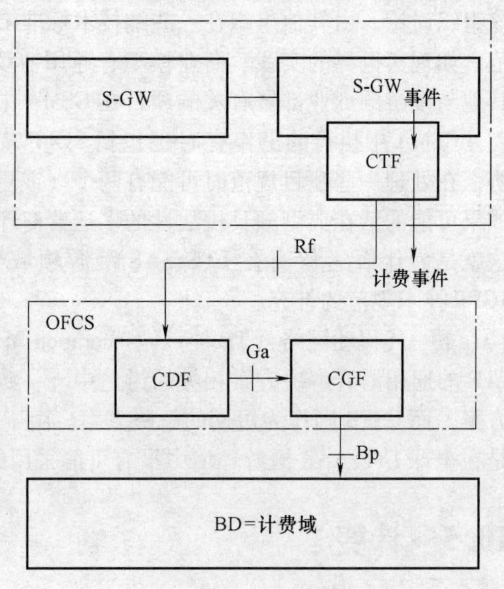

图 10-17 离线计费

10.5.2 计费数据记录

CDR 是一系列关于可计费事件的信息。它形成了一种可以被集中计费域（Billing Domain，BD）认知的特定形式，并通过收集它的网元发送出去。有很多可以计费的事件，包括如呼叫持续时间这样的承载利用率、接收或发送的数据量以及呼叫建立持续时间。LTE 产生的 CDR 以分组交换域为基础，CDR 通过 GTP 传送。基于分组的 CDR 格式由 3GPP 技术标准 TS32.251 建立标准，并在 3GPP TS 32.295 中定义了 GTP。

10.5.3 在线计费

在线计费的特点是计费信息会影响实时服务。在线计费信息从 P-GW 传送给 OCS（Online Charging System，在线计费系统），这个系统依次处理用户信用的实时控制。

在 P-GW 中有 CTF 功能，它探测应计费的事件——即包括承载资源使用的事件。然后 P-GW 将这些事件转换为计费事件，从 P-GW 转发到 OCF。

这个功能修订了 UE 在实际中是否仍能使用网络资源。为此，OCF 与 ABMF（Account Balance Management Function，账户余额管理功能）互换信息。ABMF 的任务是存储用户账单的可用信用，并利用这个信用升级此信息。OCF 也与 RF（Rating Function，评价函数）相互作用，RF 包含了根据规定的费率制度决定服务成本的方法。当有足够的信用时，OCS 允许使用资源。相反，每当信用用完时，OSC 会中断资源的使用，例如，通过截止呼叫。

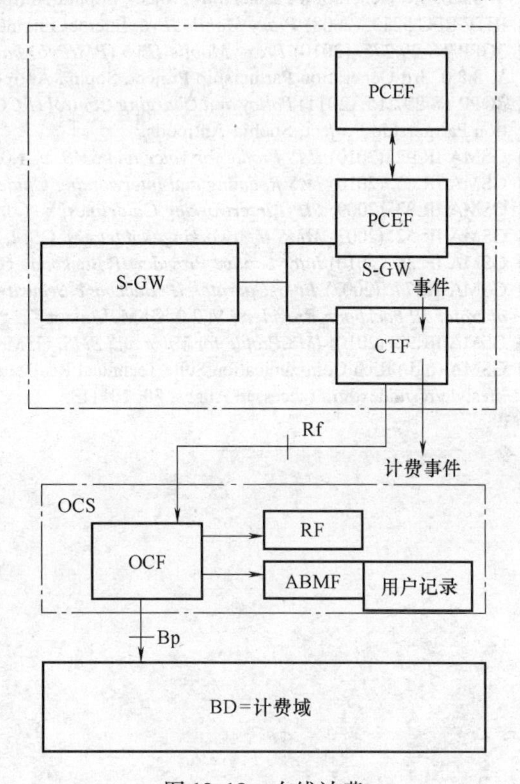

图 10-18 在线计费

在 PCEF 和在线计费系统之间的 Gy 接口由 3GPP 技术规范 23.203 定义。正如 RFC 4006 中规定的，这个信令是以 IETF DCCA（Diameter Credit Control Application，Diameter 信用控制应用）结构为基础的。图 10-18 给出了在线计费架构。

参考文献

[1] 3GPP TS 23.228. (2010) *IP Multimedia Subsystem (IMS); Stage 2*, V. 8.12.0, 3rd Generation Partnership Project, Sophia-Antipolis.
[2] GSMA IR.88. (2010) *LTE/SAE Roaming Guidelines*, V. 3.0.22, GSM, London.
[3] IETF RFC 3588. (2003) *Diameter Base Protocol*, Internet Engineering Task Force, Fremont, CA.
[4] 3GPP TS 29.272. (2011) *Evolved Packet System (EPS); Mobility Management Entity (MME) and Serving GPRS Support Node (SGSN) related interfaces based on Diameter protocol*, V. 8.11.0, 3rd Generation Partnership Project, Sophia-Antipolis.
[5] 3GPP TS 29.274. (2011) *3GPP Evolved Packet System (EPS); Evolved General Packet Radio Service (GPRS) Tunnelling Protocol for Control plane (GTPv2-C); Stage 3*, V. 8.10.0, 3rd Generation Partnership Project, Sophia-Antipolis.
[6] 3GPP TS 29.281. (2010) *General Packet Radio System (GPRS) Tunnelling Protocol User Plane (GTPv1-U)*, V. 8.5.0, 3rd Generation Partnership Project, Sophia-Antipolis.
[7] IETF RFC 5213. (2008) *Proxy Mobile IPv6*, Internet Engineering Task Force, Fremont, CA.
[8] 3GPP TS 29.275. (2010) *Proxy Mobile IPv6 (PMIPv6) based Mobility and Tunnelling protocols; Stage 3*, V. 8.8.0, 3rd Generation Partnership Project, Sophia-Antipolis.
[9] 3GPP TS 29.215. (2011) *Policy and Charging Control (PCC) over S9 reference point*, V. 8.10.0, 3rd Generation Partnership Project, Sophia-Antipolis.
[10] GSMA IR.92. (2010) *IMS Profile for Voice and SMS*, V. 1.0, GSM, London.
[11] GSMA IR.65. (2010) *IMS Roaming and Interworking Guidelines*, V. 5.0, GSM, London.
[12] GSMA IR.83. (2009) *SIP-I Interworking Guidelines*, V. 1.0, GSM, London.
[13] GSMA IR.52. (2003) *MMS Interworking Guidelines*, GSM, London.
[14] GSMA IR.34. (2010) *Inter-Service Provider IP Backbone Guidelines*, V. 4.9, GSM, London.
[15] GSMA IR.77. (2007) *Inter-Operator IP Backbone Security Requirements For Service Providers and Inter-operator IP backbone Providers*, V. 2.0, GSM, London.
[16] GSMA IR.92. (2010) *IMS Profile for Voice and SMS*, GSM, London.
[17] GSMA (n.d.) Rich Communication Suite Technical Realization, http://www.gsmworld.com/our-work/mobile_lifestyle/rcs/index.htm (accessed August 30, 2011).

第 11 章　LTE/SAE 安全

Jyrki T. J. Penttinen

11.1　引言

本章介绍了 LTE 和 SAE 的安全功能。同时，还给出了涉及规划和运行安全网络相关内容的综述。

LTE/SAE 网络是基于 IP 的网络。这就意味着 LTE/SAE 网络容易受到与其他分组网络相同的威胁。LTE/SAE 运营商的主要目标是降低网络被误用的概率。

在早期的 3GPP 3G 系统中，安全已经是整个服务中一个基本的部分。在第一个 Release 99 规范中包含了 19 个 SA3 工作组制定的新规范，包括一些主要的定义，具体见 TS 33.102（3G Security—Security Architecture，3G 安全—安全架构）。到目前为止，3GPP 改进了安全方面的规范，并考虑了 IP 域，使得移动通信向着 IMS 和全 IP 的方向发展。

3GPP SA3 在 LTE/SAE 保护方面提出了一系列新的规范，如 TS 33.401（Security Architecture of SAE，SAE 安全架构）[1] 和 TS 33.402（Security of SAE with Non-3GPP access，非 3GPP 接入的 SAE 安全）[2]。LTE 系统为 LTE-UE 和 MME 间的信令提供了加密性和完整性保护。加密性保护涉及信令信息的加密。完整性保护确保信令在传输过程中不会被改变。

所有 LTE 传输的保护都是通过在无线接口端使用分组数据汇聚协议（Packet Data Convergence Protocol，PDCP）实现的。在控制平面，PDCP 同时为 RRC 信号提供加密保护和完整性保护。在用户平面，PDCP 对用户数据只提供加密保护，而不提供完整性保护。值得注意的是，对 LTE/SAE 内部接口（如 SI）提供保护为可选项。

11.2　LTE 安全风险指标

11.2.1　安全流程

安全处理流程的发展包括很多方面[3,4]。而所有安全措施的目标都是为了防止可能的攻击。目前的安全措施主要是通过屏蔽 LTE/SAE 相关接口和实体，最大程度减少外部用户进行的欺骗性行为来实现的。

因此，LTE/SAE 的安全设计包括多方面的特性演进，根据对攻击方法最好（目前和将来）最佳了解及与其相关的对网络的技术和商业影响。例如，安全威胁（如拒绝服务类攻击）会使网速变慢，甚至可以导致大范围的网络瘫痪，这样会限制服务的可用率，导致利润下降和用户的不满意度上升。因而，提出一种新的安全处理过程是目前应对这些安全威胁的有效办法。

安全规划的第一步是识别安全威胁。因此，通过这一阶段的安全风险分析可以设计和升级 LTE/SAE 系统，从而尽可能的预防已识别的安全风险。这就需要列举出安全要求，并制定系统级的安全架构规范。

接下来，在软件层面考虑各种威胁，尽可能地保证软件开发流程。

在安全设计的最后阶段，使用综合安全测试分析不同种类的攻击类型，并且需要对网络正常运行和不稳定情况进行分析。

这个例子中的安全处理流程在逻辑上为各方迭代行为。这就意味着，随着技术的发展和新的系统攻击方法的出现，安全规划过程需要最快速地识别攻击类型，这样才可以针对新的攻击类型对网络进行升级。网络欺骗检测过程应当作为新型安全威胁识别的一部分被引入。网络欺骗检测过程可以提供可能的新型安全威胁信息到安全处理流程中。

此外，安全处理适用于网络运营商的安全验证中。对于包含大量不同版本和安全等级网络实体的端到端移动网络，安全处理是一个主要环节。设备商与运营商的协作均可以验证软件和硬件。如果检测到不安全因素，可以通过升级安全威胁对策的方式来解决。

图 11-1 给出了 LTE/SAE 安全环境的高层次项目。

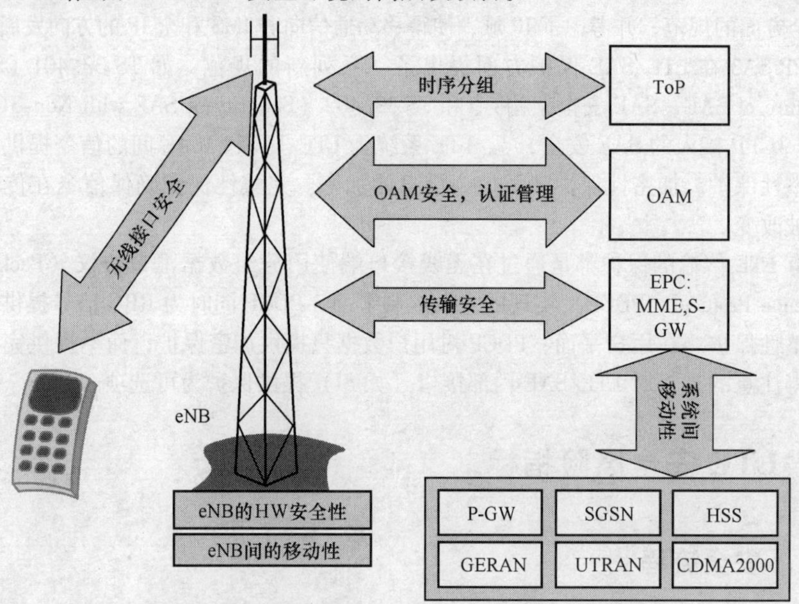

图 11-1　包括多种高层次内容的 LTE/SAE 安全链

11.2.2　LTE/SAE 中网络攻击的种类

扩展的安全规划需要考虑 LTE/SAE 架构中的专用特性。LTE/SAE 基于扁平构架体系，即 eNodeB 实体包含所有的无线协议。此外，eNodeB 支持 IP 协议。

LTE/SAE 架构的实现存在很多的挑战。例如，eNodeB 的位置可能会被取代，从而出现更多潜在的黑客攻击。此外，LTE/SAE 网络需要与前期的网络和非 3GPP 网络共同工作，这也会产生一些未知的安全漏洞。不需要了解网络信任程度的新型商业环境也为 LTE/SAE 框架的实现提出了挑战。

与早期的2G/3G 系统比较，基于 IP 的 LTE/SAE 需要扩展认证和关键协议，从而解决调制解调器 IT 攻击。这就意味着相对以前的系统，LTE/SAE 在关键层次和协同工作安全方面更加复杂。同时，eNodeB 要在 2G 基站和 3G node B 的基础上添加安全功能。

识别 LTE/SAE 网络环境下的潜在网络攻击类型是最基本的预防工作之一。对于家庭基站，用户可以接入物理实体的硬件和软件，这样会引起更多的潜在欺骗行为[5]。主要有：

1）克隆 HeNB 证书。

2）HeNB 上的物理攻击，例如，以干涉的形式出现。

3）配置 HeNB 上的攻击，例如，欺骗性的软件升级。

4）HeNB 上的协议攻击，例如，中间人攻击。

5）针对核心网的攻击，例如，拒绝服务。

6）对用户数据和身份隐私的攻击，例如，窃听；

7）针对无线资源和管理的攻击。

11.2.3　攻击的预处理

更多与 LTE/SAE 安全相关的细节将会在安全处理流程中给出，主要包括下面的部分。

1）空中链路安全（U 平面和 C 平面安全）。这部分包括 U 平面和 C 平面加密算法的定义和描述，C 平面完整性保护算法的定义和描述，以及接入层安全信号的描述。

2）传输安全。这部分包括传输网络的加密算法和完整性算法的定义与描述，以及传输安全信号（包括密钥发布）的描述。

3）证书管理。这一部分包括公共密钥和密钥管理概念的定义。

4）OAM 安全（M 平面安全）。这一部分包括平面安全管理。

5）时序分组（Timing over Packet，ToP）。这部分包括同步平面安全，即 IEEE v2 数据包的频率、时间和相位同步。

6）eNB 需求。这部分包括安全环境的定义、与 3GPP TS 33.401 标准相符的 eNB 的需求定义、安全密钥和文件存储。

7）LTE 移动性和不同系统间移动性。这部分包括切换安全的定义（包括密钥分配）。

需要注意的是不同的平面需要区分不同的传输类型，并且安全规划也应该将传输类型纳入考虑范围内。LTE/SAE 环境中平面包括：用于传输用户数据的 U 平面、用于传输控制数据的 C 平面、用于传输管理数据的 M 平面，和传输频率和时间/相位同步信息的 S 平面。图 11-2 ~ 图 11-5 确定了这些平面与安全相关的内容。

IPSec 是 3GPP 标准用于多个 LTE 接口的安全方案，如 SI-MME 和 X2 控制平面，SI 和 X2 用户平面。管理平面的安全方案还没有标准化，但是建议使用 IPSec 或传输安全。此外，联合使用 IPSec 和认证可以保证核心网接入的安全性，有效防止 eNB 和核心网间的传输数据被窃取，从而保证数据的完整性和保密性。

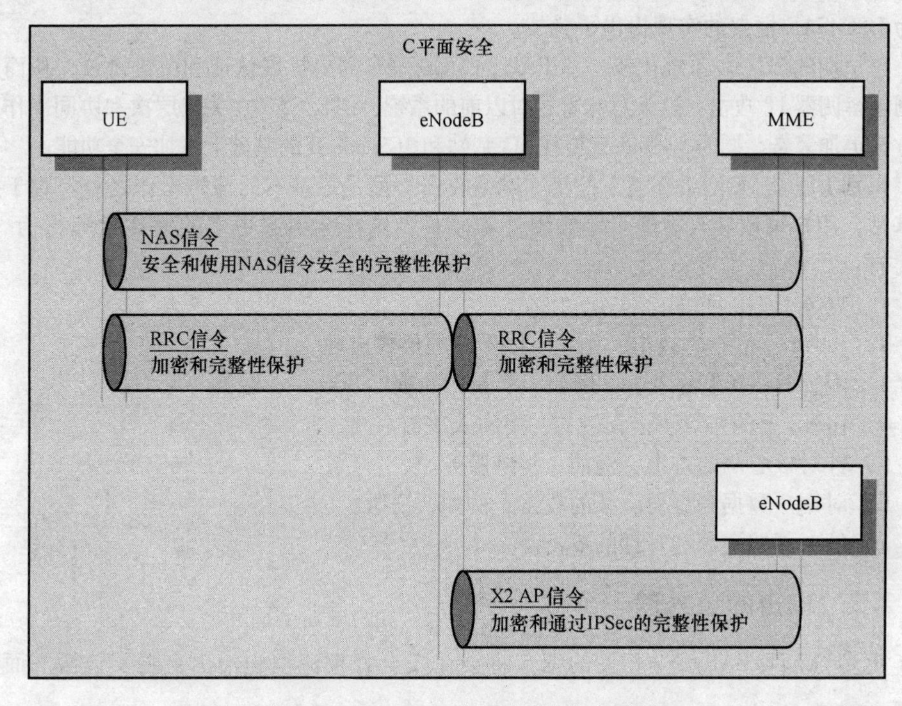

图 11-2　LTE/SAE 下 C 平面的安全原则

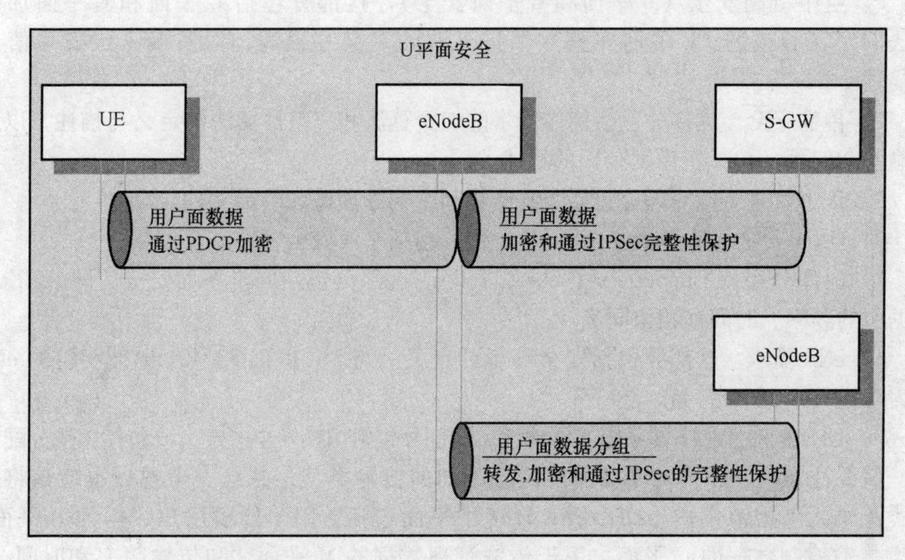

图 11-3　LTE/SAE 下 U 平面的安全原则

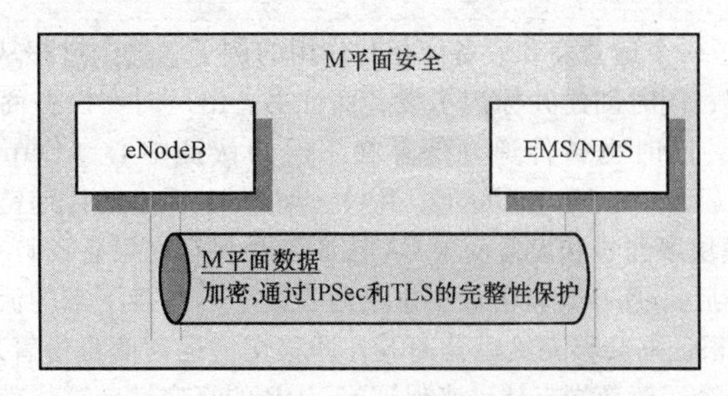

图 11-4　LTE/SAE 下 M 平面的安全原则

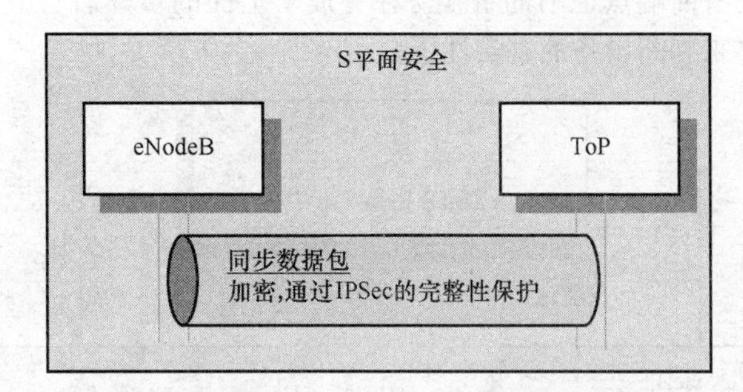

图 11-5　LTE/SAE 下 S 平面的安全原则

11.2.4　认证

11.2.4.1　X.509 认证与 PKI

数字认证用于验证通信节点和加密敏感数据。数字认证是传输层安全和 IPsec 的重要组成部分。X.509 认证包括一个公钥（使用一般信任部分标示）。通过这种方法，接收端的信任在于公钥的正确性，只要一个可信任方可以通过证书内的数字签名来证实相匹配的实体。信任部分和认证格式形成了一个信任链路。

信任链路的关键问题是如何在前期不存在安全保证的情况下获取传输密钥。目前，最安全的方法是在本地网站上安装必需的密钥。这种解决方案适用于站点较少的情况，和刚建立的新网络。然而，在大规模网络，如 LTE，这种方案就不太适用了，这主要是由于证书的生命周期是有限的，并且还需要适时更改。

为了应对这方面的挑战，采用了认证管理协议（Certificate Management Protocol，CMP）这一功能选项，例如诺基亚西门子网络的应用。这个标准协议提供了检索、升级和中心服务器的自动证书撤销功能。初始化认证（操作者验证没有就位的情况）一般使用设备商证书（出厂时已安装）。因此，eNB 的公共密钥可以设计为分层结构，并且运营商网络只有一个 CA 根。

如果 eNB 出厂时安装了设备商证书，就可以支持 NSN 安全设备认证。设备商证书用于识别运营商 CA 中的 eNB，并且从 eNB 中获得运营商证书。这个功能可以作为 SON LTE BTS 自动连接特征的一部分，并且支持基于 3GPP TS 33.310[6] 的基站自动运营商认证的注册。

图 11-6 给出了一个运营商和设备商相互作用的例子。这个过程从工厂开始，公钥和密钥同时被创建，同时创建并标识了设备商证书。出厂时，设备商的设备认证已经保存在 eNodeB 中，同时也被传递并保存在工厂的认证中心（Certification Authority，CA）和注册中心（Registration Authority，RA），如图 11-6 中的传递链路①所示。接下来，生成信息（模块序列号和设备商根 CA 认证）会保存在设备商订单和传递链路中。在完成了上述工作后，eNodeB 就可以出售给运营商了。在接下来的流程中，设备商的设备序列号和 CA 根证书会移交给运营商③，即移交给运营商身份管理（IDM）。在接下来，IDM 创建一个运营商端点认证来保证 eNodeB 的真实性。这样就完成了运营商端点认证对之前的设备商端点证书的替换。在完成了上面的步骤后，就可以使用序列号和设备商设备证书来判断设备的真实性了。

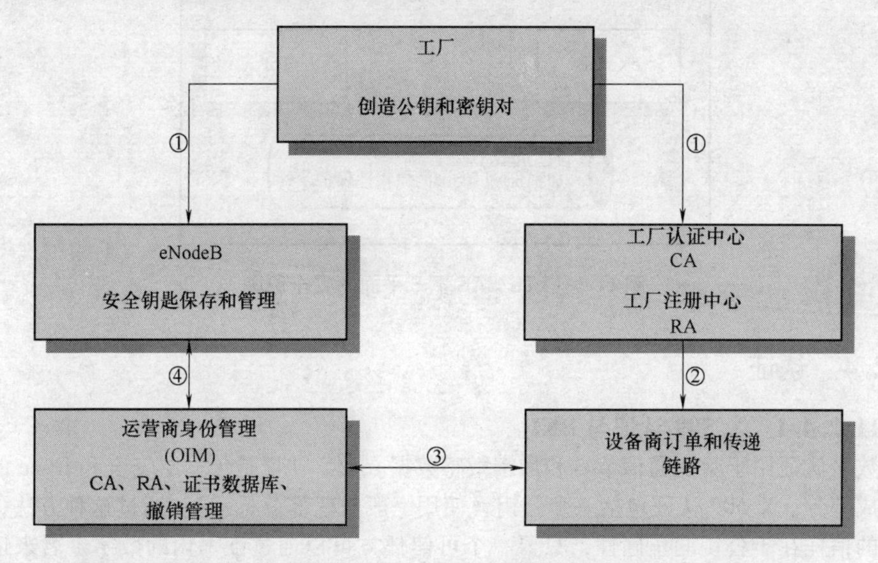

图 11-6　设备商认证的原则（这一流程可以在实际 LTE/SAE 环境下使用）

11.2.5　LTE 传输安全

11.2.5.1　IPsec 和 IKE

eNB 遵从在网络域安全/IP 安全（Network Domain Security/IP Security，NDS/ IPsec）协议（见 3GPP TS 33.210 标准）框架下建立规则。3GPP TS 33.210 标准引入了安全域边缘的安全网关（Security Gateways，SEG），用来处理 NDS/IPsec 传输。所有的 NDS/IPsec 数据在进入或离开安全域前都要通过 SEG。

可以通过设计专有硬件（额外的 SEG）或内嵌在已有的节点（内嵌的 SEG）实现 SEG 功能。从 eNB 的角度来说，内嵌或专用的 SEG 都可以接受，两者的区别对 eNB 的影响不明显。在 eNB 端，IPsec 功能被内嵌到 eNB 中。因此，eNB 自身拥有安全域，并可以充当 3GPP TS 33.210 标准下的 SEG。

下面介绍 IPsec 中使用的逻辑接口：

1）Sl-U：eNB 和 S-GW（GTP-U 隧道）间的用户数据传输（U 平面）。

2）Sl-MME：eNB 和 MME（S1AP 协议）间的信号传输（C 平面）。

3）X2-U：eNB 端点间切换（GTP-U 隧道）时的用户数据传输（U 平面）。

4）X2-C：eNB 端点间（X2AP 协议）间的信号传输（C 平面）。

5）O&M i/f：eNB 和 O&M 系统间 O&M 数据（M 平面）的传输。

6）ToP i/f：eNB 和 ToP 控制间 ToP 同步数据（S 平面）的传输。

图 11-7 给出了内嵌 IPsec 层的 eNB 协议栈。

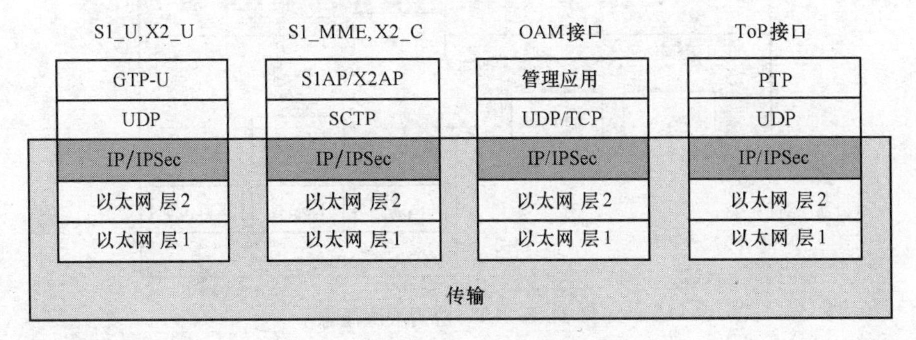

图 11-7　内嵌 IPsec 层的 eNB 协议栈

11.2.6　传输过滤

11.2.6.1　防火墙

eNB 实体可以通过使用下面的关键技术实现防火墙功能。

1）入口 IP 数据包滤波。

2）入口速率限制。

3）出口速率限制。

4）DoS 对策。

11.2.6.2　网站支持设备过滤

通过增加以太网接口，eNB 可以连接到网站支持设备（例如，后备电池组）。一般来说，这种基于 IP 的设备不提供 IP 包过滤器或防火墙。因此，网站支持设备在没有包过滤器的情况下可以直接与 eNB 连接。因此，eNB 包含 IP 包过滤服务，不仅可以保护网站支持设备免受有害网络传输的影响，还能够防止网络接收来自接口的无效传输。

11.2.7　无线接口安全

11.2.7.1　接入层保护

这一小节主要介绍了密钥层次和密钥导出函数。密钥导出使用在正常操作环境下——建立过程和切换过程（如 eNB 之间的切换）。

11.2.7.2　密钥层次

图 11-8 给出了 LTE 的密钥层次概念。图中给出了稳定状态的 EPS 密钥分层，即没有发生切换时的密钥结构。节点使用大框图给出，密钥使用方框图给出。箭头给出了

密钥导出函数。如果一个密钥从一个节点派生并可以传送到另一个节点，那么它所在的方框在两个大框图的边缘，并且与两个节点相关。

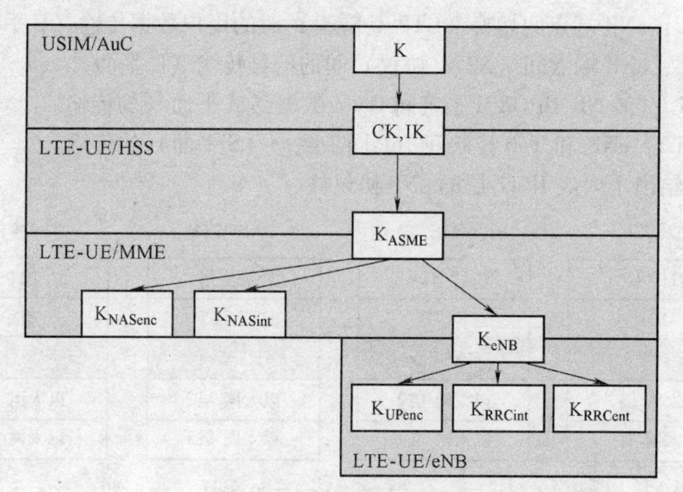

图 11-8　LTE 密钥层次概念

与 eNB 相关的密钥层次部分是 eNB 的密钥层次。eNB 的密钥层次由所有的 AS 密钥组成——K_{eNB}、K_{UPenc}、K_{RRCint} 和 K_{RRCenc}。K_{eNB} 是 AS 基础密钥，K_{UPenc}、K_{RRCint} 和 K_{RRCenc} 是 AS 派生密钥。上面三个派生密钥主要用于 UP 加密、RRC 完整性保护和 RRC 加密。

密钥"K"是唯一一个恒定的密钥。所有其他密钥都是按照不同的需求使用密钥导出函数获得的。此外，密钥导出由密钥导出流程控制。

主要通过下面的方法判断密钥的存在状态。

1）K 一直存在。

2）NAS 中的密钥 CK、IK、K_{ASME}，K_{NASenc} 和 K_{NASint} 在 EMM-REGISTERED 状态下存在。

3）AS 密钥 K_{eNB}、K_{UPenc}、K_{RRCint} 和 K_{RRCenc} 仅仅在 RRC-CONNECTED 状态下存在。

11.2.7.3　密钥导出函数

密钥导出使用密钥导出函数（Key Derivation Function，KDF）实现，在 EPS 下是使用加密哈希公式，Ky = KDF（Kx，S），即使用 S 中的密钥 Kx 计算出一个哈希数，然后这个哈希数就成为导出的密钥 Ky。参数说明如下：

1）Kx 是上级密钥——该密钥处于密钥层次的较高层位置（在切换中，可以和其他密钥处于相同层）。

2）Ky 是导出的次级密钥。

3）字符串 S 是由多个字符串连接而成的，可以分为以下几种类型：①绑定的：该字符串参数表示了密钥 Ky 应当被限制的范围。通常，这些参数描述一部分环境参数，如小区标识符。②非绑定的：改字符串参数表示了其他参数不变的情况下的单一变化参数。通常，这类参数会随着不同的情况而唯一存在，如随机数。

加密哈希公式提供了一个固定长度且不可逆的结果，即在已知其他参数和结果时，也无法导出未知的参数。具体来说，无法从 Ky 和字符串 S 导出 Kx。

11.2.7.4 密钥确立流程

下面介绍三个基础的密钥确立流程。

1）认证与密钥协商（Authentication and Key Agreement，AKA）分别在 USIM 和 UE，以及 AuC、HSS 和 MME 里确立 CK、IK 和 KASME。AKA 是一个仅依赖于密钥 K 的 NAS 流程。此外还需要注意的是 MME 是 EPS 的接入安全管理实体（Access Security Management Entity，ASME）。

2）NAS 安全模式命令（NAS Security Mode Command，NAS SMC）建立了 NAS 密钥 K_{NASenc}和 K_{NASint}，这两个密钥需要 NAS 消息加密和完整性保护。NAS SMC 是一个需要有效的 KASME 为先决条件的 NAS 流程。此外，NAS SMC 用于激活 NAS 安全措施。

3）AS 安全模式命令（AS Security Mode Command，AS SMC）建立了 AS 密钥 K_{UPenc}、K_{RRCint}和 K_{RRCenc}，这类密钥需要 UP 加密和 RRC 完整性保护和加密。AS SMC 是一个需要有效的 K_{eNB}为先决条件的 AS 流程。另外，ASSMC 触发 AS 安全。

下面介绍密钥 K_{eNB}的确立流程。

1）当 RCC-CONNECTED 发生变化时，K_{eNB}将导出到 MME 中，并使用 S1AP：INITIAL CONTEXT SETUP REQUEST 消息传输到 eNB 中。

2）当激活了 LTE 内部的移动性后，K_{eNB}将被导出为可以同时被源 eNB 和目标 eNB 使用的密钥。

当发生 LTE 内部切换时，密钥层次将会突然变化，这主要是因为对应目标 eNB 的 K_{eNB}可以从源 eNB 的 K_{eNB}导出。

11.2.7.5 切换中的密钥处理

图 11-9 中给出了切换中的密钥处理流程。方框表示密钥，箭头表示 KDF。同一排中的所有密钥都从一个单一 KDF 链（一般从 K_{eNB}或 NH（Next Hop parameter，下一跳参数）开始）中导出。这些链被称短前向链。

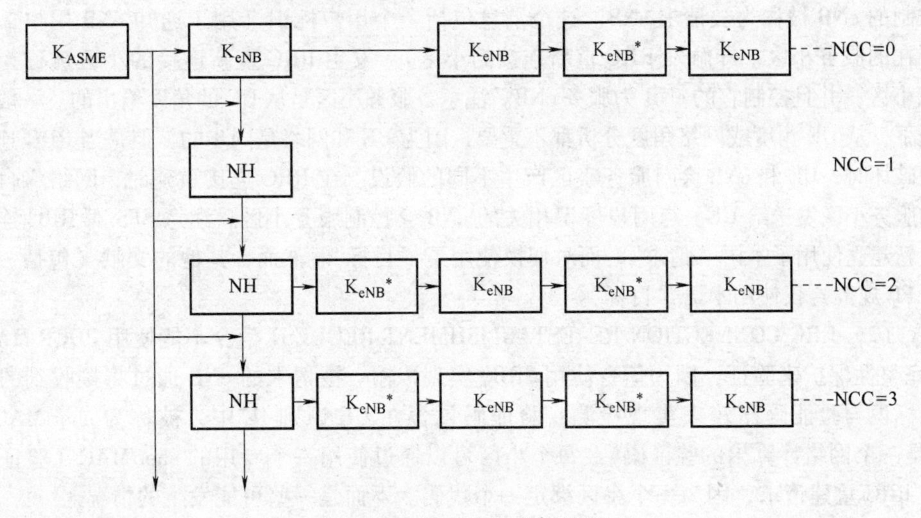

图 11-9 切换中的密钥处理

在上下文初始化过程中，初始化 K_{eNB}可以从 MME 中的 KASME 导出。这样就会开启第一个前向链路（NCC = 0）。初始化 K_{eNB}会被传输到 eNB，并且成为该 eNB 的 K_{eNB}。

在切换过程中，传输密钥 K_{eNB} * 和新生目标 K_{eNB}将会被导出。由于导出过程使用了加密哈希公式，因而无法从目标 K_{eNB} 导出源 K_{eNB}。也就是说目标 eNB 不会暴露源 eNB 的安全密钥。这种方法被称为（最佳）后向安全。

然而，如果导出过程发现在前向链路中——如果 K_{eNB} * 是由源 K_{eNB} 导出的，那么源 eNB 可以知道目的 eNB 密钥，这主要是由于它们之间的过程是已知的。实际上这是一个已知递归模式。因此，密钥所有者知道所有相同的前向链路（在任何 K_{eNB} 右边）的密钥，也就不存在前向安全。

为了获取前向安全，当前的前向链路需要被取代。这已经通过使用参数 NH 导出 K_{eNB} * 实现，保证了 K_{eNB} * 同时由 KASME 和源 K_{eNB} 导出。在 SI 切换中，NH 使用 S1AP：HANDOVER REQUEST 传输并被此切换使用。因此，这类切换实现了前向安全。这叫做后一跳的前向安全，或叫做完美前向安全。在 X2 切换中，NH 使用 S1AP：PATH SWITCH ACKNOWLEDGEMENT 传输，仅可以使用到下次的切换中，而无法应用到该次的切换中（因为新的密钥已经实时地生成了）。因此，前向安全使用在下一次的切换中。这种方法被称为后两跳的前向安全。

如果 NCC 达到最大值 7，它将会在下一次重新计数。

注意：第一次出现前向链路 1（在初始化刚建立后）时将会被跳过（由 3GPP 标准规定）。而在接下来的循环中，前向链路 1 将不能跳过。

11.2.7.6 RRC 连接重新建立时的安全处理过程

如果 UE 采取 RRC 连接重新建立，接下来的安全处理步骤将会执行以下内容：

（1）为了请求无线资源控制重建，终端在 SRB0 上给所选小区发送一个 RRC CONNECTION RE-ESTABLISHMENT REQUEST 的信令消息。这个小区是被请求小区，而它控制的 eNB 被称为被请求 eNB。这个消息包括一个用户标识（用于通知 eNB 用户最后所在的服务小区，即触发 RRC 重新连接的小区）。发生 RRC 重新连接的小区被称为服务小区，并且控制它的 eNB 为服务 eNB。注意，服务小区是从 UE 的角度给出的。一般情况下，从 UE 角度或网络角度分析都不重要，因为 UE 和网络是同步的，但是当 RRC 连接被破坏时，UE 和 eNB 会对服务小区产生不同的假设。在 RRC 连接重建时，网络将自己的服务小区发送给 UE。与用户标识相关的 eNB 会控制服务小区。注意 SFS 对 RRC 连接重新建立使用了术语“请求”，而对切换使用了“目标”。然而，其他的文献（包括一些 3GPP 规范）仅使用术语“目标”。

（2）RRC CONNECTION RE-ESTABLISHMENT REQUEST 信令不能使用 PDCP MAC-I 完整性保护来验证，因为信令使用 SRB0 实现传输。被请求的 eNB 通过将接收到的用户标识与验证码比较来实现检测；验证码包含在 UE 识别 IE 中，被称为 shortMAC-I（是一个网络计算出的验证码）。每个小区可以通过使用一个专用的 shortMAC-I 验证一个 RRC 重建请求，因为一个小区绑定一个代码。下面是一些可能发生的情况。

1）如果服务小区是被相同的 eNB 控制（即相同的被请求小区），网络侧的验证是在被请求 eNB 的内部调整。

2）如果服务小区被来自被请求小区的不同 eNB 控制，网络侧的验证发生在两个 eNB 之间：①网络侧的验证码是在服务 eNB 上计算获得的，因为需要服务小区的 RRC 完整性保护密钥（KRRCint）。②在被请求 eNB 比较验证码，因为 shortMAC-I 是在 UE 上获取。在切换准备阶段，一系列 shortMAC-I 将会被计算并传输到另一个 eNB。背景：RRC 连接重建只可能发生在知道一些 UE 内容信息的 eNB 上，这是安全问题的先决条件。被请求的 eNB 必须知道服务小区或者已经准备好的来自服务小区的切换信息，即要包括一个切换目标小区，否则，RRC 连接重新建立会失效。

如果被请求小区是被相同的 eNB 控制（即相同的服务小区），即用户标识与被请求 eNB 相关—也就是说，使用用户认证的物理层小区认证属于被请求的 eNB。

如果 RRC 连接重新建立请求被接受，UE 和 eNB 更新它们的 AS 密钥层次，采用与切换相同的方法，即从服务小区到被请求小区的流程，但是保持服务小区相同的安全算法。与验证中可能发生的情况相同。

1）如果服务小区是被相同的 eNB 控制（即相同的被请求小区），重建过程是在网络侧被请求 eNB 的内部调整完成。特别的，密钥更新与 eNB 内部 HO 的方法相同，即如果被请求小区与服务小区相同，则保持扇区内的 AS 安全策略。

2）如果服务小区被来自被请求小区的不同 eNB 控制，网络侧的重新建立流程发生在两个 eNB 之间。特别的，密钥更新与 eNB 内部 HO 的方法相同，即通过为目标小区准备的 HO 类型（见 shortMAC-I 描述）获得。①在 X2 HO 情况下，源 eNB 需要为每个小区计算一个导出的 K_{eNB}，用来支持重建立，并发送到目标 eNB，为切换做准备。这部分与上面介绍的 shortMAC-I 规定相似。②在 S1 HO 的情况下，目标 eNB 从 MME 接收到的 NH 参数导出一个新的 K_{eNB}。因为 NH 是针对小区的，不需要专门的计算。因此，从小区导出的 shortMAC 依旧是一个限制因素。

在任何情况下，UE 需要了解 NCC 参数，从而实现密钥更新。NCC 参数将通过 RRC CONNECTION RE-ESTABLISHMENT 消息发送。这种消息是通过 SRB0 传输的，因而不被保护。请注意：如果 X2 接口不使用 IPSec 保护，那么 X2AP 消息（包括密钥）使用简单文本传输。SRB1（和由于 RCC 连接重新配置增加的承载）都会马上使用新密钥。

请注意 RRC 连接重新建立和切换之间的关系，从 UE 角度看，RRC 连接重新建立独立于切换：与 NCC 参数接收的方法相同，UE 也会发送请求到选择的小区，如果该小区接受请求，就更新它的 AS 密钥。从网络角度看，RRC 连接重新建立是建立在切换上的。

1）如果没有切换准备，RRC 连接重新建立只可能在服务 eNB 上实现，因为其他 eNB 上都不知道 UE 的上下文。UE 和网络也必须共享它们对服务小区的假设（但是服务小区可能不同）。

2）如果准备了切换，RRC 连接重新建立可以同时在源 eNB 和目标 eNB 实现，因为它们知道 UE 上下文。

3）切换源 eNB 可能也会希望配置服务 eNB——这种情况与“无切换”情况相同。不同点为，切换的目标 eNB 可以是服务 eNB 也可以不是。如果目标 eNB 是一个服务 eNB，那么 UE 认为 HO 完成；否则，UE 认为 HO 没有完成或没有启动，并且会报告源小区为服务小区。

11.3　LTE/SAE 服务安全案例

11.3.1　综述

由于完全基于 IP 环境，LTE/SAE 的移动通信本质正在改变。同时也很可能使欺骗性行为增多，这种活动有可能是财务性质的、破坏性质的甚至是政治性质的。这种动机很容易产生，有时仅仅是有人想要证明自己的黑客技术。

与此同时，现代信息技术和先进的移动通信技术带来了巨大的改变和新的商机，但也为诈骗制造了机会，增加了蓄意攻击的安全隐患。

举个例子，基站设备在传统意义上一直被保护得很好。建立网站期间只有经授权的人才可以进入，其他无线电和运输设备都会被隔离。而在未来，这种类型的设备将会越来越多的设立在公共场所甚至家庭中。

另一方面，攻击手段也因先进的工具而不断进化，这些工具都分布在网络中，可以随意得到。

11.3.2　IPSec

在 LTE 中，配以公共密钥基础结构（Public Key Infrastructure，PKI）的 IPSec 被用作标准化安全解决方案。PKI 用来鉴定网络单元以及授权网络准入，而 IPSec 为传输路由控制和用户平面提供完整性和机密性保护。IPSec 的概念是基于证书服务器提出的，而证书服务器是运营商基础架构中的注册机构。这些证书通过移动的安全网关（SecGW）提供被担保的 IPSec 路径，如图 11-10 所示。

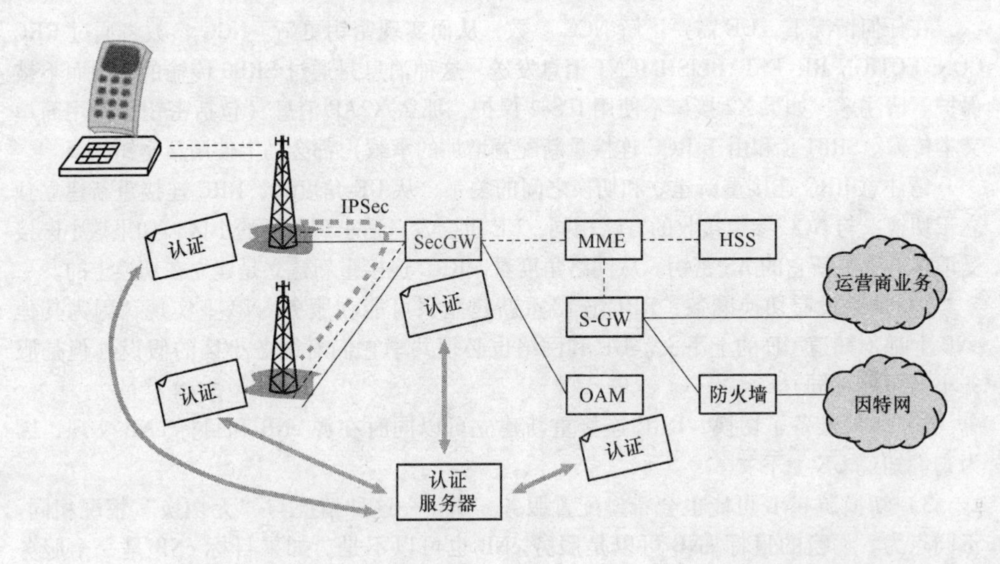

图 11-10　IPSec 和 PKI 相结合的框架（---表示信令发送，——表示用户平面数据流）
- - -表示 IPSec 隧道。SecGW 和 OAM 之间的通信通过 TLS/HTTPS 实现）

拥有高实用性的安全网关，如瞻博、思科等，都是典型的扩展平台，可以使 eNodeB 中的 IPSec 流量终结，还可以覆盖下一年快速增长的性能指标。Inster Certifier 是一个为用户和机器签发并管理数字证书的平台，主要提供认证机构和注册机构的功能，即通过引进支持撤销和密钥升级的验证密钥的集中化管理来增强大型 PKI 环境的易管理性。

设备身份观点对不同的实体都是有效的。LTE/SAE 网络实体具有设备身份，可以认证其他节点并提供它们的设备身份。此外，在安全解决方案中有两种权限。第一种是工厂注册权限（Factory Registration Authority），即需要设备商证书。集中式的设备商内部 CA 发布并保存证书到一个数据库中。第二中方法是运营商认证权限（Operator's Certificate Authority），即可以识别设备商证书和授权请求。这种权限用于发布和管理网络实体的运营商证书。

图 11-11 给出了 PKI 解决方案中的 SW 框架体系和接口。

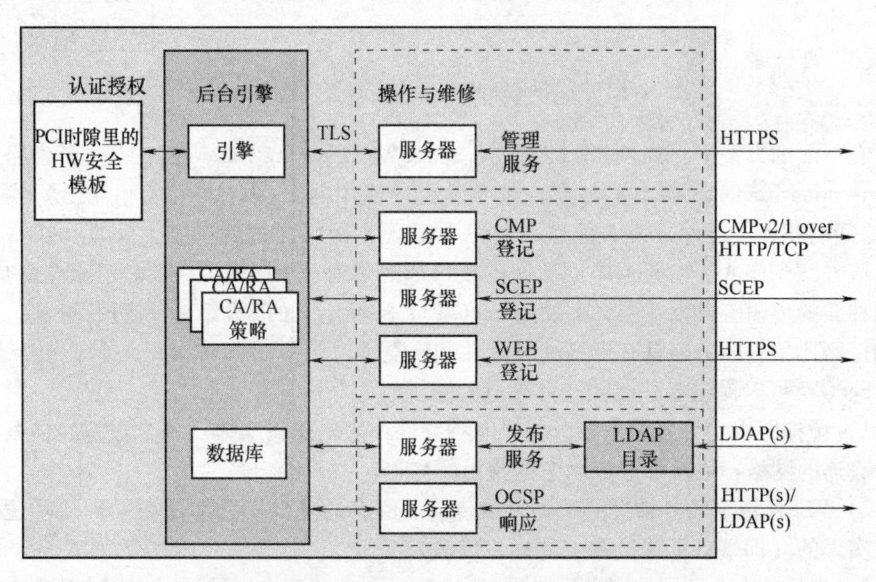

图 11-11　基于 PKI 设计的框架和接口

11.3.3　IPsec 处理过程与安全网关

在 LTE 标准中，要求 IPSec 的功能在 eNB 层实现。例如，诺基亚西门子网络就在 Flexi LTE eNB 上面内嵌了 IPSec 和防火墙。一方面，该网络包含了 X.509 证书认证。另一方面，内嵌的防火墙比地址或端口滤波器更加完善，与其他管理方案相比，将规则内嵌入 eNB 的方案可以提供多种情况下的自动配置。

一般来说，LTE 标准要求 eNodeB 实体可以实现 IPSec 功能。IPSec 功能一般来说是要求强制实现的，但是在可信赖网络（被运营商信赖的）中，可以当成可选。在实际应用中，eNodeB 同时包括 IPSec 和防火墙，并通过 X.509 证书认证。综合使用 IPSec 和防火墙提供了将防火墙法则与其他网络管理相融合的可能性。这就意味着不再需要手工配置。

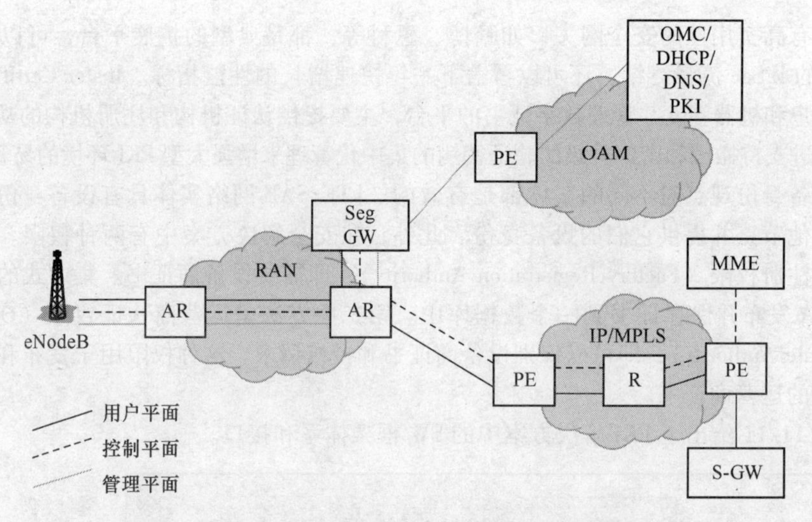

图 11-12 一个完整的 GW 连接到接入路由的例子

在下面的方案中，如同 11-12 所示，SecGW（Security Gateway）是对聚合路由器（Aggregation Router，AR）的补充，并可以通过使用两个接口（流入和流出）实现与 AR 之间的相连。这种方案的优点是可以在对现有网络改进的基础上实现。进一步的说，该方案允许 AR 与 SecGW 间所有的接口都汇聚到一个逻辑链路上。当聚合完成后，不同种类的传输流可以在层 2 上使用 SecGW 上已经定义的 VLAN 接口进行分流。这聚合的链路比单一的链路具有更高的灵活性和恢复性。

SecGW 可以提供多种选项进行流量分流。

1）虚拟路由允许将路由域分为具有独立路由表的逻辑实体。每个虚拟实体处理与自己直连的网络，以及静态或动态的路由。

2）VLAN 用于区分物理层链路上的传输。所有的安全概念都是在物理层和逻辑子接口实现的（即端口汇聚链路上的标签传输）。

3）专用的安全区域的定义，如图 11-13 所示。这些安全区域可以使用在逻辑分离的网络区域，并且允许大量配置基于关键接入控制和滤波法则的流量过滤和流程控制设备。

基于 VPN 设计的 SecGW 可以建立在单一隧道或多重隧道上。对于建立在单一隧道的情况，所有平面的流量都使用相同的加密设置，即单隧道 IKE-SA 或单隧道 IP-SEC SA。基于单隧道的 SecGW 也可以建立在每个 eNB 专用隧道接口上，即每个 eNB 在 SecGW 上都有自己的隧道接口。此外，基于单隧道的 SecGW 还可以建立在共享隧道接口上，即所有的 eNB 共享一个 SecGW 隧道接口。

对于多重隧道的建立模式，每个平面的数据使用不同的加密设置（1IKE-SA/3 IP-SEC SA）。多重隧道的建立可以基于每个 eNB 专用隧道接口，也可以在共享隧道接口上。

11.3.4 基于专用隧道接口的单一隧道

这种解决方法的优点是可以为每个 eNB 提供一个持久不变的隧道接口。所有的路

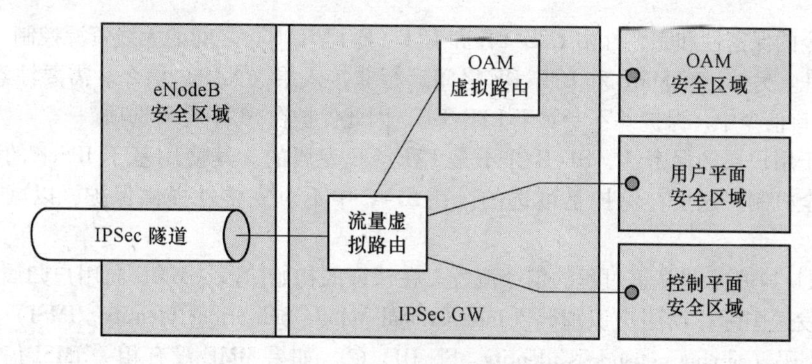

图 11-13 安全域原则

由都连接到一个 eNB 上的同一个接口，这样可以降低设计的复杂性。第三个优点是安全相关的开销较少。缺点是该方法需要大量的隧道接口。

11.3.5 基于共享隧道接口的单一隧道

这种设计的优点是每个机架只需要一个隧道接口。eNB 内部路由可以聚合于 SecGW。从前面的例子可知，安全相关的开销较少。缺点是这种设计的可扩展性与 IP 地址概念相同。

11.3.6 基于专用隧道接口的多重隧道

这种解决方案的优点是每个 eNB 的每个平面都有专用的隧道接口。缺点是每个 eNB 需要配置 3 个隧道接口。此外，安全相关的开销较大。介于以上缺点，该方法的可行性是最差的。

11.3.7 基于共享隧道接口的多重隧道

这种设计的优点是每个机架的每个平面只需要一个隧道接口。eNB 内部路由可以聚合于 SecGW。缺点是安全相关的开销较大；且在 eNB 内部路由无法聚合到每个平面时，需要额外的 IP 网络提供 VPN 下一跳路由表格。进一步地说，该方法的可扩展性受到 IP 地址的影响，具有一定的局限性。

11.3.8 总结

由于基于专用隧道接口的多重隧道需要大量的隧道接口，不适合使用。从另外 3 种方法可知，单隧道设计极大地减少了安全相关的开销，但该方法需要 eNB 设备商之间的协商。而共享隧道设计减少了每个机架上的隧道接口的数目，是比较好的方法。

11.4 验证与授权

在认证和密钥协商过程中，HSS 产生认证数据并将其提交至 MME 进行处理。在 MME 和 LTE-UE 之间执行询问/应答认证和密钥协商处理过程。

信令的保密性和完整性由 LTE-UE 和 LTE（E-UTRAN）之间的无线资源控制（RRC）信令保证。另外，在 MME 和 LTE-UE 之间运行非接入层（NAS）信令。需要注意的是，在 S1 接口信令中，保护并不专属于 LTE-UE，因此保护在 S1 中是可选项。

对于用户层的保密性，S1-U 并不是 LTE-UE 专属的。其使用基于 IPSec 的强化网络域安全机制。这里，保护是可选的。在 S1-U 中不对完整性提供保护，以减少性能影响。

图 11-14 所示是认证过程的信令流程。在认证的初始阶段，MME 向用户归属地网络的 HSS 发送国际移动用户识别码（International Mobile Subscriber Identity，IMSI）和业务网络识别码（serving network's identity，SN ID）②。如果 MME 没有相关 IMSI 信息，会向 LTE-UE 发送 IMSI 请求①并获取信息。需要注意的是，此时 IMSI 以文本格式通过无线接口回复，因此该过程仅在无其他有效方法的前提下使用。

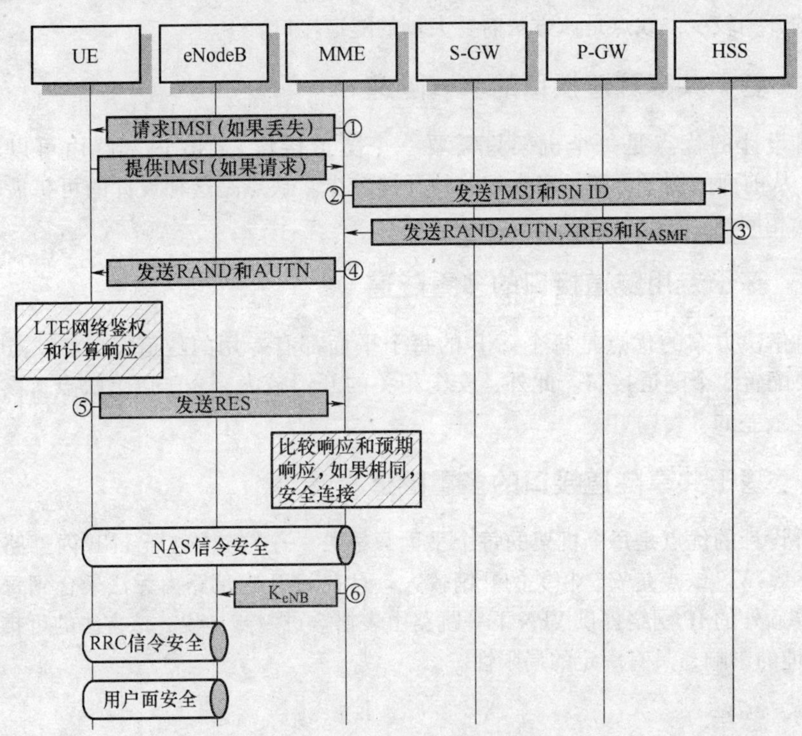

图 11-14 LTE 的交互验证流程

作为 MME 向 HSS 用户认证请求的应答，后者回复一个 EPS 认证向量，包括随机查询数（Randon Challenge number，RAND）、认证令牌（AUTN）、期望响应（Expected Response，XRES）和 ASME 密钥③。

当 MME 收到上述回复信息后，其向 LTE-UE 发送 RAND 和 AUTN④。然后，LTE-UE 处理这些信息，以对网络进行认证（根据双向认证原则）。根据接收到的信息和密钥，LTE-UE 计算出响应（Response，RES）并将其回复至 MME⑤。

LTE-UE 和 HSS 使用相同的算法，对相同的输入进行计算以获取应答。MME 对 LTE-UE 的 RES 和 HSS 事先计算的期望响应（XRES）进行分析和比较，如果相同，则 LTE-UE 通过认证，NAS 信令是安全的。计算 eNodeB 密钥（K_{eNB}）并发送至 eNodeB 以保护无线接口以进行信令和数据传输⑥。

11.5 用户数据安全

在 2G 和 3G 中，对用户数据、计费数据和其他保密信息进行物理保护的常规过程也使用在 LTE/SAE 中。在 2G 和 3G 中使用的防欺诈和监控方法同样适用于 LTE/SAE。

11.6 合法侦听

合法侦听（Lawful Interception，LI）被设计用于强制认证和官方监听私人通信。移动/固网运营商和业务设备商可使用合法侦听功能拣选业务流和识别信息以供执法人员分析。早期的移动通信网络即具备此功能。比如，其被设计为 GPRS 解决方案 97 第一版中合法侦听网关（Legal Interception Gateway，LIG）的一部分，可以对通过 GPRS 节点的流量进行镜像复制。

尽管从技术上来看，存储数据流的所有细节和内容是可行的，但合法侦听过程仅可在国家和区域法律和技术规范许可的前提下使用。

在 LTE/SAE 中，3GPP 演进的分组系统（Evolved Packet System，EPS）提供基于 IP 的业务。这意味着可以使用 EPS 侦听 IP 层的通信内容（Content of Communication，CC）数据流。在这种情况下，通过采用 VoIP 方式，LTE 的语音连接也被视作 IP 数据流。如果 LTE 语音呼叫采用回落功能模型，则仍使用传统的电路交换方式，相应的 2G/3G 网络仍然具备 LI 功能。除了用户平面侦听之外，EPS 的 LI 还可以在控制平面产生消息侦听相关信息（Intercept Related Information，IRI）记录，包括被呼叫方、LTE 终端定位和其他呼叫相关信息。

EPS 合法侦听的功能架构与 3GPP 3G 网络分组交换域的功能架构类似。图11-15 ~ 图 11-17 分别为 MME、HSS、S-GW 和 PDN-GW 支持 EPS 合法侦听的标准配置。侦听的主要识别对象包括国际移动台识别码（International Mobile Station Identity，IMSI）、移动台 ISDN 号码（Mobile Station ISDN number，MSISDN）和国际移动设备识别码（International Mobile Equipment Identity，IMEI）[7-9]。

如图 11-15 和图 11-17 所示，MME 仅处理控制平面，而 HSS 仅处理信令。通信内容监听是通过 S-GW 和 PDN-GW 实现的。在图中，管理功能（Administration Function，ADMF）与请求侦听的执法机构（Law Enforcement Agencie，LEA）的依法监测设施（Law Enforcement Monitoring Facilities，LEMF）存在接口。ADMF 与监听的网元间有直接接口，并独立保存每个 LEA 的侦听相关活动。ADMF 和侦听信息的传送功能隐藏于侦听控制单元（Intercepting Control Element，ICE）中，即使是在不同情况下同时激活属于相同定制的不可分离的 LEA 时。

LTE/SAE 网络的物理 ICE 通过 X1_1 接口与 ADMF 连接。此接口从 ICE 传送所有侦听相关信息。每个 ICE 独立执行侦听，包括激活、失效、讯问和调用过程。在 ADFM 侧，HI1 接口用以接收合法侦听请求。

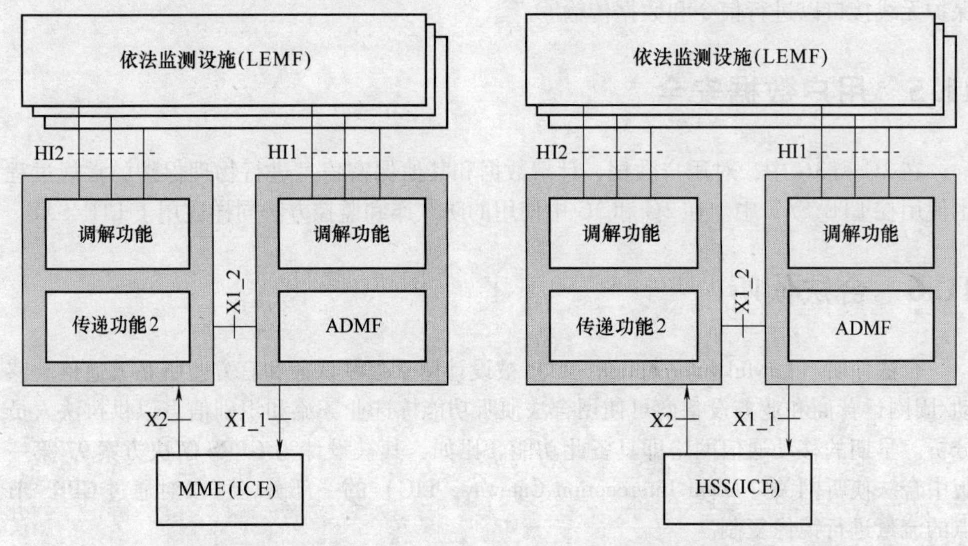

图 11-15 配置 MME 拦截　　图 11-16 配置 HSS 拦截

HI2 和 HI3 接口用于独立发送功能和 LEA 之间的通信。发送功能的任务是将侦听相关信息和通信内容（Content of Communication，CC）发送至相应的 LEA。

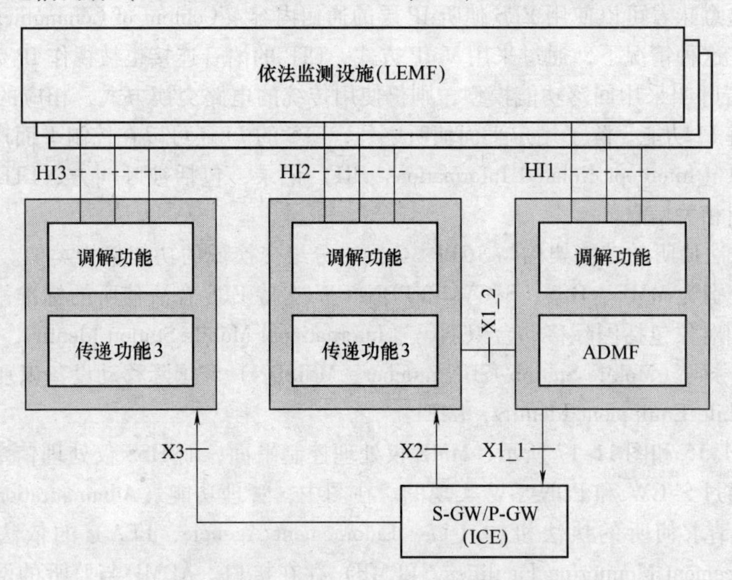

图 11-17 配置 S-GW 和 P-GW 拦截

下面是一些合法侦听被激活的例子。

1）用户位置信息改变。

2）目标发送或接收短信。

3）目标发送或接收电路交换呼叫。

4）目标发送或接收分组数据业务。

通过媒体平面的合法侦听原则能够截取通信内容（Content of Communications，CC）。此外，各种与侦听通信相关的标识能够被存储。能够从用户侧侦听到的侦听相关信息举例如下。

1）移动台 ISDN 号码（Mobile Sunscriber ISDN Number，MSISDN）。

2）国际移动用户识别码（International Mobile Station Identity，IMSI）。

3）移动设备标示符（Mobile Equipment Identifier，MEId）。

4）事件类型。

5）事件时间和日期。

6）网元标示符（Network Element Identifier，NE Id）。

7）位置。

参考文献

[1] 3GPP TS 33.401. (2011) *Security architecture, including IPsec for S1-MME and X2 control plane, S1 and X2 user plane, and management plane, tunnel mode, IKEv2 and authentication by public certificates*, V. 8.8.0, 3rd Generation Partnership Project, Sophia-Antipolis.

[2] 3GPP TS 33.402. (2009) *Security aspects for non-3GPP accesses*, V. 8.6.0, 3rd Generation Partnership Project, Sophia-Antipolis.

[3] Agilent (n.d.) LTE and the Evolution to 4G Wireless--Design and Measurement Challenges. Security in the LTE-SAE Network, www.agilent.com/find/lte (accessed August 30, 2011).

[4] 3GPP TS 33.210. (2009) *Network domain security, including IPsec in tunnel mode between security gateways, IPsec profile and configuration*, V. 8.3.0, 3rd Generation Partnership Project, Sophia-Antipolis.

[5] 3GPP TR 33.820. (2009) *Security of Home Node B (HNB)/Home evolved Node B (HeNB)*, V. 8.3.0, 3rd Generation Partnership Project, Sophia-Antipolis.

[6] 3GPP TS 33.310. (2010) *Network Domain Security (NDS); Authentication Framework (AF)*, V. 8.4.0, 3rd Generation Partnership Project, Sophia-Antipolis.

[7] 3GPP TS 33.106. (2008) *Legal Interception; requirements*, V. 8.1.0, 3rd Generation Partnership Project, Sophia-Antipolis.

[8] 3GPP TS 33.107. (2011) *Legal Interception; architecture, functions and information flows*, V. 8.12.0, 3rd Generation Partnership Project, Sophia-Antipolis.

[9] 3GPP TS 33.108. (2011) *Legal Interception; description of the handover interfaces*, V. 8.13.0, 3rd Generation Partnership Project, Sophia-Antipolis.

第12章 SAE的规划与部署

Jukka Hongisto 和 Jyrki T. J. Penttinen

12.1 引言

本章介绍 LTE/SAE 架构中的分组核心网是如何支持 LTE 的。本章主要关注 3GPP R8LTE/SAE 架构和演进的分组核心网（Evolved Packet Core，EPC），并给出从已有的 2G/3G PS 核心网向全面兼容 R8EPC 的可能迁移步骤。

12.2 从 2G/3G PS 核心网向 EPC 的网络演进

12.2.1 3GPP R8 分组核心网为支持 LTE 需要具备的功能

3GPP R8 为 LTE 接入定义了新的 EPC，其也可以用于其他接入技术，如 GERAN、UTRAN 和 CDMA2000。图 12-1 给出了标准的 R8 网络架构，以及该种架构中各逻辑实体之间的相关接口。

移动性管理实体（Mobility Management Entity，MME）等效于 2G/3G GPRS 网络中的 SGSN。在 LTE/SAE 网络中，MME 是一个纯控制面的网元，它为用户面的数据传输在 eNodeB 与 S-GW 之间建立直传隧道。

按照 3GPP R8 版本，移动网关功能拆分为服务网关（Serving Gateway，S-GW）和分组数据网网关（Packet Data Network Gateway，P-GW）两个功能。S-GW 和 P-GW既可以在一个物理实体上实现，也可以在两个分开的物理实体上实现。它们之间逻辑上通过开放的 S5 接口相连，该接口在漫游方式下也叫做 S8 接口。

S-GW 和 P-GW 是 LTE 无线网络部署时的必备实体单元。即使 2G/3G 无线接入可以使用，LTE 用户也一直是通过 P-GW 连接到业务平台，而 2G/3G 用户则可以通过 GGSN 或者 P-GW（P-GW 网元包含 GGSN 功能）接入已有的 APN（和可能的新 APN）。

S-GW 是 LTE 核心网用户面与演进 UTRAN 连接的实体。一个 LTE 用户设备（User Equipment，UE）在某一时刻分配给一个 S-GW。在 LTE 无线网络 eNodeB 间切换和 3GPP 网络间移动（中止 S4 和中继 2G/3G 与 PDN-GW 之间的数据流）时，S-GW 扮演用户平面网关的角色。

PDN-GW 作为用户平面的锚点通过 SGi 口与业务网络相连。它负责为用户分配 IP 地址。PDN-GW 对用户流量执行相关策略，并在用户层面执行分组过滤（通过执行诸如深度分组检查等手段）。PDN 网关与业务提供者的在线和离线计费系统通过接口相连。

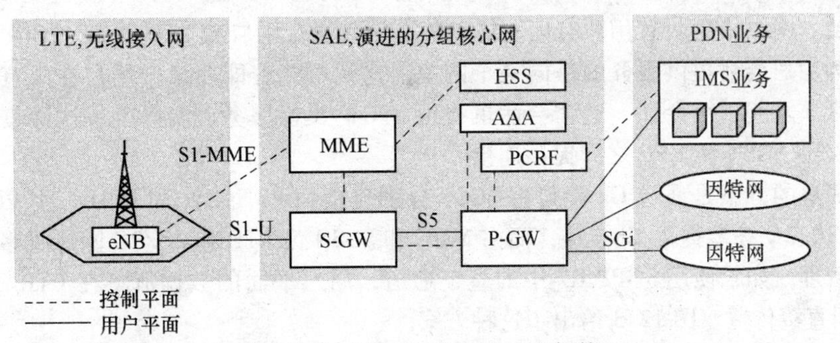

图 12-1　LTE/SAE 3GPP R8 架构

12.2.2　运营商网络中引入 LTE

想部署 LTE 的运营商很可能会在早期开展技术实验来测试 LTE 无线接入和 EPC 的能力。通过保留已有系统，实验网将按照重叠的方式被引入。引入了 LTE 无线技术，在核心网侧就必须引入 MME 和 S/P-GW 功能，如图 12-2 所示。在实验阶段，将向用户提供 LTE 无线网络内部移动通信业务，因特网接入服务业务和选定的运营商业务也将包含在实验网提供的业务集中。

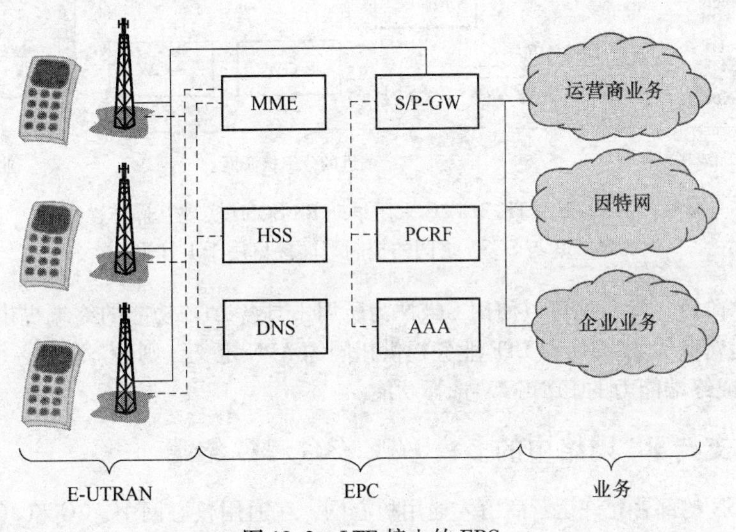

图 12-2　LTE 接入的 EPC

12.3　进入商用阶段：通过 R8 早期版本中的 SGSN 支持多模 LTE /3G /2G 终端

为了推出商业上可行的 LTE 网络，当用户移出 LTE 网络的覆盖区域后，运营商必须保证业务的连续性。这就需要有能同时支持 2G、3G 和 LTE 的多模终端。因此，在核心网处需要集成 2G/3G 核心网和 EPC。这种集成需要允许 LTE 和 2G/3G 接入网络之间的切换。网关作为所有用户会话的锚点。换句话说，用户在 LTE 和 2G/3G 网络间移动时，为用户会话提供服务的是同一个网关。这就意味着即使某个用户在只有 2G/3G 覆盖的区域发起一个会话，这个会话也将由 P-GW 提供服务。实际上，这种集成意味着在 2G/3G SGSN 和 EPC 之间提供连接。

最简单的方案是通过 Gn 接口将 SGSN 分别连接到 PDN-GW 和 MME，由 PDN-GW 为 LTE/3G/2G 终端提供 IP 连接，而由 MME 和 SGSN 为 LTE 和 2G/3G 网络间移动提供移动性管理。如果使用 3GPP R7 中的直连通道，用户平面的数据流将在 UTRAN 与 P-GW 之间直接传输。图 12-3 给出了这种方案。

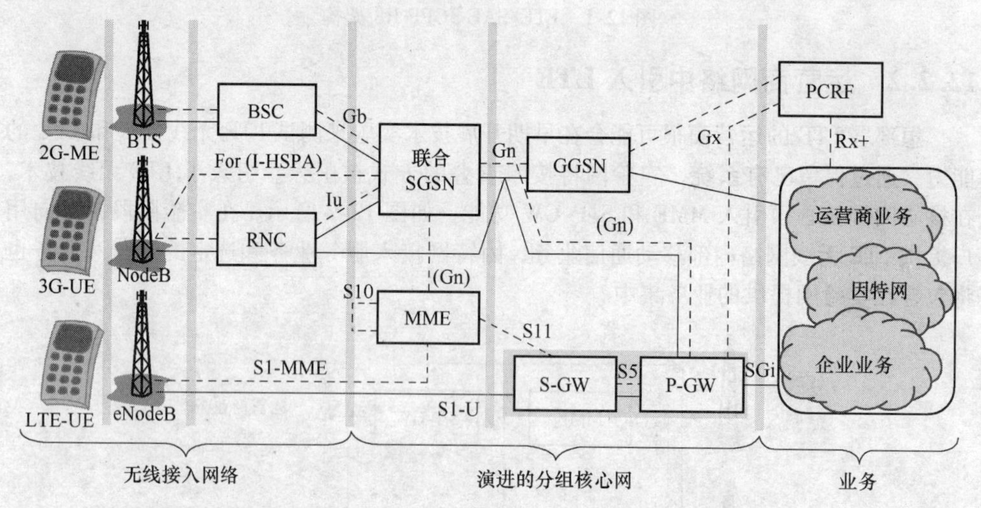

图 12-3 LTE/3G/2G 采用早期 R8 SGSN 实现互操作，
NodeB 与 SGSN 之间的控制平面接口用于 I-HSPA

在这个阶段，运营商可以使用 GGSN 为所用不具备 LTE 功能的终端提供 2G/3G 服务。如果运营商为 2G/3G 和 LTE 业务提供相同的 APN 定义，则 SGSN 就必须支持基于诸如 IMEI 或终端能力的 PDN-GW 选择功能。

12.3.1 支持 R8 网络中的多模 LTE/3G/2G 终端

R8 SGSN 的部署允许运营商引入通用核心网，在通用核心网中，2G 和 3G 接入均连接到 S-GW。这也就意味着 R8 中网络控制 QoS 级别的 QoS 模型也将用于 2G/3G 业务中。

当 SGSN 升级到 3GPP R8 版本，它将会新增一个与 S-GW 连接的 S4 接口和一个与 MME 连接的 S3 接口。在这个阶段，S-GW 也用于 2G/3G 业务。此外，在 UTRAN 和 S-GW之间可能会采用 R8 直连通道（S12 接口）。运营商现有的 GGSN 仍然可以用于 2G 和 3G 用户业务。图 12-4 给出了这个阶段的互操作方案。

在这点上，拥有更优的互操作方案将与 SGSN/MME 的集成方案有关，SGSN/MME 的集成具有如下选择：

1）控制平面只有 3G SGSN 和 MME。

2）联合 SGSN/MME 为所有 3GPP 接入。

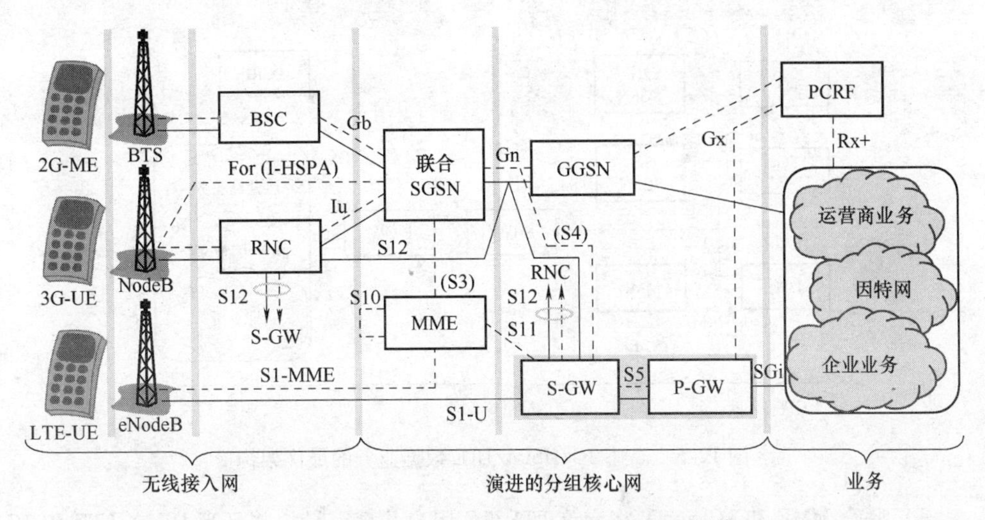

图 12-4　LTE/3G/2G 采用 R8 SGSN 实现互操作

从 S-GW/P-GW 角度来看，无论采用哪种方案都无关紧要。因为所有的数据流无论如何都要流经 S-GW/P-GW，并且由于承载、策略和计费控制的原因，系统间移动性管理的信令都将发送到网关。

12.3.2　从架构的角度来看 2G /3G SGSN 和 MME 的最优解决方案

3GPP R8 架构中将用户平面与控制平面分开，这种思想在目前具有直连通道功能的 3G 网络中得到了越来越多的应用。在 2G 的分组核心网中，用户平面和控制平面是紧耦合的，不容易轻易分开。正是基于这样的情况，从架构的角度看来，最优的解决方案是将 3G SGSN/MME 和 2G SGSN 在物理实体上分开。将这三个功能集成到同一个物理实体上在技术上是可行的，但是这就意味着同一个物理实体不得不支持两种完全不同的架构。

在最优的解决方案中，是假设 2G 数据业务流量比 3G/LTE 数据业务流量增长缓慢的，而且运营商拥有 2G SGSN 来继续传输 2G 数据业务流。大部分 2G 传输网仍将使用原有的 E1/T1 和帧中继接口，而不会升级到支持基于 IP 的接口。

用户平面实体少的扁平架构是 3GPP 网络架构演进的基本原则之一。当 LTE 和 3G 共享同一个网络架构时，这就为将 3G SGSN 和 MME 功能调整到一个实体中提供了机会。3G SGSN 作为一个纯控制面的实体，使得其功能像 MME，并作为一个联合实体提供最大利益。另一方面，S-GW 和 P-GW 处理非漫游和漫游场景下业务平面的业务流。图 12-5 给出了这种情形。

通过分开控制平面和用户平面，运营商可以建立一个能够满足未来数据业务流量和移动性增长的具有扁平结构的现代化全 IP 网络。这种优化架构的优势如下。

1）3G/HSPA/LTE 用户平面中大部分来自 Internet 的业务流量可以基于运营商的对等点进行最优路由。

2）通过联合 S-GW 和 P-GW，运营商能减少 CAPEX 和 OPEX 接近 50%。

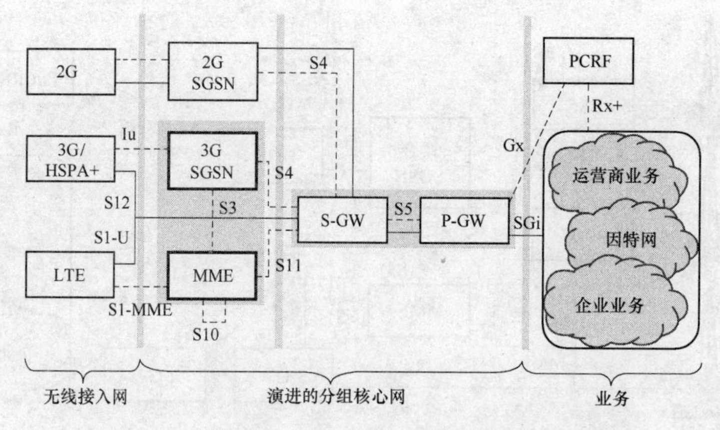

图 12-5 高速 3G/HSPA/LTE 数据业务的最优架构

3）联合 MME 和 3G SGSN 将允许 LTE/3G 用户共享容量，并且当 UE 在 LTE 和 3G 服务区域移动时能减少信令交互量，从而优化了移动性管理。

4）MME 和 3G SGSN 可以支持地理上冗余的池。这些池的位置可以靠近 MSS，从而简化与 CS 域（SGs 和 Sv 接口）的连接。

5）R8 中的 3G 直连通道意味着 SGSN 只工作在控制平面，而 S-GW 和 P-GW 则工作在用户平面。

12.3.2.1 所有的 3GPP 接入中联合 SGSN/MME

在单个网元中集成所有 2G/3G SGSN 和 LTE/MME 的功能在技术上是可行的。事实上，如果运营商想将对现有的 SGSN 实体进行硬件升级或者想减少网络中部署的网元数量，这可以是一个首选的解决方案。图 12-6 给出该解决方案。

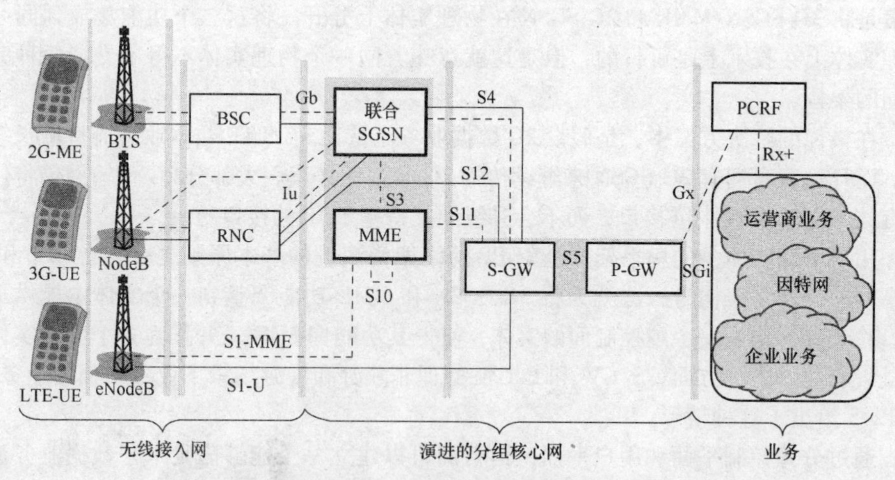

图 12-6 在单个网元中支持 2G/3G SGSN 和 MME 功能

实现该联合方案的两种可选途径。

1）在扁平架构最优化网元上引入 MME 功能。当支持 2G 和 3G 用户接入时，它们可以被迁移到该实体上。当 3G 和 LTE 数据流量推动移动数据演化时，这是最好的选项，并且这种解决方案可以按照接入需求进行优化。

2）MME 功能作为一个升级的 SW 被引入到现有的 SGSN 中。当运营商现有的 SGSN网元中有容量余额时，可以考虑该途径。

当单个网元包含了所有 SGSN 和 MME 的功能时，它将使用户由 2G 或 3G 迁移到 LTE 变得更加容易，而且也会减少 SGSN 和 MME 之间的信令交互。另一方面，由于 LTE 网络运营初期 LTE 用户数很少，因此，并不是所有的 SGSN 联合网元都将升级到支持 MME 功能。在联合 SGSN-MME 的场景中，所有的接口最好都升级到支持 IP，包括 Iu 接口和 Gb 接口。

12.4 SGSN/MME 演进

12.4.1 LTE 网络中的 MME 功能需求

在 3GPP R8 架构中，MME 是一个纯控制平面网元，其负责控制平面的业务操作、会话和移动性管理、空闲模式移动性管理和寻呼。

在扁平网络架构中，eNode-B 直接与核心网网元相连，而没有汇聚到 RNC 层，这使得所有的移动性管理事件对核心网节点均可见，如图 12-7 所示。

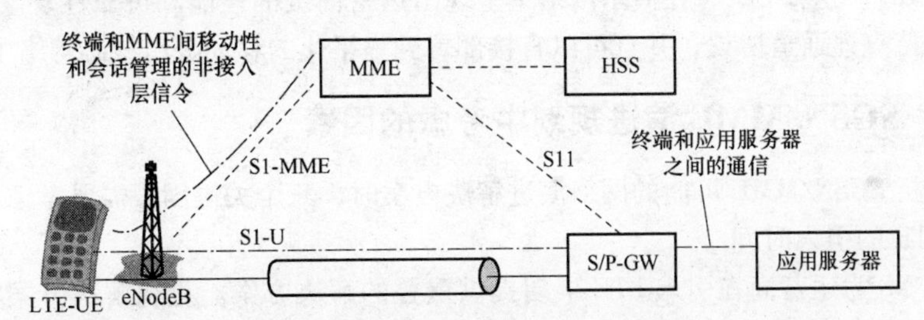

图 12-7 扁平网络架构和不友好的端行为集对 MME 的挑战

当网络中存在大量的智能手机时，信令负载的瓶颈将比用户数据吞吐量的瓶颈更加严重。长在线业务，如虚拟专网（Virtual Private Network，VPN）、e-mail、聊天和 M2M 应用生成连续的在线信令。一些“行为不友好”智能手机在没有数据包发送和接收时，通过及时切换到空闲状态来优化电池的使用时长。这些操作将对网络造成连续的的空闲/激活信令负载。

12.5 案例：商业的 SGSN/MME 提供

12.5.1 诺基亚西门子网络公司的灵活网络服务器

诺基亚西门子网络公司的灵活网络服务器（Flexi NS）是一个控制和交易机，它实现了与 3GPP R8 兼容的 MME 功能。通过软件升级可以将 SGSN 功能激活。

Flexi NS 被设计成扁平结构。高级电信计算架构（Advanced Telecommunications Computing Architecture，ATCA）硬件平台可以处理将来的 LTE/SAE 演进。为了处理信令和控制平面流量，其软件架构进行了优化。这允许 Flexi NS 在交易和同步会话过程中实现高信令量处理能力和支持大量同时附着的用户（Simultaneously Attached Users，SAU）、高承载、高 PDP 上下文和高 2G 吞吐量能力。

有两个需要能灵活扩展的能力维度：①用户平面和控制平面；②2G、3G 和 LTE 技术之间的可扩展性。

Flexi NS 允许动态的容量使用，使得 2G、3G 和 LTE 用户可以共享节点的容量。为了处理 2G、3G 和 LTE 用户的数据，建有通用的数据库。这些设计允许在 2G、3G 和 LTE 之间灵活分配通用的硬件板和使网元直接。为了使用户会话在出现单元故障的情形下保持会话，Flexi NS 采用了弹性会话功能。这就意味着实时业务在出错的时候也不会中断。

Flexi NS 简化了无线网络与网关（S-GW、P-GW 和 GGSN）之间的连接。IP 地址虚拟化技术的应用隐藏了 Flexi NS 的内部结构，并且使得每个 MME 节点对无线网络和网关只呈现一个 IP 地址。

ATCA 硬件通过低流节能模式提供先进的节能选项，该种节能模式允许选定的 CPU 在业务流量负载较轻时关闭。

诺基亚西门子网络公司目前 SGSN 的硬件平台 DX200 具备多种接口（FR、ATM、E1/T1 和 IP）。这种 SGSN 在演示网络中呈现出运营商级的性能和可靠性。该设备的演进版本支持直连通道协议，并且可以直接部署到扁平化的移动分组核心网络中使用。

12.5.2 SGSN/MME 演进规划中考虑的因素

当分析 SGSN/MME 可能的网络演进解决方案时，三个关键因素需要考虑。

1. LTE 的引入时间

Flexi NS 为运营商在引入 LTE 早期提供重叠的解决方案。重叠解决方案将 LTE 的核心网与已有的分组核心网完全分开，这能比较容易地实现问题追踪和升级。

2. 全 IP 的现代化网络

随着传输网全 IP 化和 Flexi NS 中 3G SGSN 功能的可用，运营商可以开始将已有的 SGSN 中的 3G 用户迁移到 Flexi NS 中。

3. SGSN 的投资效用

基于 DX200 的 SGSN 可以持续支持新的软件版本。DX200 SGSN 将演进到 R8 版本的 SGSN，实现与 MME 的互操作。SGSN 和 MME 之间的互操作很关键，尤其是在 LTE 引入阶段，需要支持 LTE 核心网与 2G/3G 分组核心网之间的切换。

12.6 移动网关演进

12.6.1 移动宽带网络中移动网关的需求

移动宽带网关需要扩大规模以适应日益增长的数据流量。但是仅仅这些是不够的，用户平面的性能也是非常重要的。扁平化网络架构将会改变 EPC 网关的连接结构，使得无线网络对网关直接可见。在扁平化网络方面，NSN 在 3G 网络中通过直连通道构建扁平化网络已经证明了其在市场方面的领先地位。

由于基站与网关之间没有更多分离的无线网络控制功能，LTE 增加了基站的信令负载。这也将增加每个用户的信令量，再加上额外的 AAA、在线计费和策略控制等信令，使得其信令量相比于 2G/3G 网络大大增加。

由于 LTE 一直连接，用户的密度也将会很高，信令数量随用户的数目成倍增长。所有这些均会影响网关和 MME 的性能配置。移动网关在所有三个维度上均需要提供更高的性能、扩展性和灵活性，如图 12-8 所示。任何一方面的失败均将使方案的优越性大打折扣。

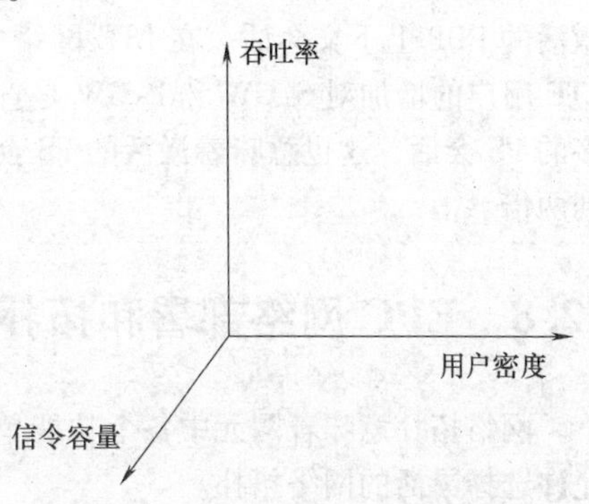

图 12-8　移动网关的关键扩展维度

12.7　案例：商业 GGSN /S-GW /P-GW 提供

12.7.1　诺基亚西门子网络公司的灵活网络网关

NSN 设备包括业务认知的功能、联合在线计费功能，可以允许为运营商业务提供有差别的计费服务。随着开放 Internet 接入需求的增长，它为像 P2P 文件共享和通信应用等业务的所有权追踪提供了解决方案。

Flexi NG 是为移动宽带网络设计的高容量网关，如图 12-9 所示。它可以作为 2G/3G、HSPA、I-HSPA 和 HSPA + 网络的 GGSN，也可以作为 LTE 网络的 S/P-GW。

Flexi NG 使用非常符合目前分组核心网和未来演进分组核心网需求的 ATCA 平台。基于 ATCA 的 NSN EPC 为吞吐量、信令和用户密度提供了一个可行的性能。ATCA 的尺寸对集中式和分布式的部署均适用，为可能的拓扑演进提供了一个灵活的平台。

Flexi NG 集成 DPI 功能，可以识别包括 P2P 协议追踪在内的 300 多种协议和应用。Flexi NG 中的协议特征库可以经常更新。产品功能包括业务识别——这是在层三、层四上的协议分析和深度分组检测——层七及以上的分析。层七以上的分析包括启发式分析，这些分析主要应用于追踪诸如 P2P 应用与业务等专有协议。

图 12-9　诺基亚西门子网络 Flexi NG

12.7.2 GGSN/S-GW/P-GW 演进规划中需要考虑的因素

大部分2G/3G 网络中仍然只有少量激活的 PS 会话，典型的是 10% 到 20% 用户有激活的 PDP 上下文会话。在 LTE 网络中，每个用户至少有一个 PS 会话，这就意味着 LTE 用户的增加对 S-GW 和 P-GW 是直接可见的。另外，像 VoLTE 等新业务会激活更多的 PS 会话，这也意味着激活的 PS 会话数量相比于先前的 PDP 上下文数量将增加一到两倍。

12.8 EPC 网络部署和拓扑的考虑

网络拓扑意味着网元中各个功能单元间的分层连接。3GPP R8 的扁平化网络架构允许选择灵活的网络拓扑。

据估计，IPV4 地址将在 2012 年耗尽，这将促使从 IPv4 到 IPv6 的过渡。LTE 的引入自然是在运营商网络中开始 IPv6 迁移的起点。相比 2G/3G 网络，LTE 的最大改变在于每个附着的用户至少需要一个 IP 地址来保证其一直连接。因此，基于 IPv6 去部署诸如 VoIP 和其他 IMS 新业务成了非常自然的选择。再加上 LTE 网络是全 IP 网络，每个 eNode-B 需要多个地址，因此，需要更多的 IP 地址。

12.8.1 EPC 拓扑选项

核心网典型的配置方式是分层拓扑，包括国家级（GGSN 位置）、区域级（SGSN 位置）、本地级（RNC 位置）和基站级。

目前2G/3G 网络部署由无线网络、包括 SGSN 和 GGSN 的分组核心网和提供不同级互连的传输网组成。传输网正升级为全 IP 的网络。3G 运营商正开始部署直通隧道，通过在用户平面透传 SGSN，直接建立 RNC 和 GGSN 之间的路由来减少传输过程。

3GPP R8 架构允许现代化的网络拓扑。用户平面数据流直接从 eNode-B 路由到 S-GW的扁平化结构成为了必选项。S-GW 和 P-GW 既可以配置在同一个地方，也可以分开配置在不同的地方。联合部署的场景可以减少 OPEX 和 CAPEX，也将成为最常用的一种部署情形。MME 既可以采用集中式部署方式又可以采用分布式部署方式。MME 池可以在选择的拓扑中分别实现，并且推荐成为最优的容量使用。图 12-10 给出了不同网络拓扑和各网元在一个实际 LTE 网络部署场景中的位置。

12.8.2 EPC 拓扑演进

在 LTE 引入阶段，EPC 可能以高度中继的方式进行部署。LTE 需要新的终端，这些将限制在 LTE 引入阶段 LTE 的用户数目。LTE 的初始使用可以与已有的采用集中式 GGSN 的 2G/3G/HSPA 进行比较。

当网络使用增加和运营商扩展 LTE 无线覆盖时，将需要更多的 EPC 实体，运营商为了区域备份也将增添一些 EPC 实体。随着 MME 池功能的应用，MME 能够采用非常集中的方式部署在一些站点上。

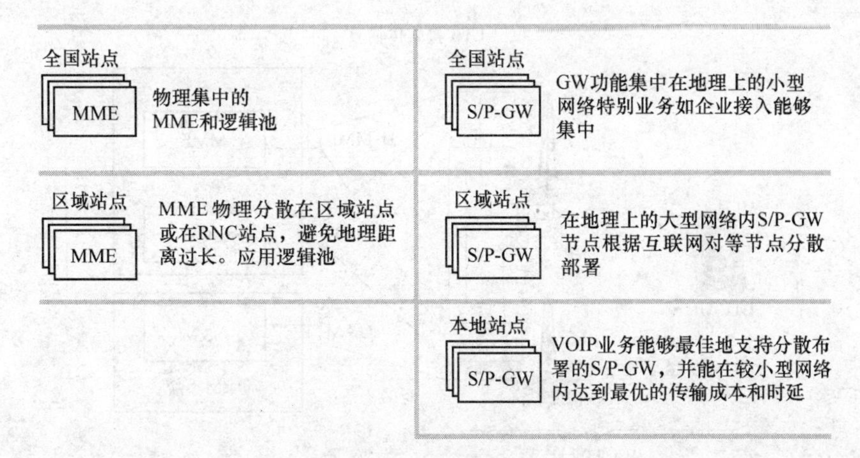

图 12-10 网络拓扑选项

LTE 和 2G/3G 网络系统间的移动性促使 SGSN 和 MME 的集成，从而优化移动性管理和允许更流畅的用户迁移。值得注意的是，当 2G SGSN 连续处理用户平面数据流时，由于时延原因，不推荐高度集中的 2G SGSN。

从连接的角度来看，MME 有一个家庭用户服务器（Home Subscriber Server，HSS）接口，并且它可以通过 SGs/Sv 接口连接到 MSC，从而实现与 CS 域的互操作。这可能会推进 MME 和 MSC 在拓扑上的和谐。

P-GW 提供连接到 Internet、运营商业务网和企业业务网等内容的业务网络。为了最小化传输代价，大流量的路由需要优化，并且 VoIP 流量也需要最小化传输时延。由于这些原因，将来的网关很可能按照对等架构以一种更加分布式的方式进行部署。

P-GW 和 PCRF、AAA 服务器和计费系统间有接口。如果 P-GW 是非常分布式的话，这些接口就需要重点考虑。业务/APN 的使用也可以影响 P-GW 的位置，例如，企业 VPN 和漫游互连等。

12.9 LTE 接入尺寸计算

LTE 接入网为 LTE 的 E-UTRAN 和 EPC 提供互连。接入网侧考虑的接口包括 eNodeB 与 S-GW 之间的 S1_U 接口和 eNodeB 与 MME 之间的 S1_U。另外，eNodeB 之间的用户面 X2_U 接口和控制面的信令接口 X2_C 也都属于接入网。最后，还要考虑 eNodeB 与运营和管理实体之间的接口。换句话来说，接入网内终止于 eNodeB 实体的接口均需要计算其尺寸。图 12-11 和图 12-12 给出了接入网内需要计算尺度的接口。

接入网尺寸的计算需要流量属性、无线网络拓扑和无线接口性能指标等相关输入参数。流量属性参数提供每个 LTE 无线蜂窝小区用户平面流量大小、X2 接口切换流量比率、信令流量比率、用户面和控制的传输开销等信息。无线网络拓扑和无线接口性能参数提供 eNodeB 的小区数目、小区吞吐量（包括峰值和均值吞吐量）和无线接口开销估计等信息。计算的结果就是用户面 S1_U 和 X2_U、控制面 S1_MME 和 X2_C、以及

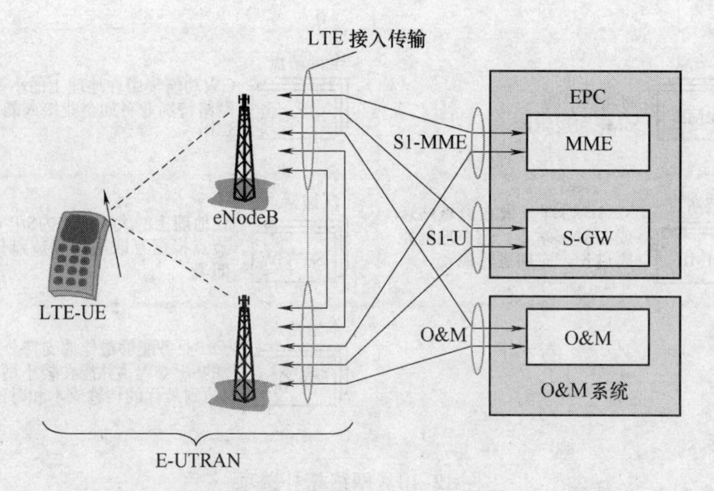

图 12-11　LTE 接入网参考架构

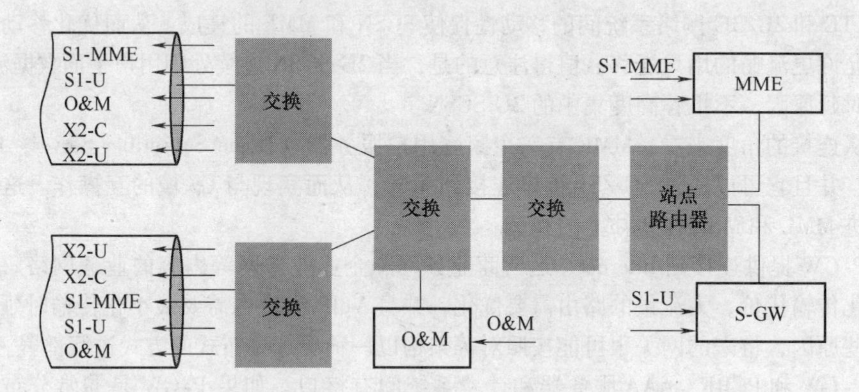

图 12-12　SAE 网络中需要计算尺寸的接口

管理平面 OAM 等逻辑接口需要的容量。最后的计算结果指示了 S1 和 X2 逻辑接口的容量和每个 eNodeB 的传输容量。

LTE 流属性是正确计算接口尺寸大小的基础。考虑到不同的 LTE 应用（VoIP、Web 浏览和 FTP 等）引起的估计流量的增加，运营商可以获得通常数据流量的统计数据。基于这些统计数据，LTE 流量属性参数可以被最好地估计出来。在充分长的时间周期内，LTE 用户的渗透可以看做一个时间的函数。

估计值可以从平均意义上来生成 LTE 小区的数据流量。注意到语音和数据流的忙期在不同的时间段，但是一般的高峰期的语音业务可以视为是基于分组的。

接下来，估计 X2_U 接口的切换信令量。这个值典型地在 2%~3% 内浮动，但是，当网络的拓扑不会影响信令量时，最后的估计值要逐一而论。

控制面的信令流量大小为用户面数据流量大小的 1% ~2% 。这个值可以在实际 LTE 网络部署前通过实验室和现场测试获得。

用户面的 S1_U 和 X2_U 接口的传输开销依赖于 IPsec 的使用效率。在用 IPsec 协议时，GTP-U、UDP、IP 和以太网传输协议的协议头为 144B；而在没有 IPsec 协议时，所有传输协议的协议头为 78B。因此，在有、无 IPsec 协议时，其传输开销分别为 25% 和 15%。

最后，控制面 S1_MME 和 X2_C 接口的传输开销也可以根据是否使用 IPsec 来进行估计。在使用 IPsec 时，SCTP、UPD、IP 和以太网协议头的大小为 140B；而在不使用 IPsec 时，所有协议头的大小为 74B。因此，它们在控制平面分别产生 179% 和 95% 的传输开销。

对于无线侧的开销，PDCP、RLC 和 MAC 的协议开销为 9B。无线侧的开销与载荷包的大小有关，如果假设中等包大小，则无线侧传输开销估计在 2% 左右。

基于这些假设，用户平面、控制平面和管理平面相关接口的尺寸均可以计算出来。对于用户平面，由于相同的传输调度器缓存，可以联合估计 S1_U 和 X2_U 接口的容量。如果这些接口尺寸按照所有小区的累计平均容量、或峰值流量、或它们联合来计算，则另行考虑。

对于控制面 S1_MME 和 X2_C 接口尺寸的计算，需要估计带宽（例如基于用户面流量水平进行带宽估计）。当控制面的输入均已如前所述地估计出来后，这就是一个非常简单的任务了。对于管理平面，一个简单的经验法则就是给 eNodeB 分配额外的 1Mbit/s 带宽，这个容量也包含了传输开销。

第 13 章　无线网络规划

Jyrki T. J. Penttinen 和 Luca Fauro

13.1　引言

本章介绍了 LTE 无线接口的网络规划部分。将已规划环境类型的部分功能，比如估算 LTE 无线覆盖能力和容量的基本步骤和流程做了详细的介绍。同时，也介绍了 LTE 的链路预算，以及有用的无线传播模型的路径损耗估计。

LTE 无线网络规划与之前的许多移动通信系统的规范类似。这项工作的目的是通过已知的参数和规划环境类型估算系统服务的无线覆盖和容量。

13.2　无线网络规划流程

无线网络规划的流程可以概括为以下方式，如图 13-1 所示。网络规划是部署项目中的一项。无线规划的最后输出结果取决于完成的时限、目标质量以及提供的容量。图 13-2 概括了无线网络规划需要依赖的因素。LTE 的规划设想能尽可能地估算可以接近 HSPA 中应用的方法和思路，但因为 OFDM 和 SC-FDMA 以及更高的数据传输速度，它们之间也有差异。

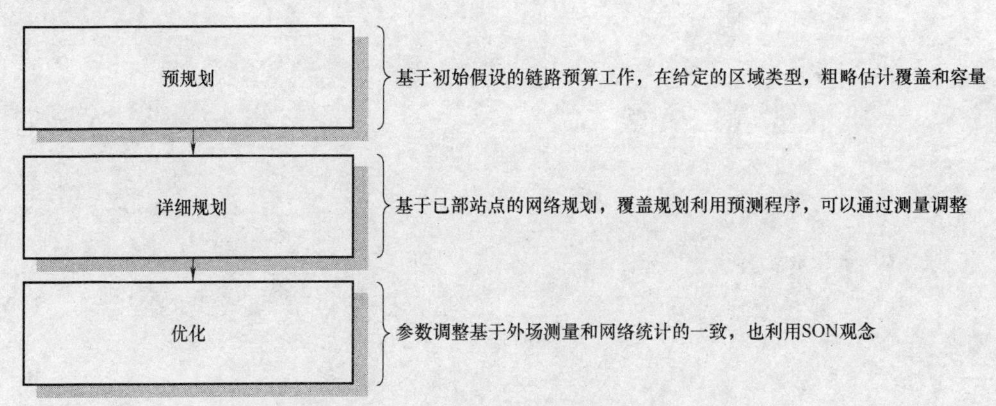

图 13-1　LTE 无线网络规划的主要项目

通常规划阶段的重点是估算能提供高质量服务所需要的站点数量。统一假设的站点参数能使用在每种场景类型中。这些场景可以划分为密集城区、一般城区、郊区和农村等。每种场景类型所需的站点数量可以通过链路预算进行初步估算。

详细的网络规划是在一个一个的站点基础上完成的，考虑天线方向角、下倾角、功率水平等。在这个阶段将使用一个经过修正的无线传播模型和规划软件来完成。由于数字地图考虑到了极大影响本地覆盖范围预测结果的环境拓扑结构，因此非常重要。实地测量可以用于修正传播模型的参数设置。

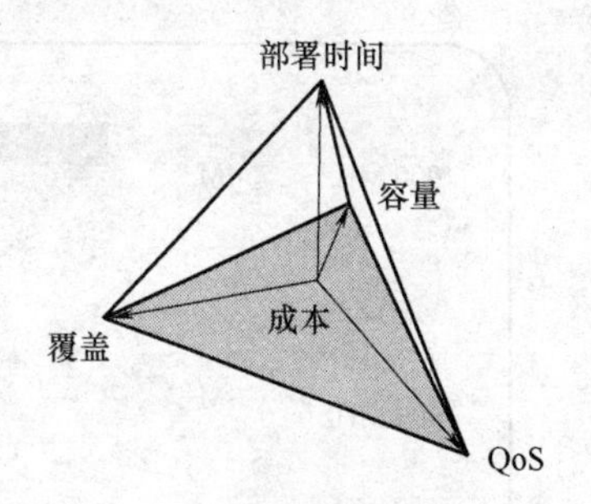

图 13-2　影响 LTE 网络总体开销的主要因素

通常，优化可以分为设计优化和后期优化。在实际部署完成后，优化的工作可以持续到 LTE 网络的生命周期完结。

系统容量在网络的运行过程中会产生变化，这就要求对规划进行调整。在这个阶段，需要通过进行定期的实地测试，以及采集关于容量利用率、性能参数和可能的故障等网络状态，来完成对用户配置文件的研究。

LTE 无线网络规划在很大程度上依赖于运营商在市场上的位置。对于现在的 2G 和/或 3G 运营商来说，基站尽可能多的重用是保证部署成本保持在最佳水平的必不可少的方式。在这种情况下，最合乎逻辑的战略是将 LTE 作为额外的一层网络来建设。在 LTE 运营之初，LTE 的覆盖范围是非常有限的，而且它可能只能提供热点覆盖，而不是连续的覆盖。这就意味着将由现有的 2G 和 3G 网络来提供连续的服务。随着 LTE 网络的成熟，可能会需要建设或者租用额外的 eNodeB 站点。同时，现有 2G 和 3G 的容量可能会逐渐减少，为无线频率的复用——按照 LTE 对带宽的定义，LTE 逐渐从同样的频率获得更多的带宽，从 1.4MHz 提升至 20MHz，这样导致前几代设备和无线容量会逐渐减少。这需要协调不同系统间的无线网络规划进程。图13-3给出了一些可能出现的系统间切换方法，2.1GHz 和 2.6GHz 频率成为了城市环境中的合理的容量解决方案，而且由于其更大的覆盖范围，在农村环境中采用 900MHz 方案。早期系统的逐步退出会以这样的一种方式出现。

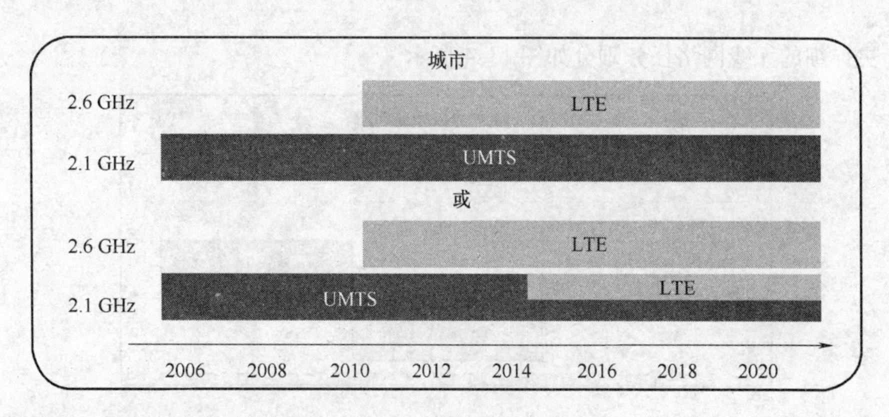

图 13-3　LTE 部署的传输场景

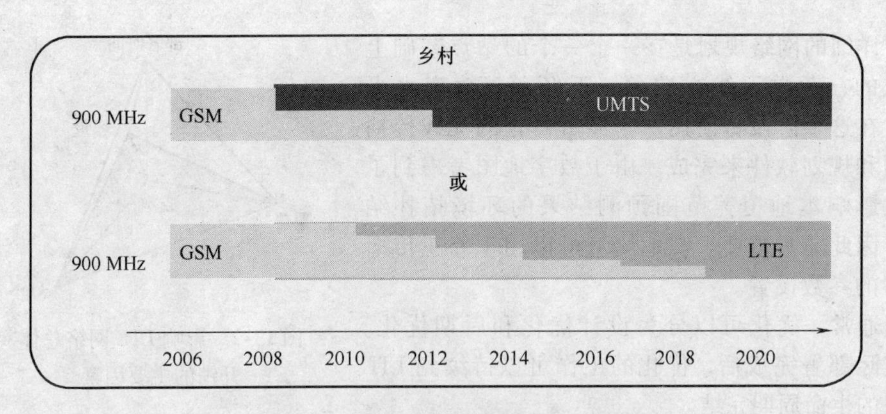

图 13-3 LTE 部署的传输场景（续）

GSM 将逐渐退出，而 UMTS 开始运行在更低的容量，在 LTE 满足所有的承载需求之前，LTE 将是这些并行系统之一。另一种现实的情况可能是保留 GSM 和 LTE 为并行系统，逐步取消 UMTS。由于市场上能提供基本语音业务且支持 GSM 的终端数量众多，同时提供微型多媒体服务及更先进的数据和部分语音服务且支持 LTE/GSM 的终端众多，特别是在回落的情况下，以上两种情况下后一种情况更为合理。就像 GSM 拥有的先进的光谱效率特点，LTE 的正交子信道（OSC）、动态频率和信道分配（DFCA）支持这种演进。这种过渡方案更具体的例子会在第 15 章讨论。

对于新兴运营商来说，其好处是可以从一开始就以最佳的方式来规划 LTE 网络。而缺点是没有可利用的现有站点和传输设备基础资源。因此，必须在规划过程的早期阶段，通过在已规划区域定义首选/优先搜索范围来执行站点搜寻。此外，规划过程和站点搜寻的循环反复是必不可少的，因为后者通常无法找到最佳的位置，必须不断地调整位置、天线高度等。此外，在建立实际物理传输链路或者无线链路之前，传输和核心网络规划至少在一定程度上要跟上无线站点搜寻的进度。

更详细的无线网络任务划分如图 13-4 所示。

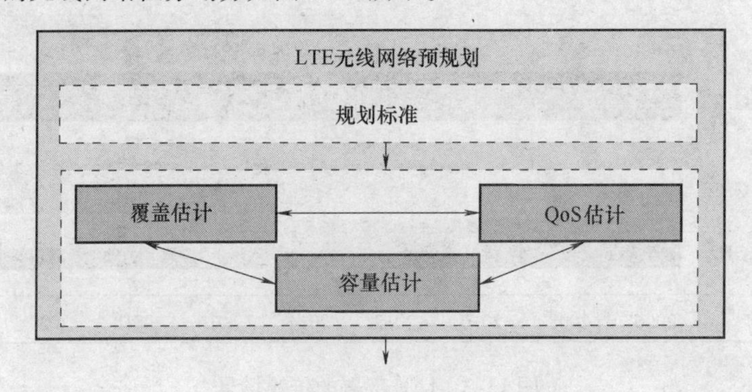

图 13-4 整体 LTE 网络规划流程

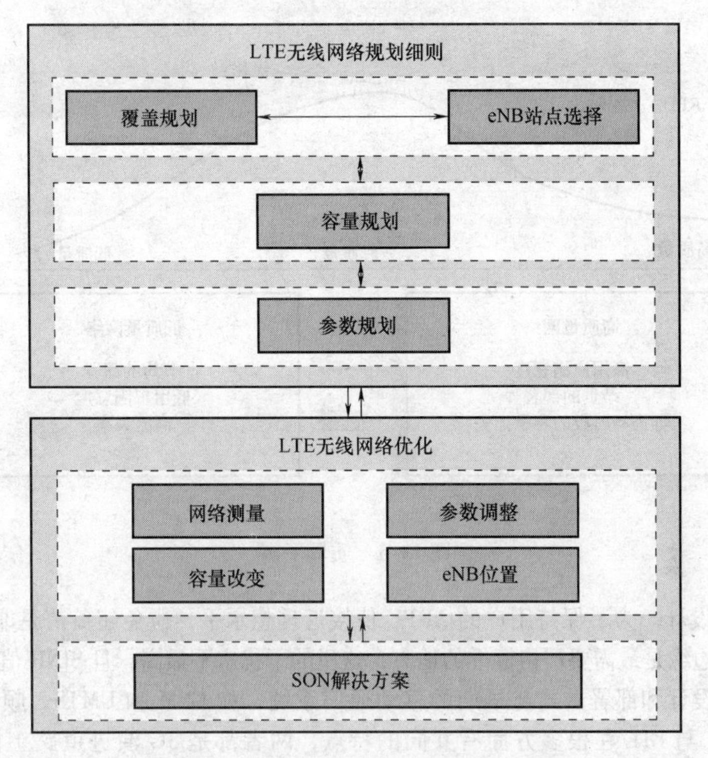

图 13-4　整体 LTE 网络规划流程（续）

13.3　常规网络规划

LTE 常规规划阶段的主要目的是在实际的网络部署开始之前尽可能精确地估算所需要的 eNodeB 的数量。根据估算结果，通过假设的覆盖范围、容量和 QoS 等标准来估算 LTE/SAE 网络的总成本。虽然这个阶段不会产生最终的网络构架规划或者更详细的站点分布，但是有必要给出关于资本和运营成本的实际认识。LTE 部署范围越大，所需的 eNodeB 站点数量以及网络成本的精确度就越重要。

13.3.1　服务质量

网络阻塞值越低，LTE 网络的 QoS 就越好。这会带来更高的平均、峰值数据传输速率。最有效的质量平衡是运营商众多优化任务中的一项：平均吞吐量越高，用户就越满意——但是这将造成网络部署的高成本。因此，必须考虑到影响单用户平均收入（Average Revenue Per User，ARPU）的所有相关技术及非技术因素。图13-5阐述了这种挑战。

当前的挑战是找到一种在 LTE 网络生命周期中能引发最高 ARPU 值的最佳点。

峰值时间和网络的平均负载决定了网络的标尺。当网络必须进行接入控制以限制新用户的接入时，负荷高峰不可避免地造成平均用户吞吐量值降低，甚至产生阻塞。阻塞按照标准规范、预期的未来用户负荷增长以及由于本地或特殊事件造成的负荷高

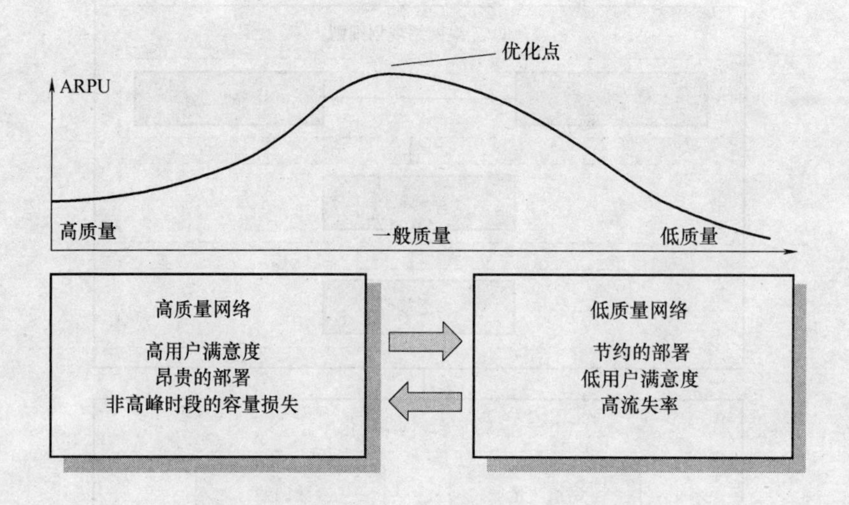

图 13-5　质量平衡

峰等情况来设计。为了保持用户的 ARPU 值接近理想水平，避免超负荷是非常重要的。

小区的边缘是最需要严格标准的地方，这里的干扰水平最高，且 SINR 值最低。

LTE 的设计和部署方式与早期的移动通信系统，如 GSM 和 UMTS，颇为相似。特别是 HSPA，与 LTE 在很多方面有共同的特点，两者都是 3G 演进道路上的数据解决方案。

与其他通常的无线网络设计过程相似，无线链路预算是初步规划的基础。这意味着需要估算基站与终端之间可支持的最大可用的路径损耗，且上行与下行链路是分开计算的。因此，传输与接收方向上的平衡是链路预算的成果之一。

不同传输方向上的区别基本上与不同的接入方式以及它们对特定数据速率的最小功率需求相关。有用的接收功率水平依赖于信号干扰和噪声比——SINR（Signal to Interference and Noise Ratio）。当用户数量增长，随之而来的干扰比例增长，对网络负载的 SINR 值有直接的影响。一定的 SINR 值提供一定的 QoS 级别，带来一定的本地和事件依赖性的比特率和误码率。当重发率越来越高，用户直接体验到的 QoS 则按比例降低。

对于覆盖区域质量的解释取决于商定区域位置的概率水平。在一般情况下，位置的变换被认为是遵循对数正态分布的，这意味着信号电平遵循对数正态或者高斯分布。因此，独立统计分布的数学分析可以使用在独立的质量水平估算上。平均值指的是有 50% 的样本大于此值，而其余的样本则小于此值。对于覆盖质量标准的其他部分，平均值和标准差之间的关系应该是已知的。除非有更精准的值，否则 5.5dB 的标准差可以作为典型郊区情况下的默认值。标准差通常用来作为移动通信覆盖预测的基础，其能通过统计值提供信息的置信水平。

在链路预算中应考虑区域位置的概率和附加边缘的关系，这样能到标准和对数正态分布的特点，例如通过在累积扫描中观察在整个地区的区域位置满足要求的衰减点

(dB) 的比例。此外，90% 的覆盖率表示一个一般的室外覆盖，而 95% 被认为是良好的，99% 则提供了优秀的服务。表 13-1 总结了当标准偏差值为 5.5dB，可以用于移动接收的典型映射值。除了标准差，标准编号也依赖于环境——在传播斜面的基础上。斜率为 2（即 20dB/decade）表示一行在自由空间传播的射线。表 13-1 中坡度为 3.5（即 35dB/decade）用于典型的城市环境。

LTE 下行链路中的 OFDMA 特别适用于快速衰落的无线信号环境，例如在密集城区中无线多径传播数量非常多。通过宽带将原始信号划分成多个低比特率的子载波，确保只有很少的一部分子载波丢失。数据（交叉）通过宽带传播，采用迭代编码，能有效地保护数据，同时在接收端也可以有效地恢复。

OFDMA 的缺点是面对单频网络的功率峰均比（PAPR）变化与非最佳功率效率结合的挑战。因为这个原因，LTE 的终端发射机在上行方向采用更节能的 SC-FDMA。

OFDMA 和 SC-FDMA 的结合提供了与以前可相比的覆盖范围。LTE 与 HSPA 网络相比，有着更高的数据速率。

表 13-1　当标准方差为 5.5dB 时，在站点小区边缘和整个站点小区内移动接收的区域位置的概率

区域位置概率 最小覆盖目标	区域概率 在站点小区边缘	位置校正因子	主观质量描述
90%	70%	7dB	室外公平
95%	90%	9dB	室内很好，室外公平
99%	95%	13dB	室外优秀 室内很好

典型案例之一是，已经有 2G 和/或 3G 运营牌照的运营商将 LTE 服务区域作为完整网络技术的一部分逐渐增加。这意味着，特别是在 LTE 部署和运营的初期，LTE 的覆盖比例会相对较小。这样的战略可能会只在最热点提供数据服务和高速的传输服务，通过 VoIP 概念传输语音来平衡部分负载。因此，如果 LTE 终端支持 2G 和/或 3G 技术，后备解决方案大量地用于移植已经建立的 LTE 数据和语音电话。可以假设，LTE 流量的类型是在一开始就通过加密狗进行加密的大量数据（VoIP 通常可能采用耳机通过因特网和笔记本电脑来使用），而且因为越来越多的手持终端集成了语音电话解调器，VoIP 服务将逐步流行起来（传声器和扬声器集成到 LTE 的终端中）。

LTE 服务的连续性是 QoS 的一个重要组成部分。因此，切换功能是非常重要的。与以前的技术相比，eNodeB 单元间的全新 X2 接口优化了 LTE 的基站间的信号直连链接的切换成功率。在无 LTE 覆盖却仍有 2G/3G 覆盖的情况下，链接将自动切换到 2G/3G 网络。这将会对 QoS 的级别产生冲击，在这种情况下可能导致整体数据吞吐量降低。如果在回落过程特别成功的情况下，VoIP 链接切换到 2G/3G 电路域的语音电话对 QoS 的影响不是很明显（实际上，电路域的语音电话的质量要优于 LTE VoIP 电话的质量），但是对高速数据利用率会产生非常大的影响。当 LTE 网络容量越来越低时，对与实时数据流相关（或接近）应用的影响会越来越明显。在任何情况下，即使是质量较低的连续服务都可以认为比断开的呼叫要重要。

13.4 容量规划

LTE 的系统容量取决于其所提供的服务、每个用户所需要的比特速率以及服务质量。容量与所用带宽相关。调制和编码方案与容量有这样直接的关系：采用最高的编码率和最强大的编码方式（QPSK），这样在小区的边缘提供的容量是最低的。越接近 eNodeB，16-QAM 和 64-QAM 可以采用越低的编码速率，这样有利于更有效地利用资源为用户提供数据服务。LTE 的调制和编码方式是自适应的，这样通常能选择到最优化的组合。随着 LTE 网络的干扰水平的提高，作为利用率水平的特性，误码率也会增加，从而造成吞吐量的降低。这意味着在 WCDMA 中出现的一种类似于“小区呼吸”的效应在 LTE 中也会出现，因为呼叫数量会带来小区覆盖范围的变化。

LTE 容量取决于多个方面，它随着时间和位置的改变而变化，一种估算容量性能的可能方法是通过假设应用配置的分布模拟最有可能的用例。仿真结果展现了在考虑到邻区干扰的情况下，模拟区域的调制和编码方案。这样给出了关于预期 SINR 值和给定误码率下的吞吐量，比如 10%。性能取决于 eNodeB 间的距离、天线的高度、发射功率水平以及周围环境的类型和拓扑结构。QPSK 作为 LTE 最强大的调制技术，当编码率在最高值和最低值之间变化时，通常要求大约 0~3dB 的 SINR，而 16-QAM 至少要求 7~11dB，64-QAM 要求 12~15dB。

LTE 无线网络的规划及其一般过程与 HSPA 的非常相似。两者采用了相同的频率规划原理，采用大小为 1 的复用模式，这意味着用户在通信过程中共用同一段频段。无线资源管理原理也非常相似。

因此 LTE 网络的容量和覆盖范围不同。为了估算其中的影响，需要使用规划工具。有不同的方式来模拟这些情况。其基本原理是假定整个采样地区的不同数据使用这样一种方式：每用户平均吞吐量，跟通过分配看到的变化一样，例如统计实时表现。最具挑战性的部分事实上是为流量类型做真实的假设。为此，以早期 UMTS 数据服务中的数据为基础来猜测可能的流量份额，比如 VoIP、WEB、FTP 上传下载、短信息以及其他流量类型。

性能指标，有如用户平均吞吐量或频谱效率等随时间、SINR 或其他一些变量而改变的指标。著名的蒙特卡洛方法是可行的、相对简单的，当静态快照重复足够时，模拟同样可能是动态的，但是因为用户的流动性，这样的模拟更为复杂，需要更多的时间和处理能力，因此，动态模型只适用在无线技术的深度研究，而蒙特卡洛方法在 LTE 网络规划中非常有用。

图 13-6 显示了一幅理论上的郊区 OFDM 快照，已经通过 5.5dB 标准差估算的路径损耗。在这种特定的情况下，采用的是 Okumura-Hata 模型。

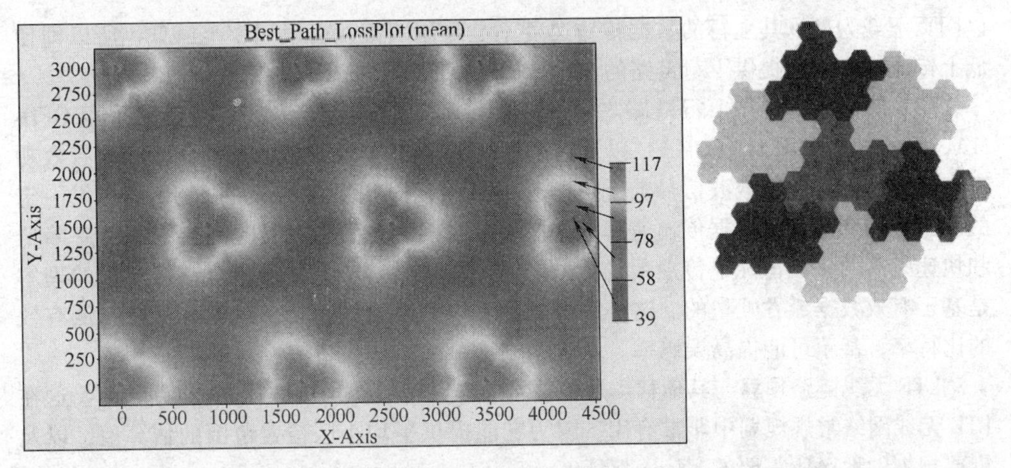

图 13-6　一幅理论上的郊区 OFDM 快照，已经通过 5.5dB 标准差估算的路径损耗（在这种特定的情况下，采用的是 Okumura-Hata 模型）

13.5　覆盖规划

LTE 的覆盖区域可以通过路径损耗预测的最简单方法来估算，虽然这种方法使用范围非常有限。这种方法在区分负载类型的覆盖区域上效果非常不明显，但是它能给在满足一般覆盖下，实现提供一定容量情况下的估算（平均吞吐量）。

在规划之初，为了进行初步估算，即使是广义的链路预算工作也是要执行的，来划分每个区域类型的 LTE 小区范围（密集城区、一般城区、郊区、农村或者开阔地区）。假设邻区有一定程度的重叠，那么初步估算的 eNodeB 的数量要超过所需规划的面积。

LTE 的覆盖规划是相当依赖于技术的。虽然，现有的无线传播模型也可以用于 LTE 规划，但是他们仍然在寻找更适合的无线频率。每个场景的无线路径损耗预测了其 eNodeB 预计的覆盖半径。为了估算可允许的最大路径损耗，需要使用一种与 HSPA 无线网络规划相同的技术原理——增强型的链路预算。

13.5.1　无线链路预算

可以使用无线链路预算来完成初步的覆盖规划。图 13-3 显示 LTE 常用的链路预算。可以看出来，这与其他移动通信系统十分相似。

链路预算提供了一种关于 eNodeB 与 LTE 终端之间最大路径损耗的整体和平均值计算的比较好的方法。反之，也提供了一种估算站点平均小区半径的方法。这种估算不同的环境类型，比如密集城区、一般城区、郊区、农村以及开阔地区。

链路预算包括下行和上行的路径损耗预算，这使得根据选定的标准来平衡发送和接收数据流成为可能。为了能在两个方向提供预期的 QoS，这种平衡非常重要。在 LTE 环境中，平衡的重要性取决于应用情况。例如，通过 VoIP 解决方案的语音服务，为了向用户在小区边缘区域提供一个成功的呼叫，提出双向的最小数据流是非常重要的。

以网页下载为例，其上行的数据传输速度不是限制因素，而误码率足够低，所以即使低上传比特率也能提供下行链路的快速数据下载所需要的确认信息。

LTE 的下行链路与上行链路之间的区别与不同的接入方法（下行链路采用 OFDMA，上行链路采用 SC-FDMA）以及它们各自的最小功能值需求有关。最终的有效功率水平取决于有效的载波信号与干扰信号的平衡，即 SINR。一定的 SINR 值提供一定的服务质量和各自的数据传输速率，这取决于时间和位置，尤其是在会引起速率降低和快速衰落的多径情况下传播无线信号的时间和位置。毕竟，用户对链接质量的理解是基于有效数据流吞吐量的。这必须考虑到误码和各自的重传，这将有可能降低有效的比特率，甚至可能提高误码率。

LTE 无线链路预算与其他移动通信技术的非常相似，尤其是 HSPA 链路预算。这在 LTE 无线网络常规规划中非常有用，因为它能提供平均小区覆盖范围的估算值，以及需要规划的地区所需要的 eNode 数量。

图 13-7 展示了 LTE 无线链路预算的原理。下行链路方向的最重要因素是 eNodeB 发射机的发射功率水平（Ptx）、线缆和接头的损耗（Lc）以及发射天线的增益（Gtx）。值得注意的是随着 LTE 的部署，有源天线系统（Active Antenna System，AAS）会变得更加盛行。有源天线在传统天线相似的保护罩中包含了发射机的前端，传输的信息可以通过光纤从 eNodeB 传输到有源天线上，这样可以避免馈线损耗。

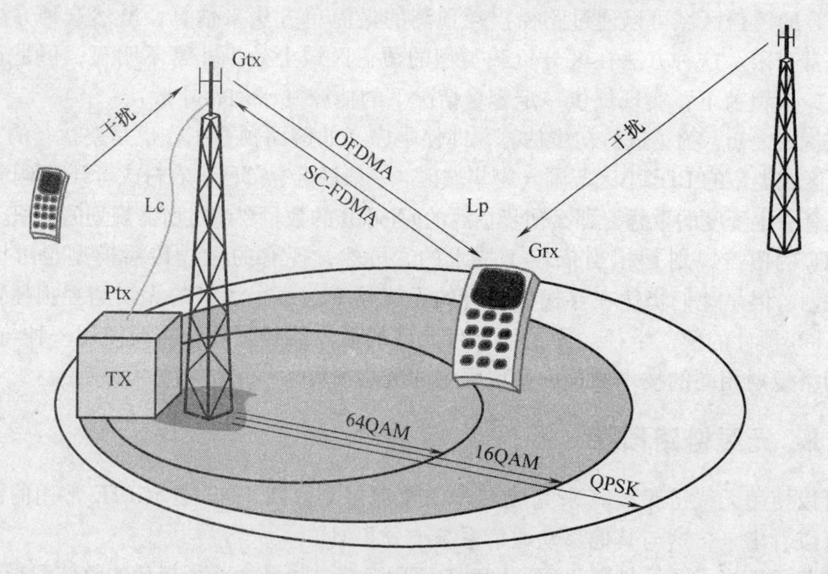

图 13-7 LTE 无线链路预算原理

通过空口传递给 LTE UE 的辐射功率（EIRP，有效全向辐射功率）具有一定的灵敏度（S）、接收天线增益（Grx）以及噪声系数。应当指出的是，在使用小型的 USB 型 LTE 终端的情况下，内置天线会引起损耗而不是增益。LTE 终端可以使用外置天线，但是为了进行链路预算，必须对最有可能的终端类型进行考虑，这可能意味着内置天线会被认为是 0dB 天线增益甚至是负增益天线。

在上行链路方向，最重要的因素是 LTE UE 的发射功率、终端和 eNodeB（在使用同样的天线类型的情况下，与下行链路是一样的）的天线增益，线缆和接头的损耗以及 eNodeB 接收机的灵敏度。

最大允许路径损耗值 L 的计算方法是，以考虑不同最小接收功率要求的不同模式（调制方案），减去发射和接收功率来计算。假设以平均建筑物穿透损耗来区分室外、室内的特定场景来独立进行估算。

作为一个经验法则，QPSK 调制提供了最大的覆盖范围，但是同时导致了最低的容量。64-QAM 调制提供了最高数据传输速率，但是与 QPSK 相比只能在有限的区域中提供。第三种可能的 LTE 调制方式——16-QAM，是覆盖范围和容量的妥协的结果。最小保护传输（最高码率）能提供最高的数据速率，但是与更高保护免费相比，只能提供较小的覆盖半径。在准确的覆盖和容量估算中，各区域的计算是独立的。LTE 包括了调制和编码的自适应机制（MCS，调制和编码方式），它在任何时候都能提供调制和编码率的最佳组合。在 OFDM 当中，适应甚至可以在一个时隙的基础上进行，但是为了保证信令负荷保持最佳水平，LTE 以无线 block 包作为进行链路适应的最小单位。实际上，它提供了一种在任何状况下都能足够快速的适应方式。

当每个已知的模型最小要求功率水平已知时，著名的无线路径损耗预测模型也能应用在 LTE 覆盖规划当中。如果没有确切的实用价值，模拟的结果也可以用作最小需求的基础。当使用单频点的网络概念时，它可以为无线链路增加一定的单频网络增益。基本上可以认为 eNodeB 在建设时能进一步互相远离，或者接收机水平在小区边缘时将比那些没使用单频网络模式的站点质量更高。例如，对于 LTE 的多媒体广播概念（MBSFN）来说这个理论是可行的。

链路预算通常是基于小区边缘的最小吞吐量需求计算的。它提供了一种简便的小区半径的计算方法。为了确定前向链路预算计算的吞吐量需求，会进行单用户带宽和功率分配值的估算。这种估算足够满足初步的无线链路预算计算的目的。

LTE 链路预算可以通过充分地规划基本参数值来进行计算，见表 13-2 中的下行链路，以及表 13-3 中的上行链路。后者假设 360kHz 的带宽利用率，而下行链路则假定 10MHz 传输带宽。

表 13-2　LTE 下行无线链路预算示例

下行链路		
发射机，eNodeB	单位	值
发射机功率	W	40.0
发射机功率（a）	dBm	46.0
线缆和连接器损耗（b）	dB	2.0
天线增益（c）	dBi	11.0
辐射功率（EIRP）（d）	dBm	55.0
接收机，终端	单位	值
温度（e）	K	290.0

（续）

下行链路		
接收机，终端	单位	值
带宽（f）	Hz	10 000 000.0
热噪声	dBW	−134.0
热噪声（g）	dBm	−104.0
噪声因数（h）	dB	7.0
接收机噪底	dBm	−97.0
SINR（j）	dB	−10.0
接收灵敏度（k）	dBm	−107.0
接口边缘（l）	dB	3
控制通道（m）	dB	1.0
天线增益（n）	dBi	0.0
人体损耗（o）	dB	0.0
最小接收功率（p）	dBm	−103.0
最大允许路径损失，下行		158.0
室内损失		15.0
室内最大路径损失，下行		143.0

表 13-3 LTE 上行无线链路预算示例

上行链路		
发射机，终端	单位	值
发射机功率	W	0.3
发射机功率（a）	dBm	24.0
线缆和连接器损耗（b）	dB	0.0
天线增益（c）	dBi	0.0
辐射功率（EIRP）（d）	dBm	24.0
接收机，eNodeB	单位	值
温度（e）	K	290.0
带宽（f）	Hz	360 000.0
热噪声	dBW	−148.4
热噪声（g）	dBm	−118.4
噪声因数（h）	dB	2.0

（续）

上行链路		
接收机，eNodeB	单位	值
接收机本底噪声（i）	dBm	-116.4
SINR（j）	dB	-7.0
接收灵敏度（k）	dBm	-123.4
接口边缘（1）	dB	2
天线增益（m）	dBi	11.0
塔顶放大器（n）	dB	2.0
线缆损耗（o）	dB	3.0
最小接收功率（p）	dBm	-131.4
最大允许路径损耗，上行		155.4
更小的路径损耗		155.4
室内损耗		15
室内最大路径损耗，上行		140.4
室内更小的路径损耗		140.4

可以通过以下方式进行规划，例如，如在上面的示例中，下行链路方向假设10MHz带宽。考虑到发射机的输出功率（a）、电缆和接头损耗（b）以及发射天线增益（c），EIRP（d）可以计算得：$d=a-b+c$。

使用以上所示的链路预算术语，LTE UE 的最小接收功率（p）可以计算如下：$p=k+l+m-n+o$。LTE UE 的噪声系数取决于模型的硬件组件的质量。最小信噪比（或者信号噪声和干扰，SINR）值（j）是参考文献［1］中提出的模拟结果。接收机的灵敏度（k）取决于热噪声，终端自身的噪声系数以及 SINR，可以计算如下：$k=g+h+j$。

链路预算的边界干扰（l）显示了来自邻区 eNodeB 的非相干干扰平均估算值。控制信道的比例 m 同样略微地降低链路预算。在链路预算计算中，如果终端附近没有身体损耗，那么 LTE 终端天线的影响可以估算为 0dB。在外接天线的情况下，天线增益分别增加，但是平均终端类型的逻辑估算是只有它内置天线的线性模型。

通过经验可以粗略地估算数据速率的影响，假设数据速率为 64kbit/s 时，上行链路路径损耗为 160dB。每当比特率增长，其可允许的最大路径损耗会下降。一种简单实用的假设是，在数据速率提高一倍的情况下，路径损耗增加 3dB。除非信道编码或者调制方案改变，否则这种假设可以充分地使用。

图 13-8 和图 13-9，展示了数据传输速率的影响理论计算结果。

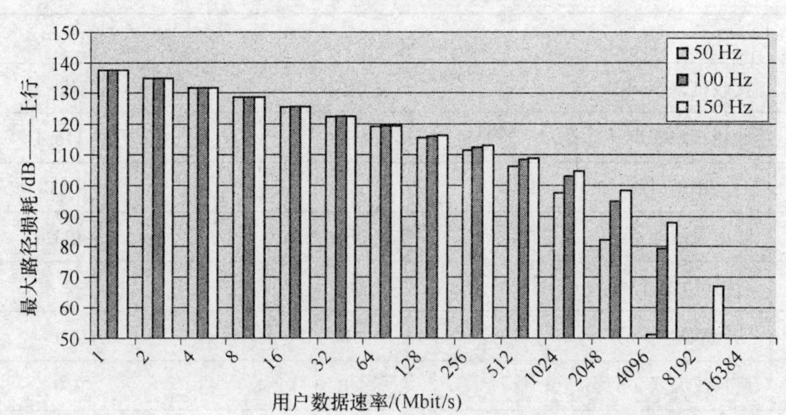

图 13-8　上行路径损耗对数据速率影响的理论估计

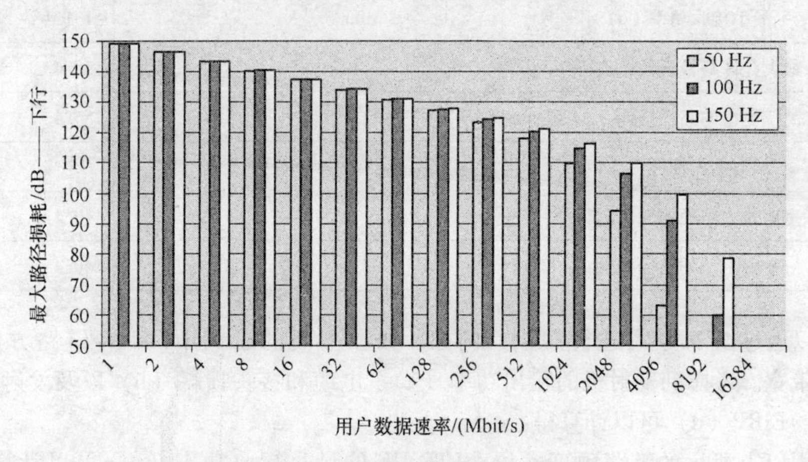

图 13-9　下行链路数据速率的影响

13.5.2　无线传播模型

众所周知的路径损耗预测模型主要包括 Okumura-Hata 模型和 Walfisch-Ikegami 模型，在考虑天线高度的功能范围、工作频段以及最大可预测小区范围等的情况下，这些模型也同样适用于 LTE 无线网络规划。

在无线网络规划的初期阶段，一个合适的无线传播模型的选择取决于 LTE 的使用频率、地形、精度等级要求。在部署之初，为了进行模型的分别调整，有必要使传播模型的功能和精度生效，例如关于集群类型和衰减值。如果导致精度仍然很低，则有必要改变预测模型。限制之一是，无线网络规划工具只有一组特定的传播模型，数字地图数据也对预测的准确性有自己的影响。典型的覆盖估算方法是分区域，例如在 100m×100m 的情况下，通过定义次级区域，估算最大的功能路径损耗。在这些区域中，通过考虑慢速和快速衰落的实际信号变换情况，可以计算出足够数量的快照路径损耗。如果这个特定分区的位置概率要高于需求质量，那么次级区域将被选中——除非其代表的覆盖中断。

当要求的精度较高时，这些次级区域的大小应该更小，这样会导致逻辑上较长的路径损耗预测计算。在实践中，典型的栅格大小在不同的地区不一样，市区为 25m×25m，农村地区则是 500m×500m。

对于覆盖最大面积的考虑，另一种适用于不同环境的模型是 ITU-R P. 1546。这个模型是基于预定义的曲线，频率范围为 30～3000MHz，且周围地面到天线的最大高度为 3000m。该模型适应于终端到基站距离为 1～1000km 的情况，不管是在陆地、海洋或者两者都有的情况。这种模型特别适合于大面积的覆盖，延长了天线高度的功能范围和 Okumura-Hata 模型的小区半径。

如果调查出的频率或者天线高度与预定义的曲线不重合，那么可以根据该模型的附加条件和应用是 ITU-R P. 1546 中的附件 5 所示的计算原理，通过插值或推断预定义值得到正确的值。曲线代表 1kW 有效辐射功率水平（ERP）情况下的场强值，且已为 100MHz、600MHz 和 2GHz 的频率提供曲线。曲线建立在实证研究的基础上。除了曲线图形形式，这些值同样可以以数值列表的形式进行呈现。

可以假设，Okumura-Hata 模型的基本和扩展版本可以像 ITU-R P. 1546-3 模型一样，在网络规划的初级阶段为 LTE 覆盖区域和各自的能力及质量水平提供足够好的直接估算。不过，也有其他的几个模型，包括密集城区中心射线跟踪算法。这些模型需要有包括地形高度和集群衰减的更详细数字地图数据。在最先进的预测模型中，必须要有基于矢量的 3D 地图。从逻辑上来说，这是规划上的成本，但是它使得覆盖规划的准确性大大增加。通过本地参考测量来校正相应的模型估算方法，可以进一步增强它的准确性。作为成本效益妥协的结果，3D 模型可以用于最重要区域的无线网络规划高级阶段。

13.5.3　频率规划

LTE 无线网络可以使用相同的频段进行建设，即可以使用重用模式 1。在使用 WCDMA 的情况下，它会产生一定程度的干扰。此解决方案的好处在于，用户可以在各自用户峰值速率的情况下得到高带宽所带来的全部好处。

另一种方案是将目前可用的 LTE 频段划分成更小的块，以便创造更高的重用样本的大小。例如，如果运营商已被授予的 LTE 总带宽为 15MHz，那么可以完全使用在所有的站点上。虽然当其他用户出现时会在一定程度上使用户的平均数据传输速率受到小区间的干扰，但这种选择提供了最高可能的数据传输速率。如果 15MHz 的频段划分成 5MHz 的频段区间，它使得每个扇区能使用三种不同的频率。这意味重用系数为 3，且可以有效地降低干扰。然而，与通过 15MHz 全部频段提供服务相比，目前每个用户的峰值数据速率只有其 1/3。

仿真的结果显示，在第一种情况下，即重用系数为 1，忽略干扰水平的增加能提供更高的容量。基于这个结果，LTE 无线网络规划中不需要非常深层次的邻区规划。在任何情况下，可以通过精心规划天线下倾角、站点间距和发射功率水平之间的平衡来优化网络间重覆盖的几率。

13.5.4 其他方面的规划

追踪区域规划正是对 LTE 网络容量有冲击的因素之一。如果追踪区域太小，当 LTE UE 在跨越追踪区域边界时导致增加信令。另一方面，如果定义的追踪区域面积过大，寻呼信令会过高，且影响网络容量。因此追踪区域的最佳大小是运营商为找到一种可能的信令负荷平衡所做的众多优化目标之一。

这里有一些经验可循。如果运营商有以前移动通信基础设备的话，那么 LTE 的追踪区域默认的定义可以与 2G 的位置区域、GPRS 的路由区域定义类似。可以认为现有网络已经有足够的时间来完善及找到 LA/RA 之间的理想平衡点，这将对 LTE TA 的使用有帮助。

另一个准则是不应在包含大量移动 LTE UE 的场景（例如高速公路）来定义追踪区域。

13.6 自优化网络

随着 LTE 网络的部署，将会对自组织/自优化网络（Self Organizing/Optimizing Network，SON）的概念有一个清晰的需求。SON 的概念是指通过多项功能来完善和自动优化网络。实际上，只有完整的 LTE 网络的频谱效率才能实现将 SON 的部分或者所有功能应用于网络当中。SON 的使用将有效地节省为了响应用户不断变化的负荷曲线、故障以及其他在网络中动态变化现象的时间和资源。反过来，这样可以通过降低 LTE 网络在部署（降低 CAPEX，资本支出）和运维（节省 OPEX，运营成本）阶段的花费来降低成本。

SON 是一个相对广的概念，它已被 3GPP 和 NGMN（下一代移动网络）联盟共同努力标准化。作为共同努力的结果，一整套的 SON 功能已经在 3GPP Release 8 和 9 版本的文档中定义。

SON 的主要关注点是尽量减少技术工作人员的物理工作——减少传统上需要时间和精力对于 eNodeB 和组件的调整，包括到站检测、手工测量故障、软件更新和更改频段等。其中列表的增强相对比较长，需要花费时间来设计和应用这些功能到 LTE 网络中。需要注意的是，自动设备和软件的使用并不能完全替代高熟练的技术人员。SON 理念自身还需要管理和调整，而且总是有一些棘手的问题需要工作人员介入来进行测量，分析和修复。无论如何，这项工作已经在开展，可以预见到相对于基础解决方案来说，自我优化功能将会降低 LTE 的成本。图 13-10 展示了 SON 在 LTE 网络初始和运营阶段的基本理念。

可以认为 SON 的目的之一是为 LTE 运营商提供“即插即用”水平的功能。SON 理念的一个好处就是，它已经被标准化，因此 LTE 系统解决方案是全球化的。这为其理念的广泛部署提供了有力的担保。相比以前的移动网络环境，体力工作的可能性更低，且 SON 将为 LTE 网络提供更快的部署和参数调整。这也意味着，娴熟的技术人员可以更专注于解决更苛刻的问题以及 SON 理念也无法解决的更深层次的网络优化，而不是如参数调整等的日常任务。

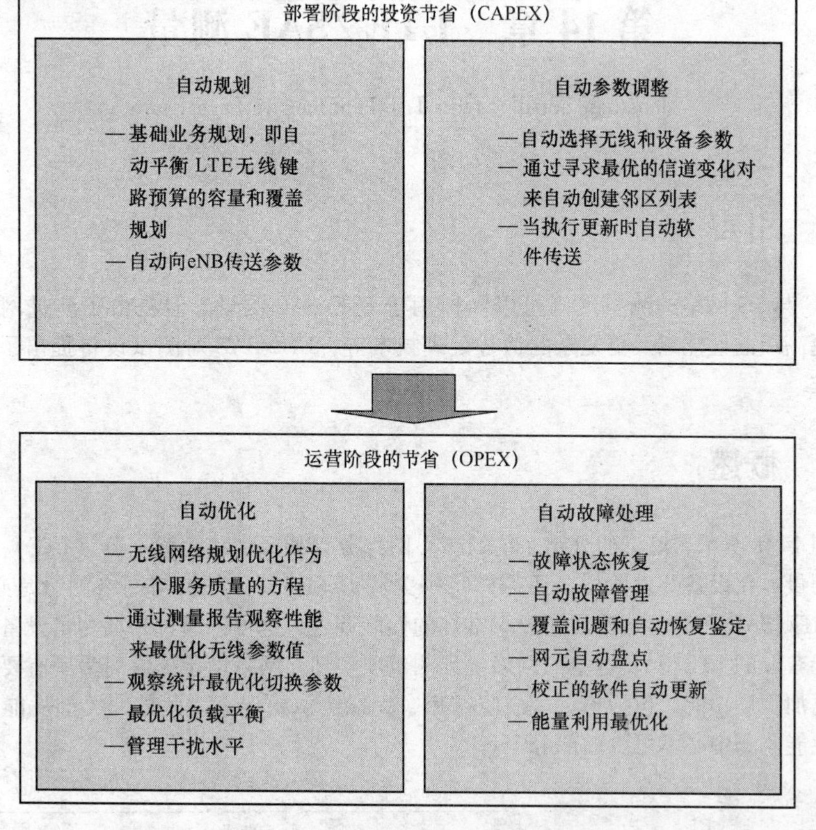

图 13-10　自优化网络概念的高级理念

参考文献

Holma, H. and Toskala, A. (2011). *LTE for UMTS: Evolution to LTE-Advanced*, 2nd edn, John Wiley & Sons, Ltd, Chichester.

第 14 章　LTE /SAE 测量

Jonathan Borrill、Jyrki T. J. Penttinen 和 Luca Fauro

14.1　引言

2G 与 3G 网络的测量准则可以同样用于 LTE/SAE 测量。但是由于演进网络的特征、更高级的性能以及更复杂的信号处理技术等，LTE/SAE 对测试设备提出了新的功能要求。

14.2　概述

图 14-1 所示，演进的分组系统的核心网部分（EPC）和无线部分（LTE）均需要进行测量；在设备开发阶段，还需要特别关注 LTE 终端。外场与网络测量是必要的，同时 LTE/SAE 网络运行阶段还要求常规的性能调整，这可以通过外场测量设备或直接从网元获取的 LTE/SAE 特定的网络统计测量项实现。网络设备提供商为所有要求的统计项添加测量功能，包括掉话率、阻塞率、无线资源错误率。此外，关键性能指标是网络性能监测中必不可少的部分[1]。

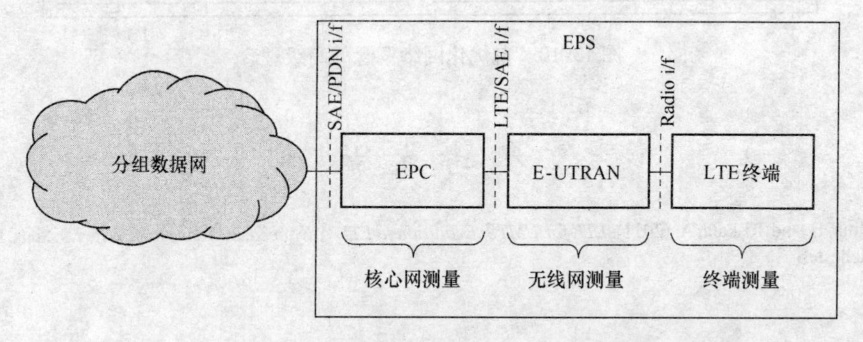

图 14-1　核心网、无线网与空中接口之间主要的接口测量点

14.2.1　测量点

图 14-2 给出了 LTE/SAE 中可能的测量点。

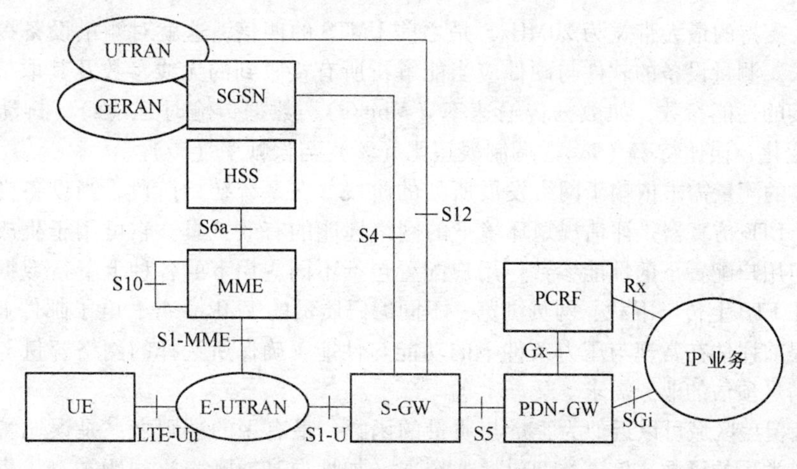

图 14-2　LTE/SAE 可能接口测量点

14.3　无线接口测量准则

无线接口测量在 LTE 网络部署与运行阶段是必需的。以下章节介绍 LTE 的特殊性以及测量相关的内容。

14.3.1　LTE 测量

LTE 无线接口下行基于正交频分复用（OFDM），上行基于单载波频分多址（SC-FDMA）。这种方式提供了 1.4～20MHz 之间灵活的带宽选择。LTE 同时支持频分双工（FDD）与时分双工（TDD）两种模式。

图 14-3 所示为时域上 LTE 下行传输的原理。每个资源单元对应于一个 OFDM 符号时间上的一个 OFDM 子载波。在普通传输模式下，下行信道间隔定义为 15kHz，在 LTE 广播模式下可以使用 7.5kHz 信道间隔。上行方向，LTE 使用支持可扩展带宽的 SC-FDMA。

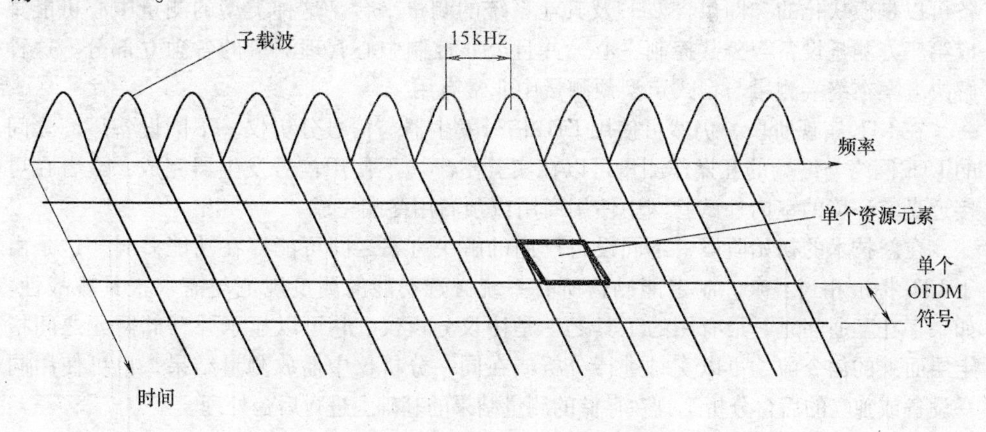

图 14-3　OFDM 下行链路原理

LTE 支持的最大带宽为 20MHz，是之前 UMTS 的四倍，这就对测量设备提出了特殊的要求。测量设备的软件与硬件应当能解析所有接收到的无线参数及其取值，以及所测连接的性能参数，如数据传输速率（Mbit/s）、数据传输时延（s）、抖动（即时延）的变化，误比特率（%）、调制误差比（%）与误帧率（%）。

LTE 的测量需求依赖于网络发展所处的阶段。在系统初始阶段，当设备尚未完全可用时，LTE 仿真器是评估规划环境下的网络性能的有效工具。它可用于生成不同业务场景与用户配置下的性能参数，用户配置包括不同应用下的各种上下行数据的传输组合，如 FTP 上传与下载、网页浏览、不同编码质量的 VoIP 业务、电子邮件业务。由此可以提前评估在常规与压力条件下的功能与性能，确保所选择的网络容量与其他技术特征满足预估的业务需求。

LTE 覆盖区域可以近似为容量与质量的函数。最有用的准则之一是误比特率作为无线信道类型的函数，信道类型包括 AWGN（加性白高斯噪声）视距类型、密集市区中心的多径传播环境产生的瑞利衰落，如图 14-4 所示。性能估计的错误冗余取决于仿真器信道模型的精度，可以通过实际测量增强其精度。

在系统引进、网元生成的初始阶段，基站测量仪是定型检查过程所需的典型设备。新的终端类型必须执行定型检查。为避免网络部署初期出现问题，无线设备的软件与硬件均需要测量。测量设备可以集成到包含大量测量用例开发与执行工具库的测量中心。测量仪一般包含实验室条件下的信号生成器与 RF 测量设备。

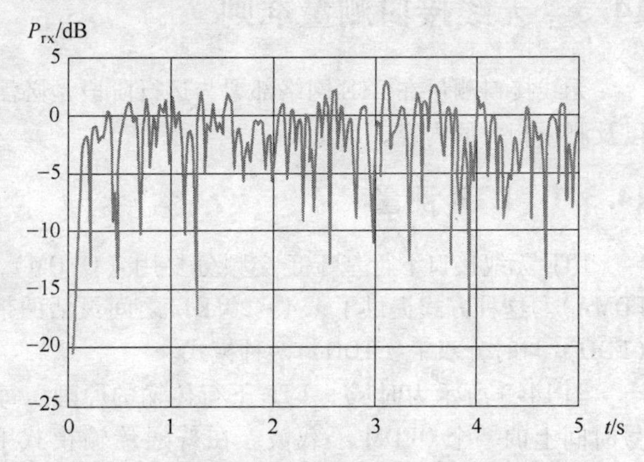

图 14-4　瑞利衰落下接收功率电平的测量示例

为了满足标准定义的不同系统测量设备之间的互通，测量设备可以是模块化的，即包含 LTE 及其他系统的测量平台。这种类型的测量中心可能集成第三方测量设备与公共控制中心，并且公共控制中心管理测量的各独立部分。这种解决方案在终端测量与型式定型预测量中非常有用。

在 LTE 实现阶段，仍然可使用 LTE 信号发生器与信号分析仪。不同设备厂商之间的 LTE 网络与终端的互操作测量可以在实验室环境下使用信号发生器完成，或者在更接近真实环境的室内外试验网中使用商用或预商用终端完成。

在新技术的初始阶段，不同设备厂商的解决方案之间可能存在功能差异。这是由于 LTE 标准相当复杂，制定能涵盖所有系统必选功能的测量规范与需求很具挑战性。如果存在互通问题，最有用的工具之一是协议分析仪。它可以显示并存储网元之间指定层面上的信令流，可以实时进行分析或在同一分析仪中播放测量结果，也可使用同一设备或独立的后台分析工具在存储的测量结果的基础上进行后台处理。

在 LTE 基站架构集成阶段，可使用合适的外场测量设备对覆盖区域进行研究。RF 分析仪是初始阶段最合理的选择之一，但是随着网络的发展，测量需使用车载室外接收机；在室内或其他车辆难以进入的区域可使用便携式测量设备。比如室外测量设备 Nemo，它包含一个数据收集、显示与预分析公共平台，真实的无线测量使用 LTE 商用终端或第三方扫频仪。图 14-5 示例了罗德与施瓦茨扫频仪，可用作 LTE 外场测量的一个模块。

图 14-5　LTE 外场测量使用的扫频仪示例（由罗德与施瓦茨公司提供）

14.3.2　LTE 业务仿真器

对于核心网 EPC，在网络调整与优化以及故障管理中可使用协议分析仪。如果实际网络尚不可用或所规划的特征要求在引入实际网络环境前进行进一步研究以避免潜在故障，加载场景下的性能与功能可通过仿真器评估。与先前的网络相比，LTE 会产生更多的信令与业务负载，因此 LTE 的仿真器需要包含用于生成实际负载的独立高性能服务器。

NetHawk（EXFO）是这类 LTE 性能评估设备的一个例子，它结合 Aeroflex 开发了一个集成的测试系统 EAST500。该系统包含仿真器、测量与分析模块，可用于在商用业务可用前评估 LTE 性能。测量包包括无线接口测量模块 Aeroflex 以及应用测量模块 NetHawk。评估结果给出了在实际外场环境与用户实际业务配置下 eNodeB 的性能与容量估计。由于 eNodeB 比 UMTS/HSPA 包含更多的功能，因此必须更新测量与仿真设备以支持更高的数据速率与信令负荷。在典型场景下，数据业务大约是十倍左右，这相应的增加了分析的要求。为了处理仿真业务，测量设备需要更新 IT 元件，如服务器。

图 14-6 显示了 EAST500 设备可以测量的典型的网络参考点。通过真实终端模拟，该设备可以进一步用于仿真用户数据传输层以及信令业务负载。由于该设备支持 LTE 的所有协议层，它也可用于不同负载及不同误比特率下的 eNodeB 的功能性测试。

对于支持软件升级的设备，无须购买新的硬件即可提供 LTE 功能。早期的这类支持 LTE 的设备有矢量分析仪、信号发生器、信号模拟器、信号分析仪等，通过软件升级就可在上行与下行支持 LTE。该设备可用于 eNodeB 与终端测量，例如在型式认证测试中，可与基带信号发生器、信道模拟器与矢量信号模拟器联合使用。功能包括自动 DCI 信道编码、信道定义、功率设定与调度以及终端接入。

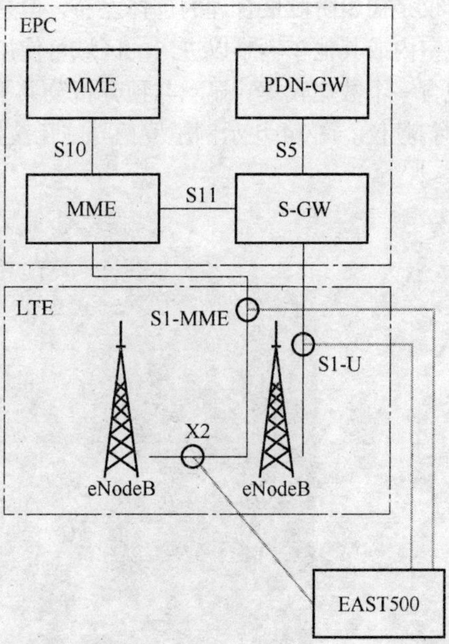

图 14-6　LTE 负载仿真中的参考测量点

14.3.3　典型的 LTE 测量

LTE 测量可同时在上行与下行方向进行。典型的测量项包括频率误差、发送功率电平、调制误差率（Modulation Error Rate，MER）、误差矢量幅度（Error Vector Magnitude，EVM）。MER 用于表示调制精度，可用 I/Q 星座图说明，如图 14-7 所示。EVM 值采用不同的方式表示噪声环境下的解调性能。测量设备需要标注出从解调器输出端载波获得的符号位置，并将这一结果与该符号在 I/Q 轴上的理论位置相比较就可以得到位置误差，表示为一个百分比。图 14-8 阐明了 EVM 的概念。一般要对所选频段内的所有子载波进行测量。如果选择平均结果，最大值与最小值也可被显示。

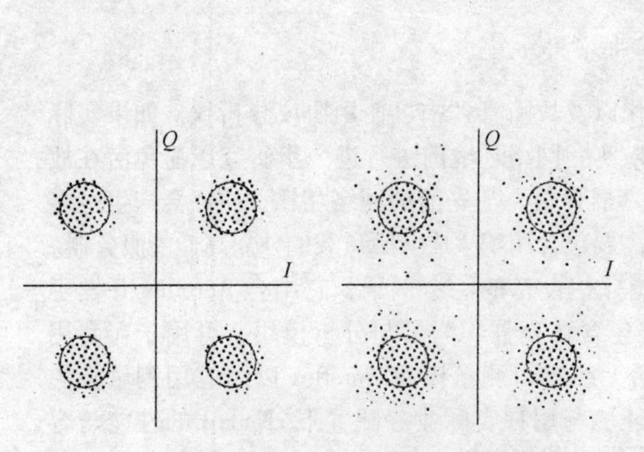

图 14-7　MER 等级示例（左图显示可接受的 MER 等级，右图中由于接收星座点有较大的波动可能导致误判）

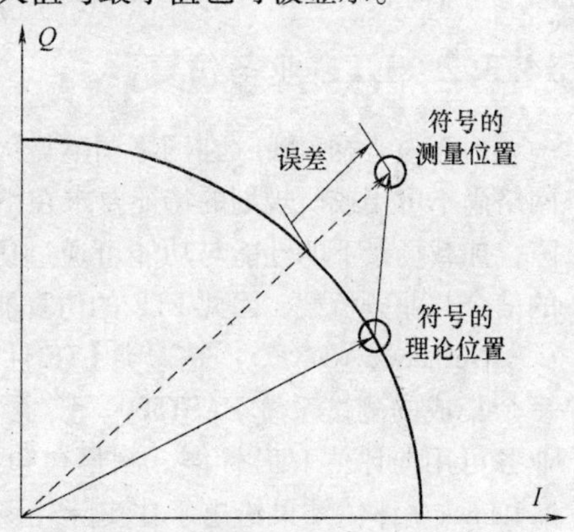

图 14-8　误差矢量幅度（EVM）原理

EVM 与调制误差比紧密相关，它实际上反映了数字调制信号的信噪比（采用 dB 为单位）。其他必要的 LTE 测量项如下。

频谱稳定性指示每个子载波的幅度、幅度差、相位与分组时延。这一测量项对于解决 OFDM 特定的问题非常有用，如符号间错误。

EVM 作为子载波的函数，可图形化地表示某一特定符号或符号组每个子载波的向量误差。该测试项可同时显示平均值（RMS）与瞬时向量误差测量的峰值。

EVM 作为符号的函数，可图形化地表示每个符号部分或全部子载波的向量误差比。

信道质量信息（Channel Quality Information，CQI）是 LTE 最重要的测量项之一。它源于 HSPA 的定义，通过合并不同的质量相关项，并最终采用单一值表示信道质量。

其他有用的 LTE 测量项还有信道接收功率电平、频谱利用率、邻道泄露功率、频谱源模板。

下行特定的 LTE 测量项包括：功率资源块比（表示了单一子帧或子帧集上每个资源块的功率电平）。通过观测功率分布可发现每个资源块功率增加的影响，也可同时观测一组星座图，以便于故障解决。

上行方向，基于时间的 EVM 测量可对每个符号单独显示。

以罗德与施瓦茨 R&S FSQ-K100 测量设备为例，它可显示如下的上行/下行测量结果。

1）功率电平作为时间函数（下行，上行）。

2）EVM 作为载波的函数（下行）。

3）EVM 作为符号的函数（下行，上行）。

4）频率误差作为符号的函数（下行）。

5）EVM 作为子帧的函数。

6）频谱平坦度（下行，上行）。

7）频谱的群时延（下行，上行）。

8）频谱平坦度偏差（下行，上行）。

9）星座图（下行，上行）。

10）CDF 与分配的统计。

11）每时隙的 EVM（下行）。

12）CCDF（下行，上行），分配（上行，下行），信令流（下行）的统计。

14.3.4　型式认证测量

3GPP 规范 36.214[3] 定义了 E-UTRAN 终端与网络空口的测量，且终端可以处于空闲或连接模式下。下面给出了一些重要的例子。

参考信号接收功率（Reference Signal Received Power，RSRP）等于传输小区特定信息的资源单元绝对功率电平的线性平均值。如果激活了接收分集，接收功率电平的计算要对各接收通路的功率电平取均值。

参考信号接收质量（Reference Signal Received Quality，RSRQ）定义为资源块（RB）功率电平与整个 E-UTRA 载波信号强度（即载波接收信号强度指示）的比值。

其他的测量项包括 UTRA FDD 模式接收码功率电平、接收码片能量/频段功率密度

(Ec/No)、RSSI、UTRA TDD 模式的码功率、E-UTRA 下行链路功率电平、接收干扰功率电平、热噪声功率电平。

LTE 无线接口的基本测量项与上下行链路的信号质量相关。如果采用了 MIMO，这类测量还要包括 MIMO 分析。在基本测量中，测量设备应支持高达 20MHz 带宽，即 LTE 可以使用的最大带宽。基本测量集应包含 3GPP 36 系列规范所定义的所有调制类型，即 QPSK、16-QAM、64-QAM。OFDM 基本评估与调制质量（如调制误差率，MER）以及 OFDM 的其他相关特征，如传输块大小、资源块分配、不同的保护周期长度（CRC）以及它们的组合。

发射机的调制质量可以在更具体的层面上评估，如通过测量每个 OFDM 载波、符号、时隙、资源块的 EVM 值获取。

14.3.5 调制误差测量

I/Q 星座图中采样点的位置可能会受到干扰、恶劣的无线条件、多径传播或符号间干扰导致的快变的信号电平而改变。图 14-9 所示为接收错误的两个例子。第一个图显示了部分星座点的扭曲，第二个图中整个星座偏离理论位置。两者均可导致误解调的增加，从而导致误比特率增加。

另外，设备的非理想性也可能以符号等级公式的形式扭曲星座点，采样点越偏离 0 点，偏离越严重。如图 14-10 所示。

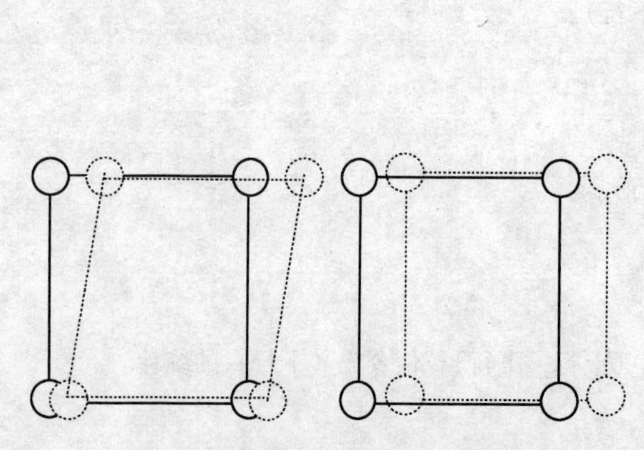

图 14-9　调制星座图中可能的误差示例

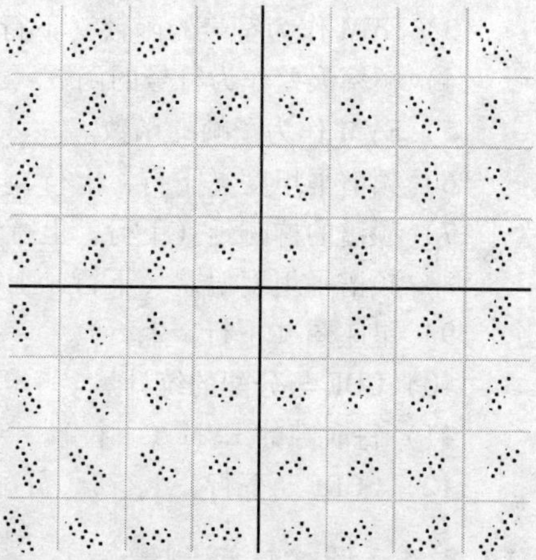

图 14-10　接收机部件故障可能导致的星座点扭曲

14.3.6 LTE 性能仿真

LTE 通信系统的发展给测试过程带来了挑战。特别是协议实现的测量更具有挑战性，因为测量需要在基于仿真的环境与目标环境中执行。由于初期测试阶段分层网络尚不可用，需要仿真叠加层与底层网络协议层的通信。

例如，在 CrossNet 项目中，芬兰 VTT 与 Oulu 大学（CWC）联合工业合作伙伴开发了跨层测试与仿真架构。该架构集成了现有的商用工具 EXFO Nethawk EAST 仿真器、M5 网络分析仪、EB Propsim 无线信道模拟器，支持 LTE 通信系统的综合 wrap-around 测试[4]。图 14-11 显示了仿真器环境的原理。为了评估多 LTE UE 环境下系统的性能，可使用该测试环境下 eNodeB 功能的仿真。

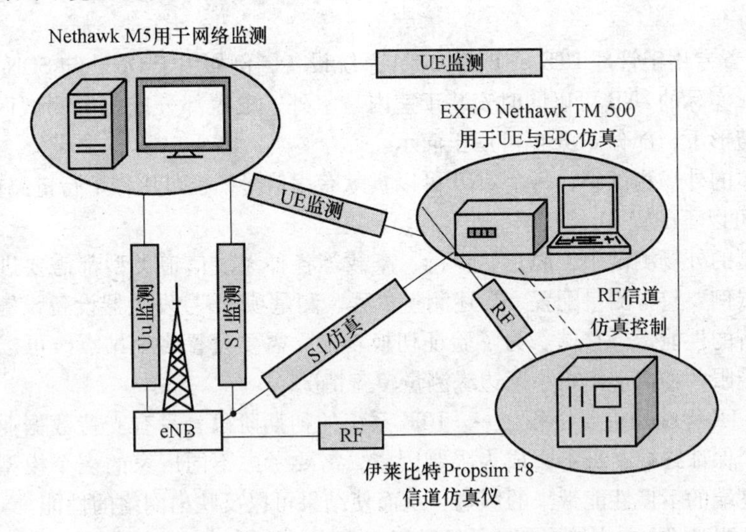

图 14-11　CrossNet LTE wrap-around 测试环境

14.4　LTE 外场测量

测量可以反映在典型无线条件下可能的系统性能。初期外场试验的目的是识别不一致行为，保证基础设施与终端厂商以及运营商识别测量出的错误并纠正，也可以优化端到端的性能。同时兼顾技术问题与项目管理问题，可以保证实际的商用网络部署尽可能顺利。

14.4.1　典型的外场测试环境

无线外场试验可以设置在包含 EPC、HSS 模拟器、IMS 与应用的环境中。在典型的配置中，eNB 覆盖一个相对较小的区域，但该区域对于移动性测试而言足够大。这代表了实际网络中的干扰情况。eNB 可以与 2G/3G 共址，这一般要求更换天线系统以支持 LTE 频段。

eNB 需要一个完整的的操作维护系统，同时这也是参数、故障、O&M 与 SON 测试的基础。典型的 LTE 网络配置如下。

1）演进的分组核心（EPC）——S-GW、P-GW、MME 放置于同一站址。

2）HSS 模拟器用于用户鉴权与认证。

3）IMS 平台用作 VoIP 呼叫的 SIP 服务器。

4）业务服务器用于 TCP/UDP 流、FTP 传输、时延（如基于 ping）、HD 视频流测试。

5）基于互联网场景的互联网接入。

在运营商站点上，所支持的网元在逻辑上可位于设备机房中，目的是：

1）放置 eNB 与路由器，可以用控制该机房来实现通过运营商的传输网络远程管理 eNB。

2）放置专用于管理 LTE eNB 的 O&M 系统设备，例如用于 O&M 与 SON 测试。

此外，实际的 eNB 可以同时安装于室内与室外，覆盖部分或整个测试区域。在典型的试验情形下，部分 eNB 也可用于演示。

在具体的外场测试中，每个 eNB 可以贡献有用信号，也可用作下行链路的干扰源。干扰 eNB 可以不配置 S1 连接。

在典型的外场测试中，静止、步行、车载等各种无线信道类型都需要进行测量与分析。测试例要包含测量配置、描述测量过程、测量项/信号发生器设备设置和用于后续处理分析的性能指标存储。为了验证切换功能，需要设置多个站点。可以在噪声受限与干扰受限两种情形下在小区边缘测量覆盖情况。

选择 LTE 终端是重要任务之一。LTE 系统的初期阶段，只有支持数据业务的 USB 模型。为了保证终端本身不会成为限制因素，需要考虑不同厂家的多个模型。这可以减小某些终端的不良性能带来的影响，从而使结果可以反映出网络的性能。

LTE 系统能够在空中接口高速传输数据，应该对整个 LTE/SAE 网络的端到端物理能力进行相应的设计。核心侧应当有足够的容量以避免接口上可能的瓶颈。如果存在限制性网元或接口，应在实际的 LTE 性能分析前及时发现，从而避免低性能原因的误释。

最简单的远程控制 LTE/SAE 网元的方案是集中化的 O&M 系统。如果远程控制方案在试验中不可用，可以考虑在每个站点建立本地控制系统（安装网元管理软件的 PC/笔记本电脑直接连接至网元），该系统也可被远程使用，如通过 VPN/CITRIX 方案。这样的远程连接简化了每个测试例的网络配置。为了在空中发射干扰信号，干扰站点不要求 S1 连接。这避免了额外的回传负载并节省了容量。如果 eNB 连接至回传（如可以建立一个 Gbit 连接），PDH 网络的单一 E1 连接或其他可行的低容量连接都足够用于将干扰站点连接至控制测试网络的 PC/笔记本电脑。E1/以太网转换器可用于干扰站点。

14.4.2 测试网络配置

LTE 外场测试设备包含用于生成数据呼叫与 KPI 的路测工具和用于存储接收功率电平的扫频仪以及核心协议分析仪。为了获取测试结果对应的地理信息，无线测量配置默认包含 GPS。可能还需要其他的问题定位工具，更具体地说，可能是核心侧的信号与协议分析仪以及路测分析工具。

LTE 的性能可以在各种不同的传播环境（密集市区、市区、郊区、农村）与用户配置条件下进行测试。后一个因素非常重要，因为网络的负载值（如平均与峰值负载）影响单用户吞吐量。为了生成指定的负载，可以采用通用的模型。这些模型在 3GPP 中已有定义，如宏蜂窝场景 1（500m 站间距）与场景 3（1752m 站间距），并假定每小区 10 个用户。

对于存在干扰的测试例，如果设备提供这种类型的测试信号，干扰信号可以经 eNB 自身产生。如 NSN eNB 可以设置为在下行信道发送虚假信号，这可通过所谓的 PhyTest 接口进行配置。例如，为了生成 50% 的干扰负荷，PDCCH 与 PDSCH 中一半的可用激活 PRB 被用于发送无用数据。对于 100% 的负载，所有物理信道始终在发送数据，所有 PRB 均被使用。

图 14-12 显示了考虑下行干扰时的测量配置方法。

目标小区的邻区或其他小区中 UE 的发射功率生成上行干扰。干扰 UE 离小区边缘越近，发射功率越大，到达受扰小区的路径损耗越小，这就意味着对受扰小区中 UE 的干扰越大。

外场中的上行干扰很难模拟或生成，因为它随时间与频率变化。外场试验中上行干扰的一种常用的方法是使用 TM500 LTE UE[5]，在层 1 测量中配置为在 PUSCH 上以一定的发射功率发送伪随机序列，如图 14-13 所示。

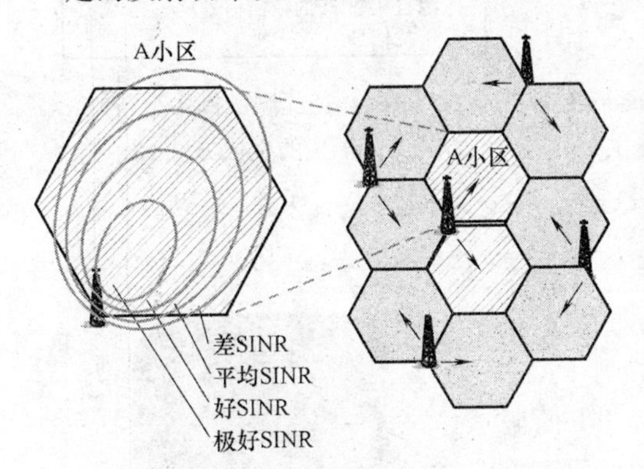

图 14-12　用于干扰评估的外场测量配置

图 14-13　Aeroflex TM500 测试设备用于生成上行干扰（由 Aeroflex 提供）

为了在受扰小区中生成所期望的噪声电平，UE 总的发射功率可根据 TM500 的位置与受扰小区之间的路径损耗进行调整。由于 TM500 配置成层 1 测量模式，因此不要求它驻留在任何干扰小区内。这就允许 TM500 可以放置在受扰小区覆盖区域的任意位置，增加了配置与干扰生成的灵活性。对于上行加载的测试例，为了生成所要求的噪声抬升，可以灵活调整 TM500 在受扰小区中的位置以及 L1 参数。

上行干扰也可以通过信号发生器并使用之前获取的传输模式生成。这种方法用于初期的 LTE 外场试验，只是一种概念验证并不要求 eNB 站点进行 HW 修改。

图 14-14 示例了试验网络中使用的矢量信号发生器。Rohde & Schwarz SMB VI00A[6] 内部装配了基带发生器，可生成 9kHz ~ 6GHz 的宽频 LTE 数字信号。

图 14-15 所示，上行干扰与干扰 UE 的位置相关，干扰 UE 越靠近小区边缘，它们使用的发射功率越大，到达受扰小区的路径损耗也越小，因此，对受扰小区的干扰也就越大。

作为下行性能指标评估的基础，SINR（信号干扰和噪声比）的范围可以固定，以下为100%下行负载情况下的SINR范围举例。

1）极好的位置：SINR >20dB。

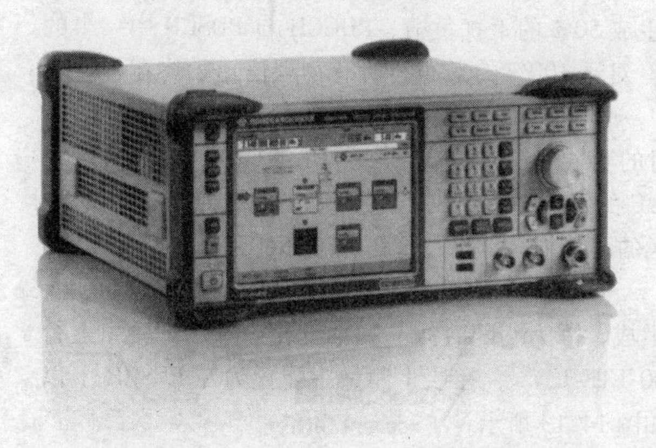

图14-14　矢量信号发生器示例（此模型是Rohde & Schwarz SMB VI00A，由罗德与施瓦茨公司提供）

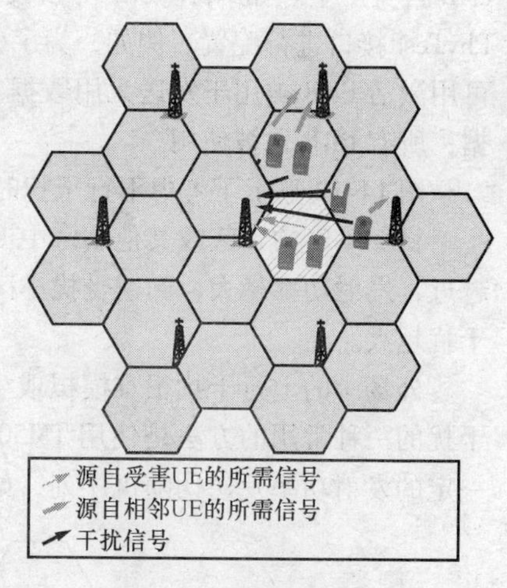

图14-15　测试例中上行干扰的生成方法

2）好SINR（近点）：12 < SINR <20。

3）平均SINR（中点）：6 < SINR <12。

4）差，但可以正常工作：0 < SINR <6。

5）差SINR（远点）：<0dB。

对于上行链路，负载状况（%）作为IoT的函数可以确定其范围，如50%负载⇒8dB，100%负载⇒11.5dB。

在LTE发展的初期，终端很难获得，曾使用非商用版本。早期的版本包括LG公司的LD100与G7，以及三星公司的GT B3710与GT B3730。图14-16显示了LTE终端类型中的USB网卡的典型形式。

在LTE无线测试配置中，独立终端或外接天线终端的选择非常重要。安装外接天线（如安装于测试车辆顶部）是由于它可以创造与实际终端位置无关的接收条件，对于每条路测线路的接收条件都近似相同。与没有附加天线的终端相比，外接天线终端测试的覆盖区域比较大。无外接天线的终端的好处是接近于一般用户所处的无线条件。

终端的特点也需要考虑，最重要的限制因素是终端等级。MIMO天线口支持情况的不同会影响数据吞吐量。

图14-16　LTE终端类型中的USB网卡（由三星公司提供）

试验的成功执行要求有项目计划和时间与资源的规划。试验的主要任务如下。

1）初始规划。

2）总体的测试计划。

3）网络架构规划。

4）详细的测试计划。

5）测试网络部署。

6）测试例执行。

7）数据后处理与分析。

8）报告。

作为试验的输出，需要评估 LTE 系统的功能与特征以及网络的性能。

14.4.3　测试用例选择

LTE 总体的测试范围如下：

(1) 验证阶段　这是测试的第一阶段，总体目标是验证网络是否正确搭建，设备能否实现规划的功能。这一阶段包含系统验证测试、站点配置与设计验证测试。该阶段的输出包括总体覆盖区域，在静态、步行、车载无线信道类型下的单用户上下行吞吐量，终端附着和分离过程的功能与性能、数据流性能。测试也可包含上下行干扰，同时应包含从无干扰到最大干扰电平的范围内变化的情况。

(2) 规模测试阶段　该阶段的目标是分析容量与吞吐量。它可包含上述测试用例并进一步扩展，即包括静止、步行与不同车速环境及干扰电平下的单用户上下行吞吐量，使用 TCP 与 UDP 的数据流性能。该阶段还可包括 MIMO 测试用例，和不同 LTE 终端数目下的不同容量。另外，以下项目也可包含在本阶段的测试集中。

1）在不同信道类型、干扰电平以及终端数目情况下，通过 TCP 流进行调度器测试。

2）附着流程的端到端时延测试。测试用例包含了不同的信道类型、网络负载等级、干扰等级。直接的测试方法是使用 PING，并采用不同的包长（小、中、大）。为了增加统计精度，测试用例可集中多个 PING 从而统计时延分布。

3）移动性与切换过程性能测试，包括不同环境与业务类型（TCP 与 UDP 流、VoIP 呼叫）、不同终端速度下的切换成功率、中断时间测试。切换性能需分别评估小区间、小区内切换的情形。对于语音呼叫，还需要使用合适的外场测试设备测量平均意见得分（Mean Opinion Score，MOS）。

4）不同参数设置下的无线特征测试，如 QoS 相关的特征测试，以及将一定数目的终端放置于一定区域，并从站点向覆盖边缘移动这些终端时的上行闭环与开环功率控制测试。

5）应用性能测试，包括互联网接入、IMS VoIP、视频流、HTTP 浏览、电子邮件与 HTTP 下载业务的成功率与建立速度。

6）健壮性与可用性测试，包括不同干扰等级下的附着流程、不同 TCP 窗口大小下的 TCP 流。

7）操作维护相关的测试，包括工具的主要功能测试。

8）自组织网络（SON）相关的测试，包括验证命令的正确执行以及 SON 特征的功能。

14.4.4 几点说明

在试验（与商用）LTE 网络部署中，无线接口的最大数据速率比先前的其他移动通信网络要大很多。因此，为了保证端到端的性能达到期望的水平，需要考虑 LTE/SAE 网络中所有可能的瓶颈。由于现有的设备、接口与设置并非完全由运营商掌控，因此传输网络中的数据速率限制可能会导致问题。

例如，即使在很好的无线条件下，下行单用户 TCP 流仍达不到理论最大数据速率以下的相对较低的值。此时需要分析整个通信路由上的传输网元分布情况。问题可能由各接口相关的路由器数据速率限制造成。如在单个 Gbit 路由器中可能存在 45Mbit/s 的数据速率限制，这足以降低整个端到端的数据速率。将该限制调整到最大默认值，如 200Mbit/s 就可以解决这一问题。

对于上行 UDP 流与双向 TCP 流，上述问题还可能与突发的吞吐量波动有关。即使使用相对简单的工具，如 iPerf 也可以观察这种波动，可以表现为突然性的数据流量下降或数据传输初始化。这可能由不良的 LTE 终端性能导致的，特别是在 LTE 系统的初始阶段。实际上，LTE 终端有时会发送缓存状态报告“empty”，但事实并非如此，这就会触发问题。此外，TCP 窗口尺寸也会导致问题。为了实现测试目的，可使用具有最小 TCP 窗口尺寸的并行的 TCP 流达到吞吐量的稳定性。

LTE 试验阶段的目的是测试网络的性能，但是在某些情况下，该阶段也用于测试所涉及的网元的行为，这些网元与 LTE 不直接相关，但是需要调整参数或全部替换。特别的，如果核心网包含“old-fashioned”方案，对于先前的数据速率可以很好地运行，但是 LTE 的高速数据速率可能会显露出硬件/软件的限制。

14.5 演进改变测试规则

LTE 网络的引入标志着无线移动网络从面向业务的传统电路交换网络向面向数据业务与应用的全 IP 网络转变的结束。这一转变允许运营商以具有竞争性的价格提供多种宽带业务，因为 IP 网络有效利用了可用带宽。这一转变经历了过渡技术，如高速分组接入（HSPA），它将电路交换语音与基于分组交换的数据业务合并在一起。而作为完全基于分组的技术，LTE 将提升移动数据业务的性能，从成本与性能的角度看，它允许运营商以新的方式分组移动业务使其适合于更广范围的业务与用户。

LTE 的演进体现了显著的技术进步，这不仅因为所有的业务（包括时间敏感的业务）均基于分组，而且因为 LTE 采用基于正交频分多址（Orthogonal Frequency Division Multiple Access，OFDMA）的全新的无线接入技术。与以前的 CDMA 相比，OFDMA 允许 LTE 支持高达 300Mbit/s 的空口数据速率，以及更低的时延。简化的核心网提供了完全基于分组的业务，OFDMA 是满足 LTE 以低成本提供高速率这一目标的核心技术，因为它实现了更好的频率效率。这意味着需要更少的站点就可达到与先前技术相同的网络容量。

如果要成功部署 LTE，网络规划者必须面对两大挑战。规划者必须知道如何优化网络以满足 QoS 目标；为了精确预测新的 OFDM 无线架构所达到的网络覆盖，还需建立新的基站位置与配置模型。此外，有效的优化与网络建模依赖于从实际的 LTE 网络外场测试获得的可靠数据。

以下的 LTE 测试章节将关注一般的 LTE 测试需求，然后研究测试方法与需求的具体内容。可分解为 LTE 空口、回传网络（SAE）、端到端吞吐量测试、减少测试/优化成本的自组织网络（SON）技术以及实际网络的测试与优化。一般情况，产品开发阶段的测试方法可以分为“确认测试”与“验证测试”。此处也考虑了生产/集成阶段的测试分类。

确认测试依据确定的规范（一般为 3GPP 规范或生产商自己内部的性能规范）对网络、子系统或网元进行测试，输出结果为被测设备（Device Under Test，DUT）通过或未通过测试，验证是否能满足测试要求，是否与测试规范一致。由于测试规范一般根据被测设备的运营/性能/设计规范编制，因此该测试能验证被测设备是否能根据规范正确设计运行。确认测试与规范之间的闭环关系使得确认测试通常与系统设计规范之间直接相关，可参见 3GPP LTE 规范中基站相关的规范 TS36.104[7] 与 TS35.141[8]，UE 相关的规范 TS36.101[9] 与 TS36.521[10]。在 3GPP 中，确认测试被称作一致性测试，用于验证 UE 或 eNB 与所要求的最小性能规范之间的一致性。

在移动产业界，有两个组织牵头设立了相关论坛与方法以辅助手持终端的确认测试。对于手持终端制造商与网络运营商而言，对所有类型终端进行确认测试的成本过高，因此成立了该组织，其核心原则是提供通用的测试集、测试方法与测试环境，这样新的 UE 可以进行规模测试，测试结果将被大多数网络运营商认可与接受。在欧洲，该组织为全球认证论坛（Global Certification Forum，GCF）。在美国为 PCS 类型认证审查委员会（PCS Type Certification Review Board，PTCRB），该组织关注 US 1900MHz PCS 频段。目前它仍保持相同的缩写，但扩展了范围，包含北美地区其他许可频段的需求。此外，对于有 GCF 之外的特殊需求的国家，还设立了区域性组织，即在国家范围内从事相同的任务。GCF 与 PTCRB 测试均基于 3GPP LTE 一致性测试规范 TS36.521[10] 与 TS36.523[11]。它们制定了一组确认测试用例（确认测试在特定的测试平台上可是否被正确执行），UE 制造商可以使用这些测试用例进行其一致性测试。这种在特定测试平台上的单独验证提供了全球范围内网络运营商对于确认测试的认可。另外，GCF 提供了用于实际网络性能测试的通用的架构与测试集。在网络运营商对某一特定设备进行评估或采纳前，UE 制造商所要求的测试量也可以减少。近年来，某些网络运营商趋向于在实际网络测试前在实验室进行互操作测试（IOT）。这是由于日渐复杂的网络结构与配置，网络运营商需要在 3GPP 定义的功能性测试之上增加额外的针对其特定需求的运营性测试。

验证测试用于在开发阶段测试网络的实际性能，测试在多种设置与配置下进行。验证阶段应涵盖各种条件以证实在设计极限情况下的性能。如需要测试 UE 在最低电池功率、最高环境温度下的输出功率，验证在这些极限条件下的性能。而确认测试只在有限数目的电池等级或温度等级下进行测试。此外，验证测试还包括在反面条件或非期望/不允许等条件下的测试。特别是对于信号（协议）测试，测试在反面条件下的性能非常重要。例如，eNodeB 调度器从 UE 接收到不一致的测量报告，如 CQI 低，但 RSRQ 高的情况；或者 UE 协议栈在响应强制命令时发送了拒绝消息。对于第二个例子，只有响应可选命令时发送拒绝消息是合理的。可见，尽管拒绝消息被正确生成，但生成的时机不对。因此必须验证 eNodeB 协议栈如何响应这一消息，保证其不会崩溃。

产品线测试一般是一致性测试的子集，用于验证设备正确组装，并最终审查是否能正确运行。“时间就是金钱”尤其适用于大批量生产，因为测试所花费的时间可能减少工厂的产量，测试系统将增加成本。由于测试一般在生产过程结束时进行，而生产商期望在第一时间将产品推向消费者以赢得利润。长时间或缓慢的产品测试将减少工厂利润或者增加产品成本。产品测试的首要目的是验证设备已正确组装，没有丢失部件，不存在安装错误或故障。这可以使用简单的通过/不通过测试实现。如果正确，发射机调制误差很低，如果错误，则很高。任何质量的不稳定都是由不良的设计或组件的容限导致的。验证测试可用于验证在各种不同条件下的质量，而产品测试只是简单地在一两种条件下核查。在产品研发初期，需要进行大量测试以获得生产过程中可能出现的变量，但是在大批量测试阶段只需要验证取值在产品容限内就足够了。举个极端的例子，UE 在单一频段上的 RF 一致性测试可能需要 24h 连续测试，以保证与性能规范的要求一致，但产品线测试可能会减少到大约 30s。

3GPP 标准给出了 LTE RF 测试需求，TS36.141 给出了基站一致性测试[8]，TS36.521 给出了 UE 一致性规范[10]。这些规范基于 TS36.101[9] 与 36.104 UE[7] 定义的相应的性能需求。此外，一致性测试规范 TS36.571UE[12] 关注提供 UE 位置信息的定位技术。测试规范 TS36.508[13] 与 TS36.509[14] 提供 UE 一致性测试使用的具体的设置与配置。由于网络（测试中使用的网络仿真器）的不同设置会影响测试结果，只有指定网络设置才能正确可重复地依据测试规范 TS36.521[10] 与 TS36.523[11] 对 UE 进行测试。

UE 协议测试例由 ETSI TF160 制定，该组织使用测试描述语言 TTCN3 实现测试用例。测试描述可从 ETSI 网站上获得。测试设备生产商在自己的协议测试设备与系统中采用 TTCN3 代码，使测试系统能运行 ETSI 测试用例。3GPP RAN5 工作组提出了协议测试用例的选择与优先级要求，并输出到 ETSI TF160。测试用例的选择基于关注空口信号方面的 RAN1 与 RAN2 工作组的研究。

14.6　LTE 空中接口的一般测试要求与方法

14.6.1　OFDM 无线测试

在 TX 和 RX 模块中，OFDM 和 64-QAM 高阶调制的使用有较高的线性、相位和幅度的要求，用以减少符号间干扰，并能准确进行 IQ 解调。进而需要一种快速自适应的 EVM 检测能力来追踪和检测在自适应频道中使用的信号。OFDM 信号最多可由 1024 个同时进行传输的独立副载频构成。测试不仅针对 OFDM 信号中每个子载波的独立性能，还针对可以看到整体性能的子载波联合起来的整合信号。

为了防止载波间干扰，子载波之间要有好的相位噪声性能和精确的相位线性度。OFDM 的频率映射和正交特性要求载波的相位响应恰好处于相邻载波的波峰。这样一来，准确测量每一个子载波的相位线性度和幅度线性度对于系统的正交设计（抗干扰）将非常重要。这一步的任何错误将直接导致链路性能差、数据率减小和服务质量降低。

OFDM 传输也必须经过资源块检测来确认如何正确维持每一个脉冲的功率电平。每一个独立的资源元（指一个 OFDM 载波的一个时隙/符号宽度）都有一个用于传输的特定的功率电平，这些功率电平应基于一个整体的资源块准确估计。每个资源元的功率电平以参考功率电平为基准选定。因此，资源块的总功率可能变化，且每个独立的资源元的功率也可能随着资源块的参考功率而变化。为了证实这一点，必须先对每个资源块的能量进行检测，然后再对独立的资源元进行核实。

由于 LTE 中的以下两个特点，一定要谨慎考虑其 EVM 检测。第一，循环前缀（CP）——每个符号传输之前的短脉冲。它实际上是对符号结尾的重复，给出了校正时间，允许传输路径中的时延扩展。若测量在 CP 时期发生得过早，前一符号的内容（符号间干扰 ISI）将会被检到，影响测量结果。第二，为了防止强脉冲的干扰（强脉冲会引起强烈的扭曲和干扰），在符号传输的开头和末尾处都有一个“斜坡”，也就是在开头和末尾处分别有一个向上、向下的功率变化。因此，为了避免检测到功率斜坡，我们必须对检测周期进行限定。为了解决这两个问题，在此使用滑动 FFT 技术来获得最优的 EVM 值，方法是把需要检测的信号限制在一定的时间内，如图14-17所示。

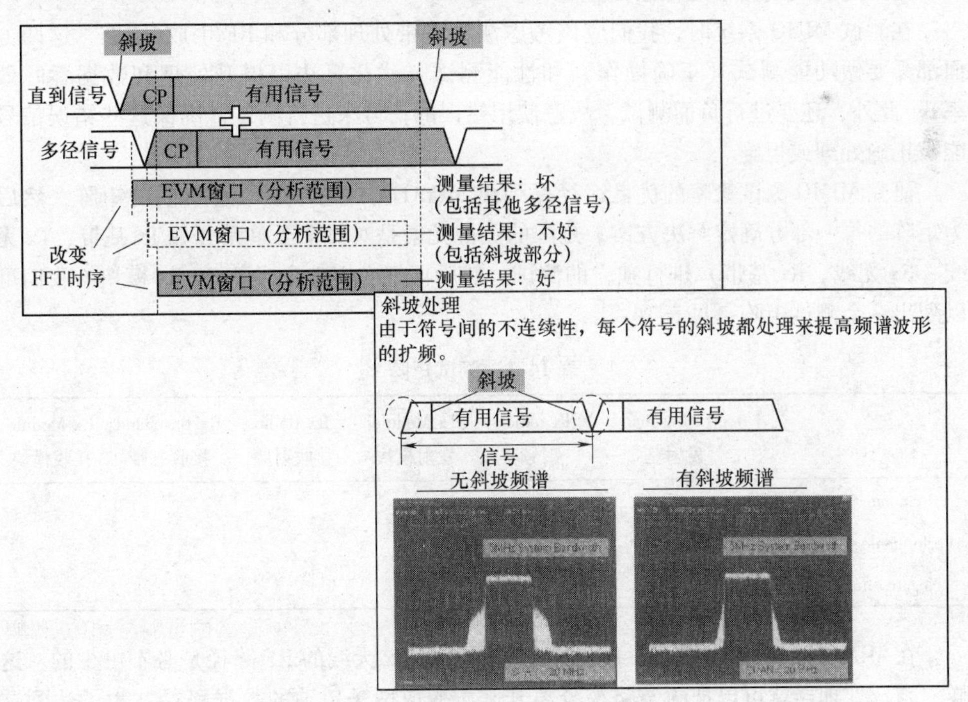

图 14-17 EVM 测量中的滑动窗口原理

“斜坡”的作用可以在测试结果中看出。左侧波形没有斜坡，于是符号之间有尖锐的切换峰，这将导致明显的频谱散射，使输出频谱宽于设计的系统带宽（图中是5MHz）。右侧波形使用了斜坡，其符号间切换峰小得多，减少了频谱散射。这种斜坡（也叫做频谱整形）是必需的，它可以保证发射机的输出波形保持在设定频带内，而且不会给相邻频谱带来干扰。

余下的 LTE RF 检测都是基于无线蜂窝传输的标准检测，用于避免相邻网络的干扰、防止 LET 网络信道功率向其他用途的相邻频带泄漏。检测项目包括频谱发射掩码、杂散发射、相邻信道功率泄露比以及功率电平。这些内容将在本章的末尾 RF 测试总结中一一介绍。

14.6.2 MIMO 测试

MIMO 系统中，天线与空间特性的耦合是非常重要的。数据率和 MIMO 链路性能取决于多个 RF 天线怎样互相耦合。为了成功组成 MIMO 系统，天线路径、制造规格以及实地安装都要遵循精确的标度。在 R&D 阶段，需要对设计进行评估以确定通过敏感度计算找出关键性能受限因素。

为了准确控制每个天线的相位和时间，基站的发送天线矩阵可以使用特定的定向矩阵技术（如 Butler 矩阵）。需要 RF 路径关于电路径长度、耦合和反射确切参数。把这些参数置入 MIMO 自适应算法，用来实现系统特性，如束流控制。向量网络分析器一般用来完成天线路径的特性描述。

在测试 MIMO 系统时，我们应该考虑测试基带处理部分和 RF 生成/校准。这两方面都需要做功能测试（正确操作）和性能测试（优化算法以提升处理和数据吞吐效率）。此外，还要进行负面测试，故意使用错误的信号来进行测试，确保这些错误信号能被正确处理或拒绝。

研究 MIMO 测试策略的优良途径是列出 MIMO 测试每个领域和阶段的矩阵，然后为矩阵的每一部分确定解决方案。矩阵的关键元素是对每个子单元（如 Tx 基带、Tx 无线、Rx 无线、Rx 基带）进行独立的测试，然后再把它们整合成 Tx 和 Rx 模块。我们可以列出一个测试矩阵，见表 14-1。

表 14-1 测试矩阵

	Tx Baseband 发射基带	Tx radio 射频	Tx Module 发射模块	Rx Radio 接收射频	Rx Baseband 接收基带	Rx Module 接收模块
Functional test 功能测试						
Performanle test 性能测试						
Negative test 负面测试						

在 MIMO 系统中，计算从每根 Tx 天线到每根 Rx 天线的 RF 路径是必不可少的。这样一来，处理器就可以把两条路径分离开来，变成两条单独的数据路径。为了达到这个目标，系统必须实时对 RF 路径特性进行准确测量。这些算法在特定 MIMO 系统中设

计使用，但它们都以对前同步码或导频信号（已知信号）的准确相位幅度度量为基本要求。在测试环境中，这将带来两个挑战。

（1）保证测试系统能产生用于测量的准确的参考信号。接收信号的准确度必须仔细测量，且必须校准测试系统，使得测量系统的不确定性和 MIMO 系统的准确度及不确定性相分离。这样才能保证在来自测试系统的影响最小化的情况下，准确测量 MIMO 系统的特性。由此需要测试方法或环境能产生参考信号，然后通过调整参考信号的特性和检查测量结果与调整量是否匹配来确定测量方法。

（2）实际中收发机的 RF 耦合会影响端到端系统的性能检测。所以对于性能测量的测试环境来说，如果想测得绝对性能图（例如 Mbit/s 数据率），算法调整、集成与认证（I&V）和产品质量以及天线间的 RF 耦合必须是明确的、可重复的、定型的。这要求使用适当的衰落、多径测试设备和测试文件来达到天线间的不同耦合。可以使用静态信号（例如有参考的信号发生器）进行初始化检查，然后通过基带衰落模拟器来确认算法级的正确操作，最后通过 RF 衰落模拟器来进行端到端系统级测试。

数据块的 MIMO 编码（块编码）是基于空时块编码进行的，数据的实际编码同时基于空间（哪根天线）和时间（何时发送），MIMO 的分集增益由每个发送数据块的空间和时间分集度构成。所以我们必须测量每根天线的时间度量和天线间路径的空间度量。

MIMO 测试要对信号处理和 MIMO 编码算法进行大量的测试和估计。为此，我们需要一步一步推进 MIMO 算法的独立处理和反馈，使它们能与 LTE 网络其他部分分离开来，独立进行测试。此外，为了证实算法的性能，我们需要一个能整合 MIMO 算法并使之在参考场景下运行的可控环境。要精确建立已知场景，收发器间的 RF 耦合和测量反馈报告必须在发送端和接收端之间传递。为此，如同空中接口的 RF 测试，我们需要

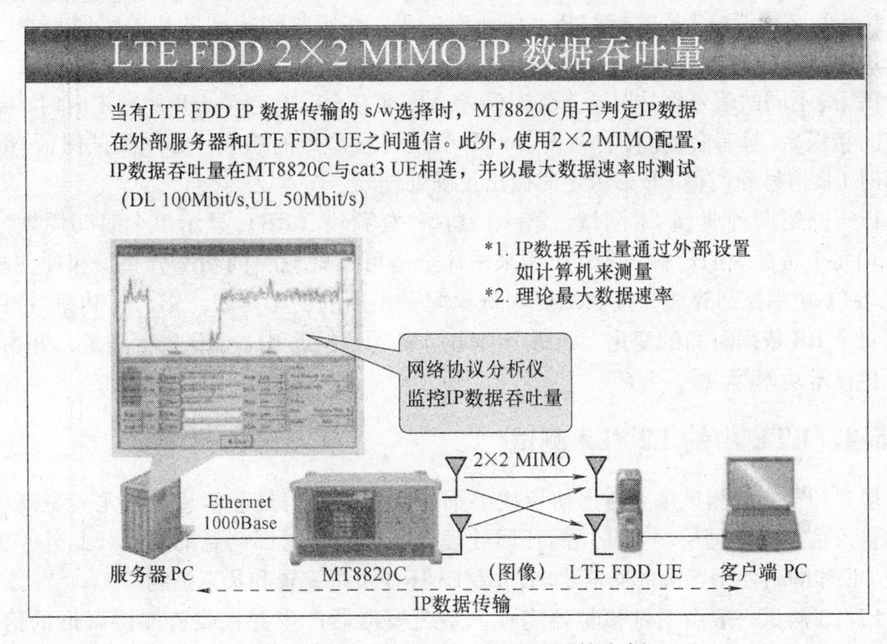

图 14-18　eNodeB 的一个测试环境实例

在纯基带等级对算法进行检测，并对基带过程和 RF 耦合进行精确控制。这些测试一般通过衰落模拟器和系统模拟器来进行，衰落模拟器提供可控的空中接口耦合（实际的或模拟的），系统模拟器提供可控的基带环境（例如用于测试基站的可控 UE，或用于测试 UE 的可控基站）。

MIMO 测试中涉及衰落函数时，需要对每条路径（时延路径相位、幅度和散射类型）及其 RF 相关路径（相关矩阵）进行完整描述。如上所示，在 2×2 MIMO 系统中有四条路径，依次用 h11、h12、h21 和 h22 代表。在理想 MIMO 环境下，不同的 RF 路径间没有相关性，因此处理算法能够把不同路径的信号完全分离并得到完整的数据率增长。而在实际环境中，由于不同路径之间有一些相似的共享通道，它们之间就会产生相关性。在最坏的情况下，RF 路径基本经过相同的通道，它们之间相关性极高。在以上的不同场景下，都用相关矩阵来在数学上描述不同的 RF 路径之间的相关性，然后在可能发生的不同 RF 环境下，对带来最大数据吞吐率的算法进行测试、验证和优化。

14.6.3 L1 测试

L1 包含与报告和测量相关的算法和进程以驱动功率控制、自适应调制编码和 MIMO处理能力。所以从测试的观点来看，我们必须确认在接收端进行了正确的测量（并且回传至使用测量的相应单元），之后发送端正确响应测量报告并据此调整参数。

由 UE 产生并反馈给网络的报告中包含 CQI（信道质量指示符）、PMI（预编码矩阵指示符）和 RI（秩指示符）。CQI 与 NodeB 的 AMC（数据速率）选择有关，PMI 和 RI 被 NodeB 用来配置 MIMO 编码。此外，UE 必须检测参考信号接收功率（RSRP），正确识别天线的特定参考信号，并检测包含参考信号的独立资源元的功率。

NodeB 必须调整 UE 的定时量，使所有的 UE 都接收到相同的相关定时信息（应 NodeB 接收机的高效 FFT 处理的要求），所以 NodeB 需要探测 UE 的定时补偿（与 NodeB距离不同的信号到达时会产生时间差，因而在 UE 锁定 NodeB 的帧定时时，会产生定时错误），且有必要测试 UE 对 NodeB 的定时量命令的响应。必须测试保证 NodeB 对超时 UE 信号和调整 UE 参考定时做出正确处理。

以下介绍两种典型 L1 测试：第一，功率/资源块（RB）显示单个时间周期（子帧）内每个资源块的传输功率，可用来估计全体可用资源块的功率分布，和如何根据报告和 L1 功率控制算法为接收端可用资源配置正确的功率等级。第二，功率/资源块显示每个 RB 依据时间的变化，在每个时间周期（子帧）内对 RB 进行测量，并由 RB 的着色显示功率等级。

14.6.4 LTE 中的 L2/L3 测试

层 2 和层 3 的测试主要考虑协议栈中不同层之间的信号和信息流。尤其是高层收到的输入信息在物理层（层 1）的环回处理，和对层 1 返回消息的控制。此外，为了保证 UE 和网络处于正确的通信状态，L2/L3 还要负责配置和状态控制。

L2/L3 测试一般由系统模拟器完成，系统模拟器产生并接收待测协议堆的信息。模拟器一般包含层 1 和物理层实现，能通过层 1 与目标协议堆进行通信。作为可选结构，层 1 也可能被省去，而使用虚拟层 1 来连接协议堆的层 2、3 元素。

由于测试对象不同，系统模拟器一般有以下 3 种。

1）网络模拟器，用于 UE 测试。

2）UE 模拟器，用于 eNodeB 测试。

3）IP 模拟器，用于网关测试。

不同的模拟器都有相似的结构：使用 L1 硬件建立物理层连接，使用控制环境（通常由 PC 控制）用于 L2/L3 记录分析。UE 测试的典型结构如下。对 LTE UE 测试来说，UE 测试信息脚本由 TTCN-3 语言产生。

14.6.5　UE 测试环回模式

测试中普遍要求配置特殊的环回模式测试，在这种模式下数据由一个设备接收到后，就自动反向回传。通过向设备发送特定数据格式并检验其正确接收与回传，可以确定数据率和连接性。这并不是设备的正常操作模式，所以这种特殊的测试环回模式只在设备测试时激活。

大量的 MAC、RLA、PDCP/ROHC 和几乎所有数据无线承载（Data Radio Bearer，DRB）LTE 测试都需要在 UE 进行测试环回。若没有测试环回，DRB 不仅只有有限的测试范围，而且 L2 没有足够的测试覆盖率，不能保证正确运行。UE 的一个简单测试环回标识着 TTCN3 的测试，UE 的闭环点设于 PDCP（Packet Data Convergence Protocol，分组数据汇聚协议）实体之上。UE 的 PDCP 实体在测试环回中配置，可能会被加密，ROHC 也会为 DRB 测试进行配置。若有必要，在一些测试中，可使用虚拟的加密算法。

下面描述了在系统模拟器中实现上述功能的例子，模拟器可以激活 UE 使其进入测试环回模式，并从/向 UE 收/发数据来确认数据吞吐量和信令层的正确操作。一般来讲，PHY、MAC、RLC 和 PDCP 功能都能独立测试，并联合测试吞吐量和性能。

14.7　SAE 中的测试要求

SAE 基于全 IP 网络的概念，使用 IPv6 协议，以简化核心网结构，增加网络灵活性，并集成先进的网络技术，如 IMS。SAE 核心网结构为补足现有 3GPP 网络而设计，为 GPRS 和 HSPA 网络提供交互工作和无缝切换。

传统有线网络中，流量问题一般是由超载或连接故障引起的，IPv6 协议就是从这样的网络中发展起来的。每条数据链路的最大容量（带宽）通常是静态的（即光纤或连接上的设备的最大容量），流量问题就由超载链路或故障（电缆或路由中断）链路产生。容量问题通常在用户的流量方面凸显，网络运营商能用静态的方法控制连接在特定集线器的用户数和他们使用的带宽。在无线链路中，尤其是像 LTE 这样快速自适应链路，空中数据链路容量因传播环境（如 RF 路径损耗、终端与基站间的距离、多径反射）或小区负载（小区内接入用户数实时变化，运营商不可控）而不断变化。

所以 IP 路由、流量控制和 QoS 策略必须对变化的带宽做出自适应的调整，这些变化的特点如下。

1）可用带宽的快速变化（RF 衰落可在 1S 内发生变化）。

2）高动态范围（在若干秒内 RF 损耗可在 20～30dB 范围内变化）使数据率在小于 1s 内由 100kbit/s 变化到 10Mbit/s。

3）不可预知（变化由小区内用户的操作和移动引起）。

这就要求 IP 技术适应于变化的数据率和业务提供（QoS）。为了管理快速变化的数据率，LTE 在 eNB 使用重传技术。从核心网到 eNB 需要引入缓存和流量控制策略，用来防止信号突然衰落引起的大量数据重传而导致数据溢出/丢失。所以 IP 网络必须进行大范围的测试，以确保其在流量控制和重传算法方面的管理能力。eNodeB 的控制单元中有缓存状态寄存器，流量控制策略必须对其进行正确分析，以防止在峰值容量和容量超载时的数据丢失。

网络中提供的服务可分为四个种类，它们的特性见表 14-2。

表 14-2　业务分类

分类	带宽	时延	Qos 要求	例子
会话类	低-中	低	保证	VoIP/视频通话
流类	高	低	保证	IPTV，多媒体
浏览类	低-中	常态	尽力而为	网页浏览
背景类	中	常态	最低	e-mail 同步
广播类	高	低	保证	多播

由表 14-2 中可以看出，广播服务对网络资源需求最大，因此需要在移动网络中引入新的广播技术以满足这些需求。在无线网络中提供广播服务一直都是本行业的关键技术挑战。人们做了很多尝试来把 MBMS 应用于 WCDMA 网络中，把其他一些合适的技术应用到蜂窝网络中，而成果却很有限，并没有得到广泛的使用。而 LTE 却因为 OFDMA 的单频网络特性与 DVB-H 标准非常接近，提供了把广播整合如无线网络的新的可能性。

典型的基于因特网的应用（如流服务和交互游戏）是在用户和服务器间有稳定连接的假设下发展起来的，仅承受有限的时延和抖动影响。但在如 LET/SAE 这样的无线蜂窝环境下，切换、衰落和移动行为会引起超出一般无线网络预期的，显著的时延和数据率的变动（抖动）。所以，为无线网络发展的服务（如 VoIP、即时通信）要在更苛刻的无线环境中进行测试。我们可以为应用进行这样的测试：用户和服务器使用网络模拟器和流量损伤模拟器来提供一种可控、可重复的测试环境，这样可以把不同的因素分离开来进行测试，并估算它们对用户体验的影响。当考虑移动性和蜂窝环境对基于 IP 的服务的影响时，我们需要确认服务能在苛刻的无线网络环境下正常运行。

为了保证用户期望得到满足，网络质量保证测试和监控系统要能监测每种类型服务的交付情况。这包括以下内容：第一，在独立的节点/元素使用测试设备，用来验证网元 IP 流量性能，如负载测试和超载环境、时延、抖动等。第二，应使用实时流量记录、协议解码和分析工具来监控实时网络中的设备性能。这将根据负载、结构和资源分配等参数突出网元间的相互作用，并允许对整个网络进行优化以达到用户期望。

流量控制、缓冲状态/超载和带宽容量/超载通常在独立节点进行测试。一般情况下，测试先在一个数据流上进行，确保协议栈的正确实现和节点的连接性。然后测试多个数据流，确保容量共享、多任务和流量控制策略正常工作。这两步要在设计规范下进行，按照设计要求进行正确操作。测试的第三步是反向测试，测试节点在设计规范外如何工作，包括提供劣化的、错误的信号（例如大抖动、高时延或错序信号）或错误的协议信息（应该被拒绝）和容量超载。

14.7.1　网络服务等级的测试

服务等级测试是网络运营商高层操控的重要功能，集成了实时网络探测和监测。网络探测可以捕捉、处理和监测网络中穿越不同链路的流量。这些数据存储在数据库并进行处理以用来向网络运营中心（Network Operation Centre，NOC）传送关键性能指示（KPI）。这种测试系统通常被称为服务保证系统，用来使运营商能够保证网络服务的顺利进行。它们通常被集成在高层操作系统（用于计费、收益统计、客户营销和保持）中，成为操作支撑系统（Operational Support System，OSS）或商务支撑系统（Business Support System，BSS）解决方案的一部分。不管用于那种支撑系统，测试系统都是由网络探测阵列组成的，用于收集、处理并分析实时流量数据以发现网络中的问题，并直接与网络链路相连，如 S1（M-GW 到 eNodeB）、S5（M-GW 和 S-GW）或 SGi（与核心网和 IMS 相连），它也能监控负责 SGSN（为 GPRS 和 HSPA 切换）的切换管理的 S4 接口。这些链路一般是典型的 1GbE 或 10GbE 光纤链路，能支持探测功能需要的大数据量交互、高层数据预处理和数据过滤。

服务保证系统通常能快速指示网络的问题所在。作为其特色，它能检测到掉话、切换失败和其他直接影响用户体验的覆盖问题。然后服务保证系统通过驱动测试组触发深入调查或对小区位置就地调查。系统将对确定数据链路开始超载的时间以及由故障和错误配置导致的流量减小进行检测。触发优化链路和对指定位置进行就地访问的进一步调查，以便查看是否有物理上的损坏。在高层，服务保证系统可用以监控对 VIP 用户提供的服务，确保快速发现问题、解决问题。同时，要对特殊服务、网络特性和手机型号进行监控，保证没有与手机和服务相关的特殊问题。这样当特定服务或手机相关的网络问题发生时，可以提前为工程师和市场部提供指示。

服务保证方案通常由网络设备制造商提供，作为一个选项应用于网络中。这发挥了设备/节点内数据访问的优势，数据流不仅是在链路上进行。缺点是，它们通常由设备制造商所有。来自第三方供应商的替代方案是在市场上存在并可使用的，它们有独立于设备制造商的优势，这使它们能够支持使用混合厂商设备的网络，并被看做提供网络性能的独立视角。这两种类型的解决方案在行业中都被广泛使用。

14.8　吞吐量测试

移动产业发展 LTE 的驱动力来自发展和创新这两个方面——第一，由创新的产品技术如触屏、用户友好操作系统等驱动的应用和服务；第二，提供用户支付得起、有吸引力的安装包来推进这些创新的应用。在成功的背后，必须保证的是给用户提供高速数据/浏览体验，使得服务容易使用，而不需要高花费的网络和技术。为了达到这样的目的，LTE 中使用新技术 OFDMA 和资源调度获得了很高的数据率和频谱有效利用。但是在行业中公认的事实是，销售部门公布的数据率和用户实际体验的数据率有很大差异。所以了解并衡量理论数据率和实际数据率的差异和原因是非常重要的。

在这背后的一种关键测试技术是对设备吞吐量的测量，它能确定网络实际环境中实际达到的数据率。人们广泛认为 LTE 在商业网络的成功依赖于它给用户提供高速移动的宽带体验，包括高数据率、低延时和可靠数据连接。本章节将回顾 LTE 网络中基站侧和手机侧与吞吐量相关的技术，然后讨论工业界使用的测量吞吐量的技术，包括新的 OTA 技术。也会分析一些吞吐量测试的典型结果，用以解释它们与 LTE 基站、手机设计的关系。

从 21 世纪初开始，为了提供有效的数据服务，GSM 网络中引入了 GPRS 技术，3G 网络中引入了 HSPA 技术，这使得移动通信行业迅速向移动数据服务领域发展。这些技术的目标都是为了提供无线资源（无线容量）的更有效使用，使更多的用户能够接入一个基站得到数据服务，并为他们提供数据/内容的高速下载/上载。对于这些较老的技术来说，基站间的回程连接有很高的数据率（如 2 ~ 10Mbit/s），数据率的限制就集中在了空中接口。而随着 LTE 的引入，一个基站扇区能够提供 100 ~ 150Mbit/s 的下载容量，这样就带来了两个必须要考虑的要点：如何对选址提供足够的回程容量以支持选址的数据容量；然后依据每个用户的数据率要求和无线链路质量，在基站处使用恰当的控制策略把数据容量分给本小区内的用户使用。由于很多 LTE 部署是对现存 3G 网络的升级和扩展，所以必须正确理解并管理端到端的容量问题。

14.8.1　端到端网络革新

回程容量方面挑战的解决方法是针对 LTE 改变网络架构和技术。LTE 网络结构发生了改变，基站为所有空中接口的用户服务负责，它只需接收用户实际 IP 数据包，并管理本地消息的传送。这与 2G/3G 网络不同，2G/3G 网络中 MSC 或 RNC 负责这样的数据率判定，并给基站提供由特定网络协议打包好的数据，由基站把这些数据传送给用户。到基站的回程链路也由 3G 中使用固定容量链路的 ATM 变成了基于全 IP 的信号发送，这允许运营商使用现存的 IP 网络基础设施来给 S1 接口的基站提供方便、高数据率的链路。这样的趋势在 3G 中就已经开始了，起始于为了控制 HSPA 数据而引入的基于以太网的逻辑链路。

14.8.2　基站调度器成为无线资源的关键控制者

在 LTE 网络中，空中接口技术由 3G 网络的 HSPA 技术进化而成，接入技术从 WCDMA（基于编码的接入策略）变成了 OFDMA（基于频率/时间块的接入策略）。这些变化带来了更高的频谱效率（给定带宽下更高的数据容量），以及更大的用户管理能力并使其共享无线链路容量的能力。新方案的关键点在于基站的调度器，它担当了决定每个数据分组如何发送到用户、何时发送到用户的角色，还要检查发送是否成功并对不成功的数据分组进行重传。调度器设置在 eNodeB 内，负责决定上下行链路中提供给每个用户的实际数据率。所以，我们清楚地看到若 LTE 网络要给用户提供好的用户体验，调度器这个关键功能必须进行完整的测试与优化。

调度器可以使用两种不同的技术对数据流优先级进行排序，以应对时间要求高的应用，并保证特定应用或用户的数据率。第一种，在下行链路中 eNodeB 的 MAC 调度器可以为高层（如 RRC 层）提供保障比特速率。这意味着调度器在 MAC 层保证对空中接口的有效资源分配，使特定承载的服务有保证的数据率。这种技术可用于视频流、视频会议或为 VIP 用户提供服务。S-GW 也会利用限制数据流入 eNodeB 的最大下行的累计最大比特率（AMBR）来防止指定节点 eNodeB 处发生大量缓冲或数据排队。第二种，RRC 给了上行承载优先权和优先比特率（Prioritised Bit Rate，PBR）。在这样的处理和设定下，先为最高优先级服务，只有优先级高的都完成了服务后才为最低优先级分配资源。下一部分中，我们将更详细地研究 MAC 和 RRC 比特率、测试吞吐量并检测它们之间的差别。

14.8.3 L1 性能与 L3/PDCP 吞吐量

LTE 网络公布的性能在 100Mbit/s，所以理解这个数字意味着什么非常重要。这实际上是基站在无线链路（称为层 1，即 L1）上传输的容量，意味着 100Mbit/s 的容量由小区内所有用户共享。所以理论上来讲，基站可以把所有可用容量分配给一个用户，这样一来这个用户就拥有了 100Mbit/s 的数据率，也可以把 100Mbit/s 分配给不同的用户。这种分配的决定每毫秒（调度间隔）都会发生，所以分配给用户的容量每 1ms 都会发生变化。但是，这是对初始无线链路容量的分配，其中包括了对每个用户的新数据传输和未正确接收的之前数据的重传。

所以，如果基站调度器试图给用户分配过高的数据率（使用超过数据链路承受范围的高速率的调制编码策略），大部分容量将会被低速重传数据耗尽。于是在用最高速率发送数据（最大化可用无线资源，给出最高容量/数据率）和发送速率过高导致容量多用于重传之间要达成一种平衡。在高重传率的场景下，即使空中接口处于最大容量状态，用户也会体验到较低的数据率（层 3/PDCP 层数据率）。在这种情况下（先选择最高发送速率再低速重传），用户对于数据率的体验实际上是低于一开始就选择较低数据率发送的情况的。层 3 是协议栈的高层，代表外部应用能体验到的实际无线链路数据率。外部应用通过 PDCP 连接到协议栈层 3，使 IP 数据链接到 LTE 协议栈。

在基站调度器为用户选择数据率时，一个关键的参数是由用户向基站返回的 UE 测量报告。这些报告是对无线链路质量的关键参数的测量，用于使基站为每个用户选择最恰当的数据率。LTE 也使用混合自动重传请求（HARQ）技术，使 UE 反馈对每个数据包的接收情况。在这个过程中，每个数据包由基站发出，基站设定对接收应答的等待时间，若基站收到未正确接收应答或没有收到应答，则调度数据包，尝试以较低速率进行重新发送，这样会提高发送成功率。

从前面的部分我们可以看出，UE 正确接收每个数据包的能力，以及提供准确的无线传播/接收特性的能力，对于 LTE 网络的数据吞吐量性能至关重要。若 UE 发出了不准确的测量报告，基站就会以过高的数据率向UE发送大量的数据，而后被迫以低数据率进行重传。若UE接收端配置较低，即使选择的数据率是合适的，UE也不能解码由基站发送给它的数据，这时，基站将被迫在较低数据率进行重传。这两种情况都会使网络中所有用户的实际总数据率低于期望的100Mbit/s。为了避免这种情况，现在有一组UE吞吐量测试和测试设备，它们能测量并确认指定UE的配置与基站对其的期望值相当。

为了保证测试质量达到最低要求，测试环境要基于3GPP的一致性测试标准（TS36.521），基于为UE进行深入的错误分析调试的R&D工具。这两种系统都围绕网络模拟器和衰落模拟器建立，网络模拟器用来模拟并控制/配置LTE网络，衰落模拟器用来控制/配置UE和基站之间的无线链路质量。使用这种结构，就能把UE置入一系列标准参考测试中，对UE关于3GPP标准和配置进行基准检测。基于模拟器技术，可以为测试建立实际网络测试中不可能实现的精确的、可重复的场景。所以这种技术形成了UE比较检验和标杆检验的基础，并被多家网络运营商用以评估UE供应商的设备性能。

利用模拟器测试的可控特性，UE开发商也使用模拟器技术来对UE性能进行深入调研。由于网络模拟器能精确选择并控制网络和无线链路的每个参数，人们就能深入调研特定的问题，还能准确测量性能提升和改变，确保操作的正确性。这种测试概念的关键因素在于测试工程师和设计师不仅能得到L1（无线链路层）的吞吐量信息，也能得到L3/PDCP层（实际用户数据）的吞吐量信息。这使得测试者和设计者能更好地了解有多少吞吐量容量被用在了错误接收数据的重传上，而多少容量被用在了实际用户数据的发送上。

通过典型测试结果我们看到，从一致性测试标准中我们能提供通过/失败结果，这个测试结果为3GPP和基本性能提供了基准线。随着测试的深入，我们把关注点转移到分离评估L1和L3的吞吐量，及它们的比率。为了测量吞吐量，我们检测传输的分组数据单元（Packet Data Unit，PDU）和这些PDU的大小/结构。L1性能由MAC PDU检测确定，L3吞吐量由PDCP PDU检测确定。我们还要监控指示测量信号质量（RSRQ）、数据接收质量（CQI）和数据分组正确接收确认（ACK/NACK）的UE报告，这些报告由基站使用，用于为下一个数据分组选择最优的传输形式。此外，若使用MIMO技术，还会有两个额外的UE报告返回给基站，协助基站选择最优的MIMO预编码。这两个报告是PMI和RI，分别报告当前多径环境的最优MIMO矩阵和UE中估算的独立MIMO数据路径。

随着UE和基站间的传输情况变差，我们将会看到PDU吞吐量的下降。同时，UE应该发出相应的RSRQ和CQI参数报告，指示链路质量的下降。因此，对报告进行监控并把它们在不同传输情况下的变化进行特征化将变得非常重要。当这些条件变差时，应该能看到基站调度器根据响应选择较低的数据率（调制类型和编码率），并看到RRC PDU数据率降低。在最优配置的基站和UE中，MAC PDU数据率应有相同程度的下降。随着多径条件变差，不同路径之间的相关性增加，由MIMO产生的数据率增益应该减小，也表现为PDCP PDU数据率的下降。

若PDCP PDU数据率比MAC PDU数据率下降得更多，我们则应关注数据分组发送失败和重传。数据分组发送失败和重传由UE的ACK/NACK报告指示，重传将导致更多的 NACK 状态。由于重传代表着网络容量和用户实际数据率的下降，我们必须尽量减少这种情况的发生。通过以上测量值可以实现错误跟踪，确保 UE 对信号链路特性作出了正确的报告，并确保基站调度器为信道状态选择最优的调制编码方案。然后使用网络模拟器来改变信号功率电平，确认校准 CQI 和 RSRQ 估计值来定位错误。

为了测试 eNodeB，需要配置相反的环境，使 UE 模拟器和信道仿真器相连。使用 UE 模拟器，可以向 eNodeB 发送确定的、可重复的 UE 测试报告和 ACK/NACK 图样，我们能够确认 eNodeB 为 UE 配置调度正确级别的资源。UE 模拟器可以模拟正常的 UE 并给 eNodeB 提供正常操作，但由于其测试工具的性质，我们也能手动控制这个测试 UE 的程序和报告。eNodeB 可以以这种方式在特定的条件下进行测试，使用系统研究法隔离独立的报告和判定过程，将会使重复和调试故障变得更加容易。使用 UE 模拟器，也可以用错误的测量值和不一致的数据对 eNodeB 进行测试，用来确定调度算法的稳定性，确定调度算法不会因为不可预期的情况而出错。同样的，UE 模拟器也是 eNodeB 设计认证、性能优化的重要工具，是保证 LTE 网络吞吐量的最重要工具之一。在检测 L1 和 L3 的吞吐量时，也用到了如上测量过程。此外，UE 模拟器通常具有多 UE 能力，能够为 eNodeB 写入多达 200 个独立控制的 UE，并确认不同 UE 间的正确资源共享。

14.8.4　OTA 测试

由于基于包调度数据传输的性能和数据率依赖于 UE 天线和基站天线的空中接口耦合，近年来逐渐形成了对 OTA 测试的新需求。在以前的技术中，UE 天线的影响被最小化，被近似为固定的天线增益/损失，所以在 UE 和测试设备间总能建立一条（可信的、可重复的）直连 RF 连接。基于此能够对 UE 输出功率和接收灵敏性进行非常准确的估计。但是，这种测试方法排除了 UE 天线的影响。现在的 UE 设计中包含了天线设计，并直接影响可能的数据吞吐率，于是在测试中包含 UE 天线的影响变得非常必要。若 UE 使用多天线方案（例如接收分集、MIMO），则天线和基站间的空间路径耦合将直接影响系统性能和吞吐率。

测量天线影响的传统方案是通过驱动特定路由上的设备，根据已知参考设备（或理想设备）进行数据率标准检查。这能够提供一个比较基准，以检验新设备是否与旧设备性能相当或更好。然而对 LTE 来说，传统方案是不可行的，因为数据率一直在根据手机和网络的性能随着调度器的配置发生动态变化，网络上的负载也在不断变化。这种情况不能再使用网络提供的固定数据率，也没有可靠的方法来在实际网络中进行有比较性的测量。所以需要新型的测试方法来处理这些动态的影响，并评估用户在真实环境下通过特定手持终端能获得的真实数据率体验。相关的吞吐量性能测量结果称作品质因数图（Figure of Merit，FOM），使用能够准确设定数据率并可重复精确配置 UE 的网络模拟器设备可以获得这些测量结果，包括容量准予、超载、调度等。网络模拟器必须与 UE 的真实天线以可靠、可重复的方法进行耦合。人们也正在研究其他的可选技术。

UE 的耦合要在屏蔽室进行，在屏蔽室中 UE 与其他所有 RF 信号隔离，只能接收屏蔽室中的 RF 信号和路径。有三种基本类型的屏蔽室：消声室、混响室和各向室。消声室中所有反射、多径都被消除，只有选定的路径能够使用可选的天线布置和与天线连接的转换矩阵。MIMO 状态和路径由能提供精确相位/幅度变化的信道模拟器控制。混响室正好相反，它在室内促进反射路径，旋转 UE 得到众多路径的均值。信道模拟器又一次被用来控制 MIMO 相位/幅度。各向室只用一对天线/路径，抑制所有反射，对 UE 的天线图样进行独立配置。在第二阶段，对天线特性和系统进行仿真，然后只用信道模拟器来配置、控制多径环境，建立与 UE 的直连。在本书创作的同时，人们正在对这三种方法进行评估，比较各个方法的结果和性能。每种方法都在花销、尺寸、检测速度和准确度方面有不同的优势。

14.8.5 总结

LTE 网络是为端到端的 IP 分组数据服务设计，它优化了空中接口，在高效利用无线资源的前提下优化分组数据流。在基站和 UE 应用机制产生反馈回路，用以对每个独立数据分组传输进行最优设置选择。这些操作都基于信道状态报告和 OFDMA 与之匹配的自适应配置。使用基于实验室的网络/UE 模拟器和信道模拟器，能够提供精确、可控、可重复的测试环境，并测量空中接口协议栈不同点的 LTE 链路吞吐量，确认实际空中接口数据率和用户体验数据率。测试也需要监控相关的 UE 报告，来确保操作的正确性，为不同配置的性能提供极限，并确认对设计方案的进一步优化方向。

14.9 自组织网络的测试技术

自组织网络（SON）是在 LTE/SAE 内引入的下一代移动宽带网络技术的一部分，是一种新技术，并作为未来网络的关键需求已得到 NGMN 联盟的认可。SON 的目标是自动地配置优化和基站参数，以保持最佳的性能和效率。传统的路测团队需要到现网中获取性能“快照”，然后带回实验室进行分析，以改善设置。当然，更多的快照反映更多的数据，从而能更好地进行优化，但这种基于路测的数据采集过程很昂贵，也比较困难，并且不能重复。此外，这是一种发生问题之后的事后补救方法，不利于改善客户体验。路测也大量用于网络部署初期，测量小区覆盖，设置小区功率频率等初始参数，以控制干扰和最大限度地提高容量。

通过使用基站在正常运行期间产生的测量和数据，SON 使网络运营商能够实现上述流程的自动化。通过减少对特定路测数据的需要，这项技术应该为运营商降低运营成本。通过使用网络生成的实时数据和网元层的实时反应，加强客户体验，更动态更早地应对网络变化和问题，减少用户受到的影响。

14.9.1 自组织网络的定义和基本原理

14.9.1.1 自组织网络

SON 是对网络全自动控制和管理的高级描述，网络运营商仅需要关心策略控制（许可控制、订购服务和计费等）和网络的高层配置/规划。所有网络设计和设置的低级实现自动由网络单元构造。自组织概念可以被划分为三个与实际网络配置相关的领域。包括配置（在蜂窝工作前规划和准备）、优化（从工作蜂窝中获得最佳性能）和愈合（探测和修复错误情况和设备故障）。这部分下面将详细介绍。

14.9.1.2　自配置

这是网络部署的第一阶段，覆盖了从“需求”（例如，提高覆盖范围、提高吞吐量和补充盲点的需要）到建立网络“活动”小区站再到提供服务的过程。这些阶段这里粗略介绍。

1）网址、容量和基站覆盖范围的规划。

2）基站参数（无线发送、传输、路由和邻近站点）的配置。

3）安装、试行和测试。

自组织的网络使运营商主要关注选址、容量和覆盖需求，SON 还应可自动设置基站参数并使加电时站点正确运行。这反过来最小化安装和试行的过程，使一个确认新站点加电并运行的“最终测试”成为可能。包括对功率水平的优化设置，小区 ID 的选择，以及正确辨别邻小区的 ID。接着在 S2 接口基站运用小区间干扰控制（Inter Cell Cnterference Control，ICIC）算法与邻小区协调干扰。这是阻止两个小区覆盖重叠的关键。

14.9.1.3　自优化

一旦站点运行，经常会有优化任务要执行，这也是例行的维护活动。随着地区的地形的改变（例如，建筑的构造和拆迁），无线频谱资源也随之变化（例如，各运营商的新建基站，或者是同一地区或同一高楼的 RF 发射机），然后相邻基站列表，干扰水平以及切换参数必须自适应调整以保证平滑的覆盖和切换。目前，这些问题的影响能使用 OSS 监测方法侦查到，但是要求一个团队外出测量来描绘新环境，然后回到办公室，决定优化新的设置。SON 使这个过程自动化，即通过网络用户得到要求的测量并自动反馈给网络。而后由这些反馈确定新的设置。这种方法能够进行扩展，根据质量报告对 eNodeB 的调度算法进行优化，以管理 QoS 和负载均衡。

14.9.1.4　自愈合（错误管理和更正）

当一个站点满负荷工作时，它就能产生收益并满足用户需要。如果站点有任何问题，那么它就不能提供服务或者覆盖，那么收益或用户就丢失，这个站点必须尽快回复满载容量。SON 的第三个元素是当小区有错误时自动侦测（例如，同时由自测试的建造和邻小区报告监测，报告用户由侦测小区得到）。如果 SON 报告显示一个小区有错误，接着有两个措施：指出错误的种类以便合适的维护团队维护，在修复过程中，如果有可能，则将用户连接到其他小区，并重新配置邻小区以提供此区域的覆盖。修护完成后，SON 能够重启站点以试行和测试。

14.9.2　技术问题和对网络规划的影响

为了在多设备商 RAN 环境中配置 SON，要求报告反馈和决定参数的标准化。基站需要从用户和其他基站获得反馈，并将反馈回复给 O&M 系统，用来优化和参数设置。当有多个设备时，那么必须形成标准化的格式以便 SON 不依赖于个别设备商的实施。

SON 的设备商需要新的算法设置 eNodeB 参数，如功率水平、干扰管理（例如子载波的选择）和切换临界点。这些算法需要考虑要求的输入数据（例如，从网络获得的数据）和要求的结果（包括与邻小区合作）。

更进一步来说，因为SON也在核心网EPS中实施，需要对传输到核心网的数据类型和格式标准化。在核心网中，需要新的算法以根据QoS和服务类型（例如语音、视频、流和浏览）测量和优化数据流的容量/类型。这就使操作员能够优化核心网的类型和容量，并自适应调整参数，如IP路由（在MPLS网络中）、流量疏导等。

14.9.3 网络装置的影响、试行和优化策略

现在设备商能够开发新的算法，将eNodeB的配置与用户体验结合起来，以快速适应用户的需求。在此用户体验由他们在网络中的终端测量得到。其面临的挑战是如何在低层的技术实现上将RF规划和用户体验紧密结合起来。好处在于，小区中网络能自适应满足用户需要而不用负责优化的团队不断地工作。当仿真网络的吞吐量/覆盖时，网络规划者的仿真环境必须考虑eNodeB的SON操作。因为操作员不能直接控制/配置eNodeB，仿真环境必须预测网络设备的SON功能在网络中的反应。

操作员的站点测试必须证明所有的参数是正确设置的，并与初始的仿真和建模保持一致。这将保证基站提供预期的覆盖和性能。然后SON功能将自优化节点来保证在不同的操作环境下（例如通信负载、干扰）都能保持性能。这将减少配置和优化（在衰减到0时）所需的驱动测试量。驱动测试仅在故障定位时需要（当SON不能自动修复问题时）。在后面的章节中，将看到在线网络测试，即在站点安装的时候进行的一系列RF测试，以便SON能正确地配置和验证。一般预期SON能减少初始配置网络需要的驱动测试量，但是不能代替初始站点试行测试。因此一个好的测试策略是使用初始站点测试来进一步加强SON参数的设置。

在网络中运行SON的一个潜在问题是要求终端测量，并需要足够的数据。基站能命令一个终端测量并反馈，但是定期执行上述任务将对终端电池的寿命有影响。目前的智能手机电池寿命已经有一个上限，因此额外的SON测量将极大地减少电池寿命。

14.9.4 结论

SON能简化操作员安装新小区站点的流程，减少安装新站点的成本/时间/复杂性。在部署家庭基站小区时SON有明显优势，因为操作员不能严格控制小区站点，而是需要依赖自动流程将小区正确配置到网络中。因为驱动测试优化被减少了，而且由于错误调查和修复的站点访问减少了，所以运行站点的开销也减少了。所有的这些通过使用自动技术来代替人工操作，将带来网络的OPEX节省。对于网络中的用户来说，在SON中通过实际用户使用状态来反馈驱动和优化网络覆盖和服务质量，因此能够实现更好的用户满意度，同时能够减少小区的故障时间。OSS监测系统和SON应该结合在一起来自动侦测用户使用趋向和故障，并自动地实时恢复故障。

14.10 外场测试

基站外场测试的两种基本类型首先与RF功率、频谱以及发射有关，其次与调制波形的质量有关。RF问题通常与干扰问题有关，调制问题与数据速率和覆盖有关。下一

章节将首先讲调制品质的测量技术，然后是与覆盖相关的 RF 功率测量。最后将分析硬件故障的典型类型的测试和调试，也就是引起 RF 频谱和干扰问题的故障。在章节的最后，有两个表格首先总结了覆盖问题（功率和质量问题）的外场测试，其次是辨别典型硬件故障的问题。

在基站上最方便和首选的验证质量的方法是无线测量，以捕获和分析由终端接收的实际信号。多天线方法比如 MIMO（比如，对两层传输的空间多路复用）以及波束赋形在 LTE 链路中被用于增加信噪比，提供更高的数据速率或更广的覆盖，但是也增加了基本操作和故障排除技术的困难，这在之前的网络技术中更容易些。空间复用和波束赋形对空气传导质量测量提出了巨大的挑战，而多天线技术的动态特征也为测量增添了更高的复杂度。这是因为从终端得到的反馈（CQI、PMI、RI）允许基站动态地改变多天线处理过程以适合路径传输特征。对单个接收机来说，使用空间多路复用，不同的传输天线被认为是同信道干扰源。这要求非常昂贵的和强大的有多路接收的测量设备全面分解单个的信号特性。波束赋形也有问题，因为它不间断进行调整，并增加或者减少在特定地区的接收功率量，使得基本测量设施不可能对信号进行可靠测量。

这些测量将在“单个循环”的系统比如终端仿真器中使用，在此测量接收机能够给基站发送反馈报告，以提供一个稳定和可控的测试环境。当发射分集没有显现测量问题时（因为多路天线信号能使用一个单个接收信道复原），每个用来传输 LTE 数据的下行共享信道（PDSCH）资源块能基于每个用户的信号质量动态地改变多天线模式。当在测量仪表中观察捕获信号时，不全部解复用 PDCCH 控制信道信息而想知道是否每个资源块使用多路复用、波速赋形或者发射分集是不可能的。典型的，这些测试会在开发阶段在设备制造商的实验室中进行，但是它们很难在一个运行的网络中复制。

这些空气传导测试问题可以通过用 RF 电缆将测量仪表直接连接到 eNodeB 发射机来避免。这个方法提供最彻底和准确的调制质量测量，当严重的质量问题需要详尽的测量时，这种测量方法是非常必要的。然而直接连接测试仪表的方法有很多限制，比如：

1）开启遮盖物或建筑直接建立到发射机的物理连接需要时间。

2）如果发射机有一个测试端口，那么连接到仪表将不是问题。如果没有测试端口，那么不得不断开发射机的天线，这通常是困难并费时的。这也使小区站点切断传输，将中断这个区域的服务。

3）如果站点使用远程无线模块（Remote Radio Head，RRH）或远程无线单元（Remote Radio Unit，RRU），那么需要增加到 RF 信号的物理通路。如果 RRH/RRU 从建筑内部增加或屋顶有合适的通路，这并不困难。但是如果 RRH/RRU 在高塔或不可达的屋顶，那么你需要爬上高塔，否则增加到发射机的通路是一个困难和昂贵的过程。

相比直接 RF 连接测量，活动站点空气传导的外场测试容易些并且快些。当排除一个反馈的用户问题时，速度是特别重要的。测试产业引进了 LTE 测量选项，即手持基站分析器和其他仪表，以测量空气传导调制质量。这些新的测量选项通常在手持频谱分析器或作为专门的基站测试工具（比如 MT8221B BTS Master 分析器）上是可用的。这些平台被特别地设计以支持 4G 标准，比如 LTE，包括 20MHz 解调性能。这些仪器是小的、轻的，而且电池是可反复使用的，使得在小区站点的任何位置使用都比较容易。它们还包括一整套测量基站关键性能的功能，包括线排查、频谱测量、干扰捕获以及回程验证。技术员和 RF 工程师通常用这些手持基站分析器测试和验证基站的安装和试行，以优化无线网络的性能。

使用有空气传导测量能力的仪器，能够测量广播信道（使用发射分集）。这样就能测量调制质量而不被多天线技术（空间多路复用或波束赋形）所影响，因为此传输信道未使用此技术。有了这个方法，就能快速简单地进行空气传导测量，通常观察这个站点是否有任何基本问题（比如，损坏的发射元件或劣质的调谐元件），如果发现错误，那么相关的硬件板将被替换为已知完好的部件。不好用的部件将送回仓库或测试中心，在这里，会进行更详细的测试以找到故障原因。接着，部件被返回工厂进行修复并进行正常的测试流程。

外场测试步骤第一步设定仪表信号值，为下行传输选择正确的中心频率，并通过短电缆将仪表连接至适当的天线。接着，找到“好点”，在这个点要测量的基站的信号强度较高，且来自其他基站的干扰较弱。通常一个测量仪器能显示信号强度（使用 LTE 同步信号或 SS），以及干扰水平（参考一个基站对其他基站的信道控制）。这个“好点”到发射机的距离较近，并且靠近天线覆盖的中心。如果离得太近，天线束在你的上方，且当你靠近覆盖边界时信号强度是弱的。如果离得太远，信号将很弱，有很大的路径损耗和太多的邻发射机干扰。在扇区波束的中心将减少来自相邻扇区的同频干扰。推荐的方法是对一个典型的宏站点，从距离天线波束中心 100m 处开始测量，然后在附近环绕着走或开车来找到最好的位置并使用 GPS 坐标记录。

全方向天线进行空气传导测量时更加方便，因为它尺寸小且无方向，但是不好的一面是它们接收的信号少，而且有时信号强度太弱以致不能测量。一个折中方案是使用全方向天线作初始测量，如发现问题则连接一个更大的反射定向天线，它能提供更高的信号强度。360°旋转定向天线以找到最好的测量值，这个点通常是直接指向发射天线的，但由于多径影响并不总是这样。如果定向天线能旋转，则 EVM 水平将减少到测量规格以下，这说明发射机是正确工作的，且任何信号问题都是源自外界干扰。对 LTE 发射机，3GPP 调制规格是 8% EVM 或少于 64QAM 调制方案。当进行直接的正确测量时这个水平可以使用，因为信号路径和干扰水平通过 RF 连接电缆很好地被获悉和控制。在空气传导测量时，由于不确定的信号路径将考虑额外的边缘值。一般的规则是，低于 10% 的值是好的，因为大气路径值不会高于 1% ~2% 信号失真。

另外，当基站第一次试行时，找到“好点”并进行空气传导测试是一个良好惯例。这将为之后的维护提供基准值，并在未来的问题中作为重复的参考测量值使用。通过记录 GPS 测量定位值，以后的比较将可以进行得更快。一个典型的例子是在迅速发展的城墙环境中，其他建筑或无线站点由其他无线网络操作员安装后，估计站点的干扰水平。

14.10.1 LTE 覆盖和功率质量测量

估计 LTE 小区站点的覆盖有两个基本的技术。首先，是“标准操作”方法，参考信号接收功率（RSRP）由用户测量。它在网络中终端的标准操作时使用，并在得到命令时由终端反馈给网络。这是一个标准的操作过程，并被用于基站和网络的操作以管理小区的设置和功率水平。其次是使用专用测量仪器进行更细化和准确的测量，可记录和分析更多的覆盖参数。

在特定的基站测量的参考信号接收功率（RSRP）被称作参考信号。这个信号具备针对每个小区天线的特性，使得在多天线环境中终端能知道信号是来自哪根天线的。LTE 中多天线站点很普遍，因为要求支持 MIMO（空间多路复用和波束成形）发射分集或者 MBMS。由于参考信号是天线相关的，接收机必须可以解码并分析信号以决定参考信号是哪根天线的，然后正确地解码。

一旦终端正确地译出参考信号，每个资源元素的功率被测量（因为在每个资源块，参考信号占据单个资源元素）并作为参考信号接收功率（RSRP）反馈。终端需要测量无线波带（RSSI）上总的接收信号功率，并上报这个参数。最后，计算 RSRP 和 RSSI 比率以显示信号质量（体现为参考信号和总接收信号的比率）。这作为参考信号接收质量（RSRQ）上报。

标准的 RSRP 和 RSSI 反馈值用于所有小区的测量，被称为“驱动测试”技术。在这类测试中，终端被连接到网络，然后绕着特定的地区或路线转圈，以记录信号水平（使用 GPS 定位），这能被映射到规划工具中。然后给出每个小区的覆盖地图，使得规划者能估计功率水平、天线方向和倾斜角，然后优化覆盖和干扰水平以给出可能的最好性能。这个方法的好处是能准确地估计用户接收到从 UE 和 UE 上报的报告看到的准确的信号。问题是测量要求终端连接到网络（如果站点有问题有可能无法连接），而且测量受限于终端水平的准确性。作为可选项，可以使用“扫描仪”实行 RSRP/RSSI/RSRQ 测量。这就有了更准确的和复杂的接收机，这个接收机能正确地辨别不同的天线参考信号，并根据 3GPP 方法测量功率。这个仪表最关键的好处是比起出于目的性构造的元件终端，不局限于实际用户的尺寸、开销、功率限制，在测量方面有更好的准确度。这样的一个扫描仪通常是相当昂贵的，用于完全地驱动测试系统，这些系统的目标是在活动网络中，当调试间歇出现问题时，捕获所有可能的网络信息。

小区的无线覆盖也能通过观察 LTE 基站的同步信号进行测量。这是一个获得 LTE 网络下行信号覆盖质量的额外方法。在手持仪表比如 MT8221B BTS Master 解调和分析信号是可获得的。如图 14-19 所示。

本章中概述的方法比驱动测试系统更方便经济因为大多数网络运营商仅有很少这样的驱动测试系统。这些分析将更详细地解释一个简单的手持仪表是怎样使用基站同步信号（Synchronizing Signal，SS）功率估计 LTE 覆盖的，以及怎样解释这些测量值的。

14.10.1.1　使用 SS 功率估计总功率和覆盖

SS 可以作为准确的功率测量工具，这主要是因为 SS 功率是一个直接与基站最大输出功率相关的静态值。当所有资源块被占用且没有功率控制使用时（比如 3GPP LTE 测试模型 1.1 信号 1），P-SS 和 S-SS 子载波具有与其他子载波同样的功率。则每个子载波和符号的 SS 功率（也叫做每资源元素能量或 EPRE）比总功率低 0 × log10（子载波）。在 10MHz，这个公式得到的值为［27.78dB］，意味着 SS 功率比最

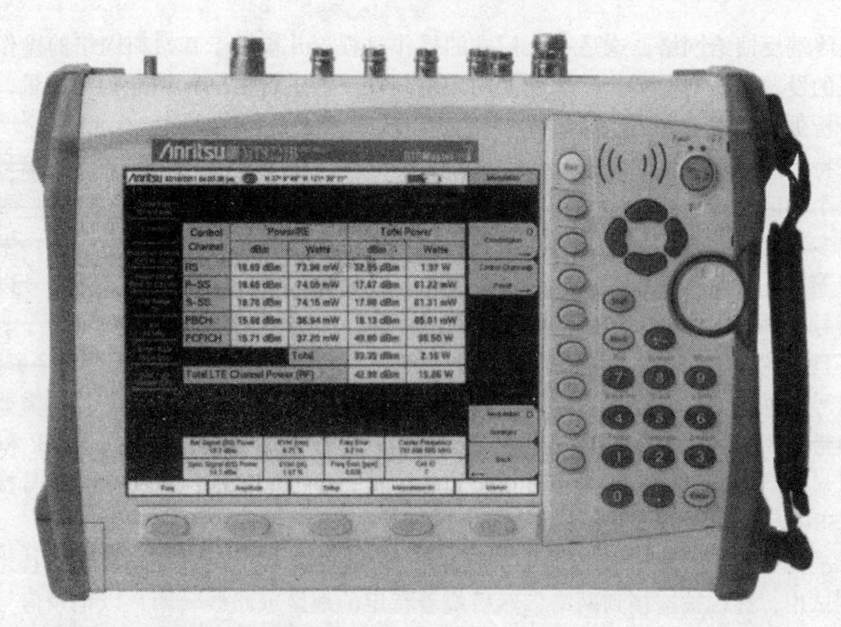

图 14-19 便携式 LTE 测量设备（MT8221B BTS Master）（由 Anritsu 提供）

大信道功率低（27.78dB）。表 14-3 展示了所有可用 LTE 带宽上 SS 功率和最大输出功率的关系，一般情况下 SS 功率设定所有的资源元素具有同样的功率水平。表 14-3 介绍了这个规则。

然而，基站上 SS 功率能实现自适应。表 14-3 中的值将基于自适应变化——如果 SS 功率比规定低 1dB，那么 SS 功率和总功率的比值将上升 1dB。对大多数精确的仪表来说，主要使用来自基站的测试模型 1.1 的信号。为了测量活动小区的活动通信量的功率，需要知道基站上的 SS 功率信号的设置，并在上面的表格中完成更正。额定的输出功率和 SS 功率的最终比率要求正确的测量覆盖地图的数据。

表 14-3 全部输出功率作为 SS 功率的公式（SS 功率设置）

带宽/MHz	资源块数	最大总输出功率/RS EPRE/dB
1.4	6	18.57
3	15	22.55
5	25	24.77
10	50	27.78
15	75	29.54
20	100	30.79

比如，一个 10MHz 的信道带宽和 40W（46dBm）输出功率（所有发射机），期望

的 SS 功率是［46dBm］-［27.78dB］，等于［18.2dBm］或者（33.3mW），如果基站设定为提供［21.2dBm］SS 功率，这就要求增加一个最大输出功率额外的偏移，以及用户敏感性规格（基于最大输出功率），能确定基于 SS 功率的等价的敏感度。

14.10.1.2　对 SS 功率地图的介绍说明

特定位置下行覆盖的质量可以通过比较测量的 SS 值与终端接收机敏感度规范获得。终端接收机敏感度规范是在 LTE 标准文档或由网络操作员设定的其他敏感度说明中定义的。我们需要自适应 SS 功率（需要测量）和最大输出功率（终端敏感度说明使用）。表 14-4 中要求的敏感度随着带宽和功率带宽改变。比如，表提供了 Band3 下 10MHz 时的参考敏感度［-94dBm］，则相应的 SS 功率将是［-94dBm］-［-27.8dB］，即［-121.8dBm］。

表 14-4　QPSK 模式下的参考敏感度（dBm）（来自 3GPP TS 36.101 V8.10.0）［2010-06］

频带

下行链路

频率/MHz

信道带宽/MHz

20　15　10　5　3　1.4

1（FDD）2110-2170　-94　-95.2　-97　-100

2（FDD）1930-1990　-92　-93.2　-95　-98　-100.2　-103.2

3（FDD）1805-1880　-91　-92.2　-94　-97　-99.2　-102.2

4（FDD）2110-2155　-94　-95.2　-97　-100　-101.7　-105.2

5（FDD）869-894　-95　-98　-100.2　-103.2

6（FDD）875-885　-97　-100

7（FDD）2620-2690　-92　-93.2　-95　-98

8（FDD）925-960　-94　-97　-99.2　-102.2

9（FDD）1844.9-1879.9　-93　-94.2　-96　-99

10（FDD）2110-2170　-94　-95.2　-97　-100

11（FDD）1475.9-1495.9　-97　-100

12（FDD）728-746　-94　-97　-99.2　-102.2

13（FDD）746-756　-94　-97

14（FDD）758-768　-94　-97　-99.2

17（FDD）734-746　-94　-97

33（TDD）1900-1920　-94　-95.2　-97　-100

34（TDD）2010-2025　-94　-95.2　-97　-100

35（TDD）1850-1910　-94　-95.2　-97　-100　-102.2　-106.2

36（TDD）1930-1990　-94　-95.2　-97　-100　-102.2　-106.2

37（TDD）1910-1930　-94　-95.2　-97　-100

38（TDD）2570-2620　-94　-95.2　-97　-100

39（TDD）1880-1920　-94　-95.2　-97　-100

40（TDD）2300-2400　-94　-95.2　-97　-100

捕获的数据能被对应到覆盖范围地图上，并通过着色来显示穿越小区站点时覆盖情况如何变化，通过使用已知的临界值来改变好的和不好的覆盖地区的颜色。覆盖地图上使用的功率水平是基于由 SS 测量得到的输出功率和终端敏感度的关系。一个[-124dBm]的临界值等同于敏感度［-96.2dBm］，这个值粗略位于敏感度说明的中间范围。这个敏感度水平是对于 QPSK 的，并将使用在小区边界。然而，我们需要定义一个可以表征较快速率可能发生区域的指标。在估计高阶调制（如 16QAM，64QAM）附加的功率以及空间多路复用（MIMO）的基础上，测量得到的功率等级水平可以分配其他色阶。LTE 也有应当可变错误的保护编码，因此一个简单的表格中可以显示很多组合。一般来说，高功率可以使用较复杂的调制格式和低错误保护模式，这就可以加速用户端的数据传输速率。当这些临界值不能准确地描述用户可能使用的模式时，需要尽可能地给出一个有用的性能等级指标（比如 QPSK、发射分集、要求高编码率或 64QAM、空间多路复用、可能的低编码率）。在需要实际测量值时，技术人员和工程师能够钻取到下层数据。

上面的讨论主要集中在临界值为 10MHz 信道带宽上，但还要注意到当带宽发生改变时，SS 功率和最大功率间的关系的变化情况与敏感度相同。当信道带宽加倍时，敏感度增加 3dB，SS 功率和最大功率的关系也增加 3dB。这意味着同样的临界值对所有的带宽都适用。具有同样敏感度极限值范围（见图 14-4）的 SS 功率的列表在表 14-4 中给出。

需要重点注意到：基站调度器通常实施功率控制，即实现在高功率被用于传输数据给小区边界的终端时或者给小区中心附近的终端时。这用来最小化小区内可能的干扰问题，以及最小化邻小区的干扰（联合使用 ICIC 算法）。考虑到调度器算法是基站设备商专用的，不可能准确地预测实际上用于任何特定功率的传输方案（调制、编码和 MIMO 模式）。传输策略在一个数据段（甚至可以是固定位置）中可以动态地改变，这个过程是基于用户反馈的 CQI 和 PMI/RI。这些参数显示了下行信号质量的一般指示可以使用的不同临界点，而不是一个准确的度量。

1. 关键性能指示与 LTE 外场测量

表 14-6 提供了用于网络中的功率和质量问题相关的 RF 外场测量的指南。不同的 RF 测量与用户报告的常用问题有关。指南通常被外场工程师用于定位和确认小区中的问题。这主要是应用在调查低覆盖报告时，旨在将 RF 测量值关联到网络监测系统中测量获得的 KPI。一个拥有由 NOC 报告的失败 KPI 的先验知识的外场工程师，将可以使用 RF 测量值来确认原因，并确定解决问题的必需措施。

2. LTE 外场测量与 BTS 外场可替换单元

表 14-7 提供了基站的硬件错误时可能产生的 RF 外场测量值。如果小区站点已检查过设置和参数的正确性，但是仍然有错误反馈或低 KPI，那么通常是硬件错误，且应该替换错误模块。在测试中使用这个指南，能够快速地确定违反说明的最可能的硬件错误。

表 14-5 QPSK 敏感度下要求的常规 SS 功率
粗体值给出了与 10MHZ 信道带宽不同的等级

频带

下行

频率
(MHz)

信道带宽

20 15 10 5 3 1.4

1 (FDD) 2110 - 2170 - 124.8 - 124.8 - 124.8 - 124.8

2 (FDD) 1930 - 1990 - 122.8 - 122.8 - 122.8 - 122.8 - 122.8 - 123.1

3 (FDD) 1805 - 1880 - 121.8 - 121.8 - 121.8 - 121.8 - 121.8 - 122.1

4 (FDD) 2110 - 2155 - 124.8 - 124.8 - 124.8 - 124.8 - 125.3 - 125.1

5 (FDD) 869 - 894 - 122.8 - 122.8 - 122.8 - 123.1

6 (FDD) 875 - 885 - 124.8 - 124.8

7 (FDD) 2620 - 2690 - 122.8 - 122.8 - 122.8 - 122.8

8 (FDD) 925 - 960 - 121.8 - 121.8 - 121.8 - 122.1

9 (FDD) 1844.9 - 1879.9 - 123.8 - 123.8 - 123.8 - 123.8

10 (FDD) 2110 - 2170 - 124.8 - 124.8 - 124.8 - 124.8

11 (FDD) 1475.9 - 1495.9 - 124.8 - 124.8

12 (FDD) 728 - 746 - 121.8 - 121.8 - 121.8 - 122.1

13 (FDD) 746 - 756 - 121.8 - 121.8

14 (FDD) 758 - 768 - 121.8 - 121.8 - 121.8

17 (FDD) 734 - 746 - 121.8 - 121.8

33 (TDD) 1900 - 1920 - 124.8 - 124.8 - 124.8 - 124.8

34 (TDD) 2010 - 2025 - 124.8 - 124.8 - 124.8 - 124.8

35 (TDD) 1850 - 1910 - 124.8 - 124.8 - 124.8 - 124.8 - 124.8 - 124.1

36 (TDD) 1930 - 1990 - 124.8 - 124.8 - 124.8 - 124.8 - 124.8 - 124.1

37 (TDD) 1910 - 1930 - 124.8 - 124.8 - 124.8 - 124.8

38 (TDD) 2570 - 2620 - 124.8 - 124.8 - 124.8 - 124.8

39 (TDD) 1880 - 1920 - 124.8 - 124.8 - 124.8 - 124.8

40 (TDD) 2300 - 2400 - 124.8 - 124.8 - 124.8 - 124.8

表 14-6 LTE RF 外场测量指南（“×”为可能，“××”为非常可能发生的情况）

测试的主要性能指标	同步功率	参考信号功率	带宽，邻信道泄漏比	误差矢量幅度（EVM）（峰值）	误差矢量幅度（EVM）（平均）	频率误差	接收底噪	空中传送
通话/通话阻塞								
功率不足	×	×		×				
资源块不足			×	××	××			
上行干扰			×				××	
通话/掉话								
无线链路超时	×	×		×	×	×	×	×
上行干扰			×					
下行干扰	×	×		×	×	×		×

表 14-7 LTE RF 外场测量指南

BTS 测试现场可更换单元	频率参考	信号产生	多载波功率放大器（Multicarrier power Amplifier）	滤波器	天线	天线下倾角
同步功率		×	××		×	
参考信号功率		×	××		×	
占用带宽		×	××	××		
邻信道泄漏比		×	×	××	×	
频谱辐射模板		×	×	××	×	
误差矢量幅度（峰值）		×	××			
误差矢量幅度		×	×	×	×	
频率误差	××					
空中传送的误差矢量幅度		×	×	×	×	×

14.10.2　LTE 测量的指南

14.10.2.1　LTE 占用的带宽

图 14-20 给出了 LTE 占用带宽的例子。这里的测量值指所有子载波使用的总频谱占用的带宽包括 99% 的 RF 功率。

（1）指导——直接连接

低于定义的 LTE 带宽（1.4、3.0、5.0、10、15 或 20MHz）。

（2）结果

1）导致邻载波干扰。

2）下降的呼叫。

3）低容量。

（3）常见错误

1）传输过滤。

2）MCPA。

3）信号处理。

4）天线。

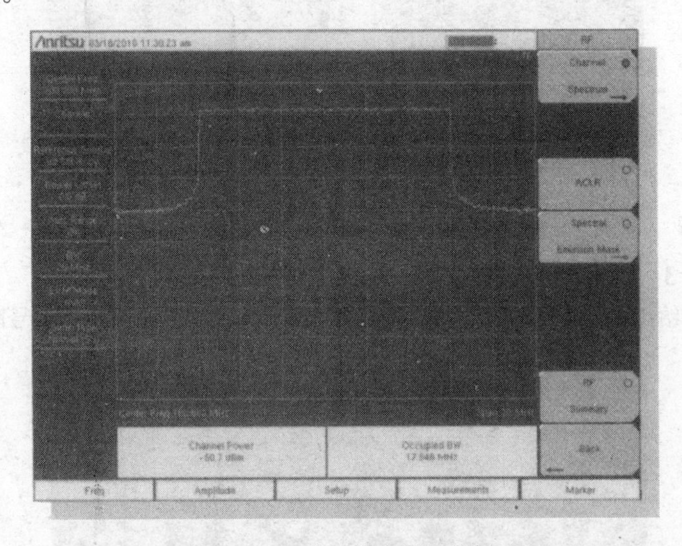

图 14-20　已占有带宽测试的例子

14.10.2.2　LTE 邻近信道泄漏比率（ACLR）

图 14-21 展示了单个载波的 ACLR 测量情况。主要测量有多少 RF 载波泄漏到邻近的 RF 信道。测量值检查到最近的（可选的）LTE 信道泄漏。

（1）指导——直接连接

1）-45dBc 邻近信道。

2）-45dBc 可选信道。

（2）结果

1）干扰。

2）低容量。

3）阻塞的呼叫。

(3) 常见错误

1）传输过滤。

2）MCPA。

3）基带处理卡。

4）电缆连接器。

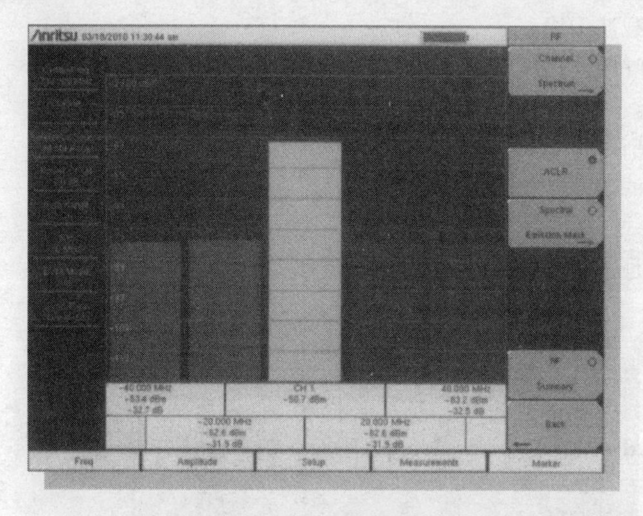

图 14-21　ACLR 测试的例子

14.10.2.3　LTE 频谱辐射模板（SEM）

图 14-22 给出了一个 SEM 测量的例子。相比 ACLR，SEM 检测了信号附近的频率，

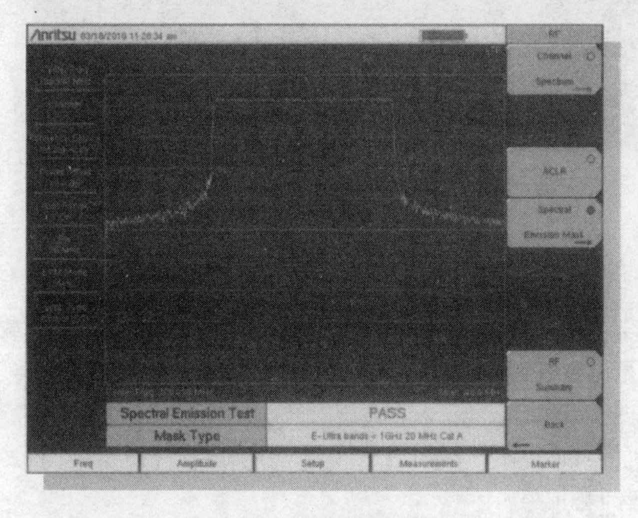

图 14-22　SEM 测试的例子

并且关注邻近信道分配带宽的边缘泄漏。它也对绝对功率水平较为敏感。相关的规定通常由校准器的要求来确定。

(1) 指导——直接连接

必须在模板下

(2) 结果

1) 有邻近载波的干扰。

2) 合法的倾向。

3) 低数据速率。

(3) 常见错误

1) 检查放大输出过滤。

2) 寻找内部调制失真。

3) 寻找频谱再生。

1. LTE 误差矢量幅度（EVM）

图 14-23 给出了一个 LTE EVM 测量的例子。测量显示了实际信号与完美信号相比后得到的失真比率。在没有数据通信流时 EVM 测量 PBCH，而有数据通信流时则测量 PDSCH。

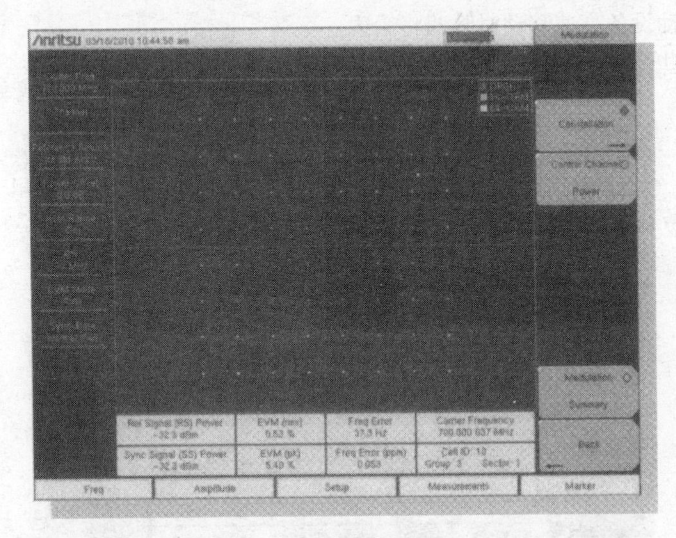

图 14-23　错误向量强度测量的例子

(1) 指导——直接连接

1) QPSK：-17.5%。

2) 16 QAM：-12.5%。

3) 64 QAM：-8%。

(2) 结果

1) 丢失的呼叫。

2) 低数据速率。

3）低扇区容量。

4）阻塞的呼叫。

（3）常见错误

1）基带处理系统的失真。

2）功率放大。

3）过滤。

4）天线系统。

2. LTE 频率错误

图 14-24 显示了 LTE 频率错误测量的例子。测量检查载波频率的正确性。这是许多国家的校准要求。

（1）指导

1）带有 GPS 的 OTA。

2）$+/-0.05\times10^{-6}$宽区域 BS。

3）$+/-0.10\times10^{-6}$本地 BS。

4）$+/-0.25\times10^{-6}$家庭 BS。

（2）结果

1）当移动设备高速移动时呼叫将丢失。

2）在一些情况下，终端不能切换或运动出小区。

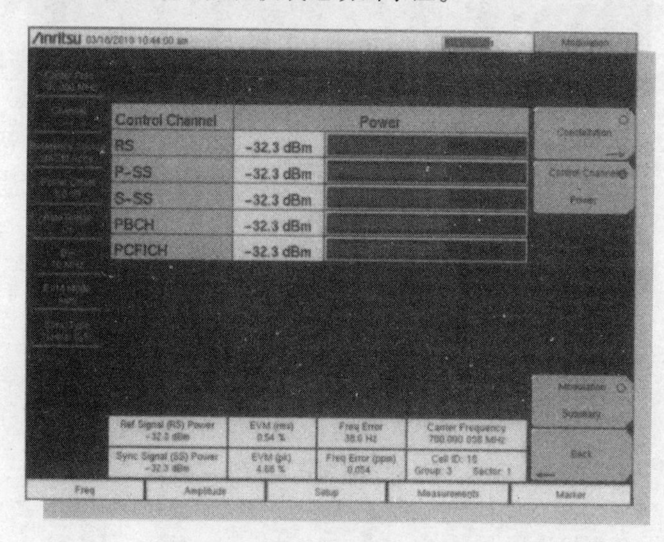

图 14-24　LTE 频率错误测量例子

（3）常见错误

1）基站参考频率。

2）通过回程（失败同步）频率分配系统。

3）当 GPS 使用时 GPS 错误。

3. LTE 同步信号扫描

图 14-25 显示了同步信号功率测量的例子。这个测量显示了当前位置哪些扇区正在使用。假设有活动的小区和期望的邻小区。如果有太多强小区出现，意味着 ICIC 要求采取频率逃避，这将减少小区容量。

（1）指导——直接连接

1）少量代码。

2）在 10dB 支配代码范围内。

3）超过 95% 覆盖区域。

（2）结果

1）低数据速率。

2）低容量。

（3）常见错误

1）在邻小区的天线倾角。

2）在邻小区的损坏天线。

3）邻小区控制信道功率设置太高。

4）小区范围内非法中继器。

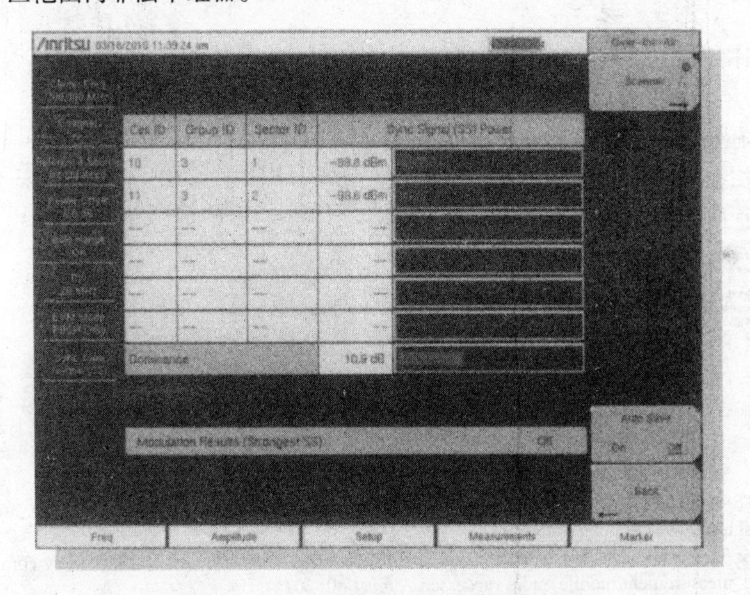

图 14-25　LTE 同步信号扫描测量的例子

4. LTE OTA 调制质量测试

图 14-26 显示了 LTE OTA（空中下载技术）调制质量测试的一个例子，即有效 EVM OTA 测量。一般来说，MIMO 在测量 EVM OTA 有一定的挑战。事实上，主要由于 EVM OTA 测量需要测量 PBCH 的 EVM，但它有发射分集而没有 MIMO。PBCH 措施需要在 TX1 和 TX2 路径前完成。

（1）OTA 调制质量测试

1）在 OTA 中进行有效的信号质量测试。

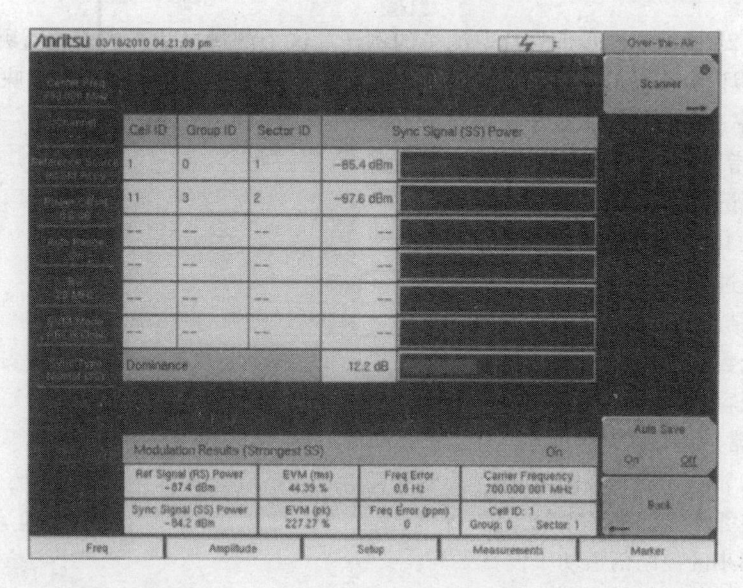

图 14-26　一个 LTE OTA 调制质量测试的例子

2）指南由已知的好的基站确定。

3）必须在有效位置测量。

（2）有效 OTA 位置

OTA 扫描仪确认打印 10dB 的位置；

如果通过，成为理想点：

1）记录 GPS 位置；

2）成为以后 OTA 调制测试的默认地址；

3）记录并创造 OTA 通过/失败范围。

参考文献

[1] 3GPP TS 36.101. (2010) *User Equipment (UE) radio transmission and reception*, V 8.12.0, 3rd Generation Partnership Project, Sophia-Antipolis.

[2] Rohde & Schwartz (n.d.) Technical data sheets of Rohde & Schwartz, www2.rohde-schwarz.com/en/products/test_and_measurement/mobile_radio (accessed August 30, 2011).

[3] 3GPP TS 36.214. (2009) *Evolved Universal Terrestrial Radio Access (E-UTRA); Physical layer; Measurements*, V. 8.7.0, 3rd Generation Partnership Project, Sophia-Antipolis.

[4] Nethawk (n.d.) *EAST simulator*, https://www.nethawk.fi/products/nethawk_simulators (accessed August 30, 2011).

[5] Aeroflex (n.d.) Infrastructure Test System TM500 TD-LTE Single UE, 3GPP TD-LTE Release 8 Test brochure of Aeroflex, www.aeroflex.com/ats/products/prodfiles/datasheets/TM500%20TD%20LTE%20Single%20UE.Iss2.pdf (accessed August 30, 2011).

[6] Rohde & Schwartz (n.d.) SMBV100A Vector Signal Generator Specifications, www2.rohde-schwarz.com/file_15878/SMBV100A_dat-sw_en.pdf (accessed August 30, 2011).

[7] 3GPP TS 36.104. (2011) *Evolved Universal Terrestrial Radio Access (E-UTRA); Base Station (BS) radio transmission and reception*, V. 8.12.0.

[8] 3GPP TS 36.141. (2011) *Evolved Universal Terrestrial Radio Access (E-UTRA); Base Station (BS) conformance testing*, V. 8.11.0, 3rd Generation Partnership Project, Sophia-Antipolis.

[9] 3GPP TS 36.101 (2010) *Evolved Universal Terrestrial Radio Access (E-UTRA); User Equipment (UE) radio transmission and reception*, V8.10.0, 3rd Generation Partnership Project, Sophia-Antipolis.
[10] 3GPP TS 36.521. (2010) *Evolved Universal Terrestrial Radio Access (E-UTRA); User Equipment (UE) conformance specification; Radio transmission and reception; Part 1: Conformance testing*, V. 8.6.0, 3rd Generation Partnership Project, Sophia-Antipolis.
[11] 3GPP TS 36.523. (2010) *Evolved Universal Terrestrial Radio Access (E-UTRA) and Evolved Packet Core (EPC); User Equipment (UE) conformance specification; Part 1: Protocol conformance specification*, V. 8.6.0, 3rd Generation Partnership Project, Sophia-Antipolis.
[12] 3GPP TS 36.571. (2010) *Evolved Universal Terrestrial Radio Access (E-UTRA); User Equipment (UE) conformance specification; UE positioning in E-UTRA; Part 1: Minimum Performance conformance*, V. 1.0.0, 3rd Generation Partnership Project, Sophia-Antipolis.
[13] 3GPP TS 36.508. (2010) *Evolved Universal Terrestrial Radio Access (E-UTRA) and Evolved Packet Core (EPC); Common test environments for User Equipment (UE) conformance testing*, V. 8.6.0, 3rd Generation Partnership Project, Sophia-Antipolis.
[14] 3GPP TS 36.509. (2011) *Evolved Universal Terrestrial Radio Access (E-UTRA) and Evolved Packet Core (EPC); Special conformance testing functions for User Equipment (UE)*, V. 8.7.0, 3rd Generation Partnership Project, Sophia-Antipolis.
[15] Anritsu (n.d) Technical data sheets of Anritsu, www.anritsu.com/en-GB/Products-Solutions/Test-Measurement/index.aspx (accessed August 30, 2011).
[16] Anritsu (n.d.) MT8221B BTSMaster technical data brochure. http://downloadfile.anritsu.com/RefFiles/en-US/Services-Support/Downloads/Brochures-Datasheets-Catalogs/Brochure/11410-00441.pdf (accessed August 30, 2011).

第15章 推荐方案

Sebastian Lasek、Dariusz Tomeczko、Krystian Krysmalski、Maciej Pakulski、
Grzegorz Lehmann、Krystian Majchrowicz 和 Marcin Grygiel

15.1 引言

移动网络部署的历史反映了移动通信系统的进步，其中的里程碑以新一代无线技术的出现为标志。以欧洲为例，早期的模拟无线网络在20世纪80年代中期开始出现（NMT的450MHz频段），紧跟着的是GSM，在1995年前后有了主要的扩展（900MHz频段和1800MHz）。接下来是UMTS（21世纪初，2100MHz频段），在21世纪头十年的中期，因HSxPA技术而增强。移动运营商普遍的做法是首先尝试覆盖流量热点，然后逐步扩大覆盖到整个群体（也往往是运营商监管）。随着LTE的到来，事情显得更加复杂。本章阐述多种在实践中推进这项技术的创新方法。正如第15.2节所讨论的，虽然不是很明显，运营商打算围绕LTE技术，以新的无线网络取代现有的传统无线网络。更可能的情况是，将使用LTE的组件来完成和提高运营商的整体无线服务能力，但不会取代已经存在的网络。

LTE技术的灵活性，在无线接入技术、运营频段、系统带宽刻板的结合之间做出了突破。这些方面在第15.3节讨论。此外，电子元器件微型化的发展使制造商能提供多标准、多频段终端，能够利用多种类型的无线网络同时覆盖。另一个必须考虑的重要因素是，LTE语音呼叫的最终解决状态仍然是不清楚的，导致移动运营商不愿关闭那些已计划覆盖LTE地区的GSM或WCDMA网络。因此，GSM允许平滑频谱重用和减少2G和LTE之间性能差距的功能在多无线接入技术（RAT）环境中变得至关重要。第15.4节讲述了一些选定的解决方案。网络演进的另一个方面是网络共享理念，涉及多个移动网络运营商。不考虑实施的实际技术方案，这背后的基本原则是，某些网络元素为不止一个运营商提供服务。第15.5节讲述了这些功能。当向新技术迁移时，为使支出最小化，相关的硬件方面的问题也必须解决。硬件的迁移路线是第15.6节的主题。在第15.7节提及的迈向全IP环境下的移动回程的演变，由于其固有的以数据为中心的特点，是部署LTE的一个不可分割的元素。

在现有的通信系统之上部署下一代通信系统总要提到与互通有关的问题。不同技术的共存带来的挑战涉及如何确保有效的合作。在例如GSM／EDGE和WCDMA／HSPA的系统中建立LTE是没有例外的。因此，随着LTE的引入，对于可最优化系统之间互通的技术的需求很高。为了迎接这一挑战，3GPP已标准化一些功能，即所设计的允许或进

一步加强这些讨论中的系统间合作的功能。第15.8节对选定的机制进行了讨论。

15.2 向LTE过渡——用例

15.2.1 全替换

当考虑新一代系统的部署时，看似最简单的方法是用LTE取代全部的传统无线技术。这种方法有一些积极的方面。对于运营商来说，处理只有一个类型的RAT使得安装和维护简单得多。物流将简化（即不同的组件、软件或配置件跟踪），人员培训成本要低得多（即一个团队，没有必要具备GSM/WCDMA相关的技能）。购买和处理更少节点的扁平LTE架构，是赞成迈向全LTE的一个额外缘由。必须指出的是，在可预见的未来，许多移动设备制造商可能会考虑逐步淘汰一些或大部分属于GSM或WCDMA组合的产品。单一技术网络的另一个优点在于纯LTE运营商的潜在覆盖面积不会受到多模多频终端可用性的限制，这一点可能在LTE技术发展的早期阶段尤为重要。如果运营商通过GSM或WCDMA在目前没有使用的频段推出LTE，将减轻传统系统和LTE之间干扰协调的负担。拥有一个纯粹的LTE网络的事实，也可能是促进运营商进行市场营销策略选择的一个关键区别。迈向全LTE对于新建运营商是一个自然而简单的解决办法。因此，合理的假设是，一定数量的运营商从一开始就使用唯一LTE网络，或将随着时间的推移向一个纯LTE网络迁移。

15.2.2 热点

无线接入技术演进的一个可行选择是采用循序渐进的方法，新技术将以一个不连续的方式部署，只覆盖某些区域。通常感兴趣的区域是流量热点，这将有利于从LTE所提供的容量中得到最大收益。通过LTE覆盖全国，除非使用像数字电视红利频段那样的低频段，否则可能在经济上是不可接受的。特别是农村和人口稀少的地区，这些地区中，现有的GSM 900MHz频段可能仍然适于使用。

大多数运营商首先会从高流量需求的地区开始部署LTE网络，在这些地区，建设新的网络设备的开支将被迅速地弥补。早期或孤立的LTE部署的一个自然候选是Femto技术，小的LTE容量的家庭eNodeB（HeNB）将被部署在室内流量大的地方，如办公室或公共场所（商场和体育场馆）。在居民区部署HeNB（很像今天的无线接入点）来照顾希望有无线和宽带互联网接入可供选择的室内固定用户是很合理的考虑。在孤立点中存在的LTE需要特殊照顾，为确保用户享受到连续覆盖，服务应只提供给固定用户或者实际RAT间的流动性管理机制必须到位。LTE网络覆盖的热点，可继续由GSM和WCDMA覆盖，或者运营商可能打算依靠LTE作为唯一的无线接入技术。无论哪种情况，LTE网络的部分覆盖需要从无线网络规划的角度给予一些关注，因为需要管理热点内部和边界不可避免的RAT间干扰。移动运营商选择LTE的eNodeB位置的同时，不妨选择新的或重用现有的站点。在这种情况下，可以通过系统间互干扰的具体含义区分两种不同的情况，即不协调和协调。这一部分在第15.3.2节阐述。

15.3 频谱方面

15.3.1 通观频谱分配

在 LTE 标准 Release 8 中，指定了 23 个频段供 LTE 使用——为 FDD 预留的 15 个成对频段和 8 个为 TDD 预留的不成对频段。因为在标准化过程中新的频段还在不断添加，因此 LTE 频段的列表在不断增长中。目前，支持的频段超过 30 个。从不断增长的对移动宽带的需求和对于若没有新的频谱，移动宽带网络容量将很快达到短缺的预测中，对于新的 LTE 频段分配的需求出现了。

表 15-1 给出了 Release 8 中定义的 LTE 运营频段[1]。可以看出，LTE 可以部署在目前 2G 或 3G 技术正在使用的频段，也可以部署在新的频段，如 2600MHz（IMT 的扩展频段）或 700/800MHz（DD，数字红利频谱）。

LTE 支持的信道带宽范围广泛，包括 1.4MHz、3MHz、5MHz、10MHz、15MHz 和 20MHz。得益于灵活的信道带宽，运营商能够在现有的 GSM / WCDMA 频段引进 LTE——即 850MHz、900MHz、AWS（Advanced Wireless Service，高级无线服务）的 1700MHz/2100MHz、1800MHz、1900MHz 和 2100MHz，因此压缩带宽对于传统系统性能的影响降至最低。例如，通过重用 1.4MHz 或 3MHz，可以部署基准 LTE 系统。显然，这样一个有限的频谱系统不会提供部署在 10MHz 或 20MHz 信道 LTE 的峰值吞吐量。然而，它提出了一个通向全速 LTE 系统的具有吸引力的迁移路线。一旦由传统技术服务的流量下降或这样一个系统的频谱效率提高了，那么更多的频谱就可以释放给 LTE。

表 15-1 LTE 对称和非对称频段

频率范围		运营模式	带宽 /MHz	频段
上行/MHz	下行/MHz			
699 ~ 716	729 ~ 746	FDD	2 × 17	Band 12
704 ~ 716	734 ~ 746	FDD	2 × 12	Band 17
777 ~ 787	746 ~ 756	FDD	2 × 10	Band 13
788 ~ 798	758 ~ 768	FDD	2 × 10	Band 14
824 ~ 849	869 ~ 894	FDD	2 × 25	Band 5
830 ~ 840	875 ~ 885	FDD	2 × 10	Band 6
880 ~ 915	925 ~ 960	FDD	2 × 35	Band 8
1427.9 ~ 1447.9	1475.9 ~ 1495.9	FDD	2 × 20	Band 11
1710 ~ 1755	2110 ~ 2155	FDD	2 × 45	Band 4
1710 ~ 1770	2110 ~ 2170	FDD	2 × 60	Band 10
1710 ~ 1785	1805 ~ 1880	FDD	2 × 75	Band 3
1749.9 ~ 1784.9	1844.9 ~ 1879.9	FDD	2 × 35	Band 9

（续）

频率范围		运营模式	带宽/MHz	频段
上行/MHz	下行/MHz			
1850～1910		TDD	1×60	Band 35
1850～1910	1930～1990	FDD	2×60	Band 2
1880～1920		TDD	1×40	Band 39
1900～1920		TDD	1×20	Band 33
1910～1930		TDD	1×20	Band 37
1920～1980	2110～2170	FDD	2×60	Band 1
1930～1990		TDD	1×60	Band 36
2010～2025		TDD	1×15	Band 34
2300～2400		TDD	1×100	Band 40
2500～2570	2620～2690	FDD	2×70	Band 7
2570～2620		TDD	1×50	Band 38

在新的像2600MHz或700MHz/800MHz频谱的情况下，允许运营商使用更大的信道带宽，充分利用LTE将变得更为容易。此外，700MHz/800MHz将使LTE更为有效地部署在广大的地理区域，以及改善楼宇间的覆盖。因为通过2600MHz层可以很好地解决网络容量的需求，所以视2600MHz和数字红利频谱为一个频段良好的结合，而一个好的LTE覆盖面将通过基于DD的方式交付。

对于世界上的不同地区，LTE频谱的部署方案会有所不同（例如www.gsacom.com和http://gsmworld.com）。例如，在欧洲、APAC（亚太地区）、MEA（中东非洲）和拉丁美洲，2600MHz将是LTE的重要频段。来自这些地区的许多运营商已经获得2600MHz的频谱，并在许多国家已计划拍卖2600MHz频段。DD或900MHz/850MHz到LTE的平滑迁移是运营商为提供宽带服务正在寻找的其他选择，特别是在农村地区。例如，德国已在800MHz频段推出LTE，为国内没有高速互联网的地区提供宽带服务。事实上，移动运营商受800MHz牌照条件限制，在全国范围内推出前，首先要在没有DSL（Digital Subscriber Line，数字用户线路）接入的地区部署LTE。

由于重用的1800MHz频段提供的优势（详情请参阅下文），对于在这个频段内部署LTE有了越来越大的兴趣和动力。在整个欧洲、APAC、MEA以及南美一些地区1800MHz频段被广泛使用。

2008年，美国联邦通信委员会（FCC）为LTE服务拍卖了700MHz频段中的62MHz频谱，工作在此频段的LTE商用网络已经使用。在美国部署LTE的其他频谱是AWS、850MHz和1900MHz频段，目前WCDMA/HSPA和GSM系统运行于此频段。在日本，2100MHz和1500MHz频谱可用于初步部署LTE。之后计划将LTE扩展到其他频段，例如800MHz和1700MHz。

关于LTE TDD，适合这种模式的重要频谱资源在2300MHz和2500MHz/2600MHz频段。在第一个频段中，根据地区，有高达 100MHz 的连续频带可用。后者位于 IMT 推广中心间隙，提供了 50MHz 频谱。在中国、印度、韩国和其他国家，特别是在亚洲，新的 2300MHz 频谱已分配。中国的运营商，除了在上述频段引入 LTE，也可能在现在的 TD-SCDMA 系统，即 1880～1900MHz 和 2010～2025MHz 中引入。LTE TDD 预计最初在 2011—2012 年将在中国和印度投入商用。中国和印度将是 LTE TDD 的主要市场，但是当 TDD 模式成为全球公认的技术，可以预期，LTE TDD 的网络也将部署在世界其他地区。众多 TDD LTE 的试验网在全球其他地区，例如欧洲（爱尔兰、波兰、德国和俄罗斯）、澳大利亚、美国已经进行或正在计划。全球 TD-LTE 最初在 MWC'11（世界移动通信大会）推出，是 LTE TDD 在中国和印度以外兴趣增加的另一迹象。这一举措，旨在加快 LTE TDD 系统的发展，不仅是由亚洲运营商推动，例如，也有欧洲和美国的运营商。

15.3.1.1　数字红利

数字红利（Digital Dividend，DD），是指由于向数字电视过渡所产生的传送陆地电视服务所需的无线频谱的潜在减少。这种减少的原因是，数字电视与模拟电视相比，有着在给定量频谱时可提供更多电视频道的能力。从模拟到数字电视的转换，使得有可观数量的 UHF 频段频谱资源用于无线宽带通信业务。世界无线电通信大会（WRC 07）已确定将三个数字红利频谱块重新分配给移动通信（www.gsacom.com，http://gsmworld.com）。

在欧洲和 ME A（1 区）为移动宽带服务确定的频谱范围是从 790～862MHz，同时在两个美洲国家（2 区）为了这个目的所确定的频率范围是从 698～806MHz。在亚洲（3 区），在中国、印度和日本，定义 698～862MHz 频段，而其他亚洲国家将按照 1 区，频段——即 790～862MHz。DD 频段的可用性是特定国家的，并且取决于切换到数字电视的国家时间表。例如，在美国或德国已拍卖 DD 频段，并且大规模商用 LTE 系统已经在那里推出。在其他国家，空出 700MHz/800MHz 无线电频谱的过程将需要更多的时间并将延长到 2013—2014 年及以后。

由于良好的信号传播特性，数字红利频段是扩大覆盖面的极好频段，例如，与 1800MHz/1900MHz 或 2600MHz 的高频相反，可在农村地区和在城市地区提供良好的室内覆盖。因此，为了提供更广泛的移动网络覆盖，必须部署更少的基站，这意味着，例如，LTE 服务可以以更低的成本交付。运营商在 700MHz/800MHz 频段部署 LTE 时，将能够更有效地复用他们现有的 2G/WCDMA 900MHz 站点。对于相同甚至更好的覆盖，不需要新的站点，这将加快推出 LTE 网络的速度。除了良好的覆盖性能，由于很容易分配给运营商 10MHz 或更大块的信道，DD 频段为宽带服务提供了很好的传输能力。

700MHz/800MHz 频谱将是移动宽带网络的主要波段，使网络尽可能达到与 GSM 网络今天所管理的同样多的用户。目前大部分投入商用的 LTE 网络运行在 700MHz/800MHz 和 2600MHz。在世界所有使用 700MHz/800MHz 频谱的地区，正在或计划在不久的将来进行许多技术实验。许多国家的政府正在考虑通过即将拍卖的 DD 频段刺激移动宽带通信的扩大。

由于 DD 频段在世界各地区之间和各地区内几乎一致，这将以全球经济的规模使设备制造商能够降低设备和网络基础设施的成本。统一的 DD 频谱将有助于促进国际漫游。

15. 3. 1. 2 900MHz

900MHz 频段是当今世界上最协调的和无处不在的可用频段（www. gsacom. com 和 http：//gsmworld. com)。事实上，世界上大部分国家都工作在 900MHz，这是目前为提供基于 GSM 移动服务所使用的占主导地位的频段。然而，数据流量的爆发和用户从 GSM 到 WCDMA 的持续迁移，导致在 2G 频谱之上推出 3G 有了非常强大的业务时机和动力。

像 DD 频段一样，900MHz 在增加覆盖范围和随之减少网络部署成本方面，与更高的频段相比，带来了收益。此外，900MHz 能提高信号的建筑物穿透能力，特别适合在农村地区提供移动服务。这使得 900MHz 成为高度战略频段，帮助运营商利用低频段的优势扩大移动宽带服务覆盖面。

总共 2×35MHz 用于 GSM 900MHz（标准 GSM 和扩展 GSM)。然而，运营商通常有低于 10MHz 的连续分配的频段，这意味着，在大多数的情况下，只有一个 5MHz LTE 载波可以部署。图 15-1 给出欧盟运营商的 900MHz 的频谱分布，揭示出整个 GSM 900MHz 频段的 80% 已经以小于 10MHz 的块分配给运营商。

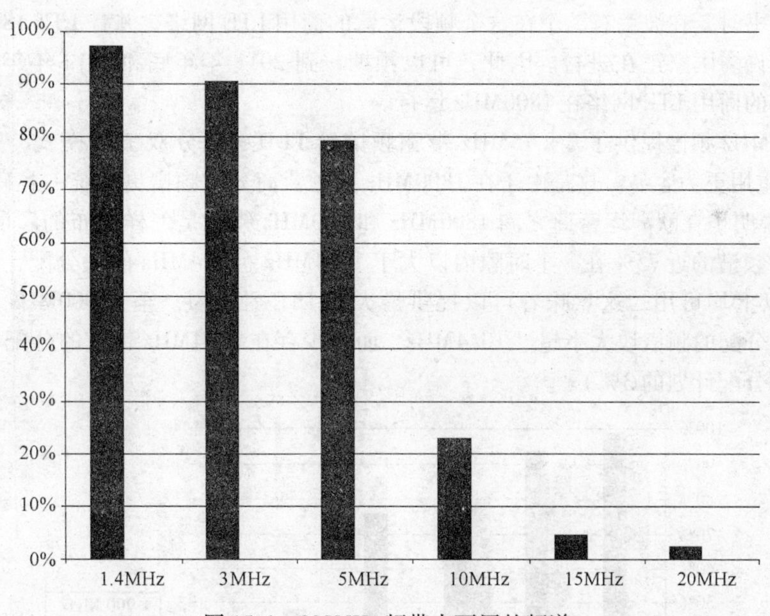

图 15-1 900MHz 频带内可用的频谱

与一个单一的需要 5MHz 频谱的 WCDMA 载波相反，人们将能够以更小的，1. 4MHz 或 3MHz 信道带宽部署 LTE。因此，由于固有的带宽灵活性，LTE 也可以引入到可用频谱块大小不足以满足 WCDMA 部署或目前 GSM 流量不允许分给 WCDMA 足够频率的网络中。之后，一旦由于 GSM 流量下降而释放更多频谱时，这些通过挤压勉强得到的 LTE 部署可以平滑转化为更多的宽带变体，提供更好的峰值吞吐量和小区容量。

要克服碎片整理的频谱问题，运营商也可能同意以这样一种形式重新安排频谱，例如，10MHz 或 15MHz 的载波分配将是比较可行的。这将增加该频段用于 LTE 实施的吸引力，除了覆盖优势，当 LTE 配置了更高信道带宽时，容量的需求也将得到更好的解决。

最后，再利用现有的 GSM 站点和其他资产将使得 LTE 部署成本显著减少。

尽管时下 900MHz 频段仅用于 WCDMA 重用，但可以预计，移动网络运营商也会将其 900MHz 频带向 LTE 迁移。尤其是没有数字红利牌照的运营商可能会考虑将 900MHz 频带作为无处不在的 LTE 覆盖频带。

许多国家的监管机构已开始的频谱自由化进程也将为 LTE 在 900MHz 的可能部署铺平道路。自由化意味着频率执照不再与某些技术相关。这允许在已用于现有和传统系统（如 GSM900MHz 和 1800MHz）的相同频段中部署新的移动通信系统（如 WCDMA 或 LTE）。

15.3.1.3 1800MHz

一些运营商考虑在 1800MHz 频段部署 LTE 系统。欧洲移动网络运营商最热衷于重用 1800MHz，而且 1800MHz 可能成为 LTE 在欧洲部署的主要波段。除了欧洲，在例如，亚太或拉美国家 1800MHz 都有重用到 LTE 的潜力（www.gsacom.com 和 http://gsmworld.com）。

写本书时，在波兰有一个在这个频段运营的商用 LTE 网络，并且 LTE 1800MHz 试验在其他许多国家正在进行。因此，可以预期，到 2011 年年底和 2012 年年初，会有更多可用的商用 LTE 网络在 1800MHz 运行。

1800MHz 频谱提供了 2×75MHz 带宽频谱给 FDD（频分双工）模式，这往往比 900MHz 重用更为容易。这是由于在 1800MHz 为运营商分配频谱更加统一且碎片更少。图 15-2 说明了在欧洲运营商之间 1800MHz 和 900MHz 频谱是怎样分布的。可以看出，1800MHz 频谱的近 75% 在一个时隙内以大于 10.4MHz、20.4MHz 的块分配，在总频谱的 30% 以上均可用，这意味着可以提供最大的 LTE 吞吐量。至于 900MHz 频段，仅 23% 整体分配的频谱块大小超过 10.4MHz，而很少存在 20.4MHz 带宽的分配（仅占所分析频谱分配计划的 3%）。

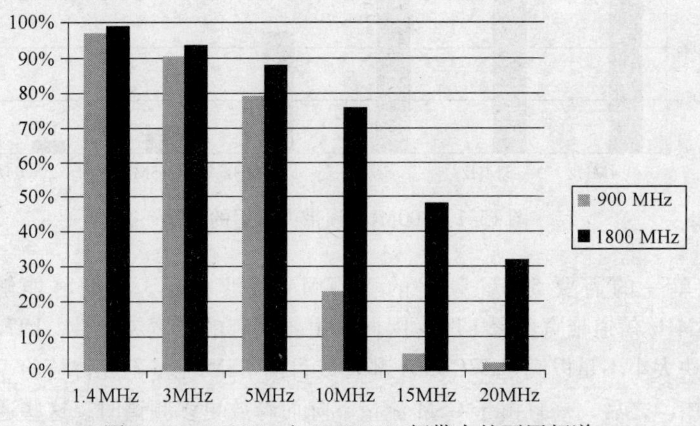

图 15-2　900MHz 和 1800MHz 频带内的可用频谱

在许多国家，部分1800MHz频段仍然没有利用，新的拍卖计划（或最近已计划的），使移动运营商可能获得额外的带宽供移动宽带使用。

1800MHz频率载波的无线电波传播特性是LTE 1800MHz的其他动力。LTE 1800MHz提供比2600MHz更好的覆盖，参考图15-3，显示了900、1800、2100和2600MHz范围频率变体的小区范围示例。

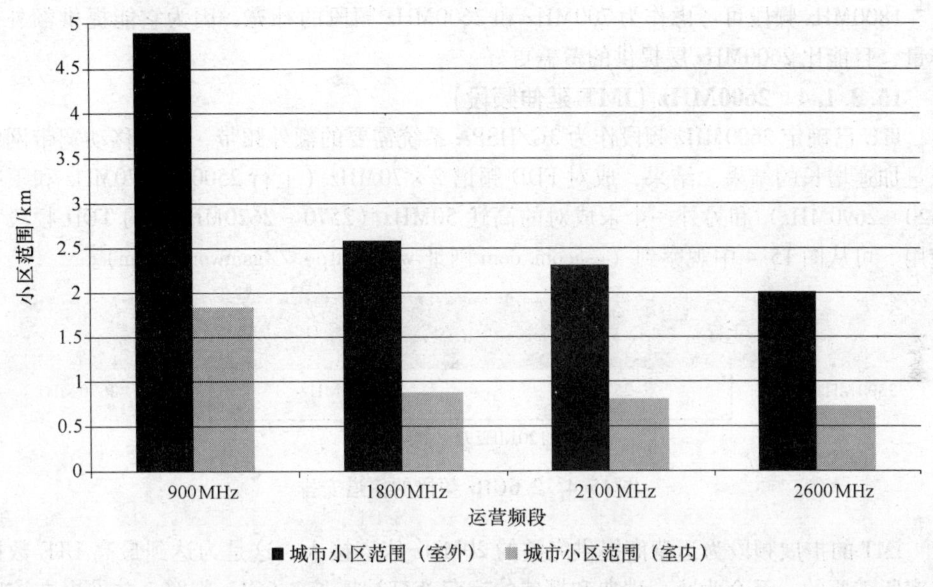

图15-3 不同频段的示例小区范围

通过重用现有的GSM 1800MHz站点，可以提供良好的城市LTE覆盖面，包括室内也可以提供覆盖，无需额外的站点部署。事实上，为满足容量需求，减小了GSM 1800MHz在城市簇中的站到站距离，由1800MHz网络层提供的覆盖面也将足够服务室内移动宽带用户。

在农村地区，可通过1800MHz频段提供良好且无缝的覆盖。这可能对那些最初被授予1800MHz GSM牌照的运营商以及那些与900MHz相比，开始在规划足够紧密的地区建立GSM网络，以弥补较高的传播损失的运营商有效。对于那些第一阶段在2600MHz频段推出LTE的国家，可使用1800MHz层在国家范围内扩展可接入LTE的地域。

LTE1800MHz系统可以考虑尽快作为任何其他系统的一种容量层，如为同一区域的LTE800MHz系统或LTE/WCDMA900 MHz系统，提供宽带服务覆盖。

通过各种天线共享技术复用现有的覆盖了1800MHz频率范围的天线，除了减少CAPEX/OPEX，还可带来额外的好处。除了加入新的天线和馈线的成本，租赁通常必须重新进行谈判，且站点设计的变更，必须在新的天线安装到现有站点之前经过检验。当然，人们不应该忘记由于天线共享带来的缺点，例如，组合设备的成本或额外的插入损耗（详细内容见15.6节）。

支持1800MHz高效的GSM-LTE射频共享的多模基站的可用性，以及LTE 1800MHz

设备系统是可以使用的事实，可能鼓励运营商选择 1800MHz 频段供移动宽带使用。

总结，今天广泛使用的 GSM 1800MHz 频段因其提供的众多优势将可能成为 LTE 的主要频段。这对于 LTE 的部署是非常重要的，尤其是在没有额外频谱的国家或不能尽早接入 800MHz 和 2600MHz 的国家。一旦可用，可以视 LTE 1800MHz 的部署为 HSPA 和 LTE 在新的频谱（如 DD，2600MHz）之间过渡战略的一部分。

1800MHz 频段可考虑作为 700MHz 和 2600MHz 频段的补充，因为它能提供额外的容量，且能比 2600MHz 层提供的覆盖更好。

15.3.1.4 2600MHz（IMT 延伸频段）

ITU 已确定 2600MHz 频段作为 3G/HSPA 系统需要的额外频带，这是移动宽带网络流量加速增长的结果。结果，成对 FDD 频谱 2×70MHz（上行 2500～2570MHz 和下行 2620～2690MHz）和另外一个未成对的高达 50MHz（2570～2620MHz）的 TDD 频段可使用。可从图 15-4 中观察到（gsacom. com 网址 www. http：//gsmworld. com）。

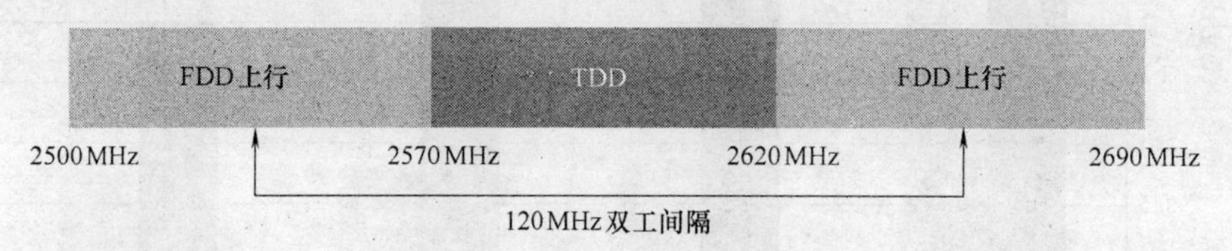

图 15-4　2.6GHz 频段的信道安排

IMT 的扩展频段为运营商提供完整的 20MHz 信道接入，这是为达到最高 LTE 数据速率所需要的。至今为止，瑞典和挪威的运营商已被授予 2.6GHz 牌照，并推出在该频段的 LTE 网络。荷兰、德国、奥地利和芬兰也授予了 2.6GHz 频段。图 15-5 显示了一个 2600MHz 频段 LTE 频谱分配的例子。

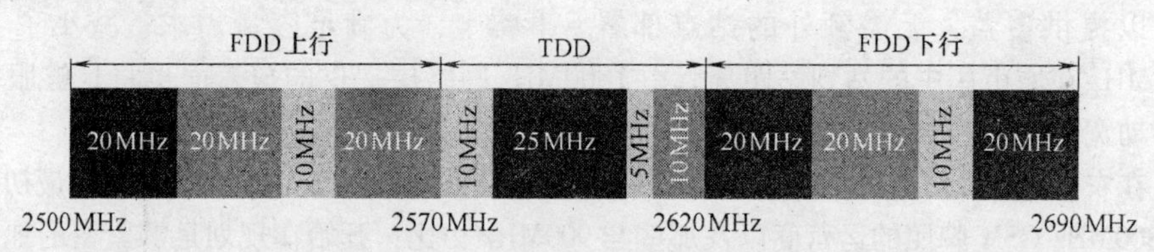

图 15-5　德国 2.6GHz 频段拍卖后的频谱分配

有计划在不久的将来，欧洲和拉丁美洲，会有更多 2600MHz 频谱拍卖。在哥伦比亚，一家运营商已经获得 2600MHz 频段，并计划在此频段部署 LTE。在亚太地区的很多市场，包括印度尼西亚、澳大利亚和新加坡，2600MHz 的 LTE 试验正在进行中。在中国香港，2600MHz 频段 2×15MHz 的频谱块已经分配给移动运营商。在 MEA，例如在南非和沙特阿拉伯，试验正在进行。因此可以得出结论，2.6GHz 正成为世界上许多地区一个重要的 LTE 频段，作为一个全球共同的频段将有助于 LTE 国际漫游，且会带来设备和手机生产规模的节约。

当然，由于高传输损耗，使用 2600MHz 建立完整的 LTE 覆盖费用太高，不切实际。这意味着，要实现良好的国家范围上的覆盖，需要更低的频段。出于这个原因，

2.6GHz 频段与例如 DD 频段或重用的 900MHz 相结合将会为通过使用 2.6GHz 频谱提供更高容量可能性的运营商提供良好的平衡，同时与较低频谱的结合将使小区漫游更好，并且使室内覆盖得到改善。

15.3.1.5 其他频谱变体

世界各地使用的 UMTS 2.1GHz 的核心频段也是部署 LTE 的一个潜在频段。大部分运营商在此频段被授予多个 5MHz 载波，但很多运营商不使用所有的载波。未使用的载波可以转换为增加 WCDMA 系统的容量，或者它们可以用于引入 LTE，这意味着 WCDMA 和 LTE 将共存于同一频段（www.gsacom.com 和 http：// gsmworld.com）。

先进无线服务（AWS）频段，1700MHz/2100MHz，在美国是 3G 部署占用的主导频段，也确定适合于 LTE。AWS-1 的组合（AWS 频段的一部分），上行 1710～1755MHz 和下行 2110～2155MHz，以及 700MHz 频谱可用来提供足够容量和为 LTE 服务提供广范围覆盖。AWS-1 波段（AWS-2、AWS-3）的 90MHz 扩展还被计划用作移动宽带。

GSM 和 WCDMA 目前使用的 850MHz 和 1900MHz 频段未来也可能重用到 LTE，例如在 700MHz 和 AWS 频段容量耗尽之后。

无线行业数据服务的需求在过去几年中已经爆炸性增长。为了跟上这种增长的步伐，移动宽带服务肯定会需要更多的频谱。因此，为了获得新的频段，促进宽带通信的增长，监管机构将受到越来越大的压力。为了满足未来的容量需求，并扩大宽带系统的覆盖范围，也有为移动宽带服务确定的其他频段。例如，450～470MHz 频段可用来提供很好的网络覆盖，以及 3.4～3.6GHz 频段将用来产生额外的容量，这些频段也都已分配给移动服务。可以预计，未来几年，频谱仍将是一个热门话题。

15.3.2 与 GSM 共存

如果 LTE 技术与 GSM 网络运行在相同或相邻的频率，在某一给定地区，可以区分两个主要部署方案。

1）不协调情况下，没有与 GSM 站点和 LTE RAT 的位置有关的规则。

2）协调情况下，由于这种部署的固有特点和额外的软、硬件功能，所有 GSM 和 LTE 站点布置以及系统间干扰程度都是最小化的。

由于 RAT 间的干扰水平在这两种情况下是完全不同的，因此需要分别对它们进行分析。第 15.3.2.1 节对前者进行描述，而后者在第 15.3.2.2 节上讲述。

15.3.2.1 不协调场景

不协调部署的主要问题是由远近效应引起的，如图 15-6 所示。这意味着，UE 需要增加它的发射功率以到达一个遥远的基站接收机，这会导致基站无意中收到附近地区属于其他无线技术的高水平上行干扰。由于距离引起传播损失，同样的现象也发生在下行方向。

由于来自不同系统的不匹配的信号强度值，边缘 GSM 中心频率和 LTE 中心频率之间的载波分离必须确保所涉及的两个系统之间的相互干扰依赖最小。参考文献［2］中提出的分离值见表 15-2。

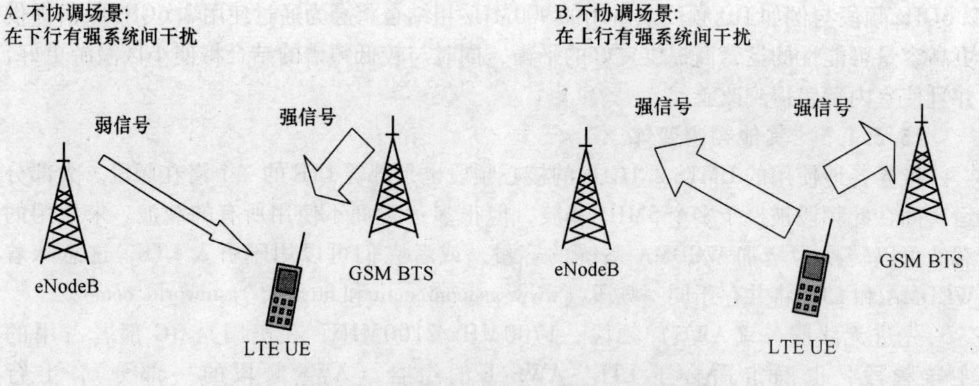

图 15-6 LTE-GSM 共存：不协调场景

表 15-2 非协调场景下 LTE-GSM 载波间隔

LTE 信道带宽/MHz	非协调场景下载波间距/MHz
20	10.3
15	7.8
10	5.3
5	2.8
3	1.8
1.4	1

15.3.2.2 协调情况

所谓的协调情况就是在同一频段的双技术部署中利用频谱的最佳方式，这种情况下，配置所有 GSM 和 LTE 站点为扇区匹配方位角。在协调情况下，传输的信号属于产生自同一点的两个无线技术（因为这两个系统可以使用不同的物理天线），所以受到同样大小的传播损耗（频段尽管略有差异）。因此，它们可能以类似的水平被接收到。此外，在站点位置附近的移动用户通常运行在较低功率水平上，所以它们是不太严重的干扰来源。因此，在这种情况下，对于系统间干扰可实现一定程度上的控制。因此，与对 GSM、LTE 站点位置关系没有严格规则的不协调情况相比，协调情况下减少 GSM 和 LTE 之间必要的载波间间距是可能的。当然，在两个方向上的实际信噪比将取决于每个系统的特定配置（如初始发射功率和功率控制的存在）。图 15-7 显示了在协调部署情况下的干扰情况。显示了 LTE UE，但很明显，同样的结论也适用于一个 GSM UE。

为了优化协调情况下的部署，需要采取这样一种方式，即 GSM 仍然使用属于给定运营商的频谱的外面部分，而 LTE 将使用里面的部分，以这种方式从 GSM 频谱中取出

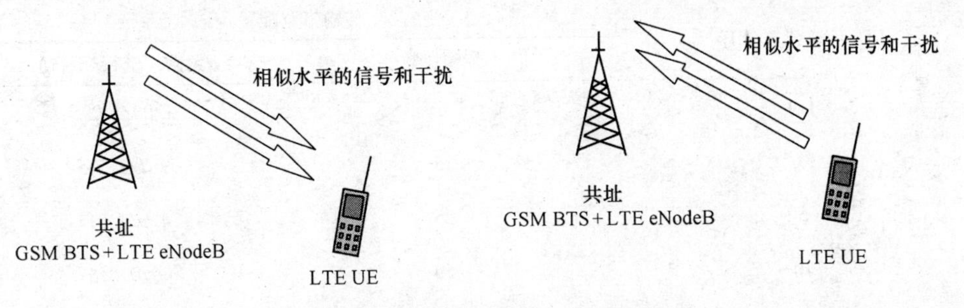

图15-7 LTE-GSM共存：协调场景

一组连续的频率重用到LTE。因此，在不同运营商之间，频谱边界的频率分配方面的遗留安排将仍然有效。

为了确定在协调部署下适当的载波间间隔，需要联合分析来自以下方面的干扰水平。

1）LTE eNodeB到GSM MS。

2）LTE UE到GSM基站。

3）GSM基站到LTE UE。

4）GSM MS到LTE eNodeB。

以下讲述了从LTE到GSM的干扰影响（见从LTE到GSM的干扰）及讲述了GSM信号与LTE干扰的影响（见从GSM到LTE的干扰）。出于章节中涉及的分析目的，假设以下标称发射功率水平：

1）GSM基站43dBm。

2）LTE eNodeB 43dBm。

3）GSM MS 33dBm。

4）LTE UE 23dBm。

1. 从LTE到GSM的干扰

可以借助相邻信道干扰抑制（Adjacent Channel Interference Rejection，ACIR）来描述干扰源和运行在相邻频率上的受害者之间的干扰依赖，ACIR受相邻信道泄漏比（Adjacent Channel Leakage Ratio，ACLR）和相邻道选择性（Adjacent Channel Selectivity，ACS）共同影响。它们反映了发送机在期望频带外传送的缺陷和接收机不能完全过滤接收到的带外信号的缺陷。下面的公式描述了这种关系：

$$\mathrm{ACIR}=\frac{1}{\frac{1}{\mathrm{ACLR}}+\frac{1}{\mathrm{ACS}}} \tag{15-1}$$

例如，在参考文献［2］中，提供了GSM-LTE干扰的ACIR计算方法。

定义传输带宽配置为给定标称的LTE信道带宽的最高可能传输带宽。它可以由最大数量的可用资源块表示[3]——见表15-3。

表 15-3　LTE 信道带宽和传输带宽配置关系

LTE 信道带宽/MHz	传输带宽配置	
	传输块数	频谱（上行/下行）
1.4	6	1.08/1.095
3	15	2.7/2.715
5	25	4.5/4.515
10	50	9/9.015
15	75	13.5/13.515
20	100	18/18.015

由频谱发射模板（SEM）限定 LTE 载波信道带宽以外的最大信号强度，SEM 被分别定义了下行（eNodeB）[3]和上行（UE）[4]。然而，用于基站或移动台内的发送滤波器的具体类型是根据特性实现的。发射机内信号的滤波方式影响在 LTE 信道带宽内的保护区测得的信号强度值。因此，如果这些系统在相邻频率上运行，就会对来自 LTE eNodeB/UE 到 GSM MS/BTS 的系统间干扰的水平有直接影响，如图 15-8 所示。现实滤波器的实现，通常是由一个整体 LTE 信号质量和带外的发射之间的权衡体现。

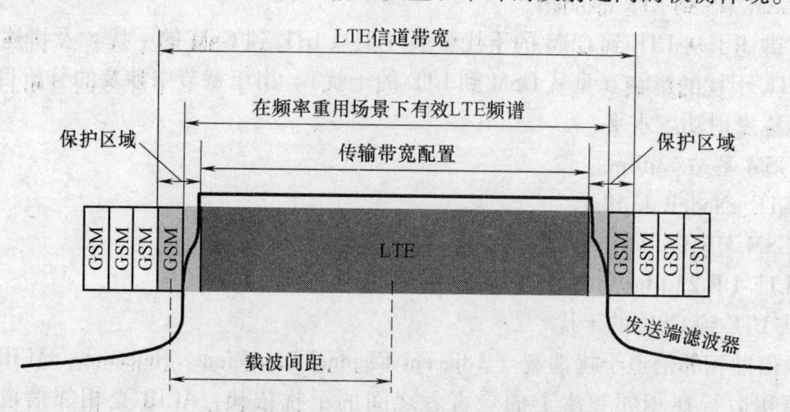

图 15-8　LTE-GSM 共存：载波间间距

可以假设 GSM 接收机能对集中在服务信号 200kHz 范围的信号减弱 18dB，顾及到天线连接器接收到的干扰功率测量，对集中在 400kHz 频率的干扰减弱 50dB，这正与 GSM 内运行所规范的一样[5]。因此，这些值代表了 GSM 接收机的相邻道选择性数值。

如果在大部分保护频带中 LTE 5MHz 信号样本水平与 SEM 允许的最高水平接近，LTE 发射机的 ACLR 将十分重要，因此对于 2.5MHz 的 GSM-LTE 载波间隔，GSM MS 中的 ACIR 将近似与 17dB 一样低，表 15-4 列出了上述提到的 ACS 数字。

表 15-4 不同载波间距值时的邻信道干扰抑制

GSM 和 LTE 5MHz 间载波间距	ACIR/dB LTE 信号功率匹配 LTE SEM		ACIR/dB 实际发射端滤波器 LTE 信号功率	
	LTE eNodeB 干扰 GSM MS	LTE 终端干扰 GMS BTS	LTE eNodeB 干扰 GSM MS	LTE 终端干扰 GSM BTS
2. 7MHz	35	38	48	40
2. 6MHz	32	27	43	39
2. 5MHz	17	24	38	37

这种 ACIR 的低水平，可以有效降级 GSM 中的瞬时 C/I，例如从 20dB 到 15dB，如图 15-9 所示，就 FER（Frame Erasure Rate，帧删除率）和 MOS 来说，结果严重影响 GSM 中语音传输的质量。

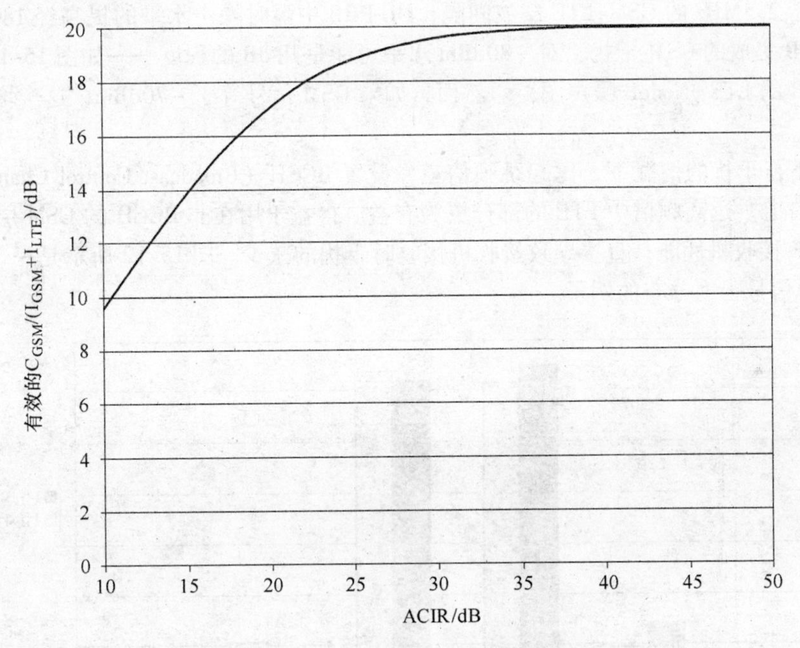

图 15-9 C_{GSM}/I_{GSM}等于 20dB 时有效的瞬时 C/I

但是，考虑一些 LTE 发射滤波器的现实代表，典型的 ACLR 将低于与 SEM 匹配的 LTE 信号功率。由于这一事实，高于 30dB 的 ACIR 可实现 2. 5MHz 的 GSM-LTE 载波间隔（请参阅表 15-4 例子）。此值通过某种方式会转换成 GSM 的质量退化，这种方式依赖于运行 GSM 网络的 C/I 区域和 GSM 的跳频计划。然而，在典型案例中，这种退化不应该从 GSM 性能的角度看出——在下行和上行——尤其是在资源分配根据网络中实际干扰的情况下，如果已实现演进的 GSM 功能时。特别是在频率重用 GSM 网络中的干扰控制背景下有用的可能是，例如动态频率和信道分配（DFCA）功能，无线信道就频率和时隙来说以干扰感知的方式分配。此外，在定期基于质量的切换的帮助下，可以有效地减少来自边缘 LTE 的 PRB 的短暂干扰峰的影响——即使网络运行在中等 C/I。进一步了解 DFCA 的细节，请参考 15. 4. 7 节。

2. GSM 对 LTE 的干扰

来自 GSM 可接受的干扰水平取决于 RB 边缘可接受的质量退化，反过来，在其他情况中，会受到 LTE 网络整体 SINR 统计的影响。关于 UL 方向，最接近干扰 GSM 信号的 PUCCH 性能应给予特别考虑。所谓的夹心分配即是说 LTE 频段在 GSM 频谱内部，GSM 传输将影响 LTE 频谱两边的 PUCCH 性能，因为这个原因，跳 PUCCH 不能提供主要对策对抗 GSM 干扰。然而，在许多情况下，观测到的 GSM 信号强度值——正如 GSM 基站接收机测量到的，是非常低的。由于 GSM 和 LTE 基站配置在协调情况下，或许这种情况的 GSM 信号强度值——如由 LTE eNodeB 观测到的——将在过滤输入信号前就已经相当低了。图 15-10 给出一个在 900MHz/1800MHz 频段基站在实时网络中接收到的上行信号强度分布的例子。

对于 2. 5MHz 的 GSM-LTE 载波间隔，UL PRB 中瞬时噪声水平的提高经 180kHz 以上的 PRB 集成的 GSM 干扰，对 -80dBm 水平可能是几 dB 的程度——如图 15-11 所示，等于 5dB 的 LTE eNodeB 噪声图[2]。然而，如果 GSM 信号等于 -70dBm，这个增幅可达到 13dB。

在下行干扰的情况下，比起跳频信道，设置 BCCH（Broadcast Control Channel，广播控制信道）远离频谱中 LTE 的部分更为有益。得益于用在非 BCCH 的 GSM 层功率控制的 LTE 接收机性能，直接导致接收机接收时干扰的减少。图 15-12 所示是一个 MS 的 GSM DL 信号强度分布的例子。

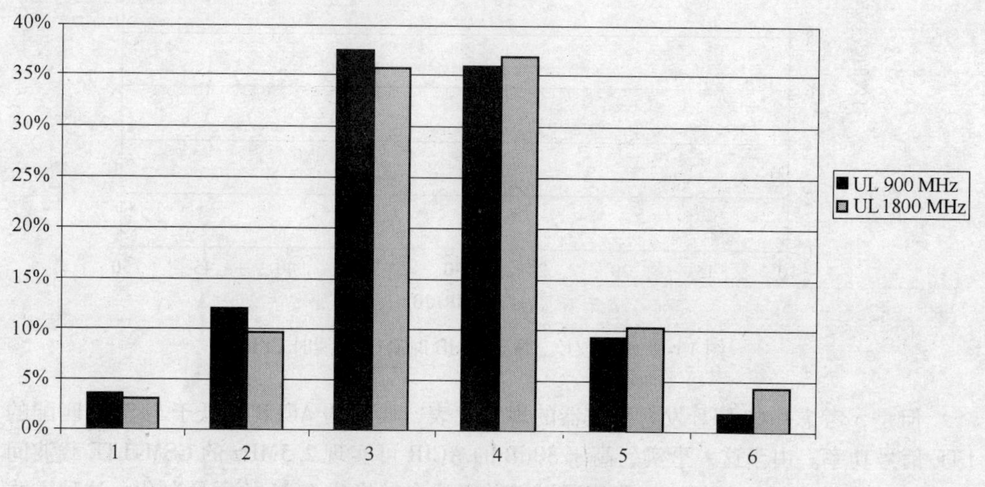

图 15-10 GSM 信号强度分布样例（上行）

对于 DL GSM 信号强度等于 -70dBm 的平均水平，预计在 DL PRB 遇到为 LTE 移动假设的一个噪声系数为 12dB 的干扰，将导致约 7dB 的噪声增加[2]，如图 15-11 所示。

干扰水平的降低也可以通过恰当优化功率控制功能，以及借助休止期的语音帧不通过空中接口传输的 DTX 特点来实现。还要注意，通过避免分配干扰频率，eNodeB 的

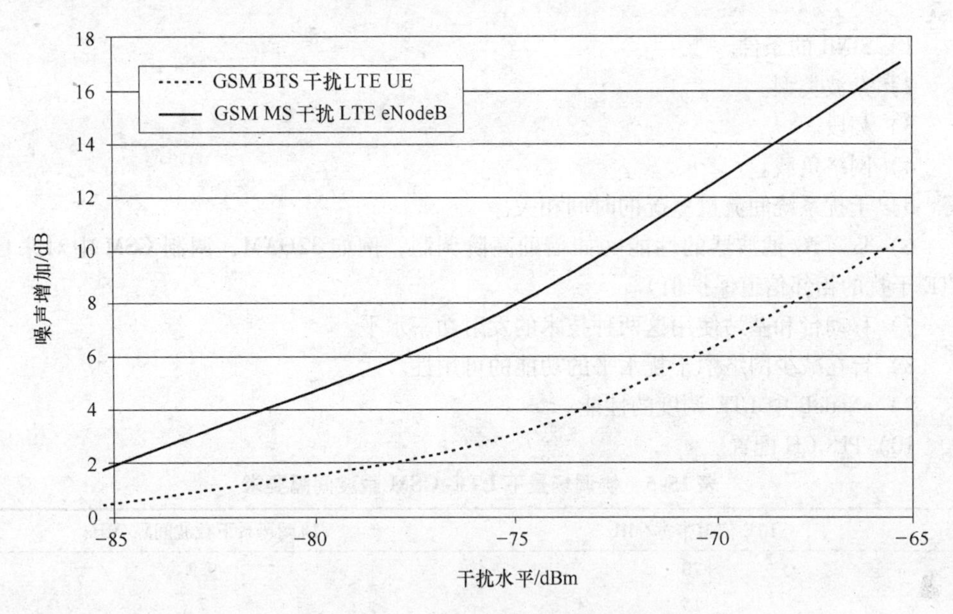

图 15-11 GSM 干扰导致的噪声增加

干扰感知策略至少应在一定程度上补偿来自 GSM 网络的系统间干扰的负面影响。例如，由于在所考虑的簇中 GSM 语音流量的瞬时峰值，这样的需要可能特别会出现。

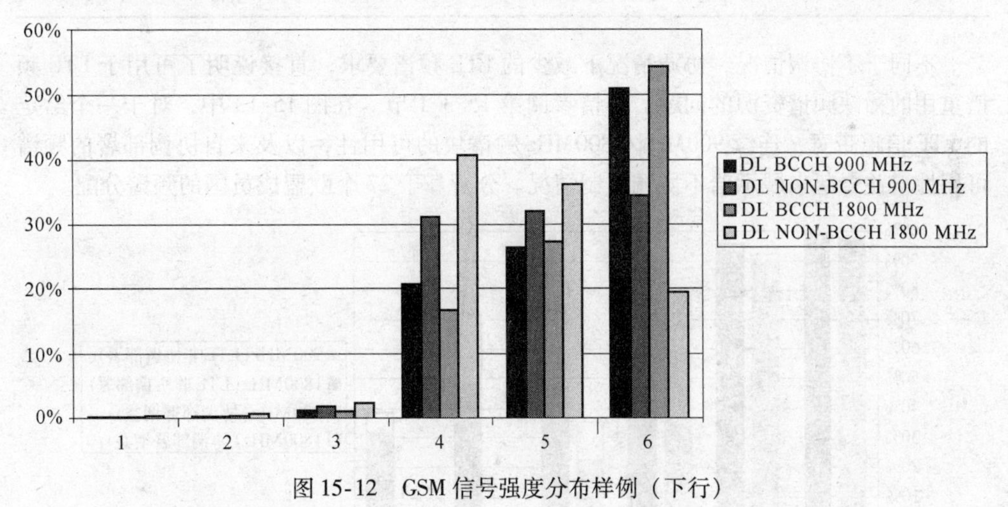

图 15-12 GSM 信号强度分布样例（下行）

3. 频谱需求的总结

各种 LTE 信道表现在协调情况下的载波分离示例见表 15-5[6]。

据预计，从 LTE 和 GSM 网络都可能实现一个令人满意的性能，例如，在 LTE 5MHz 信道带宽的协调情况下，应用 2.5MHz 载波分离，导致有效的 LTE 频谱等于 4.8MHz，如本章中所述（见从 LTE 到 GSM 的干扰和从 GSM 到 LTE 的干扰）。然而最终的性能表现将很大程度上取决于许多因素，如：

1）SINR 的条件。

2）杂波类型。

3）频段。

4）网络负载。

5）干扰系统间流量概况的时间相关。

6）Tx / Rx 滤波器的性能（如借助高阶调制，例如 32QAM，调制 GSM 中对来自 LTE 干扰的相邻信道保护值）。

7）移动台和基站使用这两种技术的发射功率水平。

8）旨在减少网络中干扰水平的功能的可用性。

9）eNodeB 中 LTE 调度的性能。

10）PUCCH 配置。

表 15-5 协调场景下 LTE-GSM 载波间隔要求

LTE 信道带宽/MHz	协调场景下载波间隔/MHz
20	9.3
15	7
10	4.8
5	2.5
3	1.6
1.4	0.8

不同于不协调情况，协调情况下减少的 LTE 频谱要求，直接说明了可用于 LTE 频谱重用的稀缺频谱资源的问题。详情参阅第 15.3.1 节。在图 15-13 中，对于一个给定的 LTE 信道带宽，连续 900MHz/1800MHz 频谱块的可用性，以及来自协调部署的频谱可用性增益合起来展示给不协调重制情况。分析基于 27 个欧盟成员国的频谱分配。

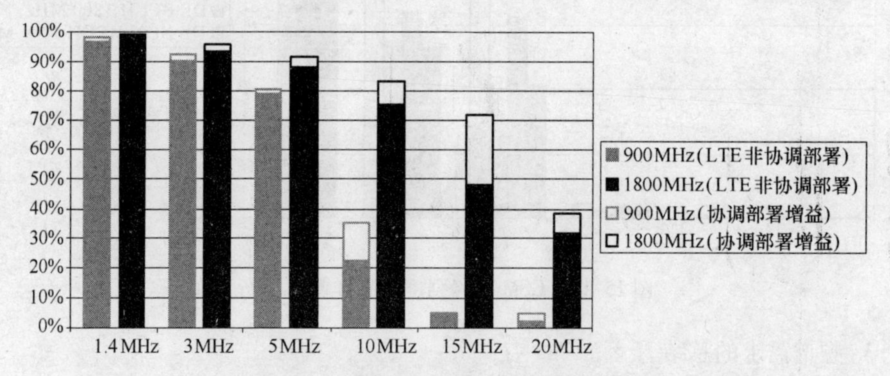

图 15-13 LTE 协调部署得到的频谱利用增益

还应指出的是，在许多情况下，LTE 只在一部分网络中以协调方式部署，例如 LTE 只在一个单一的小区簇中会引入到之前 GSM 占用的频带中。在这种情况下，使用相同的频率资源的 LTE 和 GSM 站点之间需要引入一定的地域缓冲区。这种缓冲区的确切大小取决于许多因素，大多数因素与上述充分协调情况下提供的列表相匹配。因此，所产生的缓冲距离根据实际网络情况将有很大的差异。为了在GSM和LTE网络中达到最佳性能，在某些情况下可能甚至超过10km长。

在频率规划中必须考虑的另一个方面是信道栅格。在GSM中为200kHz，在LTE中为100kHz。载波频率必须是信道栅格的倍数，这可能导致即使满足电信运营商载波分离的规则，也难以获得频率分配。

15.4 先进GSM特征对LTE平滑部署的影响

目前，很多国家正在积极地进行900MHz HSPA的部署。引入900MHz HSPA的主要驱动因素在于相比于2100MHz频段而言，该频段能够获得更好的覆盖性能。而对于1800MHz频段，预计多数运营商会重用该频谱以备LTE使用。举例来说，运行于1800MHz频段的LTE将比2600MHz获得更好的覆盖性能，并允许运营商重用已有的天线系统。不考虑重新分配的频带，在迈向移动宽带化进程中，运营商仍面临众多挑战。考虑到当前GSM系统仍承载大量语音业务，因此必须保证频谱重用不会导致GSM网络提供的QoS降低至用户可接受的程度以下。为了解决重用后GSM剩余频谱减少所带来的不良影响，需要考虑实现提高GSM频谱效率。硬件效率用于评估HW资源（例如TRX）的使用效率，在频率重用场景下成为重要的关键性能指示（Key Performance Indicator，KPI）。增加单TRX可以承载的用户数量可以提高硬件效率。当需要为某一GSM业务服务的TRX/载波较少时，可以将更多的发送功率分配给LTE或者WCDMA，这样就会增强宽带业务的室内传输能力。

对于GSM语音业务而言，诸如跳频（Frequency Hopping，FH）、动态功率控制（Power Control，PC）、非连续传输（Discontinuous Transmission，DTX）、自适应多速率（Adaptive Multi-Rate，AMR）、单天线干扰消除（Single Antenna Interference Cancellation，SAIC）、正交子信道（Orthogonal Sub-Channel，OSC）、公用BCCH或动态频率和信道分配（Dynamic Frequency and Channel Allocation，DFCA）是取得超高频谱和硬件效率的潜在手段。

这部分内容集中介绍公用BCCH、AMR、SAIC、OSC和DFCA特性，这些特征是利于GSM频谱复用的有效的工具。同时，本节还简单地介绍了FACCH和SACCH信令信道链路性能较差时对应的解决方案。利用这些解决方案可以显著降低利用AMR和严格频率复用时网络的掉话率（Call Drop Rate，CDR）。

15.4.1 公共BCCH

某些移动运营商允许在超过一个频带上部署GSM网络，例如900/850MHz和1800MHz/1900MHz，对于这些运营商而言，多频带操作提供了一种有吸引力的解决方案。

通过运用多频带操作，在低频带内可以获得好的覆盖性能，而在高频带内可以用来提供额外的容量。

对于运营一个多频带网络有两种选择，第一种是每个频带需要单独的BCCH层，第二种选择得益于公共BCCH功能，此时两个频带只需一个BCCH层。这是因为公共

BCCH 特性允许来自不同频带的资源—也就是 TRX—整合到一个小区内，而 BCCH 载波只需在其中一个频带进行配置（比较典型的是覆盖层，也就是 850MHz/900MHz）。图 15-14 描述了该内容。公共 BCCH 的基本要求是所有频带上的资源都是共置和同步的。

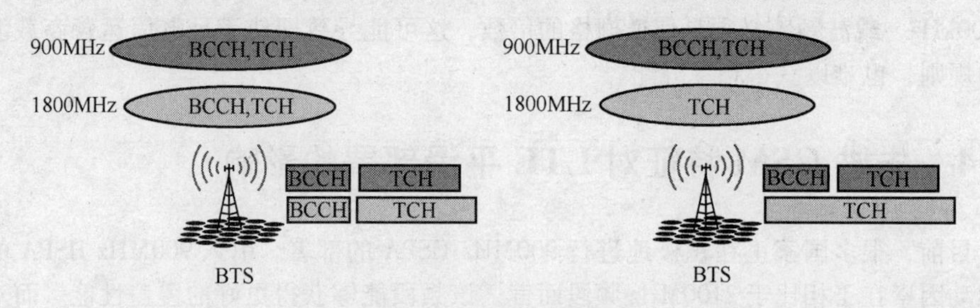

图 15-14 公用 BCCH 部署

由于 GSM 标准中广播控制信道概念的特性，GSM 网络的谱效率受到 BCCH 层频率复用的限制。确实，BCCH 载波上缺乏下行链路功率控制和非连续传输，这表明需要大范围开展 BCCH 频率复用，才能保证广播（包括系统信息）、公共控制和业务信道的可靠接收。

因此，通过消除多频带网络中第二个 BCCH 层，网络的谱效率可以得到显著提升。对于那些计划将诸如 WCDMA 或 LTE 等其他系统引入到当前 GSM 技术正在使用的频带的运营商来说，或许可以将公共 BCCH 特性看成一种很有吸引力的解决方案。在推出 900MHz/850MHz 和/或 1800MHz/1900MHz 频带的 WCDMA 或 LTE 时，GSM 的可用频谱减少，这意味着 BCCH 层谱效率低将成为更相关的问题。现在考虑具有 900MHz 中的 7.6MHz 和 1800MHz 中的 9.8MHz 频谱的双频带网络场景。见表 15-6，假设 BCCH 需要 15 个频率以提供可以接受的网络性能，TCH 工具仍有 22 和 33 个频率（含有 BCCH 和 TCH 层之间的包括频带）可以利用。我们也可以假设该场景是密集频分复用模式等于 1/1 的随机跳频场景。

表 15-6 公共 BCCH 对比非公共 BCCH 部署—TRX 配置

	非公共 BCCH		公共 BCCH	
	900MHz	1800MHz	900MHz	1800MHz
频谱	7.6MHz	9.8MHz	7.6MHz	9.8MHz
BCCH 层	15 信道	15 信道	15 信道	0 信道
TCH（Traffic channel，业务信道）层（BCCH 和 TCH 层间保护信道）	22	33	22	49
最大 TRX 配置假定 EFL = 18%	5/5/5	7/7/7	5/5/5	9/9/9

对于 AMR FR/HR 混合 40% / 60% 运行的网络，如果允许爱尔兰部分负荷[7]近似等于 18%，那么 900MHz 频段可以支持的最大网址配置就为 5/5/5（包括 BCCH TRX）。如果在 1800MHz 频段做出相同的假设，那么该频段的最大 TRX 配置应为 7/7/7。此处考虑带有 900MHz 的 BCCH 载波的公共 BCCH 功能。在这样的场景中，1800MHz 频段的

所有49个频谱可以分配给允许小区容量扩展的跳跃层，也就是说，对于假定的EFL到9个TRX可以在该小区1800MHz频段处部署。然而，在一些网络场景中，BCCH TRX也需要天线跳频—第15.4.5节进一步详细的讲解天线跳频功能。

如果要将LTE 5MHz引入1800MHz频带上，GSM业务的频谱必须压缩到4.8MHz，这样频带的总数就降至24。由于BCCH层需要15个信道，BCCH和TCH频段可以分散在一个保护频段内，只有8个信道可以用来创建移动分配列表。根据之前做出的假设，这意味着在小区内可以安装3个TRX（BCCH TRX）。一旦公共BCCH特性激活，该层提供的容量会显著增强。事实上，当前最大的站址配置为5/5/5。这是可行的，因为在1800MHz频带处无BCCH载波。如果频谱重用导致可用的GSM频带下降到BCCH复用要求的最小值以下，这种操作毫无意义，那么激活公共BCCH功能不可或缺。

基于上述例子读者可能注意到，所有不属于BCCH频带的频率都可以得到更有效的利用，也就是说，这些频率可以以更密集的复用方式进行规划。广播信道［FCCH（Frequency Correction Channel，频率校正信道）、SCH（Shared Channel，共享信道）和BCCH］只需花费一个时隙，可以为公共控制信道（PCH、AGCH和RACH）的语音或数据业务提供额外的容量。例如，激活正交子信道特性后，在一个保存的时隙可以达到4个语音用户。

在每个频带内，具有BCCH层的双频带小区具有独立于SDCCH（Stand-alone Dedicated Control Channel，独立专用控制信道）的工具。因此，如果在一个频带内，SDCCH层拥塞发生，那么该频带无法利用第二个频带可用的SDCCH资源。当具有公共BCCH特性时，两层只需建立一个SDCCH的公共池，并且由于中继增益的存在，相对于分离的BCCH层的网络运行情况来说，此时SDCCH业务可能需要更少的时隙。从而节省的时隙可以用来承载用户平面业务。表15-7描述了上述两种情况下——非公共和公共BCCH场景——已选的小区配置中SDCCH/TCH标示尺寸的结构。

表15-7 公共BCCH对比非公共BCCH部署—SDCCH/TCH容量

<table>
<tr><td rowspan="2"></td><td colspan="2">非公共BCCH</td><td>公共BCCH</td></tr>
<tr><td>900MHz</td><td>1800MHz</td><td>900MHz/1800MHz</td></tr>
<tr><td>配置（只考虑FR）</td><td>2/2/2</td><td>2/2/2</td><td>4/4/4</td></tr>
<tr><td>TCH上每用户业务量</td><td>25mErl</td><td>25mErl</td><td>25mErl</td></tr>
<tr><td>SDCCH上每用户业务量</td><td>4mErl</td><td>4mErl</td><td>4mErl</td></tr>
<tr><td>TCH上阻塞概率</td><td>2%</td><td>2%</td><td>2%</td></tr>
<tr><td>SDCCH上阻塞概率</td><td>0.5%</td><td>0.5%</td><td>0.5%</td></tr>
<tr><td>信道数量</td><td>16（14 TCH + 2SDCCH）</td><td>16（14 TCH + 2SDCCH）</td><td>32（29 TCH + 3 SDCCH）</td></tr>
<tr><td rowspan="2">总承载业务量/可支持的用户数量</td><td>8.2 Erl/328用户</td><td>8.2 Erl/328用户</td><td rowspan="2">21.04 Erl/841用户</td></tr>
<tr><td colspan="2">16.4 Erl/656</td></tr>
<tr><td rowspan="2">总承载信令业务/可支持的用户数量</td><td>2.73Erl/682</td><td>2.73Erl/682</td><td rowspan="2">8.1 Erl/2024</td></tr>
<tr><td colspan="2">5.46Erl/1364</td></tr>
</table>

SDCCH/TCH 标示尺寸实例中主要结论是通过把信道的集合归并成中继池，中继增益得到提高，因而系统容量相应提高。值得一提的是，在假设 900MHz TRX 和 1800MHz TRX 上的资源对所有小区都可用的基础上，计算了公共 BCCH 场景中的 TCH 容量。如果不是这种情况，即 1800MHz 层提供的覆盖受限，不足以在整个小区内可用时，中继增益下降，承载的业务量也会更低。

公共 BCCH 特性的另一个优点是可减少邻区关系数量，这有助于在 CS 专用模式下 MS 发送的测量报告获得更好的精确度。首先，更少的邻区意味着对于特定邻区可利用有更多的测量时间，因此 MS 执行和上报的测量数据精确度更好。第二，可以更好地得到强调测量报告限制（多达六个小区具有高 RXLEV（RX Level，接收电平），其中，已知的和允许的 BSIC 可以上报），这是因为测量报告的限制空间无需发送报告给 1800MHz 的邻区。因此，降低切换率，可获得更好的质量。此外，由于转换成基于公用 BCCH 架构后，小区数量和邻区关系会减少，网络的运行和维护将得到简化。

15.4.2 全速率和半速率 AMR

AMR 引入编解码器模式，该模式针对差错有不同级别的保护，并且可以根据对适应无线环境的健壮性进行自主选择。对低 AMR FR 编码解码器模式，例如 5.9kbit/s 或者 4.75kbit/s，得益于较好的对抗信道差错的纠错能力，在 C/I 下降至 3dB 时，FER 仍在 1% 以下，然而，在增强型全速率（Enhanced Full Rate，EFR）编解码器时要想取得相同的性能，载干比需要大约 8.5dB。

该特性使 AMR FR 成为有吸引力的解决方案，对于 LTE 这种由于复用导致的运行在窄带频谱的网络来说，该方案提供的谱效率提高。另外，由于 AMR 终端可设置更低的 C/I 目标，可以使用更严格的 PC 门限值，因此整体级别以及系统内干扰都会达到最小。图 15-15 描述了对于具有两种不同 PC 参数设置集合的 EFR 和 AMR 的 BTS Tx 功率谱。一般来说，可以观察出相比于 EFR，基站传输 AMR 需要更低的功率，同样可以观察到，有激进的 PC 参数设置时，用较低的功率可以传输更多的下行突发数据。

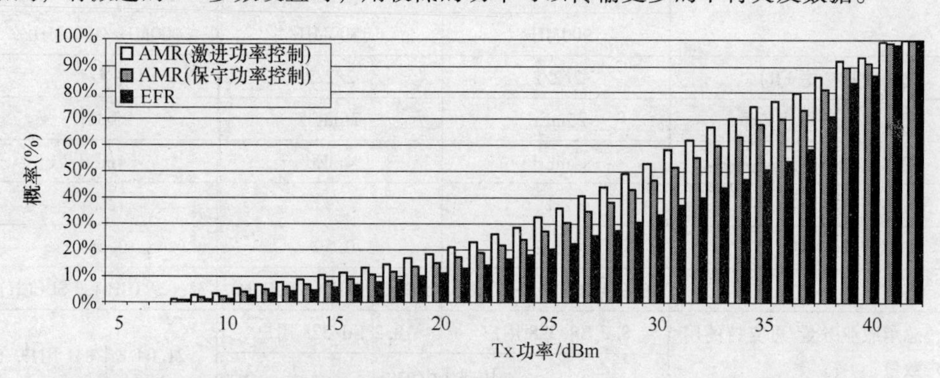

图 15-15 参考 EFR，不同 PC 配置策略的 AMR 时的 BTS Tx 功率累积分布函数

当期望提高网络频谱效率时，相关控制信道的健壮性是需要解决的另一个重要问题。15.4.8 小节给出了选择信令增强特性的进一步信息。

有了 AMR 可以引入另一种信道模式：AMR HR。它的编解码器的总比特率仅有 11.4kbit/s，而 FR 信道编解码器使用总比特率为 22.8kbit/s。对于相同的编解码器模式（对于 AMR HR 来说，最高编解码器模式时 7.95kbit/s）下，HR 信道模式需要更少的信道编码比特，因此它可获得更好的 C/I 要求。图 15-16 和 15-17 描述了在连续负荷条件下，AMR HR 的使用对网络性能指示带来的影响，网络性能指示有语音阻塞率和平均帧删除率（Frame Erasure Rate，FER）等。当没有资源为语音通话服务时，就发生拥塞。FER 作为出错的语音帧数和总的传输帧数的比值可以计算出来。通过增加 AMR HR 渗透，可以看出无线接口的拥塞显著降低，并且由于缺乏资源，无需新的 TRX 为那些未获得准许进入网络的业务提供服务。因此，AMR HR 信道模式的使用可以看做是增加网络容量和 TRX 利用的率的一种有效方式。

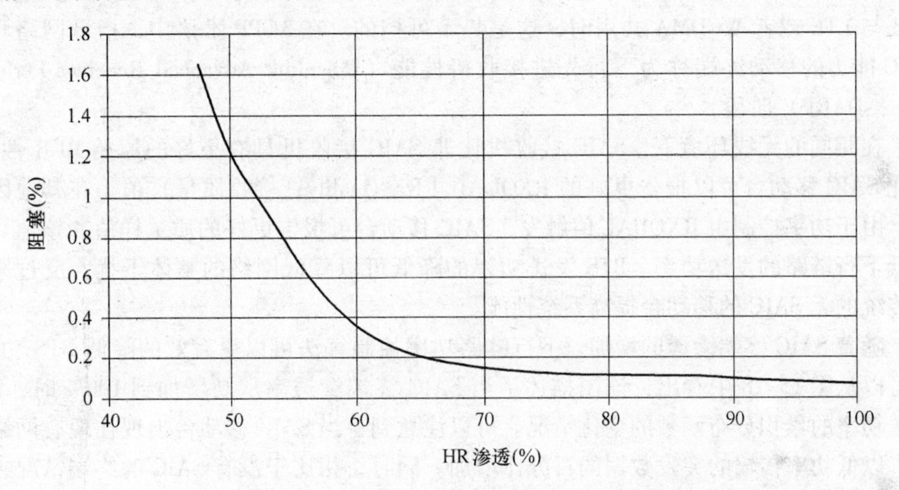

图 15-16 无线接口阻塞对比 AMR HR 渗透

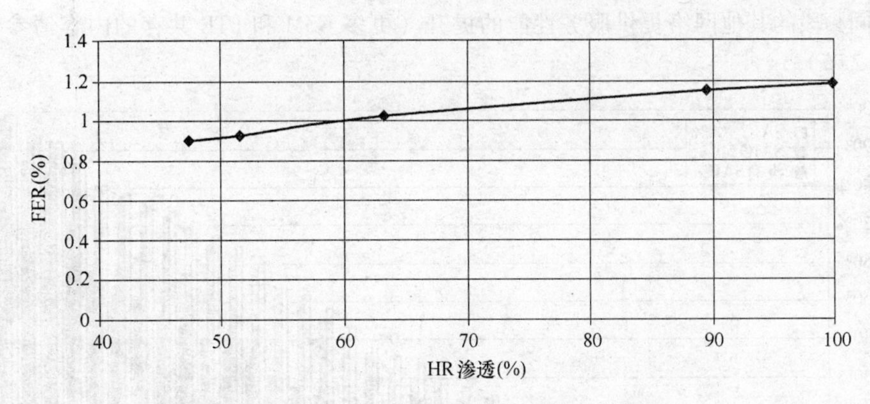

图 15-17 平均帧删除率对比 AMR HR 渗透

然而，需要注意的是，AMR HR 要求更高的 C/I 条件才能取得和 AMR FR 相似的 FER 性能。为了使质量保持在预期水平，只有一部分的业务可用 AMR HR 模式服务。假设我们的质量目标是平均 FER 在 1% 以下，可以从图 15-17 观察到，AMR 利用率达到60%时才能达到该FER性能指标。但是，当更多的用户处于AMR HR模式时，平均FER开始增加，并超过1%。在低负荷运维时，AMR HR利用率可以更高，这是因为更好的C/I分布使得AMR HR可用。

当采用HR信道模式时，网络中占据的时隙数量减少，这意味着在GSM系统内无线接口产生的干扰更少，同时也意味着在相同频带，其他系统可以和GSM共存。

15.4.3　单天线干扰消除

对于通过信号处理以消除或者抑制共信道小区干扰的单天线接收技术来说，单天线干扰消除是一个通用术语。具有SAIC功能的移动终端可以比没有SAIC的终端具有更高的抗干扰水平。这就允许网络运营商部署更密集的频率复用扇区，一旦GSM频谱需要与LTE或者WCDMA共用时，这是势不可挡的。在3GPP术语中，指示网络具有SAIC能力的移动终端称为下行先进接收机性能（Downlink Advanced Receiver Performance，DARP）阶段。

在相同的无线环境下，SAIC接收机比非SAIC接收机具有更好的原始BER性能，因此SAIC移动台可以报告更好的RXQUAL（RX Quality，接收质量）值。在其他因素中，由于功率控制由RXQUAL值触发，SAIC移动台可报告更好的质量样值，该值可以降低下行链路的发送功率。BTS发送功率的降低可以降低网络的整体干扰，反过来又比传统的无SAIC的移动台提高系统性能。

随着SAIC终端渗透的增加，下行链路功率控制算法可以更有效的降低BTS功率。这可以从图15-18中看出，该图描述了当SAIC终端渗透率从0增加到100%时，BTS发送功率的累积分布函数的变化情况。可以注意到，当SAIC移动台出现在现有网络中时，以低功率传输的突发数据的百分比增加。同时，相比于没有SAIC的终端情况，高功率时的传输爆发下降。GSM系统中下降的发送功率也有助于像LTE这种和GSM运行在相同频段的其他网络提供服务性能的提升（更多GSM和LTE共存的内容请参考第15.3.2节）。

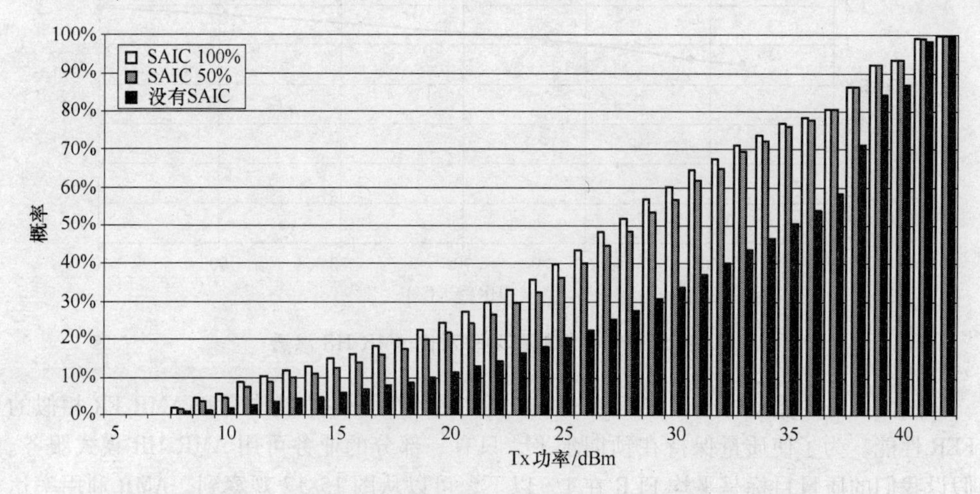

图15-18　不同SAIC渗透情况下的BTS Tx功率的累积分布函数

除了研究 SAIC 终端渗透对 TX 功率的分布影响之外，本文还给出了系统级仿真，以检验 SAIC 移动台对系统容量的影响。图 15-19 描述了在改变负载条件下，EFL 相关测量的不满意用户的百分比。语音质量由劣质采样（Bad Quality Samples，BQS）（FER 采样值的百分比高于2.1%）来评估。仿真场景设置为平均站址 2×2×2 配置，1/1 复用模式，移动配置（Mobile Allocation，MA）列表中定义了 9 次调频的异构网络簇。本仿真只考虑跳频层语音服务的性能，也就是说并未研究 BCCH 性能。值得注意的是，对于给定的负载条件，当 SAIC 终端渗透率从 0 上升到 100% 时，BQS 百分比降低。可以利用该增益保证语音质量处于一个满意的水平，即使由于复用场景中频谱降低导致网络 EFL 时也是如此。

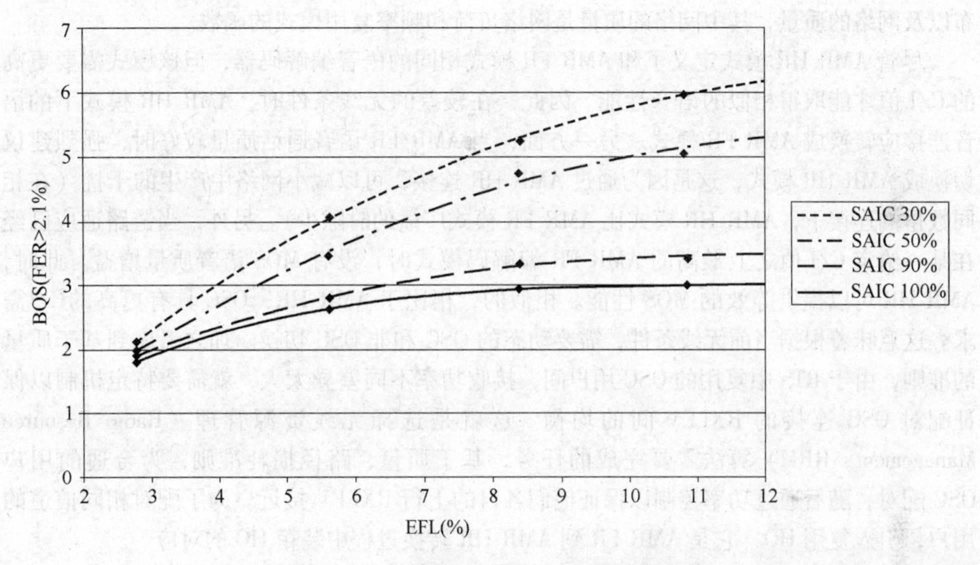

图 15-19 系统容量对比 SAIC 终端渗透率

15.4.4 正交子信道

除 SMS 之外，语音是移动产业中主要增收的业务。在很多国家，语音业务仍是移动运营商收入主要来源，预计未来很多年内，它将一直是重要业务。然而，当考虑到语音收入不断降低时，很明显运营商需要找到一种方式以减少 GSM 网络中提供语音业务所需花费。

为了提高 GSM 语音业务的花费效率，设计出一种创新特性，称作正交子信道。OSC 利用了 AMR 和 SAIC 特性提供的链路性能改善。它能使多达四个用户分配在同一射频时隙，这显著地提升了 BTS 硬件效率。在有 AMR FR 时，在相同的 TRX 上最多可分配 8 个用户——一旦激活 AMR HR 模式，TRX 的容量可以变为原来的两倍，在一根 TRX 上可以处理 16 路通话。OSC 再一次加倍 TRX 容量，而且该技术允许每根 TRX 上支持 32 路半速率连接。

和非 OSC 的场景相比，使用正交子信道特性意味着在相同 CS 业务下，只需更少的射频时隙甚至是 TRX 为其服务，或者说无需部署新 TRX 就可执行高的业务流量。就 OSC 的技术实现而言，在下行链路，该技术基于类似 QPSK 调制方式，此时用户以如下方式映射到 QPSK 星座图上：QPSK 符号的第一个比特分配给一个用户（子信道 0），第二个比特分配给另一个用户（子信道 1）。子信道之间相互正交，且可作为遗留 GMSK 信号（遗留 GMSK SAIC 手持终端可以分别接收它们）接收。然而，在上行链路方向，可以联合运用传统的 GMSK 调制和 2×2 多用户 MIMO 技术。BTS 处每个用户的实时接收需要采用天线分集和干扰消除算法，以区分两个正交的子信道。为了优化上行和下行方向的链路性能，不同的训练序列码字实时地分配给共享相同信道的终端。OSC 的设计要求移动手持终端支持 AMR 和 SAIC。来自 OSC 的增益严格依赖于 SAIC 移动台的渗透特性，小区的业务分布以及网络的质量，其中网络的质量是网络负荷和频率复用模式的函数。

尽管 AMR HR 模式定义了和 AMR FR 模式相同的语音编解码器，但该模式需要更高的 C/I 值才能取得相似的语音性能。因此，在较差的无线条件时，AMR HR 模式下的语音连接应转换成 AMR FR 模式。另一方面，当 AMR FR 语音通话质量较好时，强烈建议切换成 AMR HR 模式，这是因为通过 AMR HR 连接，可以减小网络中产生的干扰（在相同数量的连接下，AMR HR 模式比 AMR FR 模式广播的时隙少）。另外，当链路适应已经在某一给定 C/I 值之上最高的 AMR FR 编解码模式时，没有 MOS 语音质量增益。此时，AMR HR 可以提供等效的 MOS 性能。相似的，相比于 AMR HR，OSC 具有更高的C/I需求。这意味着根据当前无线条件，需要动态的 OSC 和非 OSC 切换。加之考虑到基于质量的准则，由于 BTS 中复用的 OSC 用户间，接收功率不同差异太大，就需要特定机制以保证配对 OSC 连接的 RXLEV 间的均衡。这就是选择无线资源管理（Radio Resource Management，RRM）算法需要完成的任务，基于质量，路径损耗准则，为合适的用户 OSC 配对，随后通过功率控制以保证他们各自的上行 RXLEV 接近。为了配对相同信道的用户，引入复用 HO，它是 AMR FR 到 AMR HR 转换过程中装箱 HO 的对应。

当为任一 OSC 子信道连接质量降到某一定义的门限值以下，或者上行 RXLEV 差别太高时，AMR FR 或者 AMR HR 激活复用 HO 模式。当无线条件变差时，执行复用 HO 以保留足够的语音质量。

OSC 的概念可以运用在 AMR HR 和 AMR FR 模式下，在双半速率（Double Half Rate，DHR）相同的无线时隙内，它可提供达到 4 个 AMR HR 连接的复用能力，双满速率（Double Full Rate，DFR）相同的无线时隙内，它可提供达到 2 个 AMR FR 连接的复用能力。

下面给出了 OSC 系统级的性能评估（只有 DHR 模式可用），动态网络级别的仿真结果。仿真中假定宏簇，3km/h 的典型城区（TU3）传播模型。网络簇包含来自城区和下城区的 123 个小区，平均每个小区配置 2 根 TRX。仿真中不包括 BCCH 层，仿真场景代表密集 1/1 频率复用模式和 9 个 TCH 调频的干扰受限的场景。SAIC 兼容终端渗透设置为 50%，平均语音间隔固定在 90s，上下行可以利用功率控制和不连续传输（DTX 因子等于 50%）。

仿真中将检测阻塞率作为性能指标，以评价激活 OSC 所带来的容量增益。当同时使用小区内所有可用的业务信道，且无法建立新连接时，认为通话发生阻塞。图 15-20

所示，仿真场景中可以取得接近15%的容量增益。图15-21和15.22所示，以仅有轻微语音质量下降为代价，OSC提供的HW效率得到改善，这通过平均帧删除率来评估。

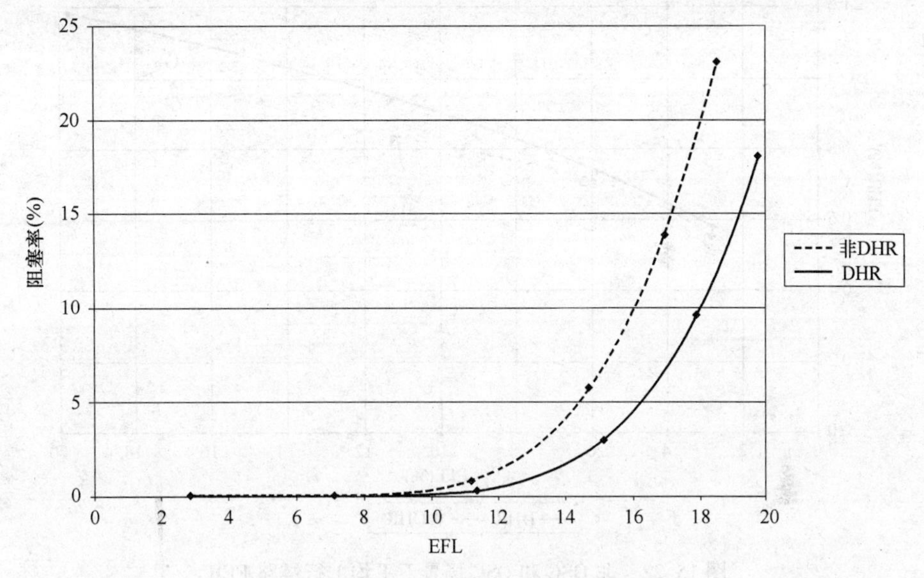

图15-20 非OSC和OSC场景下阻塞率

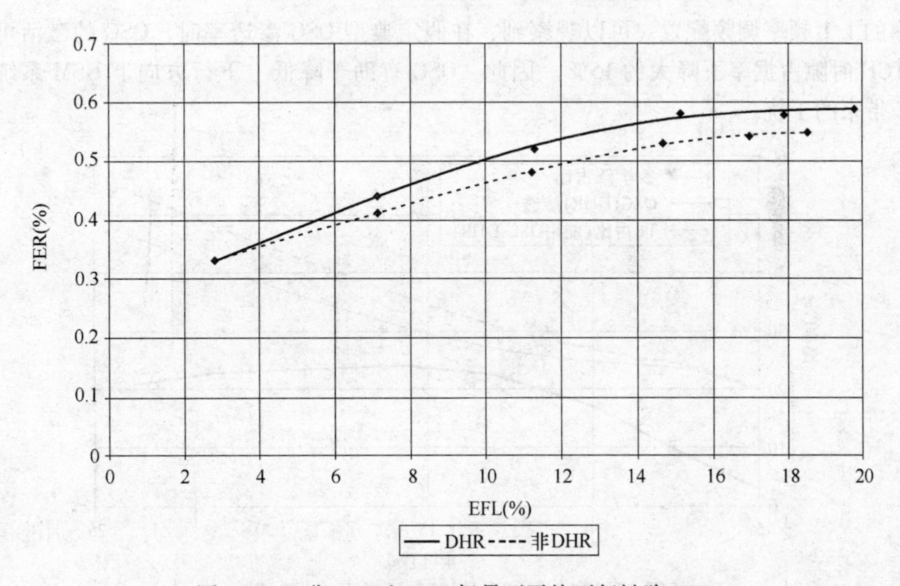

图15-21 非OSC和OSC场景下平均下行链路FER

由于OSC带来的HW效率提升，为相同的业务服务时，该场景所需的无线时隙少于无OSC场景。图15-23给出了依据爱尔兰部分负荷，时隙占据比作为网络负荷的函数。相关TS占据值表示只有AMR和变化的AMR HR渗透的场景，如图15-23所示，在网络负荷非常高时几乎达到100%。此处研究了每小区两跳TRX和MA列表中有9个

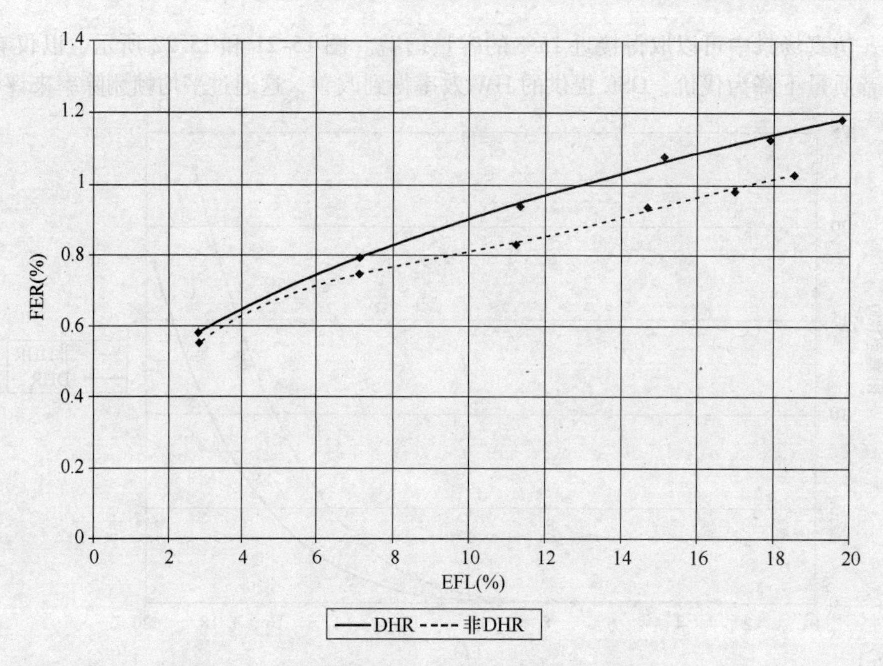

图 15-22 非 OSC 和 OSC 场景下平均上行链路 FER

频率的 1/1 频率调频配置。可以观察到，在假定典型 OSC 渗透率时，OSC 的激活可以使 TCH 时隙占据率下降大约 15%。因此，OSC 有助于降低上下行方向上 GSM 系统对 LTE 带来的干扰。

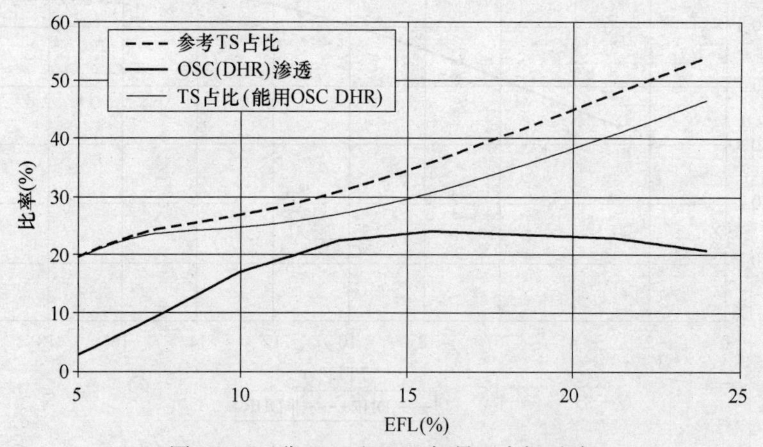

图 15-23 非 OSC 和 OSC 场景下占据时隙

为了验证 SAIC 移动渗透率对实现 DHR 模式带来的影响，本文额外仿真了 OSC 增益幅度。图 15-24 仿真结果表明，在 OSC 模式下，网络可处理的用户取决于具有 SAIC 功能终端的数量。SAIC 移动终端渗透率越高，小区内就可找到越多 DHR 复用的潜在参与者，因此，对于相同的复用/解复用准则，就可以取得更好的 DHR 实现。可以看出，当 SAIC 终端达到 100%（也就是网络中没有传统的接收机）时，整个簇的 DHR 实现从大约 20% 增加到 43%。如图 15-25 所示，在相同的网络负荷下，更高的 DHR 实现转换成更低的阻塞率，或者在对阻塞率无消极影响时，网络可以提供更多的业务量。

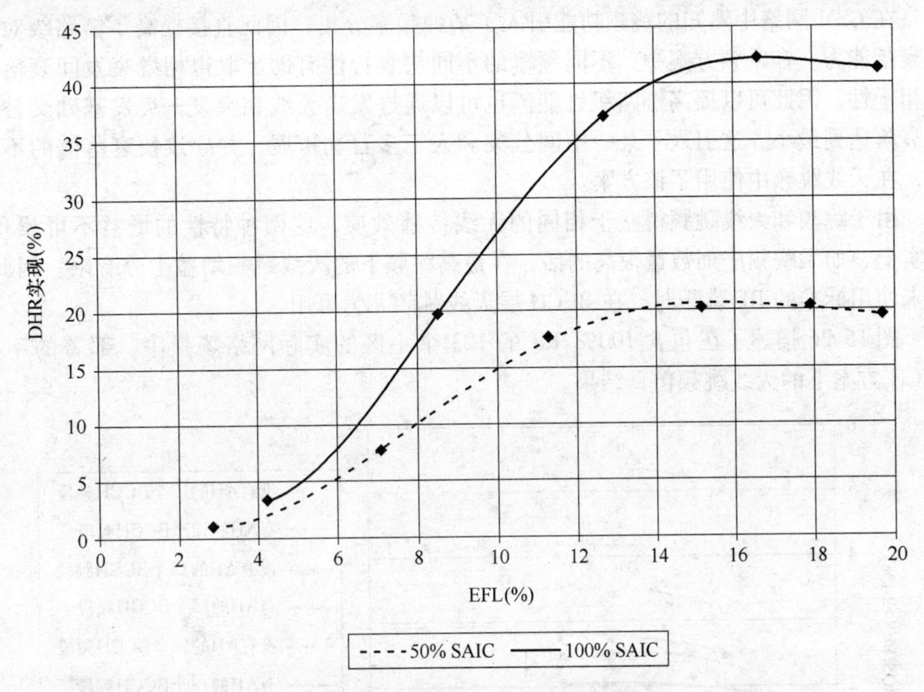

图 15-24　SAIC 移动渗透率在 50% 和 100% 场景时 DHR 的利用

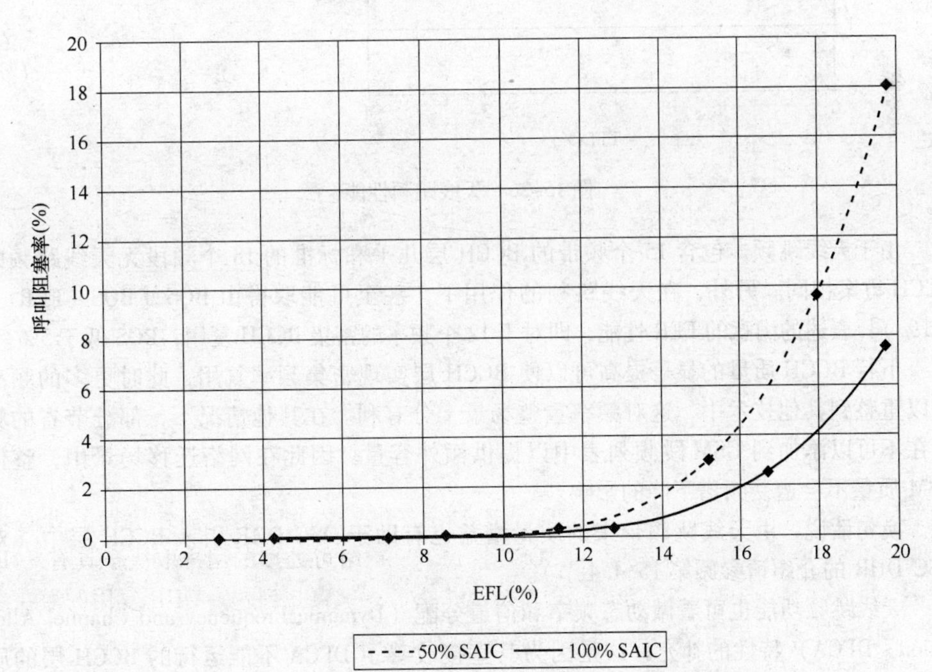

图 15-25　SAIC 移动渗透率在 50% 和 100% 场景时阻塞率

15.4.5 天线跳频

在 GSM 网络中熟知的跳频功能引入了某种频率分集，因此直接提高了链路级对抗深衰落能力。在跳频方案中，不同频率的不同快衰特性有助于取得相继突发间衰落的不相干性，因此可以提高链路级性能。也可以通过发送天线在突发—突发基础交替使深衰落达到最小，这引入了某一空间分集和人工多普勒扩展，并导致快衰落谱的不相关，在天线跳频中使用了该方案。

由于跳频和天线跳频得益于相同的无线传播效应，这两种特性的增益不可累积。事实上，如果跳频序列数量很高的话，在最高跳频下的天线跳频增益十分有限。因此，当未使用标准的 RF 跳频时，在 BCCH 层天线跳频尤为可用。

图 15-26 描述了在包含 100% FR 的 123 个小区的实际网络场景中，部署的不同 BCCH 方案下的天线跳频仿真结果。

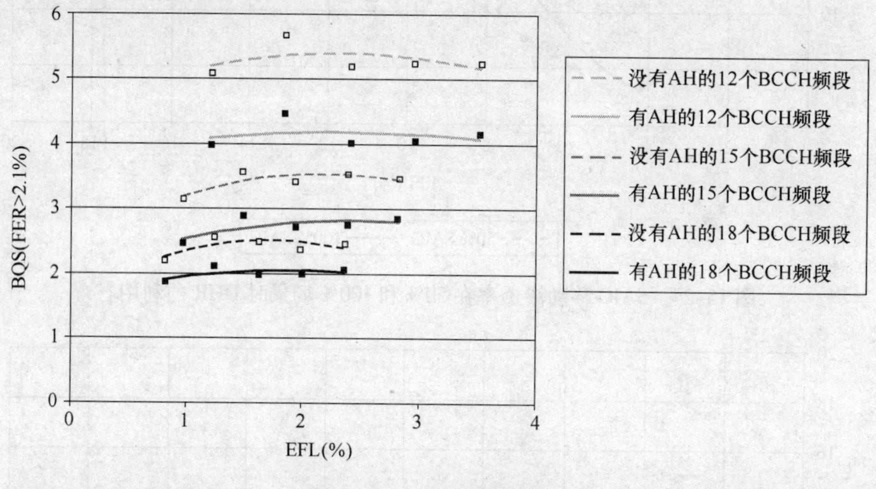

图 15-26 天线跳频性能

由于天线跳频，包含 15 个频带的 BCCH 层几乎和标准的 18 个频段无天线跳频的 BCCH 方案相同。另外，在天线跳频的作用下，甚至可能取得由 BQS [BQS (FER > 2.1%)] 表述的满意的 FER 性能，即对于 12 个频率的密集 BCCH 复用，BQS 低于 5%。

下行 BCCH 质量的显著提高可以使 BCCH 层实现密集频率复用，此时更多的频率可以重整到其他技术中，这对频率重整场景十分有利。在其他情况下，部分节省的频率在不可以添加到 GSM 跳频列表中以提供额外容量。因此在网络迁移场景中，整体 GSM 质量不会遭受频谱下降的影响。

换句话说，由天线跳频带来的质量增益也有助于 OSC DHR 引入 BCCH 层中（对 OSC DHR 的介绍请参阅第 15.4.4 节）。

天线跳频功能也可看做动态频率和信道分配（Dynamic Frequency and Channel Allocation，DFCA）特性的补充，这是因为其直接改善了 DFCA 不能运行的 BCCH 层的质量。进一步 DFCA 的细节请参阅第 15.4.7 节。

15.4.6 EGPRS2 和下行双载波

为了减少 GSM 系统和 LTE 系统间的 PS 性能差异，迫切需要向 GPRS/EDGE 网络中引入性能增强，以提高 2G 网络中用户感知到的吞吐量。如果连续 LTE 覆盖不可用（这将是 LTE 最初部署时最常见的情况）或大量 LTE 用户也可使用 GSM 时，该操作尤其必要。

3GPP R7 版本引入了这种 PS 性能增强，也就是下行双载波（Downlink Dual Carrier，DLDC）和 EGPRS-2。在 DLDC 功能的帮助下，PS 传输的 DL TBF 可以在两个独立的载波上分配，而不是之前版本中的一个。因此，可达下行吞吐量峰值会加倍。

在 EGPRS-2 中，EGPRS 的物理层发生改变。定义了新的调制方式（上升至 32QAM）和编码方案，并将其分组为两级：EGPRS-2A 和 EGPRS-2B。此外，EGPRS-2 功能合并 turbo 编码和更高符号率。上行线性 GMSK（Gaussian Minimum Shift Keying，高斯最小频移键控）脉冲形状比标准中定义的范围更广。DL 方向遗留的 LGMSK 脉冲形状改善的工作尚未包含在 3GPP 中[8]。若了解这些功能更进一步的细节，请参阅参考文献［7］。

和传统 EGPRS 传输相比，EGPRS-2 每个时隙的理论峰值吞吐量可以加倍，此外它可以工作在下行双载波功能之上。EGPRS-2 也改善了用户感知时延。图 15-27 给出了带有更宽脉冲形状的 EGPRS-2B（EGPRS 2B-W）与 DLDC 的仿真结果。仿真设置在 SMART 仿真器中包含 112 个小区的实际网络场景中，包含 17 个频段的 BCCH 层（关于 SMART 仿真器更进一步的描述，请参阅参考文献［7］）。

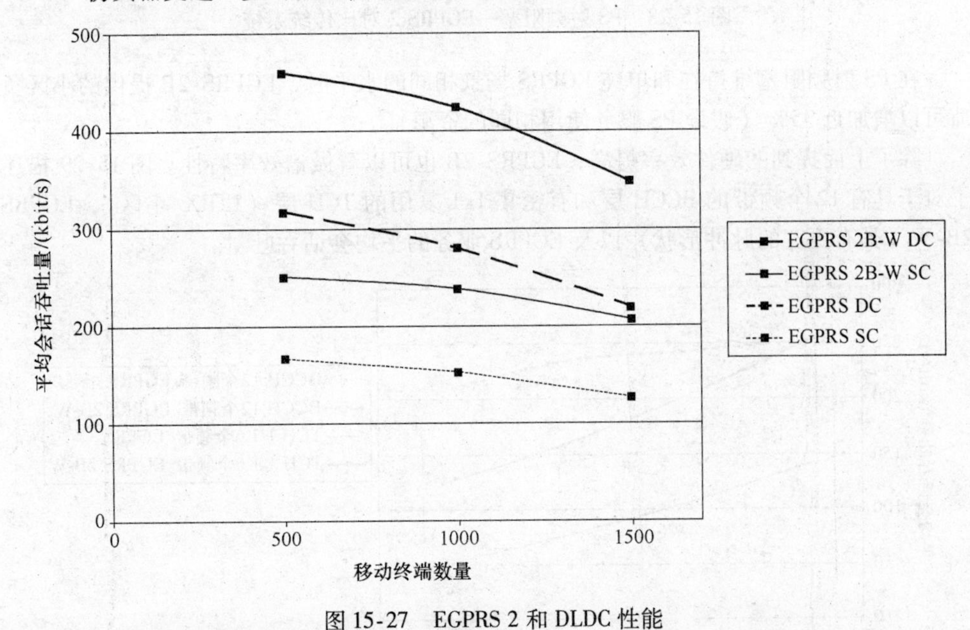

图 15-27 EGPRS 2 和 DLDC 性能

仿真场景中，如果 EGPRS-2 和 DLDC 共同实施，异构网络部署时的平均会话吞吐量几乎是遗留 EGPRS 的三倍，这使得多 RAT 环境中，这两种功能的实现极具吸引力。

由于 DLDC 和 EGPRS-2，PS 资源以及系统吞吐量在网络用户间分布更加有效，用户吞吐量显著提高，或者如图 15-27 所示，在不降低用户体验质量的情况下提高系统负荷。图 15-28 仿真了单小区中 HTTP 业务的 PS 射频阻塞。任一给定用户执行 HTTP 业务，每次业务都导致 1MB 的数据下载以及随后 12s 的短时暂停，这样做的目的是模拟实际用户浏览 WWW 网页时的行为。

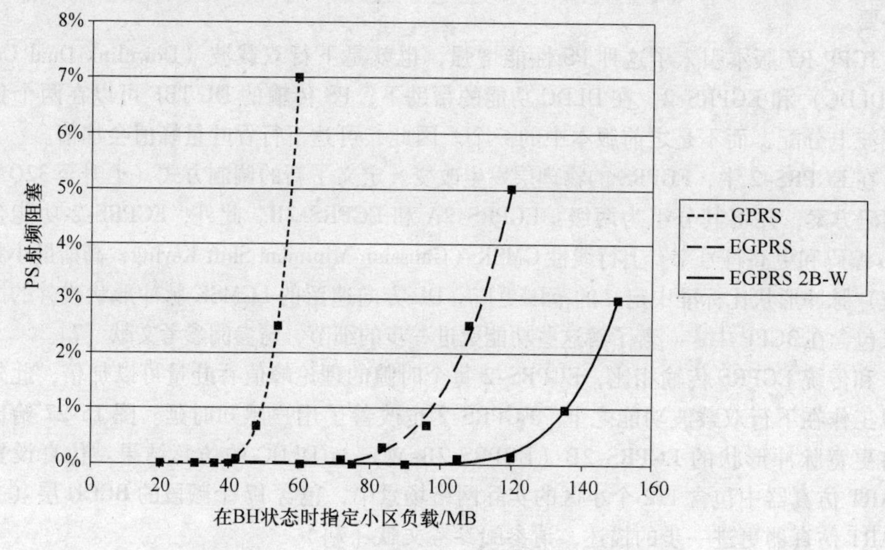

图 15-28 PS 射频阻塞—EGPRS 2 对比传统系统

在 PS 射频阻塞维持在和单纯 EGPRS 场景相同的水平时，EGPRS-2B 提供的小区负荷可以增加近 35%（假设 PS 服务使用相同的资源）。

除了上面提到的硬件效率提高，EGPRS-2B 也可以看做谱效率特性。图 15-29 描述了对于具有 12 个频带的 BCCH 层和有密集 1/1 复用的 TCH 层（1TRX/小区），EGPRS 2B-W（具有更宽的脉冲形状）以及 EGPRS 业务的平均会话吞吐量。

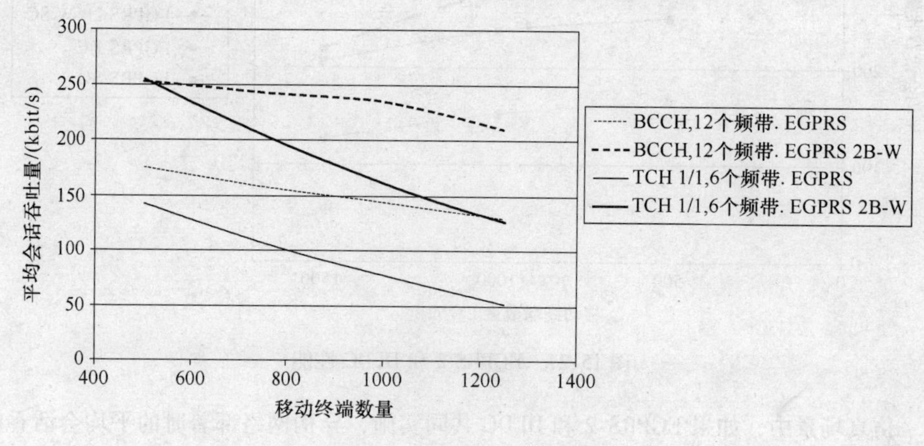

图 15-29 EGPRS 2 的谱效率

根据仿真结果，EGPRS 2B-W 的使用补偿了 TCH 层中 PS 传输可利用频带数量的限制，与 BCCH 层中带有 EGPRS 相比，有助于取得更好或者相似的吞吐量性能。EGPRS-2 功能的这个优点在网络迁移场景中尤其有利，在该场景中 GSM 频谱重用到其他技术，如 LTE 中去，当 GSM 网络运行在减少的频谱分配场景时，该优点有助于保证 GSM 网络适当的性能。

15.4.7 动态频率和信道分配

无线频谱资源十分宝贵，有限频谱资源需要公平地按需供应。频谱缺乏致使频谱利用率（量化了每兆赫兹网络能服务的业务量）成为关键度量，使得能允许以最有效的方式重用现有频谱的技术一直处于移动网络运营商的最高优先级。动态频率和信道分配作为一种先进的谱效率解决方案不可或缺，尤其在对于 WCDMA/HSPA 或 LTE 需求的频谱重用情况下更是如此。

与标准的随机跳频（平均整个网络的干扰）不同，DFCA 并未随机化干扰，而是对其进行控制，因此可以显著提升谱效率。干扰控制可以通过循环跳频和站址内同步来实现。

DFCA 中，每 TRX 的实际频率来自于 MA 列表并分配给 MAIO，每个 TDMA 帧改变成另外一个。在 TRX 之间的帧的同步保证了使用相同的 MA 列表的两路通话总是处于不同频带：它们使用相同的时隙号和相同的 MA 列表，但相互之间并不干扰，这是由于它们具有不同的 MAIO 分配。如果这些 TRX 属于相同的站址，它们向通常一样进行同步，而当其属于不同的站址时，它们需要同步以控制之间的干扰。

DFCA 把无线信道指定成时隙、MA、MAIO 和 TSC 的结合。它计算初始的 DL 和 UL 功率衰减，以保证从每次连接的初始时刻（标准的功率控制之前），只使用要求的功率级别。当为即将接入的通话（通话建立或切换）指定信道时，DFCA 评估所有可能的参与者，随后选择最合适的信道。因此，DFCA 对每一个可利用的无线信道估计 C/I。这么做的目的是对传入干扰（新通话遭受的干扰）和流出干扰（新连接对其他小区通话造成的干扰）选择最好的信道。基于移动测量报告估计潜在目标信道的 C/I 值。对于最新测量报告未包括的小区，通过收集来自小区内所有移动测量数据的长期邻区 RX 级别测量统计数据，可以得到 C/I 的估计值。这些统计数字作为干扰矩阵（Interference Matrix，IM）存储在 BSC 中。在这种方式下，DFCA 可以估计所有潜在的干扰小区的 C/I 值，即使一些小区不包括在最新测量报告中。对于包括在最新测量报告的邻小区来说，C/I 基于服务小区和邻小区的移动 RX 级的数值以及应用的 DL 功率降低值进行估计。对于其余的邻小区，可以使用统计的 C/I 估计值（来自干扰矩阵的数据）。

对每一个可利用的无线信道，有四种 C/I 估计值计算方式。接入的 C/I 描述来自于某些现存连接的干扰，该干扰能影响信道校准的新通话。新的连接也可能对使用相同或相邻无线信道的现存小区产生干扰。这可以通过确定每个潜在受到影响现存连接的流出 C/I 来检验。上下行方向分别估计流入和流出干扰。C/I 估计依赖于如下事实：由于使用站址同步和循环跳频，DFCA 网络中的干扰关系都是固定、可预测以及可控的。C/I 由联合测量报告、干扰矩阵和存储当前无线资源占用状态的 BSC 无线资源表共同决定。估计的 C/I 和目标 C/I 值（要求的 C/I）之间的差别可以计算，该差异值在 UL 和 DL 方向上分别计算流入和流出 C/I。在这四个 C/I 差异（为最强的干扰计算）中确定了最低值，随后在信道选择过程中将会使用这个最受约束的 C/I 差异值。

对所有的参与者确定最受限制的 C/I 差异值，拥有最高 C/I 值的信道用软阻塞限制核查。软阻塞限制是用 dB 衡量的配置门限，以保证新的连接不会产生或者不会受到强干扰。打破软阻塞的信道要求服务于小区的无 DFCA TRX（典型的 BCCH TRX）。该软阻塞的验证过程即为 DFCA 网络中准许控制机制。

DFCA 也关系到训练序列码字（Training Sequence Code，TSC）校准。在发现合适的信道后，BSC 通过检查所有的可能干扰连接确定最合适的 TSC。BSC 搜索干扰连接使用的 TSC，该干扰连接以高 C/I 为特征。这意味着对于选择的 MA，MAIO 和时隙的结合，C/I 差异逐 TSC 进行检查。训练序列码字选择旨在避免最差场景情况，此时大量干扰源使用相同的训练序列码字作为新的连接。带有显著干扰的冲突可能会引起接收机获得不正确的信道估计，因此会导致链路级性能下降。针对此原因，DFCA 算法选择出连接最高 C/I 差异值使用的 TSC，以保证新的连接不会受到来自 TSC 互相关的意外影响。

上述提及的信道选择过程可用于任何具有特定 C/I 目标和 C/I 软阻塞门限的服务类型（例如 EFR、AMR HR、SDCCH 和（E）GPRS）。

DFCA 允许对于不同的服务类型设置不同的 QoS 需求（通过不同 C/I 目标门限）。这一操作十分必要，因为这些服务对干扰的健壮性随着不同的信道编码变化显著。例如，用语音质量衡量的话，AMR 连接在保持可比拟的性能时，可以容忍比 EFR 更高的干扰级别。对于（E）GPRS 服务，通常设置高 C/I 需求，以利于高调制和编码方式（modulation and coding schemes，MCS）。对于能在较高的干扰级别上提供足够质量的 SAIC 移动台而言，特殊可配置补偿应用在特定连接类型的 C/I 上目标和 C/I 软阻塞门限上。

高网络负荷的条件下，占用更多的资源，DFCA 在信道选择上没有更多自由度。因此，在高负荷场景下增加半速率场景的使用好处颇多，即使小区内有足够的硬件资源也是如此。因此，DFCA 引入了受迫半速率模式。受迫 HR 模式是基于估计的平均输入 DL C/I 值，在半速率和全速率间选择信道速率的一种方式。平均 DL C/I 比提供了 DFCA频率负荷的良好基准，因此可以用来强行 HR 分配。如果平均 C/I 值下降到配置门限以下，受迫 HR 模式被激活。

与其他信道分配方式相比，DFCA 的主要特点在于 DFCA 能够动态适应干扰环境的改变。通过控制干扰，DFCA 功能可以提供具有最高质量的无线信道分配可能的最好方式。

通过将 DFCA 性能和 1×1 复用的随机跳频情况下相关场景进行比较，网络级仿真可以评估 DFCA 的性能。导入城市中心和周边地区的实际网络布局，可以创建实际的网络仿真场景。为了实现实际网络的小区负荷，仿真中使用不均匀的业务分布。在相关和 DFCA 场景中，使用9 个跳频。鉴于 BCCH 层使用的 12 个频率，因此该网络中总共使用 4. 2MHz。

如图 15-30 所示，激活 DFCA 特性后，能允许 HR 使用增加 35 个百分点。对于硬件效率而言，由于2/3数量的TRX可以为相同的业务服务，该操作好处巨大（与正常的硬件资源数量相比）。

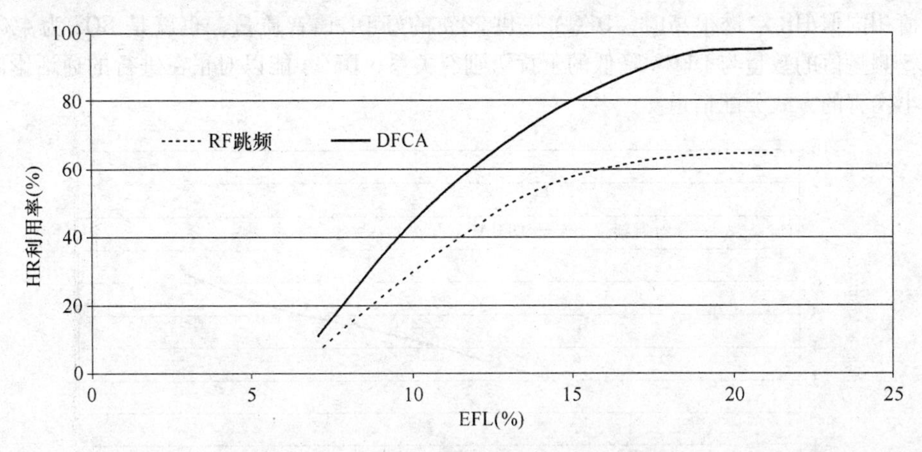

图15-30 在DFCA和RF跳频中HR的利用

在RF跳频时，HR渗透的饱和度达到63%的级别。在这个级别之上，无线质量变得非常差，以至于即使满足负载条件时，也不能允许更进一步的HR分配。有DFCA操作时，更好的无线条件可以允许95% HR使用（只有非常小的一部分通话由于无线质量太差，而不能分配成HR）。

DFCA保证干扰控制，可以获得更好的整体C/I条件，因此可以获得更高的HR使用率。在此基础上，诸如掉话率（Dropped Call Rate，DCR）和BQS等其他关键性能指示（Key Performance Indicators，KPI）减少。

如图15-31所示，从仿真结果可以看出，DFCA降低DCR（14%的EFL时，可以获得将近20%的质量增益）。加上提高的DCR，仿真可以很明显地看出BQS的改善。BQS作为SACCH帧中FER大于2.1%的帧与所有样值的百分比计算得出。该定义意味着BQS反映了终端用户感知到的语音质量。

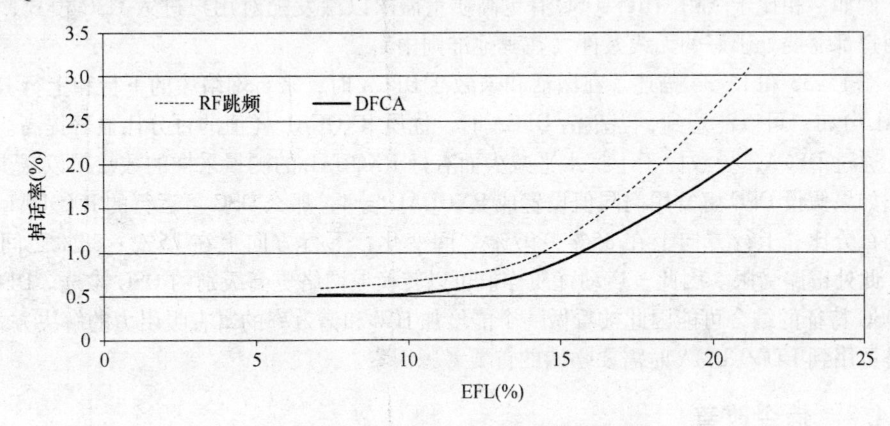

图15-31 DFCA和RF跳频中的掉话率

将 BQS 为 5% 看作中断门限，在该值之上终端用户开始感受到难以接受的语音质量。在 EFL13% 时，带有 RF 跳频的仿真网络达到 5% 的门限。图 15-32 所示，在业务负荷相同但 HR 渗透很高时，DFCA 提供 20% 的好 DL 语音质量，也就是 BQS 为 4%。BQS 测量值的数量与 DFCA 降低的干扰级别有关系，DFCA 能以对正在进行的通话影响最小伤害的方式分配信道。

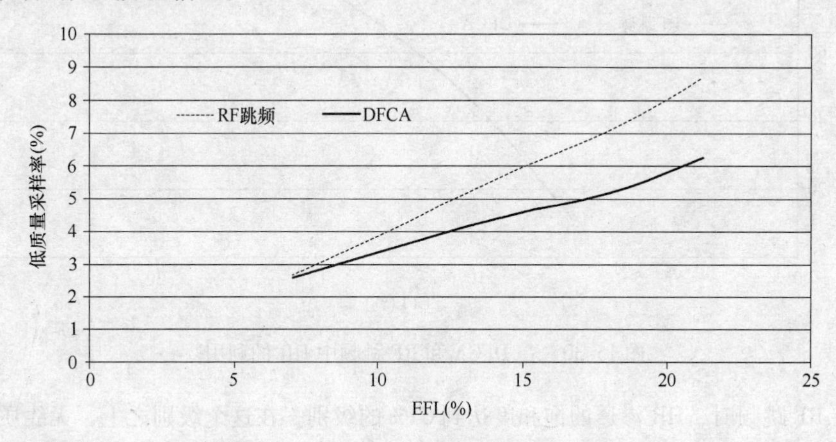

图 15-32 在 DFCA 和 RF 跳频中 DL 的 BQS

从仿真数据可以看出，DFCA 功能带来显著的谱效率增益。这意味着 DFCA 允许运营商可以在紧缩的频谱上为相同的业务提供服务，而质量维持在满意的水平。在这种方式下，DFCA 成为允许诸如 WCDMA/HSPA 或者 LTE 等其他技术频谱重用的最好频谱效率解决方案。

1. 动态频率和信道分配与正交子信道

DFCA 谱效率特性可以通过智能地、有干扰意识地分配无线资源来提高网络质量。网络质量的改善主要基于以下几个事实：首先，DFCA 对给定的服务分配能提供充分性能的信道，其次，DFCA 保证在已选信道上分配连接对正在进行的通话的影响降至最小。例如，相比于 AMR HR，OSC 有更高质量需求以激发配对用户进入 OSC 模式，两个用户都需要处于好的无线条件（在其他准则中）。

图 15-33 和 15-34 描述了在激活和未激活 DFCA 时，来自网络簇的下行和上行 RX-QUAL 分布。可以注意到，当激活 DFCA 时，优质 RXQUAL 样值的百分比显著提高。

通过 DFCA，导致由于干扰水平减少而有好 RXQUAL 的测量采样的数量得以减少。

如果假设 OSC 解复用门限值设置成 RXQUAL = 4，那么 OSC 可运行的 RXQUAL 样值的百分比，上行方向上在 85% ~97% 之间变化，下行方向上在 75% ~88% 之间变化，此处链路受限。因此，启动优质样值可以转换成网络更高级别的 OSC 渗透。DFCA 和 OSC 特征的结合可能因此被看做一个能增加 HW 和谱效率的富有吸引力的解决方式，这是重用到 LTE/CDMA 时需要强调的首要考虑因素。

15.4.8 信令改善

支持 GSM 业务和信令信道运行在一个缩减（窄带）频谱上的先进技术必不可少，

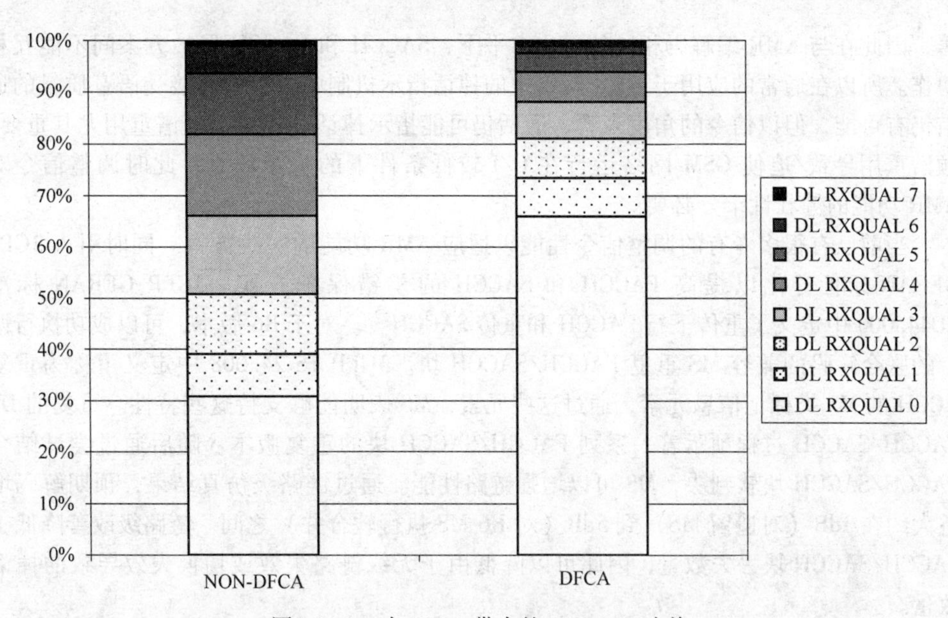

图15-33 由DFCA带来的RXQUAL改善

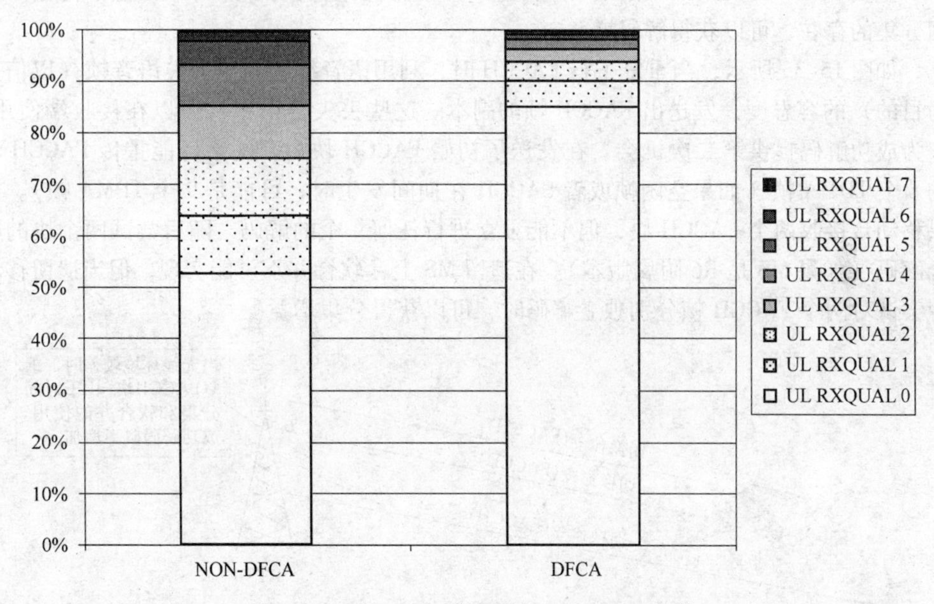

图15-34 由DFCA带来的UL RXQUAL改善

以保证为LTE需求GSM频谱重用时，正确运行已有的GSM基站。

最初的3GPP标准中，设计FACCH和SACCH信令健壮性，以匹配标准编解码（全速率、半速率和增强型全速率）中的差错保护方案。随着AMR语音编码的引入，业务信道的健壮性得到显著改善。健壮性最好的AMR编解码模式，AFS 4.75和AFS 5.9，即使在非常低的C/I水平也可以提供充分好的语音质量。然而，信令并未由AMR改善，因此在与 AMR 编解码相同的 C/I 水平下，SACCH 和 FACCH 保护方案间不能互相协作。所以在通常的应用于 AMR 网络中的掉话指示机制中，尽管可接受语音质量的通信仍有可能，但以信令的角度来看，通话仍可能指示掉话。这对于频谱重用尤其重要，频谱重用导致/迫使 GSM 网络运行在 C/I 较低条件下的窄带场景，此时调整信令对 AMR 功能的健壮性十分必要。

当前已有很多专有的调整信令性能以适应 AMR 功能的解决方案。同时引入 3GPP GERAN 标准变化以提高 FACCH 和 SACCH 的差错保护方案。3GPP GERAN 标准 TD44.006 中定义了重传下行 FACCH 和重传 SACCH[9]。对于 R6 版本，可以成功执行两者的联合解码的兼容 MS 重复 FACCH/SACCH 块。3GPP TS 24.008 中定义了称为重复 ACCH 的 MS 类标记信息元素，通过这些元素，MS 表明能够支持这些特性。重复的 DL FACCH/SACCH 过程预示着一系列 FACCH/SACCH 块的重复版本。随后通过尝试结合 FACCH/SACCH 块软判决，MS 可以增强链路性能。通过链路级仿真结果，预期解码增益大约在 3dB（对遗留 MS）到 5dB（对 R6 MS 执行软合并）之间。链路级改善降低了 FACCH/SACCH 块丢失数量，因此可以降低由于无线链路失效或切换失效导致的掉话数量。

重复 FACCH 基于如下原则：当重复 FACCH 块在接收端合并时，得益于传输间时间分集的存在，可以获得解码增益。

如图 15-35 所示，当重复下行 FACCH 时，利用语音编解码对丢失语音帧（以信令为目的）的容忍度，发送出 FACCH 帧的副本。这些丢失的语音帧可以在接收端使用，来为成功解码提供第二次机会。在发送了初始 FACCH 块后，网络可能重传 FACCH 块的 8 个 TDMA 帧（如果空闲帧或者 SACCH 在期间发生时，可能是 9 个 TDMA 帧）。如果移动台接收两个 FACCH 块，但不能独立进行任何一个的解码，随后尝试两个块的联合解码（如果 MS 是 R6 附属版本）。在遗留 MS 上，软合并不可能实现，但当遗留移动台尝试对两个 FACCH 帧分别独立解码时，可以获得分集增益。

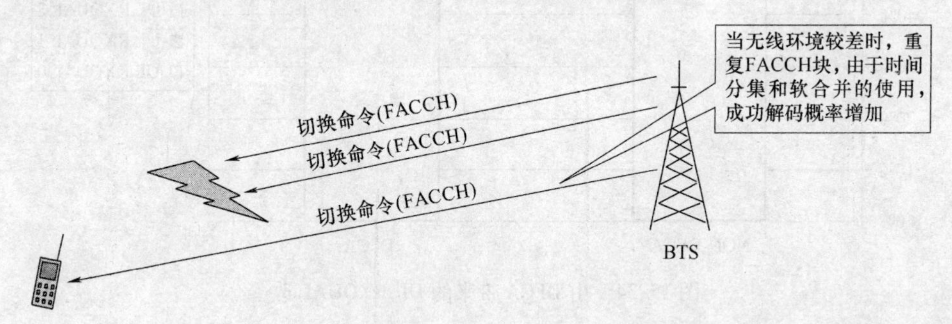

图 15-35　重复 FACCH 过程

与重复下行 FACCH 相类似，重复 SACCH 利用了重复传输间的时间分集以增加成功解码的似然函数。对于下行 SACCH 接收，MS 尝试首先解码单个 SACCH 块（不试图把它和之前接收的块连接起来）。如果解码失效，移动要求 SACCH 重传。在下一个 SACCH 帧时，移动台在把它和之前接收的 SACCH 帧联合后，尝试解码。图 15-36 所示，对于上行的SACCH重传，MS首先检查重复的SACCH是否由网络排序（通过检查最后一个DL SACCH块标志），以及之前的SACCH块是否已经重传。随后，移动台发送帧的副本，取代初始的调度帧。

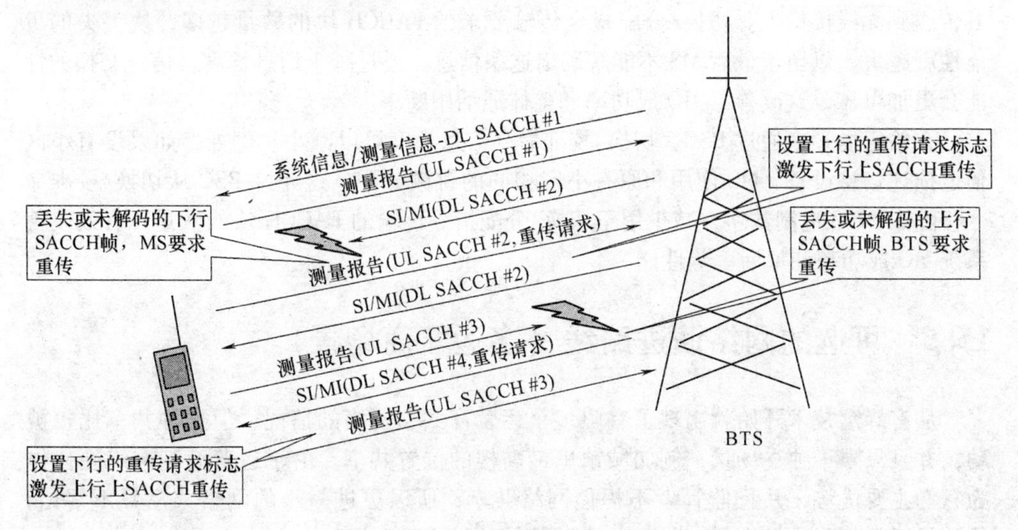

图15-36 重复SACCH过程

为了调整信令性能使其适应AMR功能，无线网络设备供应商开发出一些专有解决方案。在这些解决方案中，其中一种反映了在有无AMR通话时无线链路超时分别设置中，AMR对抗干扰的不同健壮性。无线链路超时（Radio Link Timeout，RLT）的目的在于，当语音质量下降到大多数用户会人工中断通话时，其可以迫使释放通话链路。考虑到AMR通话比EFR通话更健壮，从信令的观点来看，AMR和无AMR通话的公共RLT值可能会引起AMR通话不必需的掉线（当语音质量仍在可接受的水平上）。由于这个原因，AMR和无AMR时采用不同的RLT门限值。实际网络的实验证明，当语音质量维持在可接受水平时，增加RLT（例如从EFR的20增到AMR的32）可显著降低掉话。

通过把临时高DL传输功率应用在FACCH和SACCH上，具有对AMR功能微调信令性能的下一代专有技术能提高信令信道的C/I值。对遵循R5以及更早版本的手持终端来说，重传FACCH能带来C/I值3dB的改善，这不足以使最健壮的AMR FR编译码器可靠运行。因此，对于遗留移动台而言，在功率控制过程提供的水平之上，采用FACCH/SACCH功率增量特性，并且临时增量为信令信道发送功率。功率增量是一个实用和完全向后兼容的选择，以提高FACCH/SACCH帧成功解码的概率。在正常无线环境下，业务信道采用由功率控制算法决定的功率传输FACCH和SACCH。然而，在较差的无线环境下，基于专有激活机制（例如，基于RXQUAL，基于FACCH重传或基于MS编译码需求），与当前采用有功率控制的TCH传输功率相比，FACCH和SACCH需提高2dB功率，互相独立传输。为了避免TCH上干扰水平持续高功率的不良影响，仅在无线条件降低至某一质量门限值以下时，增加FACCH和SACCH功率，或者说，要求FACCH重传或者MS要求最低的下行编解码（这标志无线环境较差）。

另外一个调整信令性能使适应 AMR 健壮性的专有解决方案是减少切换（HO）信令消息的长度。切换指令（在小区内 HO 使用）和分配指令（小区间 HO）是切换过程中两种最长的信息，对切换性能影响最大。这些信息越长，就需要越多的 FACCH 块将其传送到无线接口上。切换/分配指令传输要求的 FACCH 块的数量越多，块丢失的可能性就越大，以至于最后 MS 不能解码出这条信息。通过减少消息长度，信令交换的性能会更加可靠，这改善了 HO 成功率和整体通话中断率。

在给定场景中通过 BSC、切换/校准命令信息长度可以减小。例如，如果没有小区信道描述信息设备，MS 使用和原有小区相同的跳频分配。这允许 BSC 从切换/校准命令移除 17 个八进制数字，减少用于切换/分配指令传输的 FACCH 块的数量，有效改善系统 HO 成功率和掉话率等性能。

15.5 可选的网络演进路线（多运营商场景）

从有蜂窝技术开始就出现了有限多个运营商共享网络的情况，但这种共享比较被动，并且只限于独立场景，例如城镇里最高楼的位置共享。由于运营商把网络硬件作为它们主要优势，并且监管者不提倡网络共享，所以更进一步的网络共享并不常见。然而最近几年形式发生了变化，究其原因主要有以下几方面。

1）经济的萧条使得运营商不愿意多花钱及降低 ARPU。

2）由于新技术主要提供数据的平稳传递，ARPU 可能不会增加。

3）可分配频谱资源的稀缺。

4）LTE 技术能够提供连续高带宽的需求，从而获得高数据吞吐量（由于信令开销及调度不灵活，LTE 在 1.4 或 3MHz 带宽的部署可能没法满足吞吐量的要求——15.3 节中也提到过）。

5）LTE 及传统无线接入技术的先进性能够提供更大灵活性（例如载波聚合）及获得更高的频谱效率（例如 MIMO 和 EGPRS-2）。

6）据预测，通信数据量将激增（好几个数量级），这就要求现有的投资能够满足未来几年通信数据量增长的需求。

7）缩减开销的举措，要求 MNO（移动网络运营商）将部分活动外包。

8）市场上新的商业模式的出现（移动设备制造商提供的管理服务，第三方公司拥有并且管理网络）。

9）发展中国家用户基础的迅速发展，但是 ARPU 低、代价大（缺乏电力网和昂贵的回程等）。

10）运营商为减少对环境污染开展绿色通信的压力。

CAPEX 和 OPEX 的设置能够大大减少移动运营商的开支，而运营商也希望能节约成本。此外，LTE（全 IP、灵活频谱、灵活带宽和载波聚合）就是为方便网络共享方式设计的，并且网络共享机制从开始就建立在标准中。由于将来可能出现连续频谱资源稀缺的情况，LTE 技术将会提供网络间同一频率共享方法，即运营商不仅能够获得满意的 LTE 服务（如拥有至少 5MHz 的带宽，理想下为 10 或 20MHz），还能够同时使用 LTE 和 GSM 技术。图 15-37 为我们描述了两家运营商从网络共享环境中共同获利的情形。图中描述的情形是在 900MHz 带宽及非协作的环境下（例如在一对一情况下 LTE 不会再利用现有的场地）。考虑到频谱重用不可行，运营商无法重新安排频谱段的分配。运营商“B”有两段分开的频谱（总共 9MHz），而运营商 C 有一段连续的 7.4MHz 宽的频谱（第三家运营商“A”是出于完整性而给出的）。所有运营商都使用频谱提供 GSM 服务，但希望能在尽可能宽的带宽上引进 LTE 的同时继续提供 GSM。从图中可以看出 B 和 C 都面临着以下挑战。

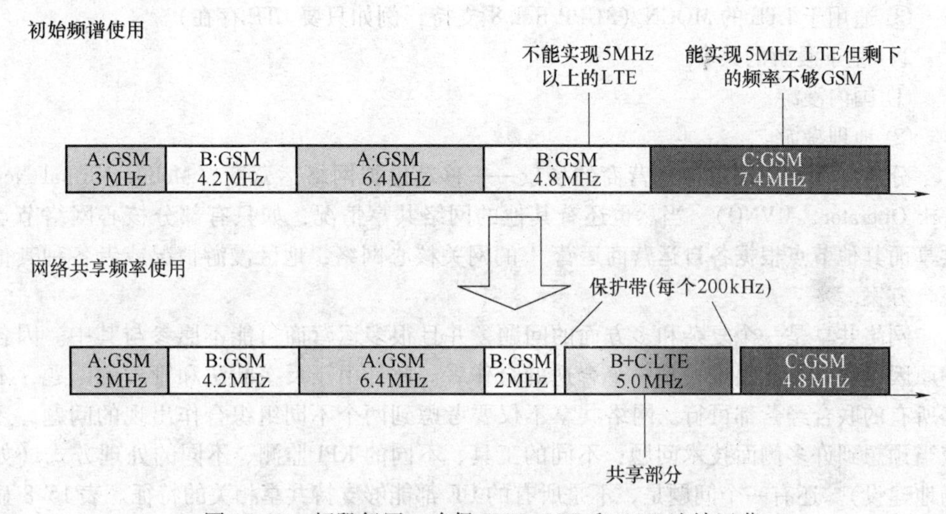

图 15-37 频段复用：确保 5MHz LTE 和 GSM 连续运营

1）由于连续频谱资源不足，运营商“B”不能在 5MHz 的带宽上部署 LTE。事实上，网络共享情况下能给 LTE 提供 5MHz 带宽。

2）运营商“C”能在 5MHz 带宽上部署 LTE，但这样就没有足够的资源继续提供 GSM 服务（至少在 900MHz 带宽上）了，使得 GSM 服务质量会有所下降。

注意到，如果假定要提供满意的 GSM 服务，则在 BCCH 层需要至少 15 个信道（3MHz 带宽）（请参考 15.4.5 节）。在非协作场景下还应当考虑保护带宽的需求（见表 15-5）。如果 B 和 C 愿意提供 5MHz 带宽为 LTE 服务，实际它们需要提供 5.4MHz 带宽，因为还需要 200kHz 宽的频率间隔作保护带宽。当有共享带宽提供 LTE 服务时，两家运营商都还有足够的带宽提供 GSM 服务。注意，在某些特殊情况下，为了保证 GSM 网络运作良好，还应当满足 GSM 的某些特征（如公共 BCCH），这取决于其他频段上的频谱分布，如 1800MHz——详细描述可参考 15.4 节。

15.5.1 网络共享介绍

不同网络的共享可能会用到以下主要原理。

（1）参与者使用各自的频率载波

1）共享 BTS 设备和 BSC 资源的多运营商基站子系统（Multi-Operator Base Station Subsystem，MOBSS）方案适用于 GERAN。

2）共享（e）NodeB 设备和 RNC 的多运营商无线接入网（Multi-Operator Radio Access Network，MORAN）是 WCDMA 和 LTE 系统特有的。

（2）所有运营商都使用同一频率

1）基于 RAN 的共享

① 适用于 GERAN 的多运营商核心网络（Multi-Operator Core Network，MOCN）（3GPP Rel. 10 部分支持，Rel. 11 完全支持）。

② 适用于 WCDMA 的 MOCN（3GPP Rel. 6 支持）。

③ 适用于 LTE 的 MOCN（3GPP Rel. 8 支持，例如只要 LTE 存在）。

2）基于漫游的共享

① 国内漫游。

② 地理漫游。

分析中没有提及虚拟运营商的场景——移动虚拟网络运营商（Mobile Virtual Network Operator，MVNO）。当然也还有其他的网络共享情况，如只有部分核心网络节点共享而其他节点根据各自运营商运营[11]的网关核心网络，地区漫游情况或者各种其他混合方案。

网络共享是一个复杂和多方面的问题，并且很多运营商可能不愿参与其中。因各种原因运营商可能很难找到一个合适的合作者。此外由于反垄断法和管理的问题，不是所有的联合经营都可行。网络共享不仅要考虑到两个不同组织合作出现的问题，还应当预想到许多侧面技术问题：不同的工具、不同的 KPI 监测、不同的处理方式（如场地建设）。还有一个问题是，不是所有的 UE 都能够支持共享相关的特征。表 15-8 显示了详细的兼容性矩阵（“+”表示完全支持，“-”表示不支持，+/-表示支持表格下面介绍的内容；“n/a”代表不适用）。

表 15-8　网络共享兼容模型

UE 3GPP 版本	每项技术的网络共享方法					
	MOBSS (GERAN)	MORAN (WCDMA)	MORAN (LTE)	MOCN (GERAN)	MOCN (WCDMA)	MOCN (LTE)
Below Rel. 99	+	n/a[b]	n/a[b]	+/-[a]	n/a[b]	n/a[b]
Rel. 99，4 and 5	+	+	n/a[b]	+/-[a]	+/-[a]	n/a[b]
Rel. 6 and 7	+	+	n/a[b]	+/-[a]	+	n/a[b]
Rel. 8，9 and 10	+	+	+	+/-[a]	+	+
Rel. 11	+	+	+	+	+	+

a　只支持单 PLMN。需要能够支持 NITZ 和等价的 PLMN。

b　WCDMA UMTS 从 Rel. 99 开始，LTE 从 Rel. 8 开始。

15.5.2　MORAN 与 MOBSS

MORAN/MOBSS 功能允许多个运营商共享物理无线接入节点，每家参与者拥有并维持自己的移动网络组成部分。特别说明下，核心网络部分不共享，如图 15-38 所示。

共享物理设备的运营商继续使用它们自己的频谱。每家运营商都有自己专用的射频资源，因此它们可以拥有自己的PLMN身份、载波频率及蜂窝ID。其他网络参数可以不同或相同。在共享网络覆盖范围内能为每家运营商的特定终端用户提供服务。由于运营商的PLMN出现在通常使用的频段上，而且每个运营商都适用自己的PLMN ID，UE也继续显示自己运营商的商标，因此对移动基站来说网络共享是透明的。使用MORAN/MOBSS的功能不会妨碍参与的运营商同时运营自己的专用RAN网络，但在用户平面或控制平面信息处理方面还需要做些修改。共享无线接入节点需要正确识别每个用户的信息目的地。UE注册的PLMN是不同的。注意CGI格式中应注明蜂窝号，从而确保在运营商中的唯一性（在给定的网络中只有在一个注册区内的蜂窝ID才是唯一的）。

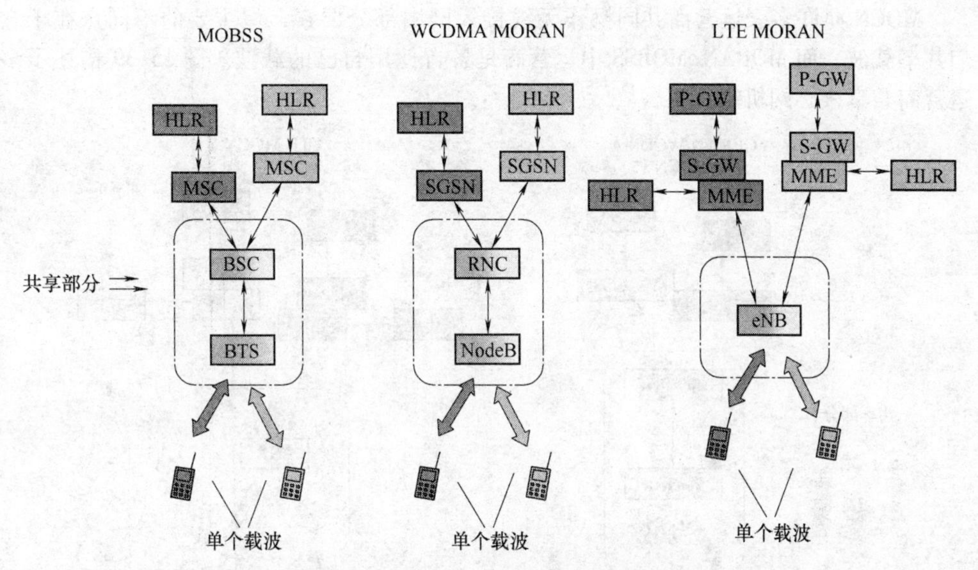

图15-38 MOBSS/MORAN共享场景

实际上，在MORAN/MOBSS方案中，以下几种网络要素可以共享。

1）（e）NodeB（MORAN）或BTS（MOBSS）设备（基带资源、电池支撑、空间环境等）。

2）回程设备（不是所有情况都必要）。

3）场地相关要素（建筑、塔、机房、天线和馈线）。

4）控制节点处理能力（RNC和resp. BSC）。

参与者在网络操作方面应当进行协调：网络规划和测量，网络部署和维护，设备更新（软件实现和容量提升）。然而，每个参与者都负责提供各自的授权频谱，提供或运营它们自己的核心网络。它们也要定义和使用自己的蜂窝参数（如蜂窝选择/切换门限和邻居列表），并且为终端用户提供自己的特定服务。每家运营商都维持好自己网络性能和故障检查。

应用MORAN或MOBSS共享方案的主要优势在于能够立即减少设备开销或节约

OPEX。由于设备量及因找到并且获得需要的场地而花费的工作可以大大减少，对于绿色运营商来说这种共享方案可以很大程度地减少进入市场的开销。另一个优势是可以方便有效地覆盖通信量少的区域。MORAN/MOBSS 允许参与的运营商自行维持各自网络通信，如质量及容量，且不限制运营商与第三方签订个人漫游协议（由于有个人 PLMN ID）。这种网络共享给每家运营商的专用无线接入设备留了条安全出路，以防通信量的增加或其他参与者在共享政策方面作出不利的改变。MORAN/MOBSS 还有个优势是所有终端均完全支持这方案。然而，MORAN 及 MOBSS 可能会由于共享运营商之间缺乏协作而无法实现。

15.5.3　MOCN

MOCN 允许多家运营商共同操作无线接入网中部分要素，但主要的不同点在于它们共享载波，而 MORAN/MOBSS 中运营商是各自使用自己的载波。图 15-39 描述了多运营商共享核心网机制。

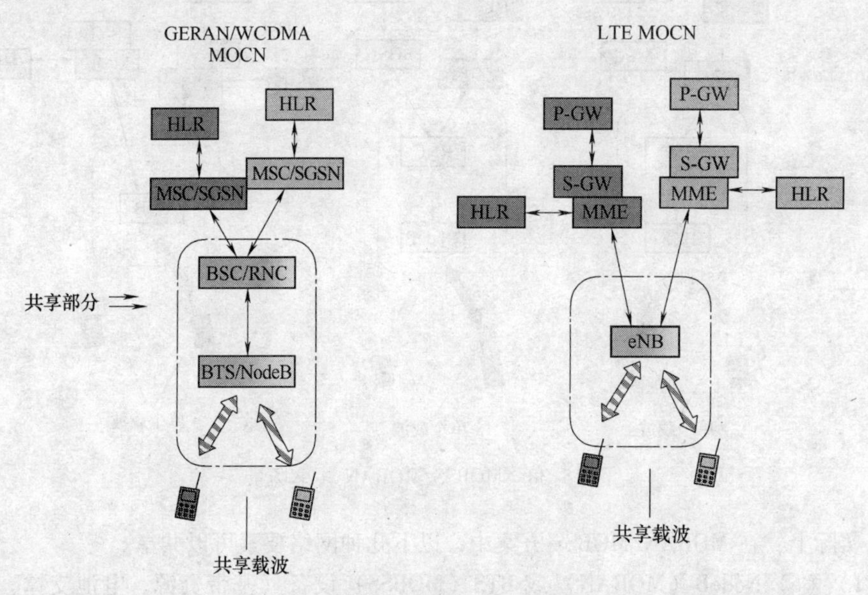

图 15-39　MOCN 共享场景

这对移动基站及网络的共享部件来说有直接的影响。使用的载波频率可以是运营商通常使用的频率，也可以是另外网络共享部分专用的频率。注意到参与的运营商可能会决定预先重整它们的 GSM/WCDMA/LTE 网络，以实现基于 MOCN 的网络共享。

由于参与的每家运营商的移动基站都要能获得共享网络的识别号，因此在广播系统中识别网络是一个挑战性问题。共享节点应当能够根据允许的服务标准监测每家运营商的通信量，并且能够正确地引导用户及控制平面数据，使之能到达核心网中正确的目的地。在 R6 中 GERAN 特征加入到了 WCDMA 中，并且从开始（R8）就建立在 LTE 标准中。GERAN 标准从 R10 开始部分支持 MOCN，并希望在 R11 中可完全支持。虽然这种功能从名称上建议核心网部件共享，但目前它是不共享的。

由于蜂窝广播消息中包含多个 PLMN ID，MOCN 功能的实现成为可能。在 LTE 中，多个 PLMN ID 在 SIB（System Information Block，系统信息块）1 中以 PLMN ID 列表的形式出现，共包含6个条目。每个 LTE UE 都可以读到列表中包含的信息，所以能很快意识到 MOCN 的存在。默认情况下，PLMN 列表中第一个条目是蜂窝小区中的主 PLMN。这和 WCDMA 情形有点不一样。WCDMA 中支持多个网络的 ID 列表是后面才加上的。在 MIB 中出现的常用 PLMN ID 是主 PLMN ID，另外再将一项携带有 PLMN IN 列表的可选信息加入 MIB 中，列表中最多包含五个 PLMN ID。SIB 3、11 及 18（PLMN 特殊接入限制，邻蜂窝小区的多 PLMN 识别号）也作了相关的修改。所有与 R6 兼容的 WCDMA UE 及以上的都可以检测和选择正确的 PLMN ID，因此可以连接到它们的家乡核心网络，即使使用的是另一个运营商的授权频谱。对先前的 R6 WCDMA UE，多 PLMN ID 列表是不可见的，因此这些 UE 只能读主 PLMN ID。这个 PLMN ID 可以加到等价 PLMN 列表上。

当等价 PLMN 列表附上 GPRS 或 EPS、位置区域、路由区及跟踪区更新程序等信息时，就可以发送给移动端。发送到移动端的真正列表取决于用户的 IMSI（它的 HPLMN）或移动端将要登记的区域。在移动过程中，对列表上的 PLMN 及发送这个清单的网络的 PLMN 进行同等处理[12]。MM（移动性管理）、GMM（GPRS 移动性管理）及 EMM（EPS 移动性管理）使用相同的列表[13]。禁止位置区/跟踪区的概念（详细信息可见参考文献［12］）有利于为特定区域提供漫游服务。

如果共享网络 ID 在这些 UE 中不受禁止，则它们可以连接到共享 eNodeB。因此，主 PLMN 和共享协议前 PLMN 使用不同的识别码是明智的，因为移动站会从等价 PLMN 列表中移除出现在禁止 PLMN 列表上的识别码。对于没有意识到多个核心网络存在的用户，应当有新的措施使他们能到达正确的地方。这个新的举措叫做核心网络节点转移。在 UE 标签上，RNC 给初始 NAS 信息的目的地分配一个随机 CN（可以应用其他决策，如加权循环）。如果选择的 CN 不适合那个 UE，相关的 MSC 给 RNC 发送一个转移请求信息。RNC 开始探测另一个 CN，直到找到那个 UE 对应的 CN 为止。在 PS 领域的相关登记程序也类似。RNC 会记住配对好的 UE-CN。因此先前的 R6 WCDMA UE 也可以在 MOCN 环境中接入它们的家乡核心网络，但过程可能会更长一些[11]。此外，先前 R6 WCDMA UE 需要控制 PS 和 CS 的登记。这些登记的协调是为了确保相同核心网的运营商从 PS 和 CS 的角度服务用户，并且通过利用可选 Gs 接口连接到 MSC 和 SGSN，或者当 Gs 接口没法安装时利用 RNC 专用功能来实现[11]。

为了在 3GPP R11 中完全可用，适用于 GERAN 网络的 MOCN 特征将参照 WCDMA 场景中的原理。在 R10 中，只有部分支持 MOCN，空中接口未改变，也没有多个 PLMN 的列表，因此仍然维持单个 PLMN ID 的广播。很自然地，这种单个的共享 PLMN ID 是新的，并且被每家运营商的移动基站当做等价 PLMN。BSC 利用和 WCDMA 类似的重路由机制，执行适当的核心网络联合。由于当 BSC 在探测可用核心网时的接入请求不会被拒绝，因此这种联合过程对用户是不可见的。联合过程中需要 A-flex 和 Gb-flex 的支撑。由于射频接口没有改变，如标准 R10 中，所有 GSM 移动基站与 MOCN 方案是兼容的。在 R11 中计划扩展 GERAN 标准以完全支持 MOCN[14]。通过使用扩展 BCCH 特征，可以引入多 PLMN（最多5个）。此外，每个 PLMN 可以随意地和自己的接入级列表关联。这接入级列表是移动终端试图接入特定的 PLMN 时使用的。

为了对终端用户隐藏移动终端目前被网络共享部件服务的事实，可以利用网络标识和时区（NITZ）的特征[15]。这种功能通常是用来为旅行者设置当地时区的时间的，或者夏令时变化时更新时钟的。它也允许服务网络在移动管理过程之间发送网络名称。然后移动终端可以使用这个网络名称替代存储器内的名称。然而，SIM 卡上存储的网络名称优先级高于通过 NITZ 发送的或者移动基站存储器中的名称。在共享网络中，NITZ 可以用来为参与的运营商用户发送不同的网络名称。同一个运营商的名称有可能关联到至少 10 个 PLMN ID。当 NITZ 不是共享网络环境中的必须部件时，从终端用户的角度看这是一个很有用的功能。

由于所有的运营商共享一套物理硬件，只有其中一家运营商（或者选择的第三方运营商）可以安装并且管理共享的无线接入节点——即网络规划、安装并维护节点、收集警告、跟踪计数器性能等。其他运营商需要在协议上达成一致，但事实上共享的元素并不完全会和它们的网络融合。运营商需要达成一致的是有关网络部署（规划、度量、拓扑、传输/回程的提供）及运营（OAM、更新）。CAPEX 和 OPEX 财务支出机制的有关详细规定（如公平共享或通信量）也应当达成一致。共享网络的特定运营情况取决于每个场景的可用方案——例如共享 RAN 的运营商之间负载掌控机制将取决于安装设备上存在的东西（如平等对优的先容量共享）及专为 MOCN 设计的特征。这可以采用给每家运营商分配一定容量的方式来解决——例如先保证每家运营商有一定比特率，再根据运营商的需要分配额外的可变的容量。这种政策需要管理控制机制来避免碰撞的发生。

注意，虽然回程链路可以是共同的或各自的，但前者要求有适当的网络负载均衡功能。

MOCN 的主要优势在于参与的运营商可以共同提供部分带宽来组成一个更宽的总带宽，从而为各自用户提高数据率。另外，由于使用一条高带宽比分别使用两条只有高带宽一半大小的低带宽能获得更大吞吐量，总利润可以得到提高。此外，高带宽分配时信令开销减少了。如果给 LTE 分配 1.4MHz 带宽，则只有一半多一点的带宽可以用来通信信道调度（51%），然而对 5MHz 的带宽，63% 的资源可以用来通信。这种区别主要是因为不同的保护带宽开销（见表 15-3）及 PBCH 的特定布局和同步信号。

15.5.4 国内漫游、地理漫游及基于 IMSI 的切换

国内漫游使运营商在某些特定区域不用部署物理设备也能为其客户提供服务成为可能，如图 15-40 所示。

和国际漫游一样，国内漫游也需要参与的运营商签订一个漫游协议。因此，主方的 PLMN ID 被加入到运营商允许的用户 PLMN 列表上。这种协议是否是互惠的，取决于参与者们的决策。在国内漫游中，漫游协议覆盖整个国家。而地理漫游只覆盖国内的几个地方——例如乡村地区、孤岛等，但参与的运营商仍需要拥有及运营它们各自的网络。当用户在访问区域或在归属网络和访问网络的边界时，需要应用不同的移动性过程。通常情况下用户允许漫游的区域会被禁用区域限定（如路由或跟踪区域），这

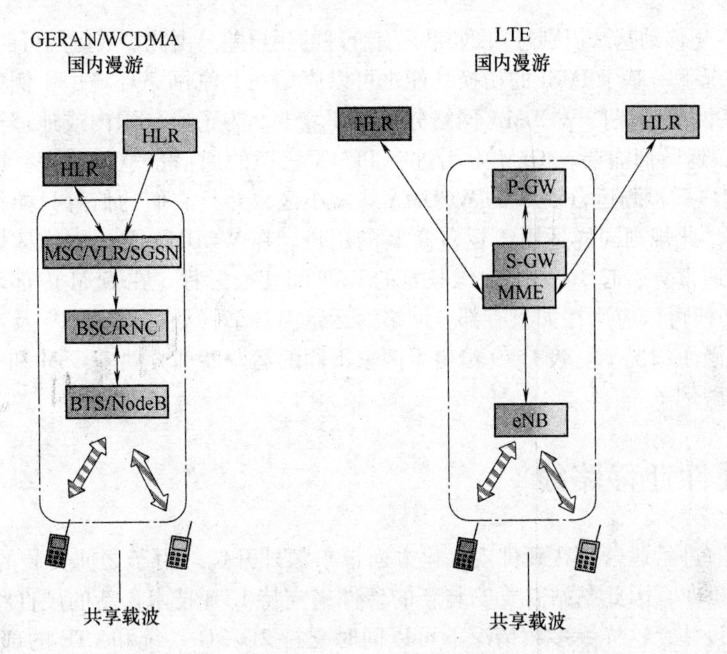

图 15-40　国内漫游场景

样漫游用户就得重新选择另外一个 PLMN（这种情况是家乡 PLMN）。

表 15-9　区域漫游场景

LAC	（运营商 A 的资源）		（运营商 B 的资源）	
	用户		用户	
	运营商 A		运营商 B	
2G 城市 LAC	允许	限制	限制	允许
3G 城市 LAC（2100）	允许	限制	限制	允许
2G 农村 LAC	共享频谱			
3G 农村 LAC（900）	共享频谱			

在空闲状态下，某一特定用户组接入到某些蜂窝小区时需要核心网络关于处理等价 PLMN 过程的帮助。为了能从有 PLMN 意识的通信量掌控中完全获利，专用模式也应当融入到这过程中。这种情况需要无线接入网络的支撑。IMSI 身份（嵌入了移动国家代码及移动网络代码）可以用来恢复终端用户的家乡 PLMN。有了用户的 IMSI，BSC15 或 RNC 就可以路由通信——即在预先确定的蜂窝小区（2G 或 3G）执行切换。这预先确定的蜂窝小区必须是为用户所在的用户组指定的有效小区。为了使路由最优化，在邻蜂窝小区的测量中需要应用一定的限制条件。在 LTE 中，这种情况由插入在 RAT/频率选择优先索引（RFSP 索引）的概念支撑。其中的 UE 特定 RFSP（RAT/Frequency Selection Priority，RAT/频率选择优先级）索引可以在 HSS 中恢复，并且通过 MME 发送到 eNodeB，接着它可以应用在 UE 特定 RRM 策略中，包括潜在的切换目标小区的估计。注意到基于 IMSI 的通信路由的应用也可以拓展到 MCC 之外及 IMSI 的 MNC 部

分，即 MSIN（移动基站识别号），如果只有合理的用户差异由此扩展应用可能实施。

通常情况下，基于 IMSI 的切换功能也可以应用在共享网络环境中，例如两家运营商共享 GSM 网络而保持 WCDMA 网络分开的环境下。为了避免国内或地理漫游协议作用在 3G 中，运营商需要在 GSM 上引进有 PLMN 意识的通信量掌控程序。这意味着运营商 A 的用户只检测运营商 A 的 WCDMA 蜂窝小区，并且它们的信息只能传递到这些蜂窝小区中。此规则同样适用于运营商 B 的用户。在 WCDMA 覆盖中止区域，这个功能很重要，通常会引起 3G 网络边缘频繁的 RAT 间切换过程。在 GSM 内部环境中，基于 IMSI 的切换可以应用在如只有部分网络为运营商共享（如边远区域）及对路由要求较高的地理漫游情况下。表 15-9 给出了两家不同的运营商部分共享 GSM 和 WCDMA 网络的地理漫游例子。

15.6 硬件迁移路线

LTE 的演进给运营商在硬件现代化方面带来额外开销。由于之前安装的 2G/3G 技术不适用于 LTE，因此基站需要安装新的硬件来支持 LTE 技术。新的硬件将补充现有的网络基础设施，这样大多数情况下可以同时支持 2G/3G 系统和 LTE 的部署。因此，由于网络中需要更多的硬件设施，LTE 的引进意味着一些额外的投资，并且会增加运营开销（OPEX）。同时运营商被迫要减少开销，并且改善网络运营效率，这主要是由于持续的能量消耗增加已经成为运营商的主要运营开销，并且在将来还会增加。

目前分析了不同 LTE 部署环境（如只有热点区域，城市区域的连续覆盖等），然而，大多数情况都考虑将现有的 2G/3G 场地再利用。这对通常需要建立新场地、场地的获取及设计、人力劳动等耗费开销的运营商来说，是节省开支的一个解决方法。如果重复利用 2G/3G 场地，LTE 的专用基站硬件及天线系统，将和其他技术设备置于同一位置。在其他情况下（如环保运营商），除非有其他运营商的基础设施共享，否则 LTE 场地需要重新建立。后面只考虑现有场地的重利用，因为这适合大多数运营商，并且直接关系到硬件演进路线。

15.6.1 共置天线系统

将不同技术的天线系统置于同一位置有几种可用的方法。因此，运营商又有节约开支的余地了。首先，选择哪一种方法更好取决于共置系统是工作在同一频段还是不同频段上。

15.6.1.1 共置系统——不同频段

共置天线系统可以由分开的单频段天线组成，或者使用多频段（双频段或三频段）天线类型建立。因此，有关 LTE 的单频段天线必须安装在现有的天线上，或者用多频段天线类型替代。这两种情况都需要重建场地使得系统能够扩展。

多频段天线可以使每个场地需要的天线数量最小化，然而，在大多数扩展环境中视觉影响的减少仍是一个挑战性的问题。

当使用多频段天线时，所有相关的 RAT 都使用相同的方位角。现有系统的网络设计不能够改变，因此LTE系统的设计过程应当考虑到这种限制条件。

场地上每个频段的使用都需要安装专用的馈线电缆，这是天线系统现代化需要考虑的另一方面。通过使用天线收发转换开关或三通天线转发开关，每个场地需要的馈线电缆可以减少，如图15-42所示。

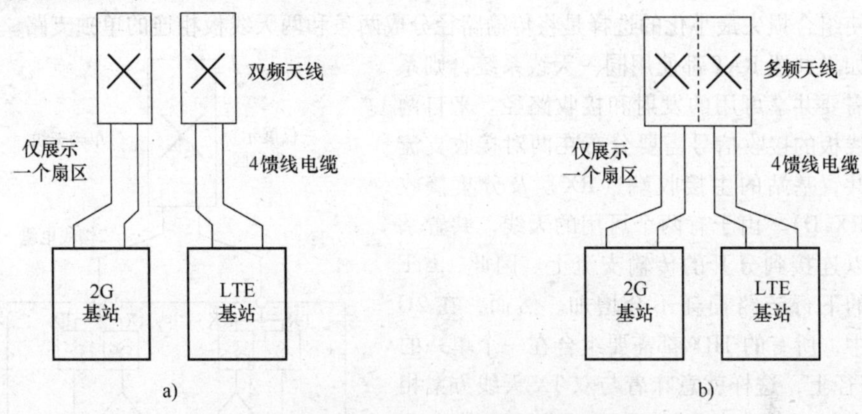

图15-41 共置天线系统（基站工作在不同频段）
a）分离的单频段天线 b）多频段天线

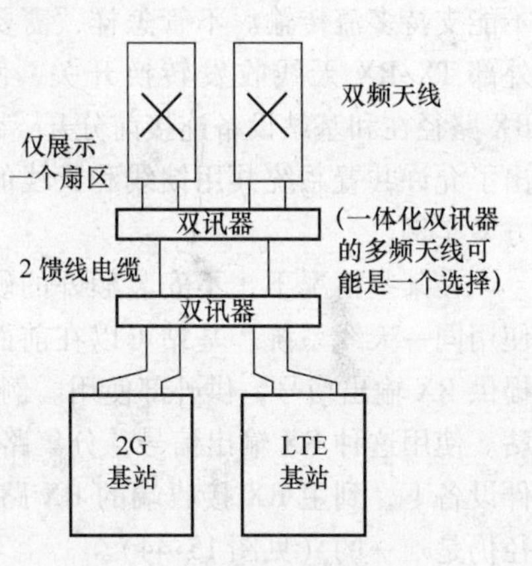

图15-42 共馈电电缆下共置天线系统（基站工作在不同频段）

天线收发转换开关（三通天线转发开关）是一种过滤单元，它们能够将不同频段的发送端输出组合或分开到一个公共馈线电缆中，也能够接受不同频率的接收信号，并将它们分开到各自的接收端。在一些多频段天线类型中，天线板上已经安装了天线收发转换开关（三通天线转发开关）。这种天线类型的使用不需要在天线附近安装外部天线收发转换开关（三通天线转发开关）。但当天线系统安装上这些东西时下行或上行链路方向上会有额外的损失。因此，应当考虑这种方案对LTE设计及共置技术性能的影响。对LTE系统来说，分开的单频段天线加上多频段天线类型足够支持下行链路方向上的多流传输（如2×2 MIMO），这是因为LTE信号可以通过一般天线系统上的这两种天线传输。

15.6.1.2 共置系统——同一频段

如果给LTE配置当地RAT已经使用的频段，现有的天线系统可以不用改变，例如所谓的频率重用方案。在那种情况下，共置RAT可能共同使用一个天线系统。由于天线系统无须变化，相比专用的或多频段天线，运营商能以较快速度部署LTE。此外，运营商还可以节省改变现有天线系统方面开销。同一天线系统的共置技术必须使用同样的天线方位角及天线倾斜。

通常，基站中利用双流接收分集来提高接收系统灵敏度。为了达到这个目的，两个天线板（或者单个交叉极化天线）配置的每个扇区应通过天线阵列与基站设备相连。

下行链路的传输可以通过单个天线板或两个天线板实现。在 2G 系统中，每个扇区通常有好几个发射机（TRX）。由于来自所有发射机的信号需要在天线上组合，设备的结合给传输路径带来额外的衰减。随着 TRX 输出端结合的数量增加，衰减也增加。因此，使组合损失最小化的选择是将传输路径分成两条和两天线板相连的单独支路。

如果共置 RAT 都使用同一天线系统，则系统间需要共享可用的发射和接收路径。来自两个天线板的接收信号需要分布在两对接收支流间：共置基站的主接收端（RX）及分集接收端（RX-D）。由于有两个可用的天线，共置系统可以连接到分开的传输支流上。因此，LTE 系统的下行链路损耗不会增加。然而，在 2G 系统中，所有的 TRX 都需要组合在一个单一的 TX 路径上，这样就意味着与双 TX 天线方案相比，增加了组合损耗。另外一个重要的方面是，由于每个系统分配的是单传输路径，LTE 不能支持多流传输。不管怎样，需要安装一个外部 TX/RX 天线收发转换开关，使得 TX 和 RX 路径在和基站设备连接前分开。图 15-43 给出了允许共置系统共用馈线和天线的外部硬件方案实例。

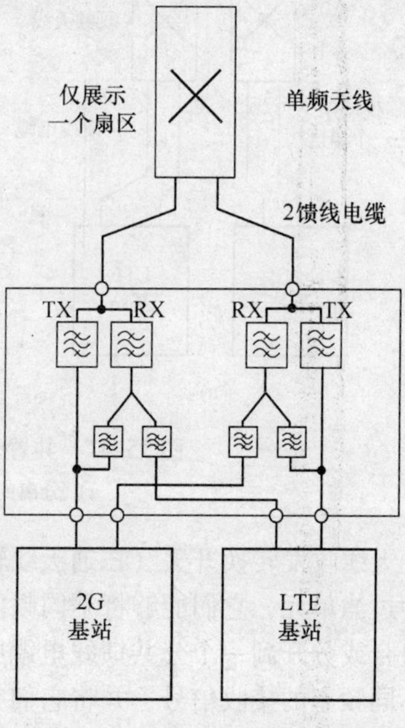

图 15-43　外部 RX/TX 通道结合的共天线系统（基站工作在同一频段）

在某些情况下，不安装额外的硬件也可以使用同一天线系统。基站可以在前面的模块中提供 RX 输出信号，供外部使用。例如，它可以和 RX 分集信号一样传输到另一个基站。使用这种 RX 输出信号，分集路径可以在共置基站间交换。在它的“母”基站硬件设备下，到主 RX 接收端的 RX 路径及传输路径仍是唯一的（见图 15-44）。

与非共置基站情况相比，基站中 RX 的性能都可能会改变。这是因为当它穿过共置基站的额外活跃或不活跃的 HW 部件时，RX 分集路径会有一定的衰落。由于每个基站通过自己的 TX 路径发送信号，因此 TX 路径不受影响。但对 2G 系统，仍有必要将所有的 TRX 组合到一个单一传输路径上。

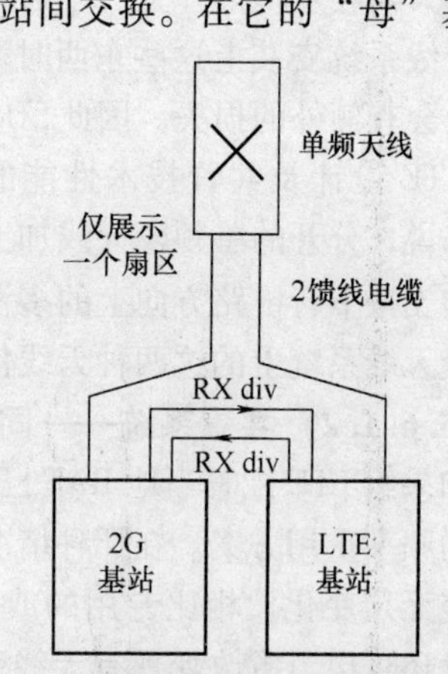

图 15-44　RX 共享通道的共天线系统（基站工作在同一频段）

15.6.2　共享多射频基站

移动通信系统的不断发展加速了基站技术领域的更新。LTE 可以用软件无线电部署，即利用软件部件替代专用的硬件来支持基站相关的功能（如信道编码、调制和滤波等）。通过使用多载波功率放大器及宽带接收器，可以实现并行宽带传输及接收技术。在传统基站中，使用单载波技术和专用的收发器及功率放大器。在多载波单元，载波的数量可以自行设置（包括不同的多传输机制），使之能够灵活地进行容量扩展及减小功耗。多个信号经过宽带功率放大器传输时，在定义的载波上共享功率。多载波技术第一次使用在3G基站中，但现在它又重复用在LTE及2G系统中。由于基站的功能是由专门的软件部件实现的，可以为2G、3G及LTE技术开发同一硬件平台。这意味着可以用同一套硬件设施处理所有的技术。此外，载波信号可以在同一个射频单元发送和接收，不同RAT可以同时操作。因此，不同技术在同一地点的运营可以使用同一天线系统，而不需要安装额外的硬件。然而，由于射频单元只支持单频段，LTE必须部署在现有的频段上，以减少硬件的配置（见图15-45）。

LTE的部署为运营商2G硬件现代化的低开销提供了唯一机会，尤其当LTE部署在2G频率上时。多射频硬件使得2G和LTE技术能工作在同一硬件平台上，这为运营商节省了多余部分、能力消耗、及维护工作等的支出。由于现有的天线系统没有改变，LTE能以最小的投资及在最短时间内部署。这就是为什么场地重利用被运营商认为是最好的方案，尤其是当频率需要重整的时候。

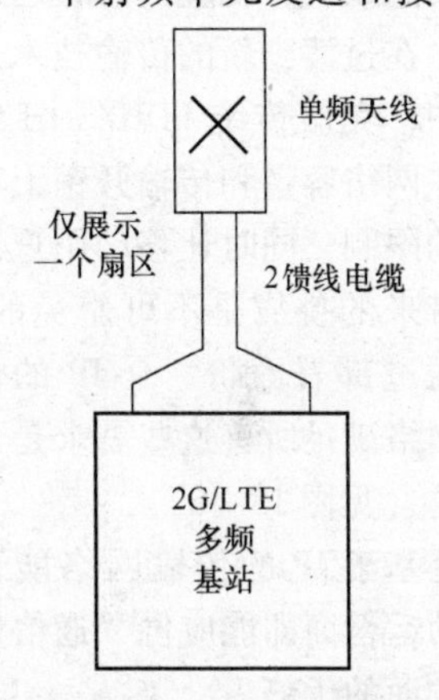

图15-45 共址多频共享基站（基站工作在同一频段）

15.7 移动回程——“全IP”传输

15.7.1 移动回程中IP演进的动机

3GPP标准的长期演进在GSM/EDGE及UMTS R5上的超越，尤其是高速率数据接入（HSPA）及之后演进的HSPA（I-HSPA）的引入，带动了世界范围移动通信的巨大发展。然而，这种前所未有的通信量激增不仅仅是由于新的无线接入技术的出现，还因为移动市场激烈的竞争导致价格便宜及新一代手持设备提供各种基于网络的应用和服务。以上提到的这些因素（更高的最大吞吐量、新的数据价格政策和在线应用）的耦合也使移动通信从以语音通信为主转为以数据通信为主。

很显然，传统传输网络结构（DS0、E1、STM1、…）是为移动语言和低速率数据通信设计的，由于它们使用固定的基本传输单元的分配（如DS0中基于PDH/SDH的传输），导致不同程度的带宽分割及有限的超量预订能力，因此不适用于今天的突发通信。此外，E1/T1传输网络不能像大范围容量扩展一样有灵活的可扩性（例如E1线上至少2Mbit/s），这意味着为大量基站提供额外的带宽必须提供相当大的网络开销（即使实际只需要一部分的额外容量）。总而言之，传输语音通信为主的原理对传输大量突发数据来说太浪费了。因此，提高传输有效性，降低传输费用是移动回程现代化解决带宽需求稳定增长首先并且主要考虑的问题。

传输有效性的提高对网络运营商减低费用起到至关重要的作用，但最近，尤其是复杂的基于网络且长期在线应用的出现，使得用户可感知网络性能在驱使回程现代化方面变得越来越重要。一方面，广告的大肆宣传给用户在最大（不是平均）吞吐量方面带来很大期望。另一方面，只要在使用现有的传输机制，同时为几个消费者提供广告宣传的速率值需要立即扩大大部分基站 E1/T1 的容量（即使额外的容量未必能带来相应的收入，因为那些与传输的通信量相关性比峰值吞吐量更大）。这意味着网络运营商要想成功，就应当同时达到传输效率和客户满意两个指标。

在过渡到新的传输技术过程中，克服传统 PDH/SDH 结构在网络容量和传输开销上存在的限制，同时让移动用户满意带来的挑战是不可避免的。但通过部署廉价、全 IP 的传输网络满足所有这些需求是可行的（见图 15-46）。

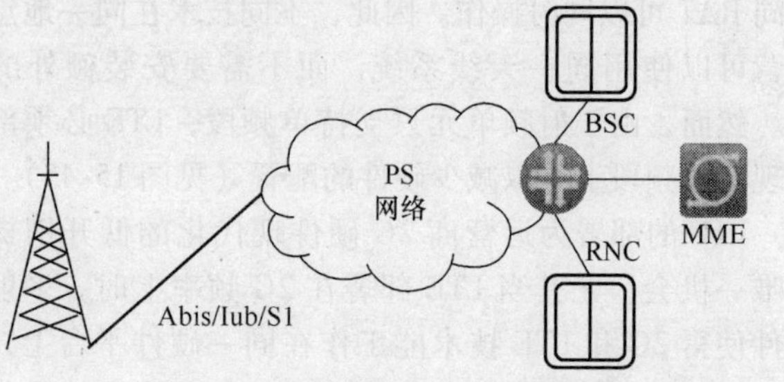

图 15-46 “全 IP”传输

基于 IP 的传输网络能让移动运营商即能应付“通信量的激增”，又有利可赚，用它替代传统的传输基础设施有几方面的优势。

1）净负荷结构的最优化及使用带宽时更高的灵活性大大节省了带宽（资源合并、通信聚集及超额预定）。

2）在基站及核心部分高带宽以太网的连接，能够对实际通信量负载的传输容量及峰均比值作充分估计，从而提高了扩展性。

3）以太网传输“每比特”开销更低，进一步降低了运营开支。

4）未考虑无线接入技术的共同传输概念的再利用：IP 传输可以应用在 GSM/EDGE 及 UMTS/HSPA 网络中；此外，在多无线接入系统环境下的传输共享使得总效益最大化（统计多路复用，共同维护）。

5）网络向扁平化过渡，是为了集成一些原先只用于特定实体的功能来减少端到端时延，提供实时业务。例如，2G 代码转换功能部分消失了，剩下的可以移到媒介网关，另一个例子是部分控制器的智能或者应用在基站上，或者如 LTE eNodeB 上一样完全整合。

另一个优势在于上面提到的特征对用户体验没有消极的影响。相反，通过适当的规划和配置，能够确保获得和 TDM 网络相似的性能。

最后，到平面全 IP 传输网的演进为改进的数据核心（EPC）的全球化和平滑开展奠定了基础。这不仅仅因为 E-UTRAN 完全不支持传统 TDM 传输，还因为 IP 转换开始的越快，LTE 引进时就可以有更成熟的数据包回程，从而简化了部署。例如，从无线接入的角度看，这类似于将另一项技术与现有的 2G/3G 装置的融合，而不是某些改革的开始。

15.7.2 数据回程传输方面

完整数据传输的演进需要用基于以太网的分组交换网络（Packet Switched Network，PSN）替代 TDM E1/L1 链路。PSN 比现有的基于 TDM 的传输更复杂。因此，需要一些特定的方案来改善以太网的可靠性和控制其性能。这种情况下，IP 的演进能为传输的破坏、同步的保证、更大的安全袭击、带宽的不足等提供有效的解决方法。

PSN 作为传输媒介的能力主要表现在将传输破坏理解为数据分组丢失率、数据分组时延及时延抖动。PSN 中这种破坏的出现虽然不是我们想要的，但却是不可避免的。然而，如果数据分组丢失率、数据分组时延及时延抖动能够保持在一定范围内，则它们对性能的影响可以忽略。因此，传输破坏的预值必须在要求的服务级别内严格维持，以确保有如 TDM 传输一样的性能。

同步参考信号的传输在频率和时间精确性的要求，对确保无线电接口及传输网络的正确运行是必要的。在传统传输中，只要每个基站的 TDM 连接上了，同步信号就会以 E1/T1 线连接到控制器及核心的方式有效地散布在网络中。由于以太网的异步特性，同步链在数据回程中不存在。因此，人们研究各种同步技术来解决这个问题。而基于精确时间协议的数据分组定时[16]是目前最受欢迎的。在此方案中，有一个主装置会产生定时信号并以单播的方式传输到专用基站（安装了从装置的基站）。定时信号经过 PSN 时会有时延及时延抖动，但远端节点的从装置通过执行精密算法能恢复出原始时钟。每个基站都应当和时间标记分组的源相连。其中一种时钟恢复算法是应用传统的基于 TDM 传输的基本同步概念——物理层参考信号的传输。IP 传输可以通过以太网实现同步[17]。这种方法中通过相互连接的以太网交换器上的同步端口将定时信号从主方转发到目标基站。当参考信号源和最终目的地间节点都支持这种方案时，这种方案就能提供独立于 PSN 负载的精确时钟信号。其他依赖外部同步源的方法（如 GPS 接收机或专用的 E1/T1 线）都被认为比较昂贵，因此应用相当有限。

用数据回程替代传统的基于 TDM 的传输引起了更多安全方面的关注，尤其是大范围公共 PS 网络的传输。在这种环境下，移动通信通常由不同系统共享，并且由不同运营商根据不同的安全标准管理。数据网络全球化也没法提供安全保证。因此，有关窃听或未授权数据修改的常见安全问题不仅会出现在无线接口中，还会在网络的接入部分传播，需要有能适用于 IP 传输的安全对抗措施。我们可以用一些方法减轻攻击的风险，并且保护好每种类型的通信。在重要的网络实体或连接点安装防火墙或安全网关，IPSec 可以提供用户授权、数据加密和完整性、证书管理等安全措施，确保网络实体和节点间的安全通信。

多无线接入技术（不同带宽需求）及共享分组传输（有效传输容量受负载影响）的引入，为怎样确保无线接口有足够的带宽处理通信量带来了一些不确定性。传输网络通过适当的服务质量（QoS）定义能消除这些不确定性。这种定义应当能反映这么一个事实，即特定服务一方面有不同的时延容忍要求，另一方面带来不同的收入。因此，可以不同等处理数据分组——例如（取决于运营商政策）优先处理语音和实时数据及最大努力数据服务。除了高级的 QoS 工程，一些拥塞控制机制可以根据 PSN 超负载情况自动调整回程通信量。

以上提到的功能与一般网络装置能完全融合（边远的基站或核心网络均可），因此传输演进与支持网络现代化和传输层演进的 SW 及 HW 特性相一致。

15.8 LTE 与传统网络的互通优化语音和数据业务

LTE 与传统网络的最优的互操作需要在连接和空闲模式下均有有效的系统间管理机制。一般情况下，LTE 与传统网络的互操作需要从数据业务和语音业务这两个不同的方面进行考虑，但往往它们之间又具有相关性。数据业务的互操作可以认为是被考虑的系统之间分组域（PS）的无缝合作，而语音业务的互操作则较复杂。这是因为在 LTE 的 EPC 架构中没有电路域（CS），语音业务是采用特殊方法来实现的（具体细节参见第 9 章）。

这一节主要是介绍 LTE 与 PSG 传统网络的互操作技术，旨在提供最佳的语音和数据业务性能。主要关注实际部署方面。以下各节中的内容基于编写本书时 3GPP 规范的最新版本。15.8.1 节关注于传统系统间的移动性管理来提供最优数据性能。15.8.2 和 15.8.3 节讨论跨不同技术时如何保证有效的语音服务的连续性。在 15.8.4 节中，简要讨论了空闲模式信令缩减（Idle Mode Signaling Reduction，ISR）功能。

15.8.1 数据业务的系统间移动性管理

为了实现从 GERAN 到 E-UTRAN 分组域的互操作流程定义了如下功能。

1）小区重选。

2）网络辅助的小区变更（Network Assisted Cell Change，NACC）。

3）网络控制的小区重选（Network Controlled Cell Reselection，NCCR）。

4）分组（PS）切换。

为了实现从 E-UTRAN 到 GERAN 时无线接入技术的更改，相应的标准化特征如下。

1）小区重选。

2）RRC 连接重定向。

3）小区变更顺序（可选 NACC）。

4）分组切换。

对于 WCDMA 和 E-UTRAN 间的互操作，下列流程进行了标准化。

1）PS 切换。

2）小区重选。

3）RRC 连接重定向。

所有这些流程在下面都进行详细描述。

15.8.1.1 用户（UE）控制的小区重选

在 GPRS/EDGE 网络中，即使移动台处于数据传输模式，更改服务区的主要方法仍然基于重选流程。这意味着每次在数据连接下进行小区改变时，移动台不得不临时离开数据分组传输模式进入到数据分组空闲模式。在极端情况下，例如源和目的小区属于不同的路由区域时，由于小区变更引起的分组传输中断时间可能达到几秒钟的级别。这是 GSM 和 LTE 中用户和移动性管理的重要差别之一，这在分析不同 RAN 间的移动性管理时也必须考虑。

原则上，UE 控制的重选算法和 GSM 空闲模式，GPRS 分组空闲和 GPRS 分组传输模式是相同的。在 Release 8 的早期版本的 2G 到 3G 系统间 UE 控制的小区重选算法（叫小区排序算法）中，除了目标 WCDMA 小区必须满足的最低的 CPICH（Common Pilot Channel，公共导频信道）的 Ec/No 和 RSCP（Received Signal Code Power，接收信号码功率）的标准外，还要对 GSM 服务小区和目标 UTRAN 小区的信号强度差值与预定义的阈值进行比较。然而，得出的结论是，参考 GSM-WCDMA 系统互操作的经验，使用这种直接比较这两个系统之间的信号强度的方式可能会导致意外的移动行为，比如不断改变移动所采用的 RAT。此外，为了让 WCDMA 网络的优先级比 GSM 网络高，运营商经常采用非常高的信号强度偏移参数（FDD-offset）值，这导致了基于覆盖的 RAT 间的重选[1]。

对于 WCDMA 网络，在空闲、URA-PCH、CELL-PCH 和 CELL_FACH 状态下，移动台应用了 RAT 间的重选算法。处于 CELL-DCH 状态下的 UE 的移动性由切换流程控制。

3GPP Release 8 版本中引入的"绝对优先"这一新概念是为了支持在 GERAN、UTRAN 和 E-UTRAN 之间的跨 RAT 小区重选，并包括 UTRAN 与 E-UTRAN 的频带之间的小区重选。在这个算法中，不再要求比较 RAT 之间的信号强度级别。新的思想是基于不同 RAT 之间没有预定义偏移的小区重选优先级顺序。在 3GPP Release 8 版本中，对于优先级高于服务小区的目标 GEERAN 或 E-UTRAN 小区，为了触发 RAT 间的重选只需要满足最小信号强度准则。在目标切换小区是 3G 小区的情况下，也需要检查最小的 CPICH Ec/No 值。在 3GPP Release 9 版本中，对目标 LTE 小区也引入了最小质量准则（基于 RSRQ）。当找不到合适的更高优先级的小区或者是找不到当前服务层或 RAT 的最优小区，移动台也可以选择一个较低优先级的小区接入。对于 LTE 系统，在 3GPP Release 8 版本中，重选到优先级较低的服务小区是由服务小区的低 RSRP 级别触发的。作为备选，3GPP Release 9 版本规定可以由低级别 RSRQ 触发。

RAT 间切换过程时间方面增加了更多的灵活性，RAT 间的重选完成由固定的 5s（比如在 GSM-WCDMA 之间基于小区排序的重选时间）变成了参数化的时间。

图 15-47 描述了一个典型的从低优先级的 GSM 小区到高优先级的 LTE 小区的 RAT 间重选过程（具体细节见参考文献［18］）。与之相对应，图 15-48 描述了基于优先级的 RAT 间重选的逆向过程。以下参考文献可以找到不同传输层之间的优先级信息：

1）GSM 中类型 2 的系统信息（System Information；SI）[20]。

2）WCDMA 中的 SIB19[21]。

3）LTE 中的 SIB3、SIB5、SIB6、SIB7 和 SIB8[22]。

然而，RAT 间重选除了需要所用到的一般优先级信息，也可能需要去设置不同于

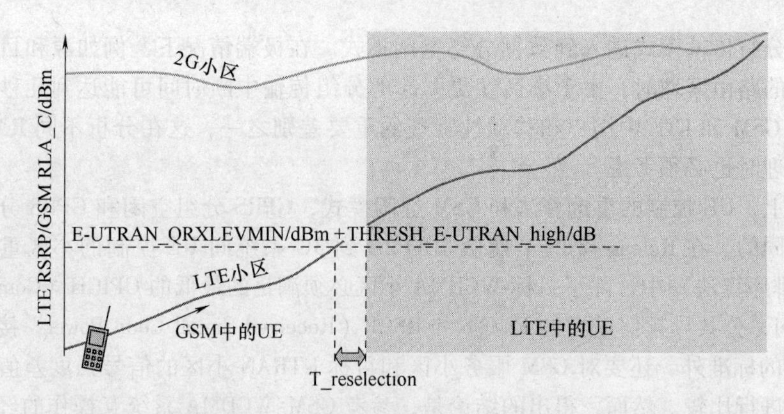

图 15-47 从低优先级 GSM 小区到高优先级 LTE 小区的 RAT 间小区重选

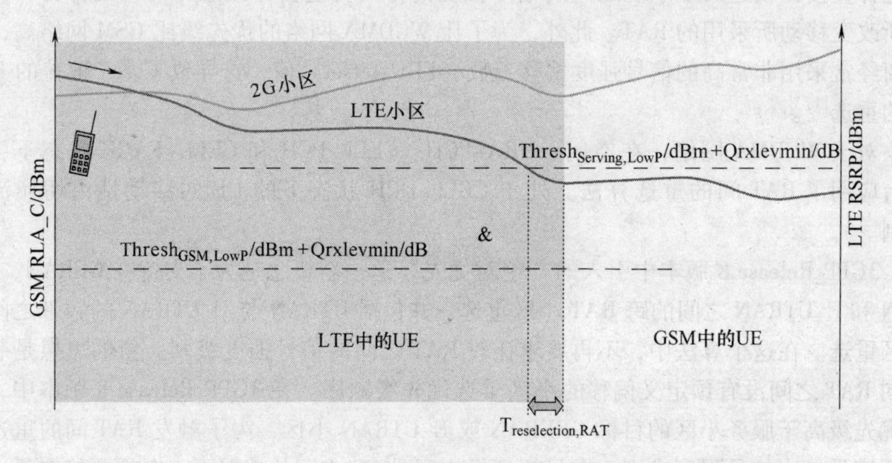

图 15-48 从高优先级 LTE 小区到低优先级 GSM 小区的 RAT 间小区重选

BCCH 上分发的通用优先级信息的针对特定移动台的个性化优先级信息。这些专属的优先级信息可以在以下消息中发送。

1）GSM 中的分组测量顺序或者分组小区变更次序[23]和信道释放[20]信息。

2）WCDMA 中的 UTRAN 移动性信息[21]。

3）LTE 中的 RRC 连接释放信息[22]。

这样每个用户的业务路由可以得到确保。然而，基于小区排序的传统算法并没有完全从 RAT 间切换过程中排除，甚至对于能够支持 E-UTRAN 的移动终端也使用该种算法。而这可能导致运营商在面对多个 RAT 网络时需要处理复杂的参数。对于 UTRAN 中的 UE，传统的小区排序算法和基于优先级的算法可以并行使用，前者面向 GSM 网络切换的方向，后者面向 E-UTRAN 网络切换的方向。此外，在 UTRAN 中可能存在传统小区排序算法负责处理想 GERAN 重选的情况，而对于 GERAN 到 UTRAN 重选的情况，UE 则使用基于优先级的重选算法。小区在从 GERAN 到 E-UTRAN 重选的情况下，问题将会出现得更少，这是因为对于能够支持 E-UTRAN 的在 GSM 网络中的移动终端，已经由 3GPP 规定执行了基于优先级算法的 RAT 间的重选，这也适用于 UTRAN 的情况。为了达到基于优先级的RAT间重选流程的性能，首先需要按照RAT优先级实现通用策略，然后对各相关系统需进行仔细的参数配置。

15.8.1.2 GSM中网络控制的小区重选

如第15.8.1.1节描述，2G网络中的重选过程只由移动终端触发。而如果网络中引入了网络控制的小区重选（Network Controlled Cell Reselection，NCCR）特征时，也可以由网络端触发。NCCR相比UE触发的重选最明显的优势是：对不同小区和传输层之间的业务分布的网络控制和与小区重选无关的时延。这在原理上与UE控制小区重选类似。

通过执行网络控制的小区重选过程，移动终端可以从GSM网络进入到E-UTRAN网络。在这个过程中，发送给LTE目标小区的分组小区变更命令（Packet Cell Change Order，PCCO）消息与之前在系统间NCCR中定义的发送给WCDMA网络的PCCO消息相似。

15.8.1.3 GSM中网络辅助的小区变更

网络辅助的小区变更是由3GPP标准化的一项功能，它能减少在GSM/GPRS网络中由于一般重选过程导致的小区中断时间。这项特征的主要目的是提供一系列一般在所考虑的目标小区BCCH中传输的系统信息。一般情况下，一个移动终端拒绝重选过程进入到所谓的小区变更通知（Cell Change Notification，CCN）模式，并等待相邻小区给它传递数据信息。在网络辅助的小区变更功能的帮助下，重选时间最多可以节省50%[7]。

这些流程的标准化起初是为了那些发生在区域内部并在给定的BSC（3GPP Release 4版本）监管下的重选过程，但是到后来扩展到3GPP Release 5版本来包含非常规的BSC间的重选。这种由3GPP认同来传递为了分配BSC间SI信息的必要信令的机制叫做无线接入网络信息管理（RAN Information Management，RIM）。

3GPP Release 6版本中包含为了从UTRAN到GERAN的系统间重选情况的NACC过程[25]。因此，这种机制在LTE架构中得到继承。系统信息提供给移动终端来执行从UTRAN/E-UTRAN到GSM的重选，但是这些系统信息不分配给即将执行从GSM网络进行不同的无线系统之间重选的UTRAN或E-UTRAN小区的移动终端。在后面那种情况下，移动终端可能进入到CCN模式，指示目标3G或者LTE小区，但是不被有关目标小区的任何类型的SI数据支持。

15.8.1.4 E-UTRAN中的移动性管理事件

LTE网络中的移动性过程以及对于网络由LTE到GERAN或UTRAN改变的过程通过评估某类与测量行动（比如需要检测那些类型的小区）和实际切换/小区改变/重选过程相关的事件来得到处理。触发给定事件的门限可能是绝对的（典型情况是对于覆盖切换）也可能是相对的（典型情况是对于功率分配的切换）。对于所有的门限值，设定额外的滞后值可以用来防止乒乓效应（ping-pong effect）。除了与信号强度或者是信号质量相关的门限值由某类计时器控制外，事件、过程也由所谓的时间触发参数的计时器控制，它在移动性过程中引入合适的时间滞后值。定时越短说明移动性算法越灵敏。但是，过短的定时器导致了乒乓效应和不必要的切换动作。所有的这些事情必须联合起来考虑以确保合适的移动性管理。参考文献［22］提供了更多关于基于时间评估网络测量的细节内容。

15.8.1.5　分组交换（PS）切换

对于首先在 WCDMA 第一个版本中引入的 PS 业务的切换，后来又在 GSM（3GPP Release 6 版本）中标准化，但并没有得到广泛的部署。因此，尽管这个过程包含在 3GPP Release 8 版本中为了进行 GSM 和 LTE 双向 RAT 间切换，但是并不能期望它广泛地用在早期 LTE 为了处理 GSM-LTE 互通的处理。有关这部分功能在 GSM 环境下的进一步细节，请参阅参考文献[7]。

相比 GSM，WCDMA 中的 PS 切换是能确保无缝数据传输移动性的重要功能。这个功能在 LTE 架构中继承下来，并且是使网络直接从 UTRAN CELL_DCH 状态到 LTE RRC_CONNECTED 状态改变的目前唯一的选择（反之也是如此）。

通常情况下，LTE 网络中一旦服务小区 RSRP 或者 RSRQ 低于预先定义好的能由移动终端触发 A2 事件的门限值，目标小区的测量过程就开始了。如果 RAT 间的测量已经开始，两个移动性事件专门设计用来触发实际系统变化到另外一个 RAT。

1）B1（RAT 间邻区比门限值好）。

2）B2（服务区比门限 1 差，并且 RAT 间邻区比门限 2 好）[22]。

一旦 eNodeB 决定 PS 切换到目标 RAT，需要的网络资源就会事先在目标小区中切换开始阶段预留下来，这是 PS 切换的重要特征[13]。只有在目标小区中建立好需求的资源，从 E-UTRA 到移动终端的移动性控制指令才会发送，并且才会发生实际的切换动作。

15.8.1.6　到 GSM 的小区变更命令

除了 PS 切换之外，还有两种其他的方式能在 RRC-CONNECTED 模式下从 E-UTRAN 到 GSM 更改网络：小区变更命令（Cell Change Order，CCO）和 RRC 连接重定向。前者是一种网络控制的小区重选过程的体现。小区变更命令可以在没有先测量 GSM 小区的情况下触发[22]。这种选择特别适用于在 GSM 网络和 LTE 系统在同样带宽 1:1 配置的情况下。如果配置了这样一个测量过程，在先于可能的 RAT 更改测量的 GSM 小区列表［比如与潜在 GSM 目标小区的 BCCH 相关的 ARFCN（Absolute Radio-Frequency Channel Number，绝对射频信道数）］会传递到移动终端。类似于 WCDMA 网络的测量方式，A2 事件通常用于 GSM 小区测量触发。通常情况下，为了收集 GSM 小区下的信号强度采样以及在 LTE 覆盖下解调这些小区的 BSIC，RAT 层之间的测量，特别是 GSM 应尽早由网络触发。但是，由于 UE 功能受限在测量过程中需要测量间隙，它们必须通过网络统一调度，可能会损失一定的用户吞吐量，原因主要是用户在测量间隙不会传输和接收任何数据。如果在测量过程中（A1 事件）服务小区的信号强度增加到给定门限值以上，GSM 小区的测量停止。

由于 GSM 测量由移动终端执行这一特点（具体细节参见参考文献［26］），很重要的一点是需要保持 UE 测量的 2G 小区列表尽可能短。过长的小区列表会不必要地延长重选过程，因为测量间隙在与不同 RAT 相关的测量过程的并发模式中共享，如果它们都由网络触发。基于这个事实，所需的时间（比如执行 GSM 小区的 BSIC 解调时间）

会随着UTRAN载波（这些载波应在PS切换到WCDMA网络之前测量）数量的增加而增加[26]。GSM网络中的过度的干扰会减少UE正确解调给定GSM小区BSIC的能力。另外一方面，小区列表太过限制会导致次优的小区变更命令（Cell Change Order，CCO），其中移动终端会强制重选一个从无线传输环境角度来看非完美的小区，而同时更好的小区得不到有效测量。此外，如果在运营商所用频带中没有定义专属的BCCH和TCH频带，这些频带可能属于BCCH层的一个集群，TCH属于另外一个，同时关键是要正确配置小区列表，也就是说只要包含给定区域的BCCH所用的ARFCN。

B1/B2相关的门限（描述参见第15.8.1.5节）以及相对应的定时器可以对于不同集合的ARFCN频带分别设置。这意味着可以设置各种GSM小区的有效优先级。在RAT间的最优策略之一，可能是规划从E-UTRAN到GSM小区（在这其中存在更多高级的PS特征：比如EGPRS，下行对偶载波或者EGPRS-2）的路线，来从吞吐量和时延的角度限制源和目的系统的性能差距。对于这些功能的简要说明请参考第15.4.6节。但是请注意，如果实际RAT间小区变更没有调度测量，其他的移动性事件比如A2（服务小区值比门限值差）也可能触发实际的小区变更。

一旦eNodeB决定执行CCO，包含一个具体GERAN小区的控制消息从E-UTRA发送到移动终端（目的是对于PS切换设置“小区变更命令”而不是“切换”）。注意到eNodeB可以通过其他方案，比如黑名单或者UE的能力过滤目标小区列表，因此对于CCO过程最强的上报GSM小区作为最终的目标小区显得没有必要。网络控制相对业务路由的优势之一是利用CCO过程来实现LTE到GERAN网络来取代RRC连接重定向。图15-49列出了对于一个不支持CS业务的移动终端在GSM网络下的CCO的典型时间顺序。

该网络可以在从E-UTRAN控制信息中发送SI请求数据，也就是一系列的与目标小区相关的SI。在3GPP中并没有对RAT间更改请求的SI标准化，但是SI1、SI3和SI13可以经常作为GSM间的情况来传输。如果源小区没有提供这些SI，移动终端必须在执行分组接入或者是进入分组转换模式前请求这些SI[23]。SI的实际内容既可以在RIM的辅助下取回，也可以在源eNodeB中以自动或强制的方式（通过Q&M过程）得到。

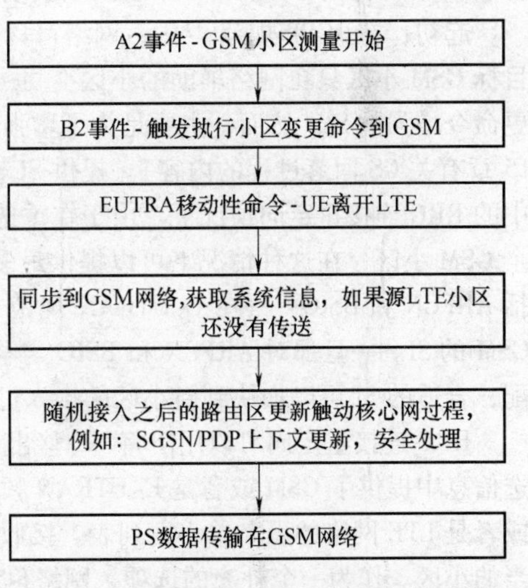

图15-49 到GSM的小区变更命令过程

一旦接收到E-UTRA控制的移动性指令，UE可以在不发送任何确认信息的情况下离开LTE网络。注意到如果网络没有部署S3/S4接口，传统的Gn接口可以用来连接2G/3G SGSN到LTE核心网（参见3GPP 23.401附录D[13]）。在这样一种场景下，从传统2G/3G SGSN角度讲，在CCO过程中MME会看成是另外一个SGSN，同时PGW会看成是类似GGSN。在离开LTE网络之后，移动终端必须调整到 GSM 频带，并与网络同步同时要侦听 SI（如果有必要的话）。在 E-UTRA 控制的移动性中发送 SI 可以使得小区终端时间减少，甚至可以获得 1s 以上的时间节省，如果 NACC 和 CCO 一起在网络中部署的话，因为移动终端在连接到 GSM 网络后没有必要去读取 SI。如果获得所有的必要信息后，UE 会在 RACH 上发送信道请求（Channel Request）信息，以此来获得为了位置区域更新（Location Area Update，LAU）的无线资源保证，前提是 UE 是可以支持 CS 的。因此，为了执行路由区更新（Routing Area Update，RAU），随机接入过程必须要重复执行。如果在 MSC 和 SGSN 之间的 Gs 接口存在，则同时组合的 LA/RA 更新是可能的，时间可能会节省将近 2s，因为 LAU 信息嵌入到路由区更新（Routing Area Update）信息当中，没有必要分开执行 LAU。预期的执行从 LTE 到 GSM（比如在接收到 E-UTRA 控制的移动性到 GSM 发送 RAU 完整指令）的整体时间可能会长达几秒。如果因为任何原因，UE 无法连接到 GSM 网络以及 T304 定时器，在 E-UTRA 控制的移动性中提供的值过期，UE 发送给 RRC 一个“切换失败”的连接重新建立请求信息来尝试恢复到 LTE 网络。

15.8.1.7 RRC 连接重定向

如果支持了 RRC 连接重定向，UE 要求进入到 RRC_IDLE 状态，并且尝试以专属 RAT 方式接入到一个小区通过小区选择过程[18]。如果缺乏合理的方式来保持 LTE 网络中的连接以及因为缺少某种功能的支持，比如或者是移动终端侧或者是网络侧，又或者是因为其他像快速场强衰落等导致公认的 RAT 间移动性的过程没有触发，从 WCD-MA 到 GSM 的 RRC 连接重定向这时才应该作为一个不得已的方法。

A2 事件（比如服务小区变得比门限值差）一般用来触发实际的小区变更。其中包含 UTRAN 载波频段或者 GSM 载波频段顺序的 RRC 连接释放信息[22]指示重选目标。

起初，在 3GPP 规范[22]中，网络可以通过提供某种 SI 来辅助 UE，这个 SI 是关于目标 GSM 小区只在网络辅助的小区变更（Network Assisted Cell Change）过程中小区变更命令增强的 SI。然而，主要是为了增强 CS 的回落过程也可以基于重选过程（参见第 15 章有关 CS 回落过程的内容）。提供 SI 辅助数据的可能性扩展到 3GPP Release 9 版本中的 RRC 连接重定向情况下。由于在重选过程中无法事先精确获知移动终端重选到哪个 GSM 小区，在这种情况下可以提供最多 32 个 GSM 小区的相关的一系列 SI（其中包括 ARFCN 和 BSIC——在 E-UTRAN 规范中称为物理小区 ID）而不是单独提供一个 GSM 的 SI。一旦那对 ARFCN 和 BSIC 与移动终端即将重选到的 GSM 小区的那对象匹配，合适的 SI 可以加快到新小区的接入过程。

RRC 连接重定向可以用于将 UE 移出 WCDMA 网络。在 RRC 连接释放信息中的重选信息中提供了 GSM 或者是 E-UTRAN 频带顺序以及一些补充信息，比如 GSM 的 BSIC 或者是 LTE 网络的黑名单小区列表。接收到这些信息之后，移动终端尝试接入任何适当的小区。作为一个补充的选项，网络也可以在 RRC 连接拒绝信息中提供 RAT 间的重选信息，作为网络对 RRC 连接拒绝的相应信息。这个过程可能由比如因为某些原因请求的 RRC 连接无法在 UTRAN 中接收来触发。

在 GSM 网络中同样存在相对应的过程，释放了所有 TCH 和 SDCCH 后，一旦信道释放信息中包含了小区选择指示符，移动终端会利用小区选择算法中的信息，包括预期目标 U-TRAN 以及 E-UTRAN 小区[20]。

15.8.1.8 总结

图 15-50 提供了一个第 15.8.1 节中提到的不同事件门限值间关系的例子。为了简单起见，图中没有列举 LTE RSRQ 或者是 WCDMA CPICH EcNo 触发事件。

通常情况下，离开 LTE 网络的测量和触发器以连续方式调度，首先检查从 RAT 间策略角度讲更为有利的层。在图 15-50 中，更高的优先级分配给了 WCDMA 目标小区相比 GSM 小区。如果小区变更命令和 RRC 连接重定向这两个信息应当用于 RAT 间到 GSM 移动性时，首先开始的一般是小区变更命令相关的测量。如果 RSRP 一旦急剧下降，带有重选的连接释放信息可能会有用，比如 LTE 覆盖结束。注意到在不同潜在的小区间为 RAT 内以及 RAT 间从 E-UTRAN 的移动性可以不仅仅通过设置合适的某个门限值以及时间方式触发来传递到移动终端。

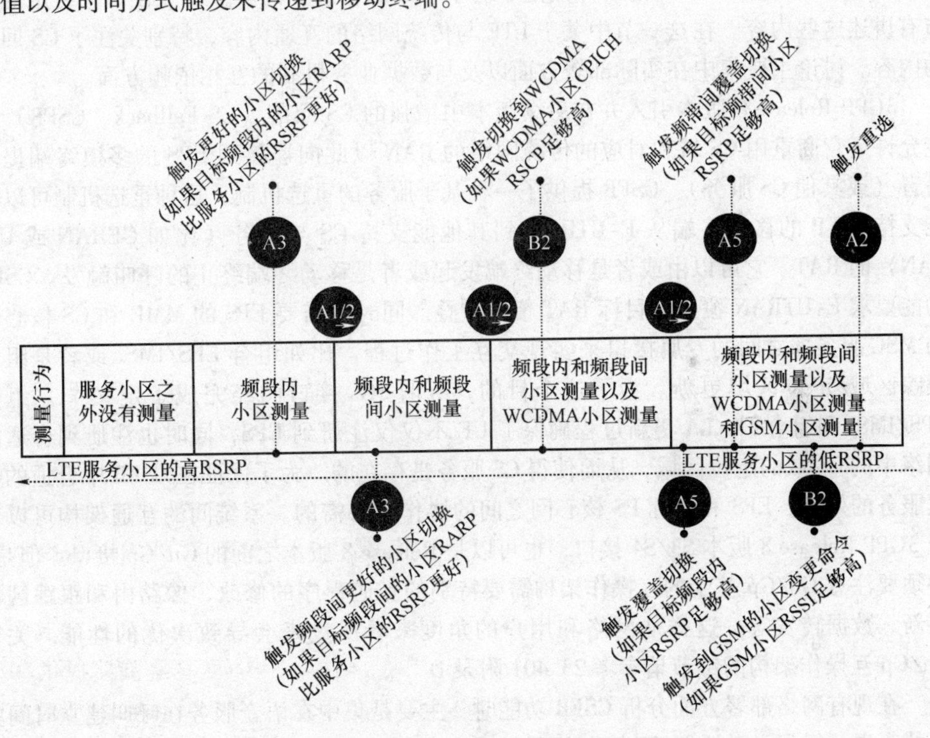

图 15-50　不同事件门限总结

为了保证网络互操作的一致性的行为，网络规划和优化必须对所有相关的 RAT 联合执行。比如，在 GSM-LTE 互操作中，下面的几条需要考虑进来。

1）LTE 内部空闲和专用模式，比如导致从 LTE 到 GSM 的 RAT 间重选的 RSRP 和 CCO 特定门限间的关系。

2）接入 GSM 小区相关的最小的信号强度要求和为了不设法接入太微弱的 GSM 小区的 CCO 参数之间的关系。

3）LTE 和 GSM 间负责网络从 GSM 到 LTE 更改的重选参数（通过在第 15.8.1.1 节

中描述的基于绝对优先级公共重选过程）来避免乒乓效应。

4）CCO 相关的参数与系统间为了避免乒乓效应的从 GSM 到 LTE 的重选参数的关系。

在分析 RAT 间移动性时的另外一个需要考虑的重要方面是处理这些过程中的 QoS。EPS 承载和 PDP 内容的一对一映射已经标准化[13]。3GPP 标准提供了一些与 R99 和 R8 的 QoS 参数相关的准则，但是这些准则的应用是和运营商相关的。更多与 QoS 处理相关的细节请参阅参考文献［13］。

15.8.2 CS 回落

LTE 架构中没有包含 CS 域的设计，因此语音服务备受关注。像 3GPP 或者是其他标准化组织（比如 VoLGA 论坛）制定了若干不同的备选方案。整本书在一些特定的章节有讲述这些内容。在这一节中关于 LTE 与传统网络的互通内容，特别关注了 CS 回落的内容。讨论主要集中在实际部署方面以及与数据业务机制的互相依赖方面。

3GPP Release 8 版本引入并在后续版本中增强的 CS 回落（CS Fallback，CSFB）功能允许运营商重用 CS 域和对应的传统网络的 RAN 以此向连接到 EPS 的多模终端提供语音（或其他 CS 服务）。CSFB 提供了一种基于服务的重选机制，这种重选机制可以是能支持 CSFB 的移动终端从 E-UTRAN 到其他能支持 CS 与服务（比如 GERAN 或 UTRAN）的 RAT。它可以由或者是移动终端发起或者是移动终端终止的呼叫触发。CSFB 功能要求 E-UTRAN 覆盖与目标 RAT 覆盖重叠。同时它需要 EPS 的 MME 和 CS 核心网的 MSC 服务器之间的专属接口来实现交互工作过程，比如组合 EPS/IMSI 或者是组合跟踪区域/定位区域更新。为了这个目的，所谓 SGs 接口已经完成了定义[27]。组合 EPS/IMSI 和组合 TA/LA 更新过程确保了 UE 不仅仅注册到 EPS，同时也注册到合适的网络中的 CS 域的定位区域，从而使得 CS 服务是存在的。为了保证在 CSFB 中合适的数据服务的处理，EPS 和目标 PS 核心网之间的协作是必需的。系统间的互通架构可以基于 3GPP Release 8 版本 S3/S4 接口，也可以是 Release 8 版本之前的 Gn/Gp 接口。但是，必须要注意 Gn/Gp 基于的互操作架构需要特别的互通程序的修改，像路由和跟踪区域更新、数据转发等，这样从网络和用户的角度来看反过来会导致次优的性能。关于 Gn/Gp 互操作架构的细节请参考 23.401 附录 D[13]。

在现有网络部署方面分析 CSFB 功能时，主要是集中在语音服务在呼叫建立时间方面的表现。但是，激活 CSFB，也就是从定义上讲导致临时从 E-UTRAN 到另外一个 RAT 的切换，会影响 PS 业务数据会话中断时间和用户数据吞吐量。此外，CSFB 部署方面的讨论不仅包括用户获得的 QoS，也还要包括能影响整个网络性能的方面。上述所有的这些内容点将在以下进行详细讨论。

15.8.2.1 语音性能

因为 CSFB 过程会强制 UE 从 E-UTRAN 到能支持 CS 的 RAT 切换，总的语音建立时间比起呼叫直接在一个给定的 RAT 处理的时间要包含额外的时延。这个时延主要取决于 UE 从 E-UTRAN 切换需要多久，以及 CS 会话建立过程在目标小区中执行需要多迅速。这些时延反过来也主要由目标 RAT 技术以及 CSFB 本身所基于的移动性管理机制所决定。主要有三类不同的 UE 到其他 RAT 回落的机制：RAT 间的 PS 切换，小区变更命令（包含网络辅助的小区变更）以及 RRC 连接重定向[27]。

1. 通过 RAT 间 PS 切换的 CS 回落

通过 RAT 间 PS 切换的 CS 回落是主要的高级选项，同时提供了最短的呼叫建立时延。在 CS 回落方法中，不管什么时候 UE 需要由于等待 CS 呼叫建立而移动到其他的 RAT，都需要援用标准的 RAT 间 PS 从 E-UTRAN 的切换过程。目标小区的决定或者是基于 UE 测量报告或者是基于构造设置[27]。第一个选项，UE 需要在离开 LTE 小区之前执行目标载波测量，从而也对呼叫建立时间引入了额外的时延。为了最小化花费在目标小区测量上面的时间，目标载波的数量应该保持最小化，特别是对于 GERAN 层。这个额外的时延可以避免，通过在 ECM-CONNECTED 模式下触发附加 EPS/IMSI 的终端去测量来同时主动上报邻小区的 RAT，从而当尝试 CS 回落时实际的目标 RAT 小区测量是存在的。基于 UE 测量的目标小区选择，当前的信号传播条件得以考虑，从而能够选择最合适的小区。第二个选项，所谓的盲选目标小区，允许避免额外的呼叫建立时延，但是只能应用在 E-UTRAN 和目标 RAT 小区是一对一重叠的协作场景下。第一种选项的应用不受限于协作场景。在 E-UTRAN 覆盖和几个目标 RAT 层相重叠的情况下，优先排序机制可以用来选择某种更好的技术或者频带。

切换 UE 到选择的目标小区的第二个步骤与参考文献［13］中描述的常规的 RAT 间 PS 切换过程的情况类似。主要的区别在于，切换到目标小区以后，UE 尝试建立 CS 连接。CS 呼叫建立过程遵循明确的目标 RAT 的原则。在 UTRAN 中，CS 可以并行地与 PS 连接建立，只要成功地完成 RAT 间切换过程，同时过程没有任何 PS 片段中断一起额外的语音呼叫建立时延。在 GERAN 中，如此平稳的 CS 连接建立只能发生在只有网络和 UE 两者支持双转换模式（Dual Transfer Mode）以及在 DTM 中增强的 CS 建立过程[28]。在这样一个场景下（见图 15-51），CS 会话建立过程可以在已经分配好数据分组资源以及没有离开数据分组传输模式下执行。如果网络和 UE 都能支持 DTM，但是在 DTM 中没有增强的 CS 建立，CS 会话建立则不可能在数据分组传输模式完成。因此，语音呼叫建立带来了临时的 PS 片段传输以及切换到数据分组空闲模式的停顿。离开数据分组传输模式以后，UE 尝试通过标准的随机接入过程建立 CS 连接[27]。这样导致了更长的语音呼叫建立时间相比于 UTRAN 或者是具有在 DTM 场景下增强 CS 建立的 GERAN。在成功的建立 CS 会话后，数据分组传输模式能够重新建立以至于 PS 数据会话能够与语音呼叫并行继续。数据会话中断时间然后再由 CS 呼叫建立过程周期决定。在重新进入到数据分组传输模式以后，UE 执行剩下的 RAT 间切换步骤作为一个标准的非 CS 回落情况。在完成语音呼叫以后，UE 遵循标准的移动性管理过程。不管 UE 是否继续停留在目标 RAT 中或者是移回 E-UTRAN，都取决于那些过程中设置好的参数。例如，只要存在一个合适的小区，包含在信道释放信息中的小区选择指示信息单元会强制 UE 重新选择到 E-UTRAN。

如果网络或者是 UE 不支持对偶转移模式，在 RAT 间 PS 切换过程中的数据分组传输模式建立必须保留，这不仅仅为了节省 CS 连接建立的时间，也是为了节省整个 CS 呼叫时间。已经切换到数据分组空闲模式以后，UE 通过在一个随机接入信道上发送一

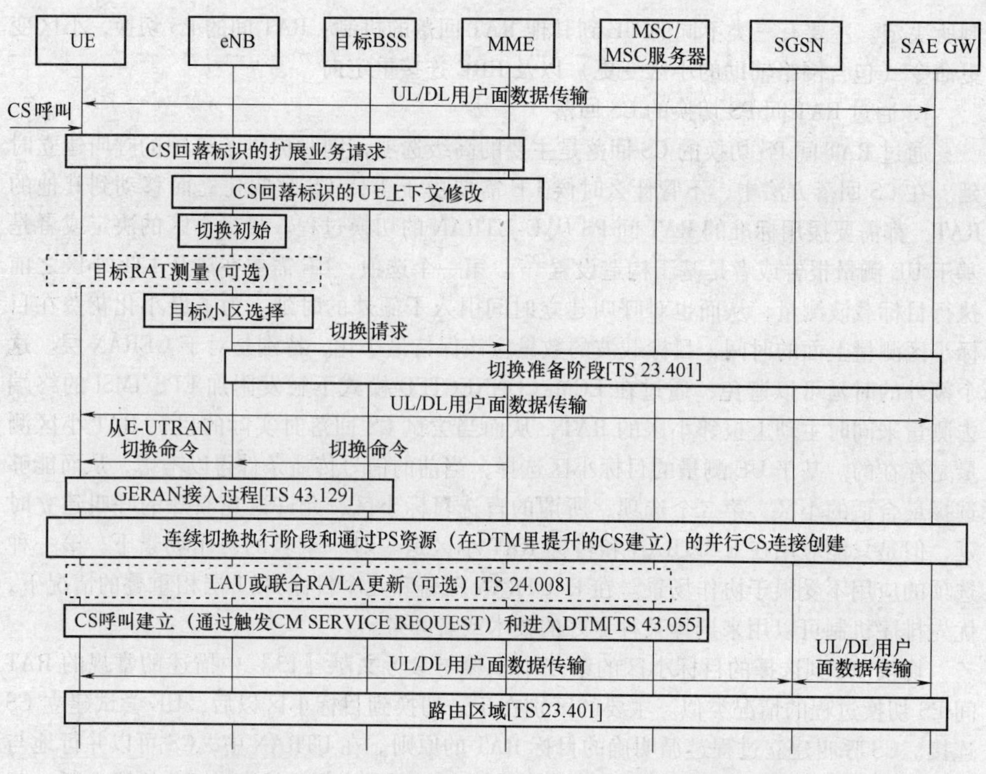

图 15-51 通过针对移动初始呼叫在 ECM CONNECTED 状态的无线接入系统间 PS 切换，CS 回落到 GERAN 支持 DTM 和提升的 CS 建立

个信道请求来触发一个 CS 呼叫建立过程[27]。通过一个随机接入过程对于语音呼叫建立时间引入了额外的时延。缺少 DTM 支持的另外一个后果是所有激活的 PS 会话必须中止直到语音呼叫完成。这是由所谓的中止过程来实现的，这个过程必须由 UE 在 CS 呼叫请求专属业务信道之前触发（也就是在发送 CM 服务请求之前，服务类型还原到初始：所有建立或者是寻呼响应消息）。因此，所有剩下的 RAT 间的 PS 切换步骤都丢弃了。中止请求信息由 UE 通过一个独立专用控制信道（Standalone Dedicated Control Channel，SDCCH）发送到 BSC，以至于不包含任何 PS 资源。BSC 向 SGSN 转发中止请求。如果 RAT 间的互通架构基于传输的 Gn/Gp 接口，在从 UE 接收到中止信息后，SGSN 遵循 SGSN 内的中止过程。这也意味着 PS 会话在 SGSN 内部中止了，而且没有与 P-GW 进行交互[29]。如果 RAT 间互通架构基于 S3/S4 接口，在由 UE 触发后，SGSN 尝试向 S-GW 和 P-GW 的中止过程。结果，没有激活的 GBR 承载以及中止的非 GR 承载得到触发。在这种情况下，不同于 Gn/Gp 场景，P-GW 应该丢弃那些向中止 UE 传输的数据分组[29]。UE 可以开始恢复过程从传统的 RAT 或者是已经切换回的 E-UTRAN。不管 UE 停留在目标 RAT 或者是移回 LTE，都取决于已有的 RAT 间的移动性管理机制的参数设置。通过合适地配置那些参数值，UE 可以强制重新选择到 LTE，只要能找到合适的小区。

不管目标RAT类型和能力，CS呼叫建立过程可能需要在位置区更新之前完成。如果UE切换到的那个新小区的位置区域标识（Location Area Identity，LAI）与存储在UE中的不同，那么LAU过程由UE执行[27]。这个过程对语音呼叫建立时间来说引入了一个额外的时延，因此为了最小化整体时延，很重要的一点是保证存储在UE中的LAI是最新的以及能够与目标小区先对应。不管由于组合EPS/IMSI或者组合TA/LA更新过程导致的UE注册的位置区，与目标小区的LA相匹配取决于跟踪区和位置区规划以及在MME中执行的跟踪区列表管理算法。为了最小化LAI不匹配对CSFB性能造成的影响，可以考虑基于在UE切换到UTRAN/GERAN小区，并且不用等待当前LAI信息之后的触发定位区更新机制。这个解决方案对那些没有注册到正确的LA但是对那些注册到合适LA引入了不必要时延的移动终端来讲，可以缩短会话建立时间。因此，它是一类折中的并且是值得考虑的方案，如果LAI不匹配带来的风险由于，比如说TA和LA规划缺乏对其的情况相对较高。定位区域更新相关的内容在第15章有进一步的讨论（参见基本过程的相互依赖）。

讨论通过RAT间PS切换的CS回落，应该注意到这个解决方案要求目标RAT和终端都能支持标准的PS切换功能。这在实际当中限制了通过RAT间PS切换的CS回落的使用场景，特别是在目标RAT是UTRAN而不是GERAN而且PS切换很少部署的情况。此外，如果当UE在ECM-IDLE模式下触发CS回落时，RAT间切换机制对于CS回落实现来讲可能不是一种有效的方法，因为并不需要在目标RAT中建立PS连接。因此，接下来讨论的其他RAT间移动性过程可以认为是一种更实用的方式。

2. 利用小区变更命令的CS回落

在RAT间PA切换不可行以及目标RAT是GERAN的场景下，CS回落可能会基于RAT间小区变更命令（cell change order，CCO）机制。在这样一种情况下，每一个由移动终端发起或者面向移动终端的会话都会触发CCO过程。因为在标准的CCO情况下，必须向UE提供CS回落目标小区。目标小区选择可以基于UE测量报告或者是配置设置。对于那些为了通过RAT间PS切换的CS回落场景的讨论来讲，这两个选项的优点和缺点是类似的。在基于测量的目标小区确定的场景，测量的频带数量应该尽可能小从而避免由这些步骤引入到整个CS会话建立时间的长时延。此外，如果E-UTRAN覆盖与多余一个GERAN层重叠，一些优先级排序机制可以用来选择某个更好的频带。

切换到目标小区之后，UE必须在它允许尝试初始接入过程之前请求定义好的最小数量的SI。这个请求会给呼叫建立时间带来额外的时延。通过使用网络辅助的小区变更（Network Assisted Cell Change，NACC）特征，UE可以在仍然处于LTE小区的时候获得目标小区的系统信息。UE可以用这个信息来接入目标小区，因此可以避免遍历BCCH来获得系统信息。如果UE没有获得所有必要的系统信息，它仍然需要在新小区中初始化随机过程接入之前请求丢失的系统信息。第15.8.1.6节提供了关于CCO和NACC的更进一步的讨论。

收集好所有必要的系统信息之后，UE尝试建立CS信令连接使得语音呼叫建立过程继续进行。在这里，作为通过RAT间PS切换的CS回落情况，呼叫建立过程可能需要在一个位置区域更新之间进行。因此下面关于LAU方面的讨论也与通过CCO场景的

CS 回落相关。此外，在一个正常的 CCO 过程中，UE 必须尽可能快地执行一个路由区更新。RAU 过程是否与 CS 连接同时进行取决于 UE 和网络的 DTM 能力。如果网络和 UE 都能支持 DTM，那么 RAU 可以在 CS 信令信道实现，其中 CS 信令信道使用 GPRS 透明传输协议（GPRS Transparent Transport Protocol，GTTP）以及不需要 PS 连接建立。因此，UE 可能进入 DTM 模式使得 CS 和 PS 服务同时存在（见图 15-52）。在已经成功地完成 RAU 过程之后，SGSN 发送给 MME 一个请求（通过 S3 或者是 Gn 接口），这个请求是关于 UE 的 EPS 承载使得面向 LTE 的数据会话可以利用 GERAN PS 资源继续。在这样一个场景下，数据会话中断时间主要取决于两个因素，UE 调整到指示频带以及请求必要的系统信息所需的时间，同时还有 RAU 过程持续的时间。如果在 CSFB 出发后 UE 没有在 EPS 中进行会话，那么在 GERAN 小区中则不分配给 UE 任何 PS 资源。完成 CS 呼叫之后，UE 开始遵循标准的移动性管理过程。为了强制重选到 LTE 小区，应该使用合适的参数设置来使得选择相对于其他 RAT 更为合适的 E-UTRAN 小区。

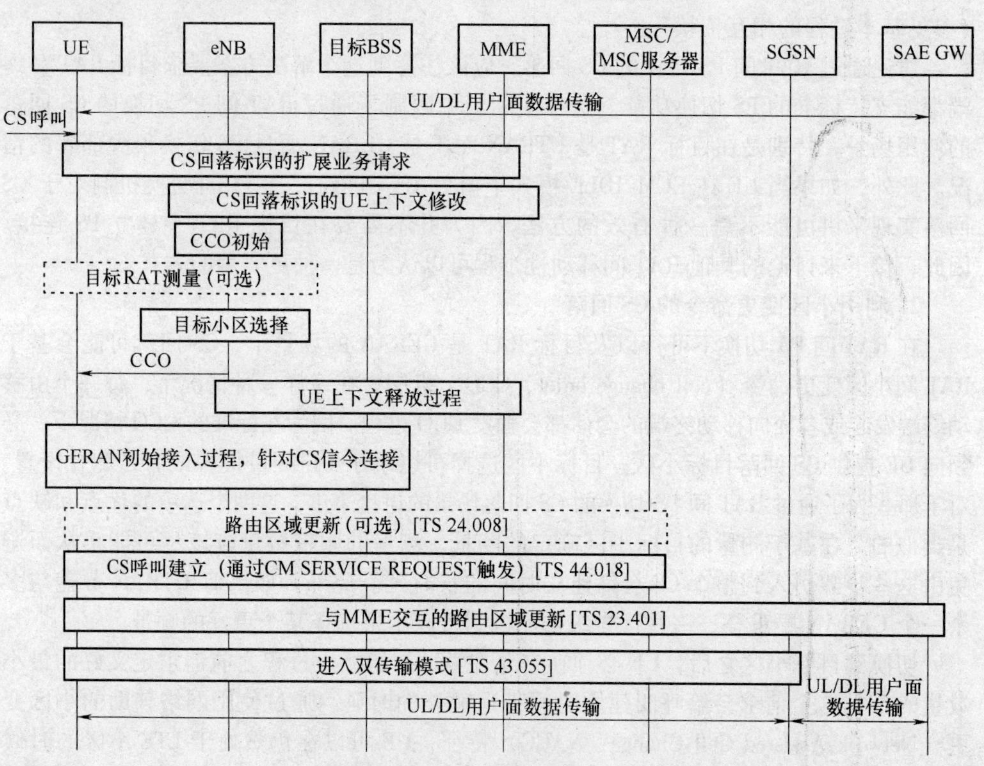

图 15-52　通过针对移动初始呼叫在 ECM—CONNECTED 状态的无 NACC 的 CCD，CS 回落到 GERAN，DTM 支持

如果 UE 或者是网络不支持 DTM，RAU 过程不能在 CS 信令链路上实现，因此要求建立一个专属的 PS 连接。结果路由区更新和任何 PS 会话建立必须中止直到 CS 呼叫完成。因为 PS 业务临时不存在，UE 必须在继续语音呼叫建立之前触发暂停过程[29]。中止请求信息在 CS 信令链路上（不需要 PS 连接建立）传递到 BSC，BSC 反过来转发这

个信息到SGSN。SGSN面向MME通过S3或者是Gn IE触发暂停过程。因为MME可能不能够基于从SGSN接收到的P-TMSI和RAI组合来恢复完全的GUTI，所以也不能确定哪一个UE内容应该中止，在Release 9版本的协议中，3GPP已经定义了一种机制来在EPS内部强制UE回落到非DTM环境的触发中止[27]。已经出发中止信息后，UE可能最后继续CS呼叫建立通过发送CM服务请求（带有设置到原始呼叫建立的服务类型）或者是通过SDCCH的接通响应。只要一个语音呼叫结束，UE可以通过执行RAU开始恢复过程，如果它仍然在GERAN中，或者TAU切换回LTE。在这样一个场景中，主要是语音呼叫持续时间造成对总的数据会话中断时间。

3. 通过RRC连接重定向的CS回落

在应用RAT间PS切换或者是RAT间小区变更命令的场景中，对于CS回落实现的唯一选项是RRC连接重定向。这个解决方案可以应用到任何目标RAT。在RRC连接重定向的情况下，UE获得了潜在目标小区的载频列表，但是没有获得回落到哪个确定小区的信息。这种实现不要求在离开LTE小区之前进行任何目标RAT测量。潜在的目标列表可以通过配置参数以及UE能力来确定。但是，如果任何目标RAT测量（比如周期性测量）在触发CS回落时存在，它们可以在目标列表产生的算法中得到复用。这样的方法，一方面允许UE在CS回落触发时离开LTE，并且不会由于目标RAT测量带来任何时延。另外一方面，这涉及UE本身可以扫描指示的频带以及在目标RAT中选择一个合适的小区。花费在搜索合适的目标小区上的时间是组成语音呼叫建立时间的组要部分。为了保证这部分时间最小化，指示给UE的这些频带应该是最优的选择方式使得它们能对应到最合适的目标小区。已经选择好目标小区之后，UE必须通过CCO场景类似地到CS回落，同时在允许进行随机接入过程之前请求必要的系统信息。由此在语音呼叫建立中产生的额外时延可以通过Release 9版本的增强来避免—也就是所谓的多小区系统信息[27]。这个功能增强了RRC连接重定向使得UE可以额外地获得对应潜在目标小区的物理ID以及系统信息。在离开LTE小区之前已经选择完小区，并且该小区的系统信息也已获得之后，UE可以迅速开始CS呼叫建立过程。呼叫建立过程本身通过给定的RAT的明确标准准则执行。到GERAN的CS回落过程如图15-53所示。如果UE存储的LAI与新小区的LAT不匹配，语音呼叫建立必须在位置区更新之前执行。因此语音呼叫建立时间会拖延。接下来的部分提供了如何减少需要LAU的可能性的讨论。与CS域活动并行，UE应该执行一个路由区更新。在UTRAN和双传输模式GERAN场景中，与CS活动并行执行RAU并不存在任何问题。因此，面向LTE的数据会话（如果有）可以在当前目标RAT中和语音呼叫继续。在这样一个场景下，数据会话中断时间，主要由搜索合适目标小区以及请求必要的系统信息所需时间以及RAU执行时间决定。

在非DTM GERAN情况下，RAU和任何PS数据会话建立需要CS连接释放，因此只有在语音呼叫完成后才能执行。这需要中止过程在CM服务请求（带有面向小区建立的服务类型）以及接通响应发送之前由用户触发。中止过程和通过CCO情况的CS回落方式一样执行。此外，因为P-TMSI和RAI到GUTI的映射问题，在EPS内部发出中止的机制在重选UE到非DTM下的GERAN小区会有作用。可以尝试完成一个CS呼叫的PS会话恢复过程可以由RAU出发，如果UE还在GERAN中，或者TAU出发，如

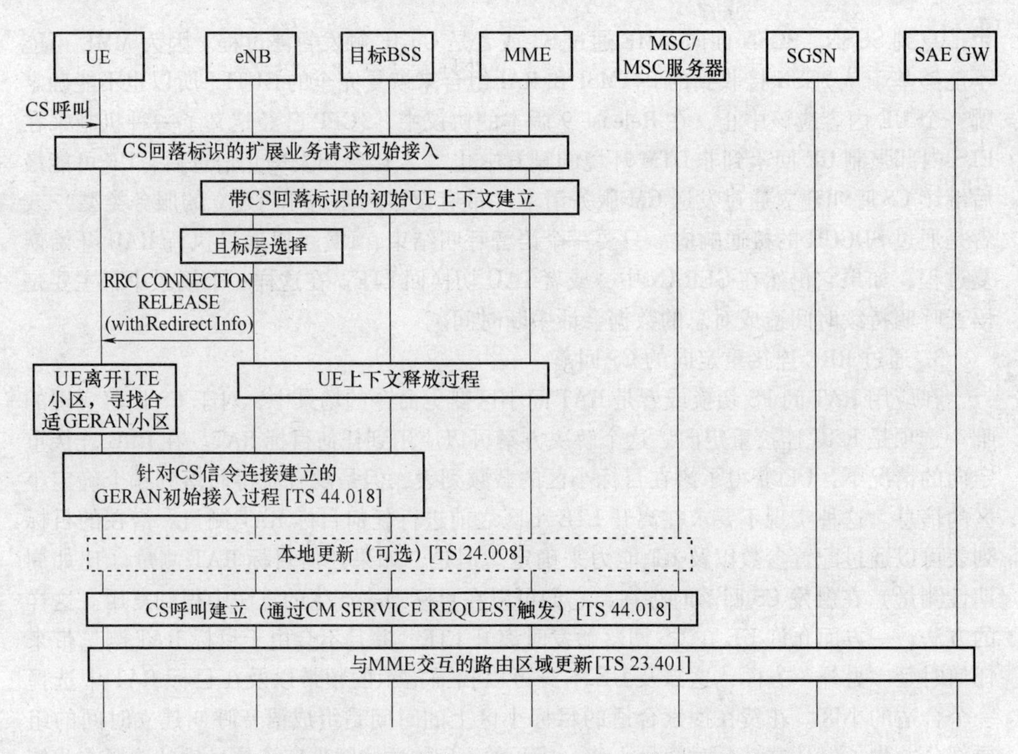

图 15-53 通过针对移动初始呼叫在 ECM-IDLE 状态的 RRC 连接释放和重定向，CS 回落到 GERAN，DTM 支持，多小区系统信息不支持

果 UE 切换回 LTE。在这种场景下，潜在的数据会话中断时间不仅取决于 UE 搜索目标小区，以及请求系统信息的速度也取决于语音呼叫周期。就像在其他 CS 回落场景中，完成 CS 呼叫后，UE 遵循标准的移动性管理过程，同时通过合适的配置，只要发现合适的小区它就强制切换回 LTE。

4. 与基本过程的相互依赖

CS 回落操作的目标 RAT 的类型和机制不是影响语音呼叫建立时间的唯一因素。CS 回落过程的性能也取决于 UE 的 EPS 连接管理（EPS Connection Management，ECM）状态。CS 回落可以在 ECM-IDLE 或者是 ECM-CONNECTED 模式下触发（由 UE 或者是网络）。如果 UE 在 ECM-IDLE 模式下尝试 CS 回落，必须要考虑一个额外的呼叫建立时延因为 UE 需要切换到 ECM-CONNECTED 模式。这个过渡通过标准的初始接入过程[13] 实现。

对于 CS 回落执行时间需要讨论的另外一个方面是寻呼过程。作为一个移动终端呼叫的本质特质，不管 ECM 的状态，CS 寻呼必须具备。一个 EPS/IMSI 依附的 UE 在它当前连接的 RAT 寻呼。如果没有 ISR，当从 E-UTRAN 到其他 RAT 重选的时候，一个能支持 CS 回落的 UE 必须一致执行位置和路由区更新，使得 MSC/VLR 获知 UE 应该在哪寻呼。获知 UE 连接的 RAT 以后，MSC/VLR 寻呼 UE 直接在管理的 RAT 中或者是通过 E-UTRAN 中的 MME。如果 ISR 是激活的，UE 可以在注册区域同时不必执行跟踪、路由和位置区更新过程之间重选（见第 15.8.4 节）。因此，MSC/VLR 不能确定是否

UE目前连接在E-UTRAN、UTRAN或者GERAN小区。所以MSC/VLR通过SGs接口向MME发送一个寻呼信息，MME反过来相应的处理寻呼。如果UE在ECM-CONNECTED状态，MME以正常情况在服务小区触发寻呼。如果UE在ECM-IDLE状态，MME在所有UE注册的跟踪区域寻呼UE，并且通过S3接口转发一个寻呼信息到关联的SGSN（通过ISR机制），这个SGSN反馈来反过来在UE注册的路由区发起寻呼[27]。这个机制能保证UE能在为面向移动终端的发起的呼叫寻呼到，甚至由于ISR导致跳过位置区更新。另外一方面，这样一个扩展的寻呼路由可能对语音呼叫建立时间引入额外的时延。

正如前面提到的，影响CS回落呼叫建立时间的因素之一（不管实际的回落机制）是对语音呼叫建立之前的位置区域更新的潜在需求。为了优化CS回落性能同时最小化位置区域更新的迫切性，在UE保存的位置区域标识（Location Area Identity，LAI）与实际的新小区的LAI不匹配时，位置区域更新是强制性的，这时跟踪和位置区域边界的规划就应该重新考虑。因为UE保存的LAI就是UE通过组合EPS/IMSI或者组合TA/LA更新注册的那一个LAI，在每次潜在的位置区域更改的时候UE执行跟踪区域更新就是必需的。如果没有一个跟踪区域列表的概念，最直接的方案可能就是排列LTE中选择的跟踪区域的边界并与目标RAT位置区域的边界一致。不管怎样，具有跟踪列表的概念，终端能够注册到多个跟踪区域，因此不需要每次它穿过TA边界时执行TA/LA更新。在这种情况下，除了排列TA和LA边界，可以考虑一些在MME中处理跟踪区域列表的增强算法，使得指示到UE的跟踪区域列表不包含扩散到多个位置区域的跟踪区域。如果一个跟踪区域列表包含多个位置区域，UE可以不必在离开LTE小区前获知实际的LAI，反而导致在目标RAT中更长的呼叫建立时间。匹配位置区域标识的一个类似问题可能在一些场景中碰到，比如跟踪区域包含位置区域边界。这样的配置可能导致模糊的由VIME管理的TAI到LAI的映射表，这个表用户组合EPS/IMSI以及组合TA/LA更新。因此，终端可能注册（从组合EPS/IMSI过程开始）到一个位置区域，且不同于作为CS回落目标的小区的位置区域。但是必须注意的是，TA和LA边界排列和LA知道的跟踪区列表处理可能会导致次优的区域管理，所以会增加LTE的信令开销。为了抵消这种效果，可以考虑小区重选参数的调整。在LAI不匹配不可避免的场景下，LAU对CS回落性能的影响可能会最小化，通过构造MSC来减少频带鉴定，TM-SI重新分配以及对终端的身份检查，通过SGs接口的EPS/IMSI使得LAU加速。

另外一个重要的方面必须要考虑，就是最小化在CS呼叫建立之前的位置区域更新的必要性，提供了合适MME和MSC/MSC之间的SGs连接性。换句话说，服务一个给定几何区域的MSC/MSC服务器必须相互连接。此外，MME得到LAI和VLR数据的TAI-LAI-MSC/VLR的映射表格必须合理地配置在MME中。要不然UE可能回落到有MSC/MSC服务器的小区中，同时在MSC/MSC服务器中UE并没有注册，因此CS连接建立会延迟知道LAU成功完成。

15.8.2.2 数据性能

就像之前提到的，对于PS服务的性能影响，除了语音呼叫建立时间方面，另外一个重要的方面是部署在现实网络中的CS回落。然而这只在UE处于ECM-CONNECTED状态（在ECM-IDLE模式没有进行的数据会话）出发CS回落才有效。在这种情况下，数据会话中断时间和临时的数据吞吐量降低是主要关注的方面，用户体验到的服务质量受到多大的影响取决于 CS 回落机制和目标 RAT 技术。PS 业务中断方面，包括中止和恢复过程，已经在随着语音呼叫建立时延主题讨论完。CS 回落对用户数据吞吐量的影响主要是两方面，其一，如果 CS 回落通过 RAT 间 PS 切换或者是小区变更命令实现，UE 可能需要在离开 LTE 小区之前要求测量目标 RAT 的载频。这会影响进行中的数据传输性能，在 RAT 间测量时，UE 不可能调度任何数据也不可能在上行传输——需要使用所谓的 RAT 间测量间隙（除非 UE 是一个双无线系统终端）。如果可能的话，通过使用之前章节讨论的一个盲小区选择机制可以消除这个影响。这种情况与通过 RRC 连接重定向的 CS 回落不同，因为在这样的情况下，不管网络的部署场景都不需要在离开 LTE 小区前测量目标 RAT。这样一方面在用户仍然处在 LTE 小区时不会引起用户数据吞吐量的减少，但是在另外一方面，减少了数据会话中断时间。CS 回落对用户数据吞吐量的影响需要考虑的另外一方面是由 E-UTRAN 和目标 RAT 提供的数据大小的区别。这个区别越明显，可以期望用户数据吞吐量的减少越多。此外，目标系统不足的性能可能会导致数据会话原本运行在有保证的比特速率 EPS 承载上面的降低。在这个情况下，可以考虑明确的目标 RAT 增强，目的是最小化性能损失，比如在第 15.4.6 节讨论的内容。

15.8.2.3 对网络整体性能的影响

CS 回落功能的性能不仅可以从用户的角度分析，如前面的章节所述，还可以从网络的观点分析。当在运营商的网络中部署 CS 回落时，他们可能会怀疑 LTE 及相关目标系统的整体性能是否以及如何受到影响。由于 CS 回落重用一些基本的程序，例如寻呼，NAS 信令初始接入，UE 上下文设置/修改/释放，RRC 连接释放和重定向，无线信令流量的增加，SI-MME 接口等。此外，S3/S4 或 GN/GP 接口上的信令负荷可能同样增加，尤其是在不同的无线接入系统间 PS 切换机制利用率高的情况下。信令流量将增加多少，这取决于 CS 回落使用比率。如果此功能的使用率偏低，其对整体网络性能的影响可能难以察觉。从目标 RAT 的角度来看，CS 回落的激活可能主要导致增加 CS 呼叫建立相关的信令负载和 CS 流量本身。如果目标 RAT 为 UTRAN 或能用 DTM 的 GERAN，PS 流量和相应信令的增加可能会观察到。此外，位置和路由区域更新程序和相关信令的数量增加可能是可以预期的。CS 回落对于目标系统性能的影响取决于有多少额外的流量提供给目标 RAT 作为 CS 回落激活的后果。这个额外的流量越低，在目标系统上的 CS 回落的影响就越较少被察觉。

15.8.2.4 单无线语音呼叫连续性

在有关语音相关的系统间互通方面，应该要提到单一无线语音呼叫连续性（Single Radio Voice Call Continuity，SRVCC）的特征。SRVCC 在 3GPP Release 8 版本中标准化同时在后续版本中增强，它的功能与基于 IMS 的语音互补，在 LTE 中，基于 IMS 的语音是通过引入一个从 E-UTRAN 到能支持 CS 的 RAT 传输 IMS 的语音呼叫机制来实现的。因此，服务的连续性需要在没有连续 E-UTRAN 与 UTRAN 和/或 GERAN 覆盖的场景下得到保证。SRVCC 是一个 RAT 间 PS 到 CS 包含无线接入和核心网交互的一种切换。SRVCC 切换只适用于语音相关的 EPS 承载。非语音相关的 EPS 承载必须由 RAT 间

PS切换机制处理（在参考文献［13］中定义）。SRVCC是否与RAT间PS切换并行处理取决于UE和目标RAT能力。关于SRVCC过程的进一步的细节讨论在第9章VoLTE中给出。接下来，给出何种SRVCC的激活方式会影响网络性能的讨论。

SRVCC特征针对的是提高语音服务质量，它通过由于跨出E-UTRAN覆盖区域而处于掉话状态来节省语音呼叫次数。因此，在SRVCC激活后，掉话数据以及用户体验到的语音服务质量有望提高。但是介绍SRVCC也可能会包含一些以非语音服务质量性能的折中。在非语音相关的EPS承载的RAT间PS切换以及SRVCC不能同时执行的场景中，后者优先权更高同时只执行PS到CS的切换。因此，为了持续的非语音会话，目标小区的PS资源重新建立得到延迟，从而导致更长的服务中断时间。如果目标RAT是UTRAN，只有当目标网络和UE都支持PS切换功能时，SRVCC和RAT间的PS切换可以并行执行。如果目标RAT是GERAN，只有当目标网络和UE都支持DTM切换时，SRVCC和RAT间的PS切换可能会同时执行。DTM切换，在3GPP Release 7版本中标准化[28]，以同时执行CS域和PS域切换的方式提供GERAN[28]。它有效地合并标准CS和PS切换过程从而使得在终端离开源小区之前，CS和PS资源在目标小区中得到分配。起初，DTM切换意味着GERAN到GERAN和UTRAN到GERAN之间的转换，但是它也可能在从E-UTRAN切换中复用。在这里应该注意，纯DTM能力，尽管具有PS切换实现，但没有DTM切换不足以允许面向GERAN小区的SRVCC和RAT间的PS切换同时执行。它只考虑PS连接和CS呼叫并行建立以及在CS信令信道上为了执行路由区更新（使用GTTP）[28]。

如果RAT间PS切换不能与SRVCC并行处理，只有CS资源可以预先分配给UE，并且能够在切换到目标小区以后平稳地接入。在成功执行路由区更新以后，为非语音相关的EPS承载的PS资源在新小区中建立，反过来能在完成SRVCC切换之后尝试路由区域更新[30]。如果这些非语音服务在触发SRVCC切换时是激活的这样的一个过程对于非语音服务导致了延迟的中断时间，此外，如果目标RAT是GERAN和DTM，且UE和网络不支持，PS连接建立必须要延迟知道CS呼叫完成。因此，面向源MME（定义在参考文献［29］中）的中止过程必须执行。当CS呼叫完成，中止的PS会话可能会通过在参考文献［31］中描述的对应过程来恢复。

在UTRAN或GERAN中完成CS呼叫后，UE按照标准的空闲或PS模式（如果仍和PS会话保持激活）来执行移动性管理过程。这些过程设置合理参数下，UE可以强制切换回E-UTRAN只要存在合适的小区。在写这本书的时候，还没有对IMS从支持CS的RAT转移到E-UTRAN的机制进行标准化。然而，3GPP已经开始了所谓的反向SRVCC机制的相关工作。按计划，这个特征将包含从UTRAN/GERAN CS域到对E-UTRAN的切换，其中E-UTRAN是为之前从E-UTRAN切换到UTRAN/GERAN CS域（通过SRVCC）或者是直接在UTRAN/GERAN CS域但是没有在IMS中固定而建立的语音呼叫[3]。这种功能将于现存的系统间互通机制互补，并且将允许面向增强共存系统的更多有效的业务管理策略。

15.8.3 空闲模式信令减少

平滑的LTE和传统系统间的互操作需要移动性管理特征用有效的系统间位置

管理机制实现。为了达到这个目的，ISR 功能已经在3GPP 中标准化[13]。这种增强需要基于 S3/S4 的系统间互通架构从而使得 S-GW 是 UE 移动性的锚点。ISR 机制是一类 LTE 特定跟踪区域列表概念到 RAT 间场景的演进。带有跟踪区域列表概念，UE 可以注册到多个 TA，因此不需要每次穿过 TA 边界都执行 TA 更新（除非它连接到一个没有注册的跟踪区域小区）。具有 ISR 的 UE 可以同时注册到多个 E-UTRAN 的跟踪区域和 UTRAN 或者是 GERAN 的跟踪区域。只要一个移动终端在 RAT 间移动但是不在注册区域内时，RAU 和 TAU 都不执行（除了周期性更新）。因此，因为 RAT 间转换的信令开销可以减少。但这只可能以增加寻呼相关的信令为代价，这个信令在 ISR 的情况下必须在 SGSN 和 MME 中初始化。没有 ISR 的话，当空闲模式下的 UE 在 RAT 间切换时，跟踪区域更新（如果目标是 GERAN/UT-RAN）或者跟踪区域更新（如果目标是 E-UTRAN）必须执行，这两个更新的执行反过来需要 UE 从源 RAT 注册。在频繁的 RAT 间转换场景（比如 LTE 在 GERAN/UTRAN 之上），乒乓效应可以产生如此多的总共的额外信令，甚至以增加的寻呼开销为代价也是合理的。

ISR 功能标准的与 UE 在给定 RAT 间移动性相关的 RAU 和 TAU 过程规则。路由和跟踪区更新必须在移动到一个 UE 没有注册的或者是周期更新定时器没有终止的区域。这些过程对于2G/3G 和 E-UTRAN 来讲是独立管理的。但是必须注意的是，只要 UE 在由相同 SGSN 服务的路由区间切换，ISR 就保持激活，使得当更改到 E-UTRAN 时，TAU 只在当前 TA 没有在多个 UE 注册的列表上时需要。同样的方式，在 E-UTRAN 内的跟踪区更新过程激活 ISR 只要服务中的 MME 没有更改，RAU 不是必须的，如果当前 RA 与 UE 已经注册的那个相匹配。如果服务中的 MME 或者是服务中的 SGSN 更改了，ISR 失效并且按照 RAT 间转换的跟踪或者路由区域更新不可避免。由于 MME 或者 SG-SN 隐式的分离，ISR 也失效。

空闲模式信令减少也可以应用在能支持 CS 回落的终端上，也就是说，进入到 GSM 或者是 WCDMA 网络本身不会导致 ISR 的失效[27]。潜在的寻呼信息将会路由（通过 MME 从 MSC 到 SGSN）到注册的跟踪区域以及路由区域。但是由一个能支持 CS 回落的移动终端触发的任何位置区域更新或者是组合的 RAU/LAU 过程会导致 ISR 失效。与 ISR 相关的进一步的细节内容请参阅参考文献［13，27］。

参考文献

[1] 3GPP TS 36.104 (2010) *Base Station (BS) radio transmission and reception*, V. 8.11.0, 3rd Generation Partnership Project, Sophia-Antipolis.

[2] CEPT (2010) Report 40. Report from CEPT to the European Commission in response to Task 2 of the Mandate to CEPT on the 900/1800 MHz bands, ECC.

[3] 3GPP TS 36.104. (2010) *Base Station (BS) radio transmission and reception*, V. 10.1.0, 3rd Generation Partnership Project, Sophia-Antipolis.

[4] 3GPP TS 36.101. (2011) *Base User Equipment (UE) radio transmission and reception*, V. 10.1.1, 3rd Generation Partnership Project, Sophia-Antipolis.

[5] 3GPP TS 45.005 (2010) *Radio transmission and reception*, V. 9.5.0, 3rd Generation Partnership Project, Sophia-Antipolis.
[6] Holma, H. and Toskala, A. (2009) *LTE for UMTS. OFDMA and SC-FDMA Based Radio Access*, John Wiley & Sons, Ltd, Chichester.
[7] Säily, M., Sébire, G., Riddington, E. (2010) *GSM/EDGE: Evolution and performance*, John Wiley & Sons, Ltd, Chichester.
[8] 3GPP TS 45.004. (2010) *Modulation*, V. 9.1.0, 3rd Generation Partnership Project, Sophia-Antipolis.
[9] 3GPP TS 44.006. (2008) *Mobile Station—Base Station System (MS—BSS) interface; Data Link (DL) layer specification*, V. 6.8.0, 3rd Generation Partnership Project, Sophia-Antipolis.
[10] 3GPP TS 24.008. (2010) *Mobile radio interface Layer 3 specification; Core network protocols; Stage 3*, V. 10.1.0, 3rd Generation Partnership Project, Sophia-Antipolis.
[11] 3GPP TS 23.251. (2011) *Network Sharing; architecture and functional description*, V. 10.1.0, 3rd Generation Partnership Project, Sophia-Antipolis.
[12] 3GPP TS 23.122. (2010) *Non-Access-Stratum (NAS) functions related to Mobile Station (MS) in idle mode*, V. 10.2.0, 3rd Generation Partnership Project, Sophia-Antipolis.
[13] 3GPP TS 23.401. (2011) *General Packet Radio Service (GPRS) enhancements for Evolved Universal Terrestrial Radio Access Network (E-UTRAN) access*, 3rd Generation Partnership Project, Sophia-Antipolis.
[14] 3GPP GP-110332. (2011) *Full support of Multi-Operator Core Network by GERAN*, 3rd Generation Partnership Project, Sophia-Antipolis.
[15] 3GPP TS 22.042. (2011) *Network Identity and Time Zone (NITZ); Service Description; Stage 1*, V. 10.0.0, 3rd Generation Partnership Project, Sophia-Antipolis.
[16] IEEE 1588. (2008) *Standard for a Precision Clock Synchronization Protocol for Networked Measurement and Control Systems*, V. 2, 3rd Generation Partnership Project, Sophia-Antipolis.
[17] ITU-T (2006) Recommendation G.8261, Timing and synchronization aspects in packet networks: Ethernet over Transport aspects—quality and availability targets, International Telecommunications Union, Geneva.
[18] 3GPP TS 36.304. (2010) *User Equipment (UE) procedures in idle mode*, V. 10.0.0, 3rd Generation Partnership Project, Sophia-Antipolis.
[19] 3GPP TS 45.008. (2011) *Radio subsystem link control*, V. 10.0.0, 3rd Generation Partnership Project, Sophia-Antipolis.
[20] 3GPP TS 44.018. (2010) *Radio Resource Control (RRC) protocol*, V. 10.0.0, 3rd Generation Partnership Project, Sophia-Antipolis.
[21] 3GPP TS 25.331. (2010) *Radio Resource Control (RRC) protocol*, V. 10.2.0, 3rd Generation Partnership Project, Sophia-Antipolis.
[22] 3GPP TS 36.331. (2010) *Radio Resource Control (RRC) protocol*, V. 10.0.0, 3rd Generation Partnership Project, Sophia-Antipolis.
[23] 3GPP TS 44.060. (2010) *Radio Link Control/Medium Access Control (RLC/MAC) protocol*, 3rd Generation Partnership Project, Sophia-Antipolis.
[24] 3GPP TR 44.901. (2009) *External Network Assisted Cell Change (NACC)*, V. 9.0.0, 3rd Generation Partnership Project, Sophia-Antipolis.
[25] 3GPP TS 25.413. (2011) *Radio Access Network Application Part (RANAP) signaling*, V. 10.0.1, 3rd Generation Partnership Project, Sophia-Antipolis.
[26] 3GPP TS 36.133. (2010) *Requirements for support of radio resource management*, V. 10.1.0, 3rd Generation Partnership Project, Sophia-Antipolis.
[27] 3GPP TS 23.272. (2011) *Circuit Switched (CS) fallback in Evolved Packet System (EPS)*, V. 10.2.1, 3rd Generation Partnership Project, Sophia-Antipolis.
[28] 3GPP TS 43.055. (2007) *Dual Transfer Mode (DTM); Stage 2 (Release 7)*, V. 7.6.0, 3rd Generation Partnership Project, Sophia-Antipolis.
[29] 3GPP TS 23.060. (2011) *General Packet Radio Service (GPRS); Service description; Stage 2*, V. 10.3.0, 3rd Generation Partnership Project, Sophia-Antipolis.
[30] 3GPP TS 23.216. (2011) *Single Radio Voice Call Continuity (SRVCC); Stage 2 (Release 10)*, V. 10.0.0, 3rd Generation Partnership Project, Sophia-Antipolis.
[31] 3GPP TR 23.885. (2011) *Feasibility Study of Single Radio Voice Call Continuity (SRVCC) from UTRAN/GERAN to E-UTRAN/HSPA; Stage 2 (Release 10)*, V. 1.2.0, 3rd Generation Partnership Project, Sophia-Antipolis.
[32] 3GPP TS 48.008 v10.0.0 "Mobile Switching Centre – Base Station System (MSC-BSS) interface; Layer 3 specification", January 2011.

缩略语表

128-QAM	128 state Quadrature Amplitude Modulation	128 态正交幅度调制
16-QAM	16 state Quadrature Amplitude Modulation	16 态正交幅度调制
1G	First Generation of mobile communication technologies	第一代移动通信技术
2G	Second Generation of mobile communication technologies	第二代移动通信技术
3G	Third Generation of mobile communication technologies	第三代移动通信技术
3GPP	3rd Generation Partnership Project	第三代合作伙伴计划
4G	Fourth Generation of mobile communication technologies	第四代移动通信技术
64-QAM	64 state Quadrature Amplitude Modulation	64 态正交幅度调制
AAA	Authentication, Authorization & Accounting	认证、授权和计费
ABMF	Account Balance Management Function	账户余额管理功能
AC	Admission Control	接纳控制
ACIR	Adjacent Channel Interference Rejection	相邻信道干扰抑制
ACK	Acknowledgment	确认
ACLR	Adjacent Channel Leakage Ratio	相邻信道泄漏比
ACS	Adjacent Channel Selectivity	相邻信道选择性
ADC	Analogue-Digital Conversion	模-数变换器
ADMF	Administration Function	管理功能
ADSL	Asynchronous Digital Subscriber Line	非对称数字用户线路
AF	Africa	非洲
AF	Application Function	应用功能
A-GPS	Assisted Global Positioning System	辅助全球定位系统

（续）

aGW	Access Gateway	接入网关
AKA	Authentication and Key Agreement	认证与密钥协商
AMBR	Aggregated Maximum Bit Rate	累计最大比特率
AMC	Adaptive Modulation and Coding	自适应调制和编码
AMPS	Advanced Mobile Phone System	高级移动电话系统
AMR	Adaptive Multi-Rate	自适应多速率
AP	Aggregation Proxy	聚合代理
AP	Asia Pacific	亚太地区
APAC	Asia Pacific	亚太地区
APN	Access Point Name	接入点名称
APN-AMBR	APN Aggregate Maximum Bit Rate	APN 累计最大比特率
AR	Aggregation Router	聚合路由器
ARFCN	Absolute Radio-Frequency Channel Number	绝对射频信道数
ARP	Allocation Retention Priority	分配保留优先级
ARP	Automatic Radio Phone	自动无线电话
ARPU	Average Revenue Per User	单用户平均收入
ARQ	Automatic Repeat request	自动重传请求
AS	Application Server	应用服务器
AS SMC	AS Security Mode Command	AS 安全模式命令
ATB	Adaptive Transmission Bandwidth	自适应传输带宽
ATCA	Advanced Telecommunications Computing Architecture	高级电信计算架构
ATM	Asynchronous Transfer Mode	异步传输模式
AuID	Application Usage ID	应用使用 ID
AUTN	Authentication token	鉴权令牌
AVC	Advanced Video Codec	高级视频编译码器
AWS	Advanced Wireless Services	高级无线服务
BCCH	Broadcast Control Channel	广播控制信道
BCH	Broadcast Channel	广播信道

（续）

BD	Billing Domain	计费域
BE	Best Effort	尽力传输类型
BER	Bit Error Rate	误比特率
BICC	Bearer Independent Call Control	与承载无关的呼叫控制
BLER	Block Error Rate	误块率
BPSK	Binary Phase Shift Keying	二进制相移键控
BQS	Bad Quality Samples	劣质采样
BS	Base Station	基站
BSC	Base Station Controller	基站控制器
BSR	Buffer Status Report	缓冲器状态报告
BSS	Business Support System	商务支撑系统
BTS	Base Transceiver Station	基站收发信台
BW	Bandwidth	带宽
C/I	Carrier per Interference	载干比
CA	Certification Authority	认证中心
CAMEL	Customised Applications for Mobile networks Enhanced Logic	针对移动网络的定制应用增强逻辑
CAPEX	Capital Expenditure	资本开支
CAZAC	Constant Amplitude Zero Autocorrelation	恒定幅度零相关
CC	Content of Communication	通信内容
CCCH	Common Control Channel	公共控制信道
CCN	Cell Change Notification	小区变更通知
CCO	Cell Change Order	小区变更命令
CDF	Charging Data Function	计费数据功能
CDMA	Code Division Multiple Access	码分多址
CDR	Call Drop Rate	掉话率
CDR	Charging Data Record	计费数据记录
CEO	Chief Executive Officer	首席执行官
CET	Carrier Ethernet Transport	运营商以太网传输

（续）

CFB	Call Forwarding Busy	呼叫前转忙
CFNRc	Call Forwarding Not Reachable	呼叫前转不可达
CFNRy	Call Forwarding No Reply	无法应答呼叫前转
CFU	Call Forwarding Unconditional	无条件呼叫前转
CGF	Charging Gateway Function	计费网关功能
CLIP	Calling Line Presentation	主呼叫线提示
CLIR	Calling Line identity Restriction	主呼叫线识别限制
CMAS	Commercial Mobile Alert System	商用移动报警系统
CMP	Certificate Management Protocol	认证管理协议
CN	Core Network	核心网
COLP	Connected Line Presentation	连接线提示
COLR	Connected Line identity Restriction	连接线识别限制
CoMP	Coordinated multipoint	协作多点
CP	Cyclic Prefix	循环前缀
CPICH	Common Pilot Channel	公共导频信道
CPM	Converged IP Messaging	融合 IP 消息
CQI	Channel Quality Indicator	信道质量指示符
CR	Carriage Return	回车
CRC	Cyclic Redundancy Check	循环冗余校验
CS	Circuit Switched	电路交换
CSFB	Circuit Switched Fall Back	电路交换回落
CSI	Channel State Information	信道状态信息
CT	Core Network and Terminals (TSG)	核心网和终端
CTF	Charging Trigger Function	计费触发功能
CTM	Cellular Text Telephony Modem	蜂窝文本电话调制解调器
DAB	Digital Audio Broadcasting	数字音频广播
DCCA	Diameter Credit Control Application	Diameter 信用控制应用
DCCH	Dedicated Control Channel	专用控制信道

（续）

DD	Digital Dividend	数字红利
DFCA	Dynamic Frequency and Channel Allocation	动态频率和信道分配
DFT	Discrete Fourier Transform	离散傅里叶变换
DFTS-OFDM	Discrete Fourier Transform Spread-OFDM	离散傅里叶变换扩频 OFDM
DHCP	Dynamic Host Configuration Protocol	动态主机设置协议
DHR	Dual Half Rate (voice codec)	双半速率（语音编译码器）
DL	Downlink	下行
DLDC	Downlink Dual Carrier	下行双载波
DL-SCH	Downlink Shared Channel	下行共享信道
DMR	Digital Mobile Radio	数字移动无线电
DoS	Denial of Service	拒绝服务
DPI	Deep Packet Inspection	深层分组检测
DRB	Data Radio Bearer	数据无线承载
DRX	Discontinuous Reception	非连续接收
DSCP	DiffServ Code Point	差分服务编码点
DSL	Digital Subscriber Line	数字用户线路
DSMIPv6	Dual-Stack Mobile IPv6	双栈移动 IPv6
DTCH	Dedicated Traffic Channel	专用业务信道
DTM	Dual Transfer Mode	双转换模式
DTMF	Dual Tone Multi-Frequency	双音多频
DTX	Discontinuous Transmission	非连续传输
DUT	Device Under Test	被测设备
DVB-H	Digital Video Broadcasting, Handheld	数字视频广播-手持设备
DVB-T	Digital Video Broadcasting, Terrestrial	数字视频广播-地面接收设备
ECM	EPS Connection Management	EPS 连接管理

（续）

E-CSCF	Emergency Call State Control Function	紧急呼叫状态控制功能
EDGE	Enhanced Data Rates for Global Evolution	提高数据速率的GSM演进技术
EF	Expedited Forwarding	加速转发
EFL	Effective Frequency Load	有效频率负载
E-GPRS	Enhanced GPRS	增强型 GPRS
EHPLMN	Equivalent HPLMN	等效 HPLMN
eHRPD	Evolved High Rate Packet Data	演进高速率分组数据
EMM	EPS Mobility Management	EPS 移动性管理
EMR	Enhanced Measurement Reporting	增强的测量报告
eNB	Evolved Node B	演进 NodeB
ENUM	E. 164 Number Mapping	E. 164 号码映射
EPC	Evolved Packet Core	演进的分组核心网
ePDG	Evolved Packet Data Gateway	演进的分组数据网关
EPS	Evolved Packet System	演进的分组系统
ETSI	European Telecommunications Standards Institute	欧洲电信标准协会
ETWS	Earthquake and Tsunami Warning System	地震和海啸报警系统
EU	European Union	欧盟
E-UTRAN	Evolved UMTS Radio Access Network	演进的 UMTS 无线接入网
EV-DO	Evolution-Data Only	仅数据演进
EVM	Error Vector Magnitude	误差矢量幅度
FACCH	Fast Associated Control Channel	快速相关控制信道
FCC	US Federal Communications Commission	美国联邦通信委员会
FCCH	Frequency Correction Channel	频率校正信道
FDD	Frequency Division Duplex	频分双工
FDPS	Frequency-Domain Packet Scheduling	频域分组调度

（续）

FER	Frame Erasure Rate	帧删除率
FFS	For Further Study	为下一步研究
FFT	Fast Fourier Transform	快速傅里叶变换
FH	Frequency Hopping	跳频
FMC	Fixed Mobile Convergence	固定移动融合
FNO	Fixed Network Operator	固定网络运营商
FPLMTS	Future Public Land Mobile Telecommunications System	未来公众陆地移动通信系统
FR	Frame Relay	帧中继
FR	Full Rate (voice codec)	全速率（语音编译码器）
FR-AMR	AMR Full Rate	AMR 全速率
GAA	Generic Authentication Algorithm	通用认证算法
GAN	Generic Access Network	通用接入网络
GBR	Guaranteed Bit Rate	保证比特率
GCF	Global Certification Forum	全球认证论坛
GERAN	GSM EDGE Radio Access Network (TSG)	GSM EDGE 无线接入网
GGSN	GPRS Gateway Support Node	GPRS 网关支持节点
GMLC	Gateway Mobile Location Centre	网关移动位置中心
GMSK	Gaussian Minimum Shift Keying	高斯最小频移键控
GPRS	General Packet Radio Service	通用分组无线业务
GRE	Generic Routing Encapsulation	通用路由封装
GRX	GPRS Roaming Exchange	GPRS 漫游切换
GSM	Global System for Mobile communications	全球移动通信系统
GSMA	GSM Association	GSM 协会
GTP	GPRS Tunnelling Protocol	GPRS 隧道协议
GTT	Global Text Telephony	全球文本电话
GTT-CS	Global Text Telephony over video telephony	全球文本电话视频电话
GTTP	GPRS Transparent Transport Protocol	GPRS 透明传输协议

（续）

GTT-Voice	Global Text Telephony over voice	全球文本电话语音
GW	Gateway	网关
HARQ	Hybrid Automatic Retransmission on request/Hybrid Automatic Repeat Request	混合自动重转请求
HD	High Definition	高清晰度
HDSL	High-bit-rate Digital Subscriber Line	高速率数字用户线路
HeNB GW	Home eNB Gateway	家庭基站网关
HeNB	Home eNB	家庭基站
HLR	Home Location Register	归属位置寄存器
HO	Handover	切换
hPCRF	Home Policy and Charging Rules Function	家庭策略和计费规则功能
HPLMN	Home PLMN	用户归属的 PLMN
HR	Half Rate (voice codec)	半速率（语音编译码器）
HR-AMR	AMR Half Rate	AMR 半速率
HRPD	High Rate Packet Data	高速率分组数据
HSCSD	High Speed Circuit Switched Data	高速电路交换数据
HSDPA	High Speed Downlink Packet Access	高速下行分组接入
HSPA	High Speed Packet Access	高速分组接入
HSS	Home Subscriber Server	归属用户服务器
HSUPA	High Speed Uplink Packet Access	高速上行分组接入
IBCF	Interconnection Border Control Functions	互连边界控制功能
ICE	Intercepting Control Element	侦听控制单元
ICI	Inter-Carrier Interference	载波间干扰
ICIC	Inter Cell Interference Control	小区间干扰控制
ICS	IMS Centralized Services	IMS 集中服务
I-CSCF	Interrogating Call State Control Function	询问呼叫状态控制功能
IDFT	Inverse Discrete Fourier Transform	离散傅里叶逆变换

（续）

IEEE	Institute of Electrical and Electronics Engineers	电气与电子工程师协会
IETF	Internet Engineering Task Force	互联网工程任务组
IFFT	Inverse Fast Fourier Transform	快速傅里叶逆变换
I-HSPA	Internet HSPA	互联网 HSPA
IMEI	International Mobile Equipment Identity	国际移动设备识别码
IMS	IP Multimedia Sub-system	IP 多媒体子系统
IMSI	International Mobile Subscriber Identity	国际移动用户识别码
IMS-MGW	IMS-Media Gateway	IMS-媒体网关
IMS-NNI	IMS Network-Network Interface	IMS 网络-网络接口
IM-SSF	IP Multimedia-Service Switching Function	IP 多媒体业务交换功能
IMT-2000	International Mobile Telecommunication requirements（ITU）	国际移动通信系统要求 2000
IMT-Advanced	Advanced International Mobile Telecommunication requirements（ITU）	先进的国际移动通信要求
IN	Intelligent Network	智能网
INAP	Intelligent Network Application Protocol	智能网应用协议
IOT	Inter-Operability Testing	互操作测试
IP	Internet Protocol	互联网协议
IPsec	IP Security	IP 安全
IP-SM-GW	IP-Short Message-Gateway	IP 短消息网关
IPv4	IP version 4	互联网协议第 4 版
IPv6	IP version 6	互联网协议第 6 版
IPX	IP exchange	IP 交换技术
IQ	In-phase（I）and out of phase（Q）components of modulation	同相和异相调制
IRI	Intercept Related Information	侦听相关信息
ISC	IMS Service Control	IMS 服务控制
ISI	Inter-Symbol Interference	符号间干扰

（续）

ISIM	IMS Subscriber Identity Module	IMS 用户身份模块
ISR	Idle Mode Signaling Reduction	空闲模式信令缩减
ISUP	ISDN User Part	ISDN 用户部分
ITU	International Telecommunication Union	国际电信联盟
ITU-R	ITU's Radiocommunication Sector	国际电信联盟无线通信组
ITU-T	ITU's Telecommunication sector	国际电信联盟电信组
IWF	Interworking Function	互通功能
JSLEE	JAIN Service Logic Execution Environments	JAIN 业务逻辑执行环境
KDF	Key Derivation Function	密钥导出函数
KPI	Key Performance Indicator	关键性能指示
LA	Latin America	拉丁美洲
LA	Link Adaptation	链路自适应
LA	Location Area	位置区域
LAU	Location Area Update	位置区域更新
LBO	Local Breakout	本地疏导
LCS	Location Service	位置服务
LEA	Law Enforcement Agencies	执法机构
LEMF	Law Enforcement Monitoring Facilities	依法监测设施
LI	Lawful Interception	合法侦听
LIG	Legal Interception Gateway	合法侦听网关
LRF	Location Retrieval Function	位置检索功能实体
LSP	Label Switch Path	标签交换路径
LTE	Long Term Evolution	长期演进
LTE-A	LTE-Advanced	先进的长期演进
LTE-UE	LTE User Equipment	LTE 用户设备
MA	Mobile Allocation	移动配置
MAC	Medium Access Control	媒体接入控制
MAIO	Mobile Allocation Index Offset	移动分配索引偏移

（续）

MAN	Metropolitan Area Network	城域网
MBMS	Multimedia Broadcast Multicast Service	多媒体广播多播业务
MBR	Maximum Bit Rate	最大比特率
MCC	Mobile Country Code	移动国家号码
MCCH	Multicast Control Channel	多播控制信道
MCH	Multicast Channel	多播信道
MCS	Modulation and Coding Scheme	调制和编码方式
MC-TD-SCDMA	Multi-Carrier Time-Division Synchronous-Code-Division Multiple Access	多载波时分同步码分多址接入
MC-WCDMA	Multi-Carrier Wide-band Code-Division Multiple Access	多载波宽带码分多址接入
ME id	Mobile Equipment Identifier	移动设备标示符
ME	Middle East	中东
MEA	Middle East and Africa	中东和非洲
MER	Modulation Error Rate	调制误差率
MGCF	Media Gateway Control Function	媒体网关控制功能
MGW	Media Gateway	媒体网关
MIMO	Multiple Input Multiple Output	多输入多输出
MME	Mobility Management Entity	移动性管理实体
MMS	Multimedia Messaging Service	多媒体短信服务
MMTel	Multimedia Telephony	多媒体通话
MNC	Mobile Network Code	移动网络码
MO	Mobile Originating	移动主叫
MOBSS	Multi-Operator Base Station Subsystem	多运营商基站子系统
MOCN	Multi-Operator Core Network	多运营商核心网
MORAN	Multi-Operator Radio Access Network	多运营商无线接入网
MOS	Mean Opinion Score	平均意见得分
MPLS	Multi-Protocol Label Switching	多协议标签交换

（续）

MRF	Media Resource Function	媒体资源功能
MRFC	Media Resource Function Controller	媒体资源功能控制器
MRFP	Media Resource Function Processor	媒体资源功能处理器
MS	Mobile Station	移动台
MSC	Mobile services Switching Center	移动服务交换中心
MSC-B	Second (another) MSC	次移动服务交换中心
MSISDN	Mobile Station ISDN number	移动台 ISDN 号码
MT	Mobile Terminating	移动终端
MTCH	Multicast Traffic Channel	多播业务信道
MT-LR	Mobile Terminating Location Request	移动终端位置请求
MTM	Machine-to-Machine (communications)	机器间通信
MVNO	Mobile Virtual Network Operator	移动虚拟网络运营商
MWC	Mobile World Conference	世界移动通信大会
MWI	Message Waiting Indication	消息等待指示
NA	Network Assisted	网络协助
NA	North America	北美
NACC	Network Assisted Cell Change	网路辅助的小区变更
NACK	Negative Acknowledgment	否定确认
NAS SMC	NAS Security Mode Command	NAS 安全模式命令
NAS	Non Access Stratum	非接入层
NB	Node B	基站节点
NCCR	Network Controlled Cell Reselection	网络控制的小区重选
NDS	Network Domain Security	网络域安全
NE Id	Network Element Identifier	网元标示符
NGMN	Next Generation Mobile Networks (Alliance)	下一代移动网络

（续）

NGN	Next Generation Network	下一代网络
NH	Next Hop parameter	下一跳参数
NITZ	Network Initiated Time Zone	网络初始时区
NMT 450	Nordic Mobile Telephone in 450 MHz frequency band	北欧移动电话在450MHz 频带
NMT 900	Nordic Mobile Telephone in 900 MHz frequency band	北欧移动电话在900MHz 频带
NMT	Nordic Mobile Telephone	北欧移动电话
NNI	Network-Network Interface	网络-网络接口
NOC	Network Operations Centre	网络运营中心
NRT	Near Real Time	近实时
NVAS	Network Value Added Services	网络增值服务
OAM&P	Operations, Administration, Maintenance, and Provisioning	操作、管理、维护和供应
OCF	Online Charging Function	在线计费功能
OCS	Online Charging System	在线计费系统
OFCS	Offline Charging System	离线计费系统
OFDMA	Orthogonal Frequency Division Multiple Access	正交频分多址接入
OLLA	Outer Loop Link Adaptation	外环链路自适应
OLPC	Open Loop Power Control	开环功率控制
OMS	Operations and Management System	运营和管理系统
OoBTC	Out of Band Transcoder Control	带外转码器控制
OPEX	Operating Expenditure	运营开销
OSC	Orthogonal Sub Channel	正交子信道
OSPIH	Internet Hosted Octect Stream Protocol	互联网托管 Octect 流协议
OSS	Operational Support System	操作支撑系统
OTA	Over The Air	空中传送
OTT	Over The Top	过顶
PAPR	Peak-to-Average Power Ratio	功率峰均比
PBCH	Physical Broadcast Channel	物理广播信道

（续）

PBR	Prioritised Bit Rate	优先比特率
PC	Personal Computer	个人计算机
PC	Power Control	功率控制
PCC	Policy and Charging Control	策略和计费控制
PCCH	Paging Control Channel	寻呼控制信道
PCEF	Policy and Charging Enforcement Function	策略和计费执行功能
PCEP	Policy and Charging Enforcement Point	策略和计费执行点
PCH	Paging Channel	寻呼信道
PCI	Physical Cell Identifier	物理小区标识符
PCRF	Policy and Charging Rules Function	策略和计费规则功能
P-CSCF	Proxy Call State Control Function	代理呼叫状态控制功能
PD	Packet delay	分组时延
PDCCH	Physical Downlink Control Channel	物理下行控制信道
PDCP	Packet Data Convergence Protocol	分组数据汇聚协议
PDH	Plesiochronous Digital Hierarchy	准同步数字体系
PDN	Packet Data Network	分组数据网
PDN-GW	Packet Data Network Gateway	分组数据网网关
PDP	Packet Data Protocol	分组数据协议
PDSCH	Physical Downlink Shared Channel	物理下行共享信道
PDU	Packet Data Unit	分组数据单元
PDV	Packet Delay Variation	分组时延偏差
PGC	Project Co-ordination Group	项目协调小组
P-GW	Packet Data Network Gateway	分组数据网网关
PHB	DiffServ Per Hop Behavior	差分服务每跳行为
PHICH	Physical Hybrid ARQ Indicator Channel	物理混合 ARQ 指示信道
PHR	Power Headroom Report	功率余量报告
PKI	Public Key Infrastructure	公共密钥基础结构

（续）

PLMN	Public Land Mobile Network	公共陆地移动网络
PLR	Packet Loss Ratio	丢包率
PMCH	Physical Multicast Channel	物理多播信道
PMI	Precoding Matrix Indicator	预编码矩阵指示符
PMIP	Proxy Mobile IP	代理移动 IP
PMIPv6	Proxy Mobile IP version 6	代理移动互联网协议版本 6
PPP	Point to Point Protocol	点到点传输协议
PRACH	Physical Random Access Channel	物理随机接入信道
PRB	Physical Resource Block	物理资源块
PS	Packet Switched	分组交换
PS	Presence Server	呈现服务器
PSAP	Public Safety Answering Point	公共安全应答点
PSD	Packet Switched Data	分组交换数据
PSN	Packet Switched Network	分组交换网络
PTCRB	PCS Type Certification Review Board	PCS 类型认证审查委员会
PTP	Point-to-Point	点到点
PUSCH	Physical Uplink Shared Channel	物理上行共享信道
PWS	Public Warning System	公共报警系统
Q	Quality	质量
QAM	Quadrature Amplitude Modulation	正交幅度调制
QCI	QoS Class Identifier	QoS 等级标识符
QoS	Quality of Service	服务质量
QPSK	Quadrature Phase Shift Keying	正交相移键控
RA	Registration Authority	注册中心
RA	Routing Area	路由区
RACH	Random Access Channel	随机接入信道
RAN	Radio Access Network (TSG)	无线接入网
RAND	Random challenge number	随机查询数

（续）

RAT	Radio Access Technology	无线接入技术
RAU	Routing Area Update	路由区更新
RB	Resource Block	资源块
RBG	Radio Bearer Group	无线承载组
RCS	Rich Communication Suite	丰富通信套件
RES	Response	响应
RF	Radio Frequency	射频
RF	Rating Function	评价函数
RFSP	RAT/Frequency Selection Priority	RAT/频率选择优先级
RI	Rank Indicator	秩指示符
RLC	Radio Link Control	无线链路控制
RLT	Radio Link Timeout	无线链路超时
RMS	Root Mean Square	方均根值
ROHC	Robust Header Compression	鲁棒性报头压缩
RoI	Return of Investment	投资回报
RRC	Radio Resource Control	无线资源控制
RRH	Remote Radio Head	远程无线模块
RRM	Radio Resource Management	无线资源管理
RRU	Remote Radio Unit	远程无线单元
RS	Reference Signal	参考信号
RSCP	Received Signal Code Power	接收信号码功率
RSRP	Reference Signal Received Power	参考信号接收功率
RSRQ	Reference Signal Received Quality	参考信号接收质量
RSSI	Received Signal Strength Indicator	参考信号强度指示
RT	Real Time	实时
RTCP	RTP Control Protocol	实时传输控制协议
RTP	Real Time Transport Protocol	实时传输协议
RX	Receiver	接收器
RX-D	Diversity Receiver	分集接收器

（续）

RXLEV	RX Level	接收电平
RXQUAL	RX Quality	接收质量
S/P-GW	Serving Gateway and PDN Gateway (combined), see SAE GW	服务网关和 PDN 网关 ,
SA	Service and System Aspects (TSG)	服务和系统方面
SACCH	Slow Associated Control Channel	慢速随路控制信道
SAE	System Architecture Evolution	系统架构演进
SAE-GW	Combined S-GW and P-GW	SAE 网络网关集合，包括 S-WG 和 P-GW
SAIC	Single Antenna Interference Cancellation	单天线干扰消除
SAU	Simultaneously Attached Users	同时附着的用户
SBC	Session Border Controller	会话边界控制器
SCC AS	Service Centralization and Continuity Application Server	服务集中连续应用服务器
SC-FDMA	Single Carrier Frequency Division Multiple Access	单载波频分多址
SCH	Shared Channel	共享信道
SCIM	Service Control Interaction Management	服务控制交互管理
SCP	Service Control Point	业务控制点
S-CSCF	Serving Call State Control Function	服务呼叫状态控制功能
SCTP	Stream Control Transfer Protocol	流控制传输协议
SDCCH	Stand-alone Dedicated Control Channel	独立专用控制信道
SDF	Service Delivery Framework	业务传送架构
SDH	Synchronous Digital Hierarchy	同步数字体系
SDP	Session Description Protocol	会话描述协议
SEG	Security Gateway	安全网关
SEL	Spectral Efficiency Loss	频谱效率损失
SEM	Spectral Emission Mask	频谱辐射模板
SFN	Single Frequency Network	单频率网络
SGSN	Serving GPRS Support Node	服务 GPRS 支持节点

（续）

S-GW	Serving Gateway	服务网关
SIB	System Information Block	系统信息块
SIM	Subscriber Identity Module	用户识别模块
SINR	Signal-to-Interference-and-Noise Ratio	信号干扰和噪声比
SIP	Session Initiation Protocol	会话初始化协议
SISO	Single Input Single Output	单输入单输出
SLF	Subscriber Locator Function	签约用户定位功能
SM	Short Message	短消息
SMG	Special Mobile Group	特殊移动组
SMS	Short Message Service	短消息服务
SMSC	Short Message Service Centre	短消息服务中心
SN ID	Serving Network's Identity	业务网络识别码
SNR	Signal-to-Noise Ratio	信噪比
SON	Self Organizing/Optimizing Network	自组织/优化网络
SR	Scheduling Request	调度请求
SRS	Sounding Reference Signal	探测参考信号
SRVCC	Single Radio Voice Call Continuity	单一无线语音呼叫连续性
SS	Signal Strength	信号强度
STM	Synchronous Transfer Mode	同步传输模式
S-TMSI	Temporary Mobile Subscriber Identity	临时移动用户标识
STN-SR	Transfer Number for Single Radio	单射频的会话转换数量
SU-MIMO	Single User MIMO	单用户多输入多输出
SUPL	Secure User Plane Location	安全用户面位置
TA	Tracking Area	跟踪区域
T-ADS	Terminating Access Domain Selection	终端接入域选择
TAS	Telephony Application Server	电话应用服务器
TAU	Tracking Area Update	跟踪区更新
TBF	Temporary Block Flow	临时块流

（续）

TBS	Transport Block Size	传输块大小
TCH	Traffic Channel	业务信道
TCP	Transmission Control Protocol	传输控制协议
TDD	Time Division Duplex	时分双工
TDM	Time Division Multiplex	时分复用
TDMA	Time Division Multiple Access	时分多址接入
TD-SCDMA	Time Division Synchronous Code Division Multiple Access	时分同步码分多址
TEID	Tunnel Endpoint Identifier	隧道端点标识符
TFO	Tandem Free Operation	级联式自由操作
THIG	Topology Hiding Inter-network Gateway	拓扑隐藏网际网关
TISPAN	Telecommunications and Internet converged Services and Protocols for Advanced Networking	电信和因特网融合业务及高级网络协议
ToP	Timing over Packet	时序分组
TR	Technical Recommendation	技术建议
TrFO	Transcoder Free Operation	免编解码操作
TrGW	Transition Gateway	传输网关
TRX	Transceiver	无线电收发器
TS	Technical Specification	技术规范
TSG	Technical Specification Group	技术规范组
TSL	Timeslot	时隙
TTCN3	Testing and Test Control Notation Version 3	测试和检测控制标记法版本 3
TTI	Transmission Time Interval	传输时间间隔
TU3	Typical Urban 3 km/h	典型城区 3 km/h
TX	Transmitter	发射机
UDP	User Datagram Protocol	用户数据报协议
UE	User Equipment	用户设备
UL	Uplink	上行
UL-SCH	Uplink Shared Channel	上行共享信道
UMA	Unlicensed Mobile Access	未认证的移动接入

(续)

UMTS	Universal Mobile Telecommunications System	通用移动通信系统
UNI	User- Network Interface	用户网络接口
UPE	User Plane Entity	用户平面入口
URI	Uniform Resource Identity (SIP)	统一资源标识符
URL	Uniform Resource Locator	统一资源定位符
USB	Universal Serial Bus	通用串行总线
USIM	Universal Subscriber Identity Module	通用用户识别模块
USSD	Unstructured Supplementary Service Data	非结构化补充业务数据
USSDC	USSD Centre	USSD 中心
UTRAN	UMTS Terrestrial Radio Access Network	通用地面无线接入网
UWB	Ultra Wide Band	超宽带
VHF	Very High Frequency	甚高频
VLAN	Virtual Local Area Network	虚拟局域网
VoIP	Voice over IP	基于 IP 的语音
VoLGA	Voice over LTE via Generic Access	基于通用接入的 LTE 语音
VoLTE	Voice over LTE	基于 LTE 网络的语言
vPCRF	Visited PCRF	受访策略和计费规则功能
VPLMN	Visited PLMN	受访的 PLMN
VPLS	Virtual Private LAN Service	虚拟专用局域网服务
WB	Wideband	宽带
WB- AMR	Wideband Adaptive Multi Rate	宽带自适应多速率
WCDMA	Wideband CDMA	宽带码分多址
WE	West Europe	西欧
WI	Work Item	工程项目
WiMAX 2	IEEE 802. 16m- based evolved WiMAX	基于 IEEE 802. 16m 的演进型 WiMAX

（续）

WiMAX	Worldwide Interoperability for Microwave Access	全球微波接入互操作
WLAN	Wireless Local Area Network	无线局域网络
WRC	World Radiocommunication Conference	世界无线电通信大会
XCAP	XML Configuration Access Protocol	XML 配置访问协议
XDM	XML Document Management	XML 文档管理
XDMS	XML Document Management Server	XML 文档管理服务器
XML	Extensible Markup Language	可标记扩展语言
XRES	Expected Response	期望响应

读者需求调查表

个人信息

姓　　名：		出生年月：		学　　历：	
联系电话：		手　　机：		E-mail：	
工作单位：				职　　务：	
通讯地址：				邮　　编：	

1. 您感兴趣的科技类图书有哪些？

□ 自动化技术　□ 电工技术　□ 电力技术　□ 电子技术　□ 仪器仪表　□ 建筑电气　□ 其他(　　)

以上各大类中您最关心的细分技术（如 PLC）是：(　　　　)

2. 您关注的图书类型有：

□ 技术手册　□ 产品手册　□ 基础入门　□ 产品应用　□ 产品设计　□ 维修维护　□ 技能培训

□ 技能技巧　□ 识图读图　□ 技术原理　□ 实操　□ 应用软件　□ 其他（　　）

3. 您最喜欢的图书叙述形式

□ 问答型　□ 论述型　□ 实例型　□ 图文对照　□ 图表　□ 其他（　　）

4. 您最喜欢的图书开本为：

□ 口袋本　□ 32 开　□ B5　□ 16 开　□ 图册　□ 其他（　　）

5. 您常用的图书信息获得渠道为：

□ 图书征订单　□ 图书目录　□ 书店查询　□ 书店广告　□ 网络书店　□ 专业网站

□ 专业杂志　□ 专业报纸　□ 专业会议　□ 朋友介绍　□ 其他（ ）

6. 您常用的购书途径为：

□ 书店　□ 网络　□ 出版社　□ 单位集中采购　□ 其他（　　）

7. 您认为图书的合理价位是（元/册）：

手册（　）图册（　）技术应用（　）技能培训（　）基础入门（　）其他（　）

8. 您每年购书费用为：

□ 100 元以下　□ 101～200 元　□ 201～300 元　□ 300 元以上

9. 您是否有本专业的写作计划？

□ 否　□ 是（具体情况：　　　　　）

非常感谢您对我们的支持，如果您还有什么问题欢迎和我们联系沟通！

地　　址：北京市西城区百万庄大街 22 号　机械工业出版社电工电子分社　邮编：100037

联系人：张俊红　联系电话：13520543780　传真：010-68326336

电子邮箱：buptzjh@163.com（可来信索取本表电子版）

编著图书推荐表

姓　　名		出生年月		职称/职务		专　业	
单　　位				E-mail			
通讯地址						邮政编码	
联系电话			研究方向及教学科目				
个人简历（毕业院校、专业、从事过的以及正在从事的项目、发表过的论文）							
您近期的写作计划有：							
您推荐的国外原版图书有：							
您认为目前市场上最缺乏的图书及类型有：							

地址：北京市西城区百万庄大街22号　机械工业出版社　电工电子分社

邮编：100037　网址：www. cmpbook. com

联系人：张俊红　电话：13520543780/010-88379768　010-68326336（传真）

E-mail：buptzjh@163. com（可来信索取本表电子版）

检 10